线性代数与空间解析几何（第四版）学习指导教程

Xianxing Daishu yu Kongjian Jiexi Jihe (di-si ban) Xuexi Zhidao Jiaocheng

电子科技大学数学科学学院
黄廷祝　蒲和平　主编

高等教育出版社·北京

内容简介

本书是“十二五”普通高等教育本科国家级规划教材《线性代数与空间解析几何》(第四版)(黄廷祝、成孝予主编)的配套教学用书。全书共分七章，每章内容包括三部分：内容提要，典型例题，单元检测。

本书内容全面，题型丰富，融入了编者多年的教学实践经验，对问题分析透彻、叙述深入浅出，便于自学，可作为高等学校理、工、医、农、经、管等专业数学基础课程“线性代数”或“线性代数与空间解析几何”的学习参考书，对参加全国硕士研究生入学统一考试的学生具有很好的帮助与指导作用。

图书在版编目(CIP)数据

线性代数与空间解析几何(第四版)学习指导教程 / 黄廷祝，蒲和平主编．--北京：高等教育出版社，2015.9（2020.6 重印）

ISBN 978-7-04-043897-0

Ⅰ.①线… Ⅱ.①黄… ②蒲… Ⅲ.①线性代数-高等学校-教学参考资料②空间几何-解析几何-高等学校-教学参考资料 Ⅳ.①O151.2②O182.2

中国版本图书馆 CIP 数据核字(2015)第 217441 号

策划编辑 兰莹莹　责任编辑 兰莹莹　封面设计 赵 阳　版式设计 马敬茹
插图绘制 郝 林　责任校对 刘娟娟　责任印制 韩 刚

出版发行 高等教育出版社
社 址 北京市西城区德外大街 4 号
邮政编码 100120
印 刷 保定市中画美凯印刷有限公司
开 本 787mm×960mm 1/16
印 张 19.75
字 数 380 千字
购书热线 010-58581118
咨询电话 400-810-0598
网 址 http://www.hep.edu.cn
http://www.hep.com.cn
网上订购 http://www.landraco.com
http://www.landraco.com.cn
版 次 2015年9月第1版
印 次 2020年6月第6次印刷
定 价 31.00 元

物 料 号 43897-00

前　　言

本书是"十二五"普通高等教育本科国家级规划教材《线性代数与空间解析几何》(第四版)(黄廷祝、成孝予主编)的配套教学用书,也是电子科技大学国家工科数学课程教学基地系列教材之一。第一版自2005年出版以来深受读者的喜爱,也得到了同行专家的普遍赞誉。在多年教学实践并广泛征集意见的基础上,本版我们做了较大的修改和完善,主要体现在以下几个方面:

1. 在内容结构上做了适当的优化与调整。将原来每章五个部分的内容精简为每章三个部分的内容,即内容提要、典型例题、单元检测。其中"典型例题"又细分为选择题、解答题、证明题,"单元检测"细分为检测题、检测题答案与提示。这样使各章的内容更加清晰、简明。最后增加了电子科技大学近几年本课程的期末试题与参考答案,为读者进行课程复习提供参考。

2. 对例题、检测题进行了重新精选与补充。增加了一些具有典型性、综合性的例题;主教材中涉及但未深入展开的部分内容,本书中设置了相关例题,以帮助读者学习理解;增选了近几年全国硕士研究生入学统一考试中的部分题目。

3. 对所选例题给出解答前的"分析",对某些具有代表性与普适性的方法以"评注"的形式给出点评,意在帮助读者提高分析问题、解决问题的能力,掌握解决问题的一般性方法。

4. "典型例题"中三个子块(选择题、解答题、证明题)所涉及的知识逻辑关系完全与主教材同步,以利于读者进行同步学习或参考。

本书由黄廷祝、蒲和平担任主编。各章编者分别是:王转德(第一章、第二章),王博(第三章),蒲和平(第四章、第五章、附录),王也洲(第六章、第七章)。

借此机会,向一贯支持我们工作的高等教育出版社、电子科技大学教务处以及校内外关心、使用本书的同行们致以诚挚的谢意！

由于编者水平所限，不足之处在所难免，敬请广大读者批评指正。

编　者

2015年6月于成都

目　录

第一章　矩阵及其初等变换

一、内容提要

（一）矩阵及其运算

1. 矩阵的概念

（1）**定义**　由 $m\times n$ 个数排成的 m 行 n 列的数表

$$\begin{pmatrix} a_{11} & a_{12} & \cdots & a_{1n} \\ a_{21} & a_{22} & \cdots & a_{2n} \\ \vdots & \vdots & & \vdots \\ a_{m1} & a_{m2} & \cdots & a_{mn} \end{pmatrix}$$

称为一个 m 行 n 列矩阵，简称为 $m\times n$ 矩阵，记为 $\boldsymbol{A}=(a_{ij})_{m\times n}$，其中 $a_{ij}(i=1,2,\cdots,m;j=1,2,\cdots,n)$ 表示第 i 行第 j 列的元，i 称为 a_{ij} 的行指标，j 称为 a_{ij} 的列指标.

（2）几类特殊矩阵

n 阶方阵：$\boldsymbol{A}=(a_{ij})_{n\times n}$.

零矩阵：$\boldsymbol{A}=(a_{ij})_{m\times n}$，其中 $a_{ij}=0(i=1,2,\cdots,m;j=1,2,\cdots,n)$，记为 $\boldsymbol{A}=\boldsymbol{O}_{m\times n}$.

对角矩阵：$\boldsymbol{A}=(a_{ij})_{n\times n}$，其中 $a_{ij}=0(j\neq i)$，记为 $\boldsymbol{A}=\mathrm{diag}(a_{11},a_{22},\cdots,a_{nn})$.

数量矩阵：$\boldsymbol{A}=\mathrm{diag}(a_{11},a_{22},\cdots,a_{nn})$ 且 $a_{ii}=k$（k 为非零常数）$(i=1,2,\cdots,n)$.

单位矩阵：$\boldsymbol{A}=\mathrm{diag}(a_{11},a_{22},\cdots,a_{nn})$ 且 $a_{ii}=1(i=1,2,\cdots,n)$，记为 $\boldsymbol{A}=\boldsymbol{I}$.

上三角形矩阵：$\boldsymbol{A}=(a_{ij})_{n\times n}$ 且 $a_{ij}=0(j<i)$.

下三角形矩阵：$\boldsymbol{A}=(a_{ij})_{n\times n}$ 且 $a_{ij}=0(j>i)$.

2. 矩阵的线性运算

（1）同型矩阵

$\boldsymbol{A}=(a_{ij})_{m\times n},\boldsymbol{B}=(b_{ij})_{p\times q}$，若 $m=p,n=q$，则称 $\boldsymbol{A}$ 与 $\boldsymbol{B}$ 为同型矩阵.

（2）矩阵相等

$\boldsymbol{A}$ 与 $\boldsymbol{B}$ 为同型矩阵，则 $\boldsymbol{A}=\boldsymbol{B}\Leftrightarrow a_{ij}=b_{ij}(i=1,2,\cdots,m;j=1,2,\cdots,n)$.

（3）矩阵的线性运算

矩阵的加法：$\boldsymbol{A}=(a_{ij})_{m\times n},\boldsymbol{B}=(b_{ij})_{m\times n}$，定义 $\boldsymbol{A}+\boldsymbol{B}=(a_{ij}+b_{ij})_{m\times n}$.

矩阵的数乘：$\boldsymbol{A}=(a_{ij})_{m\times n}$，$k$ 为常数，定义 $k\boldsymbol{A}=(ka_{ij})_{m\times n}$.

矩阵的加法与数乘统称为矩阵的线性运算.

矩阵的线性运算满足下列八条性质：

1° $\boldsymbol{A}+\boldsymbol{B}=\boldsymbol{B}+\boldsymbol{A}$； 2° $(\boldsymbol{A}+\boldsymbol{B})+\boldsymbol{C}=\boldsymbol{A}+(\boldsymbol{B}+\boldsymbol{C})$；

3° $\boldsymbol{A}+\boldsymbol{O}=\boldsymbol{A}$； 4° $\boldsymbol{A}+(-\boldsymbol{A})=\boldsymbol{O}$；

5° $1\boldsymbol{A}=\boldsymbol{A}$； 6° $k(l\boldsymbol{A})=(kl)\boldsymbol{A}$；

7° $k(\boldsymbol{A}+\boldsymbol{B})=k\boldsymbol{A}+k\boldsymbol{B}$； 8° $(k+l)\boldsymbol{A}=k\boldsymbol{A}+l\boldsymbol{A}$，

其中 $\boldsymbol{A},\boldsymbol{B},\boldsymbol{C}$ 为同型矩阵，k,l 为常数.

3. 矩阵的乘法

(1) **定义** 设矩阵

$$\boldsymbol{A}=\begin{pmatrix} a_{11} & a_{12} & \cdots & a_{1n} \\ a_{21} & a_{22} & \cdots & a_{2n} \\ \vdots & \vdots & & \vdots \\ a_{m1} & a_{m2} & \cdots & a_{mn} \end{pmatrix}, \quad \boldsymbol{B}=\begin{pmatrix} b_{11} & b_{12} & \cdots & b_{1s} \\ b_{21} & b_{22} & \cdots & b_{2s} \\ \vdots & \vdots & & \vdots \\ b_{n1} & b_{n2} & \cdots & b_{ns} \end{pmatrix},$$

则由元

$$c_{ij}=a_{i1}b_{1j}+a_{i2}b_{2j}+\cdots+a_{in}b_{nj} \quad (i=1,2,\cdots,m;j=1,2,\cdots,s)$$

组成的 $m\times s$ 矩阵

$$\boldsymbol{C}=\begin{pmatrix} c_{11} & c_{12} & \cdots & c_{1s} \\ c_{21} & c_{22} & \cdots & c_{2s} \\ \vdots & \vdots & & \vdots \\ c_{m1} & c_{m2} & \cdots & c_{ms} \end{pmatrix}$$

称为矩阵 $\boldsymbol{A}$ 与 $\boldsymbol{B}$ 的乘积，记为 $\boldsymbol{AB}=\boldsymbol{C}$.

矩阵乘法具有以下特点：

1° 当 $\boldsymbol{A}$ 的列数等于 $\boldsymbol{B}$ 的行数时，$\boldsymbol{C}=\boldsymbol{AB}$ 才有意义；

2° $\boldsymbol{C}$ 的行数等于 $\boldsymbol{A}$ 的行数，$\boldsymbol{C}$ 的列数等于 $\boldsymbol{B}$ 的列数；

3° $\boldsymbol{C}$ 的第 i 行第 j 列的元 c_{ij} 是 $\boldsymbol{A}$ 的第 i 行元与 $\boldsymbol{B}$ 的第 j 列元对应乘积之和.

(2) 矩阵乘法的运算规律

结合律：$(\boldsymbol{AB})\boldsymbol{C}=\boldsymbol{A}(\boldsymbol{BC})$，$(k\boldsymbol{A})\boldsymbol{B}=\boldsymbol{A}(k\boldsymbol{B})=k(\boldsymbol{AB})$ （k 为常数）；

分配律：$(\boldsymbol{A}+\boldsymbol{B})\boldsymbol{C}=\boldsymbol{AC}+\boldsymbol{BC}$，$\boldsymbol{C}(\boldsymbol{A}+\boldsymbol{B})=\boldsymbol{CA}+\boldsymbol{CB}$.

矩阵乘法一般不满足交换律，即 $\boldsymbol{AB}\neq\boldsymbol{BA}$；若 $\boldsymbol{AB}=\boldsymbol{BA}$，则称矩阵 $\boldsymbol{A}$ 与 $\boldsymbol{B}$ 可交换.

4. 方阵的幂与矩阵多项式

(1) 方阵的幂 设 $\boldsymbol{A}$ 是方阵，定义 $\boldsymbol{A}^k=\underbrace{\boldsymbol{AA}\cdots\boldsymbol{A}}_{k\text{个}\boldsymbol{A}\text{相乘}}$ 为 $\boldsymbol{A}$ 的 k 次幂.

(2) 矩阵多项式

设 $f(x)=a_kx^k+a_{k-1}x^{k-1}+\cdots+a_1x+a_0$ 是 x 的 k 次多项式，$\boldsymbol{A}$ 是 n 阶方阵，则称

$$f(\boldsymbol{A})=a_k\boldsymbol{A}^k+a_{k-1}\boldsymbol{A}^{k-1}+\cdots+a_1\boldsymbol{A}+a_0\boldsymbol{I}$$

为方阵 $\boldsymbol{A}$ 的 k 次多项式.

(3) 运算规律

1° $\boldsymbol{A}^k\boldsymbol{A}^m=\boldsymbol{A}^{k+m}$,$(\boldsymbol{A}^k)^m=\boldsymbol{A}^{km}$($k,m$ 为正整数);

2° 设 $f(\boldsymbol{A})$,$g(\boldsymbol{A})$ 都是 $\boldsymbol{A}$ 的多项式,有

$$f(\boldsymbol{A})g(\boldsymbol{A})=g(\boldsymbol{A})f(\boldsymbol{A}).$$

一般说来,$f(\boldsymbol{A})g(\boldsymbol{B})\neq g(\boldsymbol{B})f(\boldsymbol{A})$;若 $\boldsymbol{AB}=\boldsymbol{BA}$,则 $f(\boldsymbol{A})g(\boldsymbol{B})=g(\boldsymbol{B})f(\boldsymbol{A})$.

特别地,当 $\boldsymbol{AB}=\boldsymbol{BA}$ 时,有

$$(\boldsymbol{A}+\boldsymbol{B})^k=\sum_{i=0}^{k}\mathrm{C}_k^i\boldsymbol{A}^{k-i}\boldsymbol{B}^i.$$

5. 矩阵的转置运算

(1) **定义** 设 $\boldsymbol{A}=\begin{pmatrix}a_{11}&a_{12}&\cdots&a_{1n}\\a_{21}&a_{22}&\cdots&a_{2n}\\\vdots&\vdots&&\vdots\\a_{m1}&a_{m2}&\cdots&a_{mn}\end{pmatrix}$,将 $\boldsymbol{A}$ 的行、列互换后,所得到的矩阵称为 $\boldsymbol{A}$ 的转置矩阵,记为 $\boldsymbol{A}^{\mathrm{T}}$,即

$$\boldsymbol{A}^{\mathrm{T}}=\begin{pmatrix}a_{11}&a_{21}&\cdots&a_{m1}\\a_{12}&a_{22}&\cdots&a_{m2}\\\vdots&\vdots&&\vdots\\a_{1n}&a_{2n}&\cdots&a_{mn}\end{pmatrix}.$$

(2) 转置的运算规律

1° $(\boldsymbol{A}^{\mathrm{T}})^{\mathrm{T}}=\boldsymbol{A}$;

2° $(\boldsymbol{A}+\boldsymbol{B})^{\mathrm{T}}=\boldsymbol{A}^{\mathrm{T}}+\boldsymbol{B}^{\mathrm{T}}$;

3° $(k\boldsymbol{A})^{\mathrm{T}}=k\boldsymbol{A}^{\mathrm{T}}$;

4° $(\boldsymbol{AB})^{\mathrm{T}}=\boldsymbol{B}^{\mathrm{T}}\boldsymbol{A}^{\mathrm{T}}$,

其中 k 为常数.

(3) 基于转置运算的两类矩阵

1° 对称矩阵:$\boldsymbol{A}^{\mathrm{T}}=\boldsymbol{A}$.

2° 反对称矩阵:$\boldsymbol{A}^{\mathrm{T}}=-\boldsymbol{A}$.

(二) 高斯消元法与矩阵的初等变换

1. 矩阵的初等变换

对矩阵施行以下 3 种变换称为矩阵的初等变换:

(1) 交换矩阵的两行(列);

(2) 用某一非零数 k 乘矩阵的某一行(列)；

(3) 把矩阵某一行(列)的 k 倍加到另一行(列).

2. 矩阵的等价

(1) **定义** 若矩阵 $\boldsymbol{A}$ 经过有限次初等变换变成矩阵 $\boldsymbol{B}$,则称 $\boldsymbol{A}$ 与 $\boldsymbol{B}$ 等价,记为 $\boldsymbol{A}\cong\boldsymbol{B}$.若 $\boldsymbol{A}$ 经过有限次行(列)初等变换化为 $\boldsymbol{B}$,则称 $\boldsymbol{A}$ 与 $\boldsymbol{B}$ 行(列)等价.

(2) 矩阵的等价性质

1° 反身性:$\boldsymbol{A}\cong\boldsymbol{A}$;

2° 对称性:$\boldsymbol{A}\cong\boldsymbol{B}\Leftrightarrow\boldsymbol{B}\cong\boldsymbol{A}$;

3° 传递性:$\boldsymbol{A}\cong\boldsymbol{B},\boldsymbol{B}\cong\boldsymbol{C}\Rightarrow\boldsymbol{A}\cong\boldsymbol{C}$.

3. 初等矩阵

(1) **定义** 对单位矩阵施行一次初等变换后得到的矩阵称为初等矩阵,即

$$\boldsymbol{E}_{ij}=\begin{pmatrix}1&&&&&&&&\\&\ddots&&&&&&&\\&&1&&&&&&\\&&&0&\cdots&1&&&\\&&&&1&&&&\\&&&\vdots&\ddots&\vdots&&&\\&&&&&1&&&\\&&&1&\cdots&0&&&\\&&&&&&1&&\\&&&&&&&\ddots&\\&&&&&&&&1\end{pmatrix}\begin{matrix}\\\\\\(\text{第 } i \text{ 行})\\\\\\\\(\text{第 } j \text{ 行})\\\\\\\\\end{matrix},$$

$$\boldsymbol{E}_{i}(c)=\begin{pmatrix}1&&&&&&\\&\ddots&&&&&\\&&1&&&&\\&&&c&&&\\&&&&1&&\\&&&&&\ddots&\\&&&&&&1\end{pmatrix}(\text{第 } i \text{ 行}),$$

$$\boldsymbol{E}_{ij}(c)=\begin{pmatrix}1&&&&&\\&\ddots&&&&\\&&1&&&\\&&\vdots&\ddots&&\\&&c&\cdots&1&\\&&&&&\ddots&\\&&&&&&1\end{pmatrix}\begin{matrix}\\\\(\text{第 } i \text{ 行})\\\\(\text{第 } j \text{ 行})\\\\\\\end{matrix}.$$

(2) 性质

1° 对矩阵 $\boldsymbol{A}$ 施行一次行(列)初等变换相当于左(右)乘上对应的初等矩阵;

2° $\boldsymbol{A}$ 与 $\boldsymbol{B}$ 行等价⇔存在有限个初等矩阵 $\boldsymbol{E}_1,\boldsymbol{E}_2,\cdots,\boldsymbol{E}_s$,使得 $\boldsymbol{E}_s\cdots\boldsymbol{E}_2\boldsymbol{E}_1\boldsymbol{A}=\boldsymbol{B}$;

3° $\boldsymbol{A}$ 与 $\boldsymbol{B}$ 列等价⇔存在有限个初等矩阵 $\boldsymbol{F}_1,\boldsymbol{F}_2,\cdots,\boldsymbol{F}_t$,使得 $\boldsymbol{A}\boldsymbol{F}_1\boldsymbol{F}_2\cdots\boldsymbol{F}_t=\boldsymbol{B}$;

4° $\boldsymbol{A}$ 与 $\boldsymbol{B}$ 等价⇔存在有限个初等矩阵 $\boldsymbol{E}_1,\boldsymbol{E}_2,\cdots,\boldsymbol{E}_s,\boldsymbol{F}_1,\boldsymbol{F}_2,\cdots,\boldsymbol{F}_t$,使得

$$\boldsymbol{E}_s\cdots\boldsymbol{E}_2\boldsymbol{E}_1\boldsymbol{A}\boldsymbol{F}_1\boldsymbol{F}_2\cdots\boldsymbol{F}_t=\boldsymbol{B}.$$

4. 方程组求解的高斯消元法

定理 设有线性方程组 $\boldsymbol{AX}=\boldsymbol{b}$,其中

$$\boldsymbol{A}=\begin{pmatrix} a_{11} & a_{12} & \cdots & a_{1n} \\ a_{21} & a_{22} & \cdots & a_{2n} \\ \vdots & \vdots & & \vdots \\ a_{m1} & a_{m2} & \cdots & a_{mn} \end{pmatrix},\quad \boldsymbol{X}=\begin{pmatrix} x_1 \\ x_2 \\ \vdots \\ x_n \end{pmatrix},\quad \boldsymbol{b}=\begin{pmatrix} b_1 \\ b_2 \\ \vdots \\ b_m \end{pmatrix},$$

对增广矩阵作行初等变换化为阶梯形

$$\overline{\boldsymbol{A}}=(\boldsymbol{A},\boldsymbol{b})\xrightarrow{\text{行初等变换}}\begin{pmatrix} c_{11} & c_{12} & \cdots & c_{1r} & c_{1,r+1} & \cdots & c_{1n} & d_1 \\ 0 & c_{22} & \cdots & c_{2r} & c_{2,r+1} & \cdots & c_{2n} & d_2 \\ \vdots & \vdots & & \vdots & \vdots & & \vdots & \vdots \\ 0 & 0 & \cdots & c_{rr} & c_{r,r+1} & \cdots & c_{rn} & d_r \\ 0 & 0 & \cdots & 0 & 0 & \cdots & 0 & d_{r+1} \\ 0 & 0 & \cdots & 0 & 0 & \cdots & 0 & 0 \\ \vdots & \vdots & & \vdots & \vdots & & \vdots & \vdots \\ 0 & 0 & \cdots & 0 & 0 & \cdots & 0 & 0 \end{pmatrix},$$

则方程组 $\boldsymbol{AX}=\boldsymbol{b}$ 有解的充分必要条件是 $d_{r+1}=0$.

在 $d_{r+1}=0$ 时,若 $r=n$,方程组有唯一解;若 $r<n$,方程组有无穷多组解.

推论 1 齐次线性方程组 $\boldsymbol{AX}=\boldsymbol{0}$ 有非零解的充分必要条件是 $r<n$.

推论 2 设 $\boldsymbol{A}=(a_{ij})_{m\times n}$,若 $m<n$,则方程组 $\boldsymbol{AX}=\boldsymbol{0}$ 必有非零解.

(三) 逆矩阵

1. 定义 对于 n 阶矩阵 $\boldsymbol{A}$,若存在 n 阶矩阵 $\boldsymbol{B}$,使得 $\boldsymbol{AB}=\boldsymbol{BA}=\boldsymbol{I}$,则称 $\boldsymbol{A}$ 为可逆矩阵,并称 $\boldsymbol{B}$ 为 $\boldsymbol{A}$ 的逆矩阵,记为 $\boldsymbol{B}=\boldsymbol{A}^{-1}$.

2. 性质

(1) 若 $\boldsymbol{A}$ 可逆,则 $\boldsymbol{A}^{-1}$ 唯一;

(2) 若 $\boldsymbol{A}$ 可逆,则 $\boldsymbol{A}^{\mathrm{T}},\boldsymbol{A}^{-1}$ 均可逆,且有 $(\boldsymbol{A}^{\mathrm{T}})^{-1}=(\boldsymbol{A}^{-1})^{\mathrm{T}}$, $(\boldsymbol{A}^{-1})^{-1}=\boldsymbol{A}$;

(3) 若 $\boldsymbol{A},\boldsymbol{B}$ 为同阶可逆矩阵,则 $\boldsymbol{AB}$ 也可逆,且有 $(\boldsymbol{AB})^{-1}=\boldsymbol{B}^{-1}\boldsymbol{A}^{-1}$;

推广:若 $\boldsymbol{A}_i(i=1,\cdots,s)$ 可逆,则 $(\boldsymbol{A}_1\boldsymbol{A}_2\cdots\boldsymbol{A}_s)^{-1}=\boldsymbol{A}_s^{-1}\cdots\boldsymbol{A}_2^{-1}\boldsymbol{A}_1^{-1}$.

(4) 若 $\boldsymbol{A}$ 可逆，且 $k\neq 0$，则 $(k\boldsymbol{A})^{-1}=\dfrac{1}{k}\boldsymbol{A}^{-1}$.

3. 矩阵可逆的充要条件

n 阶矩阵 $\boldsymbol{A}$ 可逆 $\Leftrightarrow$ 存在 n 阶矩阵 $\boldsymbol{B}$，使得 $\boldsymbol{AB}=\boldsymbol{BA}=\boldsymbol{I}$

$\Leftrightarrow \boldsymbol{A}$ 可表示成有限个初等矩阵的乘积

$\Leftrightarrow \boldsymbol{A}$ 与单位矩阵 $\boldsymbol{I}$ 等价

$\Leftrightarrow \boldsymbol{AX}=\boldsymbol{0}$ 只有零解

$\Leftrightarrow \boldsymbol{AX}=\boldsymbol{b}$ 有唯一解.

4. 用初等变换求逆矩阵

$$(\boldsymbol{A},\boldsymbol{I})\xrightarrow{\text{行初等变换}}(\boldsymbol{I},\boldsymbol{A}^{-1})$$

(四) 分块矩阵

以子矩阵为元的矩阵称为分块矩阵.对分块矩阵做加法、数乘、乘法运算时，与矩阵的加法、数乘、乘法运算对应一致，特别是求分块对角矩阵的逆矩阵时，可把它化为求对角线上的子矩阵的逆.

二、典型例题

(一) 选择题

例 1 设 $\boldsymbol{A},\boldsymbol{B}$ 都是 n 阶矩阵，则 $(\boldsymbol{A}+\boldsymbol{B})^2=\boldsymbol{A}^2+2\boldsymbol{AB}+\boldsymbol{B}^2$ 的充分必要条件是(　　).

(A) $\boldsymbol{A}=\boldsymbol{I}$　　(B) $\boldsymbol{B}=\boldsymbol{O}$　　(C) $\boldsymbol{AB}=\boldsymbol{BA}$　　(D) $\boldsymbol{A}=\boldsymbol{B}$

分析 矩阵运算与代数运算的差异主要有两点：不满足交换律与消去律，即一般地 $\boldsymbol{AB}\neq\boldsymbol{BA}$；$\boldsymbol{AB}=\boldsymbol{O}$ 未必有 $\boldsymbol{A}=\boldsymbol{O}$ 或 $\boldsymbol{B}=\boldsymbol{O}$.(A)、(B)、(D) 均为等式 $(\boldsymbol{A}+\boldsymbol{B})^2=\boldsymbol{A}^2+2\boldsymbol{AB}+\boldsymbol{B}^2$ 成立的充分条件，但非必要条件，故(C)是正确答案.

答案 (C).

例 2 设 $\boldsymbol{A},\boldsymbol{B}$ 都是 n 阶对称矩阵，则下列结论不正确的是(　　).

(A) $\boldsymbol{A}+\boldsymbol{B}$ 也是对称矩阵

(B) $\boldsymbol{AB}$ 也是对称矩阵

(C) $\boldsymbol{A}^m+\boldsymbol{B}^m$ (m 为正整数) 也是对称矩阵

(D) $\boldsymbol{BA}^{\mathrm{T}}+\boldsymbol{AB}^{\mathrm{T}}$ 也是对称矩阵

分析 逐项计算转置矩阵看是否为对称矩阵即可.因 $(\boldsymbol{AB})^{\mathrm{T}}=\boldsymbol{B}^{\mathrm{T}}\boldsymbol{A}^{\mathrm{T}}=\boldsymbol{BA}$，但一

般 $AB\neq BA$,故(B)是正确答案.

答案 (B).

例 3 设 A,B,C 均为 n 阶方阵,若 $AB=BA,AC=CA$,则 ABC 等于( ).

(A) ACB (B) CBA (C) BCA (D) CAB

分析 $ABC=(BA)C=B(AC)=BCA$,故(C)是正确答案.

答案 (C).

例 4 设 A,B,C 均为 n 阶方阵,若 $AB=BC=CA=I$,则 $A^2+B^2+C^2$ 等于( ).

(A) $3I$ (B) $2I$ (C) I (D) O

分析 $I=(AB)(CA)=A(BC)A=A^2$,$I=(BC)(AB)=B(CA)B=B^2$,$I=(CA)(BC)=C(AB)C=C^2$,所以 $A^2+B^2+C^2=3I$,故(A)是正确答案.

答案 (A).

例 5 设 A,B 为 n 阶方阵,则( ).

(A) A 或 B 可逆,必有 AB 可逆 (B) A 或 B 不可逆,必有 AB 不可逆

(C) A 且 B 可逆,必有 $A+B$ 可逆 (D) A 且 B 不可逆,必有 $A+B$ 不可逆

分析 若 A 或 B 不可逆,不妨设 B 不可逆,则存在 $X\neq 0$,使得 $BX=0$.因此 $ABX=0$,即 $ABX=0$ 有非零解,必有 AB 不可逆.故(B)是正确答案.

答案 (B).

例 6 设 A 可逆,B 与 A 为同阶方阵,则( ).

(A) $AB=BA$ (B) A 为对称矩阵

(C) A^{T} 为可交换矩阵 (D) A^{T} 为可逆矩阵

分析 $(A^{\mathrm{T}})^{-1}=(A^{-1})^{\mathrm{T}}$,故(D)是正确答案.

答案 (D).

例 7 设 A,B,C 均为 n 阶方阵,且 $ABC=I$,则必有( ).

(A) $ACB=I$ (B) $CBA=I$ (C) $BAC=I$ (D) $BCA=I$

分析 由 $ABC=I$,说明 A 与 BC,或 AB 与 C 互为逆矩阵,即 $(AB)^{-1}=C$,$A^{-1}=BC$,故有 $A(BC)=(BC)A=(AB)C=C(AB)=I$,对比选项可知(D)为正确答案.其余选项因矩阵乘法不满足交换律而不成立.

答案 (D).

例 8 设 $A,B,A+B,A^{-1}+B^{-1}$ 均为 n 阶可逆矩阵,则 $(A^{-1}+B^{-1})^{-1}$ 等于( ).

(A) $A^{-1}+B^{-1}$ (B) $A+B$ (C) $A(A+B)^{-1}B$ (D) $(A+B)^{-1}$

分析 (A)可立即排除,因为 $A^{-1}+B^{-1}$ 的逆矩阵一般不等于自身;另外矩阵和的逆并不等于矩阵逆的和,故(B)错误.剩下(C),(D)直接验证有一定的难度,不妨反求答案(C),(D)的逆矩阵,看是否等于 $A^{-1}+B^{-1}$,因 $[A(A+B)^{-1}B]^{-1}=B^{-1}(A+B)A^{-1}=A^{-1}+B^{-1}$,$[(A+B)^{-1}]^{-1}=A+B$,故可知(C)为正确答案.

答案 (C).

例 9 设 $\boldsymbol{A}$ 为 n 阶可逆矩阵,则(　　).

(A) 若 $\boldsymbol{AB}=\boldsymbol{CB}$,则 $\boldsymbol{A}=\boldsymbol{C}$

(B) $\boldsymbol{A}$ 总可以经过行初等变换化为 $\boldsymbol{I}$

(C) 对矩阵 $(\boldsymbol{A},\boldsymbol{I})$ 施行若干次初等变换,当 $\boldsymbol{A}$ 变为 $\boldsymbol{I}$ 时,相应地 $\boldsymbol{I}$ 变为 $\boldsymbol{A}^{-1}$

(D) 以上都不对

分析 由于矩阵乘法不满足消去律,当 $\boldsymbol{B}$ 不可逆时,一般 $\boldsymbol{A}\neq\boldsymbol{C}$,即(A)错误;(C)必须限于行初等变换,在 $\boldsymbol{A}$ 可逆的条件下,$\boldsymbol{A}$ 总可以经过行初等变换化为单位矩阵,故(B)为正确答案.

答案 (B).

例 10 设

$$\boldsymbol{A}=\begin{pmatrix} a_{11} & a_{12} & a_{13} \\ a_{21} & a_{22} & a_{23} \\ a_{31} & a_{32} & a_{33} \end{pmatrix},\quad \boldsymbol{B}=\begin{pmatrix} a_{21} & a_{22} & a_{23} \\ a_{11} & a_{12} & a_{13} \\ a_{31}+a_{11} & a_{32}+a_{12} & a_{33}+a_{13} \end{pmatrix},$$

$$\boldsymbol{P}_1=\begin{pmatrix} 0 & 1 & 0 \\ 1 & 0 & 0 \\ 0 & 0 & 1 \end{pmatrix},\quad \boldsymbol{P}_2=\begin{pmatrix} 1 & 0 & 0 \\ 0 & 1 & 0 \\ 1 & 0 & 1 \end{pmatrix},$$

则必有(　　).

(A) $\boldsymbol{AP}_1\boldsymbol{P}_2=\boldsymbol{B}$　　(B) $\boldsymbol{AP}_2\boldsymbol{P}_1=\boldsymbol{B}$　　(C) $\boldsymbol{P}_1\boldsymbol{P}_2\boldsymbol{A}=\boldsymbol{B}$　　(D) $\boldsymbol{P}_2\boldsymbol{P}_1\boldsymbol{A}=\boldsymbol{B}$

分析 $\boldsymbol{B}$ 是 $\boldsymbol{A}$ 经过把第一行加到第三行,然后交换第一行与第二行的行初等变换得到的,因此(C)为正确答案.本题应注意左乘与右乘初等矩阵 $\boldsymbol{P}_1,\boldsymbol{P}_2$ 分别对应行、列初等变换,同时还应注意所作初等变换的前后顺序.

答案 (C).

例 11 设分块矩阵 $\boldsymbol{X}=\begin{pmatrix} \boldsymbol{A}_1 & \boldsymbol{\alpha}_1 \\ \boldsymbol{\beta}_1 & 1 \end{pmatrix}$,$\boldsymbol{X}^{-1}=\begin{pmatrix} \boldsymbol{A}_2 & \boldsymbol{\alpha}_2 \\ \boldsymbol{\beta}_2 & \alpha \end{pmatrix}$,其中 $\boldsymbol{A}_i$ 为 $n\times n$ 矩阵,$\boldsymbol{\alpha}_i$ 为 $n\times 1$ 矩阵,$\boldsymbol{\beta}_i$ 为 $1\times n$ 矩阵,$i=1,2$,α 为实数,则 α 等于(　　).

(A) 1　　(B) $\boldsymbol{\beta}_1\boldsymbol{A}_1^{-1}\boldsymbol{\alpha}_1$　　(C) $\dfrac{1}{1-\boldsymbol{\beta}_1\boldsymbol{A}_1^{-1}\boldsymbol{\alpha}_1}$　　(D) $\dfrac{1}{1+\boldsymbol{\beta}_1\boldsymbol{A}_1^{-1}\boldsymbol{\alpha}_1}$

分析 由 $\begin{pmatrix} \boldsymbol{A}_1 & \boldsymbol{\alpha}_1 \\ \boldsymbol{\beta}_1 & 1 \end{pmatrix}\begin{pmatrix} \boldsymbol{A}_2 & \boldsymbol{\alpha}_2 \\ \boldsymbol{\beta}_2 & \alpha \end{pmatrix}=\boldsymbol{XX}^{-1}=\begin{pmatrix} \boldsymbol{I} & \boldsymbol{O} \\ \boldsymbol{O} & 1 \end{pmatrix}$ 得

$$\begin{cases} \boldsymbol{A}_1\boldsymbol{A}_2+\boldsymbol{\alpha}_1\boldsymbol{\beta}_2=\boldsymbol{I}, \\ \boldsymbol{A}_1\boldsymbol{\alpha}_2+\alpha\boldsymbol{\alpha}_1=\boldsymbol{O}, \\ \boldsymbol{\beta}_1\boldsymbol{A}_2+\boldsymbol{\beta}_2=\boldsymbol{O}, \\ \boldsymbol{\beta}_1\boldsymbol{\alpha}_2+\alpha=1. \end{cases}$$

由 $\boldsymbol{\beta}_1\boldsymbol{\alpha}_2+\alpha=1$,有 $\alpha=1-\boldsymbol{\beta}_1\boldsymbol{\alpha}_2=1-\boldsymbol{\beta}_1\boldsymbol{A}_1^{-1}\boldsymbol{A}_1\boldsymbol{\alpha}_2=1-\boldsymbol{\beta}_1\boldsymbol{A}_1^{-1}(\boldsymbol{A}_1\boldsymbol{\alpha}_2)$.利用第二个方程得 $\alpha=1-\boldsymbol{\beta}_1\boldsymbol{A}_1^{-1}(-\alpha\boldsymbol{\alpha}_1)=1+\alpha\boldsymbol{\beta}_1\boldsymbol{A}_1^{-1}\boldsymbol{\alpha}_1$.故 $\alpha=\dfrac{1}{1-\boldsymbol{\beta}_1\boldsymbol{A}_1^{-1}\boldsymbol{\alpha}_1}$.

答案 (C).

例 12 下列结论不正确的是( ).

(A) 设 $\boldsymbol{A}$ 为 n 阶矩阵,则 $(\boldsymbol{A}+\boldsymbol{I})(\boldsymbol{A}-\boldsymbol{I})=\boldsymbol{A}^2-\boldsymbol{I}$

(B) 设 $\boldsymbol{A},\boldsymbol{B}$ 均为 $n\times1$ 矩阵,则 $\boldsymbol{A}^{\mathrm{T}}\boldsymbol{B}=\boldsymbol{B}^{\mathrm{T}}\boldsymbol{A}$

(C) 设 $\boldsymbol{A},\boldsymbol{B}$ 均为 n 阶矩阵,且满足 $\boldsymbol{AB}=\boldsymbol{O}$,则 $(\boldsymbol{A}+\boldsymbol{B})^2=\boldsymbol{A}^2+\boldsymbol{B}^2$

(D) 设 $\boldsymbol{A},\boldsymbol{B}$ 均为 n 阶矩阵,且满足 $\boldsymbol{AB}=\boldsymbol{BA}$,则 $\boldsymbol{A}^5\boldsymbol{B}^3=\boldsymbol{B}^3\boldsymbol{A}^5$

分析 因 $(\boldsymbol{A}+\boldsymbol{I})(\boldsymbol{A}-\boldsymbol{I})=\boldsymbol{A}^2-\boldsymbol{AI}+\boldsymbol{IA}-\boldsymbol{I}=\boldsymbol{A}^2-\boldsymbol{I}$,故(A)正确.因为 $\boldsymbol{A},\boldsymbol{B}$ 均为 $n\times1$ 矩阵,所以 $\boldsymbol{A}^{\mathrm{T}}\boldsymbol{B},\boldsymbol{B}^{\mathrm{T}}\boldsymbol{A}$ 均为一阶矩阵,从而 $\boldsymbol{A}^{\mathrm{T}}\boldsymbol{B}=(\boldsymbol{A}^{\mathrm{T}}\boldsymbol{B})^{\mathrm{T}}=\boldsymbol{B}^{\mathrm{T}}\boldsymbol{A}$,故(B)正确.由于 $\boldsymbol{AB}=\boldsymbol{O}$ 一般推不出 $\boldsymbol{BA}=\boldsymbol{O}$,因此 $(\boldsymbol{A}+\boldsymbol{B})^2=\boldsymbol{A}^2+\boldsymbol{AB}+\boldsymbol{BA}+\boldsymbol{B}^2\neq\boldsymbol{A}^2+\boldsymbol{B}^2$,故(C)不正确.由 $\boldsymbol{AB}=\boldsymbol{BA}$,可知 $\boldsymbol{AB}^3=\boldsymbol{ABB}^2=(\boldsymbol{BA})\boldsymbol{B}^2=\boldsymbol{B}(\boldsymbol{AB})\boldsymbol{B}=\boldsymbol{B}^2(\boldsymbol{AB})=\boldsymbol{B}^3\boldsymbol{A}$,所以 $\boldsymbol{A}^5\boldsymbol{B}^3=\boldsymbol{A}^4(\boldsymbol{AB}^3)=\boldsymbol{A}^4(\boldsymbol{B}^3\boldsymbol{A})=\boldsymbol{A}^3(\boldsymbol{AB}^3)\boldsymbol{A}=\cdots=\boldsymbol{B}^3\boldsymbol{A}^5$,故(D)正确.因此,应选(C).

答案 (C).

(二) 解答题

例 1 设矩阵

$$\boldsymbol{A}=\begin{pmatrix}1&2&1\\2&1&1\\1&1&2\end{pmatrix},\quad \boldsymbol{B}=\begin{pmatrix}-1&1&0\\1&3&1\\-1&0&1\end{pmatrix},$$

求 $(\boldsymbol{A}+\boldsymbol{B})^2-(\boldsymbol{A}^2+2\boldsymbol{AB}+\boldsymbol{B}^2)$.

分析 利用 $(\boldsymbol{A}+\boldsymbol{B})^2=\boldsymbol{A}^2+\boldsymbol{AB}+\boldsymbol{BA}+\boldsymbol{B}$,代入表达式化简即可.

解 先化简

$$\begin{aligned}(\boldsymbol{A}+\boldsymbol{B})^2-(\boldsymbol{A}^2+2\boldsymbol{AB}+\boldsymbol{B}^2)&=\boldsymbol{A}^2+\boldsymbol{AB}+\boldsymbol{BA}+\boldsymbol{B}^2-\boldsymbol{A}^2-2\boldsymbol{AB}-\boldsymbol{B}^2\\&=\boldsymbol{BA}-\boldsymbol{AB},\end{aligned}$$

由于

$$\boldsymbol{BA}=\begin{pmatrix}-1&1&0\\1&3&1\\-1&0&1\end{pmatrix}\begin{pmatrix}1&2&1\\2&1&1\\1&1&2\end{pmatrix}=\begin{pmatrix}1&-1&0\\8&6&6\\0&-1&1\end{pmatrix};$$

$$\boldsymbol{AB}=\begin{pmatrix}1&2&1\\2&1&1\\1&1&2\end{pmatrix}\begin{pmatrix}-1&1&0\\1&3&1\\-1&0&1\end{pmatrix}=\begin{pmatrix}0&7&3\\-2&5&2\\-2&4&3\end{pmatrix},$$

所以

$$(\boldsymbol{A}+\boldsymbol{B})^2-(\boldsymbol{A}^2+2\boldsymbol{AB}+\boldsymbol{B}^2)=\boldsymbol{BA}-\boldsymbol{AB}$$

$$=\begin{pmatrix}1&-1&0\\8&6&6\\0&-1&1\end{pmatrix}-\begin{pmatrix}0&7&3\\-2&5&2\\-2&4&3\end{pmatrix}=\begin{pmatrix}1&-8&-3\\10&1&4\\2&-5&-2\end{pmatrix}.$$

评注 这个例子表明，对一般的 n 阶方阵 $\boldsymbol{A},\boldsymbol{B}$，

$$(\boldsymbol{A}+\boldsymbol{B})^2=\boldsymbol{A}^2+2\boldsymbol{AB}+\boldsymbol{B}^2$$

一般不成立，只有当 $\boldsymbol{AB}=\boldsymbol{BA}$ 时，上式才能成立.

例 2 已知矩阵 $\boldsymbol{A}=\boldsymbol{PQ}$，其中 $\boldsymbol{P}=\begin{pmatrix}1\\2\\1\end{pmatrix}$，$\boldsymbol{Q}=(2,-1,2)$，求矩阵 $\boldsymbol{A},\boldsymbol{A}^2,\boldsymbol{A}^{100}$.

分析 计算方阵的高次幂除了用数学归纳法外，还应结合方阵自身的特征进行讨论.本题的关键是注意 $\boldsymbol{PQ}$ 为矩阵，而 $\boldsymbol{QP}$ 为数，利用矩阵乘法的结合律可得

$$\boldsymbol{A}^2=\boldsymbol{PQPQ}=\boldsymbol{P}(\boldsymbol{QP})\boldsymbol{Q}=2\boldsymbol{PQ}.$$

解 $\boldsymbol{A}=\boldsymbol{PQ}=\begin{pmatrix}1\\2\\1\end{pmatrix}(2,-1,2)=\begin{pmatrix}2&-1&2\\4&-2&4\\2&-1&2\end{pmatrix}$，　$\boldsymbol{QP}=(2,-1,2)\begin{pmatrix}1\\2\\1\end{pmatrix}=2.$

$$\boldsymbol{A}^2=\boldsymbol{PQPQ}=\boldsymbol{P}(\boldsymbol{QP})\boldsymbol{Q}=2\boldsymbol{PQ}=2\boldsymbol{A},$$

$$\boldsymbol{A}^3=\boldsymbol{A}^2\boldsymbol{A}=2\boldsymbol{AA}=2\boldsymbol{A}^2=2^2\boldsymbol{A}.$$

一般地，设 $\boldsymbol{A}^{k-1}=2^{k-2}\boldsymbol{A}$，则

$$\boldsymbol{A}^k=\boldsymbol{A}^{k-1}\boldsymbol{A}=2^{k-2}\boldsymbol{AA}=2^{k-2}\boldsymbol{A}^2=2^{k-1}\boldsymbol{A}.$$

根据数学归纳法，有 $\boldsymbol{A}^k=2^{k-1}\boldsymbol{A}$.于是

$$\boldsymbol{A}^{100}=2^{99}\boldsymbol{A}=2^{99}\begin{pmatrix}2&-1&2\\4&-2&4\\2&-1&2\end{pmatrix}=2^{100}\begin{pmatrix}1&-\frac{1}{2}&1\\2&-1&2\\1&-\frac{1}{2}&1\end{pmatrix}.$$

例 3 已知 $\boldsymbol{A}=\begin{pmatrix}1&1&0\\0&1&1\\0&0&1\end{pmatrix}$，试求 $\boldsymbol{A}^n$.

分析 由 $\boldsymbol{A}$ 的元素特点得 $\boldsymbol{A}=\boldsymbol{I}+\boldsymbol{B}$，其中 $\boldsymbol{B}=\begin{pmatrix}0&1&0\\0&0&1\\0&0&0\end{pmatrix}$，将 $\boldsymbol{A}^n$ 转化为 $(\boldsymbol{I}+\boldsymbol{B})^n$，或用数学归纳法.

解法 1 由 $\boldsymbol{A}=\begin{pmatrix}1&1&0\\0&1&1\\0&0&1\end{pmatrix}=\begin{pmatrix}1&0&0\\0&1&0\\0&0&1\end{pmatrix}+\begin{pmatrix}0&1&0\\0&0&1\\0&0&0\end{pmatrix}\xlongequal{\text{记为}}\boldsymbol{I}+\boldsymbol{B}$，

由于 $\boldsymbol{I}$ 与 $\boldsymbol{B}$ 可交换，故有

$$\boldsymbol{A}^n=(\boldsymbol{I}+\boldsymbol{B})^n=\sum_{i=0}^{n}\mathrm{C}_n^i\boldsymbol{I}^{n-i}\boldsymbol{B}^i$$

$$=\boldsymbol{I}^n+n\boldsymbol{I}^{n-1}\boldsymbol{B}+\frac{n(n-1)}{2}\boldsymbol{I}^{n-2}\boldsymbol{B}^2+\frac{n(n-1)(n-2)}{3!}\boldsymbol{I}^{n-3}\boldsymbol{B}^3+\cdots+\boldsymbol{B}^n,$$

而 $\boldsymbol{I}^n=\boldsymbol{I}^{n-1}=\cdots=\boldsymbol{I}$，且由 $\boldsymbol{B}=\begin{pmatrix}0&1&0\\0&0&1\\0&0&0\end{pmatrix}$ 可得，

$$\boldsymbol{B}^2=\begin{pmatrix}0&1&0\\0&0&1\\0&0&0\end{pmatrix}\begin{pmatrix}0&1&0\\0&0&1\\0&0&0\end{pmatrix}=\begin{pmatrix}0&0&1\\0&0&0\\0&0&0\end{pmatrix},$$

$$\boldsymbol{B}^3=\boldsymbol{B}^2\boldsymbol{B}=\begin{pmatrix}0&0&1\\0&0&0\\0&0&0\end{pmatrix}\begin{pmatrix}0&1&0\\0&0&1\\0&0&0\end{pmatrix}=\begin{pmatrix}0&0&0\\0&0&0\\0&0&0\end{pmatrix},$$

故

$$\boldsymbol{B}^k=\boldsymbol{O},\quad 3\leqslant k\leqslant n.$$

所以

$$\boldsymbol{A}^n=(\boldsymbol{I}+\boldsymbol{B})^n=\boldsymbol{I}^n+n\boldsymbol{I}^{n-1}\boldsymbol{B}+\frac{n(n-1)}{2}\boldsymbol{I}^{n-2}\boldsymbol{B}^2$$

$$=\begin{pmatrix}1&0&0\\0&1&0\\0&0&1\end{pmatrix}+\begin{pmatrix}0&n&0\\0&0&n\\0&0&0\end{pmatrix}+\begin{pmatrix}0&0&\frac{n(n-1)}{2}\\0&0&0\\0&0&0\end{pmatrix}=\begin{pmatrix}1&n&\frac{n(n-1)}{2}\\0&1&n\\0&0&1\end{pmatrix}.$$

解法 2 因为

$$\boldsymbol{A}^2=\boldsymbol{A}\boldsymbol{A}=\begin{pmatrix}1&2&1\\0&1&2\\0&0&1\end{pmatrix},\quad \boldsymbol{A}^3=\boldsymbol{A}^2\boldsymbol{A}=\begin{pmatrix}1&3&3\\0&1&3\\0&0&1\end{pmatrix},\quad \boldsymbol{A}^4=\boldsymbol{A}^3\boldsymbol{A}=\begin{pmatrix}1&4&6\\0&1&4\\0&0&1\end{pmatrix}.$$

观察这些矩阵的规律，可推测

$$\boldsymbol{A}^n=\begin{pmatrix}1&n&\frac{n(n-1)}{2}\\0&1&n\\0&0&1\end{pmatrix}.$$

此结论是否正确，下面用数学归纳法证明.

当 $n=2$ 时，上面已验算成立.

假设当 $n=k$ 时成立，即

$$A^k=\begin{pmatrix}1 & k & \dfrac{k(k-1)}{2}\\ 0 & 1 & k\\ 0 & 0 & 1\end{pmatrix}.$$

当 $n=k+1$ 时,有

$$A^{k+1}=A^kA=\begin{pmatrix}1 & k & \dfrac{k(k-1)}{2}\\ 0 & 1 & k\\ 0 & 0 & 1\end{pmatrix}\begin{pmatrix}1 & 1 & 0\\ 0 & 1 & 1\\ 0 & 0 & 1\end{pmatrix}=\begin{pmatrix}1 & k+1 & \dfrac{(k+1)k}{2}\\ 0 & 1 & k+1\\ 0 & 0 & 1\end{pmatrix},$$

故 $n=k+1$ 时结论亦成立.于是上述结果正确.

例 4 解下列线性方程组:

(1) $\begin{cases}2x_1-x_2+3x_3=1,\\ 4x_1-2x_2+5x_3=4,\\ 2x_1-x_2+4x_3=0;\end{cases}$ (2) $\begin{cases}x_1-2x_2+3x_3-4x_4=0,\\ x_2-x_3+x_4=0,\\ x_1+3x_2-3x_4=0,\\ -7x_2+3x_3+x_4=0;\end{cases}$ (3) $\begin{cases}2x_1-x_2+3x_3=1,\\ 2x_1+2x_3=6,\\ 4x_1+2x_2+5x_3=7.\end{cases}$

分析 对增广矩阵 $\overline{A}=(A,b)$ 作行初等变换,借助于行阶梯形或简化的行阶梯形求解.

解 (1) $\overline{A}=(A,b)=\left(\begin{array}{ccc:c}2 & -1 & 3 & 1\\ 4 & -2 & 5 & 4\\ 2 & -1 & 4 & 0\end{array}\right)\longrightarrow\left(\begin{array}{ccc:c}2 & -1 & 3 & 1\\ 0 & 0 & -1 & 2\\ 0 & 0 & 1 & -1\end{array}\right)\longrightarrow\left(\begin{array}{ccc:c}2 & -1 & 3 & 1\\ 0 & 0 & -1 & 2\\ 0 & 0 & 0 & 1\end{array}\right),$

由行阶梯形矩阵可知,该方程组无解.

(2) $\overline{A}=(A,b)=\left(\begin{array}{cccc:c}1 & -2 & 3 & -4 & 0\\ 0 & 1 & -1 & 1 & 0\\ 1 & 3 & 0 & -3 & 0\\ 0 & -7 & 3 & 1 & 0\end{array}\right)\longrightarrow\left(\begin{array}{cccc:c}1 & -2 & 3 & -4 & 0\\ 0 & 1 & -1 & 1 & 0\\ 0 & 5 & -3 & 1 & 0\\ 0 & -7 & 3 & 1 & 0\end{array}\right)$

$\longrightarrow\left(\begin{array}{cccc:c}1 & -2 & 3 & -4 & 0\\ 0 & 1 & -1 & 1 & 0\\ 0 & 0 & 2 & -4 & 0\\ 0 & 0 & -4 & 8 & 0\end{array}\right)\longrightarrow\left(\begin{array}{cccc:c}1 & -2 & 3 & -4 & 0\\ 0 & 1 & -1 & 1 & 0\\ 0 & 0 & 1 & -2 & 0\\ 0 & 0 & 0 & 0 & 0\end{array}\right)$

$\longrightarrow\left(\begin{array}{cccc:c}1 & 0 & 0 & 0 & 0\\ 0 & 1 & 0 & -1 & 0\\ 0 & 0 & 1 & -2 & 0\\ 0 & 0 & 0 & 0 & 0\end{array}\right).$

由行阶梯形矩阵可知,该方程组有无穷多解,且解为

$$\begin{cases}x_1=0,\\x_2=k,\\x_3=2k,\\x_4=k\end{cases}\quad (k\text{ 为任意常数}).$$

(3) $\bar{A}=(A,b)=\left(\begin{array}{ccc:c}2&-1&3&1\\2&0&2&6\\4&2&5&7\end{array}\right)\longrightarrow\left(\begin{array}{ccc:c}1&0&1&3\\2&-1&3&1\\4&2&5&7\end{array}\right)\longrightarrow\left(\begin{array}{ccc:c}1&0&1&3\\0&-1&1&-5\\0&2&1&-5\end{array}\right)$

$$\longrightarrow\left(\begin{array}{ccc:c}1&0&1&3\\0&-1&1&-5\\0&0&3&-15\end{array}\right)\longrightarrow\left(\begin{array}{ccc:c}1&0&1&3\\0&-1&1&-5\\0&0&1&-5\end{array}\right)\longrightarrow\left(\begin{array}{ccc:c}1&0&0&8\\0&1&0&0\\0&0&1&-5\end{array}\right),$$

由简化的行阶梯形矩阵可知,该方程组有唯一解,且解为$\begin{cases}x_1=8,\\x_2=0,\\x_3=-5.\end{cases}$

例 5 当 c,d 为何值时,线性方程组

$$\begin{cases}x_1+x_2+x_3+x_4+x_5=1,\\3x_1+2x_2+x_3+x_4-3x_5=c,\\x_2+2x_3+2x_4+6x_5=3,\\5x_1+4x_2+3x_3+3x_4-x_5=d\end{cases}$$

有解？当有解时,试求其一般解.

分析 对增广矩阵 $\bar{A}=(A,b)$ 作行初等变换,借助于行阶梯形或简化的行阶梯形与解的存在性关系确定参数值.

解 $\bar{A}=(A,b)=\left(\begin{array}{ccccc:c}1&1&1&1&1&1\\3&2&1&1&-3&c\\0&1&2&2&6&3\\5&4&3&3&-1&d\end{array}\right)\longrightarrow\left(\begin{array}{ccccc:c}1&1&1&1&1&1\\0&-1&-2&-2&-6&c-3\\0&1&2&2&6&3\\0&-1&-2&-2&-6&d-5\end{array}\right)$

$$\longrightarrow\left(\begin{array}{ccccc:c}1&1&1&1&1&1\\0&0&0&0&0&c\\0&1&2&2&6&3\\0&0&0&0&0&d-2\end{array}\right)\longrightarrow\left(\begin{array}{ccccc:c}1&1&1&1&1&1\\0&1&2&2&6&3\\0&0&0&0&0&c\\0&0&0&0&0&d-2\end{array}\right),$$

由行阶梯形矩阵可知,当 $c=0,d=2$ 时,该方程组有无穷多解.

当 $c=0,d=2$ 时,进一步化行阶梯形矩阵为简化的行阶梯形矩阵可得

$$\left(\begin{array}{ccccc:c}1&1&1&1&1&1\\0&1&2&2&6&3\\0&0&0&0&0&0\\0&0&0&0&0&0\end{array}\right)\longrightarrow\left(\begin{array}{ccccc:c}1&0&-1&-1&-5&-2\\0&1&2&2&6&3\\0&0&0&0&0&0\\0&0&0&0&0&0\end{array}\right),$$

故可得该方程组的解为

$$\begin{cases}x_1=-2+c_1+c_2+5c_3,\\x_2=3-2c_1-2c_2-6c_3,\\x_3=c_1, & (c_1,c_2,c_3\text{ 为任意常数}).\\x_4=c_2,\\x_5=c_3\end{cases}$$

例 6 求一个 4 次多项式 $P_4(x)=a_0x^4+a_1x^3+a_2x^2+a_3x+a_4$，使其通过$(0,5)$，$(2,-13)$，$(3,-10)$，$(1,-2)$，$(-1,14)$五点.

分析 该问题的关键在于求多项式的系数.将五点代入多项式得到五个方程，则求多项式系数的问题转化为方程组求解问题.

解 以 a_0,a_1,a_2,a_3,a_4 为未知量，由题设可得线性方程组

$$\begin{cases}a_4=5,\\16a_0+8a_1+4a_2+2a_3+a_4=-13,\\81a_0+27a_1+9a_2+3a_3+a_4=-10,\\a_0+a_1+a_2+a_3+a_4=-2,\\a_0-a_1+a_2-a_3+a_4=14.\end{cases}$$

对增广矩阵 $\overline{A}=(A,b)$ 作行初等变换化为简化的行阶梯形矩阵，得

$$\overline{A}=(A,b)=\left(\begin{array}{ccccc:c}0&0&0&0&1&5\\16&8&4&2&1&-13\\81&27&9&3&1&-10\\1&1&1&1&1&-2\\1&-1&1&-1&1&14\end{array}\right)\longrightarrow\left(\begin{array}{ccccc:c}1&0&0&0&0&1\\0&1&0&0&0&-3\\0&0&1&0&0&0\\0&0&0&1&0&-5\\0&0&0&0&1&5\end{array}\right),$$

由简化的行阶梯形矩阵可知，该方程组有唯一解，且解为

$$a_0=1,\quad a_1=-3,\quad a_2=0,\quad a_3=-5,\quad a_4=5,$$

故该多项式为

$$P_4(x)=x^4-3x^3-5x+5.$$

例 7 判断下列矩阵的可逆性，若可逆求出其逆矩阵：

(1) $A=\begin{pmatrix}1&-3&1\\2&0&1\\0&-6&1\end{pmatrix}$；(2) $A=\begin{pmatrix}4&2&3\\3&1&2\\2&1&1\end{pmatrix}$.

分析 $(A,I)\xrightarrow{\text{行初等变换}}(I,A^{-1})$.

解 (1) $$(A,I)=\left(\begin{array}{ccc:ccc}1&-3&1&1&0&0\\2&0&1&0&1&0\\0&-6&1&0&0&1\end{array}\right)\longrightarrow\left(\begin{array}{ccc:ccc}1&-3&1&1&0&0\\0&6&-1&-2&1&0\\0&-6&1&0&0&1\end{array}\right)$$

$$\longrightarrow\left(\begin{array}{ccc|ccc}1&-3&1&1&0&0\\0&6&-1&-2&1&0\\0&0&0&-2&1&1\end{array}\right),$$

故 $\boldsymbol{A}$ 不可逆.

$$(2)\ (\boldsymbol{A},\boldsymbol{I})=\left(\begin{array}{ccc|ccc}4&2&3&1&0&0\\3&1&2&0&1&0\\2&1&1&0&0&1\end{array}\right)\longrightarrow\left(\begin{array}{ccc|ccc}1&0&0&-1&1&1\\0&1&0&1&-2&1\\0&0&1&1&0&-2\end{array}\right),$$

故 $\boldsymbol{A}$ 可逆,且 $\boldsymbol{A}^{-1}=\begin{pmatrix}-1&1&1\\1&-2&1\\1&0&-2\end{pmatrix}$.

例 8 设 n 阶矩阵 $\boldsymbol{A}$ 满足关系式 $a\boldsymbol{A}^2+b\boldsymbol{A}+c\boldsymbol{I}=\boldsymbol{O}$,其中 a,b,c 为常数,$c\neq 0$,证明:$\boldsymbol{A}$ 可逆,并求 $\boldsymbol{A}^{-1}$.

分析 若存在矩阵 $\boldsymbol{B}$,使得 $\boldsymbol{AB}=\boldsymbol{I}$,则 $\boldsymbol{B}=\boldsymbol{A}^{-1}$.

解 由 $a\boldsymbol{A}^2+b\boldsymbol{A}+c\boldsymbol{I}=\boldsymbol{O}$ 和 $c\neq 0$,可得

$$\left(-\frac{a}{c}\boldsymbol{A}-\frac{b}{c}\boldsymbol{I}\right)\boldsymbol{A}=\boldsymbol{I},$$

因此 $\boldsymbol{A}$ 可逆,且

$$\boldsymbol{A}^{-1}=-\frac{a}{c}\boldsymbol{A}-\frac{b}{c}\boldsymbol{I}.$$

例 9 已知 $\boldsymbol{A}$ 为元素全为 1 的 3 阶矩阵,证明:$(\boldsymbol{I}-\boldsymbol{A})^{-1}=\boldsymbol{I}-\frac{1}{2}\boldsymbol{A}$,并求出 $(\boldsymbol{I}-\boldsymbol{A})^{-1}$.

分析 由 $\boldsymbol{A}$ 的元素特点得关于 $\boldsymbol{I}-\boldsymbol{A}$ 的关系式.

解 由 $\boldsymbol{A}=\begin{pmatrix}1&1&1\\1&1&1\\1&1&1\end{pmatrix}$ 可得,$\boldsymbol{A}=\begin{pmatrix}1\\1\\1\end{pmatrix}(1,1,1)$,又 $(1,1,1)\begin{pmatrix}1\\1\\1\end{pmatrix}=3$,故

$$\boldsymbol{A}^2=\begin{pmatrix}1\\1\\1\end{pmatrix}\underbrace{(1,1,1)\begin{pmatrix}1\\1\\1\end{pmatrix}}(1,1,1)=3\begin{pmatrix}1\\1\\1\end{pmatrix}(1,1,1)=3\boldsymbol{A},$$

即 $\boldsymbol{A}^2-3\boldsymbol{A}=\boldsymbol{O}$,所以 $\boldsymbol{A}^2-3\boldsymbol{A}+2\boldsymbol{I}=2\boldsymbol{I}$,从而 $(\boldsymbol{I}-\boldsymbol{A})(2\boldsymbol{I}-\boldsymbol{A})=2\boldsymbol{I}$,故

$$(\boldsymbol{I}-\boldsymbol{A})\left(\boldsymbol{I}-\frac{1}{2}\boldsymbol{A}\right)=\boldsymbol{I}.$$

所以

$$(\boldsymbol{I}-\boldsymbol{A})^{-1}=\boldsymbol{I}-\frac{1}{2}\boldsymbol{A}=\begin{pmatrix}1&0&0\\0&1&0\\0&0&1\end{pmatrix}-\frac{1}{2}\begin{pmatrix}1&1&1\\1&1&1\\1&1&1\end{pmatrix}=\frac{1}{2}\begin{pmatrix}1&-1&-1\\-1&1&-1\\-1&-1&1\end{pmatrix}.$$

例 10 已知 $n(n\geqslant 2)$ 阶矩阵 $\boldsymbol{A}=\begin{pmatrix}0&1&1&\cdots&1\\1&0&1&\cdots&1\\1&1&0&\cdots&1\\\vdots&\vdots&\vdots&&\vdots\\1&1&1&\cdots&0\end{pmatrix}$,求 $\boldsymbol{A}^{-1}$.

分析 可用行初等变换法,即 $(\boldsymbol{A},\boldsymbol{I})\xrightarrow{\text{行初等变换}}(\boldsymbol{I},\boldsymbol{A}^{-1})$,或根据矩阵的特点,借助特殊矩阵求逆.

解法 1(行初等变换法)

$$(\boldsymbol{A},\boldsymbol{I})=\left(\begin{array}{ccccc:cccccc}0&1&1&\cdots&1&1&0&0&\cdots&0&0\\1&0&1&\cdots&1&0&1&0&\cdots&0&0\\1&1&0&\cdots&1&0&0&1&\cdots&0&0\\\vdots&\vdots&\vdots&&\vdots&\vdots&\vdots&\vdots&&\vdots&\vdots\\1&1&1&\cdots&0&0&0&0&\cdots&0&1\end{array}\right)$$

$$\longrightarrow\left(\begin{array}{ccccc:cccccc}1&0&0&\cdots&0&\frac{2-n}{n-1}&\frac{1}{n-1}&\frac{1}{n-1}&\cdots&\frac{1}{n-1}&\frac{1}{n-1}\\0&1&0&\cdots&0&\frac{1}{n-1}&\frac{2-n}{n-1}&\frac{1}{n-1}&\cdots&\frac{1}{n-1}&\frac{1}{n-1}\\0&0&1&\cdots&0&\frac{1}{n-1}&\frac{1}{n-1}&\frac{2-n}{n-1}&\cdots&\frac{1}{n-1}&\frac{1}{n-1}\\\vdots&\vdots&\vdots&&\vdots&\vdots&\vdots&\vdots&&\vdots&\vdots\\0&0&0&\cdots&1&\frac{1}{n-1}&\frac{1}{n-1}&\frac{1}{n-1}&\cdots&\frac{1}{n-1}&\frac{2-n}{n-1}\end{array}\right),$$

所以

$$\boldsymbol{A}^{-1}=\begin{pmatrix}\frac{2-n}{n-1}&\frac{1}{n-1}&\frac{1}{n-1}&\cdots&\frac{1}{n-1}&\frac{1}{n-1}\\\frac{1}{n-1}&\frac{2-n}{n-1}&\frac{1}{n-1}&\cdots&\frac{1}{n-1}&\frac{1}{n-1}\\\frac{1}{n-1}&\frac{1}{n-1}&\frac{2-n}{n-1}&\cdots&\frac{1}{n-1}&\frac{1}{n-1}\\\vdots&\vdots&\vdots&&\vdots&\vdots\\\frac{1}{n-1}&\frac{1}{n-1}&\frac{1}{n-1}&\cdots&\frac{1}{n-1}&\frac{2-n}{n-1}\end{pmatrix}=\frac{1}{n-1}\begin{pmatrix}2-n&1&1&\cdots&1\\1&2-n&1&\cdots&1\\1&1&2-n&\cdots&1\\\vdots&\vdots&\vdots&&\vdots\\1&1&1&\cdots&2-n\end{pmatrix}.$$

解法 2(特殊矩阵求逆)

$$A+I=\begin{pmatrix}1&1&1&\cdots&1\\1&1&1&\cdots&1\\1&1&1&\cdots&1\\\vdots&\vdots&\vdots&&\vdots\\1&1&1&\cdots&1\end{pmatrix}=\begin{pmatrix}1\\1\\\vdots\\1\end{pmatrix}(1,1,\cdots,1),$$

所以

$$(A+I)^2=\left[\begin{pmatrix}1\\1\\\vdots\\1\end{pmatrix}(1,1,\cdots,1)\right]^2=\begin{pmatrix}1\\1\\\vdots\\1\end{pmatrix}\underbrace{(1,1,\cdots,1)\begin{pmatrix}1\\1\\\vdots\\1\end{pmatrix}}(1,1,\cdots,1)=n(A+I),$$

即

$$A^2+2A+I=nA+nI,$$

从而

$$A^2+(2-n)A=(n-1)I,$$

故

$$\frac{1}{n-1}[A+(2-n)I]A=I.$$

可得

$$A^{-1}=\frac{1}{n-1}[A+(2-n)I]=\frac{1}{n-1}\begin{pmatrix}2-n&1&1&\cdots&1\\1&2-n&1&\cdots&1\\1&1&2-n&\cdots&1\\\vdots&\vdots&\vdots&&\vdots\\1&1&1&\cdots&2-n\end{pmatrix}.$$

例 11 设矩阵 $D=A^{-1}B^{\mathrm{T}}(CB^{-1}+I)^{\mathrm{T}}-[(C^{-1})^{\mathrm{T}}A]^{-1}$,其中

$$A=\begin{pmatrix}1&0&0\\0&\frac{1}{2}&0\\0&0&\frac{1}{3}\end{pmatrix},\quad B=\begin{pmatrix}1&2&0\\2&1&0\\0&0&1\end{pmatrix},\quad C=\begin{pmatrix}1&2&3\\4&5&6\\7&8&10\end{pmatrix},$$

求矩阵 D.

分析 先整理关系式,将矩阵 D 用 A,B,C 表示.

解 因为

$$D=A^{-1}B^{\mathrm{T}}(CB^{-1}+I)^{\mathrm{T}}-[(C^{-1})^{\mathrm{T}}A]^{-1}=A^{-1}[(CB^{-1}+I)B]^{\mathrm{T}}-A^{-1}[(C^{\mathrm{T}})^{-1}]^{-1}$$

$=A^{-1}(C+B)^{T}-A^{-1}C^{T}=A^{-1}B^{T}$,

而 $A^{-1}=\begin{pmatrix}1&0&0\\0&\frac{1}{2}&0\\0&0&\frac{1}{3}\end{pmatrix}^{-1}=\begin{pmatrix}1&0&0\\0&2&0\\0&0&3\end{pmatrix}$,故

$$D=A^{-1}B^{T}=\begin{pmatrix}1&0&0\\0&2&0\\0&0&3\end{pmatrix}\begin{pmatrix}1&2&0\\2&1&0\\0&0&1\end{pmatrix}=\begin{pmatrix}1&2&0\\4&2&0\\0&0&3\end{pmatrix}.$$

例 12 设矩阵 $A=\begin{pmatrix}1&0&0&0\\-2&3&0&0\\0&-4&5&0\\0&0&-6&7\end{pmatrix}$,$I$ 为 4 阶单位矩阵,且 $B=(I+A)^{-1}(I-A)$.证明:$I+B$ 可逆,并求其逆矩阵 $(I+B)^{-1}$.

分析 若先求出 B,然后求 $(I+B)^{-1}$,计算量太大.因此,将 $B=(I+A)^{-1}(I-A)$ 拆开后重新观察,找出和 $(I+B)^{-1}$ 相关的关系式,然后求解.

证 由于 $B=(I+A)^{-1}(I-A)$,所以 $(I+A)B=I-A$,从而 $B+AB+A=I$,故 $I+B+AB+A=2I$,即 $(I+A)(I+B)=2I$,从而 $\frac{1}{2}(I+A)(I+B)=I$,故 $I+B$ 可逆.

$$\begin{aligned}(I+B)^{-1}&=\frac{1}{2}(I+A)\\&=\frac{1}{2}\left(\begin{pmatrix}1&0&0&0\\0&1&0&0\\0&0&1&0\\0&0&0&1\end{pmatrix}+\begin{pmatrix}1&0&0&0\\-2&3&0&0\\0&-4&5&0\\0&0&-6&7\end{pmatrix}\right)\\&=\frac{1}{2}\begin{pmatrix}2&0&0&0\\-2&4&0&0\\0&-4&6&0\\0&0&-6&8\end{pmatrix}=\begin{pmatrix}1&0&0&0\\-1&2&0&0\\0&-2&3&0\\0&0&-3&4\end{pmatrix}.\end{aligned}$$

例 13 设 n 阶矩阵 A 和 B 满足条件 $A+B=AB$,

(1) 证明:$A-I$ 为可逆矩阵,其中 I 为 n 阶单位矩阵;

(2) 证明:$AB=BA$;

(3) 已知 $B=\begin{pmatrix}1&-3&0\\2&1&0\\0&0&2\end{pmatrix}$,求矩阵 A.

分析 由关系式 $A+B=AB$,导出 $(A-I)(?)=I$,则可得 $A-I$ 可逆,由矩阵与其逆矩阵乘法可交换可推导 $AB=BA$.

证 (1) 由 $A+B=AB$,有 $AB-A-B+I=I$,即 $(A-I)(B-I)=I$.从而 $A-I$ 为可逆矩阵,且

$$(A-I)^{-1}=B-I.$$

(2) 由 $A-I$ 与 $B-I$ 互为逆矩阵,可知 $(A-I)(B-I)=(B-I)(A-I)$,由此可得

$$AB=BA.$$

(3) 由 $A-I=(B-I)^{-1}$,有

$$A=I+(B-I)^{-1}=I+\begin{pmatrix} 0 & \frac{1}{2} & 0 \\ -\frac{1}{3} & 0 & 0 \\ 0 & 0 & 1 \end{pmatrix}=\begin{pmatrix} 1 & \frac{1}{2} & 0 \\ -\frac{1}{3} & 1 & 0 \\ 0 & 0 & 2 \end{pmatrix}.$$

例 14 设 3 阶矩阵 A,B 满足关系式 $A^{-1}BA=6A+BA$,且 $A=\begin{pmatrix} \frac{1}{3} & 0 & 0 \\ 0 & \frac{1}{4} & 0 \\ 0 & 0 & \frac{1}{7} \end{pmatrix}$,求矩阵 B.

分析 整理关系式,利用逆矩阵的性质将矩阵 B 用 A^{-1} 和 I 表示.又 A 为对角矩阵,A^{-1} 容易求,从而可求出矩阵 B.

解 由于 $A^{-1}BA=6A+BA$,两端右乘以 A^{-1} 可得

$$A^{-1}B=6I+B,$$

从而

$$(A^{-1}-I)B=6I,\quad B=6(A^{-1}-I)^{-1}.$$

而 $A^{-1}=\begin{pmatrix} \frac{1}{3} & 0 & 0 \\ 0 & \frac{1}{4} & 0 \\ 0 & 0 & \frac{1}{7} \end{pmatrix}^{-1}=\begin{pmatrix} 3 & 0 & 0 \\ 0 & 4 & 0 \\ 0 & 0 & 7 \end{pmatrix}$,所以 $A^{-1}-I=\begin{pmatrix} 2 & 0 & 0 \\ 0 & 3 & 0 \\ 0 & 0 & 6 \end{pmatrix}$,从而

$$\boldsymbol{B}=6(\boldsymbol{A}^{-1}-\boldsymbol{I})^{-1}=6\begin{pmatrix}2&0&0\\0&3&0\\0&0&6\end{pmatrix}^{-1}=6\begin{pmatrix}\frac{1}{2}&0&0\\0&\frac{1}{3}&0\\0&0&\frac{1}{6}\end{pmatrix}=\begin{pmatrix}3&0&0\\0&2&0\\0&0&1\end{pmatrix}.$$

例 15 已知矩阵 $\boldsymbol{X}$ 满足 $\boldsymbol{AXA}+\boldsymbol{BXB}=\boldsymbol{AXB}+\boldsymbol{BXA}+\boldsymbol{I}$，其中 $\boldsymbol{A}=\begin{pmatrix}1&0&0\\1&1&0\\1&1&1\end{pmatrix}$，$\boldsymbol{B}=\begin{pmatrix}0&1&1\\1&0&1\\1&1&0\end{pmatrix}$，$\boldsymbol{I}$ 为 3 阶单位矩阵，求矩阵 $\boldsymbol{X}$.

分析 整理关系式，将矩阵 $\boldsymbol{X}$ 用 $\boldsymbol{A}$ 和 $\boldsymbol{B}$ 表示.

解 由 $\boldsymbol{AXA}+\boldsymbol{BXB}=\boldsymbol{AXB}+\boldsymbol{BXA}+\boldsymbol{I}$ 可得，$\boldsymbol{AX}(\boldsymbol{A}-\boldsymbol{B})+\boldsymbol{BX}(\boldsymbol{B}-\boldsymbol{A})=\boldsymbol{I}$，即

$$(\boldsymbol{A}-\boldsymbol{B})\boldsymbol{X}(\boldsymbol{A}-\boldsymbol{B})=\boldsymbol{I}.$$

由于

$$\boldsymbol{A}-\boldsymbol{B}=\begin{pmatrix}1&0&0\\1&1&0\\1&1&1\end{pmatrix}-\begin{pmatrix}0&1&1\\1&0&1\\1&1&0\end{pmatrix}=\begin{pmatrix}1&-1&-1\\0&1&-1\\0&0&1\end{pmatrix},$$

且

$$(\boldsymbol{A}-\boldsymbol{B},\boldsymbol{I})=\left(\begin{array}{ccc:ccc}1&-1&-1&1&0&0\\0&1&-1&0&1&0\\0&0&1&0&0&1\end{array}\right)\to\left(\begin{array}{ccc:ccc}1&-1&0&1&0&1\\0&1&0&0&1&1\\0&0&1&0&0&1\end{array}\right)\to\left(\begin{array}{ccc:ccc}1&0&0&1&1&2\\0&1&0&0&1&1\\0&0&1&0&0&1\end{array}\right),$$

所以 $\boldsymbol{A}-\boldsymbol{B}$ 可逆，且 $(\boldsymbol{A}-\boldsymbol{B})^{-1}=\begin{pmatrix}1&1&2\\0&1&1\\0&0&1\end{pmatrix}$.故

$$\boldsymbol{X}=[(\boldsymbol{A}-\boldsymbol{B})^{-1}]^2=\begin{pmatrix}1&1&2\\0&1&1\\0&0&1\end{pmatrix}^2=\begin{pmatrix}1&2&5\\0&1&2\\0&0&1\end{pmatrix}.$$

例 16 设矩阵 $\boldsymbol{A}=\begin{pmatrix}0&a_1&0&\cdots&0&0\\0&0&a_2&\cdots&0&0\\\vdots&\vdots&\vdots&&\vdots&\vdots\\0&0&0&\cdots&0&a_{n-1}\\a_n&0&0&\cdots&0&0\end{pmatrix}$，其中 $a_1,a_2,\cdots,a_n$ 均不为 0，试求 $\boldsymbol{A}^{-1}$.

分析 可用行初等变换法，即$(\boldsymbol{A},\boldsymbol{I})\xrightarrow{\text{行初等变换}}(\boldsymbol{I},\boldsymbol{A}^{-1})$，或借助分块矩阵求逆的方法.

解法 1(行初等变换法)

$$(\boldsymbol{A},\boldsymbol{I})=\left(\begin{array}{cccccc:ccccc}0&a_1&0&\cdots&0&0&1&0&\cdots&0&0\\0&0&a_2&\cdots&0&0&0&1&\cdots&0&0\\\vdots&\vdots&\vdots&&\vdots&\vdots&\vdots&\vdots&&\vdots&\vdots\\0&0&0&\cdots&0&a_{n-1}&0&0&\cdots&1&0\\a_n&0&0&\cdots&0&0&0&0&\cdots&0&1\end{array}\right)$$

$$\xrightarrow[i=n,n-1,\cdots,2]{r_i\leftrightarrow r_{i-1}}\left(\begin{array}{ccccc:cccccc}a_n&0&\cdots&0&0&0&0&\cdots&0&0&1\\0&a_1&\cdots&0&0&1&0&\cdots&0&0&0\\\vdots&\vdots&&\vdots&\vdots&\vdots&\vdots&&\vdots&\vdots&\vdots\\0&0&\cdots&a_{n-2}&0&0&0&\cdots&1&0&0\\0&0&\cdots&0&a_{n-1}&0&0&\cdots&0&1&0\end{array}\right)$$

$$\longrightarrow\left(\begin{array}{ccccc:cccccc}1&0&\cdots&0&0&0&0&\cdots&0&0&a_n^{-1}\\0&1&\cdots&0&0&a_1^{-1}&0&\cdots&0&0&0\\\vdots&\vdots&&\vdots&\vdots&\vdots&\vdots&&\vdots&\vdots&\vdots\\0&0&\cdots&1&0&0&0&\cdots&a_{n-2}^{-1}&0&0\\0&0&\cdots&0&1&0&0&\cdots&0&a_{n-1}^{-1}&0\end{array}\right),$$

所以

$$\boldsymbol{A}^{-1}=\begin{pmatrix}0&0&\cdots&0&0&a_n^{-1}\\a_1^{-1}&0&\cdots&0&0&0\\\vdots&\vdots&&\vdots&\vdots&\vdots\\0&0&\cdots&a_{n-2}^{-1}&0&0\\0&0&\cdots&0&a_{n-1}^{-1}&0\end{pmatrix}.$$

解法 2(利用分块矩阵求逆)

$$\boldsymbol{A}^{-1}=\begin{pmatrix}0&a_1&0&\cdots&0&0\\0&0&a_2&\cdots&0&0\\\vdots&\vdots&\vdots&&\vdots&\vdots\\0&0&0&\cdots&0&a_{n-1}\\a_n&0&0&\cdots&0&0\end{pmatrix}^{-1}=\begin{pmatrix}\boldsymbol{O}&\boldsymbol{A}_1\\a_n&\boldsymbol{O}\end{pmatrix}^{-1}=\begin{pmatrix}\boldsymbol{O}&a_n^{-1}\\\boldsymbol{A}_1^{-1}&\boldsymbol{O}\end{pmatrix},$$

又

$$A_1^{-1}=\begin{pmatrix}a_1 & & & \\ & a_2 & & \\ & & \ddots & \\ & & & a_{n-1}\end{pmatrix}^{-1}=\begin{pmatrix}a_1^{-1} & & & \\ & a_2^{-1} & & \\ & & \ddots & \\ & & & a_{n-1}^{-1}\end{pmatrix},$$

所以

$$A^{-1}=\begin{pmatrix}O & a_n^{-1}\\ A_1^{-1} & O\end{pmatrix}=\begin{pmatrix}0 & 0 & \cdots & 0 & 0 & a_n^{-1}\\ a_1^{-1} & 0 & \cdots & 0 & 0 & 0\\ \vdots & \vdots & & \vdots & \vdots & \vdots\\ 0 & 0 & \cdots & a_{n-2}^{-1} & 0 & 0\\ 0 & 0 & \cdots & 0 & a_{n-1}^{-1} & 0\end{pmatrix}.$$

例 17 设 A,C 分别为 r 阶和 s 阶可逆矩阵,求分块矩阵 $X=\begin{pmatrix}O & A\\ C & B\end{pmatrix}$ 的逆矩阵.

分析 可设出矩阵 X 的逆矩阵,用矩阵逆的定义解方程,求出逆,或者用分块矩阵行初等变换法,即 $(X,I)\xrightarrow{\text{行初等变换}}(I,X^{-1})$.

解法 1(用矩阵逆的定义解方程)

设 X 的逆矩阵为 $X^{-1}=\begin{pmatrix}X_{11} & X_{12}\\ X_{21} & X_{22}\end{pmatrix}$,则

$$\begin{pmatrix}O & A\\ C & B\end{pmatrix}\begin{pmatrix}X_{11} & X_{12}\\ X_{21} & X_{22}\end{pmatrix}=XX^{-1}=I,$$

即

$$\begin{pmatrix}AX_{21} & AX_{22}\\ CX_{11}+BX_{21} & CX_{12}+BX_{22}\end{pmatrix}=\begin{pmatrix}I_r & O\\ O & I_s\end{pmatrix}.$$

比较等式两端对应的子块,可得矩阵方程组

$$\begin{cases}AX_{21}=I_r,\\ AX_{22}=O,\\ CX_{11}+BX_{21}=O,\\ CX_{12}+BX_{22}=I_s.\end{cases}$$

由 A,C 可逆,求解得

$$\begin{cases}X_{21}=A^{-1},\\ X_{22}=O,\\ X_{11}=-C^{-1}BA^{-1},\\ X_{12}=C^{-1}.\end{cases}$$

故

$$X^{-1}=\begin{pmatrix}-C^{-1}BA^{-1} & C^{-1}\\ A^{-1} & O\end{pmatrix}.$$

解法 2（利用分块矩阵行初等变换法）

$$(X,I)=\left(\begin{array}{cc:cc}O & A & I_r & O\\ C & B & O & I_s\end{array}\right)\xrightarrow{r_1\leftrightarrow r_2}\left(\begin{array}{cc:cc}C & B & O & I_s\\ O & A & I_r & O\end{array}\right)\xrightarrow{-BA^{-1}r_2+r_1}\left(\begin{array}{cc:cc}C & O & -BA^{-1} & I_s\\ O & A & I_r & O\end{array}\right)$$

$$\xrightarrow{C^{-1}r_1}\left(\begin{array}{cc:cc}I_s & O & -C^{-1}BA^{-1} & C^{-1}\\ O & A & I_r & O\end{array}\right)\xrightarrow{A^{-1}r_2}\left(\begin{array}{cc:cc}I_s & O & -C^{-1}BA^{-1} & C^{-1}\\ O & I_r & A^{-1} & O\end{array}\right),$$

故

$$\begin{pmatrix}O & A\\ C & B\end{pmatrix}^{-1}=\begin{pmatrix}-C^{-1}BA^{-1} & C^{-1}\\ A^{-1} & O\end{pmatrix}$$

评注　类似地，可得

$$\begin{pmatrix}B & A\\ C & O\end{pmatrix}^{-1}=\begin{pmatrix}O & C^{-1}\\ A^{-1} & -A^{-1}BC^{-1}\end{pmatrix}.$$

（三）证明题

例 1　已知矩阵 $A=\begin{pmatrix}a_1b_1 & a_1b_2 & a_1b_3\\ a_2b_1 & a_2b_2 & a_2b_3\\ a_3b_1 & a_3b_2 & a_3b_3\end{pmatrix}$，证明：存在常数 k，使 $A^2=kA$.

分析　计算方阵的高次幂除了用数学归纳法外，还应结合方阵自身的特征进行讨论.直接计算 A^2 再与 A 进行比较，找出所需要的 k 显然是可行的，但不是最有效的；观察 A 的形状，发现 $A=\boldsymbol{\alpha}^{\mathrm{T}}\boldsymbol{\beta}$，其中 $\boldsymbol{\alpha}=(a_1,a_2,a_3)$，$\boldsymbol{\beta}=(b_1,b_2,b_3)$，由此可得

$$A^2=(\boldsymbol{\alpha}^{\mathrm{T}}\boldsymbol{\beta})(\boldsymbol{\alpha}^{\mathrm{T}}\boldsymbol{\beta})=\boldsymbol{\alpha}^{\mathrm{T}}(\boldsymbol{\beta}\boldsymbol{\alpha}^{\mathrm{T}})\boldsymbol{\beta}=(\boldsymbol{\beta}\boldsymbol{\alpha}^{\mathrm{T}})\boldsymbol{\alpha}^{\mathrm{T}}\boldsymbol{\beta}=(\boldsymbol{\beta}\boldsymbol{\alpha}^{\mathrm{T}})A.$$

证　令 $\boldsymbol{\alpha}=(a_1,a_2,a_3)$，$\boldsymbol{\beta}=(b_1,b_2,b_3)$，则

$$A=\boldsymbol{\alpha}^{\mathrm{T}}\boldsymbol{\beta}.$$

此时，

$$A^2=(\boldsymbol{\alpha}^{\mathrm{T}}\boldsymbol{\beta})(\boldsymbol{\alpha}^{\mathrm{T}}\boldsymbol{\beta})=\boldsymbol{\alpha}^{\mathrm{T}}(\boldsymbol{\beta}\boldsymbol{\alpha}^{\mathrm{T}})\boldsymbol{\beta}=\boldsymbol{\alpha}^{\mathrm{T}}(a_1b_1+a_2b_2+a_3b_3)\boldsymbol{\beta}=(a_1b_1+a_2b_2+a_3b_3)A.$$

取 $k=a_1b_1+a_2b_2+a_3b_3$，则有 $A^2=kA$.

例 2　证明：

$$\begin{pmatrix}\cos\theta & -\sin\theta\\ \sin\theta & \cos\theta\end{pmatrix}^n=\begin{pmatrix}\cos n\theta & -\sin n\theta\\ \sin n\theta & \cos n\theta\end{pmatrix},$$

并利用此结果计算 $\begin{pmatrix}0 & 1\\ -1 & 0\end{pmatrix}^n$.

分析 关于 n 的命题,可以用数学归纳法来证明.数学归纳法的两种证明:

(1) 证明当 $n=1$ 时命题为真,然后假设当 $n=k-1$ 时命题为真,再设法证明 $n=k$ 时命题为真;

(2) 证明当 $n=1,2$ 时命题为真,然后假设 $n<k$ 时命题为真,再设法证明 $n=k$ 时命题为真.

证 利用数学归纳法来进行证明,当 $n=1$ 时,等式显然成立.

假设当 $n=k$ 时,有

$$\begin{pmatrix}\cos\theta & -\sin\theta\\ \sin\theta & \cos\theta\end{pmatrix}^k=\begin{pmatrix}\cos k\theta & -\sin k\theta\\ \sin k\theta & \cos k\theta\end{pmatrix}$$

成立.今证当 $n=k+1$ 时,有

$$\begin{aligned}\begin{pmatrix}\cos\theta & -\sin\theta\\ \sin\theta & \cos\theta\end{pmatrix}^{k+1}&=\begin{pmatrix}\cos\theta & -\sin\theta\\ \sin\theta & \cos\theta\end{pmatrix}^k\begin{pmatrix}\cos\theta & -\sin\theta\\ \sin\theta & \cos\theta\end{pmatrix}\\&=\begin{pmatrix}\cos k\theta & -\sin k\theta\\ \sin k\theta & \cos k\theta\end{pmatrix}\begin{pmatrix}\cos\theta & -\sin\theta\\ \sin\theta & \cos\theta\end{pmatrix}\\&=\begin{pmatrix}\cos k\theta\cos\theta-\sin k\theta\sin\theta & -\cos k\theta\sin\theta-\sin k\theta\cos\theta\\ \sin k\theta\cos\theta+\cos k\theta\sin\theta & -\sin k\theta\sin\theta+\cos k\theta\cos\theta\end{pmatrix}\\&=\begin{pmatrix}\cos(k+1)\theta & -\sin(k+1)\theta\\ \sin(k+1)\theta & \cos(k+1)\theta\end{pmatrix},\end{aligned}$$

由归纳法可知原等式成立.

利用上面等式,有

$$\begin{aligned}\begin{pmatrix}0 & 1\\ -1 & 0\end{pmatrix}^n&=\begin{pmatrix}\cos\frac{3\pi}{2} & -\sin\frac{3\pi}{2}\\ \sin\frac{3\pi}{2} & \cos\frac{3\pi}{2}\end{pmatrix}^n=\begin{pmatrix}\cos\frac{3n\pi}{2} & -\sin\frac{3n\pi}{2}\\ \sin\frac{3n\pi}{2} & \cos\frac{3n\pi}{2}\end{pmatrix}\\&=\begin{cases}\begin{pmatrix}0 & 1\\ -1 & 0\end{pmatrix}, & n=4k+1,\\ \begin{pmatrix}-1 & 0\\ 0 & -1\end{pmatrix}, & n=4k+2,\\ \begin{pmatrix}0 & -1\\ 1 & 0\end{pmatrix}, & n=4k+3,\\ \begin{pmatrix}1 & 0\\ 0 & 1\end{pmatrix}, & n=4k+4\end{cases}\quad (k=0,1,2,\cdots).\end{aligned}$$

例 3 已知实矩阵 $\boldsymbol{A}=(a_{ij})_{m\times n}$ 满足 $\boldsymbol{A}^{\mathrm{T}}\boldsymbol{A}=\boldsymbol{O}$,证明:$\boldsymbol{A}=\boldsymbol{O}$.

分析 只需证明 $a_{ij}=0$,先考察 $m=n=2$ 的特殊情形.若 $\boldsymbol{A}=\begin{pmatrix}a_{11} & a_{12}\\ a_{21} & a_{22}\end{pmatrix}$,计算可得

$$\boldsymbol{A}^{\mathrm{T}}\boldsymbol{A}=\begin{pmatrix} a_{11}^2+a_{21}^2 & a_{11}a_{12}+a_{21}a_{22} \\ a_{11}a_{12}+a_{21}a_{22} & a_{12}^2+a_{22}^2 \end{pmatrix}=\boldsymbol{O}.$$

由等式两边主对角元相等,立即可得 $a_{11}=a_{12}=a_{21}=a_{22}=0$.再考察一般的 $m\times n$ 矩阵的情况.

证

$$\boldsymbol{O}=\boldsymbol{A}^{\mathrm{T}}\boldsymbol{A}=\begin{pmatrix} a_{11} & a_{21} & \cdots & a_{m1} \\ a_{12} & a_{22} & \cdots & a_{m2} \\ \vdots & \vdots & & \vdots \\ a_{1n} & a_{2n} & \cdots & a_{mn} \end{pmatrix}\begin{pmatrix} a_{11} & a_{12} & \cdots & a_{1n} \\ a_{21} & a_{22} & \cdots & a_{2n} \\ \vdots & \vdots & & \vdots \\ a_{m1} & a_{m2} & \cdots & a_{mn} \end{pmatrix}=\begin{pmatrix} \sum_{k=1}^{m} a_{k1}^2 & & & * \\ & \sum_{k=1}^{m} a_{k2}^2 & & \\ & & \ddots & \\ * & & & \sum_{k=1}^{m} a_{kn}^2 \end{pmatrix},$$

考虑最右端矩阵的对角元,可得 $\sum_{k=1}^{m} a_{ki}^2=0, i=1,2,\cdots,n$,因为 a_{ki} 均为实数,从而 $a_{ki}=0(i=1,2,\cdots,n;k=1,2,\cdots,m)$,此即 $\boldsymbol{A}=\boldsymbol{O}$.

例 4 如果 $\boldsymbol{A}^2=\boldsymbol{A}$,则称 $\boldsymbol{A}$ 是幂等矩阵,如果 $\boldsymbol{A}^2=\boldsymbol{I}$,则称 $\boldsymbol{A}$ 是对合矩阵.

(1) 设 $\boldsymbol{A},\boldsymbol{B}$ 都是幂等矩阵,证明 $\boldsymbol{A}+\boldsymbol{B}$ 是幂等矩阵的充要条件是 $\boldsymbol{AB}+\boldsymbol{BA}=\boldsymbol{O}$;

(2) 设 $\boldsymbol{A},\boldsymbol{B}$ 都是对合矩阵,证明 $\boldsymbol{AB}$ 是对合矩阵的充要条件是 $\boldsymbol{AB}=\boldsymbol{BA}$.

分析 利用 $\boldsymbol{A}^2=\boldsymbol{A},\boldsymbol{B}^2=\boldsymbol{B}$,推导 $(\boldsymbol{A}+\boldsymbol{B})^2=\boldsymbol{A}+\boldsymbol{B}$ 的条件;利用 $\boldsymbol{A}^2=\boldsymbol{I},\boldsymbol{B}^2=\boldsymbol{I}$,推导 $(\boldsymbol{A}+\boldsymbol{B})^2=\boldsymbol{I}$ 的条件即可.

证 (1) 因为 $\boldsymbol{A},\boldsymbol{B}$ 都是幂等矩阵,有

$$\boldsymbol{A}^2=\boldsymbol{A},\quad \boldsymbol{B}^2=\boldsymbol{B}.$$

必要性.因为 $\boldsymbol{A}+\boldsymbol{B}$ 是幂等矩阵,从而有

$$(\boldsymbol{A}+\boldsymbol{B})^2=\boldsymbol{A}+\boldsymbol{B},$$

另一方面,

$$(\boldsymbol{A}+\boldsymbol{B})^2=\boldsymbol{A}^2+\boldsymbol{AB}+\boldsymbol{BA}+\boldsymbol{B}^2=\boldsymbol{A}+\boldsymbol{AB}+\boldsymbol{BA}+\boldsymbol{B}=\boldsymbol{A}+\boldsymbol{B},$$

所以有

$$\boldsymbol{AB}+\boldsymbol{BA}=\boldsymbol{O}.$$

充分性.因为 $\boldsymbol{AB}+\boldsymbol{BA}=\boldsymbol{O}$,所以

$$(\boldsymbol{A}+\boldsymbol{B})^2=\boldsymbol{A}^2+\boldsymbol{AB}+\boldsymbol{BA}+\boldsymbol{B}^2=\boldsymbol{A}^2+\boldsymbol{B}^2=\boldsymbol{A}+\boldsymbol{B},$$

故 $\boldsymbol{A}+\boldsymbol{B}$ 是幂等矩阵.

(2) 因为 $\boldsymbol{A},\boldsymbol{B}$ 都是对合矩阵,有

$$\boldsymbol{A}^2=\boldsymbol{I},\quad \boldsymbol{B}^2=\boldsymbol{I}.$$

必要性.因为 $\boldsymbol{AB}$ 是对合矩阵,从而有 $(\boldsymbol{AB})^2=\boldsymbol{I}$,即

$$(\boldsymbol{AB})^2=(\boldsymbol{AB})(\boldsymbol{AB})=\boldsymbol{A}(\boldsymbol{BA})\boldsymbol{B}=\boldsymbol{I},$$

于是有

$$\boldsymbol{AB}=\boldsymbol{AIB}=\boldsymbol{A}[\boldsymbol{A}(\boldsymbol{BA})\boldsymbol{B}]\boldsymbol{B}=\boldsymbol{A}^2(\boldsymbol{BA})\boldsymbol{B}^2=\boldsymbol{BA}.$$

充分性.因为 $\boldsymbol{AB}=\boldsymbol{BA}$,所以

$$(\boldsymbol{AB})^2=\boldsymbol{A}(\boldsymbol{BA})\boldsymbol{B}=\boldsymbol{A}(\boldsymbol{AB})\boldsymbol{B}=\boldsymbol{A}^2\boldsymbol{B}^2=\boldsymbol{I},$$

故 $\boldsymbol{AB}$ 是对合矩阵.

例 5 设 $\boldsymbol{A}=\boldsymbol{I}-\boldsymbol{\xi\xi}^{\mathrm{T}}$,$\boldsymbol{\xi}$ 为 $n\times1$ 阶非零矩阵,证明:

(1) $\boldsymbol{A}^2=\boldsymbol{A}$ 的充要条件是 $\boldsymbol{\xi}^{\mathrm{T}}\boldsymbol{\xi}=1$;

(2) 当 $\boldsymbol{\xi}^{\mathrm{T}}\boldsymbol{\xi}=1$ 时,$\boldsymbol{A}$ 是不可逆矩阵.

分析 (1) 可以直接根据 $\boldsymbol{A}$ 的定义验证.另外,在线性代数中,若要证明矩阵不可逆,往往可以用反证法.假设 $\boldsymbol{A}$ 可逆,再在已知等式两端同乘以 $\boldsymbol{A}^{-1}$,即可得到所需结论.

证 (1)
$$\begin{aligned}\boldsymbol{A}^2=\boldsymbol{A}&\Leftrightarrow(\boldsymbol{I}-\boldsymbol{\xi\xi}^{\mathrm{T}})^2=\boldsymbol{I}-\boldsymbol{\xi\xi}^{\mathrm{T}}\\&\Leftrightarrow\boldsymbol{I}-2\boldsymbol{\xi\xi}^{\mathrm{T}}+\boldsymbol{\xi\xi}^{\mathrm{T}}\boldsymbol{\xi\xi}^{\mathrm{T}}=\boldsymbol{I}-\boldsymbol{\xi\xi}^{\mathrm{T}}\\&\Leftrightarrow\boldsymbol{\xi}(\boldsymbol{\xi}^{\mathrm{T}}\boldsymbol{\xi})\boldsymbol{\xi}^{\mathrm{T}}-\boldsymbol{\xi\xi}^{\mathrm{T}}=\boldsymbol{O}\\&\Leftrightarrow(\boldsymbol{\xi}^{\mathrm{T}}\boldsymbol{\xi}-1)\boldsymbol{\xi\xi}^{\mathrm{T}}=\boldsymbol{O}.\end{aligned}$$

因为 $\boldsymbol{\xi}\neq\boldsymbol{O}$,所以 $\boldsymbol{\xi\xi}^{\mathrm{T}}\neq\boldsymbol{O}$,从而

$$(\boldsymbol{\xi}^{\mathrm{T}}\boldsymbol{\xi}-1)\boldsymbol{\xi\xi}^{\mathrm{T}}=\boldsymbol{O}\Leftrightarrow\boldsymbol{\xi}^{\mathrm{T}}\boldsymbol{\xi}-1=0\Leftrightarrow\boldsymbol{\xi}^{\mathrm{T}}\boldsymbol{\xi}=1.$$

(2) 当 $\boldsymbol{\xi}^{\mathrm{T}}\boldsymbol{\xi}=1$ 时,由(1)知 $\boldsymbol{A}^2=\boldsymbol{A}$.假设 $\boldsymbol{A}$ 可逆,上式两端同乘以 $\boldsymbol{A}^{-1}$,得

$$\boldsymbol{A}^{-1}\boldsymbol{A}^2=\boldsymbol{A}^{-1}\boldsymbol{A},$$

即 $\boldsymbol{A}=\boldsymbol{I}$.由 $\boldsymbol{A}=\boldsymbol{I}-\boldsymbol{\xi\xi}^{\mathrm{T}}$ 可得,$\boldsymbol{\xi\xi}^{\mathrm{T}}=\boldsymbol{O}$.这与 $\boldsymbol{\xi}\neq\boldsymbol{O}$ 矛盾,故 $\boldsymbol{A}$ 不可逆.

例 6 设矩阵 $\boldsymbol{A}=\begin{pmatrix}5&2&-4\\2&8&2\\-4&2&5\end{pmatrix}$,证明:$\boldsymbol{A}$ 满足方程 $\boldsymbol{A}^2-9\boldsymbol{A}=\boldsymbol{O}$,并由此证明 $\boldsymbol{A}$ 不可逆.

分析 由 $\boldsymbol{A}^2-9\boldsymbol{A}=\boldsymbol{O}$ 推导 $\boldsymbol{A}$ 是否满足可逆的条件.

证 $\boldsymbol{A}^2-9\boldsymbol{A}=\boldsymbol{O}\Leftrightarrow\boldsymbol{A}(\boldsymbol{A}-9\boldsymbol{I})=\boldsymbol{O}$,故只需验证该关系式即可.

因为 $\boldsymbol{A}-9\boldsymbol{I}=\begin{pmatrix}-4&2&-4\\2&-1&2\\-4&2&-4\end{pmatrix}$,且

$$\boldsymbol{A}(\boldsymbol{A}-9\boldsymbol{I})=\begin{pmatrix}5&2&-4\\2&8&2\\-4&2&5\end{pmatrix}\begin{pmatrix}-4&2&-4\\2&-1&2\\-4&2&-4\end{pmatrix}=\begin{pmatrix}0&0&0\\0&0&0\\0&0&0\end{pmatrix},$$

故 $\boldsymbol{A}$ 满足方程 $\boldsymbol{A}^2-9\boldsymbol{A}=\boldsymbol{O}$.

令 $\boldsymbol{A}-9\boldsymbol{I}=\begin{pmatrix}-4&2&-4\\2&-1&2\\-4&2&-4\end{pmatrix}=(\boldsymbol{\beta}_1,\boldsymbol{\beta}_2,\boldsymbol{\beta}_3)$,则

$$A(A-9I)=O \Leftrightarrow A(\beta_1,\beta_2,\beta_3)=(0,0,0)$$
$$\Leftrightarrow A\beta_i=0\,(i=1,2,3),\quad 其中\ \beta_i\neq 0\,(i=1,2,3),$$
即齐次线性方程组 $AX=0$ 有非零解 $\beta_i(i=1,2,3)$，故矩阵 A 不可逆.

例 7 设 a, b, c, d 为四个实数，证明 $\begin{cases}a^2+b^2=1,\\c^2+d^2=1,\\ac+bd=0\end{cases}$ 成立的充要条件是 $\begin{cases}a^2+c^2=1,\\b^2+d^2=1,\\ab+cd=0\end{cases}$ 成立.

分析 可设矩阵 $A=\begin{pmatrix}a & b\\c & d\end{pmatrix}$，把上述式子转化为矩阵运算后的元素关系.

证 设矩阵 $A=\begin{pmatrix}a & b\\c & d\end{pmatrix}$，则

$$AA^{\mathrm T}=\begin{pmatrix}a & b\\c & d\end{pmatrix}\begin{pmatrix}a & c\\b & d\end{pmatrix}=\begin{pmatrix}a^2+b^2 & ac+bd\\ac+bd & c^2+d^2\end{pmatrix},$$

因此，

$$\begin{cases}a^2+b^2=1,\\c^2+d^2=1,\\ac+bd=0\end{cases}\Leftrightarrow\begin{pmatrix}a^2+b^2 & ac+bd\\ac+bd & c^2+d^2\end{pmatrix}=\begin{pmatrix}1 & 0\\0 & 1\end{pmatrix}\Leftrightarrow AA^{\mathrm T}=I\Leftrightarrow A^{\mathrm T}=A^{-1}.$$

由 $A^{-1}A=I\Leftrightarrow AA^{-1}=I$ 可得

$$AA^{\mathrm T}=I\Leftrightarrow A^{\mathrm T}A=I,$$

即

$$\begin{cases}a^2+b^2=1,\\c^2+d^2=1,\\ac+bd=0\end{cases}\Leftrightarrow AA^{\mathrm T}=I\Leftrightarrow A^{\mathrm T}A=I$$
$$\Leftrightarrow\begin{pmatrix}a & c\\b & d\end{pmatrix}\begin{pmatrix}a & b\\c & d\end{pmatrix}=\begin{pmatrix}a^2+c^2 & ab+cd\\ab+cd & b^2+d^2\end{pmatrix}=\begin{pmatrix}1 & 0\\0 & 1\end{pmatrix}$$
$$\Leftrightarrow\begin{cases}a^2+c^2=1,\\b^2+d^2=1,\\ab+cd=0.\end{cases}$$

例 8 证明如下结论：

(1) $\begin{pmatrix}\cos\theta & \sin\theta\\-\sin\theta & \cos\theta\end{pmatrix}^{-1}=\begin{pmatrix}\cos\theta & -\sin\theta\\\sin\theta & \cos\theta\end{pmatrix}=\begin{pmatrix}\cos(-\theta) & \sin(-\theta)\\-\sin(-\theta) & \cos(-\theta)\end{pmatrix}$；

(2) 设 X 为 $n\times 1$ 矩阵，且 $X^{\mathrm T}X=1, S=I-2XX^{\mathrm T}$，证明：$S^{\mathrm T}=S=S^{-1}$.

分析 可根据矩阵可逆的定义,即若存在矩阵 $\boldsymbol{B}$,使得 $\boldsymbol{AB}=\boldsymbol{I}$,或 $(\boldsymbol{A},\boldsymbol{I})\xrightarrow{\text{行初等变换}}(\boldsymbol{I},\boldsymbol{A}^{-1})$.

(1) **证法 1**(行初等变换法)

当 $\cos\theta\neq 0$ 时,

$$\left(\begin{array}{cc:cc}\cos\theta & \sin\theta & 1 & 0\\ -\sin\theta & \cos\theta & 0 & 1\end{array}\right)\xrightarrow{(\cos\theta)r_1}\left(\begin{array}{cc:cc}\cos^2\theta & \cos\theta\sin\theta & \cos\theta & 0\\ -\sin\theta & \cos\theta & 0 & 1\end{array}\right)$$

$$\xrightarrow{(-\sin\theta)r_2+r_1}\left(\begin{array}{cc:cc}1 & 0 & \cos\theta & -\sin\theta\\ -\sin\theta & \cos\theta & 0 & 1\end{array}\right)$$

$$\xrightarrow{(\sin\theta)r_1+r_2}\left(\begin{array}{cc:cc}1 & 0 & \cos\theta & -\sin\theta\\ 0 & \cos\theta & \cos\theta\sin\theta & \cos^2\theta\end{array}\right)$$

$$\xrightarrow{\frac{1}{\cos\theta}r_2}\left(\begin{array}{cc:cc}1 & 0 & \cos\theta & -\sin\theta\\ 0 & 1 & \sin\theta & \cos\theta\end{array}\right).$$

当 $\cos\theta=0$ 时,$\sin\theta\neq 0$ 且 $\sin^2\theta=1$,

$$\left(\begin{array}{cc:cc}\cos\theta & \sin\theta & 1 & 0\\ -\sin\theta & \cos\theta & 0 & 1\end{array}\right)\xrightarrow{r_1\leftrightarrow r_2}\left(\begin{array}{cc:cc}-\sin\theta & 0 & 0 & 1\\ 0 & \sin\theta & 1 & 0\end{array}\right)$$

$$\xrightarrow{(-1)r_1}\left(\begin{array}{cc:cc}\sin\theta & 0 & 0 & -1\\ 0 & \sin\theta & 1 & 0\end{array}\right)$$

$$\xrightarrow[(\sin\theta)r_2]{(\sin\theta)r_1}\left(\begin{array}{cc:cc}\sin^2\theta & 0 & 0 & -\sin\theta\\ 0 & \sin^2\theta & \sin\theta & 0\end{array}\right)$$

$$=\left(\begin{array}{cc:cc}1 & 0 & \cos\theta & -\sin\theta\\ 0 & 1 & \sin\theta & \cos\theta\end{array}\right).$$

证法 2(定义法)

$$\begin{pmatrix}\cos\theta & \sin\theta\\ -\sin\theta & \cos\theta\end{pmatrix}\begin{pmatrix}\cos\theta & -\sin\theta\\ \sin\theta & \cos\theta\end{pmatrix}=\begin{pmatrix}\cos^2\theta+\sin^2\theta & 0\\ 0 & \cos^2\theta+\sin^2\theta\end{pmatrix}=\begin{pmatrix}1 & 0\\ 0 & 1\end{pmatrix},$$

故

$$\begin{pmatrix}\cos\theta & \sin\theta\\ -\sin\theta & \cos\theta\end{pmatrix}^{-1}=\begin{pmatrix}\cos\theta & -\sin\theta\\ \sin\theta & \cos\theta\end{pmatrix}=\begin{pmatrix}\cos(-\theta) & \sin(-\theta)\\ -\sin(-\theta) & \cos(-\theta)\end{pmatrix}.$$

(2) $\boldsymbol{S}^{\mathrm{T}}=(\boldsymbol{I}-2\boldsymbol{X}\boldsymbol{X}^{\mathrm{T}})^{\mathrm{T}}=\boldsymbol{I}-2(\boldsymbol{X}^{\mathrm{T}})^{\mathrm{T}}\boldsymbol{X}^{\mathrm{T}}=\boldsymbol{I}-2\boldsymbol{X}\boldsymbol{X}^{\mathrm{T}}=\boldsymbol{S}$,

$$\begin{aligned}\boldsymbol{S}^{\mathrm{T}}\boldsymbol{S}=\boldsymbol{S}^2&=(\boldsymbol{I}-2\boldsymbol{X}\boldsymbol{X}^{\mathrm{T}})^2=\boldsymbol{I}-2\boldsymbol{X}\boldsymbol{X}^{\mathrm{T}}-2\boldsymbol{X}\boldsymbol{X}^{\mathrm{T}}+4\boldsymbol{X}(\boldsymbol{X}^{\mathrm{T}}\boldsymbol{X})\boldsymbol{X}^{\mathrm{T}}\\ &=\boldsymbol{I}-4\boldsymbol{X}\boldsymbol{X}^{\mathrm{T}}+4\boldsymbol{X}\boldsymbol{X}^{\mathrm{T}}=\boldsymbol{I},\end{aligned}$$

故 $\boldsymbol{S}^{\mathrm{T}}=\boldsymbol{S}=\boldsymbol{S}^{-1}$.

例 9 证明如下结论:

(1) 设 $\boldsymbol{A}$ 为 $m\times n$ 矩阵,$\boldsymbol{B}$ 为 $n\times m$ 矩阵,证明:$\mathrm{tr}(\boldsymbol{AB})=\mathrm{tr}(\boldsymbol{BA})$;

(2) 设 $\boldsymbol{A}$ 为 n 阶矩阵,$\boldsymbol{P}$ 为 n 阶可逆矩阵,证明:$\mathrm{tr}(\boldsymbol{P}^{-1}\boldsymbol{AP})=\mathrm{tr}(\boldsymbol{A})$;

(3) 设 $\boldsymbol{A},\boldsymbol{B}$ 为 n 阶矩阵,证明:$\boldsymbol{AB}-\boldsymbol{BA}\neq k\boldsymbol{I}(k\neq 0)$.

分析 根据矩阵迹的定义可知,$\boldsymbol{A}=(a_{ij})_{n\times n}$ 的迹 $\mathrm{tr}(\boldsymbol{A})=\sum\limits_{i=1}^{n}a_{ii}$,故只需把上述矩阵的迹表示出来即可得证.

证 (1) 记 $\boldsymbol{AB}=\boldsymbol{C}=(c_{ij})_{m\times m}$,$\boldsymbol{BA}=\boldsymbol{D}=(d_{ij})_{n\times n}$,则

$$c_{ii}=\sum_{j=1}^{n}a_{ij}b_{ji}(i=1,2,\cdots,m),\quad d_{ii}=\sum_{j=1}^{m}b_{ij}a_{ji}\quad(i=1,2,\cdots,n),$$

于是

$$\mathrm{tr}(\boldsymbol{AB})=\sum_{i=1}^{m}c_{ii}=\sum_{i=1}^{m}\sum_{j=1}^{n}a_{ij}b_{ji}=\sum_{i=1}^{n}\sum_{j=1}^{m}b_{ij}a_{ji}=\sum_{i=1}^{n}d_{ii}=\mathrm{tr}(\boldsymbol{BA}).$$

(2) 由 $\mathrm{tr}(\boldsymbol{AB})=\mathrm{tr}(\boldsymbol{BA})$,可得

$$\mathrm{tr}(\boldsymbol{P}^{-1}\boldsymbol{AP})=\mathrm{tr}(\boldsymbol{APP}^{-1})=\mathrm{tr}(\boldsymbol{A}).$$

(3) 因为 $\mathrm{tr}(\boldsymbol{AB}-\boldsymbol{BA})=\mathrm{tr}(\boldsymbol{AB})-\mathrm{tr}(\boldsymbol{BA})=0$,$\mathrm{tr}(k\boldsymbol{I})=nk\neq 0$,所以

$$\boldsymbol{AB}-\boldsymbol{BA}\neq k\boldsymbol{I}(k\neq 0).$$

例 10 证明如下结论:

(1) 设 $\boldsymbol{A}$ 为 n 阶矩阵,若对于任意 n 阶矩阵 $\boldsymbol{X}$ 都有 $\mathrm{tr}(\boldsymbol{XA})=0$,证明:$\boldsymbol{A}=\boldsymbol{O}$;

(2) 设 $\boldsymbol{A},\boldsymbol{B}$ 为 n 阶矩阵,若对于任意 n 阶矩阵 $\boldsymbol{X}$ 都有 $\mathrm{tr}(\boldsymbol{XA})=\mathrm{tr}(\boldsymbol{BX})$,证明:$\boldsymbol{A}=\boldsymbol{B}$.

分析 因对任意 n 阶矩阵 $\boldsymbol{X}$ 都有 $\mathrm{tr}(\boldsymbol{XA})=0$,故可取特殊的 $\boldsymbol{X}$,把 $\mathrm{tr}(\boldsymbol{XA})=0$ 转化为 $\boldsymbol{A}=(a_{ij})_{n\times n}=\boldsymbol{O}$.

证 (1) 取 n^2 个 $\boldsymbol{F}_{i,j}(i,j=1,2,\cdots,n)$,其第 (i,j) 元素为 1,其余元素都为 0,则

$$\boldsymbol{F}_{i,j}\boldsymbol{A}=\begin{pmatrix}0&&&&&\\&\ddots&&&&\\&&0&\cdots&1&\\&&&\ddots&\vdots&\\&&&&0&\\&&&&&\ddots&\\&&&&&&0\end{pmatrix}\begin{pmatrix}a_{11}&\cdots&a_{1i}&\cdots&a_{1n}\\\vdots&&\vdots&&\vdots\\a_{j1}&\cdots&a_{ji}&\cdots&a_{jn}\\\vdots&&\vdots&&\vdots\\a_{n1}&\cdots&a_{ni}&\cdots&a_{nn}\end{pmatrix}=\begin{pmatrix}0&\cdots&0&\cdots&0\\\vdots&&\vdots&&\vdots\\a_{j1}&\cdots&a_{ji}&\cdots&a_{jn}\\\vdots&&\vdots&&\vdots\\0&\cdots&0&\cdots&0\end{pmatrix},$$

于是

$$\mathrm{tr}(\boldsymbol{F}_{i,j}\boldsymbol{A})=a_{ji}=0\quad(i,j=1,2,\cdots,n),$$

所以 $\boldsymbol{A}=\boldsymbol{O}$.

(2) 由 $\mathrm{tr}(\boldsymbol{BX})=\mathrm{tr}(\boldsymbol{XB})$ 可得,对于任意 n 阶矩阵 $\boldsymbol{X}$ 都有

$$\mathrm{tr}(\boldsymbol{XA})=\mathrm{tr}(\boldsymbol{BX})=\mathrm{tr}(\boldsymbol{XB}),$$

故

$$\operatorname{tr}[\boldsymbol{X}(\boldsymbol{A}-\boldsymbol{B})]=\operatorname{tr}(\boldsymbol{XA}-\boldsymbol{XB})=\operatorname{tr}(\boldsymbol{XA})-\operatorname{tr}(\boldsymbol{XB})=0,$$

由(1)的结论可知 $\boldsymbol{A}-\boldsymbol{B}=\boldsymbol{O}$,即 $\boldsymbol{A}=\boldsymbol{B}$.

三、单元检测

(一) 检测题

一、填空题(每题 3 分,共 15 分)

1. 若对任意的 $n\times 1$ 矩阵 $\boldsymbol{X}$,均有 $\boldsymbol{AX}=\boldsymbol{0}$,则 $\boldsymbol{A}=$________.

2. 若 n 阶矩阵 $\boldsymbol{A}$ 满足方程 $\boldsymbol{A}^2+2\boldsymbol{A}+3\boldsymbol{I}=\boldsymbol{O}$,则 $\boldsymbol{A}^{-1}=$________.

3. 设矩阵 $\boldsymbol{A}=\begin{pmatrix}1&0&1\\0&2&0\\0&0&1\end{pmatrix}$,则 $(\boldsymbol{A}+3\boldsymbol{I})^{-1}(\boldsymbol{A}^2-9\boldsymbol{I})=$________.

4. 设矩阵 $\boldsymbol{A}=\begin{pmatrix}2&1&0&0\\1&1&0&0\\-1&2&2&5\\1&-1&1&3\end{pmatrix}$,则 $\boldsymbol{A}^{-1}=$________.

5. 设 $\boldsymbol{A},\boldsymbol{B},\boldsymbol{C}$ 均为 n 阶方阵,若 $\boldsymbol{B}=\boldsymbol{I}+\boldsymbol{AB}$,$\boldsymbol{C}=\boldsymbol{A}+\boldsymbol{CA}$,则 $\boldsymbol{B}-\boldsymbol{C}=$________.

二、选择题(每题 3 分,共 15 分)

1. 设 $1\times n$ 矩阵 $\boldsymbol{\alpha}=\left(\frac{1}{2},0,\cdots,0,\frac{1}{2}\right)$,矩阵 $\boldsymbol{A}=\boldsymbol{I}-\boldsymbol{\alpha}^{\mathrm{T}}\boldsymbol{\alpha}$,$\boldsymbol{B}=\boldsymbol{I}+2\boldsymbol{\alpha}^{\mathrm{T}}\boldsymbol{\alpha}$,其中 $\boldsymbol{I}$ 为 n 阶单位矩阵,则 $\boldsymbol{AB}=$( ).

(A) $\boldsymbol{O}$ (B) $-\boldsymbol{I}$ (C) $\boldsymbol{I}$ (D) $\boldsymbol{I}+\boldsymbol{\alpha}^{\mathrm{T}}\boldsymbol{\alpha}$

2. 设 $\boldsymbol{A}=\begin{pmatrix}a_{11}&a_{12}&a_{13}\\a_{21}&a_{22}&a_{23}\\a_{31}&a_{32}&a_{33}\end{pmatrix}$,$\boldsymbol{B}=\begin{pmatrix}a_{21}&a_{22}&a_{23}\\a_{11}&a_{12}&a_{13}\\a_{31}-a_{21}&a_{32}-a_{22}&a_{33}-a_{23}\end{pmatrix}$,$\boldsymbol{P}_1=\begin{pmatrix}0&1&0\\1&0&0\\0&0&1\end{pmatrix}$且有 $\boldsymbol{P}_2\boldsymbol{P}_1\boldsymbol{A}=\boldsymbol{B}$,则 $\boldsymbol{P}_2=$( ).

(A) $\begin{pmatrix}1&0&0\\0&1&0\\1&0&1\end{pmatrix}$ (B) $\begin{pmatrix}1&0&0\\0&1&0\\-1&0&1\end{pmatrix}$ (C) $\begin{pmatrix}1&0&0\\0&1&0\\0&0&1\end{pmatrix}$ (D) $\begin{pmatrix}1&0&-1\\0&1&0\\0&0&1\end{pmatrix}$

3. 设 $\boldsymbol{A}$ 为 n 阶非零矩阵,$\boldsymbol{I}$ 为 n 阶单位矩阵,若 $\boldsymbol{A}^3=\boldsymbol{O}$,则( ).

(A) $\boldsymbol{I}-\boldsymbol{A}$ 不可逆,$\boldsymbol{I}+\boldsymbol{A}$ 不可逆 (B) $\boldsymbol{I}-\boldsymbol{A}$ 不可逆,$\boldsymbol{I}+\boldsymbol{A}$ 可逆

(C) $\boldsymbol{I}-\boldsymbol{A}$ 可逆,$\boldsymbol{I}+\boldsymbol{A}$ 可逆 (D) $\boldsymbol{I}-\boldsymbol{A}$ 可逆,$\boldsymbol{I}+\boldsymbol{A}$ 不可逆

4. 设 $\boldsymbol{A}$ 为 n 阶矩阵,则下列矩阵为对称矩阵的是( ).

(A) $A-A^{T}$　　　　　　　　(B) AA^{T}

(C) $(AB^{T})C$　　　　　　　　(D) $C^{T}AC$,其中 C 为 n 阶矩阵

5. 设 A,B,C 均为 n 阶方阵,若 $AB=BC=CA=I$,则 $A^2+(-2B)^2+C^2$ 等于(　　).

(A) $(4^n+2)I$　　(B) $(2-4^n)I$　　(C) $6I$　　(D) O

三、(10分)设 $A=\begin{pmatrix}3&1&0\\-1&2&1\\3&4&2\end{pmatrix}$,$B=\begin{pmatrix}1&-1&0\\2&-2&5\\3&4&1\end{pmatrix}$,求:

1. $AB-BA$;2. A^2-B^2;3. $B^{T}A^{T}$.

四、(10分)求下列矩阵的逆矩阵:

1. $\begin{pmatrix}1&1&1&1\\1&1&-1&-1\\1&-1&1&-1\\1&-1&-1&1\end{pmatrix}$;2. $\begin{pmatrix}\cos\alpha&\sin\alpha&0\\-\sin\alpha&\cos\alpha&0\\0&0&1\end{pmatrix}$;3. $\begin{pmatrix}5&2&0&0\\2&1&0&0\\0&0&1&-2\\0&0&1&1\end{pmatrix}$.

五、(10分)分别讨论参数 a 为何值时,线性方程组 $\begin{cases}-2x_1+x_2+x_3=-2,\\x_1-2x_2+x_3=a,\\x_1+x_2-2x_3=a^2\end{cases}$ 无解和有解?当有解时,写出其解.

六、(10分)已知 A,B 均为 n 阶方阵,若 $AB=I$,化简 $B[I-B(I+A^{T}B^{T})^{-1}A]A$.

七、(10分)求解矩阵方程:$\begin{pmatrix}1&1&-1\\0&2&2\\1&-1&0\end{pmatrix}X+\begin{pmatrix}0&1\\1&0\\4&3\end{pmatrix}=\begin{pmatrix}1&-1\\1&1\\2&1\end{pmatrix}$.

八、(10分)已知 A,B 均为 n 阶方阵,$A^2=A$,$B^2=B$,$(A+B)^2=A+B$,证明:$AB=O$.

九、(10分)设 B 为元素全为1的 $n(n\geqslant2)$ 阶方阵,证明:

(1) $B^k=n^{k-1}B$;

(2) $(I-B)^{-1}=I-\frac{1}{n-1}B$.

(二)检测题答案与提示

一、1. O;2. $-\frac{1}{3}(A+2I)$;3. $\begin{pmatrix}-2&0&1\\0&-1&0\\0&0&-2\end{pmatrix}$;4. $\begin{pmatrix}1&-1&0&0\\-1&2&0&0\\19&-30&3&-5\\-7&11&-1&2\end{pmatrix}$;5. I.

二、1. C;2. B;3. C;4. B;5. C.

三、

1. $\begin{pmatrix} 1 & -4 & 6 \\ -17 & -17 & 3 \\ 9 & -18 & 16 \end{pmatrix}$；2. $\begin{pmatrix} 9 & 4 & 6 \\ -15 & -15 & 9 \\ -3 & 26 & -13 \end{pmatrix}$；3. $\begin{pmatrix} 5 & 6 & 17 \\ -5 & 1 & -3 \\ 5 & 11 & 22 \end{pmatrix}$.

四、

1. $\dfrac{1}{4}\begin{pmatrix} 1 & 1 & 1 & 1 \\ 1 & 1 & -1 & -1 \\ 1 & -1 & 1 & -1 \\ 1 & -1 & -1 & 1 \end{pmatrix}$；2. $\begin{pmatrix} \cos\alpha & -\sin\alpha & 0 \\ \sin\alpha & \cos\alpha & 0 \\ 0 & 0 & 1 \end{pmatrix}$；3. $\begin{pmatrix} 1 & -2 & 0 & 0 \\ -2 & 5 & 0 & 0 \\ 0 & 0 & \frac{1}{3} & \frac{2}{3} \\ 0 & 0 & -\frac{1}{3} & \frac{1}{3} \end{pmatrix}$.

五、

$$\overline{A}=(A,b)=\left(\begin{array}{ccc:c} -2 & 1 & 1 & -2 \\ 1 & -2 & 1 & a \\ 1 & 1 & -2 & a^2 \end{array}\right)\longrightarrow\left(\begin{array}{ccc:c} 1 & -2 & 1 & a \\ -2 & 1 & 1 & -2 \\ 1 & 1 & -2 & a^2 \end{array}\right)\longrightarrow\left(\begin{array}{ccc:c} 1 & -2 & 1 & a \\ 0 & -3 & 3 & 2a-2 \\ 0 & 3 & -3 & a^2-a \end{array}\right)$$

$$\longrightarrow\left(\begin{array}{ccc:c} 1 & -2 & 1 & a \\ 0 & -3 & 3 & 2a-2 \\ 0 & 0 & 0 & a^2+a-2 \end{array}\right)=\left(\begin{array}{ccc:c} 1 & -2 & 1 & a \\ 0 & -3 & 3 & 2(a-1) \\ 0 & 0 & 0 & (a-1)(a+2) \end{array}\right).$$

由行阶梯形矩阵可知：

（1）当 $a\neq 1$ 且 $a\neq -2$ 时，该方程组无解；

（2）当 $a=1$ 时，该方程组有解，且

$$\overline{A}=(A,b)=\left(\begin{array}{ccc:c} -2 & 1 & 1 & -2 \\ 1 & -2 & 1 & 1 \\ 1 & 1 & -2 & 1 \end{array}\right)\longrightarrow\left(\begin{array}{ccc:c} 1 & -2 & 1 & 1 \\ 0 & -3 & 3 & 0 \\ 0 & 0 & 0 & 0 \end{array}\right)\longrightarrow\left(\begin{array}{ccc:c} 1 & -2 & 1 & 1 \\ 0 & 1 & -1 & 0 \\ 0 & 0 & 0 & 0 \end{array}\right)$$

$$\longrightarrow\left(\begin{array}{ccc:c} 1 & 0 & -1 & 1 \\ 0 & 1 & -1 & 0 \\ 0 & 0 & 0 & 0 \end{array}\right),$$

故其解为 $\begin{cases} x_1=1+k, \\ x_2=k, \qquad (k\in\mathbf{R}); \\ x_3=k \end{cases}$

（3）当 $a=-2$ 时，该方程组有解，且

$$\overline{A}=(A,b)=\left(\begin{array}{ccc:c} -2 & 1 & 1 & -2 \\ 1 & -2 & 1 & -2 \\ 1 & 1 & -2 & 4 \end{array}\right)\longrightarrow\left(\begin{array}{ccc:c} 1 & -2 & 1 & -2 \\ 0 & -3 & 3 & -6 \\ 0 & 0 & 0 & 0 \end{array}\right)\longrightarrow\left(\begin{array}{ccc:c} 1 & -2 & 1 & -2 \\ 0 & 1 & -1 & 2 \\ 0 & 0 & 0 & 0 \end{array}\right)$$

$$\longrightarrow\left(\begin{array}{ccc:c}1&0&-1&2\\0&1&-1&2\\0&0&0&0\end{array}\right),$$

故其解为$\begin{cases}x_1=2+k,\\x_2=2+k,\quad(k\in\mathbf{R}).\\x_3=k\end{cases}$

六、据已知条件 $\boldsymbol{AB}=\boldsymbol{I}$,可得 $\boldsymbol{AB}=\boldsymbol{BA}=\boldsymbol{I}$,于是

$$\begin{aligned}\boldsymbol{B}[\boldsymbol{I}-\boldsymbol{B}(\boldsymbol{I}+\boldsymbol{A}^{\mathrm{T}}\boldsymbol{B}^{\mathrm{T}})^{-1}\boldsymbol{A}]\boldsymbol{A}&=\boldsymbol{B}[\boldsymbol{I}-\boldsymbol{B}(\boldsymbol{I}+(\boldsymbol{BA})^{\mathrm{T}})^{-1}\boldsymbol{A}]\boldsymbol{A}=\boldsymbol{B}[\boldsymbol{I}-\boldsymbol{B}(2\boldsymbol{I})^{-1}\boldsymbol{A}]\boldsymbol{A}\\&=\boldsymbol{B}\left(\boldsymbol{I}-\frac{1}{2}\boldsymbol{BA}\right)\boldsymbol{A}=\boldsymbol{B}\left(\frac{1}{2}\boldsymbol{I}\right)\boldsymbol{A}=\frac{1}{2}\boldsymbol{BA}=\frac{1}{2}\boldsymbol{I}.\end{aligned}$$

七、$\begin{pmatrix}1&1&-1\\0&2&2\\1&-1&0\end{pmatrix}\boldsymbol{X}+\begin{pmatrix}0&1\\1&0\\4&3\end{pmatrix}=\begin{pmatrix}1&-1\\1&1\\2&1\end{pmatrix}$

$$\Leftrightarrow\begin{pmatrix}1&1&-1\\0&2&2\\1&-1&0\end{pmatrix}\boldsymbol{X}=\begin{pmatrix}1&-1\\1&1\\2&1\end{pmatrix}-\begin{pmatrix}0&1\\1&0\\4&3\end{pmatrix}.$$

$$\Leftrightarrow\begin{pmatrix}1&1&-1\\0&2&2\\1&-1&0\end{pmatrix}\boldsymbol{X}=\begin{pmatrix}1&-2\\0&1\\-2&-2\end{pmatrix}$$

$$\Rightarrow\boldsymbol{X}=\begin{pmatrix}1&1&-1\\0&2&2\\1&-1&0\end{pmatrix}^{-1}\begin{pmatrix}1&-2\\0&1\\-2&-2\end{pmatrix}=\begin{pmatrix}\frac{1}{3}&\frac{1}{6}&\frac{2}{3}\\\frac{1}{3}&\frac{1}{6}&\frac{-1}{3}\\\frac{-1}{3}&\frac{1}{3}&\frac{1}{3}\end{pmatrix}\begin{pmatrix}1&-2\\0&1\\-2&-2\end{pmatrix}=\begin{pmatrix}-1&-\frac{11}{6}\\1&\frac{1}{6}\\-1&\frac{1}{3}\end{pmatrix}.$$

八、由 $\boldsymbol{A}^2+\boldsymbol{AB}+\boldsymbol{BA}+\boldsymbol{B}^2=(\boldsymbol{A}+\boldsymbol{B})^2=\boldsymbol{A}+\boldsymbol{B}=\boldsymbol{A}^2+\boldsymbol{B}^2$,得

$$\boldsymbol{AB}+\boldsymbol{BA}=\boldsymbol{O}.\tag{1-1}$$

又

$$\boldsymbol{O}=\boldsymbol{AO}=\boldsymbol{A}(\boldsymbol{AB}+\boldsymbol{BA})=\boldsymbol{A}^2\boldsymbol{B}+\boldsymbol{ABA}=\boldsymbol{AB}+\boldsymbol{ABA},$$
$$\boldsymbol{O}=\boldsymbol{OA}=(\boldsymbol{AB}+\boldsymbol{BA})\boldsymbol{A}=\boldsymbol{ABA}+\boldsymbol{BA}^2=\boldsymbol{ABA}+\boldsymbol{BA},$$

两式相减可得

$$\boldsymbol{AB}-\boldsymbol{BA}=\boldsymbol{O}.\tag{1-2}$$

(1-1),(1-2)两式相加可得

$$2\boldsymbol{AB}=\boldsymbol{O}\Rightarrow\boldsymbol{AB}=\boldsymbol{O}.$$

九、$\boldsymbol{B}=\begin{pmatrix}1&1&\cdots&1\\1&1&\cdots&1\\\vdots&\vdots&&\vdots\\1&1&\cdots&1\end{pmatrix}=\begin{pmatrix}1\\1\\\vdots\\1\end{pmatrix}(1,1,\cdots,1)\xlongequal{记}\boldsymbol{\alpha\alpha}^{\mathrm{T}}$,则

$$\boldsymbol{\alpha}^{\mathrm{T}}\boldsymbol{\alpha}=(1,1,\cdots,1)\begin{pmatrix}1\\1\\\vdots\\1\end{pmatrix}=n.$$

(1) $\boldsymbol{B}^k=(\boldsymbol{\alpha\alpha}^{\mathrm{T}})^k=\underbrace{(\boldsymbol{\alpha\alpha}^{\mathrm{T}})(\boldsymbol{\alpha\alpha}^{\mathrm{T}})(\boldsymbol{\alpha\alpha}^{\mathrm{T}})\cdots(\boldsymbol{\alpha\alpha}^{\mathrm{T}})}_{k个}$

$$=\boldsymbol{\alpha}\underbrace{(\boldsymbol{\alpha}^{\mathrm{T}}\boldsymbol{\alpha})(\boldsymbol{\alpha}^{\mathrm{T}}\boldsymbol{\alpha})\cdots(\boldsymbol{\alpha}^{\mathrm{T}}\boldsymbol{\alpha})}_{k-1}\boldsymbol{\alpha}^{\mathrm{T}}=(\boldsymbol{\alpha}^{\mathrm{T}}\boldsymbol{\alpha})^{k-1}\boldsymbol{\alpha\alpha}^{\mathrm{T}}=n^{k-1}\boldsymbol{B}.$$

(2) $(\boldsymbol{I}-\boldsymbol{B})\left(\boldsymbol{I}-\dfrac{1}{n-1}\boldsymbol{B}\right)=\boldsymbol{I}-\dfrac{1}{n-1}\boldsymbol{B}-\boldsymbol{B}+\dfrac{1}{n-1}\boldsymbol{B}^2$

$$=\boldsymbol{I}-\frac{1}{n-1}\boldsymbol{B}-\boldsymbol{B}+\frac{1}{n-1}n\boldsymbol{B}$$

$$=\boldsymbol{I}-\frac{n}{n-1}\boldsymbol{B}+\frac{n}{n-1}\boldsymbol{B}=\boldsymbol{I},$$

故

$$(\boldsymbol{I}-\boldsymbol{B})^{-1}=\boldsymbol{I}-\frac{1}{n-1}\boldsymbol{B}.$$

或

$$\boldsymbol{B}^2=n\boldsymbol{B}\Rightarrow\boldsymbol{B}^2-n\boldsymbol{B}+(n-1)\boldsymbol{I}=(n-1)\boldsymbol{I}.$$

从而$(\boldsymbol{I}-\boldsymbol{B})[(n-1)\boldsymbol{I}-\boldsymbol{B}]=(n-1)\boldsymbol{I}$,即

$$(\boldsymbol{I}-\boldsymbol{B})\left\{\frac{1}{n-1}[(n-1)\boldsymbol{I}-\boldsymbol{B}]\right\}=\boldsymbol{I},$$

故

$$(\boldsymbol{I}-\boldsymbol{B})^{-1}=\frac{1}{n-1}[(n-1)\boldsymbol{I}-\boldsymbol{B}]=\boldsymbol{I}-\frac{1}{n-1}\boldsymbol{B}.$$

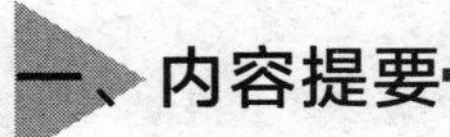

第二章　行　列　式

一、内容提要

（一）行列式的概念

设 $\boldsymbol{A}$ 是 n 阶矩阵，$\boldsymbol{A}$ 的行列式

$$\det \boldsymbol{A}=\begin{vmatrix} a_{11} & a_{12} & \cdots & a_{1n} \\ a_{21} & a_{22} & \cdots & a_{2n} \\ \vdots & \vdots & & \vdots \\ a_{n1} & a_{n2} & \cdots & a_{nn} \end{vmatrix}$$

是由 $\boldsymbol{A}$ 确定的一个数

$$\det \boldsymbol{A}=\begin{cases} a_{11}, & n=1, \\ \sum\limits_{j=1}^{n} a_{1j}A_{1j}=a_{11}A_{11}+a_{12}A_{12}+\cdots+a_{1n}A_{1n}, & n\geqslant 2, \end{cases}$$

其中 $A_{1j}=(-1)^{1+j}M_{1j}$，而 M_{1j} 是如下 $n-1$ 阶行列式

$$\begin{vmatrix} a_{21} & \cdots & a_{2,j-1} & a_{2,j+1} & \cdots & a_{2n} \\ a_{31} & \cdots & a_{3,j-1} & a_{3,j+1} & \cdots & a_{3n} \\ \vdots & & \vdots & \vdots & & \vdots \\ a_{n1} & \cdots & a_{n,j-1} & a_{n,j+1} & \cdots & a_{nn} \end{vmatrix},$$

并称 M_{1j} 为元 a_{1j} 的余子式，A_{1j} 为元 a_{1j} 的代数余子式.

（二）行列式的性质与计算

1. 行列式的性质

性质 1　n 阶矩阵 $\boldsymbol{A}$ 的行列式按任一行展开，其值相等，即

$$\det \boldsymbol{A}=a_{i1}A_{i1}+a_{i2}A_{i2}+\cdots+a_{in}A_{in}=\sum_{j=1}^{n} a_{ij}A_{ij}\quad (i=1,2,\cdots,n),$$

其中 $A_{ij}=(-1)^{i+j}M_{ij}$，M_{ij} 是 $\det \boldsymbol{A}$ 中去掉第 i 行第 j 列元所成的 $n-1$ 阶行列式，称为元 a_{ij} 的余子式，A_{ij} 称为元 a_{ij} 的代数余子式.

特别地,若行列式中某一行元全为 0,则行列式等于 0.

性质 2 若行列式有两行元对应相等,则行列式等于 0.

性质 3

$$\begin{vmatrix} a_{11} & a_{12} & \cdots & a_{1n} \\ \vdots & \vdots & & \vdots \\ b_{i1}+c_{i1} & b_{i2}+c_{i2} & \cdots & b_{in}+c_{in} \\ \vdots & \vdots & & \vdots \\ a_{n1} & a_{n2} & \cdots & a_{nn} \end{vmatrix} = \begin{vmatrix} a_{11} & a_{12} & \cdots & a_{1n} \\ \vdots & \vdots & & \vdots \\ b_{i1} & b_{i2} & \cdots & b_{in} \\ \vdots & \vdots & & \vdots \\ a_{n1} & a_{n2} & \cdots & a_{nn} \end{vmatrix} + \begin{vmatrix} a_{11} & a_{12} & \cdots & a_{1n} \\ \vdots & \vdots & & \vdots \\ c_{i1} & c_{i2} & \cdots & c_{in} \\ \vdots & \vdots & & \vdots \\ a_{n1} & a_{n2} & \cdots & a_{nn} \end{vmatrix}$$

性质 4 若把行初等变换施于 n 阶矩阵 $\boldsymbol{A}$ 上:

(1) 将 $\boldsymbol{A}$ 的某一行乘以数 k 得到 $\boldsymbol{A}_1$,则 $\det \boldsymbol{A}_1 = k(\det \boldsymbol{A})$;

(2) 将 $\boldsymbol{A}$ 的某一行的 k 倍加到另一行得到 $\boldsymbol{A}_2$,则 $\det \boldsymbol{A}_2 = \det \boldsymbol{A}$;

(3) 交换 $\boldsymbol{A}$ 的两行得到 $\boldsymbol{A}_3$,则 $\det \boldsymbol{A}_3 = -\det \boldsymbol{A}$.

性质 5 行列式中行列互换,则行列式的值不变,即 $\det \boldsymbol{A} = \det \boldsymbol{A}^{\mathrm{T}}$.

2. 行列式的计算

(1) 几类特殊行列式的值

$$\begin{vmatrix} a_{11} & a_{12} & \cdots & a_{1n} \\ 0 & a_{22} & \cdots & a_{2n} \\ \vdots & \vdots & & \vdots \\ 0 & 0 & \cdots & a_{nn} \end{vmatrix} = \begin{vmatrix} a_{11} & 0 & \cdots & 0 \\ a_{21} & a_{22} & \cdots & 0 \\ \vdots & \vdots & & \vdots \\ a_{n1} & a_{n2} & \cdots & a_{nn} \end{vmatrix} = a_{11}a_{22}\cdots a_{nn}.$$

$$\begin{vmatrix} 0 & 0 & \cdots & a_n \\ \vdots & \vdots & \iddots & \\ 0 & a_2 & & \\ a_1 & & * & \end{vmatrix} = \begin{vmatrix} & * & & a_n \\ & & \iddots & \vdots \\ & a_2 & \cdots & 0 \\ a_1 & 0 & \cdots & 0 \end{vmatrix} = (-1)^{\frac{n(n-1)}{2}} a_1 a_2 \cdots a_n.$$

$$\begin{vmatrix} 1 & 1 & \cdots & 1 \\ x_1 & x_2 & \cdots & x_n \\ x_1^2 & x_2^2 & \cdots & x_n^2 \\ \vdots & \vdots & & \vdots \\ x_1^{n-1} & x_2^{n-1} & \cdots & x_n^{n-1} \end{vmatrix} = \prod_{1 \leqslant j < i \leqslant n} (x_i - x_j).$$

$$\begin{vmatrix} a_{11} & \cdots & a_{1r} & & & \\ \vdots & & \vdots & & \boldsymbol{O} & \\ a_{r1} & \cdots & a_{rr} & & & \\ & & & b_{11} & \cdots & b_{1s} \\ & * & & \vdots & & \vdots \\ & & & b_{s1} & \cdots & b_{ss} \end{vmatrix} = \begin{vmatrix} a_{11} & \cdots & a_{1r} & & & \\ \vdots & & \vdots & & * & \\ a_{r1} & \cdots & a_{rr} & & & \\ & & & b_{11} & \cdots & b_{1s} \\ & \boldsymbol{O} & & \vdots & & \vdots \\ & & & b_{s1} & \cdots & b_{ss} \end{vmatrix}$$

$$=\begin{vmatrix} a_{11} & \cdots & a_{1r} \\ \vdots & & \vdots \\ a_{r1} & \cdots & a_{rr} \end{vmatrix} \cdot \begin{vmatrix} b_{11} & \cdots & b_{1s} \\ \vdots & & \vdots \\ b_{s1} & \cdots & b_{ss} \end{vmatrix}.$$

$$\begin{vmatrix} & & & a_{11} & \cdots & a_{1r} \\ & \boldsymbol{O} & & \vdots & & \vdots \\ & & & a_{r1} & \cdots & a_{rr} \\ b_{11} & \cdots & b_{1s} & & & \\ \vdots & & \vdots & & * & \\ b_{s1} & \cdots & b_{ss} & & & \end{vmatrix} = \begin{vmatrix} & & & a_{11} & \cdots & a_{1r} \\ & * & & \vdots & & \vdots \\ & & & a_{r1} & \cdots & a_{rr} \\ b_{11} & \cdots & b_{1s} & & & \\ \vdots & & \vdots & & \boldsymbol{O} & \\ b_{s1} & \cdots & b_{ss} & & & \end{vmatrix}$$

$$=(-1)^{rs}\begin{vmatrix} a_{11} & \cdots & a_{1r} \\ \vdots & & \vdots \\ a_{r1} & \cdots & a_{rr} \end{vmatrix} \cdot \begin{vmatrix} b_{11} & \cdots & b_{1s} \\ \vdots & & \vdots \\ b_{s1} & \cdots & b_{ss} \end{vmatrix}.$$

（2）矩阵运算与行列式的关系

1° $\det(k\boldsymbol{A})=k^n(\det \boldsymbol{A})$，其中 $\boldsymbol{A}$ 是 n 阶矩阵；

2° $\det(\boldsymbol{AB})=(\det \boldsymbol{A})(\det \boldsymbol{B})$，一般地，有

$$\det(\boldsymbol{A}_1\boldsymbol{A}_2\cdots\boldsymbol{A}_s)=(\det \boldsymbol{A}_1)(\det \boldsymbol{A}_2)\cdots(\det \boldsymbol{A}_s);$$

3° 若 $\boldsymbol{A}=\begin{pmatrix} \boldsymbol{A}_1 & & & \\ & \boldsymbol{A}_2 & & \\ & & \ddots & \\ & & & \boldsymbol{A}_s \end{pmatrix}$ 为块对角矩阵，则 $\det \boldsymbol{A}=(\det \boldsymbol{A}_1)(\det \boldsymbol{A}_2)\cdots(\det \boldsymbol{A}_s)$；

4° $\det \boldsymbol{A}^{-1}=\dfrac{1}{\det \boldsymbol{A}}$.

（3）常用计算方法：三角化方法、降阶法、归纳法、递推法、分拆法、升阶（加边）法等.

（三）拉普拉斯展开定理

1. 子式、余子式的概念

在 n 阶行列式 D 中，任取 k 行、k 列（$1\leqslant k\leqslant n$），位于这 k 行、k 列的交点上的 k^2 个元素按原来的相对位置组成的 k 阶行列式 S，称为 D 的一个 k 阶子式；在 D 中划去 S 所在的 k 行、k 列，余下的元素按原来的相对位置组成的 $n-k$ 阶行列式 M，称为 S 的余子式.设 S 所在的各行位于 D 的第 $i_1,i_2,\cdots,i_k$ 行（$i_1<i_2<\cdots<i_k$），S 的各列位于 D 的第 $j_1,j_2,\cdots,j_k$ 列（$j_1<j_2<\cdots<j_k$），则称

$$A=(-1)^{(i_1+i_2+\cdots+i_k)+(j_1+j_2+\cdots+j_k)}M$$

为 S 的代数余子式.

2. 拉普拉斯展开定理

若在行列式 D 中，任取 k 行 $(1\leqslant k\leqslant n-1)$，则由这 k 行组成的所有 k 阶子式与它们的代数余子式的乘积之和等于 D.

（四）克拉默法则

1. 伴随矩阵

(1) 伴随矩阵的概念　设 n 阶矩阵 $\boldsymbol{A}=\begin{pmatrix} a_{11} & a_{12} & \cdots & a_{1n} \\ a_{21} & a_{22} & \cdots & a_{2n} \\ \vdots & \vdots & & \vdots \\ a_{n1} & a_{n2} & \cdots & a_{nn} \end{pmatrix}$，记 A_{ij} 为 a_{ij} 的代数余子式，则称 $\begin{pmatrix} A_{11} & A_{21} & \cdots & A_{n1} \\ A_{12} & A_{22} & \cdots & A_{n2} \\ \vdots & \vdots & & \vdots \\ A_{1n} & A_{2n} & \cdots & A_{nn} \end{pmatrix}$ 为 $\boldsymbol{A}$ 的伴随矩阵，记为 $\boldsymbol{A}^*$.

(2) 伴随矩阵的性质

1° $\boldsymbol{A}\boldsymbol{A}^*=\boldsymbol{A}^*\boldsymbol{A}=(\det\boldsymbol{A})\boldsymbol{I}$.

2° 矩阵 $\boldsymbol{A}$ 可逆的充要条件是 $\det\boldsymbol{A}\neq 0$.

3° 当矩阵 $\boldsymbol{A}$ 可逆时，有

$$\boldsymbol{A}^{-1}=\frac{1}{\det\boldsymbol{A}}\boldsymbol{A}^*;\quad (\boldsymbol{A}^*)^{-1}=(\boldsymbol{A}^{-1})^*=\frac{1}{\det\boldsymbol{A}}\boldsymbol{A}.$$

4° $\det\boldsymbol{A}^*=(\det\boldsymbol{A})^{n-1}$;　$(k\boldsymbol{A})^*=k^{n-1}\boldsymbol{A}^*(k\in\mathbf{R})$；$(\boldsymbol{A}^{\mathrm{T}})^*=(\boldsymbol{A}^*)^{\mathrm{T}}$.

2. 克拉默法则

定理　对于线性方程组

$$\begin{cases} a_{11}x_1+a_{12}x_2+\cdots+a_{1n}x_n=b_1, \\ a_{21}x_1+a_{22}x_2+\cdots+a_{2n}x_n=b_2, \\ \cdots\cdots\cdots\cdots \\ a_{n1}x_1+a_{n2}x_2+\cdots+a_{nn}x_n=b_n. \end{cases}\tag{2-1}$$

若系数行列式 $D=\begin{vmatrix} a_{11} & a_{12} & \cdots & a_{1n} \\ a_{21} & a_{22} & \cdots & a_{2n} \\ \vdots & \vdots & & \vdots \\ a_{n1} & a_{n2} & \cdots & a_{nn} \end{vmatrix}\neq 0$，则方程组(2-1)有唯一解，且解为

$$(x_1,x_2,\cdots,x_n)=\left(\frac{D_1}{D},\frac{D_2}{D},\cdots,\frac{D_n}{D}\right),$$

其中 $D_j(j=1,2,\cdots,n)$ 是把 D 中第 j 列换成常数列 $(b_1,b_2,\cdots,b_n)^{\mathrm{T}}$，而其余各列不变所得的行列式.

特别地,对齐次线性方程组

$$\begin{cases} a_{11}x_1+a_{12}x_2+\cdots+a_{1n}x_n=0, \\ a_{21}x_1+a_{22}x_2+\cdots+a_{2n}x_n=0, \\ \cdots\cdots\cdots\cdots \\ a_{n1}x_1+a_{n2}x_2+\cdots+a_{nn}x_n=0, \end{cases} \tag{2-2}$$

若系数行列式 $D\neq 0$,则方程组(2-2)只有零解.等价地,若方程组(2-2)有非零解,则必有 $D=0$.

(五) 矩阵的秩

1. 矩阵秩的定义

在 $m\times n$ 矩阵 $\boldsymbol{A}$ 中,位于任意取定的 k 行和 k 列($1\leqslant k\leqslant \min\{m,n\}$)交叉点上的 k^2 个元,按原来的相对位置组成的 k 阶行列式称为 $\boldsymbol{A}$ 的一个 k 阶子式,矩阵 $\boldsymbol{A}$ 的非零子式的最高阶数称为 $\boldsymbol{A}$ 的秩,记为 $R(\boldsymbol{A})$,并规定零矩阵的秩为零.

2. 矩阵秩的性质

(1) 矩阵 $\boldsymbol{A}$ 可逆的充要条件是 $R(\boldsymbol{A})=n$;

(2) $\boldsymbol{A}=\boldsymbol{O}$ 的充要条件是 $R(\boldsymbol{A})=0$;

(3) $R(\boldsymbol{A}^{\mathrm{T}})=R(\boldsymbol{A})$;

(4) $0\leqslant R(\boldsymbol{A})\leqslant \min\{m,n\}$,其中 $\boldsymbol{A}$ 是 $m\times n$ 矩阵;

(5) $R(k\boldsymbol{A})=\begin{cases} 0, & k=0, \\ R(\boldsymbol{A}), & k\neq 0; \end{cases}$

(6) 若 $\boldsymbol{P},\boldsymbol{Q}$ 为可逆矩阵,则 $R(\boldsymbol{A})=R(\boldsymbol{PA})=R(\boldsymbol{AQ})=R(\boldsymbol{PAQ})$;

(7) $R\begin{pmatrix} \boldsymbol{A} & \boldsymbol{O} \\ \boldsymbol{O} & \boldsymbol{B} \end{pmatrix}=R(\boldsymbol{A})+R(\boldsymbol{B})$, $R\begin{pmatrix} \boldsymbol{O} & \boldsymbol{A} \\ \boldsymbol{B} & \boldsymbol{O} \end{pmatrix}=R(\boldsymbol{A})+R(\boldsymbol{B})$;

(8) $R(\boldsymbol{A})=r\Leftrightarrow$存在可逆矩阵 $\boldsymbol{P},\boldsymbol{Q}$,使得 $\boldsymbol{PAQ}=\begin{pmatrix} \boldsymbol{I}_r & \boldsymbol{O} \\ \boldsymbol{O} & \boldsymbol{O} \end{pmatrix}$;

(9) $\boldsymbol{A}\cong\boldsymbol{B}\Leftrightarrow R(\boldsymbol{A})=R(\boldsymbol{B})$.

3. 矩阵秩的计算

(1) 初等变换不改变矩阵的秩;

(2) 利用行初等变换将矩阵化为行阶梯形矩阵,其非零行的行数为矩阵的秩.

二、典型例题

(一) 选择题

例 1 设 n 阶行列式 D_n,则 $D_n=0$ 的必要条件是(　　).

(A) D_n 中有两行(或列)元素对应成比例

(B) D_n 中有一行(或列)元素全为零

(C) D_n 中各列元素之和为零

(D) 以 D_n 为系数行列式的齐次线性方程组有非零解

分析　据行列式的性质及线性方程组的解与系数行列式的关系知,选(D).

答案　(D).

例 2　设 $\begin{vmatrix} a_{11} & a_{12} & a_{13} \\ a_{21} & a_{22} & a_{23} \\ a_{31} & a_{32} & a_{33} \end{vmatrix}=a$,则 $\begin{vmatrix} a_{11} & a_{12} & a_{13} \\ 2a_{21}-3a_{31} & 2a_{22}-3a_{32} & 2a_{23}-3a_{33} \\ a_{31} & a_{32} & a_{33} \end{vmatrix}=(\quad)$.

(A) a　　(B) $2a$　　(C) $-2a$　　(D) $-3a$

分析　据行列式的性质,经简单计算知

$$\begin{vmatrix} a_{11} & a_{12} & a_{13} \\ 2a_{21}-3a_{31} & 2a_{22}-3a_{32} & 2a_{23}-3a_{33} \\ a_{31} & a_{32} & a_{33} \end{vmatrix}=\begin{vmatrix} a_{11} & a_{12} & a_{13} \\ 2a_{21} & 2a_{22} & 2a_{23} \\ a_{31} & a_{32} & a_{33} \end{vmatrix}=2a,$$

答案　(B).

例 3　设线性方程组 $\begin{cases} bx-ay=-2ab, \\ -2cy+3bz=bc, \\ cx+az=0, \end{cases}$ 则(　　).

(A) 当 a,b,c 取任意实数时,方程组均有解

(B) 当 $a=0$ 时,方程组无解

(C) 当 $b=0$ 时,方程组无解

(D) 当 $c=0$ 时,方程组无解

分析　方程组的系数行列式

$$D=\begin{vmatrix} b & -a & 0 \\ 0 & -2c & 3b \\ c & 0 & a \end{vmatrix}=c\begin{vmatrix} -a & 0 \\ -2c & 3b \end{vmatrix}+a\begin{vmatrix} b & -a \\ 0 & -2c \end{vmatrix}=-5abc.$$

由克拉默法则知,当 $abc\neq0$ 时,方程组有唯一解;当 $abc=0$(即 $a=0$ 或 $b=0$ 或 $c=0$)时,方程组均有无穷多个解.故选(A).

答案　(A).

例 4　四阶行列式 $\begin{vmatrix} a_1 & 0 & 0 & b_1 \\ 0 & a_2 & b_2 & 0 \\ 0 & b_3 & a_3 & 0 \\ b_4 & 0 & 0 & a_4 \end{vmatrix}$ 的值等于(　　).

(A) $a_1a_2a_3a_4-b_1b_2b_3b_4$　　(B) $a_1a_2a_3a_4+b_1b_2b_3b_4$

(C) $(a_1a_2-b_1b_2)(a_3a_4-b_3b_4)$　　　(D) $(a_2a_3-b_2b_3)(a_1a_4-b_1b_4)$

分析 1　按第一行展开

$$D=a_1\begin{vmatrix}a_2&b_2&0\\b_3&a_3&0\\0&0&a_4\end{vmatrix}-b_1\begin{vmatrix}0&a_2&b_2\\0&b_3&a_3\\b_4&0&0\end{vmatrix}=a_1a_4\begin{vmatrix}a_2&b_2\\b_3&a_3\end{vmatrix}-b_1b_4\begin{vmatrix}a_2&b_2\\b_3&a_3\end{vmatrix}$$

$$=(a_1a_4-b_1b_4)(a_2a_3-b_2b_3).$$

故选(D).

分析 2　用拉普拉斯定理

$$D=\begin{vmatrix}a_2&b_2\\b_3&a_3\end{vmatrix}\cdot(-1)^{(2+3)+(2+3)}\begin{vmatrix}a_1&b_1\\b_4&a_4\end{vmatrix}=(a_1a_4-b_1b_4)(a_2a_3-b_2b_3).$$

故选(D).

答案　(D).

例 5　设 $f(x)=\begin{vmatrix}x-2&x-1&x-2&x-3\\2x-2&2x-1&2x-2&2x-3\\3x-3&3x-2&4x-5&3x-5\\4x&4x-3&5x-7&4x-3\end{vmatrix}$,则方程 $f(x)=0$ 的根的个数为(　　).

(A) 1　　　(B) 2　　　(C) 3　　　(D) 4

分析　由行列式的性质知

$$f(x)=\begin{vmatrix}x-2&x-1&x-2&x-3\\2&1&2&3\\3x-3&3x-2&4x-5&3x-5\\4x&4x-3&5x-7&4x-3\end{vmatrix}=x\begin{vmatrix}1&1&1&1\\2&1&2&3\\3x-3&3x-2&4x-5&3x-5\\4x&4x-3&5x-7&4x-3\end{vmatrix}$$

$$=x\begin{vmatrix}1&1&1&1\\2&1&2&3\\-3&-2&x-5&-5\\0&-3&x-7&-3\end{vmatrix}=x\begin{vmatrix}1&1&1&1\\0&-1&0&1\\0&1&x-2&-2\\0&-3&x-7&-3\end{vmatrix}=x\begin{vmatrix}-1&0&1\\1&x-2&-2\\-3&x-7&-3\end{vmatrix}$$

$$=x\begin{vmatrix}-1&0&1\\0&x-2&-1\\0&x-7&-6\end{vmatrix}=5x(x-1),$$

故 $f(x)=0$ 根的个数为 2,应选(B).

答案　(B).

例 6　设 n 阶矩阵的伴随矩阵为 $\boldsymbol{A}^*$, $|\boldsymbol{A}|=a\neq 0$,则 $|\boldsymbol{A}^*|=$(　　).

(A) a　　　(B) $\frac{1}{a}$　　　(C) a^{n-1}　　　(D) a^n

分析 由矩阵与伴随矩阵的关系:$AA^* = A^*A = (\det A)I$可知,

$$\det A^* = (\det A)^{n-1} = a^{n-1},$$

故应选(C).

答案 (C).

例 7 设 3 阶矩阵 A 的行列式$|A|=2$,则$\left|\frac{1}{2}(2A)^*\right| = (\quad)$.

(A) $\frac{1}{2}$ (B) 4 (C) 16 (D) 32

分析 由伴随矩阵的性质$(kA)^* = k^{n-1}A^*$及$\det A^* = (\det A)^{n-1}$可知,

$$\left|\frac{1}{2}(2A)^*\right| = \left|\frac{1}{2}\cdot(2^2A^*)\right| = |2A^*| = 2^3\cdot 2^2 = 32.$$

答案 (D).

例 8 设 A,B 为 3 阶方阵,$|A|=-2$,$A^3-ABA+2I=O$,则$|A-B|=(\quad)$.

(A) 2 (B) -2 (C) $\frac{1}{2}$ (D) $-\frac{1}{2}$

分析 由 $A^3-ABA+2I=O$,可得 $A(A-B)A=-2I$,两边取行列式得,

$$|A||A-B||A| = |-2I| = (-2)^3,$$

故$|A-B| = \frac{-8}{(-2)^2} = -2$,故选(B).

答案 (B).

例 9 设 n 阶行列式 $D_n = \begin{vmatrix} 1 & a & a & \cdots & a \\ a & 1 & a & \cdots & a \\ a & a & 1 & \cdots & a \\ \vdots & \vdots & \vdots & & \vdots \\ a & a & a & \cdots & 1 \end{vmatrix} = 0$,而 $n-1$ 阶行列式 $D_{n-1} \neq 0$,则 $a = (\quad)$.

(A) 1 (B) -1 (C) $\frac{1}{n-1}$ (D) $\frac{1}{1-n}$

分析 $$D_n = \begin{vmatrix} 1+(n-1)a & 1+(n-1)a & 1+(n-1)a & \cdots & 1+(n-1)a \\ a & 1 & a & \cdots & a \\ a & a & 1 & \cdots & a \\ \vdots & \vdots & \vdots & & \vdots \\ a & a & a & \cdots & 1 \end{vmatrix}$$

$$= [1+(n-1)a]\begin{vmatrix} 1 & 1 & 1 & \cdots & 1 \\ 0 & 1-a & 0 & \cdots & a \\ 0 & 0 & 1-a & \cdots & a \\ \vdots & \vdots & \vdots & & \vdots \\ 0 & 0 & 0 & \cdots & 1-a \end{vmatrix} = [1+(n-1)a](1-a)^{n-1}.$$

若 $a=1$,则 $D_{n-1}=0$,故 $a=\frac{1}{1-n}$.选(D).

答案 (D).

例 10 设 $D=\begin{vmatrix}1&1&1&0\\1&1&0&1\\1&0&1&1\\0&1&1&1\end{vmatrix}$,则其值为( ).

(A) 1　　(B) 2　　(C) 3　　(D) −3

分析
$$D=\begin{vmatrix}3&1&1&0\\3&1&0&1\\3&0&1&1\\3&1&1&1\end{vmatrix}=3\begin{vmatrix}1&1&1&0\\1&1&0&1\\1&0&1&1\\1&1&1&1\end{vmatrix}=3\begin{vmatrix}1&1&1&0\\0&0&-1&1\\0&-1&0&1\\0&0&0&1\end{vmatrix}$$
$$=-3\begin{vmatrix}1&1&1&0\\0&-1&0&0\\0&0&-1&1\\0&0&0&1\end{vmatrix}=-3.$$

答案 (D).

例 11 设 n 阶矩阵 $\boldsymbol{A}$ 与 $\boldsymbol{B}$ 等价,则必有( ).

(A) 当 $|\boldsymbol{A}|=a(a\neq0)$ 时,$|\boldsymbol{B}|=a$

(B) 当 $|\boldsymbol{A}|=a(a\neq0)$ 时,$|\boldsymbol{B}|=-a$

(C) 当 $|\boldsymbol{A}|\neq0$ 时,$|\boldsymbol{B}|=0$

(D) 当 $|\boldsymbol{A}|=0$ 时,$|\boldsymbol{B}|=0$

分析 当 $|\boldsymbol{A}|=0$ 时,$R(\boldsymbol{A})<n$,而 $\boldsymbol{A}$ 与 $\boldsymbol{B}$ 等价,故 $R(\boldsymbol{B})=R(\boldsymbol{A})<n$,即 $|\boldsymbol{B}|=0$,故选(D).

答案 (D).

例 12 设 $\boldsymbol{A}$ 为 $m\times n$ 矩阵,$\boldsymbol{B}$ 为 $n\times m$ 矩阵,则( ).

(A) 当 $m>n$ 时,必有 $|\boldsymbol{AB}|\neq0$

(B) 当 $m>n$ 时,必有 $|\boldsymbol{AB}|=0$

(C) 当 $n>m$ 时,必有 $|\boldsymbol{AB}|\neq0$

(D) 当 $n>m$ 时,必有 $|\boldsymbol{AB}|=0$

分析 $\boldsymbol{AB}$ 为 m 阶方阵,且 $R(\boldsymbol{AB})\leqslant\min\{R(\boldsymbol{A}),R(\boldsymbol{B})\}\leqslant n$,故当 $m>n$ 时,
$$R(\boldsymbol{AB})\leqslant\min\{R(\boldsymbol{A}),R(\boldsymbol{B})\}\leqslant n<m,$$
从而有 $|\boldsymbol{AB}|=0$,故选(B).

答案 (B).

例 13 设 $\boldsymbol{A},\boldsymbol{B}$ 均为 n 阶非零矩阵,且 $\boldsymbol{AB}=\boldsymbol{O}$,则 $\boldsymbol{A}$ 和 $\boldsymbol{B}$ 的秩( ).

(A) 必有一个等于零　　　　　　(B) 都小于 n

(C) 一个小于 n,一个等于 n　　　(D) 都等于 n

分析　因为 $\boldsymbol{A}\neq\boldsymbol{O},\boldsymbol{B}\neq\boldsymbol{O}$,故 $R(\boldsymbol{A})\geqslant1,R(\boldsymbol{B})\geqslant1$.由 $\boldsymbol{B}=(\boldsymbol{\beta}_1,\boldsymbol{\beta}_2,\cdots,\boldsymbol{\beta}_n)\neq\boldsymbol{O}$,可得存在 $\boldsymbol{\beta}_l\neq\boldsymbol{0}$,从而由 $\boldsymbol{AB}=\boldsymbol{O}$,可得 $\boldsymbol{A\beta}_l=\boldsymbol{0}(\boldsymbol{\beta}_l\neq\boldsymbol{0})$,即以 $\boldsymbol{A}$ 为系数的齐次线性方程组有非零解,所以 $\boldsymbol{A}$ 对应的行阶梯形矩阵非零行的行数小于 n,故 $R(\boldsymbol{A})<n$.类似由 $\boldsymbol{AB}=\boldsymbol{O}$,可得 $\boldsymbol{B}^{\mathrm{T}}\boldsymbol{A}^{\mathrm{T}}=\boldsymbol{O}$,可得 $R(\boldsymbol{B})<n$.故选(B).

答案　(B).

(二) 解答题

例 1　计算下列行列式:

$$(1)\begin{vmatrix}4&1&2&4\\1&2&0&2\\10&5&2&0\\0&1&1&7\end{vmatrix};\quad(2)\begin{vmatrix}-ab&ac&ae\\bd&-cd&de\\bf&cf&-ef\end{vmatrix};\quad(3)\begin{vmatrix}a&1&0&0\\-1&b&1&0\\0&-1&c&1\\0&0&-1&d\end{vmatrix}.$$

分析　可通过初等变换使得行列式中包含尽可能多的零元素,按零元素较多的行(或列)展开,或利用行列式的性质、特殊行列式计算出结果.

解　(1) $$D=\begin{vmatrix}4&1&2&4\\1&2&0&2\\10&5&2&0\\0&1&1&7\end{vmatrix}\xlongequal{r_1\leftrightarrow r_2}-\begin{vmatrix}1&2&0&2\\4&1&2&4\\10&5&2&0\\0&1&1&7\end{vmatrix}\xlongequal[-10r_1+r_3]{-4r_1+r_2}-\begin{vmatrix}1&2&0&2\\0&-7&2&-4\\0&-15&2&-20\\0&1&1&7\end{vmatrix}$$

$$\xlongequal{r_2\leftrightarrow r_4}\begin{vmatrix}1&2&0&2\\0&1&1&7\\0&-15&2&-20\\0&-7&2&-4\end{vmatrix}\xlongequal[7r_2+r_4]{15r_2+r_3}-\begin{vmatrix}1&2&0&2\\0&1&1&7\\0&0&17&85\\0&0&9&45\end{vmatrix}=0.$$

(2) $$D=\begin{vmatrix}-ab&ac&ae\\bd&-cd&de\\bf&cf&-ef\end{vmatrix}=adf\begin{vmatrix}-b&c&e\\b&-c&e\\b&c&-e\end{vmatrix}=adfbce\begin{vmatrix}-1&1&1\\1&-1&1\\1&1&-1\end{vmatrix}$$

$$\xlongequal[i=2,3]{r_1+r_i}adfbce\begin{vmatrix}-1&1&1\\0&0&2\\0&2&0\end{vmatrix}\xlongequal{r_2\leftrightarrow r_3}-adfbce\begin{vmatrix}-1&1&1\\0&2&0\\0&0&2\end{vmatrix}=4abcdef.$$

(3) $$D=\begin{vmatrix}a&1&0&0\\-1&b&1&0\\0&-1&c&1\\0&0&-1&d\end{vmatrix}\xlongequal{ar_2+r_1}\begin{vmatrix}0&1+ab&a&0\\-1&b&1&0\\0&-1&c&1\\0&0&-1&d\end{vmatrix}=(-1)(-1)^3\begin{vmatrix}1+ab&a&0\\-1&c&1\\0&-1&d\end{vmatrix}$$

$$\xlongequal{dc_2+c_3}\begin{vmatrix}1+ab & a & ad\\ -1 & c & 1+cd\\ 0 & -1 & 0\end{vmatrix}=(-1)(-1)^5\begin{vmatrix}1+ab & ad\\ -1 & 1+cd\end{vmatrix}=(1+ab)(1+cd)+ad.$$

例 2 计算 $D_n=\begin{vmatrix}1 & 2 & 3 & \cdots & n\\ 2 & 3 & 4 & \cdots & n+1\\ 3 & 4 & 5 & \cdots & n+2\\ \vdots & \vdots & \vdots & & \vdots\\ n & n+1 & n+2 & \cdots & n+(n-1)\end{vmatrix}$.

分析 由该行列式的结构可知,相邻两行对应元素相差 1,故可先对相邻两行做差,化简行列式,再计算.

解 $D_n=\begin{vmatrix}1 & 2 & 3 & \cdots & n\\ 2 & 3 & 4 & \cdots & n+1\\ 3 & 4 & 5 & \cdots & n+2\\ \vdots & \vdots & \vdots & & \vdots\\ n & n+1 & n+2 & \cdots & n+(n-1)\end{vmatrix}\xlongequal[i=n,n-1,\cdots,2]{-r_{i-1}+r_i}\begin{vmatrix}1 & 2 & 3 & \cdots & n\\ 1 & 1 & 1 & \cdots & 1\\ 1 & 1 & 1 & \cdots & 1\\ \vdots & \vdots & \vdots & & \vdots\\ 1 & 1 & 1 & \cdots & 1\end{vmatrix}=0.$

例 3 计算 $D_n=\begin{vmatrix}0 & 1 & 2 & \cdots & n-1\\ 1 & 0 & 1 & \cdots & n-2\\ 2 & 1 & 0 & \cdots & n-3\\ \vdots & \vdots & \vdots & & \vdots\\ n-1 & n-2 & n-3 & \cdots & 0\end{vmatrix}$.

分析 由该行列式的结构可知,相邻两行对应元素相差±1,故可对相邻两行做差,先化简再计算.

解 $D_n=\begin{vmatrix}0 & 1 & 2 & \cdots & n-1\\ 1 & 0 & 1 & \cdots & n-2\\ 2 & 1 & 0 & \cdots & n-3\\ \vdots & \vdots & \vdots & & \vdots\\ n-1 & n-2 & n-3 & \cdots & 0\end{vmatrix}\xlongequal[i=n,n-1,\cdots,2]{-r_{i-1}+r_i}\begin{vmatrix}0 & 1 & 2 & \cdots & n-1\\ 1 & -1 & -1 & \cdots & -1\\ 1 & 1 & -1 & \cdots & -1\\ \vdots & \vdots & \vdots & & \vdots\\ 1 & 1 & 1 & \cdots & -1\end{vmatrix}$

$$\xlongequal[i=n-1,\cdots,1]{c_n+c_i}\begin{vmatrix}n-1 & n & n+1 & \cdots & n-1\\ 0 & -2 & -2 & \cdots & -1\\ 0 & 0 & -2 & \cdots & -1\\ \vdots & \vdots & \vdots & & \vdots\\ 0 & 0 & 0 & \cdots & -1\end{vmatrix}=(-1)^{n-1}(n-1)2^{n-2}.$$

例 4 计算 $D_n=\begin{vmatrix} 1 & 2 & 3 & \cdots & n-2 & n-1 & n \\ 1 & -1 & 0 & \cdots & 0 & 0 & 0 \\ 0 & 2 & -2 & \cdots & 0 & 0 & 0 \\ \vdots & \vdots & \vdots & & \vdots & \vdots & \vdots \\ 0 & 0 & 0 & \cdots & n-2 & -(n-2) & 0 \\ 0 & 0 & 0 & \cdots & 0 & n-1 & -(n-1) \end{vmatrix}$.

分析 由该行列式的结构可知,若将次对角线的元素化为零,则原行列式变成上三角形行列式,故可通过初等变换化次对角线的元素为零.

解

$$D_n=\begin{vmatrix} 1 & 2 & 3 & \cdots & n-2 & n-1 & n \\ 1 & -1 & 0 & \cdots & 0 & 0 & 0 \\ 0 & 2 & -2 & \cdots & 0 & 0 & 0 \\ \vdots & \vdots & \vdots & & \vdots & \vdots & \vdots \\ 0 & 0 & 0 & \cdots & n-2 & -(n-2) & 0 \\ 0 & 0 & 0 & \cdots & 0 & n-1 & -(n-1) \end{vmatrix}$$

$$\xlongequal[i=n,n-1,\cdots,2]{c_i+c_{i-1}}\begin{vmatrix} 1+\cdots+n & 2+\cdots+n & 3+\cdots+n & \cdots & 3n-3 & 2n-1 & n \\ 0 & -1 & 0 & \cdots & 0 & 0 & 0 \\ 0 & 0 & -2 & \cdots & 0 & 0 & 0 \\ \vdots & \vdots & \vdots & & \vdots & \vdots & \vdots \\ 0 & 0 & 0 & \cdots & 0 & -(n-2) & 0 \\ 0 & 0 & 0 & \cdots & 0 & 0 & -(n-1) \end{vmatrix}$$

$$=\frac{n(n+1)}{2}(-1)^{n-1}(n-1)!\ =\frac{1}{2}(-1)^{n-1}(n+1)!.$$

例 5 计算 $D_n=\begin{vmatrix} n & n-1 & \cdots & 3 & 2 & 1 \\ n & n-1 & \cdots & 3 & 3 & 1 \\ n & n-1 & \cdots & 5 & 2 & 1 \\ \vdots & \vdots & & \vdots & \vdots & \vdots \\ n & 2n-3 & \cdots & 3 & 2 & 1 \\ 2n-1 & n-1 & \cdots & 3 & 2 & 1 \end{vmatrix}$.

分析 由该行列式的结构可知,相邻两行对应元素(除了斜对角线上的元素外)完全相同,故可把第 1 行的−1 倍加到其他行,先化简再计算.

解法 1

$$D_n=\begin{vmatrix} n & n-1 & \cdots & 3 & 2 & 1 \\ n & n-1 & \cdots & 3 & 3 & 1 \\ n & n-1 & \cdots & 5 & 2 & 1 \\ \vdots & \vdots & & \vdots & \vdots & \vdots \\ n & 2n-3 & \cdots & 3 & 2 & 1 \\ 2n-1 & n-1 & \cdots & 3 & 2 & 1 \end{vmatrix}\xlongequal[i=2,3,\cdots,n]{-r_1+r_i}\begin{vmatrix} n & n-1 & \cdots & 3 & 2 & 1 \\ 0 & 0 & \cdots & 0 & 1 & 0 \\ 0 & 0 & \cdots & 2 & 0 & 0 \\ \vdots & \vdots & & \vdots & \vdots & \vdots \\ 0 & n-2 & \cdots & 0 & 0 & 0 \\ n-1 & 0 & \cdots & 0 & 0 & 0 \end{vmatrix},$$

再将其第 $n,n-1,\cdots,1$ 列通过相邻两列互换依次调为第 $1,2,\cdots,n$ 列,得

$$D_n=(-1)^{\frac{n(n-1)}{2}}\begin{vmatrix}1&2&3&\cdots&n\\&1&0&\cdots&0\\&&2&\cdots&0\\&&&\ddots&\vdots\\&&&&n-1\end{vmatrix}=(-1)^{\frac{n(n-1)}{2}}(n-1)!.$$

解法 2 按第 n 行展开,建立递推公式

$$D_n=\begin{vmatrix}n&n-1&\cdots&3&2&1\\n&n-1&\cdots&3&3&1\\n&n-1&\cdots&5&2&1\\\vdots&\vdots&&\vdots&\vdots&\vdots\\n&2n-3&\cdots&3&2&1\\2n-1&n-1&\cdots&3&2&1\end{vmatrix}\xlongequal[i=2,3,\cdots,n]{-r_1+r_i}\begin{vmatrix}n&n-1&\cdots&3&2&1\\0&0&\cdots&0&1&0\\0&0&\cdots&2&0&0\\\vdots&\vdots&&\vdots&\vdots&\vdots\\0&n-2&\cdots&0&0&0\\n-1&0&\cdots&0&0&0\end{vmatrix}$$

$$=(n-1)(-1)^{n+1}D_{n-1}=(n-1)(-1)^{n-1}D_{n-1}=(n-1)(-1)^{n-1}(n-2)(-1)^{n-2}D_{n-2}$$

$$=(n-1)(-1)^{n-1}(n-2)(-1)^{n-2}\cdots2(-1)^2D_2$$

$$=(n-1)(-1)^{n-1}(n-2)(-1)^{n-2}\cdots2(-1)^2(-1)^1$$

$$=(-1)^{\frac{n(n-1)}{2}}(n-1)!.$$

例 6 计算 $D_n=\begin{vmatrix}a_0&-1&\cdots&0&0\\a_1&x&\cdots&0&0\\\vdots&\vdots&&\vdots&\vdots\\a_{n-3}&0&\cdots&-1&0\\a_{n-2}&0&\cdots&x&-1\\a_{n-1}&0&\cdots&0&x\end{vmatrix}$.

分析 1 根据行列式的结构,可将第 i 行的 x 倍加到第 $i+1$ 行 $(i=1,2,\cdots,n-1)$ 使得行列式中出现尽可能多的零元素,再计算.

解法 1

$$D_n=\begin{vmatrix}a_0&-1&\cdots&0&0\\a_1&x&\cdots&0&0\\\vdots&\vdots&&\vdots&\vdots\\a_{n-3}&0&\cdots&-1&0\\a_{n-2}&0&\cdots&x&-1\\a_{n-1}&0&\cdots&0&x\end{vmatrix}$$

$$\xlongequal[i=1,2,\cdots,n-1]{xr_i+r_{i+1}}\begin{vmatrix} a_0 & -1 & \cdots & 0 & 0 \\ a_1+a_0x & 0 & \cdots & 0 & 0 \\ \vdots & \vdots & & \vdots & \vdots \\ a_{n-3}+a_{n-2}x+\cdots+a_1x^{n-4}+a_0x^{n-3} & 0 & \cdots & -1 & 0 \\ a_{n-2}+a_{n-1}x+\cdots+a_1x^{n-3}+a_0x^{n-2} & 0 & \cdots & 0 & -1 \\ a_{n-1}+a_{n-2}x+\cdots+a_1x^{n-2}+a_0x^{n-1} & 0 & \cdots & 0 & 0 \end{vmatrix}$$

$$=(-1)^{n+1}(a_{n-1}+a_{n-2}x+\cdots+a_1x^{n-2}+a_0x^{n-1})(-1)^{n-1}=a_{n-1}+a_{n-2}x+\cdots+a_1x^{n-2}+a_0x^{n-1}.$$

分析 2 根据行列式的结构,可用递推法导出递推公式.

解法 2 按第 n 行展开,建立递推公式

$$D_n=\begin{vmatrix} a_0 & -1 & \cdots & 0 & 0 \\ a_1 & x & \cdots & 0 & 0 \\ \vdots & \vdots & & \vdots & \vdots \\ a_{n-3} & 0 & \cdots & -1 & 0 \\ a_{n-2} & 0 & \cdots & x & -1 \\ a_{n-1} & 0 & \cdots & 0 & x \end{vmatrix}=xD_{n-1}+a_{n-1}(-1)^{n+1}(-1)^{n-1}=xD_{n-1}+a_{n-1}.$$

又 $D_1=a_0$,于是可得

$$\begin{aligned} D_n &= xD_{n-1}+a_{n-1} \\ &= x(xD_{n-2}+a_{n-2})+a_{n-1} \\ &= x^2D_{n-2}+a_{n-2}x+a_{n-1} \\ &\ \ \vdots \\ &= x^{n-1}D_1+a_1x^{n-1}+\cdots+a_{n-2}x+a_{n-1} \\ &= a_{n-1}+a_{n-2}x+\cdots+a_1x^{n-2}+a_0x^{n-1}. \end{aligned}$$

例 7 计算 $D_n=\begin{vmatrix} a & a+b & a+b & \cdots & a+b \\ a-b & a & a+b & \cdots & a+b \\ a-b & a-b & a & \cdots & a+b \\ \vdots & \vdots & \vdots & & \vdots \\ a-b & a-b & a-b & \cdots & a \end{vmatrix}$.

分析 根据行列式的结构,可用递推法导出递推公式,也可通过初等变换化简,再计算.

解法 1

$$D_n=\begin{vmatrix} a & a+b & a+b & \cdots & a+b \\ a-b & a & a+b & \cdots & a+b \\ a-b & a-b & a & \cdots & a+b \\ \vdots & \vdots & \vdots & & \vdots \\ a-b & a-b & a-b & \cdots & a \end{vmatrix}\xlongequal{-r_2+r_1}\begin{vmatrix} b & b & 0 & \cdots & 0 \\ a-b & a & a+b & \cdots & a+b \\ a-b & a-b & a & \cdots & a+b \\ \vdots & \vdots & \vdots & & \vdots \\ a-b & a-b & a-b & \cdots & a \end{vmatrix}$$

$$\xlongequal{-c_2+c_1}\begin{vmatrix} 0 & b & 0 & \cdots & 0 \\ -b & a & a+b & \cdots & a+b \\ 0 & a-b & a & \cdots & a+b \\ \vdots & \vdots & \vdots & & \vdots \\ 0 & a-b & a-b & \cdots & a \end{vmatrix} = (-1)^{2+1}(-b)\begin{vmatrix} b & 0 & \cdots & 0 \\ a-b & a & \cdots & a+b \\ \vdots & \vdots & & \vdots \\ a-b & a-b & \cdots & a \end{vmatrix} = b^2 D_{n-2},$$

又可知 $D_1 = a, D_2 = b^2$,因此有

(1) 当 n 为偶数时,$D_n = b^2 D_{n-2} = b^4 D_{n-4} = \cdots = b^{n-2} D_2 = b^n$;

(2) 当 n 为奇数时,$D_n = b^2 D_{n-2} = b^4 D_{n-4} = \cdots = b^{n-1} D_1 = ab^{n-1}$.

解法 2 $$D_n = \begin{vmatrix} a & a+b & a+b & \cdots & a+b \\ a-b & a & a+b & \cdots & a+b \\ a-b & a-b & a & \cdots & a+b \\ \vdots & \vdots & \vdots & & \vdots \\ a-b & a-b & a-b & \cdots & a \end{vmatrix} \xlongequal[i=2,\cdots,n]{-r_1+r_i} \begin{vmatrix} a & a+b & a+b & \cdots & a+b \\ -b & -b & 0 & \cdots & 0 \\ -b & -2b & -b & \cdots & 0 \\ \vdots & \vdots & \vdots & & \vdots \\ -b & -2b & -2b & \cdots & -b \end{vmatrix}$$

$$\xlongequal[i=n,\cdots,3]{-r_{i-1}+r_i} \begin{vmatrix} a & a+b & a+b & \cdots & a+b & a+b \\ -b & -b & 0 & \cdots & 0 & 0 \\ 0 & -b & -b & \cdots & 0 & 0 \\ \vdots & \vdots & \vdots & & \vdots & \vdots \\ 0 & 0 & 0 & \cdots & -b & 0 \\ 0 & 0 & 0 & \cdots & -b & -b \end{vmatrix},$$

再作列变换 $-c_i + c_{i-1}(i=n,\cdots,2)$,则

(1) 当 n 为偶数时,$$D_n = \begin{vmatrix} -b & a+b & 0 & \cdots & 0 & a+b \\ 0 & -b & 0 & \cdots & 0 & 0 \\ 0 & 0 & -b & \cdots & 0 & 0 \\ \vdots & \vdots & \vdots & & \vdots & \vdots \\ 0 & 0 & 0 & \cdots & -b & 0 \\ 0 & 0 & 0 & \cdots & 0 & -b \end{vmatrix} = (-b)^n = b^n;$$

(2) 当 n 为奇数时,$$D_n = \begin{vmatrix} a & 0 & a+b & \cdots & 0 & a+b \\ 0 & -b & 0 & \cdots & 0 & 0 \\ 0 & 0 & -b & \cdots & 0 & 0 \\ \vdots & \vdots & \vdots & & \vdots & \vdots \\ 0 & 0 & 0 & \cdots & -b & 0 \\ 0 & 0 & 0 & \cdots & 0 & -b \end{vmatrix} = a(-b)^{n-1} = ab^{n-1}.$$

例 8 计算 $|\boldsymbol{A}_n|=\begin{vmatrix}7&5&0&\cdots&0&0\\2&7&5&\cdots&0&0\\\vdots&\vdots&\vdots&&\vdots&\vdots\\0&0&0&\cdots&7&5\\0&0&0&\cdots&2&7\end{vmatrix}$.

分析 该行列式中 0 元较多,可按某行或某列展开.

解 按第 1 列展开得

$$|\boldsymbol{A}_n|=7|\boldsymbol{A}_{n-1}|-2\begin{vmatrix}5&0&\cdots&0\\2&&&\\\vdots&&\boldsymbol{A}_{n-2}&\\0&&&\end{vmatrix},$$

最后一个行列式再按第一行展开得

$$|\boldsymbol{A}_n|=7|\boldsymbol{A}_{n-1}|-2\cdot5|\boldsymbol{A}_{n-2}|=(2+5)|\boldsymbol{A}_{n-1}|-2\cdot5|\boldsymbol{A}_{n-2}|,$$

于是

$$|\boldsymbol{A}_n|-2|\boldsymbol{A}_{n-1}|=5(|\boldsymbol{A}_{n-1}|-2|\boldsymbol{A}_{n-2}|);|\boldsymbol{A}_n|-5|\boldsymbol{A}_{n-1}|=2(|\boldsymbol{A}_{n-1}|-5|\boldsymbol{A}_{n-2}|).$$

当 $n=2$ 时

$$|\boldsymbol{A}_2|-2|\boldsymbol{A}_1|=5^2;\quad |\boldsymbol{A}_2|-5|\boldsymbol{A}_1|=2^2.$$

由归纳法可得

$$|\boldsymbol{A}_n|-2|\boldsymbol{A}_{n-1}|=5^n;\quad |\boldsymbol{A}_n|-5|\boldsymbol{A}_{n-1}|=2^n.$$

由克拉默法则知

$$|\boldsymbol{A}_n|=\frac{\begin{vmatrix}5^n&-2\\2^n&-5\end{vmatrix}}{\begin{vmatrix}1&-2\\1&-5\end{vmatrix}}=\frac{5^{n+1}-2^{n+1}}{3}.$$

例 9 计算 $|\boldsymbol{A}_n|=\begin{vmatrix}\alpha+\beta&\beta&&&\\\alpha&\ddots&\ddots&&\\&\ddots&\ddots&\ddots&\\&&\ddots&\ddots&\beta\\&&&\alpha&\alpha+\beta\end{vmatrix}$.

分析 同例 8.

解 按第 1 行展开,

$$|\boldsymbol{A}_n|=(\alpha+\beta)|\boldsymbol{A}_{n-1}|-\beta\begin{vmatrix}\alpha&\beta&\cdots&0\\0&&&\\\vdots&&\boldsymbol{A}_{n-2}&\\0&&&\end{vmatrix}=(\alpha+\beta)|\boldsymbol{A}_{n-1}|-\alpha\beta|\boldsymbol{A}_{n-2}|,$$

$$|\boldsymbol{A}_n|-\alpha|\boldsymbol{A}_{n-1}|=\beta(|\boldsymbol{A}_{n-1}|-\alpha|\boldsymbol{A}_{n-2}|).$$

故$|\boldsymbol{A}_n|-\alpha|\boldsymbol{A}_{n-1}|$是以$\beta$为公比的等比数列($n=3,4,\cdots$).

$$|\boldsymbol{A}_2|=(\alpha+\beta)^2-\alpha\beta=\alpha^2+\beta^2+\alpha\beta\Rightarrow|\boldsymbol{A}_2|-\alpha(\alpha+\beta)=\beta^2,$$

即$|\boldsymbol{A}_2|-\alpha|\boldsymbol{A}_1|=\beta^2$.

归纳可得,

$$|\boldsymbol{A}_n|-\alpha|\boldsymbol{A}_{n-1}|=\beta^n.$$

同理,$|\boldsymbol{A}_n|-\beta|\boldsymbol{A}_{n-1}|=\alpha^n$.

(1) 若$\alpha\neq\beta$,由克拉默法则:$|\boldsymbol{A}_n|=\dfrac{\begin{vmatrix}\beta^n & -\alpha\\ \alpha^n & -\beta\end{vmatrix}}{\begin{vmatrix}1 & -\alpha\\ 1 & -\beta\end{vmatrix}}=\dfrac{\beta^{n+1}-\alpha^{n+1}}{\beta-\alpha}$.

(2) 若$\alpha=\beta$,则$|\boldsymbol{A}_1|=2\alpha$,$|\boldsymbol{A}_2|=3\alpha^2$,归纳可得$|\boldsymbol{A}_n|=(n+1)\alpha^n$.

例 10 计算(爪型或箭形行列式)$D_n=\begin{vmatrix}a_1 & c_2 & c_3 & \cdots & c_n\\ b_2 & a_2 & & & \\ b_3 & & a_3 & & \\ \vdots & & & \ddots & \\ b_n & & & & a_n\end{vmatrix}$(其中$\prod\limits_{i=2}^{n}a_i\neq 0$).

分析 若$b_i=0(i=2,3,\cdots,n)$,则D_n为上三角形行列式,故可用行列式的性质将第1列元化为0,利用上三角形行列式计算.

解 将第i列的$-\dfrac{b_i}{a_i}$倍($i=2,3,\cdots,n$)全加到第1列,得

$$D_n=\begin{vmatrix}a_1-\sum\limits_{i=2}^{n}\dfrac{b_i}{a_i}c_i & c_2 & c_3 & \cdots & c_n\\ 0 & a_2 & & & \\ 0 & & a_3 & & \\ \vdots & & & \ddots & \\ 0 & & & & a_n\end{vmatrix}=\prod_{i=2}^{n}a_i\left(a_1-\sum_{i=2}^{n}\frac{b_i}{a_i}c_i\right).$$

例 11 计算$D_n=\begin{vmatrix}a^n & (a-1)^n & \cdots & (a-n)^n\\ a^{n-1} & (a-1)^{n-1} & \cdots & (a-n)^{n-1}\\ \vdots & \vdots & & \vdots\\ a & a-1 & \cdots & a-n\\ 1 & 1 & \cdots & 1\end{vmatrix}$.

分析 此行列式与范德蒙德(Vandermonde)行列式形式不同,将D_n中第$n+1$

行依次与上一行交换到第 1 行，第 n 行依次与上一行交换到第 2 行，…，经过 $n+(n-1)+(n-2)+\cdots+2+1=\frac{n(n+1)}{2}$ 次行交换，与范德蒙德行列式建立关系.

解 $D_n=(-1)^{\frac{n(n+1)}{2}}\begin{vmatrix} 1 & 1 & \cdots & 1 \\ a & a-1 & \cdots & a-n \\ \vdots & \vdots & & \vdots \\ a^{n-1} & (a-1)^{n-1} & \cdots & (a-n)^{n-1} \\ a^n & (a-1)^n & \cdots & (a-n)^n \end{vmatrix}$，

再将第 $n+1$ 列依次与前一列交换到第 1 列，第 n 列依次与前一列交换到第 2 列，…，经过 $n+(n-1)+(n-2)+\cdots+2+1=\frac{n(n+1)}{2}$ 次列交换，得

$$D_n=(-1)^{\frac{n(n+1)}{2}}\cdot(-1)^{\frac{n(n+1)}{2}}\begin{vmatrix} 1 & \cdots & 1 & 1 \\ a-n & \cdots & a-1 & a \\ \vdots & & \vdots & \vdots \\ (a-n)^{n-1} & \cdots & (a-1)^{n-1} & a^{n-1} \\ (a-n)^n & \cdots & (a-1)^n & a^n \end{vmatrix}$$

$$=(-1)^{n(n+1)}\prod_{0\leqslant j<i\leqslant n}[(a-j)-(a-i)]$$

$$=\prod_{0\leqslant j<i\leqslant n}(i-j)=n!\ (n-1)!\ \cdot\cdots\cdot 2!.$$

例 12 计算 $D_n=\begin{vmatrix} 1 & 1 & 1 & \cdots & 1 \\ x_1+1 & x_2+1 & x_3+1 & \cdots & x_n+1 \\ x_1^2+x_1 & x_2^2+x_2 & x_3^2+x_3 & \cdots & x_n^2+x_n \\ \vdots & \vdots & \vdots & & \vdots \\ x_1^{n-1}+x_1^{n-2} & x_2^{n-1}+x_2^{n-2} & x_3^{n-1}+x_3^{n-2} & \cdots & x_n^{n-1}+x_n^{n-2} \end{vmatrix}$.

分析 1 行列式中第 i 行与第 $i+1$ 行含有 x_j^{i-1}，可利用相邻两行的关系和行列式的性质，先化简再计算.

解法 1

$$D_n\xlongequal[i=1,2,\cdots,n-1]{-r_i+r_{i+1}}\begin{vmatrix} 1 & 1 & 1 & \cdots & 1 \\ x_1 & x_2 & x_3 & \cdots & x_n \\ x_1^2 & x_2^2 & x_3^2 & \cdots & x_n^2 \\ \vdots & \vdots & \vdots & & \vdots \\ x_1^{n-1} & x_2^{n-1} & x_3^{n-1} & \cdots & x_n^{n-1} \end{vmatrix}=\prod_{1\leqslant j<i\leqslant n}(x_i-x_j).$$

分析 2 根据矩阵运算与行列式的关系，该行列式可写成两个行列式之积.

解法 2

$$D_n=\begin{vmatrix}1&0&0&\cdots&0&0&0\\1&1&0&\cdots&0&0&0\\0&1&1&\cdots&0&0&0\\\vdots&\vdots&\vdots&&\vdots&\vdots&\\0&0&0&\cdots&1&1&0\\0&0&0&\cdots&0&1&1\end{vmatrix}\cdot\begin{vmatrix}1&1&1&\cdots&1\\x_1&x_2&x_3&\cdots&x_n\\x_1^2&x_2^2&x_3^2&\cdots&x_n^2\\\vdots&\vdots&\vdots&&\vdots\\x_1^{n-1}&x_2^{n-1}&x_3^{n-1}&\cdots&x_n^{n-1}\end{vmatrix}=\prod_{1\leqslant j<i\leqslant n}(x_i-x_j).$$

例 13 计算 $D=\begin{vmatrix}1&1&1&1\\a&b&c&d\\a^2&b^2&c^2&d^2\\a^4&b^4&c^4&d^4\end{vmatrix}$.

分析 建立此行列式与范德蒙德行列式的关系或将其转化为范德蒙德行列式,也可通过初等变换产生尽可能多的零元素,然后降阶.

解法 1 将此行列式按第 4 行展开,每个元素的余子式均为范德蒙德行列式.

$$D=\begin{vmatrix}1&1&1&1\\a&b&c&d\\a^2&b^2&c^2&d^2\\a^4&b^4&c^4&d^4\end{vmatrix}$$

$$=-a^4\begin{vmatrix}1&1&1\\b&c&d\\b^2&c^2&d^2\end{vmatrix}+b^4\begin{vmatrix}1&1&1\\a&c&d\\a^2&c^2&d^2\end{vmatrix}-c^4\begin{vmatrix}1&1&1\\a&b&d\\a^2&b^2&d^2\end{vmatrix}+d^4\begin{vmatrix}1&1&1\\a&b&c\\a^2&b^2&c^2\end{vmatrix}$$

$$=-a^4(c-b)(d-b)(d-c)+b^4(c-a)(d-a)(d-c)-c^4(b-a)(d-a)(d-b)+d^4(b-a)(c-a)(c-b)$$

$$=(b-a)(c-a)(d-a)(c-b)(d-b)(d-c)(a+b+c+d).$$

解法 2 加边,将该行列式转化为范德蒙德行列式.

$$\begin{vmatrix}1&1&1&1&1\\a&b&c&d&x\\a^2&b^2&c^2&d^2&x^2\\a^3&b^3&c^3&d^3&x^3\\a^4&b^4&c^4&d^4&x^4\end{vmatrix}$$

$$=l_0+l_1x+l_2x^2+l_3x^3+l_4x^4=P_4(x)$$

$$=(b-a)(c-a)(d-a)(x-a)(c-b)(d-b)(x-b)(d-c)(x-c)(x-d)$$

$$=(b-a)(c-a)(d-a)(c-b)(d-b)(d-c)(x-a)(x-b)(x-c)(x-d),$$

且

$$(-1)^{3+4}D=l_3=-(a+b+c+d)(b-a)(c-a)(d-a)(c-b)(d-b)(d-c).$$

故

$$D=(b-a)(c-a)(d-a)(c-b)(d-b)(d-c)(a+b+c+d).$$

解法 3 通过初等变换降阶.

$$D=\begin{vmatrix}1&1&1&1\\a&b&c&d\\a^2&b^2&c^2&d^2\\a^4&b^4&c^4&d^4\end{vmatrix}\xlongequal[-ar_1+r_2]{\substack{-a^2r_3+r_4\\-ar_2+r_3}}\begin{vmatrix}1&1&1&1\\0&b-a&c-a&d-a\\0&b(b-a)&c(c-a)&d(d-a)\\0&b^2(b^2-a^2)&c^2(c^2-a^2)&d^2(d^2-a^2)\end{vmatrix}$$

$$=\begin{vmatrix}b-a&c-a&d-a\\b(b-a)&c(c-a)&d(d-a)\\b^2(b^2-a^2)&c^2(c^2-a^2)&d^2(d^2-a^2)\end{vmatrix}$$

$$=(b-a)(c-a)(d-a)\begin{vmatrix}1&1&1\\b&c&d\\b^2(b+a)&c^2(c+a)&d^2(d+a)\end{vmatrix}$$

$$\xlongequal[-br_1+r_2]{-b(b+a)r_2+r_3}(b-a)(c-a)(d-a)\begin{vmatrix}1&1&1\\0&c-b&d-b\\0&x&y\end{vmatrix},$$

其中

$$x=c^2(c+a)-bc(b+a)=c(c^2+ac-b^2-ab)=c(a+b+c)(c-b),$$
$$y=d^2(d+a)-bd(b+a)=d(d^2+ad-b^2-ab)=d(a+b+d)(d-b).$$

故

$$\begin{vmatrix}c-b&d-b\\x&y\end{vmatrix}=(c-b)(d-b)\begin{vmatrix}1&1\\c(a+b+c)&d(a+b+d)\end{vmatrix}$$
$$=(c-b)(d-b)[d(a+b+d)-c(a+b+c)]$$
$$=(c-b)(d-b)[(d-c)(a+b)+d^2-c^2]$$
$$=(b-a)(c-a)(d-a)(c-b)(d-b)(d-c)(a+b+c+d).$$

例 14 计算 $D_n=\begin{vmatrix}a_1+b_1&a_1+b_2&\cdots&a_1+b_n\\a_2+b_1&a_2+b_2&\cdots&a_2+b_n\\\vdots&\vdots&&\vdots\\a_n+b_1&a_n+b_2&\cdots&a_n+b_n\end{vmatrix}(n\geqslant 2)$.

分析 1 行列式中第 i 列元均有 $b_i(i=2,\cdots,n)$，把第 1 行的-1倍加到其他各行，可简化计算.

解法 1

$$D_n=\begin{vmatrix} a_1+b_1 & a_1+b_2 & \cdots & a_1+b_n \\ a_2-a_1 & a_2-a_1 & \cdots & a_2-a_1 \\ \vdots & \vdots & & \vdots \\ a_n-a_1 & a_n-a_1 & \cdots & a_n-a_1 \end{vmatrix}=\begin{cases}(a_1-a_2)(b_2-b_1), & n=2, \\ 0, & n\geqslant 3.\end{cases}$$

分析 2　行列式中每一列均为两组数之和,可利用行列式的性质,拆分为行列式之和.

解法 2

$$D_n=\begin{vmatrix} a_1 & a_1+b_2 & \cdots & a_1+b_n \\ a_2 & a_2+b_2 & \cdots & a_2+b_n \\ \vdots & \vdots & & \vdots \\ a_n & a_n+b_2 & \cdots & a_n+b_n \end{vmatrix}+\begin{vmatrix} b_1 & a_1+b_2 & \cdots & a_1+b_n \\ b_1 & a_2+b_2 & \cdots & a_2+b_n \\ \vdots & \vdots & & \vdots \\ b_1 & a_n+b_2 & \cdots & a_n+b_n \end{vmatrix}$$

$$=\begin{vmatrix} a_1 & b_2 & \cdots & b_n \\ a_2 & b_2 & \cdots & b_n \\ \vdots & \vdots & & \vdots \\ a_n & b_2 & \cdots & b_n \end{vmatrix}+\begin{vmatrix} b_1 & a_1+b_2 & \cdots & a_1+b_n \\ 0 & a_2-a_1 & \cdots & a_2-a_1 \\ \vdots & \vdots & & \vdots \\ 0 & a_n-a_1 & \cdots & a_n-a_1 \end{vmatrix}$$

$$=\begin{vmatrix} a_1 & b_2 & \cdots & b_n \\ a_2 & b_2 & \cdots & b_n \\ \vdots & \vdots & & \vdots \\ a_n & b_2 & \cdots & b_n \end{vmatrix}+b_1\begin{vmatrix} a_2-a_1 & \cdots & a_2-a_1 \\ \vdots & & \vdots \\ a_n-a_1 & \cdots & a_n-a_1 \end{vmatrix}=\begin{cases}(a_1-a_2)(b_2-b_1), & n=2, \\ 0, & n\geqslant 3.\end{cases}$$

例 15　计算 $D_n=\begin{vmatrix} x_1^2+1 & x_1x_2 & \cdots & x_1x_n \\ x_2x_1 & x_2^2+1 & \cdots & x_2x_n \\ \vdots & \vdots & & \vdots \\ x_nx_1 & x_nx_2 & \cdots & x_n^2+1 \end{vmatrix}$.

分析　行列式中各列元素分别含有 $x_i(i=1,2,\cdots,n)$,可采用加边法(也称升阶法),利用行列式的性质消去相同元素.

解　$D_n=\begin{vmatrix} 1 & x_1 & x_2 & \cdots & x_n \\ 0 & x_1^2+1 & x_1x_2 & \cdots & x_1x_n \\ 0 & x_2x_1 & x_2^2+1 & \cdots & x_2x_n \\ \vdots & \vdots & \vdots & & \vdots \\ 0 & x_nx_1 & x_nx_2 & \cdots & x_n^2+1 \end{vmatrix} \xlongequal[i=2,3,\cdots,n+1]{-x_{i-1}r_1+r_i} \begin{vmatrix} 1 & x_1 & x_2 & \cdots & x_n \\ -x_1 & 1 & 0 & \cdots & 0 \\ -x_2 & 0 & 1 & \cdots & 0 \\ \vdots & \vdots & \vdots & & \vdots \\ -x_n & 0 & 0 & \cdots & 1 \end{vmatrix}$

$$\xlongequal[i=2,3,\cdots,n+1]{x_{i-1}c_i+c_1}\begin{vmatrix}1+\sum_{i=1}^{n}x_i^2 & x_1 & x_2 & \cdots & x_n\\0 & 1 & 0 & \cdots & 0\\0 & 0 & 1 & \cdots & 0\\\vdots & \vdots & \vdots & & \vdots\\0 & 0 & 0 & \cdots & 1\end{vmatrix}=1+\sum_{i=1}^{n}x_i^2.$$

例 16 计算 $D_4=\begin{vmatrix}a & b & c & d\\b & -a & d & c\\c & -d & -a & b\\d & c & -b & -a\end{vmatrix}$.

分析 令 $\boldsymbol{A}=\begin{pmatrix}a & b & c & d\\b & -a & d & -c\\c & -d & -a & b\\d & c & -b & -a\end{pmatrix}$,则

$$\boldsymbol{AA}^{\mathrm{T}}=\begin{pmatrix}a & b & c & d\\b & -a & d & -c\\c & -d & -a & b\\d & c & -b & -a\end{pmatrix}\begin{pmatrix}a & b & c & d\\b & -a & -d & c\\c & d & -a & -b\\d & -c & b & -a\end{pmatrix}=\begin{pmatrix}t & 0 & 0 & 0\\0 & t & 0 & 0\\0 & 0 & t & 0\\0 & 0 & 0 & t\end{pmatrix},$$

其中 $t=a^2+b^2+c^2+d^2$.可利用 $|\boldsymbol{AB}|=|\boldsymbol{A}||\boldsymbol{B}|$ 计算.

解 记 $t=a^2+b^2+c^2+d^2$,因

$$D_4^2=|\boldsymbol{A}|^2=|\boldsymbol{A}||\boldsymbol{A}^{\mathrm{T}}|=|\boldsymbol{AA}^{\mathrm{T}}|=\begin{vmatrix}t & 0 & 0 & 0\\0 & t & 0 & 0\\0 & 0 & t & 0\\0 & 0 & 0 & t\end{vmatrix}=(a^2+b^2+c^2+d^2)^4,$$

故 $D_4=\pm(a^2+b^2+c^2+d^2)^2$.但 D_4 中 a^4 的系数为-1,所以

$$D_4=-(a^2+b^2+c^2+d^2)^2.$$

例 17 设 4 阶行列式 $D_4=\begin{vmatrix}a_1 & a_2 & a_3 & p\\b_1 & b_2 & b_3 & p\\c_1 & c_2 & c_3 & p\\\alpha_1 & \alpha_2 & \alpha_3 & p\end{vmatrix}$,求第 1 列各元的代数余子式之和,即

$$A_{11}+A_{21}+A_{31}+A_{41}.$$

分析 $A_{11}+A_{21}+A_{31}+A_{41}=1\cdot A_{11}+1\cdot A_{21}+1\cdot A_{31}+1\cdot A_{41}=\begin{vmatrix}1 & a_2 & a_3 & p\\ 1 & b_2 & b_3 & p\\ 1 & c_2 & c_3 & p\\ 1 & \alpha_2 & \alpha_3 & p\end{vmatrix}$.

解 (1) 当 $p=0$ 时，$A_{i1}=0(i=1,2,3,4)$，因而 $A_{11}+A_{21}+A_{31}+A_{41}=0$.

(2) 当 $p\neq 0$ 时，由 $\sum_{k=1}^{4} a_{k4}A_{k1}=0$ 知，$pA_{11}+pA_{21}+pA_{31}+pA_{41}=0$，即 $p(A_{11}+A_{21}+A_{31}+A_{41})=0$，故 $A_{11}+A_{21}+A_{31}+A_{41}=0$.

例 18 已知 5 阶行列式 $D_5=\begin{vmatrix}1 & 2 & 3 & 4 & 5\\ 2 & 2 & 2 & 1 & 1\\ 3 & 1 & 2 & 4 & 5\\ 1 & 1 & 1 & 2 & 2\\ 4 & 3 & 1 & 5 & 0\end{vmatrix}=27$，求 $S_1=A_{41}+A_{42}+A_{43}$ 及 $S_2=A_{44}+A_{45}$.

分析 若求 $S_1=A_{41}+A_{42}+A_{43}+A_{44}+A_{45}$，可仿例 17 求解.此处所求 S_1 及 S_2 并不是 D_5 中某一行的代数余子式之和.观察行列式的特点，可知 $a_{41}=a_{42}=a_{43}=1$，$a_{44}=a_{45}=2$.而 $\sum_{k=1}^{4} a_{4k}A_{4k}=D_5=27$，故 $(A_{41}+A_{42}+A_{43})+2(A_{44}+A_{45})=27$，即 $S_1+2S_2=27$.若再能找出一个 S_1 与 S_2 的关系式，求解二元一次方程组即可得 S_1 及 S_2.

解 由 $\sum_{k=1}^{n} a_{ik}A_{jk}=\begin{cases}D_n, & i=j,\\ 0, & i\neq j\end{cases}$ 知

$$(A_{41}+A_{42}+A_{43})+2(A_{44}+A_{45})=D_5=27,$$

即

$$S_1+2S_2=27.$$

又

$$2(A_{41}+A_{42}+A_{43})+(A_{44}+A_{45})=2\cdot A_{41}+2\cdot A_{42}+2\cdot A_{43}+1\cdot A_{44}+1\cdot A_{45}=0,$$

即

$$2S_1+S_2=0.$$

联立两方程得 $\begin{cases}S_1+2S_2=27,\\ 2S_1+S_2=0.\end{cases}$ 解得 $S_1=-9$，$S_2=18$.

例 19 求通过不在一直线上的三点 $P_1(x_1,y_1)$，$P_2(x_2,y_2)$，$P_3(x_3,y_3)$ 的圆的方程.

分析 设圆的一般形式方程为 $A(x^2+y^2)+Bx+Cy+D=0$（其中 $A\neq 0$），把三点 $P_1(x_1,y_1)$，$P_2(x_2,y_2)$，$P_3(x_3,y_3)$ 代入圆的方程，求解方程中的系数即可.

解 圆的一般形式方程为

$$A(x^2+y^2)+Bx+Cy+D=0 \quad (\text{其中 } A\neq 0).$$

由于 $P_1(x_1,y_1)$, $P_2(x_2,y_2)$ 及 $P_3(x_3,y_3)$ 在圆上,故其坐标满足圆的方程,即

$$A(x_i^2+y_i^2)+Bx_i+Cy_i+D=0 \quad (i=1,2,3).$$

设 $P(x,y)$ 为圆上任一点,则

$$A(x^2+y^2)+Bx+Cy+D=0.$$

联立 4 个方程,得

$$\begin{cases}A(x^2+y^2)+Bx+Cy+D=0,\\ A(x_1^2+y_1^2)+Bx_1+Cy_1+D=0,\\ A(x_2^2+y_2^2)+Bx_2+Cy_2+D=0,\\ A(x_3^2+y_3^2)+Bx_3+Cy_3+D=0.\end{cases}$$

将上述方程组中 A,B,C,D 看作未知数,则该方程为关于 A,B,C,D 的四元齐次线性方程组,而 $A\neq 0$,故该方程组有非零解.因而,其系数行列式必为 0,即

$$\begin{vmatrix} x^2+y^2 & x & y & 1\\ x_1^2+y_1^2 & x_1 & y_1 & 1\\ x_2^2+y_2^2 & x_2 & y_2 & 1\\ x_3^2+y_3^2 & x_3 & y_3 & 1\end{vmatrix}=0$$

为所求圆的方程.

例 20 已知 3 阶行列式 $|\boldsymbol{A}|=2$, $|\boldsymbol{B}|=-1$,计算行列式 $\begin{vmatrix}\boldsymbol{O} & 2\boldsymbol{A}\\ -\boldsymbol{B} & \boldsymbol{AB}\end{vmatrix}$.

分析 考虑到行列式的特殊结构,可用拉普拉斯定理计算.

解 $\begin{vmatrix}\boldsymbol{O} & 2\boldsymbol{A}\\ -\boldsymbol{B} & \boldsymbol{AB}\end{vmatrix}=(-1)^{(1+2+3)+(4+5+6)}|2\boldsymbol{A}||-\boldsymbol{B}|=(-1)^{3\times 3}\times 2^3\times(-1)^3|\boldsymbol{A}||\boldsymbol{B}|=-16.$

例 21 设 a,b,c 是方程 $x^3+px+q=0$ 的三个根,计算行列式 $\begin{vmatrix} a & b & c\\ c & a & b\\ b & c & a\end{vmatrix}$.

分析 由 a,b,c 是方程 $x^3+px+q=0$ 的根,可得 $a+b+c=0$.

解 由 a,b,c 是方程 $x^3+px+q=0$ 的根,可得 $a+b+c=0$,从而

$$\begin{vmatrix} a & b & c\\ c & a & b\\ b & c & a\end{vmatrix} \xlongequal[i=2,3]{r_i+r_1} \begin{vmatrix} a+b+c & a+b+c & a+b+c\\ c & a & b\\ b & c & a\end{vmatrix}=0.$$

例 22 已知矩阵 $\boldsymbol{A}=\begin{pmatrix}2 & 0 & 1\\ 0 & 1 & 0\\ 1 & 2 & -1\end{pmatrix}$,若 3 阶矩阵 $\boldsymbol{B}$ 满足方程 $\boldsymbol{A}^2\boldsymbol{B}-\boldsymbol{A}-4\boldsymbol{B}=2\boldsymbol{I}$,计

算矩阵 $\boldsymbol{B}$ 的行列式 $|\boldsymbol{B}|$.

分析 由方程 $\boldsymbol{A}^2\boldsymbol{B}-\boldsymbol{A}-4\boldsymbol{B}=2\boldsymbol{I}$ 建立矩阵 $\boldsymbol{B}$ 与 $\boldsymbol{A},\boldsymbol{I}$ 的关系.

解 由方程 $\boldsymbol{A}^2\boldsymbol{B}-\boldsymbol{A}-4\boldsymbol{B}=2\boldsymbol{I}$,可知 $(\boldsymbol{A}+2\boldsymbol{I})(\boldsymbol{A}-2\boldsymbol{I})\boldsymbol{B}=\boldsymbol{A}+2\boldsymbol{I}$,故

$$|\boldsymbol{A}+2\boldsymbol{I}|\,|\boldsymbol{A}-2\boldsymbol{I}|\,|\boldsymbol{B}|=|\boldsymbol{A}+2\boldsymbol{I}|.$$

计算可得 $|\boldsymbol{A}+2\boldsymbol{I}|=9\neq 0$, $|\boldsymbol{A}-2\boldsymbol{I}|=1$,所以

$$|\boldsymbol{B}|=\frac{1}{|\boldsymbol{A}-2\boldsymbol{I}|}=1.$$

例 23 已知矩阵 $\boldsymbol{A},\boldsymbol{B}$ 为 3 阶矩阵,且 $|\boldsymbol{A}|=3$, $|\boldsymbol{B}|=2$, $|\boldsymbol{A}^{-1}+\boldsymbol{B}|=2$,计算 $|\boldsymbol{A}+\boldsymbol{B}^{-1}|$.

分析 建立矩阵 $\boldsymbol{A}+\boldsymbol{B}^{-1}$ 与 $\boldsymbol{A},\boldsymbol{B},\boldsymbol{A}^{-1}+\boldsymbol{B}$ 的关系.

解 因为 $\boldsymbol{A}+\boldsymbol{B}^{-1}=(\boldsymbol{A}\boldsymbol{B}+\boldsymbol{I})\boldsymbol{B}^{-1}=\boldsymbol{A}(\boldsymbol{A}^{-1}+\boldsymbol{B})\boldsymbol{B}^{-1}$,故

$$|\boldsymbol{A}+\boldsymbol{B}^{-1}|=|\boldsymbol{A}|\,|\boldsymbol{A}^{-1}+\boldsymbol{B}|\,|\boldsymbol{B}^{-1}|=3.$$

例 24 设 $\boldsymbol{A}$ 为 3 阶矩阵,且 $|\boldsymbol{A}|=\frac{1}{2}$,计算 $\left|\left(\frac{1}{3}\boldsymbol{A}\right)^{-1}-10\boldsymbol{A}^*\right|$.

分析 建立矩阵 $\boldsymbol{A}$ 与 $\boldsymbol{A}^*$ 的关系, $\boldsymbol{A}\boldsymbol{A}^*=\boldsymbol{A}^*\boldsymbol{A}=|\boldsymbol{A}|\boldsymbol{I}$,若 $\boldsymbol{A}$ 可逆,则 $\boldsymbol{A}^*=|\boldsymbol{A}|\boldsymbol{A}^{-1}$.

解 因为 $|\boldsymbol{A}|=\frac{1}{2}\neq 0$,故 $\boldsymbol{A}$ 可逆, $\boldsymbol{A}^*=|\boldsymbol{A}|\boldsymbol{A}^{-1}=\frac{1}{2}\boldsymbol{A}^{-1}$,所以

$$\left|\left(\frac{1}{3}\boldsymbol{A}\right)^{-1}-10\boldsymbol{A}^*\right|=\left|3\boldsymbol{A}^{-1}-10\times\frac{1}{2}\boldsymbol{A}^{-1}\right|=|-2\boldsymbol{A}^{-1}|=(-2)^3|\boldsymbol{A}^{-1}|=-8\times 2=-16.$$

例 25 已知矩阵 $\boldsymbol{A}$ 的逆矩阵为 $\boldsymbol{A}^{-1}=\begin{pmatrix}1&1&1\\1&2&1\\1&1&3\end{pmatrix}$,试计算 $(\boldsymbol{A}^*)^{-1}$.

分析 建立矩阵 $\boldsymbol{A}$ 与 $\boldsymbol{A}^*$ 的关系, $\boldsymbol{A}\boldsymbol{A}^*=\boldsymbol{A}^*\boldsymbol{A}=|\boldsymbol{A}|\boldsymbol{I}$ 或 $(\boldsymbol{A}^*)^{-1}=(\boldsymbol{A}^{-1})^*$.

解法 1 因为 $\boldsymbol{A}\boldsymbol{A}^*=\boldsymbol{A}^*\boldsymbol{A}=|\boldsymbol{A}|\boldsymbol{I}$,故 $\boldsymbol{A}^*=|\boldsymbol{A}|\boldsymbol{A}^{-1}$ 或

$$(\boldsymbol{A}^*)^{-1}=\frac{1}{|\boldsymbol{A}|}\boldsymbol{A}=|\boldsymbol{A}^{-1}|\boldsymbol{A}=|\boldsymbol{A}^{-1}|(\boldsymbol{A}^{-1})^{-1}.$$

下面求 $\boldsymbol{A}=(\boldsymbol{A}^{-1})^{-1}$.

$$(\boldsymbol{A}^{-1},\boldsymbol{I})=\left(\begin{array}{ccc:ccc}1&1&1&1&0&0\\1&2&1&0&1&0\\1&1&3&0&0&1\end{array}\right)\longrightarrow\left(\begin{array}{ccc:ccc}1&0&0&\frac{5}{2}&-1&-\frac{1}{2}\\0&1&0&-1&1&0\\0&0&1&-\frac{1}{2}&0&\frac{1}{2}\end{array}\right),$$

故

$$\boldsymbol{A}=(\boldsymbol{A}^{-1})^{-1}=\begin{pmatrix}\frac{5}{2}&-1&-\frac{1}{2}\\-1&1&0\\-\frac{1}{2}&0&\frac{1}{2}\end{pmatrix}.$$

而

$$|\boldsymbol{A}^{-1}|=\begin{vmatrix}1&1&1\\1&2&1\\1&1&3\end{vmatrix}=2,$$

故

$$(\boldsymbol{A}^*)^{-1}=|\boldsymbol{A}^{-1}|\boldsymbol{A}=2\begin{pmatrix}\frac{5}{2}&-1&-\frac{1}{2}\\-1&1&0\\-\frac{1}{2}&0&\frac{1}{2}\end{pmatrix}=\begin{pmatrix}5&-2&-1\\-2&2&0\\-1&0&1\end{pmatrix}.$$

解法 2 $(\boldsymbol{A}^*)^{-1}=(\boldsymbol{A}^{-1})^*$，又$(\boldsymbol{A}^{-1})^{\mathrm{T}}=\boldsymbol{A}^{-1}$，故

$$[(\boldsymbol{A}^{-1})^*]^{\mathrm{T}}=[(\boldsymbol{A}^{-1})^{\mathrm{T}}]^*=(\boldsymbol{A}^{-1})^*.$$

记 $\boldsymbol{B}=\boldsymbol{A}^{-1}$，则

$$(\boldsymbol{A}^{-1})^*=\boldsymbol{B}^*,(\boldsymbol{B}^*)^{\mathrm{T}}=[(\boldsymbol{A}^{-1})^{\mathrm{T}}]^*=(\boldsymbol{A}^{-1})^*=\boldsymbol{B}^*.$$

由于

$$B_{11}=\begin{vmatrix}2&1\\1&3\end{vmatrix}=5,\quad B_{12}=-\begin{vmatrix}1&1\\1&3\end{vmatrix}=-2,\quad B_{13}=\begin{vmatrix}1&2\\1&1\end{vmatrix}=-1,$$

$$B_{22}=\begin{vmatrix}1&1\\1&3\end{vmatrix}=2,\quad B_{23}=-\begin{vmatrix}1&1\\1&1\end{vmatrix}=0,\quad B_{33}=\begin{vmatrix}1&1\\1&2\end{vmatrix}=1.$$

故

$$(\boldsymbol{A}^*)^{-1}=(\boldsymbol{A}^{-1})^*=\boldsymbol{B}^*=\begin{pmatrix}B_{11}&B_{12}&B_{13}\\B_{21}&B_{22}&B_{23}\\B_{31}&B_{32}&B_{33}\end{pmatrix}=\begin{pmatrix}5&-2&-1\\-2&2&0\\-1&0&1\end{pmatrix}.$$

例 26 设 $\boldsymbol{A}$ 为 n 阶可逆矩阵，$\boldsymbol{\alpha}$ 为 $n\times1$ 的列矩阵，b 为常数，记分块矩阵

$$\boldsymbol{P}=\begin{pmatrix}\boldsymbol{I}&\boldsymbol{O}\\-\boldsymbol{\alpha}^{\mathrm{T}}\boldsymbol{A}^*&|\boldsymbol{A}|\end{pmatrix},\quad\boldsymbol{Q}=\begin{pmatrix}\boldsymbol{A}&\boldsymbol{\alpha}\\\boldsymbol{\alpha}^{\mathrm{T}}&b\end{pmatrix},$$

（1）计算并化简 $\boldsymbol{PQ}$；

（2）证明：矩阵 $\boldsymbol{Q}$ 可逆的充要条件是 $\boldsymbol{\alpha}^{\mathrm{T}}\boldsymbol{A}^*\boldsymbol{\alpha}\neq b$；

（3）在条件 $\boldsymbol{\alpha}^{\mathrm{T}}\boldsymbol{A}^{-1}\boldsymbol{\alpha}\neq b$ 下，求矩阵 $\boldsymbol{Q}$ 的逆.

分析 由分块矩阵的乘法及 $\boldsymbol{AA}^*=\boldsymbol{A}^*\boldsymbol{A}=|\boldsymbol{A}|\boldsymbol{I}$ 可实现化简与证明.

（1）**解** 由 $\boldsymbol{AA}^*=\boldsymbol{A}^*\boldsymbol{A}=|\boldsymbol{A}|\boldsymbol{I}$，且 $|\boldsymbol{A}|\neq0$，可得 $\boldsymbol{A}^*=|\boldsymbol{A}|\boldsymbol{A}^{-1}$，故

$$\begin{aligned}\boldsymbol{PQ}&=\begin{pmatrix}\boldsymbol{I}&\boldsymbol{O}\\-\boldsymbol{\alpha}^{\mathrm{T}}\boldsymbol{A}^*&|\boldsymbol{A}|\end{pmatrix}\begin{pmatrix}\boldsymbol{A}&\boldsymbol{\alpha}\\\boldsymbol{\alpha}^{\mathrm{T}}&b\end{pmatrix}=\begin{pmatrix}\boldsymbol{A}&\boldsymbol{\alpha}\\-\boldsymbol{\alpha}^{\mathrm{T}}\boldsymbol{A}^*\boldsymbol{A}+|\boldsymbol{A}|\boldsymbol{\alpha}^{\mathrm{T}}&-\boldsymbol{\alpha}^{\mathrm{T}}\boldsymbol{A}^*\boldsymbol{\alpha}+b|\boldsymbol{A}|\end{pmatrix}\\&=\begin{pmatrix}\boldsymbol{A}&\boldsymbol{\alpha}\\-\boldsymbol{\alpha}^{\mathrm{T}}|\boldsymbol{A}|\boldsymbol{I}+|\boldsymbol{A}|\boldsymbol{\alpha}^{\mathrm{T}}&b|\boldsymbol{A}|-\boldsymbol{\alpha}^{\mathrm{T}}|\boldsymbol{A}|\boldsymbol{A}^{-1}\boldsymbol{\alpha}\end{pmatrix}=\begin{pmatrix}\boldsymbol{A}&\boldsymbol{\alpha}\\\boldsymbol{O}&|\boldsymbol{A}|(b-\boldsymbol{\alpha}^{\mathrm{T}}\boldsymbol{A}^{-1}\boldsymbol{\alpha})\end{pmatrix}.\end{aligned}$$

（2）**证**　上式两边取行列式得

$$|PQ|=\begin{vmatrix}A & \alpha \\ O & |A|(b-\alpha^{T}A^{-1}\alpha)\end{vmatrix}=|A|^{2}(b-\alpha^{T}A^{-1}\alpha),$$

而 $|PQ|=|P||Q|$，且 $|P|=|A|\neq 0$，从而

$$|Q|=|A|(b-\alpha^{T}A^{-1}\alpha).$$

由此可知，$|Q|\neq 0$ 的充要条件是 $b-\alpha^{T}A^{-1}\alpha\neq 0$，即矩阵 Q 可逆的充要条件是

$$\alpha^{T}A^{-1}\alpha\neq b.$$

（3）**解**　由 $PQ=\begin{pmatrix}A & \alpha \\ O & |A|(b-\alpha^{T}A^{-1}\alpha)\end{pmatrix}$，可得

$$\begin{pmatrix}A^{-1} & O \\ O & \dfrac{1}{|A|(b-\alpha^{T}A^{-1}\alpha)}\end{pmatrix}PQ=\begin{pmatrix}A^{-1} & O \\ O & \dfrac{1}{|A|(b-\alpha^{T}A^{-1}\alpha)}\end{pmatrix}\begin{pmatrix}A & \alpha \\ O & |A|(b-\alpha^{T}A^{-1}\alpha)\end{pmatrix}$$

$$=\begin{pmatrix}I & A^{-1}\alpha \\ O & 1\end{pmatrix},$$

$$\begin{pmatrix}I & -A^{-1}\alpha \\ O & 1\end{pmatrix}\begin{pmatrix}A^{-1} & O \\ O & \dfrac{1}{|A|(b-\alpha^{T}A^{-1}\alpha)}\end{pmatrix}PQ=\begin{pmatrix}I & -A^{-1}\alpha \\ O & 1\end{pmatrix}\begin{pmatrix}I & A^{-1}\alpha \\ O & 1\end{pmatrix}=\begin{pmatrix}I & O \\ O & 1\end{pmatrix}.$$

由此可知，

$$\begin{aligned}Q^{-1}&=\begin{pmatrix}I & -A^{-1}\alpha \\ O & 1\end{pmatrix}\begin{pmatrix}A^{-1} & O \\ O & \dfrac{1}{|A|(b-\alpha^{T}A^{-1}\alpha)}\end{pmatrix}P\\
&=\begin{pmatrix}I & -A^{-1}\alpha \\ O & 1\end{pmatrix}\begin{pmatrix}A^{-1} & O \\ O & \dfrac{1}{|A|(b-\alpha^{T}A^{-1}\alpha)}\end{pmatrix}\begin{pmatrix}I & O \\ -\alpha^{T}A^{*} & |A|\end{pmatrix}\\
&=\begin{pmatrix}I & -A^{-1}\alpha \\ O & 1\end{pmatrix}\begin{pmatrix}A^{-1} & O \\ -\dfrac{1}{b-\alpha^{T}A^{-1}\alpha}\alpha^{T}A^{-1} & \dfrac{1}{b-\alpha^{T}A^{-1}\alpha}\end{pmatrix}\\
&=\begin{pmatrix}A^{-1}+\dfrac{1}{b-\alpha^{T}A^{-1}\alpha}A^{-1}\alpha\alpha^{T}A^{-1} & \dfrac{-1}{b-\alpha^{T}A^{-1}\alpha}A^{-1}\alpha \\ -\dfrac{1}{b-\alpha^{T}A^{-1}\alpha}\alpha^{T}A^{-1} & \dfrac{1}{b-\alpha^{T}A^{-1}\alpha}\end{pmatrix}.\end{aligned}$$

例 27　设 A 为 n 阶可逆矩阵（$n\geqslant 2$），证明：$(A^{*})^{*}=|A|^{n-2}A$，并求 $|(A^{*})^{*}|$.

分析　由 $AA^{*}=A^{*}A=|A|I$ 可直接推导.

证　由 $AA^{*}=A^{*}A=|A|I$ 可得，

$$A^*(A^*)^* = |A^*|I \Rightarrow (A^*)^* = |A^*|(A^*)^{-1},$$

由 $|A||A^*| = |AA^*| = ||A|I| = |A|^n$，可得 $|A^*| = |A|^{n-1}$.

又由 $AA^* = |A|I$ 可得，

$$(A^*)^{-1} = \frac{1}{|A|}A,$$

所以

$$(A^*)^* = |A|^{n-1}\frac{1}{|A|}A = |A|^{n-2}A.$$

故

$$|(A^*)^*| = ||A|^{n-2}A| = (|A|^{n-2})^n|A| = |A|^{n^2-2n+1} = |A|^{(n-1)^2}.$$

例 28 设 $A = \begin{pmatrix} 1 & 1 & -1 \\ -1 & 1 & 1 \\ 1 & -1 & 1 \end{pmatrix}$，$A^*B\left(\frac{1}{2}A^*\right)^* = 8A^{-1}B + 12I$，求矩阵 B.

分析 由 $AA^* = A^*A = |A|I$，$A^*B\left(\frac{1}{2}A^*\right)^* = 8A^{-1}B + 12I$，建立矩阵 B 与 A，I 的关系.

解 $|A| = \begin{vmatrix} 1 & 1 & -1 \\ -1 & 1 & 1 \\ 1 & -1 & 1 \end{vmatrix} = 4$，由 $AA^* = A^*A = |A|I$，可得

$$A^* = |A|A^{-1},$$

故有

$$A^* = 4A^{-1}, \left(\frac{1}{2}A^*\right)^* = \left(\frac{1}{2}\cdot 4A^{-1}\right)^* = (2A^{-1})^* = 2^2(A^{-1})^* = 2^2 \cdot \frac{1}{4}(A^{-1})^{-1} = A,$$

从而可得 $A^*B\left(\frac{1}{2}A^*\right)^* = 4A^{-1}BA$，因此有

$$4A^{-1}BA = 8A^{-1}B + 12I,$$

$$A^{-1}B(A-2I) = 3I = 3A^{-1}A,$$

即

$$B(A-2I) = 3A, B = 3A(A-2I)^{-1}.$$

由 $(A-2I)^{-1} = \frac{-1}{2}\begin{pmatrix} 1 & 1 & 0 \\ 0 & 1 & 1 \\ 1 & 0 & 1 \end{pmatrix}$，可得

$$B = 3A(A-2I)^{-1} = \frac{-3}{2}\begin{pmatrix} 0 & 2 & 0 \\ 0 & 0 & 2 \\ 2 & 0 & 0 \end{pmatrix} = -3\begin{pmatrix} 0 & 1 & 0 \\ 0 & 0 & 1 \\ 1 & 0 & 0 \end{pmatrix}.$$

例 29 λ 取何值时线性方程组

$$\begin{cases}(\lambda+3)x_1+x_2+2x_3=0,\\ \lambda x_1+(\lambda-1)x_2+x_3=0,\\ 3(\lambda+1)x_1+\lambda x_2+(\lambda+3)x_3=0,\end{cases}$$

（1）只有零解；（2）有非零解.

分析 根据线性方程组的解与系数行列式的关系（即克拉默法则），只需判断 λ 取何值时系数行列式不为零，λ 取何值时系数行列式为零即可.

解 方程组的系数行列式为

$$\begin{vmatrix}\lambda+3 & 1 & 2\\ \lambda & \lambda-1 & 1\\ 3(\lambda+1) & \lambda & \lambda+3\end{vmatrix}=-\begin{vmatrix}1 & \lambda+3 & 2\\ \lambda-1 & \lambda & 1\\ \lambda & 3(\lambda+1) & \lambda+3\end{vmatrix}=\begin{vmatrix}1 & \lambda+3 & 2\\ 0 & \lambda^2+\lambda-3 & 2\lambda-3\\ 0 & 3-\lambda^2 & 3-\lambda\end{vmatrix}$$

$$=\begin{vmatrix}\lambda^2+\lambda-3 & 2\lambda-3\\ 3-\lambda^2 & 3-\lambda\end{vmatrix}=\begin{vmatrix}\lambda & \lambda\\ 3-\lambda^2 & 3-\lambda\end{vmatrix}$$

$$=\lambda\begin{vmatrix}1 & 1\\ 3-\lambda^2 & 3-\lambda\end{vmatrix}=\lambda^2(\lambda-1).$$

（1）当 $\lambda\neq 0$ 且 $\lambda\neq 1$ 时，系数行列式不为零，方程组只有零解；

（2）当 $\lambda=0$ 或 $\lambda=1$ 时，系数行列式为零，方程组有非零解.

例 30 方程组 $\begin{cases}\lambda x_1+x_2+x_3=1,\\ x_1+\lambda x_2+x_3=\lambda,\\ x_1+x_2+\lambda x_3=\lambda^2\end{cases}$ 有唯一解，求 λ 的值.

分析 系数矩阵为方阵的线性方程组有唯一解的充要条件是系数矩阵可逆.

解 由克拉默法则知，若 $\begin{vmatrix}\lambda & 1 & 1\\ 1 & \lambda & 1\\ 1 & 1 & \lambda\end{vmatrix}=\lambda^3-3\lambda+2=(\lambda-1)^2(\lambda+2)\neq 0$，则方程组有唯一解，即 $\lambda\neq 1$ 且 $\lambda\neq -2$ 时方程组有唯一解.

例 31 设矩阵 $\boldsymbol{A}=\begin{pmatrix}1 & -1 & 3 & 0\\ -2 & 1 & -2 & 1\\ -1 & -1 & 5 & 2\end{pmatrix}$，求其秩 $R(\boldsymbol{A})$.

分析 由矩阵秩的概念，可找出其最高阶非零子式以确定秩，也可通过初等变换化为行阶梯形以确定秩.

解法 1（最高阶非零子式法） 取矩阵 $\boldsymbol{A}$ 的左上角 2 阶子式

$$D_2=\begin{vmatrix}1 & -1\\ -2 & 1\end{vmatrix}=-1\neq 0,$$

故 $R(\boldsymbol{A})\geqslant 2$，但矩阵 $\boldsymbol{A}$ 只有 3 行，故 $R(\boldsymbol{A})\leqslant 3$.

又所有 3 阶子式全为零，即

$$\begin{vmatrix}1&-1&3\\-2&1&-2\\-1&-1&5\end{vmatrix}=0,\quad\begin{vmatrix}1&-1&0\\-2&1&1\\-1&-1&2\end{vmatrix}=0,\quad\begin{vmatrix}1&3&0\\-2&-2&1\\-1&5&2\end{vmatrix}=0,\quad\begin{vmatrix}-1&3&0\\1&-2&1\\-1&5&2\end{vmatrix}=0,$$

故有 $R(\boldsymbol{A})\leqslant 2$，从而可得 $R(\boldsymbol{A})=2$.

解法 2（初等变换法）

$$\boldsymbol{A}=\begin{pmatrix}1&-1&3&0\\-2&1&-2&1\\-1&-1&5&2\end{pmatrix}\xrightarrow[2r_1+r_2]{r_1+r_3}\begin{pmatrix}1&-1&3&0\\0&-1&4&1\\0&-2&8&2\end{pmatrix}\xrightarrow{-2r_2+r_3}\begin{pmatrix}1&-1&3&0\\0&-1&4&1\\0&0&0&0\end{pmatrix},$$

故 $\boldsymbol{A}$ 的行阶梯形矩阵的非零行数为 2，故 $R(\boldsymbol{A})=2$.

例 32 设矩阵 $\boldsymbol{A}=\begin{pmatrix}1&a&a\\a&1&a\\a&a&1\end{pmatrix}$，且 $R(\boldsymbol{A})=2$，求常数 a 的值.

分析 由矩阵秩的概念 $R(\boldsymbol{A})=2$，可得所有三阶子式全为零，即 $|\boldsymbol{A}|=0$，或可通过行初等变换化为行阶梯形，借助非零行的行数确定 a.

解法 1 由 $R(\boldsymbol{A})=2$，可得 $|\boldsymbol{A}|=0$，即

$$|\boldsymbol{A}|=\begin{vmatrix}1&a&a\\a&1&a\\a&a&1\end{vmatrix}=(1+2a)\begin{vmatrix}1&1&1\\a&1&a\\a&a&1\end{vmatrix}=(1+2a)\begin{vmatrix}1&1&1\\0&1-a&0\\0&0&1-a\end{vmatrix}=(1+2a)(1-a)^2=0,$$

解得 $a=1$ 或 $a=-\dfrac{1}{2}$.

若 $a=1$，则矩阵 $\boldsymbol{A}=\begin{pmatrix}1&1&1\\1&1&1\\1&1&1\end{pmatrix}$，显然 $R(\boldsymbol{A})=1$，这与 $R(\boldsymbol{A})=2$ 矛盾，故 $a=-\dfrac{1}{2}$.

解法 2（初等变换法）

$$\boldsymbol{A}=\begin{pmatrix}1&a&a\\a&1&a\\a&a&1\end{pmatrix}\xrightarrow[-r_1+r_2]{-r_1+r_3}\begin{pmatrix}1&a&a\\a-1&1-a&0\\a-1&0&1-a\end{pmatrix}\xrightarrow[c_2+c_1]{c_3+c_1}\begin{pmatrix}1+2a&a&a\\0&1-a&0\\0&0&1-a\end{pmatrix}.$$

（1）若 $\begin{cases}1+2a\neq 0,\\1-a\neq 0,\end{cases}$ 即 $\begin{cases}a\neq-\dfrac{1}{2},\\a\neq 1,\end{cases}$ 则 $R(\boldsymbol{A})=3$，这与 $R(\boldsymbol{A})=2$ 矛盾，故 $a=-\dfrac{1}{2}$ 或 $a=1$.

（2）若 $a=1$，则矩阵 $\boldsymbol{A}=\begin{pmatrix}1&1&1\\1&1&1\\1&1&1\end{pmatrix}$，显然 $R(\boldsymbol{A})=1$，这与 $R(\boldsymbol{A})=2$ 矛盾，故 $a=-\dfrac{1}{2}$.

例 33 设矩阵 $A=\begin{pmatrix}1&1&1&1&1\\3&2&1&-3&x\\0&1&2&6&3\\5&4&3&-1&y\end{pmatrix}$,且 $R(A)=2$,求常数 x,y 的值.

分析 由矩阵秩的概念 $R(A)=2$,故所有三阶子式全为零,选择包含 x,y 的三阶子式或可通过初等变换化为行阶梯形,借助非零行的行数确定 x,y.

解法 1 由 $R(A)=2$,易知 A 有二阶子式不为零,所有三阶子式全为零,选择包含 x,y 的三阶子式

$$\begin{vmatrix}1&1&1\\1&-3&x\\2&6&3\end{vmatrix}=-4x=0,\quad \begin{vmatrix}1&1&1\\2&6&3\\3&-1&y\end{vmatrix}=4y-8=0,$$

则 $x=0,y=2$.

解法 2(初等变换法) 将 A 作行初等变换化为阶梯形,有

$$A=\begin{pmatrix}1&1&1&1&1\\3&2&1&-3&x\\0&1&2&6&3\\5&4&3&-1&y\end{pmatrix}\longrightarrow\begin{pmatrix}1&0&0&0&0\\0&1&2&6&3\\0&0&0&0&x\\0&0&0&0&y-2\end{pmatrix}=B.$$

由 $R(A)=2$,可得 B 中有两个非零行,故 $x=0,y=2$.

例 34 讨论 n 阶方阵 $A=\begin{pmatrix}a&b&\cdots&b\\b&a&\cdots&b\\\vdots&\vdots&&\vdots\\b&b&\cdots&a\end{pmatrix}(n\geqslant 2)$ 的秩.

分析 由初等变换不改变矩阵的秩,可通过初等变换把矩阵化为行阶梯形,再讨论.

解 对矩阵 A 作初等变换化为行阶梯形矩阵

$$A\xrightarrow[i=2,3,\cdots,n]{c_i+c_1}\begin{pmatrix}a+(n-1)b&b&\cdots&b\\a+(n-1)b&a&\cdots&b\\\vdots&\vdots&&\vdots\\a+(n-1)b&b&\cdots&a\end{pmatrix}\xrightarrow[i=2,3,\cdots,n]{-r_1+r_i}\begin{pmatrix}a+(n-1)b&b&\cdots&b\\0&a-b&\cdots&0\\\vdots&\vdots&&\vdots\\0&0&\cdots&a-b\end{pmatrix},$$

由上述行阶梯形矩阵,可得

(1) $a\neq b$ 且 $a\neq(1-n)b$ 时,$R(A)=n$;

(2) $a=b=0$ 时,$A=O,R(A)=0$;

(3) $a=b\neq 0$ 时,$R(A)=1$;

(4) $a\neq b$ 且 $a=(1-n)b$ 时,$R(A)=n-1$.

例 35 设 $\boldsymbol{A}$ 是 4×3 矩阵且 $R(\boldsymbol{A})=2$，$\boldsymbol{B}=\begin{pmatrix}1&0&2\\0&2&0\\-1&0&3\end{pmatrix}$，求 $R(\boldsymbol{AB})$.

分析 可通过讨论 $\boldsymbol{B}$ 的可逆性，建立 $R(\boldsymbol{AB})$ 与 $R(\boldsymbol{A})$ 的关系.

解 由 $|\boldsymbol{B}|=\begin{vmatrix}1&0&2\\0&2&0\\-1&0&3\end{vmatrix}=2\times5=10\neq0$，可知 $\boldsymbol{B}$ 可逆.因此 $R(\boldsymbol{AB})=R(\boldsymbol{A})=2$.

例 36 已知 $\boldsymbol{A}=\begin{pmatrix}1\\3\\2\end{pmatrix}(1,-1,0)$，$\boldsymbol{B}=\begin{pmatrix}1&2&-1\\2&a&2\\-1&2&3\end{pmatrix}$，若 $R(\boldsymbol{AB}+\boldsymbol{B})=2$，求常数 a 的值.

分析 可直接计算 $\boldsymbol{AB}+\boldsymbol{B}$，并由 $R(\boldsymbol{AB}+\boldsymbol{B})=2$，求常数 a 的值，或把 $R(\boldsymbol{AB}+\boldsymbol{B})=2$ 转化为 $R(\boldsymbol{B})$ 的问题，由 $\boldsymbol{B}$ 确定 a.

解 由 $\boldsymbol{AB}+\boldsymbol{B}=(\boldsymbol{A}+\boldsymbol{I})\boldsymbol{B}$，且

$$\boldsymbol{A}+\boldsymbol{I}=\begin{pmatrix}1\\3\\2\end{pmatrix}(1,-1,0)+\begin{pmatrix}1&0&0\\0&1&0\\0&0&1\end{pmatrix}=\begin{pmatrix}1&-1&0\\3&-3&0\\2&-2&0\end{pmatrix}+\begin{pmatrix}1&0&0\\0&1&0\\0&0&1\end{pmatrix}=\begin{pmatrix}2&-1&0\\3&-2&0\\2&-2&1\end{pmatrix},$$

故 $|\boldsymbol{A}+\boldsymbol{I}|=-1\neq0$，即 $\boldsymbol{A}+\boldsymbol{I}$ 可逆.因此

$$R(\boldsymbol{B})=R[(\boldsymbol{A}+\boldsymbol{I})\boldsymbol{B}]=R(\boldsymbol{AB}+\boldsymbol{B})=2.$$

由矩阵 $\boldsymbol{B}$ 的特征易知，其中有二阶子式 $\begin{vmatrix}1&-1\\2&2\end{vmatrix}=4\neq0$，因而只要 $|\boldsymbol{B}|=0$，就有 $R(\boldsymbol{B})=2$.而由

$$|\boldsymbol{B}|=\begin{vmatrix}1&2&-1\\2&a&2\\-1&2&3\end{vmatrix}=2(a-12)=0$$

可得 $a=12$.

（三）证明题

例 1 证明 $D_n=\begin{vmatrix}a&b&b&\cdots&b&b\\c&a&b&\cdots&b&b\\c&c&a&\cdots&b&b\\\vdots&\vdots&\vdots&&\vdots&\vdots\\c&c&c&\cdots&a&b\\c&c&c&\cdots&c&a\end{vmatrix}=\dfrac{c(a-b)^n-b(a-c)^n}{c-b}$.

分析 证明与自然数 n 有关的命题一般可用数学归纳法，展开 n 阶行列式为

同样结构的低阶行列式,用归纳假设代入并计算,即可得证.

证
$$D_n=\begin{vmatrix} a & b & b & \cdots & b & b \\ c & a & b & \cdots & b & b \\ c & c & a & \cdots & b & b \\ \vdots & \vdots & \vdots & & \vdots & \vdots \\ c & c & c & \cdots & a & b \\ c & c & c & \cdots & c & a \end{vmatrix}=\begin{vmatrix} a & b & b & \cdots & b & b \\ c & a & b & \cdots & b & b \\ c & c & a & \cdots & b & b \\ \vdots & \vdots & \vdots & & \vdots & \vdots \\ c & c & c & \cdots & a & b \\ c+0 & c+0 & c+0 & \cdots & c+0 & c+(a-c) \end{vmatrix}$$

$$=\begin{vmatrix} a & b & b & \cdots & b & b \\ c & a & b & \cdots & b & b \\ c & c & a & \cdots & b & b \\ \vdots & \vdots & \vdots & & \vdots & \vdots \\ c & c & c & \cdots & a & b \\ c & c & c & \cdots & c & c \end{vmatrix}+\begin{vmatrix} a & b & b & \cdots & b & b \\ c & a & b & \cdots & b & b \\ c & c & a & \cdots & b & b \\ \vdots & \vdots & \vdots & & \vdots & \vdots \\ c & c & c & \cdots & a & b \\ 0 & 0 & 0 & \cdots & 0 & (a-c) \end{vmatrix}$$

$$=c\begin{vmatrix} a-b & 0 & 0 & \cdots & 0 & 0 \\ c-b & a-b & 0 & \cdots & 0 & 0 \\ c-b & c-b & a-b & \cdots & 0 & 0 \\ \vdots & \vdots & \vdots & & \vdots & \vdots \\ c-b & c-b & c-b & \cdots & a-b & 0 \\ 1 & 1 & 1 & \cdots & 1 & 1 \end{vmatrix}+(a-c)D_{n-1}$$

$$=c(a-b)^{n-1}+(a-c)D_{n-1}.$$

(1) 当 $n=1$ 时,$D_1=a=\dfrac{c(a-b)-b(a-c)}{c-b}$,等式成立.

当 $n=2$ 时,$D_2=\begin{vmatrix} a & b \\ c & a \end{vmatrix}=a^2-bc=\dfrac{c(a-b)^2-b(a-c)^2}{c-b}$,等式成立.

(2) 假设当 $n=k-1$ 时等式成立,即

$$D_{k-1}=\frac{c(a-b)^{k-1}-b(a-c)^{k-1}}{c-b}.$$

(3) 当 $n=k$ 时,

$$\begin{aligned} D_k&=c(a-b)^{k-1}+(a-c)D_{k-1} \\ &=c(a-b)^{k-1}+(a-c)\frac{c(a-b)^{k-1}-b(a-c)^{k-1}}{c-b} \\ &=\frac{c(a-b)^{k-1}[(c-b)+(a-c)]-b(a-c)^k}{c-b} \\ &=\frac{c(a-b)^k-b(a-c)^k}{c-b}, \end{aligned}$$

即 $n=k$ 时等式也成立.故该等式对任何 n 都成立.

例 2 证明 $D_n=\begin{vmatrix} 2\cos\theta & 1 & & & & \\ 1 & 2\cos\theta & 1 & & & \\ & 1 & 2\cos\theta & 1 & & \\ & & \ddots & \ddots & \ddots & \\ & & & 1 & 2\cos\theta & 1 \\ & & & & 1 & 2\cos\theta \end{vmatrix}=\dfrac{\sin(n+1)\theta}{\sin\theta}$.

分析 证明与自然数 n 有关的命题一般可用数学归纳法,展开 n 阶行列式为同样结构的低阶行列式,用归纳假设代入并计算,即可得证.

证(用第二数学归纳法)

(1) 当 $n=1$ 时,$D_1=2\cos\theta=\dfrac{2\cos\theta\sin\theta}{\sin\theta}=\dfrac{\sin 2\theta}{\sin\theta}$,等式成立.

(2) 假设 $n\leqslant k-1$ 时等式成立,即

$$D_n=\frac{\sin(n+1)\theta}{\sin\theta}\quad(n\leqslant k-1).$$

(3) 当 $n=k$ 时,

$$D_k=2\cos\theta\begin{vmatrix} 2\cos\theta & 1 & & & & \\ 1 & 2\cos\theta & 1 & & & \\ & 1 & 2\cos\theta & 1 & & \\ & & \ddots & \ddots & \ddots & \\ & & & 1 & 2\cos\theta & 1 \\ & & & & 1 & 2\cos\theta \end{vmatrix}$$

$$+(-1)^{1+2}\begin{vmatrix} 1 & 1 & & & & \\ & 2\cos\theta & 1 & & & \\ & 1 & 2\cos\theta & 1 & & \\ & & \ddots & \ddots & \ddots & \\ & & & 1 & 2\cos\theta & 1 \\ & & & & 1 & 2\cos\theta \end{vmatrix}$$

$$=2\cos\theta D_{k-1}-D_{k-2}=2\cos\theta\frac{\sin k\theta}{\sin\theta}-\frac{\sin(k-1)\theta}{\sin\theta}$$

$$=\frac{1}{\sin\theta}[2\cos\theta\sin k\theta-\sin(k-1)\theta]$$

$$=\frac{1}{\sin\theta}[\sin(k+1)\theta+\sin(k-1)\theta-\sin(k-1)\theta]=\frac{\sin(k+1)\theta}{\sin\theta},$$

即 $n=k$ 时等式也成立.故该等式对任何 n 都成立.

例 3 证明 $\begin{vmatrix} b_1+c_1 & c_1+a_1 & a_1+b_1 \\ b_2+c_2 & c_2+a_2 & a_2+b_2 \\ b_3+c_3 & c_3+a_3 & a_3+b_3 \end{vmatrix} = 2\begin{vmatrix} a_1 & b_1 & c_1 \\ a_2 & b_2 & c_2 \\ a_3 & b_3 & c_3 \end{vmatrix}$.

分析 1 根据左边行列式中元素的特点,借助于矩阵乘积的行列式等于行列式的乘积,即可得证.

证法 1 因

$$\begin{pmatrix} b_1+c_1 & c_1+a_1 & a_1+b_1 \\ b_2+c_2 & c_2+a_2 & a_2+b_2 \\ b_3+c_3 & c_3+a_3 & a_3+b_3 \end{pmatrix} = \begin{pmatrix} a_1 & b_1 & c_1 \\ a_2 & b_2 & c_2 \\ a_3 & b_3 & c_3 \end{pmatrix}\begin{pmatrix} 0 & 1 & 1 \\ 1 & 0 & 1 \\ 1 & 1 & 0 \end{pmatrix},$$

故

$$\begin{vmatrix} b_1+c_1 & c_1+a_1 & a_1+b_1 \\ b_2+c_2 & c_2+a_2 & a_2+b_2 \\ b_3+c_3 & c_3+a_3 & a_3+b_3 \end{vmatrix} = \begin{vmatrix} a_1 & b_1 & c_1 \\ a_2 & b_2 & c_2 \\ a_3 & b_3 & c_3 \end{vmatrix}\begin{vmatrix} 0 & 1 & 1 \\ 1 & 0 & 1 \\ 1 & 1 & 0 \end{vmatrix},$$

而

$$\begin{vmatrix} 0 & 1 & 1 \\ 1 & 0 & 1 \\ 1 & 1 & 0 \end{vmatrix} = 2\begin{vmatrix} 1 & 1 & 1 \\ 1 & 0 & 1 \\ 1 & 1 & 0 \end{vmatrix} = 2\begin{vmatrix} 1 & 1 & 1 \\ 0 & -1 & 0 \\ 0 & 0 & -1 \end{vmatrix} = 2,$$

所以

$$\begin{vmatrix} b_1+c_1 & c_1+a_1 & a_1+b_1 \\ b_2+c_2 & c_2+a_2 & a_2+b_2 \\ b_3+c_3 & c_3+a_3 & a_3+b_3 \end{vmatrix} = 2\begin{vmatrix} a_1 & b_1 & c_1 \\ a_2 & b_2 & c_2 \\ a_3 & b_3 & c_3 \end{vmatrix}$$

分析 2 因行列式中每一列均为两组数之和,可借助行列式的性质,将行列式分成 8 个行列式之和.

证法 2

$$\begin{vmatrix} b_1+c_1 & c_1+a_1 & a_1+b_1 \\ b_2+c_2 & c_2+a_2 & a_2+b_2 \\ b_3+c_3 & c_3+a_3 & a_3+b_3 \end{vmatrix}$$

$$= \begin{vmatrix} b_1 & c_1+a_1 & a_1+b_1 \\ b_2 & c_2+a_2 & a_2+b_2 \\ b_3 & c_3+a_3 & a_3+b_3 \end{vmatrix} + \begin{vmatrix} c_1 & c_1+a_1 & a_1+b_1 \\ c_2 & c_2+a_2 & a_2+b_2 \\ c_3 & c_3+a_3 & a_3+b_3 \end{vmatrix}$$

$$=\begin{vmatrix} b_1 & c_1 & a_1+b_1 \\ b_2 & c_2 & a_2+b_2 \\ b_3 & c_3 & a_3+b_3 \end{vmatrix}+\begin{vmatrix} b_1 & a_1 & a_1+b_1 \\ b_2 & a_2 & a_2+b_2 \\ b_3 & a_3 & a_3+b_3 \end{vmatrix}+\begin{vmatrix} c_1 & c_1 & a_1+b_1 \\ c_2 & c_2 & a_2+b_2 \\ c_3 & c_3 & a_3+b_3 \end{vmatrix}+\begin{vmatrix} c_1 & a_1 & a_1+b_1 \\ c_2 & a_2 & a_2+b_2 \\ c_3 & a_3 & a_3+b_3 \end{vmatrix}$$

$$=\begin{vmatrix} b_1 & c_1 & a_1 \\ b_2 & c_2 & a_2 \\ b_3 & c_3 & a_3 \end{vmatrix}+\begin{vmatrix} c_1 & a_1 & b_1 \\ c_2 & a_2 & b_2 \\ c_3 & a_3 & b_3 \end{vmatrix}=\begin{vmatrix} a_1 & b_1 & c_1 \\ a_2 & b_2 & c_2 \\ a_3 & b_3 & c_3 \end{vmatrix}+\begin{vmatrix} a_1 & b_1 & c_1 \\ a_2 & b_2 & c_2 \\ a_3 & b_3 & c_3 \end{vmatrix}=2\begin{vmatrix} a_1 & b_1 & c_1 \\ a_2 & b_2 & c_2 \\ a_3 & b_3 & c_3 \end{vmatrix}.$$

分析 3 直接用行列式的性质进行化简,可证.

证法 3
$$\begin{vmatrix} b_1+c_1 & c_1+a_1 & a_1+b_1 \\ b_2+c_2 & c_2+a_2 & a_2+b_2 \\ b_3+c_3 & c_3+a_3 & a_3+b_3 \end{vmatrix}\xlongequal[i=2,3]{c_i+c_1}\begin{vmatrix} 2(a_1+b_1+c_1) & c_1+a_1 & a_1+b_1 \\ 2(a_2+b_2+c_2) & c_2+a_2 & a_2+b_2 \\ 2(a_3+b_3+c_3) & c_3+a_3 & a_3+b_3 \end{vmatrix}$$

$$=2\begin{vmatrix} a_1+b_1+c_1 & c_1+a_1 & a_1+b_1 \\ a_2+b_2+c_2 & c_2+a_2 & a_2+b_2 \\ a_3+b_3+c_3 & c_3+a_3 & a_3+b_3 \end{vmatrix}$$

$$\xlongequal[i=2,3]{-c_1+c_i}2\begin{vmatrix} a_1+b_1+c_1 & -b_1 & -c_1 \\ a_2+b_2+c_2 & -b_2 & -c_2 \\ a_3+b_3+c_3 & -b_3 & -c_3 \end{vmatrix}$$

$$\xlongequal[i=2,3]{c_i+c_1}2\begin{vmatrix} a_1 & -b_1 & -c_1 \\ a_2 & -b_2 & -c_2 \\ a_3 & -b_3 & -c_3 \end{vmatrix}=2\begin{vmatrix} a_1 & b_1 & c_1 \\ a_2 & b_2 & c_2 \\ a_3 & b_3 & c_3 \end{vmatrix}.$$

例 4 设 $\boldsymbol{A}=(a_{ij})$ 是 n 阶非零矩阵,A_{ij} 是 a_{ij} 的代数余子式,证明:

(1) $|\boldsymbol{A}^*|=|\boldsymbol{A}|^{n-1}$;(2) 若 $\boldsymbol{A}$ 可逆,则
$$\begin{vmatrix} A_{22} & A_{23} & \cdots & A_{2n} \\ A_{32} & A_{33} & \cdots & A_{3n} \\ \vdots & \vdots & & \vdots \\ A_{n2} & A_{n3} & \cdots & A_{nn} \end{vmatrix}=a_{11}|\boldsymbol{A}|^{n-2}.$$

证 $\boldsymbol{AA}^*=\boldsymbol{A}^*\boldsymbol{A}=(\det\boldsymbol{A})\boldsymbol{I}$,则 $\det(\boldsymbol{AA}^*)=(\det\boldsymbol{A})^n$,即
$$(\det\boldsymbol{A})(\det\boldsymbol{A}^*)=(\det\boldsymbol{A})^n.$$

(1) 若 $\boldsymbol{A}$ 可逆,则 $\det\boldsymbol{A}\neq 0$,故 $\det\boldsymbol{A}^*=(\det\boldsymbol{A})^{n-1}$;

若 $\boldsymbol{A}$ 不可逆,则 $\det\boldsymbol{A}=0$,$\boldsymbol{A}^*\boldsymbol{A}=(\det\boldsymbol{A})\boldsymbol{I}=\boldsymbol{O}$,故 $\boldsymbol{A}^*$ 也不可逆,所以 $\det\boldsymbol{A}^*=0=(\det\boldsymbol{A})^{n-1}$.

(2) 因为 $\sum_{k=1}^{n}a_{ik}A_{jk}=\begin{cases}|\boldsymbol{A}|, & i=j,\\ 0, & i\neq j,\end{cases}$ 所以

$$\begin{vmatrix} a_{11} & a_{12} & \cdots & a_{1n} \\ a_{21} & a_{22} & \cdots & a_{2n} \\ \vdots & \vdots & & \vdots \\ a_{n1} & a_{n2} & \cdots & a_{nn} \end{vmatrix} \begin{vmatrix} 1 & A_{21} & \cdots & A_{n1} \\ 0 & A_{22} & \cdots & A_{n2} \\ \vdots & \vdots & & \vdots \\ 0 & A_{2n} & \cdots & A_{nn} \end{vmatrix} = \begin{vmatrix} a_{11} & 0 & \cdots & 0 \\ a_{21} & |\boldsymbol{A}| & \cdots & 0 \\ \vdots & \vdots & & \vdots \\ a_{n1} & 0 & \cdots & |\boldsymbol{A}| \end{vmatrix} = a_{11}|\boldsymbol{A}|^{n-1},$$

即

$$|\boldsymbol{A}| \begin{vmatrix} A_{22} & \cdots & A_{n2} \\ \vdots & & \vdots \\ A_{2n} & \cdots & A_{nn} \end{vmatrix} = a_{11}|\boldsymbol{A}|^{n-1}.$$

故

$$\begin{vmatrix} A_{22} & A_{23} & \cdots & A_{2n} \\ A_{32} & A_{33} & \cdots & A_{3n} \\ \vdots & \vdots & & \vdots \\ A_{n2} & A_{n3} & \cdots & A_{nn} \end{vmatrix} = a_{11}|\boldsymbol{A}|^{n-2}.$$

例 5 证明 $D_{2n} = \begin{vmatrix} a & & & & & b \\ & \ddots & & & \unicode{x22F0} & \\ & & a & b & & \\ & & b & a & & \\ & \unicode{x22F0} & & & \ddots & \\ b & & & & & a \end{vmatrix} \begin{matrix} \left.\vphantom{\begin{matrix} a \\ \ddots \\ a \end{matrix}}\right\} n\text{ 行} \\ \left.\vphantom{\begin{matrix} b \\ \ddots \\ b \end{matrix}}\right\} n\text{ 行} \end{matrix} = (a^2-b^2)^n.$

分析 1 因行列式中 0 元较多,可按定义直接展开.

证法 1 按原行列式的第 1 列展开得到如下递推关系式

$$D_{2n} = \begin{vmatrix} a & & & & & b \\ & \ddots & & & \unicode{x22F0} & \\ & & a & b & & \\ & & b & a & & \\ & \unicode{x22F0} & & & \ddots & \\ b & & & & & a \end{vmatrix}$$

$$= a \begin{vmatrix} a & & & & & b & 0 \\ & \ddots & & & \unicode{x22F0} & & \\ & & a & b & & & \\ & & b & a & & & \\ & \unicode{x22F0} & & & \ddots & & \\ b & & & & & a & 0 \\ 0 & & & & & 0 & a \end{vmatrix} + (-1)^{2n+1} b \begin{vmatrix} 0 & & & & & & b \\ a & & & & & b & \\ & \ddots & & & \unicode{x22F0} & & \\ & & a & b & & & \\ & & b & a & & & \\ & \unicode{x22F0} & & & \ddots & & \\ b & & & & & a & 0 \end{vmatrix}$$

$$=a^2D_{2n-2}-b^2D_{2n-2}=(a^2-b^2)D_{2n-2}=(a^2-b^2)^2D_{2n-4}=\cdots=(a^2-b^2)^{n-1}D_2$$

$$=(a^2-b^2)^{n-1}\begin{vmatrix} a & b \\ b & a \end{vmatrix}=(a^2-b^2)^n.$$

分析 2 考虑到行列式的特殊结构，可用拉普拉斯定理证明.

证法 2

$$D_{2n}=\begin{vmatrix} a & & & & & b \\ & \ddots & & & \therefore & \\ & & a & b & & \\ & & b & a & & \\ & \therefore & & & \ddots & \\ b & & & & & a \end{vmatrix}$$

$$=\begin{vmatrix} a & b \\ b & a \end{vmatrix}\cdot(-1)^{(n+n+1)+(n+n+1)}\begin{vmatrix} a & & & & & b \\ & \ddots & & & \therefore & \\ & & a & b & & \\ & & b & a & & \\ & \therefore & & & \ddots & \\ b & & & & & a \end{vmatrix}\begin{matrix} \left.\vphantom{\begin{matrix} a \\ \ddots \\ a \end{matrix}}\right\}(n-1)\text{行} \\ \left.\vphantom{\begin{matrix} b \\ \ddots \\ a \end{matrix}}\right\}(n-1)\text{行} \end{matrix}$$

$$=(a^2-b^2)D_{2n-2}=(a^2-b^2)^2D_{2n-4}=\cdots=(a^2-b^2)^{n-1}D_2$$

$$=(a^2-b^2)^{n-1}\begin{vmatrix} a & b \\ b & a \end{vmatrix}=(a^2-b^2)^n.$$

例 6 设 $\boldsymbol{A}=\begin{pmatrix} a & b \\ c & d \end{pmatrix}$，若存在某个正整数 $m\geqslant3$ 使得 $\boldsymbol{A}^m=\boldsymbol{O}$，证明：$\boldsymbol{A}^2=\boldsymbol{O}$.

分析 由 $\boldsymbol{A}^m=\boldsymbol{O}$，可得 $|\boldsymbol{A}|^m=|\boldsymbol{A}^m|=0$，由此推导 $\boldsymbol{A}^2=\boldsymbol{O}$.

证 由 $\boldsymbol{A}^m=\boldsymbol{O}$，可得 $|\boldsymbol{A}|^m=|\boldsymbol{A}^m|=0$，故 $|\boldsymbol{A}|=\begin{vmatrix} a & b \\ c & d \end{vmatrix}=ad-bc=0$，即 $ad=bc$.

$$\boldsymbol{A}^2=\begin{pmatrix} a & b \\ c & d \end{pmatrix}\begin{pmatrix} a & b \\ c & d \end{pmatrix}=\begin{pmatrix} a^2+bc & b(a+d) \\ c(a+d) & d^2+bc \end{pmatrix}=\begin{pmatrix} a(a+d) & b(a+d) \\ c(a+d) & d(a+d) \end{pmatrix}=(a+d)\boldsymbol{A},$$

由此可得 $\boldsymbol{A}^m=(a+d)^{m-1}\boldsymbol{A}$.由 $\boldsymbol{A}^m=\boldsymbol{O}$，可得 $\boldsymbol{A}=\boldsymbol{O}$ 或 $a+d=0$，于是总有 $\boldsymbol{A}^2=\boldsymbol{O}$.

例 7 设 $\boldsymbol{A},\boldsymbol{B}$ 均为 n 阶实矩阵，A_{ij} 为 $\boldsymbol{A}$ 的元素 $a_{ij}(i,j=1,2,\cdots,n)$ 的代数余子式，且 $\boldsymbol{AB}=(\boldsymbol{B}-\boldsymbol{A}^*)\boldsymbol{A}$，证明：

(1) $|\boldsymbol{A}|=0$；

(2) 当 $a_{ij}=A_{ij}(i,j=1,2,\cdots,n)$ 时，有 $\boldsymbol{A}=\boldsymbol{O}$.

分析 由 $\boldsymbol{AA}^*=\boldsymbol{A}^*\boldsymbol{A}=|\boldsymbol{A}|\boldsymbol{I}$，$\boldsymbol{AB}=(\boldsymbol{B}-\boldsymbol{A}^*)\boldsymbol{A}$，可得 $\boldsymbol{AB}-\boldsymbol{BA}=|\boldsymbol{A}|\boldsymbol{I}$，由此推

导$|\boldsymbol{A}|$.

证 (1) 由$\boldsymbol{AA}^*=\boldsymbol{A}^*\boldsymbol{A}=|\boldsymbol{A}|\boldsymbol{I},\boldsymbol{AB}=(\boldsymbol{B}-\boldsymbol{A}^*)\boldsymbol{A}$,可得$\boldsymbol{AB}-\boldsymbol{BA}=|\boldsymbol{A}|\boldsymbol{I}$.而$\mathrm{tr}(\boldsymbol{AB})=\mathrm{tr}(\boldsymbol{BA})$,故

$$n|\boldsymbol{A}|=\mathrm{tr}(|\boldsymbol{A}|\boldsymbol{I})=\mathrm{tr}(\boldsymbol{AB}-\boldsymbol{BA})=\mathrm{tr}(\boldsymbol{AB})-\mathrm{tr}(\boldsymbol{BA})=0,$$

即$|\boldsymbol{A}|=0$;

(2) 当$a_{ij}=A_{ij}(i,j=1,2,\cdots,n)$时,有$|\boldsymbol{A}|=\sum\limits_{i=1}^{n}a_{ij}A_{ij}=\sum\limits_{i=1}^{n}a_{ij}^2$.由$|\boldsymbol{A}|=0$且$\boldsymbol{A}$为实矩阵可得$\sum\limits_{i=1}^{n}a_{ij}^2=0$,故$a_{ij}=0(i,j=1,2,\cdots,n)$,即$\boldsymbol{A}=\boldsymbol{O}$.

例 8 设$\boldsymbol{A},\boldsymbol{B}$为同阶可逆矩阵,证明:$(\boldsymbol{AB})^*=\boldsymbol{B}^*\boldsymbol{A}^*$.

分析 由$(\boldsymbol{AB})^{-1}=\boldsymbol{B}^{-1}\boldsymbol{A}^{-1}$及$\boldsymbol{AA}^*=\boldsymbol{A}^*\boldsymbol{A}=|\boldsymbol{A}|\boldsymbol{I}$可得.

证 因为$\boldsymbol{AA}^*=\boldsymbol{A}^*\boldsymbol{A}=|\boldsymbol{A}|\boldsymbol{I}$,且$|\boldsymbol{A}|\neq 0$,可得$\boldsymbol{A}^*=|\boldsymbol{A}|\boldsymbol{A}^{-1}$,故

$(\boldsymbol{AB})^*=|\boldsymbol{AB}|(\boldsymbol{AB})^{-1}=|\boldsymbol{A}||\boldsymbol{B}|\boldsymbol{B}^{-1}\boldsymbol{A}^{-1}=(|\boldsymbol{B}|\boldsymbol{B}^{-1})(|\boldsymbol{A}|\boldsymbol{A}^{-1})=\boldsymbol{B}^*\boldsymbol{A}^*$.

例 9 设$\boldsymbol{A},\boldsymbol{B}$均为$n$阶矩阵,且$\boldsymbol{A}^2=\boldsymbol{B}^2$,$|\boldsymbol{A}|\neq|\boldsymbol{B}|$,证明:$\boldsymbol{A}+\boldsymbol{B}$不可逆.

分析 由$\boldsymbol{A}^2=\boldsymbol{B}^2$,$|\boldsymbol{A}|\neq|\boldsymbol{B}|$推导$|\boldsymbol{A}+\boldsymbol{B}|$.

证 因为$\boldsymbol{A}^2=\boldsymbol{B}^2$,所以

$$|\boldsymbol{A}||\boldsymbol{A}+\boldsymbol{B}|=|\boldsymbol{A}^2+\boldsymbol{AB}|=|\boldsymbol{B}^2+\boldsymbol{AB}|=|\boldsymbol{A}+\boldsymbol{B}||\boldsymbol{B}|,$$

即$(|\boldsymbol{A}|-|\boldsymbol{B}|)|\boldsymbol{A}+\boldsymbol{B}|=0$,而$|\boldsymbol{A}|\neq|\boldsymbol{B}|$,故$|\boldsymbol{A}+\boldsymbol{B}|=0$,因而$\boldsymbol{A}+\boldsymbol{B}$不可逆.

例 10 证明齐次线性方程组

$$\begin{cases}x_1+x_2+x_3+\cdots+x_n=0,\\ 2x_1+4x_2+8x_3+\cdots+2^nx_n=0,\\ \cdots\cdots\cdots\cdots\\ nx_1+n^2x_2+n^3x_3+\cdots+n^nx_n=0\end{cases}$$

有唯一解.

分析 n个方程n个未知量的齐次线性方程组有唯一解(只有零解)的充要条件是系数行列式不等于0.

证 方程组的系数行列式为

$$\begin{vmatrix}1&1&1&\cdots&1\\2&4&8&\cdots&2^n\\\vdots&\vdots&\vdots&&\vdots\\n&n^2&n^3&\cdots&n^n\end{vmatrix}=(2\times3\times\cdots\times n)\begin{vmatrix}1&1&1&\cdots&1\\1&2&4&\cdots&2^{n-1}\\\vdots&\vdots&\vdots&&\vdots\\1&n&n^2&\cdots&n^{n-1}\end{vmatrix}$$

$$=n!\prod_{1\leqslant j<i\leqslant n}(i-j)=n!\,(n-1)!\,\cdots2!\neq0,$$

故方程组有唯一解.

例 11 若一元n次方程$a_0+a_1x+a_2x^2+\cdots+a_nx^n=0$有$n+1$个不同的根,证明:

$$a_0+a_1x+a_2x^2+\cdots+a_nx^n\equiv 0.$$

分析 该问题的关键在于证明多项式的系数全为零.

证 设 $x_1,x_2,\cdots,x_{n+1}$ 为一元 n 次方程的 $n+1$ 个不同的根,即

$$\begin{cases}a_0+a_1x_1+a_2x_1^2+\cdots+a_nx_1^n=0,\\ a_0+a_1x_2+a_2x_2^2+\cdots+a_nx_2^n=0,\\ \cdots\cdots\cdots\cdots\\ a_0+a_1x_{n+1}+a_2x_{n+1}^2+\cdots+a_nx_{n+1}^n=0.\end{cases}$$

将上式看做以 $a_0,a_1,a_2,\cdots,a_n$ 为未知量的齐次线性方程组,其系数行列式 D 是 $n+1$ 阶范德蒙德行列式的转置.由于 $x_1,x_2,\cdots,x_{n+1}$ 互异,因此 $D\neq 0$,故由克拉默法则可知上述齐次线性方程组只有零解 $a_0=a_1=a_2=\cdots=a_n=0$,从而

$$a_0+a_1x+a_2x^2+\cdots+a_nx^n\equiv 0.$$

例 12 证明三条不同直线

$$ax+by+c=0,bx+cy+a=0,cx+ay+b=0$$

相交于一点的充要条件是 $a+b+c=0$.

分析 只需证明上述方程组有唯一解的充要条件是 $a+b+c=0$.

证 必要性.设所给三条直线相交于点 $M(x_0,y_0)$,则 $x=x_0,y=y_0,z=1$ 可看做齐次方程组

$$\begin{cases}ax+by+cz=0,\\ bx+cy+az=0,\\ cx+ay+bz=0\end{cases}$$

的非零解,从而其系数行列式满足

$$\begin{vmatrix}a&b&c\\b&c&a\\c&a&b\end{vmatrix}=-\frac{1}{2}(a+b+c)[(a-b)^2+(b-c)^2+(c-a)^2]=0.$$

因三条直线互不相同,故 a,b,c 不全相同,所以 $a+b+c=0$.

充分性.如果 $a+b+c=0$,则将方程组

$$(\mathrm{I}):\begin{cases}ax+by=-c,\\ bx+cy=-a,\\ cx+ay=-b\end{cases}$$

的第一、二两个方程加到第三个方程,得到同解方程组

$$(\mathrm{II}):\begin{cases}ax+by=-c,\\ bx+cy=-a.\end{cases}$$

若方程组(Ⅱ)的系数行列式 $ac-b^2=0$,则 $ac=b^2\geqslant 0$.由 $b=-(a+c)$ 得

$$ac=b^2=[-(a+c)]^2=a^2+2ac+c^2.$$

于是 $ac=-(a^2+c^2)\leqslant 0$,从而 $ac=0$.不妨设 $a=0$,由 $b^2=ac$ 得 $b=0$,再由 $a+b+c=0$ 得 $c=0$,与已知矛盾.故方程组(Ⅱ)的系数行列式不为零.由克拉默法则可知方程组(Ⅱ)有唯一解,从而方程组(Ⅰ)有唯一解,即题中三条不同直线相交于一点.

例 13 证明可逆上三角形矩阵的逆矩阵仍是上三角形矩阵.

分析 由 $\boldsymbol{A}^{-1}=\frac{1}{|\boldsymbol{A}|}\boldsymbol{A}^*$ 表示出 $\boldsymbol{A}$ 的逆矩阵.

证 记上三角形矩阵 $\boldsymbol{A}=(a_{ij})$ 中元素 a_{ij} 的代数余子式为 A_{ij},则当 $1\leqslant j<i\leqslant n$ 时,$a_{ij}=0$,有 $A_{ij}=0$;当 $1\leqslant i<j\leqslant n$ 时,a_{ij} 的余子式 M_{ij} 仍为上三角形行列式,且主对角元必为零,于是 $M_{ij}=0$,从而 $A_{ij}=(-1)^{i+j}M_{ij}=0\ (1\leqslant i<j\leqslant n)$.所以

$$\boldsymbol{A}^{-1}=\frac{1}{|\boldsymbol{A}|}\boldsymbol{A}^*=\frac{1}{|\boldsymbol{A}|}\begin{pmatrix}A_{11} & A_{21} & \cdots & A_{n1}\\ A_{12} & A_{22} & \cdots & A_{n2}\\ \vdots & \vdots & & \vdots\\ A_{1n} & A_{2n} & \cdots & A_{nn}\end{pmatrix}=\frac{1}{|\boldsymbol{A}|}\begin{pmatrix}A_{11} & A_{21} & \cdots & A_{n1}\\ 0 & A_{22} & \cdots & A_{n2}\\ \vdots & \vdots & & \vdots\\ 0 & 0 & \cdots & A_{nn}\end{pmatrix}$$

是上三角形矩阵.

例 14 设 $\boldsymbol{A},\boldsymbol{B}$ 均为同阶矩阵,证明:$R(\boldsymbol{A}+\boldsymbol{B})\leqslant R(\boldsymbol{A})+R(\boldsymbol{B})$.

分析 由初等变换不改变矩阵的秩,通过初等变换建立 $\boldsymbol{A}+\boldsymbol{B}$ 与 $\boldsymbol{A},\boldsymbol{B}$ 的关系.

证 因为

$$\begin{pmatrix}\boldsymbol{A} & \boldsymbol{O}\\ \boldsymbol{O} & \boldsymbol{B}\end{pmatrix}\xrightarrow{c_1+c_2}\begin{pmatrix}\boldsymbol{A} & \boldsymbol{A}\\ \boldsymbol{O} & \boldsymbol{B}\end{pmatrix}\xrightarrow{r_2+r_1}\begin{pmatrix}\boldsymbol{A} & \boldsymbol{A}+\boldsymbol{B}\\ \boldsymbol{O} & \boldsymbol{B}\end{pmatrix},$$

所以

$$R(\boldsymbol{A}+\boldsymbol{B})\leqslant R\begin{pmatrix}\boldsymbol{A} & \boldsymbol{A}+\boldsymbol{B}\\ \boldsymbol{O} & \boldsymbol{B}\end{pmatrix}=R\begin{pmatrix}\boldsymbol{A} & \boldsymbol{O}\\ \boldsymbol{O} & \boldsymbol{B}\end{pmatrix},$$

而 $R\begin{pmatrix}\boldsymbol{A} & \boldsymbol{O}\\ \boldsymbol{O} & \boldsymbol{B}\end{pmatrix}=R(\boldsymbol{A})+R(\boldsymbol{B})$,故有 $R(\boldsymbol{A}+\boldsymbol{B})\leqslant R(\boldsymbol{A})+R(\boldsymbol{B})$.

例 15 设 $\boldsymbol{A},\boldsymbol{B}$ 分别为 $m\times n$ 与 $n\times k$ 矩阵,证明:$R(\boldsymbol{AB})\leqslant\min\{R(\boldsymbol{A}),R(\boldsymbol{B})\}$.

分析 建立 $\boldsymbol{A}$ 的标准形与 $\boldsymbol{AB}$ 的关系.

证 设 $R(\boldsymbol{A})=r$,则存在 m 阶可逆矩阵 $\boldsymbol{P}$ 及 n 阶可逆矩阵 $\boldsymbol{Q}$,使得

$$\boldsymbol{PAQ}=\begin{pmatrix}\boldsymbol{I}_r & \boldsymbol{O}\\ \boldsymbol{O} & \boldsymbol{O}\end{pmatrix},$$

即

$$\boldsymbol{A}=\boldsymbol{P}^{-1}\begin{pmatrix}\boldsymbol{I}_r & \boldsymbol{O}\\ \boldsymbol{O} & \boldsymbol{O}\end{pmatrix}\boldsymbol{Q}^{-1}.$$

故

$$\boldsymbol{AB}=\boldsymbol{P}^{-1}\begin{pmatrix}\boldsymbol{I}_r & \boldsymbol{O}\\ \boldsymbol{O} & \boldsymbol{O}\end{pmatrix}\boldsymbol{Q}^{-1}\boldsymbol{B},$$

记 $\boldsymbol{Q}^{-1}\boldsymbol{B}=\boldsymbol{C}=\begin{pmatrix}\boldsymbol{C}_1\\\boldsymbol{C}_2\end{pmatrix}$,其中 $\boldsymbol{C}_1$ 为 $r\times k$ 矩阵,则

$$\boldsymbol{AB}=\boldsymbol{P}^{-1}\begin{pmatrix}\boldsymbol{I}_r&\boldsymbol{O}\\\boldsymbol{O}&\boldsymbol{O}\end{pmatrix}\begin{pmatrix}\boldsymbol{C}_1\\\boldsymbol{C}_2\end{pmatrix}=\boldsymbol{P}^{-1}\begin{pmatrix}\boldsymbol{C}_1\\\boldsymbol{O}\end{pmatrix},$$

所以

$$R(\boldsymbol{AB})=R\left(\boldsymbol{P}^{-1}\begin{pmatrix}\boldsymbol{C}_1\\\boldsymbol{O}\end{pmatrix}\right)=R\begin{pmatrix}\boldsymbol{C}_1\\\boldsymbol{O}\end{pmatrix}=R(\boldsymbol{C}_1)\leqslant r=R(\boldsymbol{A}),$$

类似得

$$R(\boldsymbol{AB})\leqslant R(\boldsymbol{B}),$$

故

$$R(\boldsymbol{AB})\leqslant\min\{R(\boldsymbol{A}),R(\boldsymbol{B})\}.$$

例 16 设 $\boldsymbol{A}$ 为 n 阶矩阵,证明:存在一个可逆矩阵 $\boldsymbol{B}$ 及一个幂等矩阵 $\boldsymbol{C}$(即 $\boldsymbol{C}^2=\boldsymbol{C}$),使得 $\boldsymbol{A}=\boldsymbol{BC}$.

分析 根据任何方阵 $\boldsymbol{A}$ 等价于其标准形 $\begin{pmatrix}\boldsymbol{I}_r&\boldsymbol{O}\\\boldsymbol{O}&\boldsymbol{O}\end{pmatrix}$,而 $\begin{pmatrix}\boldsymbol{I}_r&\boldsymbol{O}\\\boldsymbol{O}&\boldsymbol{O}\end{pmatrix}$ 幂等,建立矩阵与标准形的关系,并由标准形进行变形.

证 设 $R(\boldsymbol{A})=r$,则存在 n 阶可逆矩阵 $\boldsymbol{P}$ 及 $\boldsymbol{Q}$,使得

$$\boldsymbol{PAQ}=\begin{pmatrix}\boldsymbol{I}_r&\boldsymbol{O}\\\boldsymbol{O}&\boldsymbol{O}\end{pmatrix},$$

即

$$\boldsymbol{A}=\boldsymbol{P}^{-1}\begin{pmatrix}\boldsymbol{I}_r&\boldsymbol{O}\\\boldsymbol{O}&\boldsymbol{O}\end{pmatrix}\boldsymbol{Q}^{-1}.$$

故

$$\boldsymbol{A}=\boldsymbol{P}^{-1}\begin{pmatrix}\boldsymbol{I}_r&\boldsymbol{O}\\\boldsymbol{O}&\boldsymbol{O}\end{pmatrix}\boldsymbol{Q}^{-1}=\boldsymbol{P}^{-1}\boldsymbol{Q}^{-1}\boldsymbol{Q}\begin{pmatrix}\boldsymbol{I}_r&\boldsymbol{O}\\\boldsymbol{O}&\boldsymbol{O}\end{pmatrix}\boldsymbol{Q}^{-1},$$

记 $\boldsymbol{B}=\boldsymbol{P}^{-1}\boldsymbol{Q}^{-1}$,$\boldsymbol{C}=\boldsymbol{Q}\begin{pmatrix}\boldsymbol{I}_r&\boldsymbol{O}\\\boldsymbol{O}&\boldsymbol{O}\end{pmatrix}\boldsymbol{Q}^{-1}$,则 $\boldsymbol{A}=\boldsymbol{BC}$,其中 $\boldsymbol{B}$ 可逆,$\boldsymbol{C}$ 幂等.

例 17 设 $\boldsymbol{\alpha},\boldsymbol{\beta}$ 均为 3×1 矩阵,$\boldsymbol{A}=\boldsymbol{\alpha\alpha}^{\mathrm{T}}+\boldsymbol{\beta\beta}^{\mathrm{T}}$,证明:

(1) $R(\boldsymbol{A})\leqslant2$;

(2) 若 $\boldsymbol{\alpha}=k\boldsymbol{\beta}$,则 $R(\boldsymbol{A})<2$.

分析 利用矩阵的结构特点及秩的不等式可证.

证 (1) 因 $\boldsymbol{\alpha},\boldsymbol{\beta}$ 均为 3×1 矩阵,故 $R(\boldsymbol{\alpha\alpha}^{\mathrm{T}})\leqslant1$,$R(\boldsymbol{\beta\beta}^{\mathrm{T}})\leqslant1$,于是

$$R(\boldsymbol{A})=R(\boldsymbol{\alpha\alpha}^{\mathrm{T}}+\boldsymbol{\beta\beta}^{\mathrm{T}})\leqslant R(\boldsymbol{\alpha\alpha}^{\mathrm{T}})+R(\boldsymbol{\beta\beta}^{\mathrm{T}})\leqslant2.$$

(2) 由 $\boldsymbol{\alpha}=k\boldsymbol{\beta}$,得 $\boldsymbol{A}=(1+k^2)\boldsymbol{\alpha\alpha}^{\mathrm{T}}$,从而

$$R(\boldsymbol{A})=R[(1+k^2)\boldsymbol{\alpha\alpha}^{\mathrm{T}}]\leqslant R(\boldsymbol{\alpha\alpha}^{\mathrm{T}})\leqslant 1<2.$$

例 18 设 $\boldsymbol{A}$ 为 $m\times n$ 矩阵,$m<n,R(\boldsymbol{A})=m$.证明:存在 $n\times m$ 矩阵 $\boldsymbol{B}$,使 $\boldsymbol{AB}=\boldsymbol{I}_m$.

分析 由矩阵的秩与标准形的关系,化矩阵 $\boldsymbol{A}$ 为标准形,再由标准形找出矩阵 $\boldsymbol{B}$ 即可.

证 由 $\boldsymbol{A}$ 为 $m\times n$ 矩阵,$m<n,R(\boldsymbol{A})=m$ 知,存在 m 阶可逆矩阵 $\boldsymbol{P}$ 及 n 阶可逆矩阵 $\boldsymbol{Q}$,使得

$$\boldsymbol{PAQ}=(\boldsymbol{I}_m,\boldsymbol{O}_{m\times(n-m)}),$$

从而

$$\boldsymbol{AQ}=\boldsymbol{P}^{-1}(\boldsymbol{I}_m,\boldsymbol{O}_{m\times(n-m)}),$$

$$\boldsymbol{AQ}\begin{pmatrix}\boldsymbol{I}_m\\ \boldsymbol{O}_{(n-m)\times m}\end{pmatrix}=\boldsymbol{P}^{-1}(\boldsymbol{I}_m,\boldsymbol{O}_{m\times(n-m)})\begin{pmatrix}\boldsymbol{I}_m\\ \boldsymbol{O}_{(n-m)\times m}\end{pmatrix}=\boldsymbol{P}^{-1}\boldsymbol{I}_m,$$

$$\boldsymbol{AQ}\begin{pmatrix}\boldsymbol{I}_m\\ \boldsymbol{O}_{(n-m)\times m}\end{pmatrix}\boldsymbol{P}=\boldsymbol{P}^{-1}\boldsymbol{I}_m\boldsymbol{P}=\boldsymbol{I}_m.$$

令 $\boldsymbol{B}=\boldsymbol{Q}\begin{pmatrix}\boldsymbol{I}_m\\ \boldsymbol{O}_{(n-m)\times m}\end{pmatrix}\boldsymbol{P}$,则 $\boldsymbol{AB}=\boldsymbol{I}_m$ 且 $\boldsymbol{B}$ 为 $n\times m$ 矩阵.

例 19 设 $\boldsymbol{A}$ 为 $m\times n$ 矩阵且 $R(\boldsymbol{A})=r$,证明:存在一个 $m\times r$ 矩阵 $\boldsymbol{B}$ 及一个 $r\times n$ 矩阵 $\boldsymbol{C}$,满足 $R(\boldsymbol{B})=R(\boldsymbol{C})=r$,使得 $\boldsymbol{A}=\boldsymbol{BC}$.

分析 根据任何方阵 $\boldsymbol{A}$ 等价于其标准形$\begin{pmatrix}\boldsymbol{I}_r & \boldsymbol{O}\\ \boldsymbol{O} & \boldsymbol{O}\end{pmatrix}$,建立矩阵与标准形的关系,利用$\begin{pmatrix}\boldsymbol{I}_r & \boldsymbol{O}\\ \boldsymbol{O} & \boldsymbol{O}\end{pmatrix}_{m\times n}=\begin{pmatrix}\boldsymbol{I}_r\\ \boldsymbol{O}\end{pmatrix}_{m\times r}(\boldsymbol{I}_r,\boldsymbol{O})_{r\times n}$,并由标准形进行变形.

证 设 $R(\boldsymbol{A})=r$,则存在 m 阶可逆矩阵 $\boldsymbol{P}$ 及 n 阶可逆矩阵 $\boldsymbol{Q}$,使得

$$\boldsymbol{PAQ}=\begin{pmatrix}\boldsymbol{I}_r & \boldsymbol{O}\\ \boldsymbol{O} & \boldsymbol{O}\end{pmatrix},$$

即

$$\boldsymbol{A}=\boldsymbol{P}^{-1}\begin{pmatrix}\boldsymbol{I}_r & \boldsymbol{O}\\ \boldsymbol{O} & \boldsymbol{O}\end{pmatrix}\boldsymbol{Q}^{-1}.$$

故

$$\boldsymbol{A}=\boldsymbol{P}^{-1}\begin{pmatrix}\boldsymbol{I}_r & \boldsymbol{O}\\ \boldsymbol{O} & \boldsymbol{O}\end{pmatrix}\boldsymbol{Q}^{-1}=\boldsymbol{P}^{-1}\begin{pmatrix}\boldsymbol{I}_r\\ \boldsymbol{O}\end{pmatrix}_{m\times r}(\boldsymbol{I}_r,\boldsymbol{O})_{r\times n}\boldsymbol{Q}^{-1},$$

记 $\boldsymbol{B}=\boldsymbol{P}^{-1}\begin{pmatrix}\boldsymbol{I}_r\\ \boldsymbol{O}\end{pmatrix}_{m\times r}$,$\boldsymbol{C}=(\boldsymbol{I}_r,\boldsymbol{O})_{r\times n}\boldsymbol{Q}^{-1}$,则 $\boldsymbol{A}=\boldsymbol{BC}$,其中 $\boldsymbol{B}$ 为 $m\times r$ 矩阵且 $R(\boldsymbol{B})=r$,$\boldsymbol{C}$ 为 $r\times n$ 矩阵且 $R(\boldsymbol{C})=r$.

评注 当 $R(\boldsymbol{A})=1$ 时,有 $\boldsymbol{A}=\boldsymbol{BC}$,这时 $\boldsymbol{B}$ 是一个列矩阵,而 $\boldsymbol{C}$ 是一个行矩阵.

通常将等式 $\boldsymbol{A}=\boldsymbol{BC}$ 称为“秩 1 矩阵的列行分解”.

例 20 设 $\boldsymbol{A}$ 为 $m\times n$ 矩阵且 $R(\boldsymbol{A})=r$,证明:矩阵 $\boldsymbol{A}$ 可表示为 r 个秩为 1 的 $m\times n$ 矩阵之和.

分析 根据任何方阵 $\boldsymbol{A}$ 等价于其标准形 $\begin{pmatrix}\boldsymbol{I}_r & \boldsymbol{O}\\ \boldsymbol{O} & \boldsymbol{O}\end{pmatrix}$,建立矩阵与标准形的关系,利用

$$\begin{pmatrix}\boldsymbol{I}_r & \boldsymbol{O}\\ \boldsymbol{O} & \boldsymbol{O}\end{pmatrix}_{m\times n}$$

$$=\underbrace{\begin{pmatrix}1&0&\cdots&0&0\\0&0&\cdots&0&0\\\vdots&\vdots&&\vdots&\vdots\\0&0&\cdots&0&0\\0&0&\cdots&0&0\end{pmatrix}+\begin{pmatrix}0&0&\cdots&0&0\\0&1&\cdots&0&0\\\vdots&\vdots&&\vdots&\vdots\\0&0&\cdots&0&0\\0&0&\cdots&0&0\end{pmatrix}+\cdots+\begin{pmatrix}0&\cdots&0&0&0\\\vdots&&\vdots&\vdots&\vdots\\0&\cdots&1&0&0\\\vdots&&\vdots&\vdots&\vdots\\0&\cdots&0&0&0\end{pmatrix}}_{r\text{个}},$$

并由标准形进行变形.

证 设 $R(\boldsymbol{A})=r$,则存在 m 阶可逆矩阵 $\boldsymbol{P}$ 及 n 阶可逆矩阵 $\boldsymbol{Q}$,使得

$$\boldsymbol{PAQ}=\begin{pmatrix}\boldsymbol{I}_r & \boldsymbol{O}\\ \boldsymbol{O} & \boldsymbol{O}\end{pmatrix},$$

即

$$\boldsymbol{A}=\boldsymbol{P}^{-1}\begin{pmatrix}\boldsymbol{I}_r & \boldsymbol{O}\\ \boldsymbol{O} & \boldsymbol{O}\end{pmatrix}\boldsymbol{Q}^{-1}.$$

故

$$\begin{aligned}\boldsymbol{A}&=\boldsymbol{P}^{-1}\begin{pmatrix}\boldsymbol{I}_r & \boldsymbol{O}\\ \boldsymbol{O} & \boldsymbol{O}\end{pmatrix}\boldsymbol{Q}^{-1}\\
&=\boldsymbol{P}^{-1}\left(\begin{pmatrix}1&0&\cdots&0&0\\0&0&\cdots&0&0\\\vdots&\vdots&&\vdots&\vdots\\0&0&\cdots&0&0\\0&0&\cdots&0&0\end{pmatrix}+\begin{pmatrix}0&0&\cdots&0&0\\0&1&\cdots&0&0\\\vdots&\vdots&&\vdots&\vdots\\0&0&\cdots&0&0\\0&0&\cdots&0&0\end{pmatrix}+\cdots+\begin{pmatrix}0&\cdots&0&0&\cdots&0\\\vdots&&\vdots&\vdots&&\vdots\\0&\cdots&1&0&\cdots&0\\\vdots&&\vdots&\vdots&&\vdots\\0&\cdots&0&0&\cdots&0\end{pmatrix}\right)\boldsymbol{Q}^{-1}\\
&=\boldsymbol{P}^{-1}\begin{pmatrix}1&0&\cdots&0&0\\0&0&\cdots&0&0\\\vdots&\vdots&&\vdots&\vdots\\0&0&\cdots&0&0\\0&0&\cdots&0&0\end{pmatrix}\boldsymbol{Q}^{-1}+\boldsymbol{P}^{-1}\begin{pmatrix}0&0&\cdots&0&0\\0&1&\cdots&0&0\\\vdots&\vdots&&\vdots&\vdots\\0&0&\cdots&0&0\\0&0&\cdots&0&0\end{pmatrix}\boldsymbol{Q}^{-1}+\cdots+\end{aligned}$$

$$
\boldsymbol{P}^{-1}\begin{pmatrix} 0 & \cdots & 0 & 0 & \cdots & 0 \\ \vdots & & \vdots & \vdots & & \vdots \\ 0 & \cdots & 1 & 0 & \cdots & 0 \\ \vdots & & \vdots & \vdots & & \vdots \\ 0 & \cdots & 0 & 0 & \cdots & 0 \end{pmatrix}\boldsymbol{Q}^{-1}
$$

$$
\xlongequal{\text{记为}} \boldsymbol{C}_1+\boldsymbol{C}_2+\cdots+\boldsymbol{C}_r,
$$

则 $\boldsymbol{A}=\boldsymbol{C}_1+\boldsymbol{C}_2+\cdots+\boldsymbol{C}_r$，$\boldsymbol{C}_i$ 为 $m\times n$ 矩阵，且 $R(\boldsymbol{C}_i)=1(i=1,2,\cdots,r)$.

例 21 设 $\boldsymbol{A}=(a_{ij})$ 为 n 阶非零实方阵且 $a_{ij}=A_{ij}(\forall i,j)$. 证明：$R(\boldsymbol{A})=n$.

分析 $\boldsymbol{A}$ 为 n 阶非零实方阵，要证 $R(\boldsymbol{A})=n$，只需证 $\det\boldsymbol{A}\neq 0$ 即可.

证 因 $\boldsymbol{A}=(a_{ij})$ 为 n 阶非零实方阵，故至少存在一个元 $a_{ik}\neq 0$.

$$
\begin{aligned}
\det \boldsymbol{A} &= a_{i1}A_{i1}+a_{i2}A_{i2}+\cdots+a_{ik}A_{ik}+\cdots+a_{in}A_{in} \\
&= a_{i1}^2+a_{i2}^2+\cdots+a_{ik}^2+\cdots+a_{in}^2 \\
&\geqslant a_{ik}^2>0,
\end{aligned}
$$

即 $\det \boldsymbol{A}\neq 0$，故 $R(\boldsymbol{A})=n$.

三、单元检测

（一）检测题

一、填空题（每题 3 分，共 15 分）

1. 设 $\boldsymbol{A}=\begin{pmatrix} 2 & 1 & -3 & 5 \\ 1 & 1 & 1 & 1 \\ 4 & 2 & 3 & 1 \\ 2 & 5 & 3 & 1 \end{pmatrix}$，则 $A_{41}+A_{42}+A_{43}+A_{44}=$__________.

2. 行列式 $D_n=\begin{vmatrix} a & b & 0 & \cdots & 0 & 0 \\ 0 & a & b & \cdots & 0 & 0 \\ 0 & 0 & a & \cdots & 0 & 0 \\ \vdots & \vdots & \vdots & & \vdots & \vdots \\ 0 & 0 & 0 & \cdots & a & b \\ b & 0 & 0 & \cdots & 0 & a \end{vmatrix}=$__________.

3. 行列式 D_n 中等于 0 的元的个数多于 n^2-n，则 $D_n=$__________.

4. 设 $\boldsymbol{A}$ 为 m 阶方阵，$\boldsymbol{B}$ 为 n 阶方阵，且 $|\boldsymbol{A}|=a$，$|\boldsymbol{B}|=b$，$\boldsymbol{C}=\begin{pmatrix}\boldsymbol{O} & \boldsymbol{A}\\ \boldsymbol{B} & \boldsymbol{O}\end{pmatrix}$，则 $|\boldsymbol{C}|=$ ________.

5. 设 $\boldsymbol{A}=\begin{pmatrix}1 & 1 & 1 & \cdots & 1\\ a_1 & a_2 & a_3 & \cdots & a_n\\ a_1^2 & a_2^2 & a_3^2 & \cdots & a_n^2\\ \vdots & \vdots & \vdots & & \vdots\\ a_1^{n-1} & a_2^{n-1} & a_3^{n-1} & \cdots & a_n^{n-1}\end{pmatrix}$，$\boldsymbol{X}=\begin{pmatrix}x_1\\ x_2\\ x_3\\ \vdots\\ x_n\end{pmatrix}$，$\boldsymbol{b}=\begin{pmatrix}1\\ 1\\ 1\\ \vdots\\ 1\end{pmatrix}$ $(i,j=1,2,\cdots,n$，且 $i\neq j$ 时，$a_i\neq a_j)$，则线性方程组 $\boldsymbol{A}^{\mathrm{T}}\boldsymbol{X}=\boldsymbol{b}$ 的解是________.

二、选择题(每题 3 分，共 15 分)

1. 设 $a>b>c>0$，$D_3=\begin{vmatrix}a & a^2 & bc\\ b & b^2 & ac\\ c & c^2 & ab\end{vmatrix}$，则有(　　).

(A) $D_3=0$　　(B) $D_3<0$　　(C) $D_3>0$　　(D) $D_3\neq 0$

2. $D=\begin{vmatrix}a_1 & & & b_1\\ & a_2 & b_2 & \\ & b_3 & a_3 & \\ b_4 & & & a_4\end{vmatrix}=$(　　).

(A) $a_1a_2a_3a_4-b_1b_2b_3b_4$　　(B) $a_1a_2a_3a_4+b_1b_2b_3b_4$

(C) $(a_1a_2-b_1b_2)(a_3a_4-b_3b_4)$　　(D) $(a_1a_4-b_1b_4)(a_2a_3-b_2b_3)$

3. 已知 $D_5=\begin{vmatrix}1-a & a & 0 & 0 & 0\\ -1 & 1-a & a & 0 & 0\\ 0 & -1 & 1-a & a & 0\\ 0 & 0 & -1 & 1-a & a\\ 0 & 0 & 0 & -1 & 1-a\end{vmatrix}$，则 D_5 的值为(　　).

(A) $1-a+a^2-a^3+a^4-a^5$　　(B) $(1-a)^4$　　(C) $(1-a)^5$　　(D) 4

4. 当 $k\neq$(　　)时，方程组 $\begin{cases}kx+z=0,\\ 2x+ky+z=0,\\ kx-2y+z=0\end{cases}$ 只有零解.

(A) 0　　(B) -1　　(C) 2　　(D) -2

5. 设 $f(x)=\begin{vmatrix}a & b & c & d-x\\ a & b & c-x & d\\ a & b-x & c & d\\ a-x & b & c & d\end{vmatrix}$，则方程 $f(x)=0$ 的根为(　　).

(A) a,b,c,d　　　　　　　　(B) $a+b,c+d,a+d,b+c$

(C) $0,a+b+c+d$(其中 0 为三重根)　　(D) $0,-a-b-c-d$(其中 0 为三重根)

三、(10 分)计算 $|\boldsymbol{A}_n|=\begin{vmatrix} 9 & 5 & 0 & \cdots & 0 & 0 \\ 4 & 9 & 5 & \cdots & 0 & 0 \\ \vdots & \vdots & \vdots & & \vdots & \vdots \\ 0 & 0 & 0 & \cdots & 9 & 5 \\ 0 & 0 & 0 & \cdots & 4 & 9 \end{vmatrix}$.

四、(10 分)已知平面上三点 $P_1(x_1,y_1),P_2(x_2,y_2),P_3(x_3,y_3)$,求该三点位于同一条直线上时,$P_1,P_2,P_3$ 的坐标应满足的条件.

五、(10 分)计算 $D_{n+1}=\begin{vmatrix} a_1^n & a_1^{n-1}b_1 & a_1^{n-2}b_1^2 & \cdots & a_1b_1^{n-1} & b_1^n \\ a_2^n & a_2^{n-1}b_2 & a_2^{n-2}b_2^2 & \cdots & a_2b_2^{n-1} & b_2^n \\ \vdots & \vdots & \vdots & & \vdots & \vdots \\ a_{n+1}^n & a_{n+1}^{n-1}b_{n+1} & a_{n+1}^{n-2}b_{n+1}^2 & \cdots & a_{n+1}b_{n+1}^{n-1} & b_{n+1}^n \end{vmatrix}$.

六、(10 分)已知 $a^2\neq b^2$,a,b 是实数.试证方程组

$$\begin{cases} ax_1+bx_{2n}=1, \\ ax_2+bx_{2n-1}=1, \\ \cdots\cdots\cdots\cdots \\ ax_n+bx_{n+1}=1, \\ bx_n+ax_{n+1}=1, \\ bx_{n-1}+ax_{n+2}=1, \\ \cdots\cdots\cdots\cdots \\ bx_1+ax_{2n}=1 \end{cases}$$

有唯一解,并求其解.

七、(10 分)设 $\boldsymbol{A}=\begin{pmatrix} a_1b_1 & a_1b_2 & \cdots & a_1b_n \\ a_2b_1 & a_2b_2 & \cdots & a_2b_n \\ \vdots & \vdots & & \vdots \\ a_nb_1 & a_nb_2 & \cdots & a_nb_n \end{pmatrix}$,$a_i\neq 0(i=1,2,\cdots,n)$,$b_1\neq 0$,求 $R(\boldsymbol{A})$.

八、(10 分)设 $\boldsymbol{A}$ 为 n 阶非零实方阵且 $\boldsymbol{A}^*=\boldsymbol{A}^{\mathrm{T}}$,证明:$\boldsymbol{A}$ 可逆.

九、(10 分)已知 n 阶行列式

$$D=\begin{vmatrix} 1 & 3 & 5 & \cdots & 2n-1 \\ 1 & 2 & & & \\ 1 & & 3 & & \\ \vdots & & & \ddots & \\ 1 & & & & n \end{vmatrix},$$

求该行列式第一行元素的代数余子式之和 $A_{11}+A_{12}+\cdots+A_{1n}$.

（二）检测题答案与提示

一、1. 0； 2. $a^n+(-1)^{n+1}b^n$； 3. 0； 4. $(-1)^{mn}ab$； 5. $(1,0,\cdots,0)^{\mathrm{T}}$.

二、1. B； 2. D； 3. A； 4. C； 5. C.

三、$$|\boldsymbol{A}_n|=\begin{vmatrix} 9 & 5 & 0 & \cdots & 0 & 0 \\ 4 & 9 & 5 & \cdots & 0 & 0 \\ \vdots & \vdots & \vdots & & \vdots & \vdots \\ 0 & 0 & 0 & \cdots & 9 & 5 \\ 0 & 0 & 0 & \cdots & 4 & 9 \end{vmatrix}=9|\boldsymbol{A}_{n-1}|-4\begin{vmatrix} 5 & 0 \quad \cdots & 0 \\ 4 & & \\ \vdots & \boldsymbol{A}_{n-2} & \\ 0 & & \end{vmatrix}$$

$$=9|\boldsymbol{A}_{n-1}|-20|\boldsymbol{A}_{n-2}|$$

$$=(4+5)|\boldsymbol{A}_{n-1}|-4\cdot 5|\boldsymbol{A}_{n-2}|.$$

于是

$$|\boldsymbol{A}_n|-4|\boldsymbol{A}_{n-1}|=5(|\boldsymbol{A}_{n-1}|-4|\boldsymbol{A}_{n-2}|);$$

$$|\boldsymbol{A}_n|-5|\boldsymbol{A}_{n-1}|=4(|\boldsymbol{A}_{n-1}|-5|\boldsymbol{A}_{n-2}|).$$

当 $n=2$ 时，

$$|\boldsymbol{A}_2|-4|\boldsymbol{A}_1|=5^2;\quad |\boldsymbol{A}_2|-5|\boldsymbol{A}_1|=4^2.$$

由归纳法可得

$$|\boldsymbol{A}_n|-4|\boldsymbol{A}_{n-1}|=5^n;\quad |\boldsymbol{A}_n|-5|\boldsymbol{A}_{n-1}|=4^n.$$

由克拉默法则知

$$|\boldsymbol{A}_n|=\frac{\begin{vmatrix} 5^n & -4 \\ 4^n & -5 \end{vmatrix}}{\begin{vmatrix} 1 & -4 \\ 1 & -5 \end{vmatrix}}=5^{n+1}-4^{n+1}.$$

四、设该直线的方程为 $ax+by+c=0$，则三点 $P_1(x_1,y_1)$，$P_2(x_2,y_2)$，$P_3(x_3,y_3)$ 位于该直线上即为齐次线性方程组

$$\begin{cases} ax_1+by_1+c=0, \\ ax_2+by_2+c=0, \\ ax_3+by_3+c=0 \end{cases}$$

有非零解 $(a,b,c)^{\mathrm{T}}$，故 $\begin{vmatrix} x_1 & y_1 & 1 \\ x_2 & y_2 & 1 \\ x_3 & y_3 & 1 \end{vmatrix}=0.$

五、$D_{n+1}=\begin{vmatrix} a_1^n & a_1^{n-1}b_1 & a_1^{n-2}b_1^2 & \cdots & a_1b_1^{n-1} & b_1^n \\ a_2^n & a_2^{n-1}b_2 & a_2^{n-2}b_2^2 & \cdots & a_2b_2^{n-1} & b_2^n \\ \vdots & \vdots & \vdots & & \vdots & \vdots \\ a_{n+1}^n & a_{n+1}^{n-1}b_{n+1} & a_{n+1}^{n-2}b_{n+1}^2 & \cdots & a_{n+1}b_{n+1}^{n-1} & b_{n+1}^n \end{vmatrix}$

$$=a_1^na_2^n\cdots a_{n+1}^n\begin{vmatrix} 1 & \dfrac{b_1}{a_1} & \left(\dfrac{b_1}{a_1}\right)^2 & \cdots & \left(\dfrac{b_1}{a_1}\right)^{n-1} & \left(\dfrac{b_1}{a_1}\right)^n \\ 1 & \dfrac{b_2}{a_2} & \left(\dfrac{b_2}{a_2}\right)^2 & \cdots & \left(\dfrac{b_2}{a_2}\right)^{n-1} & \left(\dfrac{b_2}{a_2}\right)^n \\ \vdots & \vdots & \vdots & & \vdots & \vdots \\ 1 & \dfrac{b_{n+1}}{a_{n+1}} & \left(\dfrac{b_{n+1}}{a_{n+1}}\right)^2 & \cdots & \left(\dfrac{b_{n+1}}{a_{n+1}}\right)^{n-1} & \left(\dfrac{b_{n+1}}{a_{n+1}}\right)^n \end{vmatrix}$$

$$=\prod_{i=1}^{n+1}a_i^n\prod_{1\leqslant j<i\leqslant n+1}\left(\frac{b_i}{a_i}-\frac{b_j}{a_j}\right)=\prod_{1\leqslant j<i\leqslant n+1}(b_ia_j-a_ib_j).$$

六、$\begin{cases} ax_1+bx_{2n}=1, \\ ax_2+bx_{2n-1}=1, \\ \cdots\cdots\cdots\cdots \\ ax_n+bx_{n+1}=1, \\ bx_n+ax_{n+1}=1, \\ bx_{n-1}+ax_{n+2}=1, \\ \cdots\cdots\cdots\cdots \\ bx_1+ax_{2n}=1 \end{cases}\Leftrightarrow\begin{pmatrix} a & & & & & b \\ & a & & & b & \\ & & \ddots & \iddots & & \\ & & a & b & & \\ & & b & a & & \\ & & \iddots & \ddots & & \\ & b & & & a & \\ b & & & & & a \end{pmatrix}\begin{pmatrix} x_1 \\ x_2 \\ \vdots \\ x_n \\ x_{n+1} \\ \vdots \\ x_{2n-1} \\ x_{2n} \end{pmatrix}=\begin{pmatrix} 1 \\ 1 \\ \vdots \\ 1 \\ 1 \\ \vdots \\ 1 \\ 1 \end{pmatrix}.$

七、$\boldsymbol{A}=\begin{pmatrix} a_1b_1 & a_1b_2 & \cdots & a_1b_n \\ a_2b_1 & a_2b_2 & \cdots & a_2b_n \\ \vdots & \vdots & & \vdots \\ a_nb_1 & a_nb_2 & \cdots & a_nb_n \end{pmatrix}=\begin{pmatrix} a_1 \\ a_2 \\ \vdots \\ a_n \end{pmatrix}(b_1,b_2,\cdots,b_n)\xlongequal{\text{记为}}\boldsymbol{\alpha\beta}$，则

$$R(\boldsymbol{A})=R(\boldsymbol{\alpha\beta})\leqslant\min\{R(\boldsymbol{\alpha}),R(\boldsymbol{\beta})\}.$$

由 $a_i\neq0(i=1,2,\cdots,n)$，$b_1\neq0$，可知 $R(\boldsymbol{\alpha})=R(\boldsymbol{\beta})=1$，故 $R(\boldsymbol{A})=R(\boldsymbol{\alpha\beta})\leqslant1$；由 $a_i\neq0(i=1,2,\cdots,n)$，$b_1\neq0$，可知 $a_1b_1\neq0$，故 $R(\boldsymbol{A})\geqslant1$.因此，$R(\boldsymbol{A})=1$.

八、$\boldsymbol{A}^*=\boldsymbol{A}^{\mathrm{T}}\Rightarrow\boldsymbol{AA}^{\mathrm{T}}=\boldsymbol{AA}^*=(\det\boldsymbol{A})\boldsymbol{I}$，又

$$AA^{\mathrm{T}}=\begin{pmatrix}\sum_{j=1}^{n}a_{1j}^2 & * & * & * \\ * & \sum_{j=1}^{n}a_{2j}^2 & * & * \\ * & * & \ddots & * \\ * & * & * & \sum_{j=1}^{n}a_{nj}^2\end{pmatrix}$$

若 $\boldsymbol{A}$ 不可逆,则有 $\det \boldsymbol{A}=0$,从而

$$AA^{\mathrm{T}}=\begin{pmatrix}\sum_{j=1}^{n}a_{1j}^2 & * & * & * \\ * & \sum_{j=1}^{n}a_{2j}^2 & * & * \\ * & * & \ddots & * \\ * & * & * & \sum_{j=1}^{n}a_{nj}^2\end{pmatrix}=\boldsymbol{O},$$

故 $\begin{cases}\sum_{j=1}^{n}a_{1j}^2=0,\\ \sum_{j=1}^{n}a_{2j}^2=0,\\ \quad\vdots\\ \sum_{j=1}^{n}a_{nj}^2=0,\end{cases}$ 即 $\begin{cases}a_{1j}=0,\\ a_{2j}=0,\\ \quad\vdots\\ a_{nj}=0\end{cases}$ $(j=1,2,\cdots,n)$,亦即 $a_{ij}=0(\forall i,j)$,所以 $\boldsymbol{A}=\boldsymbol{O}$,这与 $\boldsymbol{A}\neq\boldsymbol{O}$ 矛盾,故 $\boldsymbol{A}$ 可逆.

九、$A_{11}+A_{12}+\cdots+A_{1n}=\begin{vmatrix}1 & 1 & 1 & \cdots & 1\\ 1 & 2 & & & \\ 1 & & 3 & & \\ \vdots & & & \ddots & \\ 1 & & & & n\end{vmatrix}=\begin{vmatrix}1-\sum_{k=2}^{n}\frac{1}{k} & 1 & 1 & \cdots & 1\\ 0 & 2 & & & \\ 0 & & 3 & & \\ \vdots & & & \ddots & \\ 0 & & & & n\end{vmatrix}$

$$=n!\left(1-\sum_{k=2}^{n}\frac{1}{k}\right).$$

第三章 几 何 空 间

一、内容提要

（一）向量的概念与运算

1. 向量的概念

定义 既有大小又有方向的量称为向量(矢量)，通常记为 $\boldsymbol{a}$ 或 $\overrightarrow{AB}$.

（1）向量在轴上的投影 对于空间向量 $\overrightarrow{AB}$ 与轴 $\boldsymbol{u}$，设 A,B 在轴 $\boldsymbol{u}$ 上的投影分别是 A',B'，则 $\overrightarrow{AB}$ 在轴 $\boldsymbol{u}$ 上的投影用记号 $\mathrm{Prj}_{\boldsymbol{u}}\overrightarrow{AB}$ 表示且定义为

$$\mathrm{Prj}_{\boldsymbol{u}}\overrightarrow{AB}=\begin{cases}\|\overrightarrow{A'B'}\|, & \text{当}\overrightarrow{A'B'}\text{与}\boldsymbol{u}\text{同向},\\ -\|\overrightarrow{A'B'}\|, & \text{当}\overrightarrow{A'B'}\text{与}\boldsymbol{u}\text{反向}.\end{cases}$$

性质 $\mathrm{Prj}_{\boldsymbol{u}}\boldsymbol{a}=\|\boldsymbol{a}\|\cos\langle\boldsymbol{a},\boldsymbol{u}\rangle$，$\mathrm{Prj}_{\boldsymbol{u}}(\boldsymbol{a}+\boldsymbol{b})=\mathrm{Prj}_{\boldsymbol{u}}\boldsymbol{a}+\mathrm{Prj}_{\boldsymbol{u}}\boldsymbol{b}$.

（2）向量的坐标 设 a_1,a_2,a_3 为向量 $\boldsymbol{a}$ 在三坐标轴上的投影，则称 $a_1\boldsymbol{i}+a_2\boldsymbol{j}+a_3\boldsymbol{k}$ 为向量 $\boldsymbol{a}$ 的坐标表达式，显然 $\boldsymbol{a}=a_1\boldsymbol{i}+a_2\boldsymbol{j}+a_3\boldsymbol{k}$，称 a_1,a_2,a_3 为向量 $\boldsymbol{a}$ 的坐标，记为 $\boldsymbol{a}=(a_1,a_2,a_3)$.

（3）向量的模 向量的大小称为向量的模，记为 $\|\boldsymbol{a}\|$. 设 $\boldsymbol{a}=(a_1,a_2,a_3)$，则

$$\|\boldsymbol{a}\|=\sqrt{a_1^2+a_2^2+a_3^2}.$$

当 $\|\boldsymbol{a}\|=1$ 时，称 $\boldsymbol{a}$ 为单位向量；

当 $\|\boldsymbol{a}\|=0$ 时，称 $\boldsymbol{a}$ 为零向量，记为 $\boldsymbol{0}$. 零向量没有确定的方向.

（4）向量的方向角、方向余弦 向量 $\boldsymbol{a}$ 与三坐标轴正向的夹角记为 α,β,γ，则称 α,β,γ 为向量 $\boldsymbol{a}$ 的方向角，$\cos\alpha,\cos\beta,\cos\gamma$ 称为向量 $\boldsymbol{a}$ 的方向余弦，记 $\boldsymbol{a}=(a_1,a_2,a_3)$，则

$$\cos\alpha=\frac{a_1}{\sqrt{a_1^2+a_2^2+a_3^2}},\quad \cos\beta=\frac{a_2}{\sqrt{a_1^2+a_2^2+a_3^2}},\quad \cos\gamma=\frac{a_3}{\sqrt{a_1^2+a_2^2+a_3^2}},$$

且 $\cos^2\alpha+\cos^2\beta+\cos^2\gamma=1$.

（5）向量相等 大小相等、方向相同的向量相等. 向量通过平移保持不变.

2. 向量的线性运算

设 $\boldsymbol{a}=(a_1,a_2,a_3)$，$\boldsymbol{b}=(b_1,b_2,b_3)$，$\lambda$ 为数，则

(1) 加法　$\boldsymbol{a}+\boldsymbol{b}=(a_1+b_1,a_2+b_2,a_3+b_3)$.

几何意义:向量的加法在几何上符合平行四边形法则(或三角形法则).

(2) 数乘　$\lambda\boldsymbol{a}=(\lambda a_1,\lambda a_2,\lambda a_3)$.

几何意义:$\lambda\boldsymbol{a}$ 为向量,与 $\boldsymbol{a}$ 共线.$\|\lambda\boldsymbol{a}\|=|\lambda|\,\|\boldsymbol{a}\|$.

当 $\lambda>0$ 时,$\lambda\boldsymbol{a}$ 与 $\boldsymbol{a}$ 同向;当 $\lambda<0$ 时,$\lambda\boldsymbol{a}$ 与 $\boldsymbol{a}$ 反向.

3. 向量的乘法

(1) 内积　向量 $\boldsymbol{a}$ 与 $\boldsymbol{b}$ 的内积是一个数,记为 $\boldsymbol{a}\cdot\boldsymbol{b}$.

$$\boldsymbol{a}\cdot\boldsymbol{b}=\|\boldsymbol{a}\|\|\boldsymbol{b}\|\cos\langle\boldsymbol{a},\boldsymbol{b}\rangle.$$

性质　向量的内积满足交换律与分配律,即

$$\boldsymbol{a}\cdot\boldsymbol{b}=\boldsymbol{b}\cdot\boldsymbol{a},\boldsymbol{a}\cdot(\boldsymbol{b}+\boldsymbol{c})=\boldsymbol{a}\cdot\boldsymbol{b}+\boldsymbol{a}\cdot\boldsymbol{c}.$$

计算　设 $\boldsymbol{a}=(a_1,a_2,a_3),\boldsymbol{b}=(b_1,b_2,b_3)$,则

$$\boldsymbol{a}\cdot\boldsymbol{b}=a_1b_1+a_2b_2+a_3b_3,\cos\langle\boldsymbol{a},\boldsymbol{b}\rangle=\frac{a_1b_1+a_2b_2+a_3b_3}{\sqrt{a_1^2+a_2^2+a_3^2}\sqrt{b_1^2+b_2^2+b_3^2}}.$$

几何意义:非零向量 $\boldsymbol{a}$ 与 $\boldsymbol{b}$ 垂直的充分必要条件是 $\boldsymbol{a}\cdot\boldsymbol{b}=0$,即

$$a_1b_1+a_2b_2+a_3b_3=0.$$

(2) 外积　向量 $\boldsymbol{a}$ 与 $\boldsymbol{b}$ 的外积为一向量,记为 $\boldsymbol{a}\times\boldsymbol{b}$,其模

$$\|\boldsymbol{a}\times\boldsymbol{b}\|=\|\boldsymbol{a}\|\|\boldsymbol{b}\|\sin\langle\boldsymbol{a},\boldsymbol{b}\rangle,$$

其方向与 $\boldsymbol{a},\boldsymbol{b}$ 都垂直,且 $\boldsymbol{a},\boldsymbol{b},\boldsymbol{a}\times\boldsymbol{b}$ 成右手系.

性质　向量的外积满足反交换律与分配律,即

$$\boldsymbol{a}\times\boldsymbol{b}=-\boldsymbol{b}\times\boldsymbol{a},\quad \boldsymbol{a}\times(\boldsymbol{b}+\boldsymbol{c})=\boldsymbol{a}\times\boldsymbol{b}+\boldsymbol{a}\times\boldsymbol{c}.$$

计算　设 $\boldsymbol{a}=(a_1,a_2,a_3),\boldsymbol{b}=(b_1,b_2,b_3)$,则

$$\boldsymbol{a}\times\boldsymbol{b}=\begin{vmatrix}\boldsymbol{i}&\boldsymbol{j}&\boldsymbol{k}\\a_1&a_2&a_3\\b_1&b_2&b_3\end{vmatrix}.$$

几何意义:

1°　非零向量 $\boldsymbol{a}$ 与 $\boldsymbol{b}$ 平行的充分必要条件是 $\boldsymbol{a}\times\boldsymbol{b}=\boldsymbol{0}$,即

$$\frac{a_1}{b_1}=\frac{a_2}{b_2}=\frac{a_3}{b_3}.$$

2°　$\|\boldsymbol{a}\times\boldsymbol{b}\|$ 等于以 $\boldsymbol{a},\boldsymbol{b}$ 为邻边的平行四边形的面积.

(3) 混合积　向量 $\boldsymbol{a},\boldsymbol{b},\boldsymbol{c}$ 的混合积是一个数,记为 $[\boldsymbol{a}\ \boldsymbol{b}\ \boldsymbol{c}]$.

$$[\boldsymbol{a}\ \boldsymbol{b}\ \boldsymbol{c}]=(\boldsymbol{a}\times\boldsymbol{b})\cdot\boldsymbol{c}.$$

性质　向量的混合积满足 $[\boldsymbol{a}\ \boldsymbol{b}\ \boldsymbol{c}]=[\boldsymbol{b}\ \boldsymbol{c}\ \boldsymbol{a}]=[\boldsymbol{c}\ \boldsymbol{a}\ \boldsymbol{b}]$.

计算　设 $\boldsymbol{a}=(a_1,a_2,a_3),\boldsymbol{b}=(b_1,b_2,b_3),\boldsymbol{c}=(c_1,c_2,c_3)$,则

$$[\boldsymbol{a}\ \boldsymbol{b}\ \boldsymbol{c}]=\begin{vmatrix}a_1&a_2&a_3\\b_1&b_2&b_3\\c_1&c_2&c_3\end{vmatrix}.$$

几何意义：

1° $[\boldsymbol{a}\ \boldsymbol{b}\ \boldsymbol{c}]$的绝对值等于以$\boldsymbol{a},\boldsymbol{b},\boldsymbol{c}$为棱的平行六面体的体积.

2° $\boldsymbol{a},\boldsymbol{b},\boldsymbol{c}$共面$\Leftrightarrow[\boldsymbol{a}\ \boldsymbol{b}\ \boldsymbol{c}]=0$.

（二）平面与空间直线

1. 平面的方程

（1）点法式方程　过点(x_0,y_0,z_0)，法向量为$\boldsymbol{n}=(A,B,C)$的平面方程为

$$A(x-x_0)+B(y-y_0)+C(z-z_0)=0.$$

（2）一般式方程　任何关于x,y,z的三元一次方程$Ax+By+Cz+D=0$表示平面，称为平面的一般式方程. 其法向量$\boldsymbol{n}=(A,B,C)$.

（3）截距式方程　平面在x,y,z轴上的截距分别为$a,b,c(abc\neq0)$，其方程为

$$\frac{x}{a}+\frac{y}{b}+\frac{z}{c}=1.$$

2. 空间直线的方程

（1）点向式方程　过点(x_0,y_0,z_0)，且方向向量为$\boldsymbol{s}=(m,n,p)$的直线方程为

$$\frac{x-x_0}{m}=\frac{y-y_0}{n}=\frac{z-z_0}{p}.$$

（2）参数方程　令$\frac{x-x_0}{m}=\frac{y-y_0}{n}=\frac{z-z_0}{p}=t$，故直线的参数方程为

$$\begin{cases}x=x_0+mt,\\ y=y_0+nt,\quad t\text{ 为参数}.\\ z=z_0+pt,\end{cases}$$

（3）一般式方程　若两平面$A_1x+B_1y+C_1z+D_1=0$与$A_2x+B_2y+C_2z+D_2=0$不平行，则交线为直线，方程为

$$\begin{cases}A_1x+B_1y+C_1z+D_1=0,\\ A_2x+B_2y+C_2z+D_2=0.\end{cases}$$

两平面的法向量分别为$\boldsymbol{n}_1=(A_1,B_1,C_1)$，$\boldsymbol{n}_2=(A_2,B_2,C_2)$，直线的方向向量为

$$\boldsymbol{s}=\boldsymbol{n}_1\times\boldsymbol{n}_2=\begin{vmatrix}\boldsymbol{i}&\boldsymbol{j}&\boldsymbol{k}\\ A_1&B_1&C_1\\ A_2&B_2&C_2\end{vmatrix}.$$

3. 平面与平面、直线与直线、直线与平面的位置关系

（1）平面与平面

对于两个平面

$$\pi_1:A_1x+B_1y+C_1z+D_1=0,$$
$$\pi_2:A_2x+B_2y+C_2z+D_2=0.$$

它们的法向量分别为 $\boldsymbol{n}_1=(A_1,B_1,C_1)$，$\boldsymbol{n}_2=(A_2,B_2,C_2)$.

平面与平面间的夹角 设 θ 为平面 π_1 与 π_2 的夹角，则

$$\cos\theta=\frac{\boldsymbol{n}_1\cdot\boldsymbol{n}_2}{\|\boldsymbol{n}_1\|\|\boldsymbol{n}_2\|}=\frac{A_1A_2+B_1B_2+C_1C_2}{\sqrt{A_1^2+B_1^2+C_1^2}\sqrt{A_2^2+B_2^2+C_2^2}}.$$

平面与平面间的位置关系

1° π_1 与 π_2 重合 $\Leftrightarrow\frac{A_1}{A_2}=\frac{B_1}{B_2}=\frac{C_1}{C_2}=\frac{D_1}{D_2}$；

2° π_1 与 π_2 平行但不重合 $\Leftrightarrow\frac{A_1}{A_2}=\frac{B_1}{B_2}=\frac{C_1}{C_2}\neq\frac{D_1}{D_2}$；

3° π_1 与 π_2 相交 $\Leftrightarrow\frac{A_1}{A_2}=\frac{B_1}{B_2}=\frac{C_1}{C_2}$ 不成立；

4° π_1 与 π_2 垂直 $\Leftrightarrow A_1A_2+B_1B_2+C_1C_2=0$.

(2) 直线与直线

对于两条空间直线

$$l_1:\frac{x-x_1}{m_1}=\frac{y-y_1}{n_1}=\frac{z-z_1}{p_1},\quad l_2:\frac{x-x_2}{m_2}=\frac{y-y_2}{n_2}=\frac{z-z_2}{p_2},$$

它们的方向向量分别为 $\boldsymbol{s}_1=(m_1,n_1,p_1)$，$\boldsymbol{s}_2=(m_2,n_2,p_2)$. $M_1(x_1,y_1,z_1)$，$M_2(x_2,y_2,z_2)$ 分别为 l_1，l_2 上的点.

直线与直线的夹角 设 θ 为 l_1 与 l_2 的夹角，则

$$\cos\theta=\frac{\boldsymbol{s}_1\cdot\boldsymbol{s}_2}{\|\boldsymbol{s}_1\|\|\boldsymbol{s}_2\|}=\frac{m_1m_2+n_1n_2+p_1p_2}{\sqrt{m_1^2+n_1^2+p_1^2}\sqrt{m_2^2+n_2^2+p_2^2}}.$$

直线与直线的位置关系

1° l_1 与 l_2 异面 $\Leftrightarrow[\boldsymbol{s}_1\ \boldsymbol{s}_2\ \overrightarrow{M_1M_2}]\neq0$；

2° l_1 与 l_2 重合 $\Leftrightarrow\boldsymbol{s}_1/\!/\boldsymbol{s}_2/\!/\overrightarrow{M_1M_2}$；

3° l_1 与 l_2 平行但不重合 $\Leftrightarrow\boldsymbol{s}_1/\!/\boldsymbol{s}_2$，但它们不平行于 $\overrightarrow{M_1M_2}$；

4° l_1 与 l_2 相交 $\Leftrightarrow\boldsymbol{s}_1$ 与 $\boldsymbol{s}_2$ 不平行且 $[\boldsymbol{s}_1\ \boldsymbol{s}_2\ \overrightarrow{M_1M_2}]=0$；

5° l_1 与 l_2 垂直 $\Leftrightarrow m_1m_2+n_1n_2+p_1p_2=0$.

(3) 直线与平面

对于直线 $l:\frac{x-x_0}{m}=\frac{y-y_0}{n}=\frac{z-z_0}{p}$ 与平面 $\pi:Ax+By+Cz+D=0$，直线的方向向量为 $\boldsymbol{s}=(m,n,p)$，平面的法向量为 $\boldsymbol{n}=(A,B,C)$.

直线与平面的夹角 设 θ 为直线 l 与平面 π 的夹角，则

$$\sin\theta=\frac{|\boldsymbol{n}\cdot\boldsymbol{s}|}{\|\boldsymbol{n}\|\|\boldsymbol{s}\|}=\frac{|Am+Bn+Cp|}{\sqrt{A^2+B^2+C^2}\sqrt{m^2+n^2+p^2}}.$$

直线与平面的位置关系

1° 直线 l 在平面 π 上$\Leftrightarrow Am+Bn+Cp=0$ 且 $Ax_0+By_0+Cz_0+D=0$；

2° 直线 l 与平面 π 平行但不在 π 上$\Leftrightarrow Am+Bn+Cp=0$ 且 $Ax_0+By_0+Cz_0+D\neq 0$；

3° 直线 l 与平面 π 相交$\Leftrightarrow Am+Bn+Cp\neq 0$；

4° 直线 l 与平面 π 垂直$\Leftrightarrow \dfrac{A}{m}=\dfrac{B}{n}=\dfrac{C}{p}$.

4. 点到平面、点到直线的距离

(1) 点到平面的距离

设 $M_0(x_0,y_0,z_0)$为平面 $\pi:Ax+By+Cz+D=0$ 外一点,则点 M_0 到平面 π 的距离为

$$d=\frac{|Ax_0+By_0+Cz_0+D|}{\sqrt{A^2+B^2+C^2}}.$$

(2) 点到直线的距离

设 $M_0(x_0,y_0,z_0)$为直线 $l:\dfrac{x-x_1}{m}=\dfrac{y-y_1}{n}=\dfrac{z-z_1}{p}$外一点. $\boldsymbol{s}=(m,n,p)$为直线 l 的方向向量,$M_1(x_1,y_1,z_1)$为直线上一点,则点 M_0 到直线 l 的距离为

$$d=\frac{\|\boldsymbol{s}\times\overrightarrow{M_0M_1}\|}{\|\boldsymbol{s}\|}=\frac{\left\|\begin{vmatrix}\boldsymbol{i} & \boldsymbol{j} & \boldsymbol{k}\\ m & n & p\\ x_1-x_0 & y_1-y_0 & z_1-z_0\end{vmatrix}\right\|}{\sqrt{m^2+n^2+p^2}}.$$

5. 平面束方程

过两相交平面

$$\pi_1:A_1x+B_1y+C_1z+D_1=0,$$
$$\pi_2:A_2x+B_2y+C_2z+D_2=0,$$

交线的任一平面方程(但不包含平面 π_2)可表示为

$$A_1x+B_1y+C_1z+D_1+\lambda(A_2x+B_2y+C_2z+D_2)=0,$$

其中 λ 为任意常数.

二、典型例题

(一) 选择题

例 1 下列空间各点中,位于第六卦限内的是(　　).

(A) (1,1,-1)　　(B) (-1,1,2)

(C) (-1,-2,1)　　(D) (-1,1,-1)

分析　根据八个卦限中点的坐标的符号(如表3.1所示)可知正确答案.

表3.1　八个卦限中点的坐标的符号

卦限	Ⅰ	Ⅱ	Ⅲ	Ⅳ	Ⅴ	Ⅵ	Ⅶ	Ⅷ
x	+	−	−	+	+	−	−	+
y	+	+	−	−	+	+	−	−
z	+	+	+	+	−	−	−	−

答案　(D).

例2　在下列等式中正确的是(　　).

(A) $\boldsymbol{a}\cdot(\boldsymbol{b}\times\boldsymbol{c})=\boldsymbol{a}\cdot(\boldsymbol{c}\times\boldsymbol{b})$　　(B) $\boldsymbol{a}\cdot(\boldsymbol{b}\times\boldsymbol{c})=(\boldsymbol{a}\cdot\boldsymbol{b})\cdot\boldsymbol{c}$

(C) $\boldsymbol{a}\cdot(\boldsymbol{b}\times\boldsymbol{c})=(\boldsymbol{a}\times\boldsymbol{b})\times\boldsymbol{c}$　　(D) $\boldsymbol{a}\cdot(\boldsymbol{b}\times\boldsymbol{c})=(\boldsymbol{a}\times\boldsymbol{b})\cdot\boldsymbol{c}$

分析　由两个向量的内积是一个数,两个向量的外积是一个向量,可知(B),(C)均不正确.

设 $\boldsymbol{a}=(a_1,a_2,a_3)$,$\boldsymbol{b}=(b_1,b_2,b_3)$,$\boldsymbol{c}=(c_1,c_2,c_3)$,则由混合积的运算及行列式性质知

$$\boldsymbol{a}\cdot(\boldsymbol{b}\times\boldsymbol{c})=\begin{vmatrix}a_1&a_2&a_3\\b_1&b_2&b_3\\c_1&c_2&c_3\end{vmatrix}=(\boldsymbol{a}\times\boldsymbol{b})\cdot\boldsymbol{c},$$

故(D)正确,(A)不正确.

答案　(D).

例3　设 $\boldsymbol{a},\boldsymbol{b},\boldsymbol{c}$ 为三个向量,则向量 $\boldsymbol{m}=\boldsymbol{a}-\boldsymbol{b}$,$\boldsymbol{n}=\boldsymbol{b}-\boldsymbol{c}$,$\boldsymbol{p}=\boldsymbol{c}-\boldsymbol{a}$ 的相互关系为(　　).

(A) 共面　　(B) 共线

(C) 既不共面也不共线　　(D) 不确定

分析　三个向量共面的充分必要条件为其混合积为零.

解法1　因为 $\boldsymbol{b}\times\boldsymbol{b}=\boldsymbol{0}$,$(\boldsymbol{a}\times\boldsymbol{c})\cdot\boldsymbol{c}=0$,$(\boldsymbol{b}\times\boldsymbol{c})\cdot\boldsymbol{c}=0$,$(\boldsymbol{a}\times\boldsymbol{b})\cdot\boldsymbol{a}=0$,$(\boldsymbol{a}\times\boldsymbol{c})\cdot\boldsymbol{a}=0$,所以

$$\begin{aligned}[\boldsymbol{m}\ \boldsymbol{n}\ \boldsymbol{p}]&=[(\boldsymbol{a}-\boldsymbol{b})\times(\boldsymbol{b}-\boldsymbol{c})]\cdot(\boldsymbol{c}-\boldsymbol{a})\\&=(\boldsymbol{a}\times\boldsymbol{b}-\boldsymbol{a}\times\boldsymbol{c}+\boldsymbol{b}\times\boldsymbol{c})\cdot(\boldsymbol{c}-\boldsymbol{a})\\&=(\boldsymbol{a}\times\boldsymbol{b})\cdot\boldsymbol{c}-(\boldsymbol{b}\times\boldsymbol{c})\cdot\boldsymbol{a}=0.\end{aligned}$$

解法2　混合积可以通过行列式来计算.根据分块矩阵乘法,可得

$$\begin{pmatrix}\boldsymbol{m}\\\boldsymbol{n}\\\boldsymbol{p}\end{pmatrix}=\begin{pmatrix}1&-1&0\\0&1&-1\\-1&0&1\end{pmatrix}\begin{pmatrix}\boldsymbol{a}\\\boldsymbol{b}\\\boldsymbol{c}\end{pmatrix}\text{且}\begin{vmatrix}1&-1&0\\0&1&-1\\-1&0&1\end{vmatrix}=0.$$

所以 $[\boldsymbol{m}\ \boldsymbol{n}\ \boldsymbol{p}]=0$.

解法 3 因为$(\boldsymbol{a}-\boldsymbol{b})+(\boldsymbol{b}-\boldsymbol{c})+(\boldsymbol{c}-\boldsymbol{a})=\boldsymbol{0}$,所以$\boldsymbol{a}-\boldsymbol{b}$,$\boldsymbol{b}-\boldsymbol{c}$,$\boldsymbol{c}-\boldsymbol{a}$首尾相接,构成一个封闭的三角形(如图 3.1),从而必共面.

几何意义:将自由向量$\boldsymbol{a}$,$\boldsymbol{b}$,$\boldsymbol{c}$平行移动到一个起点,$\boldsymbol{a}-\boldsymbol{b}$,$\boldsymbol{b}-\boldsymbol{c}$,$\boldsymbol{c}-\boldsymbol{a}$分别是连接$\boldsymbol{a}$,$\boldsymbol{b}$,$\boldsymbol{c}$三个向量的终点而得到的三个向量.

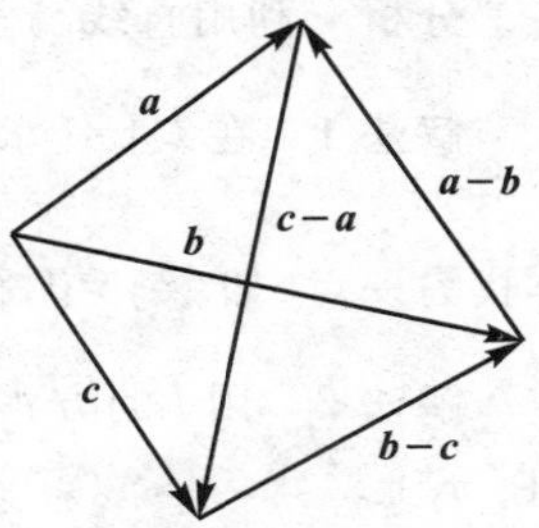

图 3.1

答案 (A).

评注 该题属于利用向量运算证明(确定)向量位置关系.讨论三个向量共面(或四点共面)常用方法:

(1) 可讨论其中一个向量可由其余两个向量线性表出. 若有$\boldsymbol{a}=\lambda\boldsymbol{b}+\mu\boldsymbol{c}$,则$\boldsymbol{a}$,$\boldsymbol{b}$,$\boldsymbol{c}$共面.

(2) 可讨论三个向量的混合积. 若有$[\boldsymbol{a}\ \boldsymbol{b}\ \boldsymbol{c}]=0$,则$\boldsymbol{a}$,$\boldsymbol{b}$,$\boldsymbol{c}$共面.反之亦成立.

四点共面的问题可以从一点向其他三点引三个向量转化为三个向量共面的问题.

讨论两个向量平行(或共线)常用方法:

(1) 讨论两个向量是否可表示为$\boldsymbol{a}=\lambda\boldsymbol{b}$.若满足$\boldsymbol{a}=\lambda\boldsymbol{b}$,则$\boldsymbol{a}/\!/\boldsymbol{b}$;

(2) 讨论两个向量对应坐标是否成比例.若对应坐标成比例,则两个向量平行;

(3) 讨论两个向量的外积.若满足$\boldsymbol{a}\times\boldsymbol{b}=\boldsymbol{0}$,则$\boldsymbol{a}/\!/\boldsymbol{b}$.

以上三点反之亦成立.

例 4 平面π_1:$x+2y-4z+1=0$与平面π_2:$-\dfrac{1}{4}x-\dfrac{1}{2}y+z+1=0$的位置关系(　　).

(A) 相交但不垂直　　　　(B) 垂直

(C) 平行　　　　(D) 重合

分析 利用平面与平面的位置关系可得正确答案.

答案 (C).

例 5 下列各点在平面π:$x+2y-3z+4=0$的同侧的是(　　).

(A) (0,0,0),(2,0,2)　　　　(B) (1,0,−2),(1,3,0)

(C) (1,1,4),(1,0,−2)　　　　(D) (0,0,4),(−1,0,1)

分析 令$F(x,y,z)=x+2y-3z+4$. 若点(x_0,y_0,z_0)使的$F(x_0,y_0,z_0)=0$,则该点在平面上. 若两个点的坐标使得$F(x,y,z)$同号,则这两点就在平面的同侧.

答案 (B).

例 6 已知直线l:$\begin{cases}x+3y+2z+1=0,\\2x-y-10z+3=0\end{cases}$及平面$\pi$:$2x+13y+18z+1=0$,则直线$l$(　　).

(A) 垂直于π　　　　(B) 平行于π

(C) 在 π 上　　　　　　　　　　(D) 与 π 斜交.

分析 利用直线与平面的位置关系可得正确答案.

解法 1 在 l 上任求一点.令 $z=0$,得 l 上点$\left(-\frac{10}{7},\frac{1}{7},0\right)$,该点满足 π 的方程;再找另一点,如令 $y=0$,得 l 上点$\left(-\frac{8}{7},0,\frac{1}{14}\right)$,此点也在 π 上,故直线 l 在 π 上.

解法 2 用 l 的方程组中第一方程 4 倍,减第二方程,即得 π 的方程,可见直线 l 在 π 上.

解法 3 将 l 化为标准式方程,得

$$\frac{x+\frac{10}{7}}{4}=\frac{y-\frac{1}{7}}{-2}=\frac{z}{1}.$$

直线的方向向量与平面的法向量的内积为 $(4,-2,1)\cdot(2,13,18)=0$. 所以直线 l 平行于 π 或在 π 上. 而点$\left(-\frac{8}{7},0,\frac{1}{14}\right)$在 π 上,故直线 l 在 π 上.

答案 (C).

评注 (1) 解法 2 利用了过直线的平面束方程. 解法 3 是常规解法,通过法向量和方向向量来确定直线平面的位置关系.

(2) 直线、平面之间的位置关系(平面与平面、直线与直线、平面与直线),主要是讨论平面的法向量和直线的方向向量之间的位置关系.其中,特别要注意:直线和平面平行相当于直线的方向向量和平面的法向量垂直;直线和平面垂直相当于直线的方向向量和平面的法向量平行.

(二) 解答题

例 1 已知起点为原点的单位向量$\overrightarrow{OP}$与 z 轴夹角为 30°,另两个方向角相等,求 P 的坐标.

分析 根据方向余弦的性质 $\cos^2\alpha+\cos^2\beta+\cos^2\gamma=1$ 可以求得另两个方向角,进而可知向量的坐标,再结合起点为原点的向量的坐标即为该向量的终点坐标可解本题.

解 设 P 点的坐标为 (x,y,z),方向角为 α,β,γ,由于 $\alpha=\beta,\gamma=30°$,故有

$$2\cos^2\alpha+\frac{3}{4}=1,\quad \cos\alpha=\cos\beta=\pm\frac{\sqrt{2}}{4}.$$

因为 $\|\overrightarrow{OP}\|=1,\overrightarrow{OP}=(x,y,z)$,故

$$x=1\times\cos\alpha=\pm\frac{\sqrt{2}}{4},\quad y=x,\quad z=1\times\cos\gamma=\frac{\sqrt{3}}{2}.$$

从而 P 的坐标为 $\left(\frac{\sqrt{2}}{4},\frac{\sqrt{2}}{4},\frac{\sqrt{3}}{2}\right)$ 或 $\left(-\frac{\sqrt{2}}{4},-\frac{\sqrt{2}}{4},\frac{\sqrt{3}}{2}\right)$.

例 2 设向量 $\boldsymbol{a},\boldsymbol{b},\boldsymbol{c}$ 满足 $\boldsymbol{a}+\boldsymbol{b}+\boldsymbol{c}=\boldsymbol{0}$, $\|\boldsymbol{a}\|=3$, $\|\boldsymbol{b}\|=5$, $\|\boldsymbol{c}\|=7$,求向量 $\boldsymbol{a}$ 与 $\boldsymbol{b}$ 的夹角.

分析 可通过向量的内积计算两向量夹角的余弦,进而求得其夹角;也可借助向量的几何意义直接求得夹角余弦. 由 $\boldsymbol{a}+\boldsymbol{b}+\boldsymbol{c}=\boldsymbol{0}$,可知向量 $\boldsymbol{a},\boldsymbol{b},\boldsymbol{c}$ 首尾相接,构成一个三角形.

解法 1 因为 $\boldsymbol{a}+\boldsymbol{b}+\boldsymbol{c}=\boldsymbol{0}$,所以 $\boldsymbol{c}=-(\boldsymbol{a}+\boldsymbol{b})$,从而 $\|\boldsymbol{c}\|^2=\|\boldsymbol{a}+\boldsymbol{b}\|^2$.由于

$$\|\boldsymbol{a}+\boldsymbol{b}\|^2=(\boldsymbol{a}+\boldsymbol{b})\cdot(\boldsymbol{a}+\boldsymbol{b})=\|\boldsymbol{a}\|^2+\|\boldsymbol{b}\|^2+2\boldsymbol{a}\cdot\boldsymbol{b},$$

于是

$$\|\boldsymbol{a}\|^2+\|\boldsymbol{b}\|^2+2\boldsymbol{a}\cdot\boldsymbol{b}=\|\boldsymbol{c}\|^2,$$

即有

$$\boldsymbol{a}\cdot\boldsymbol{b}=\frac{1}{2}(\|\boldsymbol{c}\|^2-\|\boldsymbol{a}\|^2-\|\boldsymbol{b}\|^2)=\frac{15}{2}.$$

由 $\cos\langle\boldsymbol{a},\boldsymbol{b}\rangle=\frac{\boldsymbol{a}\cdot\boldsymbol{b}}{\|\boldsymbol{a}\|\,\|\boldsymbol{b}\|}=\frac{1}{2}$,得 $\langle\boldsymbol{a},\boldsymbol{b}\rangle=\frac{\pi}{3}$.

解法 2 由 $\boldsymbol{a}+\boldsymbol{b}+\boldsymbol{c}=\boldsymbol{0}$ 及 $\|\boldsymbol{a}\|,\|\boldsymbol{b}\|,\|\boldsymbol{c}\|$ 的关系,可知向量 $\boldsymbol{a},\boldsymbol{b},\boldsymbol{c}$ 首尾相接,即构成一个三角形,由余弦定理

$$\cos\langle\boldsymbol{a},\boldsymbol{b}\rangle=\frac{\|\boldsymbol{c}\|^2-\|\boldsymbol{a}\|^2-\|\boldsymbol{b}\|^2}{2\|\boldsymbol{a}\|\,\|\boldsymbol{b}\|}=\frac{1}{2},$$

故有 $\langle\boldsymbol{a},\boldsymbol{b}\rangle=\frac{\pi}{3}$.

例 3 已知向量 $\boldsymbol{a}$ 垂直于向量 $\boldsymbol{b}=(1,2,1)$ 和 $\boldsymbol{c}=(-1,1,1)$,并满足 $\boldsymbol{a}\cdot(\boldsymbol{i}-2\boldsymbol{j}+\boldsymbol{k})=8$.求向量 $\boldsymbol{a}$ 以及平行于向量 $\boldsymbol{a}$ 的单位向量 $\boldsymbol{e}$.

分析 根据 $\boldsymbol{a}\perp\boldsymbol{b}\Leftrightarrow\boldsymbol{a}\cdot\boldsymbol{b}=0$, 由题设有 $\boldsymbol{a}\cdot\boldsymbol{b}=0,\boldsymbol{a}\cdot\boldsymbol{c}=0$,设出 $\boldsymbol{a}$ 的三个分量,由这两条件再加上题设条件 $\boldsymbol{a}\cdot(\boldsymbol{i}-2\boldsymbol{j}+\boldsymbol{k})=8$,联立三个方程解出 $\boldsymbol{a}$ 的三个未知分量,求得 $\boldsymbol{a}$.

另一个思路是:向量 $\boldsymbol{a}$ 同时和 $\boldsymbol{b},\boldsymbol{c}$ 垂直,所以 $\boldsymbol{a}$ 和 $\boldsymbol{b}\times\boldsymbol{c}$ 平行.再利用第三个条件求得 $\boldsymbol{a}$.

解法 1 设 $\boldsymbol{a}=(x,y,z)$,由题设

$$\begin{cases}\boldsymbol{a}\cdot\boldsymbol{b}=0,\\ \boldsymbol{a}\cdot\boldsymbol{c}=0,\\ \boldsymbol{a}\cdot(\boldsymbol{i}-2\boldsymbol{j}+\boldsymbol{k})=8.\end{cases}$$

于是

$$\begin{cases}x+2y+z=0,\\-x+y+z=0,\\x-2y+z=8.\end{cases}$$

解得 $x=1,y=-2,z=3$，所以 $\boldsymbol{a}=(1,-2,3)$，平行于向量 $\boldsymbol{a}$ 的单位向量

$$\boldsymbol{e}=\pm\frac{\boldsymbol{a}}{\|\boldsymbol{a}\|}=\pm\left(\frac{1}{\sqrt{14}},-\frac{2}{\sqrt{14}},\frac{3}{\sqrt{14}}\right).$$

解法 2 由于

$$\boldsymbol{b}\times\boldsymbol{c}=\begin{vmatrix}\boldsymbol{i}&\boldsymbol{j}&\boldsymbol{k}\\1&2&1\\-1&1&1\end{vmatrix}=(1,-2,3),$$

而向量 $\boldsymbol{a}$ 和 $\boldsymbol{b},\boldsymbol{c}$ 垂直，所以 $\boldsymbol{a}$ 和 $\boldsymbol{b}\times\boldsymbol{c}$ 平行，可设 $\boldsymbol{a}=k(1,-2,3)$.

由条件 $\boldsymbol{a}\cdot(\boldsymbol{i}-2\boldsymbol{j}+\boldsymbol{k})=8$，可得 $k=1$. 所以 $\boldsymbol{a}=(1,-2,3)$，平行于向量 $\boldsymbol{a}$ 的单位向量

$$\boldsymbol{e}=\pm\frac{\boldsymbol{a}}{\|\boldsymbol{a}\|}=\pm\left(\frac{1}{\sqrt{14}},-\frac{2}{\sqrt{14}},\frac{3}{\sqrt{14}}\right).$$

评注 平行于某一向量的单位向量有两个：一个同向，一个反向.

例 4 已知 $\|\boldsymbol{a}\|=2$，$\|\boldsymbol{b}\|=\sqrt{2}$，$\boldsymbol{a}\cdot\boldsymbol{b}=2$，求 $\|\boldsymbol{a}\times\boldsymbol{b}\|$.

分析 根据内积、外积的计算公式进行求解.

解法 1 由于 $\boldsymbol{a}\cdot\boldsymbol{b}=\|\boldsymbol{a}\|\,\|\boldsymbol{b}\|\cos\langle\boldsymbol{a},\boldsymbol{b}\rangle$，则

$$\cos\langle\boldsymbol{a},\boldsymbol{b}\rangle=\frac{\boldsymbol{a}\cdot\boldsymbol{b}}{\|\boldsymbol{a}\|\,\|\boldsymbol{b}\|}=\frac{2}{2\sqrt{2}}=\frac{1}{\sqrt{2}}.$$

所以 $\langle\boldsymbol{a},\boldsymbol{b}\rangle=\frac{\pi}{4}$. 可得，

$$\|\boldsymbol{a}\times\boldsymbol{b}\|=\|\boldsymbol{a}\|\,\|\boldsymbol{b}\|\sin\langle\boldsymbol{a},\boldsymbol{b}\rangle=2\sqrt{2}\times\frac{1}{\sqrt{2}}=2.$$

解法 2 由于 $\boldsymbol{a}\cdot\boldsymbol{b}=\|\boldsymbol{a}\|\,\|\boldsymbol{b}\|\cos\langle\boldsymbol{a},\boldsymbol{b}\rangle$，$\|\boldsymbol{a}\times\boldsymbol{b}\|=\|\boldsymbol{a}\|\,\|\boldsymbol{b}\|\sin\langle\boldsymbol{a},\boldsymbol{b}\rangle$，则

$$\|\boldsymbol{a}\times\boldsymbol{b}\|^2+(\boldsymbol{a}\cdot\boldsymbol{b})^2=\|\boldsymbol{a}\|^2\,\|\boldsymbol{b}\|^2.$$

从而

$$\|\boldsymbol{a}\times\boldsymbol{b}\|^2=\|\boldsymbol{a}\|^2\,\|\boldsymbol{b}\|^2-(\boldsymbol{a}\cdot\boldsymbol{b})^2=8-4=4,$$

所以 $\|\boldsymbol{a}\times\boldsymbol{b}\|=2$.

例 5 化简 $[(3\boldsymbol{a}-\boldsymbol{b}+\boldsymbol{c})\times(\boldsymbol{b}+\boldsymbol{c})]\cdot(\boldsymbol{a}+\boldsymbol{b}-2\boldsymbol{c})$.

分析 利用内积、外积的运算律和性质进行化简. 需注意到（1）$\boldsymbol{a}\times\boldsymbol{a}=\boldsymbol{0}$，（2）$\boldsymbol{a}\times\boldsymbol{b}$ 与 $\boldsymbol{a},\boldsymbol{b}$ 均垂直，所以 $(\boldsymbol{a}\times\boldsymbol{b})\cdot\boldsymbol{a}=0$，$(\boldsymbol{a}\times\boldsymbol{b})\cdot\boldsymbol{b}=0$.

解
$$\begin{aligned}\text{原式}&=(3\boldsymbol{a}\times\boldsymbol{b}+3\boldsymbol{a}\times\boldsymbol{c}-2\boldsymbol{b}\times\boldsymbol{c})\cdot(\boldsymbol{a}+\boldsymbol{b}-2\boldsymbol{c})\\&=-6[\boldsymbol{a}\ \boldsymbol{b}\ \boldsymbol{c}]+3[\boldsymbol{a}\ \boldsymbol{c}\ \boldsymbol{b}]-2[\boldsymbol{b}\ \boldsymbol{c}\ \boldsymbol{a}]\end{aligned}$$

$$=-6[\boldsymbol{a}\ \boldsymbol{b}\ \boldsymbol{c}]-3[\boldsymbol{a}\ \boldsymbol{b}\ \boldsymbol{c}]-2[\boldsymbol{a}\ \boldsymbol{b}\ \boldsymbol{c}]$$
$$=-11[\boldsymbol{a}\ \boldsymbol{b}\ \boldsymbol{c}].$$

例 6 求与 $A(3,5,-2)$,$B(1,-1,4)$两点距离相等的点的轨迹.

分析 设所求轨迹上任一点为(x,y,z),再运用向量“翻译”几何性质,得到关于 x,y,z 的方程 $F(x,y,z)=0$ 即可. 也可根据几何性质确定出所求轨迹为:A,B 两点的垂直平分面. 利用平面的点法式方程求解.

解法 1 设 $M(x,y,z)$为轨迹上任一点,则 $\|\overrightarrow{MA}\|=\|\overrightarrow{MB}\|$,故

$$(x-3)^2+(y-5)^2+(z+2)^2=(x-1)^2+(y+1)^2+(z-4)^2.$$

化简可得所求轨迹

$$x+3y-3z-5=0.$$

解法 2 所求轨迹为 A,B 两点的垂直平分面,此平面过 AB 的中点,且以$\overrightarrow{AB}$为法向量.而 AB 的中点坐标为 $M_0(2,2,1)$,$\overrightarrow{BA}=(2,6,-6)$. 则所求平面方程为

$$(x-2)+3(y-2)-3(z-1)=0,$$

即 $x+3y-3z-5=0$.

例 7 设点 $A(-1,3,2)$,$B(0,1,-1)$,$C(2,0,1)$,M 为空间一点,已知四面体 $M-ABC$ 的体积为 2,求 M 点的轨迹方程.

分析 与例 6 的解法 1 相同.

解 向量$\overrightarrow{AB}$,$\overrightarrow{AC}$,$\overrightarrow{AM}$的混合积等于以$\overrightarrow{AB}$,$\overrightarrow{AC}$,$\overrightarrow{AM}$为棱的平行六面体的体积,即为四面体体积的六倍.

设 $M(x,y,z)$,则$\overrightarrow{AB}=(1,-2,-3)$,$\overrightarrow{AC}=(3,-3,-1)$,$\overrightarrow{AM}=(x+1,y-3,z-2)$.有

$$|[\overrightarrow{AB}\ \overrightarrow{AC}\ \overrightarrow{AM}]|=|-7x-8y+3z+11|=12,$$

故 M 点的轨迹为

$$7x+8y-3z+1=0 \quad 或 \quad 7x+8y-3z-23=0.$$

评注 确定平面方程的几种方式:

(1) 根据平面方程的定义.设出平面上任一点的坐标,通过几何性质来确定坐标所满足的方程.

(2) 利用平面方程的点法式.通过题设条件确定平面上的一个点以及平面法向量.

(3) 利用一般式和截距式. 先写出含参数的平面方程,再通过题设条件确定参数的值.

例 8 根据所给条件,确定下列平面方程:

(1) 过点 $M_0(4,-1,1)$且与平面 $2x-7y+4z+1=0$ 平行;

(2) 过三点 $A(4,3,2)$,$B(1,1,1)$,$C(2,3,4)$;

(3) 过点 $M_0(0,-2,3)$ 且与直线 $\frac{x+3}{1}=\frac{y-5}{3}=\frac{z}{1}$ 垂直.

分析 确定平面的法向量,利用平面的点法式方程求解.

解 (1) 所求平面与已知平面平行,则两平面具有相同的法向量,设所求平面方程为

$$2x-7y+4z+D=0,$$

将 $M_0(4,-1,1)$ 代入方程得 $D=-19$,所求平面方程为

$$2x-7y+4z-19=0.$$

(2) **解法 1** 因为 $\overrightarrow{BA}=(3,2,1)$,$\overrightarrow{BC}=(1,2,3)$,所求平面的法向量与 $\overrightarrow{BA}$,$\overrightarrow{BC}$ 都垂直.而 $\overrightarrow{BA}\times\overrightarrow{BC}=4(1,-2,1)$,则可取 $\boldsymbol{n}=(1,-2,1)$,所求平面方程为

$$(x-1)-2(y-1)+(z-1)=0, \text{即 } x-2y+z=0.$$

解法 2 在平面内任取一点 $M(x,y,z)$,则 $\overrightarrow{BM}$,$\overrightarrow{BA}$,$\overrightarrow{BC}$ 三个向量共面,故它们的混合积 $[\overrightarrow{BM}\ \overrightarrow{BA}\ \overrightarrow{BC}]=0$,即

$$\begin{vmatrix} x-1 & y-1 & z-1 \\ 3 & 2 & 1 \\ 1 & 2 & 3 \end{vmatrix}=0.$$

此即为平面的三点式方程,化简后得平面方程为 $x-2y+z=0$.

(3) 平面与直线垂直,则平面的法向量即为直线的方向向量,故 $\boldsymbol{n}=(1,3,1)$,所求平面方程为 $(x-0)+3(y+2)+(z-3)=0$,即 $x+3y+z+3=0$.

评注 平面的法向量是平面的一个非常重要的量. 应该注意到,一个平面的法向量是不唯一的,与平面垂直的任意非零向量均可作为该平面的法向量. 如果题设条件中有与所求平面垂直的向量,则可直接用作法向量,一般还可通过两个与平面平行的向量的外积等方法来确定法向量.

例 9 一平面过点 $M_0(2,1,-1)$,且在 x 轴和 y 轴上截距分别为 2 和 1,求平面方程.

分析 可利用平面的截距式方程、一般式方程、点法式方程求解.

解法 1 设平面的截距方程为

$$\frac{x}{2}+\frac{y}{1}+\frac{z}{c}=1.$$

因平面过点 $M_0(2,1,-1)$,将点 M_0 的坐标代入平面方程得

$$\frac{2}{2}+\frac{1}{1}+\frac{-1}{c}=1,$$

解得 $c=1$.故所求平面方程为 $\frac{x}{2}+y+z=1$.

解法 2 设平面的一般式方程为 $Ax+By+Cz+D=0$,将平面上三点$(2,1,-1)$,$(2,0,0)$,$(0,1,0)$代入,得

$$\begin{cases}2A+B-C+D=0,\\2A+D=0,\\B+D=0,\end{cases}\qquad 解得\begin{cases}A=-\dfrac{1}{2}D,\\B=-D,\\C=-D.\end{cases}$$

所求平面方程为 $x+2y+2z-2=0$.

解法 3 因为点 $A(2,0,0)$,$B(0,1,0)$,$C(2,1,-1)$在所求平面上,可取平面法向量

$$\boldsymbol{n}=\overrightarrow{AB}\times\overrightarrow{AC}=\begin{vmatrix}\boldsymbol{i}&\boldsymbol{j}&\boldsymbol{k}\\-2&1&0\\0&1&-1\end{vmatrix}=(-1,-2,-2).$$

故所求平面方程为$(x-2)+2y+2z=0$,即 $x+2y+2z-2=0$.

例 10 求平行于 y 轴且过点 $M_1(1,-5,1)$及 $M_2(3,2,-2)$的平面方程.

分析 利用平面的一般式方程和点法式方程求解.

解法 1 由于平面平行于 y 轴,故设所求的平面方程为 $Ax+Cz+D=0$. 又点 M_1,M_2 在所求的平面上,从而有

$$\begin{cases}A+C+D=0,\\3A-2C+D=0.\end{cases}$$

解之得 $A=-\dfrac{3}{5}D$,$C=-\dfrac{2}{5}D$.于是所求的平面方程为 $3x+2z-5=0$.

解法 2 因为$\overrightarrow{M_1M_2}=(2,7,-3)$,在 y 轴上取一向量 $\boldsymbol{a}=(0,1,0)$,由于所求的平面平行于 y 轴,从而此平面的法向量 $\boldsymbol{n}$ 垂直于 y 轴,即是 $\boldsymbol{n}\perp\boldsymbol{a}$.

又因为向量$\overrightarrow{M_1M_2}$在所求平面上,所以 $\boldsymbol{n}\perp\overrightarrow{M_1M_2}$. 于是所求的平面法向量可取为

$$\boldsymbol{n}=\overrightarrow{M_1M_2}\times\boldsymbol{a}=\begin{vmatrix}\boldsymbol{i}&\boldsymbol{j}&\boldsymbol{k}\\2&7&-3\\0&1&0\end{vmatrix}=(3,0,2).$$

故所求的平面方程为 $3(x-1)+0(y+5)+2(z-1)=0$,即 $3x+2z-5=0$.

例 11 求过点$(4,-1,3)$且平行于直线$\dfrac{x-3}{2}=y=\dfrac{z-1}{5}$的直线方程.

分析 利用直线的点向式方程求解,只需确定所求直线的方向向量即可.

解 所求直线与已知直线平行,则它们的方向向量也平行,故所求直线的方向向量可取为 $\boldsymbol{s}=(2,1,5)$,于是所求直线方程为

$$\frac{x-4}{2}=\frac{y+1}{1}=\frac{z-3}{5}.$$

评注 直线的方向向量是直线的一个非常重要的量. 方向向量之于直线就如同法向量之于平面. 因此,根据题设条件有效的确定出直线的方向向量就显得尤为重要.

例 12 一直线 l 过点 $M_0(-2,0,3)$ 与直线 $l_1:\frac{x-1}{-2}=\frac{y+2}{1}=\frac{z-2}{1}$ 相交且与另一直线 $l_2:\frac{x}{2}=\frac{y-5}{4}=\frac{z+3}{-1}$ 垂直,求直线 l 的方程.

分析 可用直线的点向式方程或一般式方程求解. 用点向式方程,需要确定直线的方向向量. 求出直线 l 与 l_1 的交点 M,可得直线 l 的方向向量 $\boldsymbol{s}=\overrightarrow{M_0M}$. 用一般式方程,需要确定过直线 l 的两个相交平面. 其中一个平面是过点 M_0 且与直线 l_2 垂直的平面,另一个平面是由相交直线 l 与 l_1 所确定的平面.

解法 1 设 l 与 l_1 的交点为 M,M 可用 l_1 的参数表示为$(-2t+1,t-2,t+2)$. 又直线 l_2 的方向向量为 $\boldsymbol{s}_2=(2,4,-1)$,则$\overrightarrow{M_0M}\perp\boldsymbol{s}_2$,即

$$(-2t+3,t-2,t-1)\cdot(2,4,-1)=0,$$

得 $t=-1$,所以 M 的坐标为$(3,-3,1)$.

l 过 M_0 与 M,取方向向量 $\boldsymbol{s}=\overrightarrow{M_0M}=(5,-3,-2)$. 由直线的点向式方程得

$$l:\frac{x+2}{5}=\frac{y}{-3}=\frac{z-3}{-2}.$$

解法 2 设过 M_0 且与 l_2 垂直的平面方程为 π_1,则 π_1 的法向量即为 l_2 的方向向量,利用平面的点法式方程,π_1 的方程为 $2x+4y-z+7=0$.

l 在 π_1 上,l 与 l_1 的交点 M 即为 l_1 与 π_1 的交点,将 l_1 的参数方程代入平面 π_1 得

$$2(-2t+1)+4(t-2)-(t+2)+7=0,$$

解得 $t=-1$.所以 M 的坐标为 $M(3,-3,1)$.

l 过 M_0 与 M,取方向向量 $\boldsymbol{s}=\overrightarrow{M_0M}=(5,-3,-2)$.由点向式得

$$l:\frac{x+2}{5}=\frac{y}{-3}=\frac{z-3}{-2}.$$

解法 3 在解法 2 中知 l 在 π_1 上,同时 l 也在过 M_0 及直线 l_1 的平面 π_2 上,将 l_1 化为一般式

$$\begin{cases}x+2y+3=0,\\ y-z+4=0.\end{cases}$$

利用平面束方程,过 l_1 的任一平面方程为

$$(x+2y+3)+\lambda(y-z+4)=0.$$

将 M_0 代入得 $\lambda=-1$，故 π_2 的方程为 $x+y+z-1=0$.

l 为 π_1 与 π_2 的交线，则

$$l:\begin{cases}x+y+z-1=0,\\2x+4y-z+7=0.\end{cases}$$

例 13 在平面 $\pi: 2x-3y-3z+4=0$ 内求一直线 l，使其过 l_0 与 π 的交点 M_0，且 $l\perp l_0$，其中

$$l_0:\begin{cases}x-2y-z+7=0,\\3x+y+2z-1=0.\end{cases}$$

分析 用直线的点向式方程. 由于直线 l 在平面 π 内且 $l\perp l_0$，所以直线 l 的方向向量 $\boldsymbol{s}$ 与平面 π 的法向量 $\boldsymbol{n}$，直线 l_0 的方向向量 $\boldsymbol{s}_0$ 都垂直，故可取 $\boldsymbol{s}=\boldsymbol{n}\times\boldsymbol{s}_0$.也可利用直线的一般式方程求解.需确定直线 l 所在的另一平面，即过点 M_0 且垂直于 l_0 的平面.

解法 1 l_0 与 π 的交点 $M_0(x,y,z)$ 满足

$$\begin{cases}x-2y-z+7=0,\\3x+y+2z-1=0,\\2x-3y-3z+4=0,\end{cases}$$

解得 $M_0(1,6,-4)$. 又平面 π 的法向量 $\boldsymbol{n}=(2,-3,-3)$，直线 l_0 的方向向量

$$\boldsymbol{s}_0=(3,1,2)\times(1,-2,-1)=(3,5,-7).$$

而所求直线 l 的方向向量 $\boldsymbol{s}$ 与 $\boldsymbol{n},\boldsymbol{s}_0$ 都垂直，故 $\boldsymbol{s}=\boldsymbol{n}\times\boldsymbol{s}_0=(2,-3,-3)\times(3,5,-7)$，即 $\boldsymbol{s}=(36,5,19)$，所以 l 的方程为

$$\frac{x-1}{36}=\frac{y-6}{5}=\frac{z+4}{19}.$$

解法 2 过 M_0 且与 l_0 垂直的平面的法向量为 $(3,5,-7)$，故该平面方程为

$$3x+5y-7z-61=0.$$

直线 l 应落在该平面上，l 即为该平面与平面 π 的交线. 故 l 的方程为

$$\begin{cases}2x-3y-3z+4=0,\\3x+5y-7z-61=0.\end{cases}$$

例 14 求过点 $A(-3,0,1)$ 且平行于平面 $\pi_1: 3x-4y-z+5=0$，又与直线 $l_1: \dfrac{x}{2}=\dfrac{y-1}{1}=\dfrac{z+1}{-1}$ 相交的直线 l 的方程.

分析 用点向式方程，确定出直线的方向向量；或者用一般式方程，即先求出过 l 的两个平面，再将这两个平面方程联立便得 l 的方程.

解法 1 因为直线 l 平行于平面 π_1，故直线 l 的方向向量 $\boldsymbol{s}=(m,n,p)$ 垂直于平面 π_1 的法向量 $\boldsymbol{n}=(3,-4,-1)$，从而得

$$3m-4n-p=0. \tag{3-1}$$

又直线 l_1 的方向向量为 $\boldsymbol{s}_1=(2,1,-1)$，$B(0,1,-1)$ 是直线 l_1 上的点，$A(-3,0,1)$ 是直线 l 上的点，根据题设，直线 l 与 l_1 相交，所以 $\boldsymbol{s}$，$\boldsymbol{s}_1$ 及 $\overrightarrow{AB}$ 共面，因此，

$$\begin{vmatrix} m & n & p \\ 2 & 1 & -1 \\ 3 & 1 & -2 \end{vmatrix}=0.$$

即

$$-m+n-p=0. \tag{3-2}$$

将(3-1) 和(3-2)联立解得 $m=-5p$，$n=-4p$.

故直线 l 的方向向量 $\boldsymbol{s}$ 可取为$(-5,-4,1)$.于是所求直线方程为

$$\frac{x+3}{-5}=\frac{y}{-4}=\frac{z-1}{1}.$$

解法 2 直线 l 在过点 A 且平行于平面 π_1 的平面 π_2 上. 平面 π_2 的方程为

$$3(x+3)-4(y-0)-(z-1)=0,$$

即 $3x-4y-z+10=0$.

直线 l 又在过点 A 及直线 l_1 的平面 π_3 上，$B(0,1,-1)$ 是直线 l_1 上的点，$\boldsymbol{s}_1=(2,1,-1)$ 是直线 l_1 的方向向量，则平面 π_3 的法向量可取为

$$\boldsymbol{s}_1\times\overrightarrow{AB}=\begin{vmatrix} \boldsymbol{i} & \boldsymbol{j} & \boldsymbol{k} \\ 2 & 1 & -1 \\ 3 & 1 & -2 \end{vmatrix}=(-1,1,-1).$$

平面 π_3 的方程为

$$(x+3)-(y-0)+(z-1)=0,$$

即 $x-y+z+2=0$.

于是所求直线方程为

$$\begin{cases} 3x-4y-z+10=0, \\ x-y+z+2=0. \end{cases}$$

例 15 求直线 $\dfrac{x-1}{2}=\dfrac{y-1}{3}=\dfrac{z}{2}$ 与平面 $x-y+z=0$ 的夹角.

分析 根据直线与平面的夹角公式求解.

解 直线的方向向量 $\boldsymbol{s}=(2,3,2)$，平面的法向量 $\boldsymbol{n}=(1,-1,1)$.设直线与平面的夹角为 θ，则

$$\sin\theta=\frac{|\boldsymbol{s}\cdot\boldsymbol{n}|}{\|\boldsymbol{s}\|\|\boldsymbol{n}\|}=\frac{2\times1+3\times(-1)+2\times1}{\sqrt{2^2+3^2+2^2}\sqrt{1^2+(-1)^2+1^2}}=\frac{1}{\sqrt{51}},$$

故 $\theta=\arcsin\dfrac{1}{\sqrt{51}}$.

例 16 确定参数 λ，使直线 l_1 与 l_2 相交，其中

$$l_1:\frac{x-5}{3}=\frac{y+1}{-1}=\frac{z-3}{2};\quad l_2:\frac{x}{1}=\frac{y+2}{-3}=\frac{z+2}{\lambda}.$$

分析 有两种思路：一是由两直线相交则共面，利用向量共面的性质来确定参数；二是由直线相交则它们的方程联立应有唯一解，可通过方程组解的讨论来确定参数.

解法 1 在 l_1 与 l_2 上分别取一点 $M_1(5,-1,3)$，$M_2(0,-2,-2)$，直线 l_1 与 l_2 的方向向量分别为 $\boldsymbol{s}_1=(3,-1,2)$，$\boldsymbol{s}_2=(1,-3,\lambda)$. 要使 l_1 与 l_2 相交，则 $\boldsymbol{s}_1,\boldsymbol{s}_2,\overrightarrow{M_1M_2}$ 共面，故

$$[\boldsymbol{s}_1\ \boldsymbol{s}_2\ \overrightarrow{M_1M_2}]=\begin{vmatrix}3&-1&2\\1&-3&\lambda\\-5&-1&-5\end{vmatrix}=8\lambda+8=0,$$

解得 $\lambda=-1$.

解法 2 将 l_1 与 l_2 化为一般式方程

$$l_1:\begin{cases}x+3y-2=0,\\2y+z-1=0,\end{cases}\quad l_2:\begin{cases}y+3x+2=0,\\\lambda y+3z+2\lambda+6=0.\end{cases}$$

联立前三个方程，

$$\begin{cases}x+3y-2=0,\\2y+z-1=0,\\y+3x+2=0,\end{cases}$$

解得 $x=-1,y=1,z=-1$. 代入第四个方程，得 $\lambda=-1$.

例 17 一光线沿直线 $l:\dfrac{x+3}{5}=\dfrac{y-1}{1}=\dfrac{z-4}{3}$ 入射，经平面 $\pi:2x-y-z+5=0$ 反射，求反射光线的方程 l_1.

分析 用直线的点向式方程求解，需确定反射光线的方向向量. 在反射光线所在直线上找两个不同的点：直线 l 与平面 π 的交点以及 l 上的任意一点（比如 $M(-3,1,4)$）关于平面 π 的对称点，也可根据入射光线与反射光线的几何性质直接确定.

解法 1 设直线 l 与平面 π 的交点为 N，如能求出 l 上的点 $M(-3,1,4)$ 关于平面 π 的对称点 M_1，则 $\overrightarrow{M_1N}$ 即为 l_1 的方向向量.

过 M 垂直于 π 的直线参数方程为

$$x=2t-3,\quad y=-t+1,z=-t+4.$$

将此参数方程代入平面 π，得 $t=1$，即 M 在平面 π 上的投影点为 $(-1,0,3)$，此点为 M 与 M_1 连线的中点，故 M_1 的坐标为 $(1,-1,2)$.

将 l 的参数方程

$$x=5t-3,\quad y=t+1, z=3t+4$$

代入平面 π 得 $t=1$. 于是 l 与 π 的交点为 $N(2,2,7)$,则$\overrightarrow{M_1N}=(1,3,5)$,故反射光线方程为

$$\frac{x-2}{1}=\frac{y-2}{3}=\frac{z-7}{5}.$$

解法 2 记直线 l,l_1 的方向向量分别为 $\boldsymbol{s},\boldsymbol{s}_1$,平面 π 的法向量为 $\boldsymbol{n}$. 因为 $\boldsymbol{s},\boldsymbol{s}_1,\boldsymbol{n}$ 共面,且 $\boldsymbol{n}$ 与 $\boldsymbol{s},\boldsymbol{s}_1$ 的夹角相等,即 $\boldsymbol{n}$ 在 $\boldsymbol{s}$ 与 $\boldsymbol{s}_1$ 的夹角平分线上,如果取 $\|\boldsymbol{s}_1\|=\|\boldsymbol{s}\|$,则 $(\boldsymbol{s}+\boldsymbol{s}_1)/\!/\boldsymbol{n}$,设 $\boldsymbol{s}_1=(m,n,p)$,而 $\boldsymbol{s}=(5,1,3)$,$\boldsymbol{n}=(2,-1,-1)$,则

$$\begin{cases} m^2+n^2+p^2=35, \\ \dfrac{5+m}{2}=\dfrac{1+n}{-1}=\dfrac{3+p}{-1}, \end{cases}$$

解得 $(m,n,p)=(-1,-3,-5)$.

由解法 1 知道,l 与 π 的交点为 $N(2,2,7)$,故反射光线的方程 l_1 为

$$\frac{x-2}{1}=\frac{y-2}{3}=\frac{z-7}{5}.$$

例 18 已知直线 $l_1:\dfrac{x-1}{1}=\dfrac{y-2}{0}=\dfrac{z-3}{-1}$ 与 $l_2:\dfrac{x+2}{2}=\dfrac{y-1}{1}=\dfrac{z}{1}$.

(1) 判断 l_1 与 l_2 的位置关系;(2) 求过 l_1 且平行于 l_2 的平面方程.

分析 可根据直线与直线的位置关系进行判定.

解 (1) 在 l_1 上取点 $A(1,2,3)$,l_2 上取点 $B(-2,1,0)$,则$\overrightarrow{BA}=(3,1,3)$,又 l_1 的方向向量 $\boldsymbol{s}_1=(1,0,-1)$,$l_2$ 的方向向量 $\boldsymbol{s}_2=(2,1,1)$,则混合积为

$$[\boldsymbol{s}_1\ \boldsymbol{s}_2\ \overrightarrow{BA}]=\begin{vmatrix} 1 & 0 & -1 \\ 2 & 1 & 1 \\ 3 & 1 & 3 \end{vmatrix}=3\neq 0,$$

故 l_1 与 l_2 为异面直线.

(2) 所求平面的法向量

$$\boldsymbol{n}=\boldsymbol{s}_1\times\boldsymbol{s}_2=\begin{vmatrix} \boldsymbol{i} & \boldsymbol{j} & \boldsymbol{k} \\ 1 & 0 & -1 \\ 2 & 1 & 1 \end{vmatrix}=(1,-3,1).$$

又平面过点 $A(1,2,3)$,故所求平面方程为

$$(x-1)-3(y-2)+(z-3)=0,$$

即 $x-3y+z+2=0$.

评注 两直线的位置关系的判定,我们可用这样的顺序:

(1) 先判定两直线是异面还是共面；

(2) 若两直线共面，再判定是重合，平行还是相交；

(3) 若两直线相交，再判定是否垂直.

例 19 过两个平面 $x+y-z=0, x+2y+z=0$ 的交线，求作两个互相垂直的平面，其中一个平面过点 $A(0,-1,1)$.

分析 利用平面束方程求解.

解 过两平面交线的平面束方程为 $(x+y-z)+\lambda(x+2y+z)=0$，即

$$(1+\lambda)x+(1+2\lambda)y+(-1+\lambda)z=0.$$

因而过点 $A(0,-1,1)$ 的平面应满足

$$-(1+2\lambda)+(-1+\lambda)=0,$$

解得 $\lambda=-2$. 于是过点 A 的平面方程为 $x+3y+3z=0$.

因为另一平面与此平面垂直，所以有

$$(1+\lambda)+3(1+2\lambda)+3(-1+\lambda)=0$$

解得 $\lambda=-\dfrac{1}{10}$，于是另一平面的方程为 $9x+8y-11z=0$.

评注 求过已知直线且满足另一约束条件的平面方程时，常利用平面束方程求解. 当直线方程是由点向式给出的，也常用点法式来求平面方程.

例 20 过点 $M_0(-1,1,-1)$ 在平面 $\pi_1: x+z+2=0$ 上求一直线 l，使 l 与平面 $\pi_2: x-y-1=0$ 成 $\dfrac{\pi}{4}$ 的角.

分析 利用直线的参数方程求解. 可设出方向向量，再根据题设条件确定出所需参数.

解法 1 设 l 方向向量 $\boldsymbol{s}=(m,n,p)$，l 的参数方程为

$$\begin{cases} x=mt-1, \\ y=nt+1, \\ z=pt-1. \end{cases}$$

l 在平面 π_1 上，其参数方程满足 π_1 的方程，即

$$mt-1+pt-1+2=0,$$

解得 $m+p=0$. 由 l 与 π_2 的夹角为 $\dfrac{\pi}{4}$，得

$$\sin\frac{\pi}{4}=\frac{|(1,-1,0)(m,n,p)^{\mathrm{T}}|}{\sqrt{1^2+(-1)^2+0^2}\sqrt{m^2+n^2+p^2}}$$

$$=\frac{|m-n|}{\sqrt{2}\sqrt{m^2+n^2+p^2}}=\frac{\sqrt{2}}{2}.$$

因此得到方程组

$$\begin{cases} m+p=0, \\ |m-n|=\sqrt{m^2+n^2+p^2}. \end{cases}$$

由 $\boldsymbol{s}\neq 0$，解得 $m=0,p=0,n$ 任意(不为 0)或 $m=-2n,p=2n$，所求直线方程为

$$\frac{x+1}{2}=\frac{y-1}{-1}=\frac{z+1}{-2} \quad 或 \quad \frac{x+1}{0}=\frac{y-1}{1}=\frac{z+1}{0}.$$

解法 2 由于 l 与平面 π_2 夹角为 $\frac{\pi}{4}$，则 l 与 π_2 有交点 M 且该点在 π_1 与 π_2 的交线上，即在直线 $\begin{cases} x+z+2=0, \\ x-y-1=0 \end{cases}$ 上，其参数方程为 $x=t,y=t-1,z=-t-2$.

设 M 为 $(t,t-1,-t-2)$，于是 $\overrightarrow{M_0M}=(t+1,t-2,-t-1)$. 又 $\overrightarrow{M_0M}$ 与 π_2 夹角为 $\frac{\pi}{4}$，π_2 的法向量为 $\boldsymbol{n}_2=(1,-1,0)$，则

$$\sin\frac{\pi}{4}=\frac{|\overrightarrow{M_0M}\cdot\boldsymbol{n}_2|}{\|\overrightarrow{M_0M}\|\ \|\boldsymbol{n}_2\|}=\frac{3}{\sqrt{2}\sqrt{3t^2+6}}=\frac{\sqrt{2}}{2},$$

解得 $t=\pm 1$. 所以 $\overrightarrow{M_0M}=(2,-1,-2)$ 或 $\overrightarrow{M_0M}=(0,-3,0)$，所求直线方程为

$$\frac{x+1}{2}=\frac{y-1}{-1}=\frac{z+1}{-2} \quad 或 \quad \frac{x+1}{0}=\frac{y-1}{1}=\frac{z+1}{0}.$$

例 21 平面 π 垂直于 π_1：$5x-y+3z-2=0$，且 π 与 π_1 的交线落在 xOy 平面上，求平面 π 的方程.

分析 利用平面束方程求解. 借助 π 与 π_1 垂直来确定平面束方程中的参数.

解 由题意，π 过 π_1 与 xOy 面的交线 l，而

$$l: \begin{cases} 5x-y+3z-2=0, \\ z=0. \end{cases}$$

由平面束方程知 π 的方程为

$$5x-y+3z-2+\lambda z=0,$$

即 $5x-y+(3+\lambda)z-2=0$. 又 π 与 π_1 垂直，得

$$25+1+9+3\lambda=0,$$

有 $\lambda=-\frac{35}{3}$. 故 π 的方程为

$$15x-3y-26z-6=0.$$

例 22 求过点 $(3,1,-2)$ 且通过直线 $\frac{x-4}{5}=\frac{y+3}{2}=\frac{z}{1}$ 的平面方程.

分析 用点法式或平面束方程来确定所求平面方程.

解法 1 用点法式方程. 直线的方向向量为 $\boldsymbol{s}=(5,2,1)$. 点 $M_1(3,1,-2)$ 及

$M_2(4,-3,0)$在平面 π 内,则平面的法向量可取为

$$\boldsymbol{n}=\overrightarrow{M_1M_2}\times\boldsymbol{s}=\begin{vmatrix}\boldsymbol{i} & \boldsymbol{j} & \boldsymbol{k}\\ 1 & -4 & 2\\ 5 & 2 & 1\end{vmatrix}=(-8,9,22).$$

所求平面方程为$-8(x-3)+9(y-1)+22(z+2)=0$,即

$$8x-9y-22z-59=0.$$

解法 2 用平面束方程.将已知直线的点向式方程化为一般式方程

$$l:\begin{cases}x-5z-4=0,\\ y-2z+3=0,\end{cases}$$

则过 l 的平面束方程为

$$x-5z-4+\lambda(y-2z+3)=0.$$

将点$(3,1,-2)$代入平面束方程得 $\lambda=-\dfrac{9}{8}$,则所求的平面方程为

$$8x-9y-22z-59=0.$$

例 23 求通过直线 $l:\begin{cases}x+5y+z=0,\\ x-z+4=0,\end{cases}$ 且与平面 $\pi:x-4y-8z+12=0$ 夹角为$\dfrac{\pi}{4}$的平面方程.

分析 所求平面过已知直线,故而可用平面束方程求解. 利用直线 l 与平面 π 成一定的夹角这一条件来确定平面束方程中的参数即可.

解 设过直线 l 的平面束方程为$(x-z+4)+\lambda(x+5y+z)=0$,即

$$(\lambda+1)x+5\lambda y+(\lambda-1)z+4=0.$$

由该平面与平面 π 夹角为$\dfrac{\pi}{4}$,有

$$\cos\frac{\pi}{4}=\frac{|(\lambda+1)+5\lambda\cdot(-4)+(\lambda-1)\cdot(-8)|}{\sqrt{1+16+64}\sqrt{(\lambda+1)^2+25\lambda^2+(\lambda-1)^2}}=\frac{|1-3\lambda|}{\sqrt{27\lambda^2+2}}.$$

解得 $\lambda_1=0,\lambda_2=-\dfrac{4}{3}$.因此,所求平面为 $x-z+4=0$ 与 $x+20y+7z-12=0$.

评注 如果平面束方程设为 $x+5y+z+\lambda(x-z+4)=0$,这时所得的结果只有 $x+20y+7z-12=0$,缺解 $x-z+4=0$.因为平面束 $x+5y+z+\lambda(x-z+4)=0$ 中并不包含 $x-z+4=0$,而它现在恰恰也是解. 因此,应对平面束方程中所缺的平面进行验证,看它是不是可能的解.

例 24 求原点关于平面 $6x+2y-9z+121=0$ 的对称点.

分析 根据对称点的几何性质,点与其对称点连线的中点就是该点在平面上的垂足. 所以只需求得原点在平面上的垂足,利用中点公式即可求得对称点坐标.

解 过原点作与已知平面相垂直的直线,其参数方程是

$$\begin{cases}x=6t,\\y=2t,\\z=-9t.\end{cases}$$

代入平面方程得$(36+4+81)t+121=0$,解得$t=-1$.因此,$(-6,-2,9)$是所求点与原点连线的中点.故所求对称点为$(-12,-4,18)$.

评注 求给定点关于平面或直线的对称点时,先确定该点在平面或直线上的垂足.则垂足是给定点与其对称点连线的中点,利用中点公式即可求得对称点的坐标.

例 25 求点$P_1(3,1,-4)$关于直线$l:\begin{cases}x-y-4z+9=0,\\2x+y-2z=0\end{cases}$的对称点$P_2$的坐标.

解 过点$P_1(3,1,-4)$作垂直于直线l的平面π.因为直线l的方向向量是

$$\boldsymbol{s}=\begin{vmatrix}\boldsymbol{i}&\boldsymbol{j}&\boldsymbol{k}\\1&-1&-4\\2&1&-2\end{vmatrix}=(6,-6,3).$$

于是,平面π的法向量可取为$(2,-2,1)$,则π的方程为

$$2(x-3)-2(y-1)+(z+4)=0,$$

即$2x-2y+z=0$.

P_1在π上的垂足P即为平面π与直线l的交点,解方程组

$$\begin{cases}x-y-4z+9=0,\\2x+y-2z=0,\\2x-2y+z=0\end{cases}$$

得P的坐标为$(1,2,2)$.因为P是线段P_1P_2的中点,设$P_2(x_2,y_2,z_2)$,则由中点公式得

$$\frac{3+x_2}{2}=1,\frac{1+y_2}{2}=2,\frac{-4+z_2}{2}=2.$$

解得$x_2=-1,y_2=3,z_2=8$,所以P_1关于直线l的对称点为$P_2(-1,3,8)$.

例 26 求异面直线$l_1:\frac{x+1}{0}=\frac{y-1}{1}=\frac{z-2}{3}$与$l_2:\frac{x-1}{1}=\frac{y}{2}=\frac{z+1}{2}$之间的距离.

分析 从给出的方程可知,直线l_1过点$M_1(-1,1,2)$,方向向量为$\boldsymbol{s}_1=(0,1,3)$;直线l_2过点$M_2(1,0,-1)$,方向向量为$\boldsymbol{s}_2=(1,2,2)$.

要求l_1与l_2的距离,亦即求公垂线l上两垂足间的距离.因此,认清公垂线l的方向向量是解题关键.由于公垂线l与l_1,l_2都垂直,故它的方向向量为$\boldsymbol{n}=\boldsymbol{s}_1\times\boldsymbol{s}_2$,然后采取不同的分析思路,结合相应的图形,可得各种不同解法.

解法 1 过l_1作平行于$\boldsymbol{n}$的平面π_1,求出π_1与l_2的交点O_2(O_2即公垂线l与

l_2 的交点);过 l_2 作平行于 $\boldsymbol{n}$ 的平面 π_2,求出 π_2 与 l_1 的交点 O_1(O_1 即公垂线 l 与 l_1 的交点).于是所求距离 $d=\|\overrightarrow{O_1O_2}\|$.这种解法思路简单,但计算较繁,故从略.

解法 2 过 l_1 作平行于 l_2 的平面 π(见图 3.2),所求距离即为 l_2 上的点 M_2 到 π 的距离.由于平面 π 过 $M_1(-1,1,2)$,且其法向量为

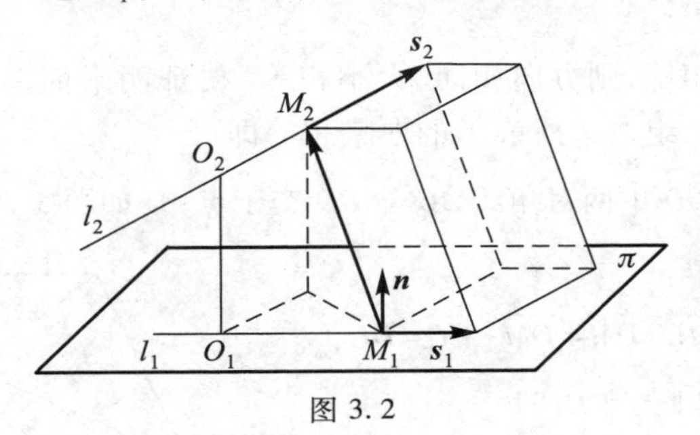

图 3.2

$$\boldsymbol{n}=\boldsymbol{s}_1\times\boldsymbol{s}_2=\begin{vmatrix}\boldsymbol{i} & \boldsymbol{j} & \boldsymbol{k}\\ 0 & 1 & 3\\ 1 & 2 & 2\end{vmatrix}=(-4,3,-1).$$

于是 π 的方程为

$$-4(x+1)+3(y-1)-(z-2)=0.$$

M_2 到 π 的距离即所求距离,为

$$d=\frac{|4-1+5|}{\sqrt{26}}=\frac{4}{13}\sqrt{26}.$$

解法 3 所求距离(见图 3.2)为

$$d=\left|\operatorname{Prj}_{n}\overrightarrow{M_1M_2}\right|=\frac{1}{\|\boldsymbol{n}\|}\left|\boldsymbol{n}\cdot\overrightarrow{M_1M_2}\right|.$$

由 $\boldsymbol{n}=(-4,3,-1)$ 得,$\|\boldsymbol{n}\|=\sqrt{26}$,$\overrightarrow{M_1M_2}=(2,-1,-3)$,$\left|\boldsymbol{n}\cdot\overrightarrow{M_1M_2}\right|=8$.于是,

$$d=\frac{1}{\sqrt{26}}\times 8=\frac{4}{13}\sqrt{26}.$$

解法 4 设以向量 $\boldsymbol{s}_1,\boldsymbol{s}_2,\overrightarrow{M_1M_2}$ 为棱的平行于六面体的体积为 V,以 $\boldsymbol{s}_1,\boldsymbol{s}_2$ 为边的平行四边形面积为 A(如图 3.2 所示),则所求距离为

$$d=\frac{V}{A}=\frac{\left|\left[\boldsymbol{s}_1\ \boldsymbol{s}_2\ \overrightarrow{M_1M_2}\right]\right|}{\|\boldsymbol{s}_1\times\boldsymbol{s}_2\|}=\frac{4}{13}\sqrt{26}.$$

评注 解法 1 是通过求出两个垂足点的坐标,然后根据两点间的距离公式求出异面直线之间的距离;解法 2 是通过点到平面的距离公式求得的;解法 3 是通过直线上两点向量在它们的公垂线方向向量上的投影求得的;解法 4 是通过向量的外积及混合积的几何意义求得的.所以一个题目的解法可以是多种多样的,关键在

于我们应该选择一种最佳的解题方法.

（三）证明题

例 1 如果平面上一个四边形的对角线互相平分，试用向量证明它是平行四边形.

分析 两向量相等，则方向相同、大小相等. 要证明平面上一四边形是平行四边形只需证明其中一组对边所表示的向量相等即可.

证 四边形 $ABCD$ 中两对角线 AC 与 BD 交于点 M（如图 3.3）. 根据题设，有 $\overrightarrow{AM}=\overrightarrow{MC}$，$\overrightarrow{DM}=\overrightarrow{MB}$，则

$$\overrightarrow{AB}=\overrightarrow{AM}+\overrightarrow{MB}=\overrightarrow{MC}+\overrightarrow{DM}=\overrightarrow{DM}+\overrightarrow{MC}=\overrightarrow{DC},$$

所以 $\overrightarrow{AB}\,/\!/\,\overrightarrow{DC}$ 且 $\|\overrightarrow{AB}\|=\|\overrightarrow{DC}\|$.

于是 $ABCD$ 是平行四边形.

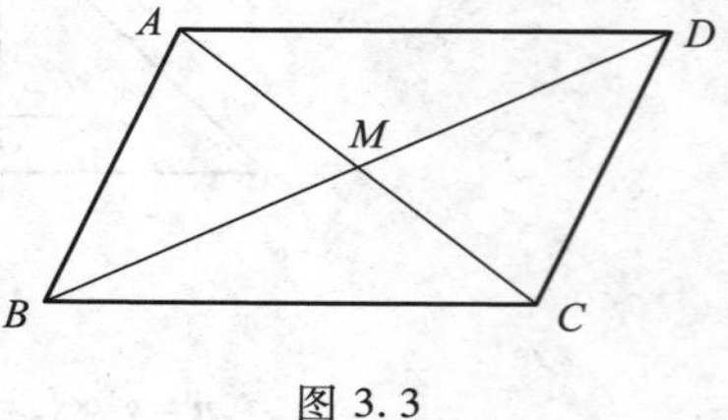

图 3.3

评注 解此类题目应该先画出图形，然后一般有两种思路：

（1）将图形中的几何关系与向量计算结合来解决问题；

（2）建立坐标系，用向量表达式进行运算.

例 2 利用向量方法证明：

（1）直径上的圆周角都是直角；（2）正弦定理.

分析 （1）的证明可建立坐标系，运用向量计算来证明相应的两向量垂直.（2）的证明涉及正弦，而向量的运算中外积的计算中有正弦，所以可根据外积的几何意义来证明.

证 （1）建立平面直角坐标系（如图 3.4 所示），欲证圆周角是直角，即证 $\overrightarrow{AO}\perp\overrightarrow{AB}$，即 $\overrightarrow{AO}\cdot\overrightarrow{AB}=0$.

设圆半径为 a，$A(x,y,0)$ 为圆周上任一点，则有 $B(2a,0,0)$，$\overrightarrow{AO}=(-x,-y,0)$，$\overrightarrow{AB}=(2a-x,-y,0)$，且 $(x-a)^2+y^2=a^2$，即 $x^2+y^2-2ax=0$. 故

$$\overrightarrow{AO}\cdot\overrightarrow{AB}=-x(2a-x)+y^2=x^2+y^2-2ax=0,$$

即 $\overrightarrow{AO}\perp\overrightarrow{AB}$，所以直径上的圆周角是直角.

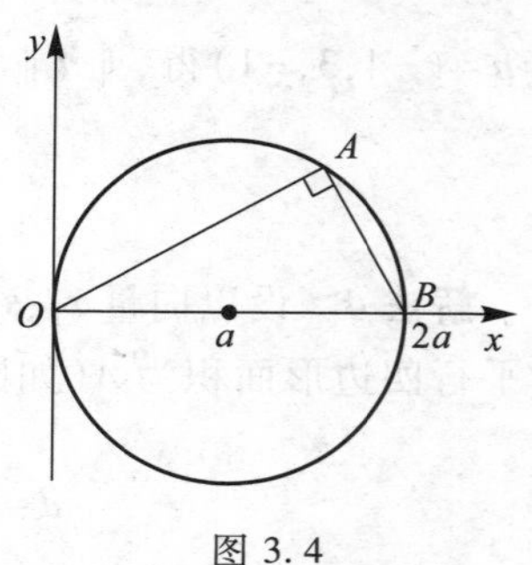

图 3.4

（2）在 $\triangle ABC$ 中（图 3.5），根据外积的几何意义，有

$$\|\overrightarrow{AB}\times\overrightarrow{BC}\|=\|\overrightarrow{BC}\times\overrightarrow{CA}\|=\|\overrightarrow{CA}\times\overrightarrow{AB}\|.$$

$\|\overrightarrow{AB}\|=c$，$\|\overrightarrow{BC}\|=a$，$\|\overrightarrow{CA}\|=b$ 所以

$$ca\sin(\pi-B)=ab\sin(\pi-C)=bc\sin(\pi-A),$$

即 $c a\sin B=ab\sin C=bc\sin A$.进而可得，

$$\frac{a}{\sin A}=\frac{b}{\sin B}=\frac{c}{\sin C}.$$

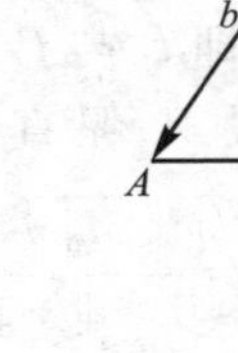

图 3.5

例 3　已知 $\boldsymbol{a}\times\boldsymbol{b}=\boldsymbol{c}\times\boldsymbol{d},\boldsymbol{a}\times\boldsymbol{c}=\boldsymbol{b}\times\boldsymbol{d}$.证明 $\boldsymbol{a}-\boldsymbol{d}$ 与 $\boldsymbol{b}-\boldsymbol{c}$ 共线.

分析　证明 $\boldsymbol{a}-\boldsymbol{d}$ 与 $\boldsymbol{b}-\boldsymbol{c}$ 共线只需证明它们的外积为零.

证　
$$\begin{aligned}(\boldsymbol{a}-\boldsymbol{d})\times(\boldsymbol{b}-\boldsymbol{c})&=\boldsymbol{a}\times\boldsymbol{b}-\boldsymbol{a}\times\boldsymbol{c}-\boldsymbol{d}\times\boldsymbol{b}+\boldsymbol{d}\times\boldsymbol{c}\\&=\boldsymbol{a}\times\boldsymbol{b}-\boldsymbol{c}\times\boldsymbol{d}-\boldsymbol{a}\times\boldsymbol{c}+\boldsymbol{b}\times\boldsymbol{d}\\&=\boldsymbol{0}.\end{aligned}$$

因此,$\boldsymbol{a}-\boldsymbol{d}$ 与 $\boldsymbol{b}-\boldsymbol{c}$ 共线.

例 4　设 $\boldsymbol{a}\times\boldsymbol{b}+\boldsymbol{b}\times\boldsymbol{c}+\boldsymbol{c}\times\boldsymbol{a}=\boldsymbol{0}$.证明 $\boldsymbol{a},\boldsymbol{b},\boldsymbol{c}$ 共面.

分析　证明 $\boldsymbol{a},\boldsymbol{b},\boldsymbol{c}$ 共面只需证明它们的混合积为零.

证　对等式 $\boldsymbol{a}\times\boldsymbol{b}+\boldsymbol{b}\times\boldsymbol{c}+\boldsymbol{c}\times\boldsymbol{a}=\boldsymbol{0}$ 两边用 $\boldsymbol{a}$ 做内积,得

$$\boldsymbol{a}\cdot(\boldsymbol{a}\times\boldsymbol{b}+\boldsymbol{b}\times\boldsymbol{c}+\boldsymbol{c}\times\boldsymbol{a})=\boldsymbol{a}\cdot\boldsymbol{0},$$
$$\boldsymbol{a}\cdot(\boldsymbol{a}\times\boldsymbol{b})+\boldsymbol{a}\cdot(\boldsymbol{b}\times\boldsymbol{c})+\boldsymbol{a}\cdot(\boldsymbol{c}\times\boldsymbol{a})=0.$$

由于 $\boldsymbol{a}\perp\boldsymbol{a}\times\boldsymbol{b},\boldsymbol{a}\perp\boldsymbol{c}\times\boldsymbol{a}$,所以 $\boldsymbol{a}\cdot(\boldsymbol{a}\times\boldsymbol{b})=0,\boldsymbol{a}\cdot(\boldsymbol{c}\times\boldsymbol{a})=0$. 于是 $\boldsymbol{a}\cdot(\boldsymbol{b}\times\boldsymbol{c})=0$.所以 $\boldsymbol{a},\boldsymbol{b},\boldsymbol{c}$ 共面.

例 5　矩阵 $\boldsymbol{A}=\begin{pmatrix}a_1&b_1&c_1\\a_2&b_2&c_2\\a_3&b_3&c_3\end{pmatrix}$为满秩矩阵,证明直线 $l_1:\dfrac{x-a_1}{a_2-a_3}=\dfrac{y-b_1}{b_2-b_3}=\dfrac{z-c_1}{c_2-c_3}$与直线 $l_2:\dfrac{x-a_2}{a_3-a_1}=\dfrac{y-b_2}{b_3-b_1}=\dfrac{z-c_2}{c_3-c_1}$相交.

分析　要证明两直线相交,只需证明两直线共面且不平行即可.

证法 1　取 l_1 上的一点 $M_1(a_1,b_1,c_1)$,l_2 上的点 $M_2(a_2,b_2,c_2)$,可得

$$\overrightarrow{M_2M_1}=(a_1-a_2,b_1-b_2,c_1-c_2).$$

直线 l_1,l_2 的方向向量分别为 $\boldsymbol{s}_1=(a_2-a_3,b_2-b_3,c_2-c_3)$,$\boldsymbol{s}_2=(a_3-a_1,b_3-b_1,c_3-c_1)$.因为

$$[\overrightarrow{M_2M_1}\ \boldsymbol{s}_1\ \boldsymbol{s}_2]=\begin{vmatrix}a_1-a_2&b_1-b_2&c_1-c_2\\a_2-a_3&b_2-b_3&c_2-c_3\\a_3-a_1&b_3-b_1&c_3-c_1\end{vmatrix}=0,$$

故两直线共面.下面只需证明两直线不平行即可.

因为矩阵 $\boldsymbol{A}$ 为满秩矩阵,所以 $\det\boldsymbol{A}\neq0$,而

$$\det\boldsymbol{A}\xlongequal{-r_3+r_2}\begin{vmatrix}a_1&b_1&c_1\\a_2-a_3&b_2-b_3&c_2-c_3\\a_3&b_3&c_3\end{vmatrix}\xlongequal{-r_1+r_3}\begin{vmatrix}a_1&b_1&c_1\\a_2-a_3&b_2-b_3&c_2-c_3\\a_3-a_1&b_3-b_1&c_3-c_1\end{vmatrix}\neq0,$$

故 l_1,l_2 的方向向量的对应坐标不成比例,那么 l_1 与 l_2 不平行,所以 l_1 与 l_2 相交.

证法 2 证明 l_1 与 l_2 共面同上. 因 $\boldsymbol{A}$ 为满秩矩阵,则行向量 $\boldsymbol{\alpha}=(a_1,b_1,c_1)$, $\boldsymbol{\beta}=(a_2,b_2,c_2)$, $\boldsymbol{\gamma}=(a_3,b_3,c_3)$ 线性无关,则 $\boldsymbol{s}_1=\boldsymbol{\beta}-\boldsymbol{\gamma}$ 与 $\boldsymbol{s}_2=\boldsymbol{\gamma}-\boldsymbol{\alpha}$ 也线性无关(参见第四章),即 l_1 与 l_2 不平行,所以 l_1 与 l_2 相交.

例 6 设 M_0 是直线 l 上任一点, $\boldsymbol{s}$ 为其方向向量, M 为直线 l 外一点,证明 M 到 l 的距离 $d=\dfrac{\|\overrightarrow{M_0M}\times\boldsymbol{s}\|}{\|\boldsymbol{s}\|}$.

证 如图 3.6 所示,显然有

$$d=\|\overrightarrow{M_0M}\|\sin\langle\overrightarrow{M_0M},\boldsymbol{s}\rangle$$

$$=\frac{\|\boldsymbol{s}\|\ \|\overrightarrow{M_0M}\|\sin\langle\overrightarrow{M_0M},\boldsymbol{s}\rangle}{\|\boldsymbol{s}\|}=\frac{\|\overrightarrow{M_0M}\times\boldsymbol{s}\|}{\|\boldsymbol{s}\|}.$$

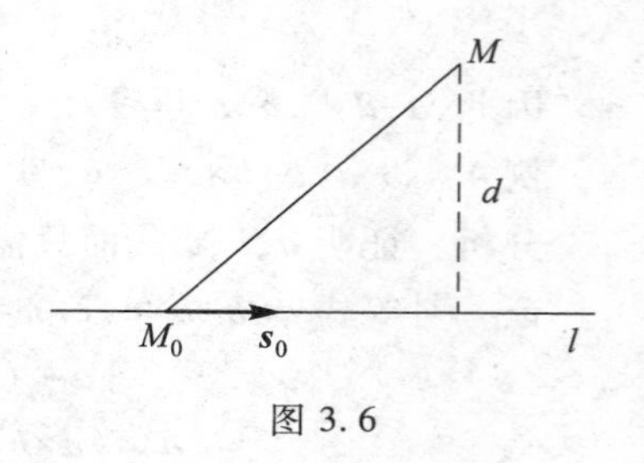

图 3.6

三、单元检测

(一) 检测题

一、填空题(每题 3 分,共 15 分)

1. 设 $\boldsymbol{a}\cdot\boldsymbol{b}=3$, $\boldsymbol{a}\times\boldsymbol{b}=(1,1,1)$,则 $\boldsymbol{a}$ 与 $\boldsymbol{b}$ 的夹角 $\theta=$________.

2. 设 $\boldsymbol{a}\cdot(\boldsymbol{b}\times\boldsymbol{c})=2$,则 $(\boldsymbol{a}+\boldsymbol{b})\times(\boldsymbol{b}+\boldsymbol{c})\cdot(\boldsymbol{c}+\boldsymbol{a})=$ ________.

3. 设 $\|\boldsymbol{a}\|=1$, $\|\boldsymbol{b}\|=3$, $\|\boldsymbol{a}+\boldsymbol{b}\|=2$ 则 $\|\boldsymbol{a}-\boldsymbol{b}\|=$________.

4. 单位向量 $\boldsymbol{a},\boldsymbol{b},\boldsymbol{c}$ 满足 $\boldsymbol{a}+\boldsymbol{b}+\boldsymbol{c}=\boldsymbol{0}$,则 $\boldsymbol{a}\cdot\boldsymbol{b}+\boldsymbol{b}\cdot\boldsymbol{c}+\boldsymbol{c}\cdot\boldsymbol{a}=$ ________.

5. 平面 $x+ky-2z=9$ 与 y 轴平行,则 $k=$________.

二、选择题(每题 3 分,共 15 分)

1. 设有非零向量 $\boldsymbol{a},\boldsymbol{b},\boldsymbol{c}$,若 $\boldsymbol{a}\cdot\boldsymbol{b}=0$, $\boldsymbol{a}\times\boldsymbol{c}=\boldsymbol{0}$,则 $\boldsymbol{b}\cdot\boldsymbol{c}=($ $)$.

(A) 3　　(B) -1　　(C) 0　　(D) 1

2. 设非零向量 $\boldsymbol{a},\boldsymbol{b}$ 满足 $\|\boldsymbol{a}+\boldsymbol{b}\|=\|\boldsymbol{a}-\boldsymbol{b}\|$,则有( ).

(A) $\boldsymbol{a}/\!/\boldsymbol{b}$　　(B) $\boldsymbol{a}\cdot\boldsymbol{b}=0$

(C) $\boldsymbol{a}\times\boldsymbol{b}=\boldsymbol{0}$　　(D) $\|\boldsymbol{a}\|=\|\boldsymbol{b}\|$.

3. 设直线 $l:\begin{cases}x+3y+2z+1=0,\\2x-y-10z+3=0\end{cases}$ 及平面 $\pi:4x-2y+z-2=0$,则直线 l( ).

(A) 平行于 π　　(B) 在 π 上　　(C) 垂直于 π　　(D) 与 π 斜交

4. 在平面 $x+y+z-2=0$ 与平面 $x+2y-z-1=0$ 的交线上有一点 M,它与平面 $x+2y+z+1=0$ 和平面 $x+2y+z-3=0$ 距离相等,则 M 的坐标为( ).

(A) (3,0,0) (B) (3,2,1)

(C) (3,2,2) (D) (3,-1,0)

5. 设直线 $l_1:\dfrac{x-1}{1}=\dfrac{y-5}{-2}=\dfrac{z+8}{1}$,$l_2:\begin{cases}x-y=6,\\2y+z=3,\end{cases}$ 则 l_1 与 l_2 的夹角为(　　).

(A) $\dfrac{\pi}{6}$ (B) $\dfrac{\pi}{4}$ (C) $\dfrac{\pi}{3}$ (D) $\dfrac{\pi}{2}$

三、计算和证明(每题 10 分,共 70 分)

1. 在空间直角坐标系中,向量 $\boldsymbol{a}=(1,0,1)$,$\boldsymbol{b}=(1,-2,0)$,$\boldsymbol{c}=(-1,2,1)$,计算

(1) $\mathrm{Prj}_{\boldsymbol{c}}(\boldsymbol{a}+\boldsymbol{b})$; (2) $(3\boldsymbol{a}+\boldsymbol{b})\times(\boldsymbol{b}-\boldsymbol{c})$.

2. 设 $\boldsymbol{c}=(\boldsymbol{b}\times\boldsymbol{a})-\boldsymbol{b}$,证明 $\boldsymbol{a}$ 垂直于 $\boldsymbol{b}+\boldsymbol{c}$.

3. 已知平面在 x 轴上的截距为 2,且过点(0,-1,0)和点(2,1,3),求此平面方程.

4. 求点 $M=(-1,2,0)$ 关于平面 $x+2y-z+1=0$ 的对称点坐标.

5. 求过点 $M_0(-1,0,4)$,且与直线 l_1,l_2 都垂直的直线方程,其中

$$l_1:\begin{cases}x-y+z+4=0,\\x+2y+3z-1=0,\end{cases}\qquad l_2:\frac{x-1}{1}=\frac{y+3}{2}=\frac{z+1}{1}.$$

6. 在平面 $\boldsymbol{\pi}:x+y+z+1=0$ 内求一直线 l,其通过直线 $l_0:\begin{cases}y+z+1=0,\\x+2z=0\end{cases}$ 与平面 $\boldsymbol{\pi}$ 的交点,且与直线 l_0 垂直.

7. 一质点从点 $M_0=(3,2,0)$ 出发,以速度 $\boldsymbol{v}=(-1,2,2)$ 运动,问经过多少时间,在何处到达平面 $2x-y-3z+6=0$? 到达时走了多少路程?(长度单位:m).

(二) 检测题答案与提示

一、1. $\theta=\dfrac{\pi}{6}$.提示:根据内积和外积定义计算出 $\tan\theta$; 2. 4; 3. 4; 4. $-\dfrac{3}{2}$.提示:计算 $(\boldsymbol{a}+\boldsymbol{b}+\boldsymbol{c})\cdot(\boldsymbol{a}+\boldsymbol{b}+\boldsymbol{c})$; 5. 0.

二、1. C; 2. B; 3. C; 4. D; 5. C.

三、1. (1) $-\dfrac{5\sqrt{6}}{6}$;(2) (14,10,-12).提示:$\mathrm{Prj}_{\boldsymbol{c}}\boldsymbol{a}=\|\boldsymbol{a}\|\cos\langle\boldsymbol{a},\boldsymbol{c}\rangle=\dfrac{\boldsymbol{a}\cdot\boldsymbol{c}}{\|\boldsymbol{c}\|}$.

2. 提示:证明 $\boldsymbol{a}\cdot(\boldsymbol{b}+\boldsymbol{c})=0$ 即可. 需注意到 $\boldsymbol{a}\cdot\boldsymbol{c}=-\boldsymbol{a}\cdot\boldsymbol{b}$.

3. $3x-6y+2z-6=0$.具体过程可参看解答题例 9.

4. $\left(-\dfrac{7}{3},-\dfrac{2}{3},\dfrac{4}{3}\right)$.具体过程可参看解答题例 24.

5. $\dfrac{x+1}{1}=\dfrac{y}{-1}=\dfrac{z-4}{1}$.提示:可用直线的点向式方程求解. 设直线 l_1,l_2 的方向

向量分别为 $\boldsymbol{s}_1,\boldsymbol{s}_2$. 所求直线与直线 l_1,l_2 都垂直,所以所求直线的方向向量 $\boldsymbol{s}=\boldsymbol{s}_1\times\boldsymbol{s}_2$.

6. $\dfrac{x}{2}=\dfrac{y+1}{-3}=\dfrac{z}{1}$ 或 $\begin{cases}x+y+z-1=0,\\2x+y-z+1=0.\end{cases}$ 具体过程可参看解答题例 13.

7. $t=1$,$(2,4,2)$,3 m.提示:质点的运动轨迹是一直线:过点 $M_0=(3,2,0)$,方向向量为 $\boldsymbol{v}=(-1,2,2)$. 质点到达平面的地点即为直线与平面的交点,由直线与平面方程联立可得. 再根据两点间的距离公式可求得质点到达时所走的路程. 质点的速度大小为 $\|\boldsymbol{v}\|$,运动时间易得.

第四章 n 维向量空间

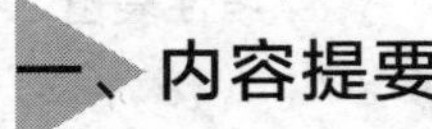

一、内容提要

（一）n 维向量空间的概念

1. n 维向量

定义 n 个数组成的有序数组$(a_1,a_2,\cdots,a_n)$称为一个 n 维向量，其中第 i 个数 a_i 称为这个向量的第 i 个分量.

分量全为零的向量$(0,0,\cdots,0)$称为零向量.

2. 向量的线性运算

定义 设 $\boldsymbol{\alpha}=(a_1,a_2,\cdots,a_n)$，$\boldsymbol{\beta}=(b_1,b_2,\cdots,b_n)$，$k$ 为数，称下列运算分别为向量的**加法**与**数乘**：

$$\boldsymbol{\alpha}+\boldsymbol{\beta}=(a_1+b_1,a_2+b_2,\cdots,a_n+b_n),k\cdot\boldsymbol{\alpha}=(ka_1,ka_2,\cdots,ka_n).$$

向量的加法与数乘又称为向量的**线性运算**.

线性运算满足八条运算法则：

(1) $\boldsymbol{\alpha}+\boldsymbol{\beta}=\boldsymbol{\beta}+\boldsymbol{\alpha}$； (2) $(\boldsymbol{\alpha}+\boldsymbol{\beta})+\boldsymbol{\alpha}=\boldsymbol{\alpha}+(\boldsymbol{\beta}+\boldsymbol{\alpha})$；

(3) $\boldsymbol{\alpha}+\boldsymbol{0}=\boldsymbol{\alpha}$； (4) $\boldsymbol{\alpha}+(-\boldsymbol{\alpha})=\boldsymbol{0}$；

(5) $1\cdot\boldsymbol{\alpha}=\boldsymbol{\alpha}$； (6) $k(l\boldsymbol{\alpha})=(kl)\boldsymbol{\alpha}$；

(7) $k(\boldsymbol{\alpha}+\boldsymbol{\beta})=k\boldsymbol{\alpha}+k\boldsymbol{\beta}$； (8) $(k+l)\boldsymbol{\alpha}=k\boldsymbol{\alpha}+l\boldsymbol{\alpha}$.

其中 k,l 为常数.

3. n 维向量空间

定义 1 设 V 是一个 n 维向量的集合，如果 V 非空，且对向量的线性运算封闭，即

$$\forall\,\boldsymbol{\alpha},\boldsymbol{\beta}\in V,k\in\mathbf{R},\text{都有 }\boldsymbol{\alpha}+\boldsymbol{\beta}\in V,k\boldsymbol{\alpha}\in V,$$

则称 V 构成一个**向量空间**.

特别地，全体 n 维实向量组成的集合 $\mathbf{R}^n$ 构成一个向量空间，称为 n **维实向量空间**.

定义 2 设 V 是一个向量空间，U 是 V 的非空子集合，如果 U 中的向量对线性运算也封闭，则称 U 是 V 的子空间.

特别地，设 $\boldsymbol{\alpha}_1,\cdots,\boldsymbol{\alpha}_r\in\mathbf{R}^n$，则

$$L(\boldsymbol{\alpha}_1,\cdots,\boldsymbol{\alpha}_r)=\{\boldsymbol{\beta}\mid\boldsymbol{\beta}=k_1\boldsymbol{\alpha}_1+k_2\boldsymbol{\alpha}_2+\cdots+k_r\boldsymbol{\alpha}_r,k_1,k_2,\cdots,k_r\in\mathbf{R}\}$$

构成 $\mathbf{R}^n$ 的一个子空间,称为由向量组 $\boldsymbol{\alpha}_1,\cdots,\boldsymbol{\alpha}_r$ **生成的子空间**.

(二) 向量组的线性相关性

1. 向量组的线性表示与等价

定义 1 设 $\boldsymbol{\alpha}_1,\boldsymbol{\alpha}_2,\cdots,\boldsymbol{\alpha}_s,\boldsymbol{\beta}$ 都是 n 维向量,若存在数 $k_1,k_2,\cdots,k_s$,使得

$$\boldsymbol{\beta}=k_1\boldsymbol{\alpha}_1+k_2\boldsymbol{\alpha}_2+\cdots+k_s\boldsymbol{\alpha}_s,$$

则称 β 是向量组 $\boldsymbol{\alpha}_1,\boldsymbol{\alpha}_2,\cdots,\boldsymbol{\alpha}_s$ 的**线性组合**,或称 $\boldsymbol{\beta}$ 可由向量组 $\boldsymbol{\alpha}_1,\boldsymbol{\alpha}_2,\cdots,\boldsymbol{\alpha}_s$ **线性表出**.

注 若向量 $\boldsymbol{\beta}$ 可由向量组 $\boldsymbol{\alpha}_1,\boldsymbol{\alpha}_2,\cdots,\boldsymbol{\alpha}_s$ 线性表出,又记为 $\boldsymbol{\beta}\in L(\boldsymbol{\alpha}_1,\boldsymbol{\alpha}_2,\cdots,\boldsymbol{\alpha}_s)$,其中 $L(\boldsymbol{\alpha}_1,\boldsymbol{\alpha}_2,\cdots,\boldsymbol{\alpha}_s)$ 是由 $\boldsymbol{\alpha}_1,\boldsymbol{\alpha}_2,\cdots,\boldsymbol{\alpha}_s$ 生成的向量空间.

定义 2 设有两个向量组

$$A:\boldsymbol{\alpha}_1,\boldsymbol{\alpha}_2,\cdots,\boldsymbol{\alpha}_m,\quad B:\boldsymbol{\beta}_1,\boldsymbol{\beta}_2,\cdots,\boldsymbol{\beta}_n.$$

若向量组 A 中的每个向量都能由向量组 B 中的向量线性表出,则称向量组 A 能由向量组 B 线性表出;若两个向量组能相互线性表出,则称这两个向量组**等价**.

性质 等价向量组具有反身性、对称性和传递性.

定理 向量 $\boldsymbol{\beta}$ 可由向量组 $\boldsymbol{\alpha}_1,\boldsymbol{\alpha}_2,\cdots,\boldsymbol{\alpha}_n$ 线性表出 $\Leftrightarrow \boldsymbol{AX}=\boldsymbol{\beta}$ 有解 $\Leftrightarrow R(\boldsymbol{A})=R(\bar{\boldsymbol{A}})$,其中 $\bar{\boldsymbol{A}}=(\boldsymbol{A},\boldsymbol{\beta})$ 是方程组的增广矩阵.

2. 向量组线性相关的概念

定义 设有向量组 $\boldsymbol{\alpha}_1,\boldsymbol{\alpha}_2,\cdots,\boldsymbol{\alpha}_n$,若存在一组不全为零的数 $k_1,k_2,\cdots,k_n$,使得

$$k_1\boldsymbol{\alpha}_1+k_2\boldsymbol{\alpha}_2+\cdots+k_n\boldsymbol{\alpha}_n=\mathbf{0},$$

则称 $\boldsymbol{\alpha}_1,\boldsymbol{\alpha}_2,\cdots,\boldsymbol{\alpha}_n$ 线性相关. 否则,称 $\boldsymbol{\alpha}_1,\boldsymbol{\alpha}_2,\cdots,\boldsymbol{\alpha}_n$ 线性无关. 即仅当 $k_1=k_2=\cdots=k_n=0$ 时,上式才成立.

3. 向量组线性相关的判定

定理 设 $\boldsymbol{\alpha}_1,\boldsymbol{\alpha}_2,\cdots,\boldsymbol{\alpha}_n$ 为列向量组,$\boldsymbol{A}=(\boldsymbol{\alpha}_1,\boldsymbol{\alpha}_2,\cdots,\boldsymbol{\alpha}_n)$,$\boldsymbol{X}=(x_1,x_2,\cdots,x_n)^{\mathrm{T}}$,则 $\boldsymbol{\alpha}_1,\boldsymbol{\alpha}_2,\cdots,\boldsymbol{\alpha}_n$ 线性相关 $\Leftrightarrow \boldsymbol{AX}=\mathbf{0}$ 有非零解 $\Leftrightarrow R(\boldsymbol{A})<n$.

推论 1 设 $\boldsymbol{\alpha}_1,\boldsymbol{\alpha}_2,\cdots,\boldsymbol{\alpha}_n$ 为 n 维列向量组,$\boldsymbol{A}=(\boldsymbol{\alpha}_1,\boldsymbol{\alpha}_2,\cdots,\boldsymbol{\alpha}_n)$,则 $\boldsymbol{\alpha}_1,\boldsymbol{\alpha}_2,\cdots,\boldsymbol{\alpha}_n$ 线性相关 $\Leftrightarrow \det\boldsymbol{A}=0$.

推论 2 设 $\boldsymbol{\alpha}_1,\boldsymbol{\alpha}_2,\cdots,\boldsymbol{\alpha}_m$ 是一个 n 维向量组,若 $m>n$,则该向量组线性相关.

4. 线性相关性的几个基本结论

定理 1 向量组中有一部分向量线性相关,则整个向量组线性相关.

逆否命题 向量组整体线性无关,则这个向量组的任意部分向量所组成的向量组都线性无关.

定理 2 向量组 $\boldsymbol{\alpha}_1,\boldsymbol{\alpha}_2,\cdots,\boldsymbol{\alpha}_m(m\geqslant 2)$ 线性相关的充分必要条件是向量组中至少有一个向量能被其余 $m-1$ 个向量线性表出.

逆否命题 向量组 $\boldsymbol{\alpha}_1,\boldsymbol{\alpha}_2,\cdots,\boldsymbol{\alpha}_m(m\geqslant 2)$ 线性无关的充分必要条件是向量组中

任意一个向量都不能被其余的向量线性表出.

定理 3 若 $\boldsymbol{\alpha}_1,\boldsymbol{\alpha}_2,\cdots,\boldsymbol{\alpha}_m$ 线性无关,而 $\boldsymbol{\alpha}_1,\boldsymbol{\alpha}_2,\cdots,\boldsymbol{\alpha}_m,\boldsymbol{\beta}$ 线性相关,则 $\boldsymbol{\beta}$ 可由 $\boldsymbol{\alpha}_1,\boldsymbol{\alpha}_2,\cdots,\boldsymbol{\alpha}_m$ 线性表出,且表示式唯一.

定理 4 矩阵的行初等变换不改变其列向量组的线性相关性.

(三) 向量组的秩与最大无关组

1. 秩与最大无关组的概念

定义 若向量组 T 满足

(1) T 中有 r 个向量 $\boldsymbol{\alpha}_1,\boldsymbol{\alpha}_2,\cdots,\boldsymbol{\alpha}_r$ 线性无关;

(2) T 中任意 $r+1$ 个向量(如果 T 中有 $r+1$ 个向量)都线性相关;

则称 $\boldsymbol{\alpha}_1,\boldsymbol{\alpha}_2,\cdots,\boldsymbol{\alpha}_r$ 为 T 的一个最大无关组,数 r 称为向量组 T 的秩.

等价命题 设 $\boldsymbol{\alpha}_1,\boldsymbol{\alpha}_2,\cdots,\boldsymbol{\alpha}_r$ 是向量组 T 的一个线性无关部分组,则它是最大无关组的充分必要条件是 T 中每一个向量均可由它线性表出.

推论 向量组的任意一个最大无关组都与这个向量组本身等价.

2. 几个相关结论

定理 1 矩阵 $\boldsymbol{A}$ 的秩 $=\boldsymbol{A}$ 的行向量组的秩 $=\boldsymbol{A}$ 的列向量组的秩.

求向量组秩与最大无关组的方法:

设有列向量组 $\boldsymbol{\alpha}_1,\boldsymbol{\alpha}_2,\cdots,\boldsymbol{\alpha}_m$,令 $\boldsymbol{A}=(\boldsymbol{\alpha}_1,\boldsymbol{\alpha}_2,\cdots,\boldsymbol{\alpha}_m)$,对 $\boldsymbol{A}$ 作行初等变换化为行阶梯形矩阵 $\boldsymbol{B}$,则 $R(\boldsymbol{\alpha}_1,\boldsymbol{\alpha}_2,\cdots,\boldsymbol{\alpha}_m)=R(\boldsymbol{B})$,$\boldsymbol{B}$ 中非零行的非零首元所在列对应的 $\boldsymbol{A}$ 中各向量就构成向量组 $\boldsymbol{A}$ 的一个最大无关组.

定理 2 设向量组 $\boldsymbol{\alpha}_1,\boldsymbol{\alpha}_2,\cdots,\boldsymbol{\alpha}_r$ 可由向量组 $\boldsymbol{\beta}_1,\boldsymbol{\beta}_2,\cdots,\boldsymbol{\beta}_s$ 线性表出,若 $\boldsymbol{\alpha}_1,\boldsymbol{\alpha}_2,\cdots,\boldsymbol{\alpha}_r$ 线性无关,则 $r\leqslant s$.

逆否命题 设向量组 $\boldsymbol{\alpha}_1,\boldsymbol{\alpha}_2,\cdots,\boldsymbol{\alpha}_r$ 可由向量组 $\boldsymbol{\beta}_1,\boldsymbol{\beta}_2,\cdots,\boldsymbol{\beta}_s$ 线性表出,若 $r>s$,则 $\boldsymbol{\alpha}_1,\boldsymbol{\alpha}_2,\cdots,\boldsymbol{\alpha}_r$ 线性相关.

特别地,两个等价的线性无关向量组所含向量个数相同.

推论 若向量组 A 可由向量组 B 线性表出,则秩 $R(A)\leqslant R(B)$;特别地,等价向量组有相同的秩.

注 秩相同的两个向量组却不一定等价.

3. 向量空间的基、维数与坐标

定义 1 向量空间 V 的一个最大无关组称为 V 的一组基,而基所含向量的个数(即 V 的秩)称为 V 的维数,记为 $\dim V$.

特别地,$\dim \mathbf{R}^n=n$.

定义 2 设 V 是 n 维向量空间,$\boldsymbol{\alpha}_1,\cdots,\boldsymbol{\alpha}_n$ 是 V 的一组基,则任一 $\boldsymbol{\beta}\in V$ 均可由 $\boldsymbol{\alpha}_1,\cdots,\boldsymbol{\alpha}_n$ 唯一的线性表出,即存在一组不全为零的数 $x_1,\cdots,x_n$,使得

$$\boldsymbol{\beta}=x_1\boldsymbol{\alpha}_1+x_2\boldsymbol{\alpha}_2+\cdots+x_n\boldsymbol{\alpha}_n,$$

则称$(x_1,x_2,\cdots,x_n)$为向量$\boldsymbol{\beta}$在基$\boldsymbol{\alpha}_1,\cdots,\boldsymbol{\alpha}_n$下的**坐标**.

我们通常所说的向量的坐标形式其实就是该向量在标准基$\boldsymbol{\varepsilon}_1=(1,0,\cdots,0)$, $\boldsymbol{\varepsilon}_2=(0,1,\cdots,0),\cdots,\boldsymbol{\varepsilon}_n=(0,0,\cdots,1)$下的坐标.

(四) 线性方程组解的结构

1. 齐次线性方程组

性质 齐次线性方程组$\boldsymbol{AX}=\boldsymbol{0}$解向量的线性组合也是它的解.

定义 齐次线性方程组$\boldsymbol{AX}=\boldsymbol{0}$解向量的全体$W=\{\boldsymbol{X}\mid\boldsymbol{AX}=\boldsymbol{0}\}$构成一个向量空间,$W$的一组基称为方程组$\boldsymbol{AX}=\boldsymbol{0}$的一个基础解系.

等价命题 设$\boldsymbol{\xi}_1,\boldsymbol{\xi}_2,\cdots,\boldsymbol{\xi}_s$是方程组$\boldsymbol{AX}=\boldsymbol{0}$的一组解向量,满足

(1) $\boldsymbol{\xi}_1,\boldsymbol{\xi}_2,\cdots,\boldsymbol{\xi}_s$线性无关;

(2) 方程组$\boldsymbol{AX}=\boldsymbol{0}$的任一解向量都可由$\boldsymbol{\xi}_1,\boldsymbol{\xi}_2,\cdots,\boldsymbol{\xi}_s$线性表出,

则称$\boldsymbol{\xi}_1,\boldsymbol{\xi}_2,\cdots,\boldsymbol{\xi}_s$为$\boldsymbol{AX}=\boldsymbol{0}$的一个基础解系.

定理 若n元齐次线性方程组$\boldsymbol{AX}=\boldsymbol{0}$系数矩阵的秩$R(\boldsymbol{A})=r<n$,则方程组有基础解系,且基础解系所含解向量的个数为$n-r$.

齐次线性方程组的通解 设$R(\boldsymbol{A})=r<n,\boldsymbol{\xi}_1,\boldsymbol{\xi}_2,\cdots,\boldsymbol{\xi}_{n-r}$是$n$元方程组$\boldsymbol{AX}=\boldsymbol{0}$的基础解系,则$\boldsymbol{AX}=\boldsymbol{0}$的通解为

$$\boldsymbol{X}=k_1\boldsymbol{\xi}_1+k_2\boldsymbol{\xi}_2+\cdots+k_{n-r}\boldsymbol{\xi}_{n-r}\quad(k_1,\cdots,k_{n-r}\text{为任意常数}).$$

2. 非齐次线性方程组

性质1 若$\boldsymbol{\eta}_1,\boldsymbol{\eta}_2$是方程组$\boldsymbol{AX}=\boldsymbol{b}$的解,则$\boldsymbol{\eta}_1-\boldsymbol{\eta}_2$是其导出组$\boldsymbol{AX}=\boldsymbol{0}$的解.

性质2 若$\boldsymbol{\eta}$是方程组$\boldsymbol{AX}=\boldsymbol{b}$的解,$\boldsymbol{\xi}$是其导出组$\boldsymbol{AX}=\boldsymbol{0}$的解,则$\boldsymbol{\eta}+\boldsymbol{\xi}$是$\boldsymbol{AX}=\boldsymbol{b}$的解.

性质3 若$\boldsymbol{\eta}_0$是方程组$\boldsymbol{AX}=\boldsymbol{b}$的一个特解,则$\boldsymbol{AX}=\boldsymbol{b}$的任一解$\boldsymbol{\eta}$都可表示成

$$\boldsymbol{\eta}=\boldsymbol{\eta}_0+\boldsymbol{\xi},$$

其中$\boldsymbol{\xi}$是$\boldsymbol{AX}=\boldsymbol{0}$的一个解.

非齐次线性方程组的通解 设$R(\boldsymbol{A})=R(\overline{\boldsymbol{A}})=r<n,\boldsymbol{\eta}_0$是$n$元方程组$\boldsymbol{AX}=\boldsymbol{b}$的一个特解,$\boldsymbol{\xi}_1,\boldsymbol{\xi}_2,\cdots,\boldsymbol{\xi}_{n-r}$是$\boldsymbol{AX}=\boldsymbol{0}$的基础解系,则$\boldsymbol{AX}=\boldsymbol{b}$的通解为

$$\boldsymbol{X}=\boldsymbol{\eta}_0+k_1\boldsymbol{\xi}_1+k_2\boldsymbol{\xi}_2+\cdots+k_{n-r}\boldsymbol{\xi}_{n-r}\quad(k_1,\cdots,k_{n-r}\text{为任意常数}).$$

二、典型例题

(一) 选择题

例1 下列$\mathbf{R}^3$的子集合中能构成子空间是(　　).

(A) $U_1=\left\{\boldsymbol{x}=(x_1,x_2,x_3)\mid x_1=\frac{x_2}{2}=\frac{x_3}{3}\right\}$ (B) $U_2=\{\boldsymbol{x}=(x_1,x_2,x_3)\mid x_1+x_2=1\}$

(C) $U_3=\left\{\boldsymbol{x}=(x_1,x_2,x_3)\mid x_1=\frac{x_2-1}{2}=\frac{x_3}{3}\right\}$ (D) $U_4=\{\boldsymbol{x}=(x_1,x_2,x_3)\mid x_1x_2=0\}$

分析 显然 $\mathbf{0}=(0,0,0)\in U_1$,故 U_1 非空.又若 $\boldsymbol{\alpha}=(a_1,a_2,a_3),\boldsymbol{\beta}=(b_1,b_2,b_3)\in U_1,k\in\mathbf{R}$,则

$$\boldsymbol{\alpha}+\boldsymbol{\beta}=(a_1+b_1,a_2+b_2,a_3+b_3),k\boldsymbol{\alpha}=(ka_1,ka_2,ka_3).$$

再由 $a_1=\frac{a_2}{2}=\frac{a_3}{3},b_1=\frac{b_2}{2}=\frac{b_3}{3}$,可得

$$a_1+b_1=\frac{a_2+b_2}{2}=\frac{a_3+b_3}{3},ka_1=\frac{ka_2}{2}=\frac{ka_3}{3}.$$

即 $\boldsymbol{\alpha}+\boldsymbol{\beta}\in U_1,k\boldsymbol{\alpha}\in U_1$,故 U_1 是 $\mathbf{R}^3$ 的子空间.

容易验证其余几个集合对 $\mathbf{R}^3$ 中的加法均不封闭,故不构成 $\mathbf{R}^3$ 的子空间.

答案 (A).

评注 构成子空间的充要条件是子集合对线性运算封闭. U_1 是齐次方程组解向量构成的集合,它对线性运算是封闭的.

例 2 向量组 $\boldsymbol{\alpha}_1,\boldsymbol{\alpha}_2,\boldsymbol{\alpha}_3,\boldsymbol{\alpha}_4$ 线性无关,则下面向量组中线性无关的是(　　).

(A) $\boldsymbol{\alpha}_1+\boldsymbol{\alpha}_2,\boldsymbol{\alpha}_2+\boldsymbol{\alpha}_3,\boldsymbol{\alpha}_3+\boldsymbol{\alpha}_4,\boldsymbol{\alpha}_4+\boldsymbol{\alpha}_1$ (B) $\boldsymbol{\alpha}_1-\boldsymbol{\alpha}_2,\boldsymbol{\alpha}_2-\boldsymbol{\alpha}_3,\boldsymbol{\alpha}_3-\boldsymbol{\alpha}_4,\boldsymbol{\alpha}_4-\boldsymbol{\alpha}_1$

(C) $\boldsymbol{\alpha}_1+\boldsymbol{\alpha}_2,\boldsymbol{\alpha}_2+\boldsymbol{\alpha}_3,\boldsymbol{\alpha}_3+\boldsymbol{\alpha}_4,\boldsymbol{\alpha}_4-\boldsymbol{\alpha}_1$ (D) $\boldsymbol{\alpha}_1+\boldsymbol{\alpha}_2,\boldsymbol{\alpha}_2+\boldsymbol{\alpha}_3,\boldsymbol{\alpha}_3-\boldsymbol{\alpha}_4,\boldsymbol{\alpha}_4-\boldsymbol{\alpha}_1$

分析 由(A)可知,$(\boldsymbol{\alpha}_1+\boldsymbol{\alpha}_2)-(\boldsymbol{\alpha}_2+\boldsymbol{\alpha}_3)+(\boldsymbol{\alpha}_3+\boldsymbol{\alpha}_4)-(\boldsymbol{\alpha}_4+\boldsymbol{\alpha}_1)=\mathbf{0}$,所以向量组线性相关.由(B)可知,$(\boldsymbol{\alpha}_1-\boldsymbol{\alpha}_2)+(\boldsymbol{\alpha}_2-\boldsymbol{\alpha}_3)+(\boldsymbol{\alpha}_3-\boldsymbol{\alpha}_4)+(\boldsymbol{\alpha}_4-\boldsymbol{\alpha}_1)=0$,所以向量组线性相关.由(D)可知,$(\boldsymbol{\alpha}_1+\boldsymbol{\alpha}_2)-(\boldsymbol{\alpha}_2+\boldsymbol{\alpha}_3)+(\boldsymbol{\alpha}_3-\boldsymbol{\alpha}_4)+(\boldsymbol{\alpha}_4-\boldsymbol{\alpha}_1)=0$,所以向量组线性相关.

只有(C)正确.

答案 (C).

评注 这一类问题一般不要用向量组线性无关、线性相关的定义来判断,而尽量用观察法,排除选项中一些明显具有线性相关或无关的答案,再进一步仔细确认.另外,由于是单项选择题,所以可以用特殊值法来判断.比如,本题中也可以假设这四个向量为 4 个 4 维的单位向量,通过对特殊向量组的运算来选择答案.

例 3 对任意的 a,b,c,线性无关的向量组为(　　).

(A) $(a,1,2),(2,b,3),(0,0,0)$

(B) $(b,1,1),(2,a,3),(2,3,c),(a,0,c)$

(C) $(1,a,1,1),(1,b,1,0),(1,c,0,0)$

(D) $(1,1,1,a),(2,2,2,b),(0,0,0,c)$

分析 (A)中有零向量,故线性相关.(B)有 4 个 3 维向量,故线性相关. 对于(D),若令 $c=0$,则(D)中有零向量,故线性相关.

答案 (C).

例 4 设向量组 $\boldsymbol{\alpha},\boldsymbol{\beta},\boldsymbol{\gamma}$ 线性无关，$\boldsymbol{\alpha},\boldsymbol{\beta},\boldsymbol{\delta}$ 线性相关，则（　　）.

(A) $\boldsymbol{\alpha}$ 必可由 $\boldsymbol{\beta},\boldsymbol{\delta},\boldsymbol{\gamma}$ 线性表出　　(B) $\boldsymbol{\beta}$ 必可由 $\boldsymbol{\alpha},\boldsymbol{\delta},\boldsymbol{\gamma}$ 线性表出

(C) $\boldsymbol{\delta}$ 必可由 $\boldsymbol{\beta},\boldsymbol{\alpha},\boldsymbol{\gamma}$ 线性表出　　(D) $\boldsymbol{\delta}$ 必不可由 $\boldsymbol{\beta},\boldsymbol{\alpha},\boldsymbol{\gamma}$ 线性表出

分析 由于 $\boldsymbol{\alpha},\boldsymbol{\beta},\boldsymbol{\delta}$ 线性相关，则 $\boldsymbol{\alpha},\boldsymbol{\beta},\boldsymbol{\gamma},\boldsymbol{\delta}$ 线性相关.又因 $\boldsymbol{\alpha},\boldsymbol{\beta},\boldsymbol{\gamma}$ 线性无关，故 $\boldsymbol{\delta}$ 必可由 $\boldsymbol{\beta},\boldsymbol{\alpha},\boldsymbol{\gamma}$ 线性表出.

答案 (C).

例 5 设向量 $\boldsymbol{\beta}$ 可由向量组 $\boldsymbol{\alpha}_1,\boldsymbol{\alpha}_2,\cdots,\boldsymbol{\alpha}_n$ 线性表出，但不能由向量组（Ⅰ）：$\boldsymbol{\alpha}_1,\boldsymbol{\alpha}_2,\cdots,\boldsymbol{\alpha}_{n-1}$ 线性表出，记向量组（Ⅱ）：$\boldsymbol{\alpha}_1,\boldsymbol{\alpha}_2,\cdots,\boldsymbol{\alpha}_{n-1},\boldsymbol{\beta}$，则（　　）.

(A) $\boldsymbol{\alpha}_n$ 不能由向量组（Ⅰ）线性表出，也不能由向量组（Ⅱ）线性表出

(B) $\boldsymbol{\alpha}_n$ 不能由向量组（Ⅰ）线性表出，但可由向量组（Ⅱ）线性表出

(C) $\boldsymbol{\alpha}_n$ 可由向量组（Ⅰ）线性表出，也可由向量组（Ⅱ）线性表出

(D) $\boldsymbol{\alpha}_n$ 可由向量组（Ⅰ）线性表出，但不可由向量组（Ⅱ）线性表出

分析 由题设有

$$\boldsymbol{\beta}=k_1\boldsymbol{\alpha}_1+k_2\boldsymbol{\alpha}_2+\cdots+k_n\boldsymbol{\alpha}_n. \tag{4-1}$$

因 $\boldsymbol{\beta}$ 不能由向量组 $\boldsymbol{\alpha}_1,\boldsymbol{\alpha}_2,\cdots,\boldsymbol{\alpha}_{n-1}$ 线性表出，故 $k_n\neq 0$.因此

$$\boldsymbol{\alpha}_n=-\frac{1}{k_n}(-\boldsymbol{\beta}+k_1\boldsymbol{\alpha}_1+k_2\boldsymbol{\alpha}_2+\cdots+k_{n-1}\boldsymbol{\alpha}_{n-1}),$$

即 $\boldsymbol{\alpha}_n$ 可由向量组（Ⅱ）线性表出.

若 $\boldsymbol{\alpha}_n=l_1\boldsymbol{\alpha}_1+l_2\boldsymbol{\alpha}_2+\cdots+l_{n-1}\boldsymbol{\alpha}_{n-1}$，将其代入(4-1)式得

$$\boldsymbol{\beta}=(k_1+k_nl_1)\boldsymbol{\alpha}_1+(k_2+k_nl_2)\boldsymbol{\alpha}_2+\cdots+(k_{n-1}+k_nl_{n-1})\boldsymbol{\alpha}_{n-1},$$

这与 $\boldsymbol{\beta}$ 不能由向量组（Ⅰ）线性表出矛盾，所以 α_n 不能由向量组（Ⅰ）线性表出.

答案 (B).

例 6 已知向量组（Ⅰ）：$\boldsymbol{\alpha}_1,\boldsymbol{\alpha}_2,\cdots,\boldsymbol{\alpha}_s$ 与（Ⅱ）：$\boldsymbol{\alpha}_1,\boldsymbol{\alpha}_2,\cdots,\boldsymbol{\alpha}_s,\boldsymbol{\alpha}_{s+1},\boldsymbol{\alpha}_{s+1},\cdots,\boldsymbol{\alpha}_{s+l}$，若向量组的秩 R（Ⅰ）$=p$，R（Ⅱ）$=q$，则下列条件中不能判定（Ⅰ）是（Ⅱ）的最大线性无关组的是（　　）.

(A) $p=q$，（Ⅱ）可由（Ⅰ）线性表出　　(B) $s=q$，（Ⅰ）与（Ⅱ）为等价向量组

(C) $p=q$，（Ⅰ）线性无关　　(D) $p=q=s$

分析 (A)中仅凭 $p=q$ 不能保证 $\boldsymbol{\alpha}_1,\boldsymbol{\alpha}_2,\cdots,\boldsymbol{\alpha}_s$ 线性无关，所以不能判定（Ⅰ）是（Ⅱ）的最大线性无关组. 其余情况均能根据最大无关组的定义确定是正确的.

答案 (A).

例 7 设线性方程组 $\boldsymbol{AX}=\boldsymbol{b}$ 有 n 个未知量，m 个方程，且 $R(\boldsymbol{A})=r$，则此方程组（　　）.

(A) $r=m$ 时，有解　　(B) $r=n$ 时，有唯一解

(C) $m=n$ 时，有唯一解　　(D) $r<n$ 时，有无穷解

分析 已知 $\boldsymbol{A}$ 是 $m\times n$ 矩阵.(A) 若 $R(\boldsymbol{A})=m$，则必有 m 阶子式不为零，而 $\overline{\boldsymbol{A}}$

中不存在 $m+1$ 阶子式，所以 $R(\bar{A})=m$，故方程组必有解．且若 $r=m=n$，方程组有唯一解；若 $r=m<n$，方程组有无穷多解．所以(A)正确．

(B) 若 $R(\boldsymbol{A})=n$，自然有 $m\geqslant n$．若 $m=n$，则 $\boldsymbol{A}$ 是 n 阶可逆矩阵，由克拉默法则，方程组有唯一解．若 $m>n$，且 $R(\bar{\boldsymbol{A}})=n=R(\boldsymbol{A})$，则因 $\boldsymbol{A}$ 的列向量线性无关，此时方程组有唯一解．但若 $m>n$，且 $R(\bar{\boldsymbol{A}})>n$ 时，方程组就无解．所以(B)不正确．要注意 $R(\boldsymbol{A})=n$ 时，不能保证 $R(\bar{\boldsymbol{A}})=n$ 必成立．

(C)、(D)两种条件下都可能有无解的情况，故不正确．

答案　(A)．

例 8　设 n 维列向量组 $\boldsymbol{\alpha}_1,\boldsymbol{\alpha}_2,\cdots,\boldsymbol{\alpha}_m(m<n)$ 线性无关，则 n 维列向量组 $\boldsymbol{\beta}_1,\boldsymbol{\beta}_2,\cdots,\boldsymbol{\beta}_m$ 线性无关的充分必要条件为(　　)．

(A) 向量组 $\boldsymbol{\alpha}_1,\boldsymbol{\alpha}_2,\cdots,\boldsymbol{\alpha}_m$ 可由向量组 $\boldsymbol{\beta}_1,\boldsymbol{\beta}_2,\cdots,\boldsymbol{\beta}_m$ 线性表出

(B) 向量组 $\boldsymbol{\beta}_1,\boldsymbol{\beta}_2,\cdots,\boldsymbol{\beta}_m$ 可由向量组 $\boldsymbol{\alpha}_1,\boldsymbol{\alpha}_2,\cdots,\boldsymbol{\alpha}_m$ 线性表出

(C) 向量组 $\boldsymbol{\alpha}_1,\boldsymbol{\alpha}_2,\cdots,\boldsymbol{\alpha}_m$ 与向量组 $\boldsymbol{\beta}_1,\boldsymbol{\beta}_2,\cdots,\boldsymbol{\beta}_m$ 等价

(D) 矩阵 $\boldsymbol{A}=(\boldsymbol{\alpha}_1,\boldsymbol{\alpha}_2,\cdots,\boldsymbol{\alpha}_m)$ 与矩阵 $\boldsymbol{B}=(\boldsymbol{\beta}_1,\boldsymbol{\beta}_2,\cdots,\boldsymbol{\beta}_m)$ 等价

分析 1　(A)是 $\boldsymbol{\beta}_1,\boldsymbol{\beta}_2,\cdots,\boldsymbol{\beta}_m$ 线性无关的充分条件而非必要条件．

(B) 由 $\boldsymbol{\beta}_1,\boldsymbol{\beta}_2,\cdots,\boldsymbol{\beta}_m$ 可由向量组 $\boldsymbol{\alpha}_1,\boldsymbol{\alpha}_2,\cdots,\boldsymbol{\alpha}_m$ 线性表出不能保证 $\boldsymbol{\beta}_1,\boldsymbol{\beta}_2,\cdots,\boldsymbol{\beta}_m$ 线性无关．

(C) 是 $\boldsymbol{\beta}_1,\boldsymbol{\beta}_2,\cdots,\boldsymbol{\beta}_m$ 线性无关的充分条件而非必要条件．例如，取 $m=2$，$\boldsymbol{\alpha}_1=(1,0,0)^{\mathrm{T}}$，$\boldsymbol{\alpha}_2=(0,1,0)^{\mathrm{T}}$；$\boldsymbol{\beta}_1=(0,1,0)^{\mathrm{T}}$，$\boldsymbol{\beta}_2=(0,0,1)^{\mathrm{T}}$．显然这两个向量组都线性无关，但它们却不等价．

(D) 若矩阵 $\boldsymbol{A}=(\boldsymbol{\alpha}_1,\boldsymbol{\alpha}_2,\cdots,\boldsymbol{\alpha}_m)$ 与矩阵 $\boldsymbol{B}=(\boldsymbol{\beta}_1,\boldsymbol{\beta}_2,\cdots,\boldsymbol{\beta}_m)$ 等价，则 $R(\boldsymbol{A})=R(\boldsymbol{B})=m$，所以 $\boldsymbol{\beta}_1,\boldsymbol{\beta}_2,\cdots,\boldsymbol{\beta}_m$ 线性无关．反之，若 $\boldsymbol{\beta}_1,\boldsymbol{\beta}_2,\cdots,\boldsymbol{\beta}_m$ 线性无关，则 $R(\boldsymbol{B})=m=R(\boldsymbol{A})$，同型矩阵 $\boldsymbol{A},\boldsymbol{B}$ 有相同的秩，所以 $\boldsymbol{A}$ 与 $\boldsymbol{B}$ 等价．故(D)正确．

分析 2　设 $\boldsymbol{\alpha}_1=(1,0,0,0)^{\mathrm{T}}$，$\boldsymbol{\alpha}_2=(0,1,0,0)^{\mathrm{T}}$，$\boldsymbol{\beta}_1=(0,0,1,0)^{\mathrm{T}}$，$\boldsymbol{\beta}_2=(0,0,0,1)^{\mathrm{T}}$，则 $\boldsymbol{\alpha}_1,\boldsymbol{\alpha}_2$ 线性无关，$\boldsymbol{\beta}_1,\boldsymbol{\beta}_2$ 线性无关，但 $\boldsymbol{\alpha}_1,\boldsymbol{\alpha}_2$ 与 $\boldsymbol{\beta}_1,\boldsymbol{\beta}_2$ 不能互相线性表出，故排除(A)，(B)，(C)．

答案　(D)．

评注　矩阵等价与向量组等价的区别：

矩阵 $\boldsymbol{A}=(\boldsymbol{\alpha}_1,\boldsymbol{\alpha}_2,\cdots,\boldsymbol{\alpha}_m)$ 与 $\boldsymbol{B}=(\boldsymbol{\beta}_1,\boldsymbol{\beta}_2,\cdots,\boldsymbol{\beta}_m)$ 等价是指这两个矩阵能够通过初等变换互化，其充分必要条件为 $R(\boldsymbol{A})=R(\boldsymbol{B})$．

向量组 $\boldsymbol{\alpha}_1,\boldsymbol{\alpha}_2,\cdots,\boldsymbol{\alpha}_m$ 与 $\boldsymbol{\beta}_1,\boldsymbol{\beta}_2,\cdots,\boldsymbol{\beta}_m$ 等价是指这两个向量组能够相互线性表出，其充分必要条件为 $R(\boldsymbol{A})=R(\boldsymbol{A},\boldsymbol{B})=R(\boldsymbol{B})$．

例 9　设 $\boldsymbol{A},\boldsymbol{B}$ 为满足 $\boldsymbol{AB}=\boldsymbol{O}$ 的任意两个非零矩阵，则必有(　　)．

(A) $\boldsymbol{A}$ 的列向量线性相关，$\boldsymbol{B}$ 的行向量线性相关

(B) $\boldsymbol{A}$ 的列向量线性相关，$\boldsymbol{B}$ 的列向量线性相关

(C) $\boldsymbol{A}$ 的行向量线性相关，$\boldsymbol{B}$ 的行向量线性相关

(D) $\boldsymbol{A}$ 的行向量线性相关，$\boldsymbol{B}$ 的列向量线性相关

分析 设 $\boldsymbol{A}$ 是 $m\times s$ 矩阵，$\boldsymbol{B}$ 是 $s\times n$ 矩阵.把矩阵 $\boldsymbol{B}$ 按列分块 $\boldsymbol{B}=(\boldsymbol{\beta}_1,\boldsymbol{\beta}_2,\cdots,\boldsymbol{\beta}_n)$，由题设得 $\boldsymbol{AB}=\boldsymbol{A}(\boldsymbol{\beta}_1,\boldsymbol{\beta}_2,\cdots,\boldsymbol{\beta}_n)=(\boldsymbol{A\beta}_1,\boldsymbol{A\beta}_2,\cdots,\boldsymbol{A\beta}_n)=\boldsymbol{O}$，即

$$\boldsymbol{A\beta}_i=\boldsymbol{0}\quad(i=1,2,\cdots,n).$$

$\boldsymbol{\beta}_i(i=1,2,\cdots,n)$ 为线性方程组 $\boldsymbol{AX}=\boldsymbol{0}$ 的解. 由 $\boldsymbol{B}\neq\boldsymbol{O}$ 知 $\boldsymbol{AX}=\boldsymbol{0}$ 有非零解，所以 $R(\boldsymbol{A})<s$，所以 $\boldsymbol{A}$ 的列向量组线性相关. 由 $\boldsymbol{AB}=\boldsymbol{O}$ 取转置，类似可得 $\boldsymbol{B}$ 的行向量组线性相关.

答案 (A).

例 10 设向量组(Ⅰ)$\boldsymbol{\alpha}_1,\boldsymbol{\alpha}_2,\cdots,\boldsymbol{\alpha}_r$ 可由向量组(Ⅱ):$\boldsymbol{\beta}_1,\boldsymbol{\beta}_2,\cdots,\boldsymbol{\beta}_s$ 线性表出，则(　　).

(A) 当 $r<s$ 时，向量组(Ⅱ)线性相关

(B) 当 $r>s$ 时，向量组(Ⅱ)线性相关

(C) 当 $r<s$ 时，向量组(Ⅰ)线性相关

(D) 当 $r>s$ 时，向量组(Ⅰ)线性相关

分析 向量组(Ⅰ)可由向量组(Ⅱ)线性表出，则向量组(Ⅰ)的秩不超过向量组(Ⅱ)的秩，而向量组(Ⅱ)的秩不超过 s，所以当 $r>s$ 时，向量组(Ⅰ)的秩小于向量组向量的个数，故向量组(Ⅰ)线性相关.

答案 (D).

例 11 齐次线性方程组 $\begin{cases}\lambda x_1+x_2+\lambda^2x_3=0,\\x_1+\lambda x_2+x_3=0,\\x_1+x_2+\lambda x_3=0\end{cases}$ 的系数矩阵记为 $\boldsymbol{A}$，若存在三阶矩阵 $\boldsymbol{B}\neq\boldsymbol{O}$，使得 $\boldsymbol{AB}=\boldsymbol{O}$，则(　　).

(A) $\lambda=-2$ 且 $|\boldsymbol{B}|=0$　　(B) $\lambda=-2$ 且 $|\boldsymbol{B}|\neq0$

(C) $\lambda=1$ 且 $|\boldsymbol{B}|=0$　　(D) $\lambda=1$ 且 $|\boldsymbol{B}|\neq0$

分析 由 $\boldsymbol{AB}=\boldsymbol{O}$ 知 $R(\boldsymbol{A})+R(\boldsymbol{B})\leqslant3$，因 $\boldsymbol{B}\neq\boldsymbol{O}$，故 $R(\boldsymbol{A})\leqslant2$. 由 $|\boldsymbol{A}|=\begin{vmatrix}\lambda&1&\lambda^2\\1&\lambda&1\\1&1&\lambda\end{vmatrix}=1-\lambda^2=0$，故 $\lambda=\pm1$，且有 $R(\boldsymbol{B})\leqslant2$，则 $|\boldsymbol{B}|=0$，所以(C)正确.

答案 (C).

例 12 设 $\boldsymbol{\alpha}_1=\begin{pmatrix}a_1\\a_2\\a_3\end{pmatrix},\boldsymbol{\alpha}_2=\begin{pmatrix}b_1\\b_2\\b_3\end{pmatrix},\boldsymbol{\alpha}_3=\begin{pmatrix}c_1\\c_2\\c_3\end{pmatrix}$，则三条直线 $a_ix+b_iy+c_i=0$(其中

$a_i^2+b_i^2\neq 0, i=1,2,3$)交于一点的充分必要条件为(　　).

(A) $\boldsymbol{\alpha}_1,\boldsymbol{\alpha}_2,\boldsymbol{\alpha}_3$ 线性相关

(B) $\boldsymbol{\alpha}_1,\boldsymbol{\alpha}_2,\boldsymbol{\alpha}_3$线性无关

(C) $R(\boldsymbol{\alpha}_1,\boldsymbol{\alpha}_2,\boldsymbol{\alpha}_3)=R(\boldsymbol{\alpha}_1,\boldsymbol{\alpha}_2)$

(D) $\boldsymbol{\alpha}_1,\boldsymbol{\alpha}_2,\boldsymbol{\alpha}_3$ 线性相关,$\boldsymbol{\alpha}_1,\boldsymbol{\alpha}_2$ 线性无关

分析　将三条直线方程组成的方程组用向量形式来表示,即为 $x\boldsymbol{\alpha}_1+y\boldsymbol{\alpha}_2=-\boldsymbol{\alpha}_3$, 则

三直线交于一点$\Leftrightarrow$方程组有唯一解$\Leftrightarrow\boldsymbol{\alpha}_3$ 能由 $\boldsymbol{\alpha}_1,\boldsymbol{\alpha}_2$ 唯一线性表出

$\Leftrightarrow\boldsymbol{\alpha}_1,\boldsymbol{\alpha}_2$ 线性无关,且 $\boldsymbol{\alpha}_1,\boldsymbol{\alpha}_2,\boldsymbol{\alpha}_3$ 线性相关.

答案　(D).

评注　将几何问题转化为代数问题是解决该类题目的关键.

例 13　设 $\boldsymbol{A}$ 是 $m\times n$ 矩阵,线性方程组(Ⅰ):$\boldsymbol{AX}=\boldsymbol{b}$ 对应的齐次线性方程组为(Ⅱ):$\boldsymbol{AX}=\boldsymbol{0}$,则(　　).

(A)(Ⅰ)有无穷多解$\Rightarrow$(Ⅱ)仅有零解

(B)(Ⅰ)有无穷多解$\Rightarrow$(Ⅱ)有无穷多解

(C)(Ⅱ)仅有零解$\Rightarrow$(Ⅰ)有唯一解

(D)(Ⅱ)有非零解$\Rightarrow$(Ⅰ)有无穷多解

分析　由非齐次方程组解的结构知,(B)是正确的,(A)不正确;(C)与(D)不正确的原因是(Ⅱ)有解时(Ⅰ)可能无解.

答案　(B).

评注　非齐次方程组 $\boldsymbol{AX}=\boldsymbol{b}$ 有解的充分必要条件是 $R(\boldsymbol{A})=R(\boldsymbol{A},\boldsymbol{b})$,与齐次方程组 $\boldsymbol{AX}=\boldsymbol{0}$ 有多少解无关.

例 14　设有齐次线性方程组 $\boldsymbol{AX}=\boldsymbol{0}$ 和 $\boldsymbol{BX}=\boldsymbol{0}$,其中 $\boldsymbol{A},\boldsymbol{B}$ 均为 $m\times n$ 矩阵,现有4个命题:

① 若 $\boldsymbol{AX}=\boldsymbol{0}$ 的解均为 $\boldsymbol{BX}=\boldsymbol{0}$ 的解,则 $R(\boldsymbol{A})\geqslant R(\boldsymbol{B})$;

② 若 $R(\boldsymbol{A})\geqslant R(\boldsymbol{B})$,则 $\boldsymbol{AX}=\boldsymbol{0}$ 的解均为 $\boldsymbol{BX}=\boldsymbol{0}$ 的解;

③ 若 $\boldsymbol{AX}=\boldsymbol{0}$ 与 $\boldsymbol{BX}=\boldsymbol{0}$ 同解,则 $R(\boldsymbol{A})=R(\boldsymbol{B})$;

④ 若 $R(\boldsymbol{A})=R(\boldsymbol{B})$,则 $\boldsymbol{AX}=\boldsymbol{0}$ 与 $\boldsymbol{BX}=\boldsymbol{0}$ 同解.

以上命题正确的是(　　)

(A) ①②　　(B) ①③　　(C) ②④　　(D) ③④

分析　若 $\boldsymbol{AX}=\boldsymbol{0}$ 的解均为 $\boldsymbol{BX}=\boldsymbol{0}$ 的解,则 $\boldsymbol{AX}=\boldsymbol{0}$ 的解空间的维数不超过 $\boldsymbol{BX}=\boldsymbol{0}$ 的解空间的维数,即 $n-R(\boldsymbol{A})\leqslant n-R(\boldsymbol{B})$,①正确. 而根据两个解空间的维数的大小关系不能得出其对应的齐次线性方程组的解集的包含关系,所以②不成立,即(A),(C)不对. 只需考虑(B),(D)两项的正确性. 显然④不成立,故选(B).

答案　(B).

例 15 设 n 阶矩阵 $\boldsymbol{A}$ 的伴随矩阵 $\boldsymbol{A}^* \neq \boldsymbol{O}$，若 $\boldsymbol{\xi}_1,\boldsymbol{\xi}_2,\boldsymbol{\xi}_3,\boldsymbol{\xi}_4$ 是非齐次线性方程组 $\boldsymbol{AX}=\boldsymbol{b}$ 的互不相等的解，则对应的齐次线性方程组 $\boldsymbol{AX}=\boldsymbol{0}$ 的基础解系（　　）.

(A) 不存在　　　　　　　　　　(B) 仅含一个非零向量

(C) 含有两个线性无关的向量　　(D) 含有三个线性无关的向量

分析 矩阵与其伴随矩阵的秩之间的关系为

$$R(\boldsymbol{A}^*)=\begin{cases}0, & R(\boldsymbol{A})<n-1,\\ 1, & R(\boldsymbol{A})=n-1,\\ n, & R(\boldsymbol{A})=n.\end{cases}$$

因为 $\boldsymbol{A}^* \neq \boldsymbol{O}$，所以 $R(\boldsymbol{A}^*)\neq 0$，则 $R(\boldsymbol{A})=n$ 或 $n-1$. 因为线性方程组 $\boldsymbol{AX}=\boldsymbol{b}$ 有互不相等的解 $\boldsymbol{\xi}_1,\boldsymbol{\xi}_2,\boldsymbol{\xi}_3,\boldsymbol{\xi}_4$，即解不唯一，则矩阵 $\boldsymbol{A}$ 不是满秩矩阵，即 $R(\boldsymbol{A})\neq n$，从而 $R(\boldsymbol{A})=n-1$. 故齐次线性方程组 $\boldsymbol{AX}=\boldsymbol{0}$ 的基础解系仅含一个解向量.

答案 (B).

（二）解答题

例 1 已知 $\boldsymbol{\alpha}_1=(1,4,0,2)^{\mathrm{T}}$，$\boldsymbol{\alpha}_2=(2,7,1,3)^{\mathrm{T}}$，$\boldsymbol{\alpha}_3=(0,1,-1,a)^{\mathrm{T}}$，$\boldsymbol{\beta}=(3,10,b,4)^{\mathrm{T}}$，问

(1) a,b 取何值时，$\boldsymbol{\beta}$ 不能由 $\boldsymbol{\alpha}_1,\boldsymbol{\alpha}_2,\boldsymbol{\alpha}_3$ 由线性表出；

(2) a,b 取何值时，$\boldsymbol{\beta}$ 能由 $\boldsymbol{\alpha}_1,\boldsymbol{\alpha}_2,\boldsymbol{\alpha}_3$ 唯一线性表出？并写出表示式.

分析 这一类问题可以归结为讨论线性方程组 $x_1\boldsymbol{\alpha}_1+x_2\boldsymbol{\alpha}_2+x_3\boldsymbol{\alpha}_3=\boldsymbol{\beta}$ 解的情况来确定. 若方程组有解，则 $\boldsymbol{\beta}$ 能由 $\boldsymbol{\alpha}_1,\boldsymbol{\alpha}_2,\boldsymbol{\alpha}_3$ 线性表出，而且根据其解可以写出表示式. 若方程组无解，则 $\boldsymbol{\beta}$ 不能由 $\boldsymbol{\alpha}_1,\boldsymbol{\alpha}_2,\boldsymbol{\alpha}_3$ 线性表出.

解 设 $x_1\boldsymbol{\alpha}_1+x_2\boldsymbol{\alpha}_2+x_3\boldsymbol{\alpha}_3=\boldsymbol{\beta}$. 因为

$$\left(\begin{array}{ccc:c}1&2&0&3\\4&7&1&10\\0&1&-1&b\\2&3&a&4\end{array}\right)\to\left(\begin{array}{ccc:c}1&2&0&3\\0&-1&1&-2\\0&1&-1&b\\0&-1&a&-2\end{array}\right)\to\left(\begin{array}{ccc:c}1&2&0&3\\0&-1&1&-2\\0&0&a-1&0\\0&0&0&b-2\end{array}\right),$$

所以当 $b\neq 2$ 时，线性方程组 $(\boldsymbol{\alpha}_1,\boldsymbol{\alpha}_2,\boldsymbol{\alpha}_3)\boldsymbol{X}=\boldsymbol{\beta}$ 无解，此时 $\boldsymbol{\beta}$ 不能由 $\boldsymbol{\alpha}_1,\boldsymbol{\alpha}_2,\boldsymbol{\alpha}_3$ 线性表出.

当 $b=2,a\neq 1$ 时，线性方程组 $(\boldsymbol{\alpha}_1,\boldsymbol{\alpha}_2,\boldsymbol{\alpha}_3)\boldsymbol{X}=\boldsymbol{\beta}$ 有唯一解

$$\boldsymbol{X}=(x_1,x_2,x_3)^{\mathrm{T}}=(-1,2,0)^{\mathrm{T}},$$

此时 $\boldsymbol{\beta}$ 能由 $\boldsymbol{\alpha}_1,\boldsymbol{\alpha}_2,\boldsymbol{\alpha}_3$ 唯一线性表出，

$$\boldsymbol{\beta}=-\boldsymbol{\alpha}_1+2\boldsymbol{\alpha}_2+0\boldsymbol{\alpha}_3.$$

例 2 λ 取何值时，方程组 $\begin{cases}2x_1+\lambda x_2-x_3=1,\\ \lambda x_1-x_2+x_3=2,\\ 4x_1+5x_2-5x_3=-1\end{cases}$ 无解、有唯一解或有无穷多解？

分析 方程组是否有解取决于 $R(\boldsymbol{A})$ 与 $R(\bar{\boldsymbol{A}})$ 是否相等. 在有解的条件下,解是否唯一取决于 $\boldsymbol{A}$ 是否是列满秩的. 当 $\boldsymbol{A}$ 是方阵时,考察其行列式是否为零较为简便.

解 设方程组的系数矩阵的为 $\boldsymbol{A}$,则

$$|\boldsymbol{A}|=\begin{vmatrix}2&\lambda&-1\\\lambda&-1&1\\4&5&-5\end{vmatrix}=(5\lambda+4)(\lambda-1),$$

所以当 $\lambda\neq1$ 且 $\lambda\neq-\dfrac{4}{5}$ 时,$|\boldsymbol{A}|\neq0$,方程组有唯一解;

当 $\lambda=-\dfrac{4}{5}$ 时,

$$\bar{\boldsymbol{A}}=\left(\begin{array}{ccc:c}2&-\frac{4}{5}&-1&1\\-\frac{4}{5}&-1&1&2\\4&5&-5&-1\end{array}\right)\to\left(\begin{array}{ccc:c}10&-4&-5&5\\-4&-5&5&10\\4&5&-5&-1\end{array}\right)\to\left(\begin{array}{ccc:c}10&-4&-5&5\\-4&-5&5&10\\0&0&0&9\end{array}\right),$$

$R(\boldsymbol{A})=2,R(\bar{\boldsymbol{A}})=3$,方程组无解;

当 $\lambda=1$ 时,

$$\boldsymbol{A}=\left(\begin{array}{ccc:c}2&1&-1&1\\1&-1&1&2\\4&5&-5&-1\end{array}\right)\to\left(\begin{array}{ccc:c}0&3&-3&-3\\1&-1&1&2\\0&9&-9&-9\end{array}\right)\to\left(\begin{array}{ccc:c}1&-1&1&2\\0&3&-3&-3\\0&0&0&0\end{array}\right),$$

有 $R(\boldsymbol{A})=R(\bar{\boldsymbol{A}})=2<3$,方程组有无穷多解.

评注 由于线性方程组中含有参数 λ,若直接用矩阵的行初等变换化 $\bar{\boldsymbol{A}}$ 为上三角形来讨论 $R(\boldsymbol{A})$ 与 $R(\bar{\boldsymbol{A}})$ 是否相等,以确定方程组解的情况会困难些,读者可作验证.

例 3 设 3 维向量 $\boldsymbol{\alpha}_1=(1,1,0)^{\mathrm{T}},\boldsymbol{\alpha}_2=(5,3,2)^{\mathrm{T}},\boldsymbol{\alpha}_3=(1,3,-1)^{\mathrm{T}},\boldsymbol{\alpha}_4=(-2,2,-3)^{\mathrm{T}}$. 又设 $\boldsymbol{A}$ 是 3 阶矩阵,满足 $\boldsymbol{A}\boldsymbol{\alpha}_1=\boldsymbol{\alpha}_2,\boldsymbol{A}\boldsymbol{\alpha}_2=\boldsymbol{\alpha}_3,\boldsymbol{A}\boldsymbol{\alpha}_3=\boldsymbol{\alpha}_4$,求 $\boldsymbol{A}\boldsymbol{\alpha}_4$.

分析 1 可将关系式 $\boldsymbol{A}\boldsymbol{\alpha}_1=\boldsymbol{\alpha}_2,\boldsymbol{A}\boldsymbol{\alpha}_2=\boldsymbol{\alpha}_3,\boldsymbol{A}\boldsymbol{\alpha}_3=\boldsymbol{\alpha}_4$ 写成矩阵形式,并求出 $\boldsymbol{A}$,则 $\boldsymbol{A}\boldsymbol{\alpha}_4$ 就容易计算了.

解法 1 由题设,可以用分块矩阵表示为 $\boldsymbol{A}(\boldsymbol{\alpha}_1,\boldsymbol{\alpha}_2,\boldsymbol{\alpha}_3)=(\boldsymbol{\alpha}_2,\boldsymbol{\alpha}_3,\boldsymbol{\alpha}_4)$. 由于

$$|(\boldsymbol{\alpha}_1,\boldsymbol{\alpha}_2,\boldsymbol{\alpha}_3)|=\begin{vmatrix}1&5&1\\1&3&3\\0&2&-1\end{vmatrix}=-2\neq0,$$

所以 $(\boldsymbol{\alpha}_1,\boldsymbol{\alpha}_2,\boldsymbol{\alpha}_3)$ 为可逆矩阵,从而

$$\boldsymbol{A}=(\boldsymbol{\alpha}_2,\boldsymbol{\alpha}_3,\boldsymbol{\alpha}_4)(\boldsymbol{\alpha}_1,\boldsymbol{\alpha}_2,\boldsymbol{\alpha}_3)^{-1}=\begin{pmatrix}5&1&-2\\3&3&2\\2&-1&-3\end{pmatrix}\begin{pmatrix}1&5&1\\1&3&3\\0&2&-1\end{pmatrix}^{-1}$$

$$=\begin{pmatrix}5&1&-2\\3&3&2\\2&-1&-3\end{pmatrix}\begin{pmatrix}\frac{9}{2}&-\frac{7}{2}&-6\\-\frac{1}{2}&\frac{1}{2}&1\\-1&1&1\end{pmatrix}=\begin{pmatrix}24&-19&-31\\10&-7&-13\\\frac{25}{2}&-\frac{21}{2}&-16\end{pmatrix}.$$

由此得 $A\alpha_4=\begin{pmatrix}7\\5\\2\end{pmatrix}$.

分析 2 显然 $\alpha_1,\alpha_2,\alpha_3,\alpha_4$ 是线性相关的，如果将 α_4 用 $\alpha_1,\alpha_2,\alpha_3$ 线性表出，则 $A\alpha_4$ 也就容易计算了.

解法 2 设 $\alpha_4=x_1\alpha_1+x_2\alpha_2+x_3\alpha_3$，对方程组的增广矩阵作初等变换得

$$\left(\begin{array}{ccc:c}1&5&1&-2\\1&3&3&2\\0&2&-1&-3\end{array}\right)\to\left(\begin{array}{ccc:c}1&5&1&-2\\0&-2&2&4\\0&2&-1&-3\end{array}\right)\to\left(\begin{array}{ccc:c}1&5&1&-2\\0&1&-1&-2\\0&0&1&1\end{array}\right)\to\left(\begin{array}{ccc:c}1&0&0&2\\0&1&0&-1\\0&0&1&1\end{array}\right),$$

解出 $\alpha_4=2\alpha_1-\alpha_2+\alpha_3$，则

$$A\alpha_4=A(2\alpha_1-\alpha_2+\alpha_3)=2A\alpha_1-A\alpha_2+A\alpha_3=2\begin{pmatrix}5\\3\\2\end{pmatrix}-\begin{pmatrix}1\\3\\-1\end{pmatrix}+\begin{pmatrix}-2\\2\\-3\end{pmatrix}=\begin{pmatrix}7\\5\\2\end{pmatrix}.$$

评注 解法 1 的思路比较直接，易于理解，但计算量较大. 解法 2 先将 α_4 用 $\alpha_1,\alpha_2,\alpha_3$ 线性表出，省略了求矩阵 A，计算量更小.

例 4 下列各向量组是否等价，若等价，写出线性表示式：

(1) $\alpha_1=(1,-1,1)^T,\alpha_2=(2,1,0)^T$ 和 $\beta_1=(4,-1,2)^T,\beta_2=(1,2,-1)^T,\beta_3=(-2,5,-4)^T$；

(2) $\alpha_1=(1,0,-1)^T,\alpha_2=(1,-2,4)^T,\alpha_3=(2,-1,-1)^T$ 和 $\beta_1=(1,1,1)^T,\beta_2=(-1,-1,2)^T,\beta_3=(3,3,6)^T$.

分析 由非齐次线性方程组 $AX=b$ 有解的充分必要条件是 $R(A,b)=R(A)$ 可知，向量组 β_1,β_2,β_3 能由 α_1,α_2 线性表出的充分必要条件是 $R(\alpha_1,\alpha_2)=R(\alpha_1,\alpha_2,\beta_1,\beta_2,\beta_3)$；交换两组向量的位置，可判定 α_1,α_2 能否由 β_1,β_2,β_3 线性表出.

解 (1) 由

$$(\alpha_1,\alpha_2,\beta_1,\beta_2,\beta_3)=\begin{pmatrix}1&2&4&1&-2\\-1&1&-1&2&5\\1&0&2&-1&-4\end{pmatrix}$$

$$\to\begin{pmatrix}1&2&4&1&-2\\0&3&3&3&3\\0&-2&-2&-2&-2\end{pmatrix}\to\begin{pmatrix}1&0&2&-1&-4\\0&1&1&1&1\\0&0&0&0&0\end{pmatrix},$$

得 $\beta_1=2\alpha_1+\alpha_2,\beta_2=-\alpha_1+\alpha_2,\beta_3=-4\alpha_1+\alpha_2$.

由此可解出

$$\boldsymbol{\alpha}_1=\frac{1}{3}\boldsymbol{\beta}_1-\frac{1}{3}\boldsymbol{\beta}_2+0\cdot\boldsymbol{\beta}_3,\quad \boldsymbol{\alpha}_2=\frac{1}{3}\boldsymbol{\beta}_1+\frac{2}{3}\boldsymbol{\beta}_2+0\cdot\boldsymbol{\beta}_3.$$

故两向量组等价.

(2)

$$(\boldsymbol{\beta}_1,\boldsymbol{\beta}_2,\boldsymbol{\beta}_3,\boldsymbol{\alpha}_1,\boldsymbol{\alpha}_2,\boldsymbol{\alpha}_3)=\begin{pmatrix}1&-1&3&1&1&2\\1&-1&3&0&-2&-1\\1&2&6&-1&4&-1\end{pmatrix}\to\begin{pmatrix}1&-1&3&1&1&2\\0&3&3&-2&3&-3\\0&0&0&1&3&3\end{pmatrix},$$

可见 $R(\boldsymbol{\beta}_1,\boldsymbol{\beta}_2,\boldsymbol{\beta}_3)=2\neq R(\boldsymbol{\beta}_1,\boldsymbol{\beta}_2,\boldsymbol{\beta}_3,\boldsymbol{\alpha}_1,\boldsymbol{\alpha}_2,\boldsymbol{\alpha}_3)=3$,知 $\boldsymbol{\alpha}_1,\boldsymbol{\alpha}_2,\boldsymbol{\alpha}_3$ 不能由 $\boldsymbol{\beta}_1,\boldsymbol{\beta}_2,\boldsymbol{\beta}_3$ 线性表出,所以两向量组不等价.

评注 向量组等价与矩阵等价在概念上的不同,其判别方法分别为

(1) 矩阵 $\boldsymbol{A}$ 与 $\boldsymbol{B}$ 等价$\Leftrightarrow\boldsymbol{A},\boldsymbol{B}$ 为同型矩阵,且 $R(\boldsymbol{A})=R(\boldsymbol{B})$.

(2) 矩阵 $\boldsymbol{A}$ 与 $\boldsymbol{B}$ 的列向量组等价$\Leftrightarrow\boldsymbol{A},\boldsymbol{B}$ 同行数,且 $R(\boldsymbol{A})=R(\boldsymbol{A},\boldsymbol{B})=R(\boldsymbol{B})$.

例 5 设向量组 $\boldsymbol{\alpha}_1,\boldsymbol{\alpha}_2,\boldsymbol{\alpha}_3$ 线性相关,$\boldsymbol{\alpha}_2,\boldsymbol{\alpha}_3,\boldsymbol{\alpha}_4$ 线性无关,问 $\boldsymbol{\alpha}_4$ 能否由 $\boldsymbol{\alpha}_1,\boldsymbol{\alpha}_2,\boldsymbol{\alpha}_3$ 线性表出?

分析 由 $\boldsymbol{\alpha}_2,\boldsymbol{\alpha}_3,\boldsymbol{\alpha}_4$ 线性无关$\Rightarrow\boldsymbol{\alpha}_2,\boldsymbol{\alpha}_3$ 线性无关,且 $\boldsymbol{\alpha}_4$ 不能由 $\boldsymbol{\alpha}_2,\boldsymbol{\alpha}_3$ 表出.

又由 $\boldsymbol{\alpha}_1,\boldsymbol{\alpha}_2,\boldsymbol{\alpha}_3$ 线性相关$\Rightarrow\boldsymbol{\alpha}_1$ 可由 $\boldsymbol{\alpha}_2,\boldsymbol{\alpha}_3$ 线性表出.可见 $\boldsymbol{\alpha}_4$ 不能由 $\boldsymbol{\alpha}_1,\boldsymbol{\alpha}_2,\boldsymbol{\alpha}_3$ 表出.

解 由 $\boldsymbol{\alpha}_2,\boldsymbol{\alpha}_3,\boldsymbol{\alpha}_4$ 线性无关$\Rightarrow\boldsymbol{\alpha}_2,\boldsymbol{\alpha}_3$ 线性无关.

又由 $\boldsymbol{\alpha}_1,\boldsymbol{\alpha}_2,\boldsymbol{\alpha}_3$ 线性相关$\Rightarrow\boldsymbol{\alpha}_1$ 可由 $\boldsymbol{\alpha}_2,\boldsymbol{\alpha}_3$ 线性表出.

设

$$\boldsymbol{\alpha}_1=k_2\boldsymbol{\alpha}_2+k_3\boldsymbol{\alpha}_3,\tag{4-2}$$

若 $\boldsymbol{\alpha}_4$ 可由 $\boldsymbol{\alpha}_1,\boldsymbol{\alpha}_2,\boldsymbol{\alpha}_3$ 线性表出,则

$$\boldsymbol{\alpha}_4=l_1\boldsymbol{\alpha}_1+l_2\boldsymbol{\alpha}_2+l_3\boldsymbol{\alpha}_3,$$

将(4-2)代入上式得

$$\boldsymbol{\alpha}_4=(l_1k_2+l_2)\boldsymbol{\alpha}_2+(l_1k_3+l_3)\boldsymbol{\alpha}_3.$$

这表明 $\boldsymbol{\alpha}_2,\boldsymbol{\alpha}_3,\boldsymbol{\alpha}_4$ 线性相关,与已知矛盾. 故 $\boldsymbol{\alpha}_4$ 不能由 $\boldsymbol{\alpha}_1,\boldsymbol{\alpha}_2,\boldsymbol{\alpha}_3$ 线性表出.

例 6 设向量组 $\boldsymbol{\alpha}_1,\boldsymbol{\alpha}_2,\cdots,\boldsymbol{\alpha}_n(n\geqslant 2)$线性无关,试问向量组 $\boldsymbol{\alpha}_1+\boldsymbol{\alpha}_2,\boldsymbol{\alpha}_2+\boldsymbol{\alpha}_3,\cdots,\boldsymbol{\alpha}_{n-1}+\boldsymbol{\alpha}_n,\boldsymbol{\alpha}_n+\boldsymbol{\alpha}_1$ 是否线性无关?

分析 1 按定义,只需判定齐次线性方程组

$$x_1(\boldsymbol{\alpha}_1+\boldsymbol{\alpha}_2)+x_2(\boldsymbol{\alpha}_2+\boldsymbol{\alpha}_3)+\cdots+x_{n-1}(\boldsymbol{\alpha}_{n-1}+\boldsymbol{\alpha}_n)+x_n(\boldsymbol{\alpha}_n+\boldsymbol{\alpha}_1)=\mathbf{0}$$

是否有非零解.

解法 1 设 $x_1(\boldsymbol{\alpha}_1+\boldsymbol{\alpha}_2)+x_2(\boldsymbol{\alpha}_2+\boldsymbol{\alpha}_3)+\cdots+x_{n-1}(\boldsymbol{\alpha}_{n-1}+\boldsymbol{\alpha}_n)+x_n(\boldsymbol{\alpha}_n+\boldsymbol{\alpha}_1)=\mathbf{0}$,即有

$$(x_1+x_n)\boldsymbol{\alpha}_1+(x_1+x_2)\boldsymbol{\alpha}_2+\cdots+(x_{n-1}+x_n)\boldsymbol{\alpha}_n=\mathbf{0},$$

由 $\boldsymbol{\alpha}_1,\boldsymbol{\alpha}_2,\cdots,\boldsymbol{\alpha}_n$ 线性无关得

$$\begin{cases}x_1+x_n=0,\\x_1+x_2=0,\\\cdots\cdots\cdots\cdots\\x_{n-1}+x_n=0.\end{cases}\tag{4-3}$$

方程组的系数行列式

$$D_n=\begin{vmatrix}1&0&0&\cdots&0&1\\1&1&0&\cdots&0&0\\0&1&1&\cdots&0&0\\\vdots&\vdots&\vdots&&\vdots&\vdots\\0&0&0&\cdots&1&0\\0&0&0&\cdots&1&1\end{vmatrix}\xlongequal{\text{按 } r_1 \text{ 展开}}1+(-1)^{n+1}=\begin{cases}2, n\text{ 为奇数},\\0, n\text{ 为偶数}.\end{cases}$$

故当 n 为奇数时,$D_n\neq0$,方程组(4-3)只有零解,向量组线性无关;当 n 为偶数时,$D_n=0$,方程组(4-3)有非零解,向量组线性相关.

分析 2 不妨设 $\boldsymbol{\alpha}_1,\boldsymbol{\alpha}_2,\cdots,\boldsymbol{\alpha}_n$ 为列向量组,

$$(\boldsymbol{\alpha}_1+\boldsymbol{\alpha}_2,\boldsymbol{\alpha}_2+\boldsymbol{\alpha}_3,\cdots,\boldsymbol{\alpha}_{n-1}+\boldsymbol{\alpha}_n,\boldsymbol{\alpha}_n+\boldsymbol{\alpha}_1)=(\boldsymbol{\alpha}_1,\boldsymbol{\alpha}_2,\cdots,\boldsymbol{\alpha}_{n-1},\boldsymbol{\alpha}_n)\begin{pmatrix}1&0&0&\cdots&0&1\\1&1&0&\cdots&0&0\\0&1&1&\cdots&0&0\\\vdots&\vdots&\vdots&&\vdots&\vdots\\0&0&0&\cdots&1&0\\0&0&0&\cdots&1&1\end{pmatrix},\tag{4-4}$$

由于 $\boldsymbol{\alpha}_1,\boldsymbol{\alpha}_2,\cdots,\boldsymbol{\alpha}_n$ 线性无关,则(4-4)式左边矩阵的列向量组是否线性无关取决于右边的矩阵是否可逆.

解法 2 记(4-4)式右边的矩阵为 $\boldsymbol{A}$,即有

$$(\boldsymbol{\alpha}_1+\boldsymbol{\alpha}_2,\boldsymbol{\alpha}_2+\boldsymbol{\alpha}_3,\cdots,\boldsymbol{\alpha}_{n-1}+\boldsymbol{\alpha}_n,\boldsymbol{\alpha}_n+\boldsymbol{\alpha}_1)=(\boldsymbol{\alpha}_1,\boldsymbol{\alpha}_2,\cdots,\boldsymbol{\alpha}_{n-1},\boldsymbol{\alpha}_n)\boldsymbol{A}.$$

由解法 1 知,$|\boldsymbol{A}|=\begin{cases}2, n\text{ 为奇数},\\0, n\text{ 为偶数}.\end{cases}$

当 n 为奇数时,$|\boldsymbol{A}|=2$,$\boldsymbol{A}$ 可逆,有

$$(\boldsymbol{\alpha}_1+\boldsymbol{\alpha}_2,\boldsymbol{\alpha}_2+\boldsymbol{\alpha}_3,\cdots,\boldsymbol{\alpha}_{n-1}+\boldsymbol{\alpha}_n,\boldsymbol{\alpha}_n+\boldsymbol{\alpha}_1)\boldsymbol{A}^{-1}=(\boldsymbol{\alpha}_1,\boldsymbol{\alpha}_2,\cdots,\boldsymbol{\alpha}_{n-1},\boldsymbol{\alpha}_n),$$

则向量组 $\boldsymbol{\alpha}_1+\boldsymbol{\alpha}_2,\boldsymbol{\alpha}_2+\boldsymbol{\alpha}_3,\cdots,\boldsymbol{\alpha}_{n-1}+\boldsymbol{\alpha}_n,\boldsymbol{\alpha}_n+\boldsymbol{\alpha}_1$ 与 $\boldsymbol{\alpha}_1,\boldsymbol{\alpha}_2,\cdots,\boldsymbol{\alpha}_n$ 等价,有

$$R(\boldsymbol{\alpha}_1+\boldsymbol{\alpha}_2,\boldsymbol{\alpha}_2+\boldsymbol{\alpha}_3,\cdots,\boldsymbol{\alpha}_{n-1}+\boldsymbol{\alpha}_n,\boldsymbol{\alpha}_n+\boldsymbol{\alpha}_1)=R(\boldsymbol{\alpha}_1,\boldsymbol{\alpha}_2,\cdots,\boldsymbol{\alpha}_{n-1},\boldsymbol{\alpha}_n)=n,$$

故向量组 $\boldsymbol{\alpha}_1+\boldsymbol{\alpha}_2,\boldsymbol{\alpha}_2+\boldsymbol{\alpha}_3,\cdots,\boldsymbol{\alpha}_{n-1}+\boldsymbol{\alpha}_n,\boldsymbol{\alpha}_n+\boldsymbol{\alpha}_1$ 线性无关.

当 n 为偶数时,$|\boldsymbol{A}|=0$,$R(\boldsymbol{A})<n$,有

$$R(\boldsymbol{\alpha}_1+\boldsymbol{\alpha}_2,\boldsymbol{\alpha}_2+\boldsymbol{\alpha}_3,\cdots,\boldsymbol{\alpha}_{n-1}+\boldsymbol{\alpha}_n,\boldsymbol{\alpha}_n+\boldsymbol{\alpha}_1)\leqslant R(\boldsymbol{A})<n,$$

故向量组 $\boldsymbol{\alpha}_1+\boldsymbol{\alpha}_2,\boldsymbol{\alpha}_2+\boldsymbol{\alpha}_3,\cdots,\boldsymbol{\alpha}_{n-1}+\boldsymbol{\alpha}_n,\boldsymbol{\alpha}_n+\boldsymbol{\alpha}_1$ 线性相关.

例 7 设向量组

$\boldsymbol{\alpha}_1=(1,1,1,3)^{\mathrm{T}}$, $\boldsymbol{\alpha}_2=(-1,-3,5,1)^{\mathrm{T}}$, $\boldsymbol{\alpha}_3=(3,2,-1,p+2)^{\mathrm{T}}$, $\boldsymbol{\alpha}_4=(-2,-6,10,p)^{\mathrm{T}}$,

试问:p 为何值时,该向量组线性相关?并在此时求出它的秩和一个最大无关组.

分析 向量组的秩即为矩阵 $\boldsymbol{A}=(\boldsymbol{\alpha}_1,\boldsymbol{\alpha}_2,\boldsymbol{\alpha}_3,\boldsymbol{\alpha}_4)$ 的秩,向量组线性相关 $\Leftrightarrow R(\boldsymbol{A})<4$ 或 $|\boldsymbol{A}|=0$. 为便于找出一个最大无关组,用行初等变换求 $R(\boldsymbol{A})$ 更方便.

解 对矩阵 $(\boldsymbol{\alpha}_1,\boldsymbol{\alpha}_2,\boldsymbol{\alpha}_3,\boldsymbol{\alpha}_4)$ 作行初等变换得

$$\begin{pmatrix}1&-1&3&-2\\1&-3&2&-6\\1&5&-1&10\\3&1&p+2&p\end{pmatrix}\rightarrow\begin{pmatrix}1&-1&3&-2\\0&-2&-1&-4\\0&6&-4&12\\0&4&p-7&p+6\end{pmatrix}\rightarrow\begin{pmatrix}1&-1&3&-2\\0&-2&-1&-4\\0&0&-7&0\\0&0&p-9&p-2\end{pmatrix}\rightarrow$$

$$\begin{pmatrix}1&-1&3&-2\\0&-2&-1&-4\\0&0&1&0\\0&0&0&p-2\end{pmatrix}.$$

当 $p=2$ 时,向量组 $\boldsymbol{\alpha}_1,\boldsymbol{\alpha}_2,\boldsymbol{\alpha}_3,\boldsymbol{\alpha}_4$ 线性相关,此时向量组的秩为 3,$\boldsymbol{\alpha}_1,\boldsymbol{\alpha}_2,\boldsymbol{\alpha}_3$ 为其一个最大无关组.

例 8 已知 4 阶方阵 $\boldsymbol{A}=(\boldsymbol{\alpha}_1,\boldsymbol{\alpha}_2,\boldsymbol{\alpha}_3,\boldsymbol{\alpha}_4)$,其中 $\boldsymbol{\alpha}_2,\boldsymbol{\alpha}_3,\boldsymbol{\alpha}_4$ 线性无关,$\boldsymbol{\alpha}_1=2\boldsymbol{\alpha}_2-\boldsymbol{\alpha}_3$,若 $\boldsymbol{\beta}=\boldsymbol{\alpha}_1+\boldsymbol{\alpha}_2+\boldsymbol{\alpha}_3+\boldsymbol{\alpha}_4$,求解线性方程组 $\boldsymbol{AX}=\boldsymbol{\beta}$.

分析 将 $\boldsymbol{\beta}=\boldsymbol{\alpha}_1+\boldsymbol{\alpha}_2+\boldsymbol{\alpha}_3+\boldsymbol{\alpha}_4$ 与 $\boldsymbol{\alpha}_1=2\boldsymbol{\alpha}_2-\boldsymbol{\alpha}_3$ 代入方程组 $\boldsymbol{AX}=\boldsymbol{\beta}$,化简后再求解. 因此,需将方程组 $\boldsymbol{AX}=\boldsymbol{\beta}$ 写成向量形式.

解 方程组可写为

$$(\boldsymbol{\alpha}_1,\boldsymbol{\alpha}_2,\boldsymbol{\alpha}_3,\boldsymbol{\alpha}_4)\begin{pmatrix}x_1\\x_2\\x_3\\x_4\end{pmatrix}=\boldsymbol{\beta}=\boldsymbol{\alpha}_1+\boldsymbol{\alpha}_2+\boldsymbol{\alpha}_3+\boldsymbol{\alpha}_4,$$

即

$$x_1\boldsymbol{\alpha}_1+x_2\boldsymbol{\alpha}_2+x_3\boldsymbol{\alpha}_3+x_4\boldsymbol{\alpha}_4=\boldsymbol{\alpha}_1+\boldsymbol{\alpha}_2+\boldsymbol{\alpha}_3+\boldsymbol{\alpha}_4.$$

将 $\boldsymbol{\alpha}_1=2\boldsymbol{\alpha}_2-\boldsymbol{\alpha}_3$ 代入,得

$$(2x_1+x_2-3)\boldsymbol{\alpha}_2+(-x_1+x_3)\boldsymbol{\alpha}_3+(x_4-1)\boldsymbol{\alpha}_4=\boldsymbol{0}.$$

因 $\boldsymbol{\alpha}_2,\boldsymbol{\alpha}_3,\boldsymbol{\alpha}_4$ 线性无关,可得

$$\begin{cases}2x_1+x_2-3=0,\\-x_1+x_3=0,\\x_4-1=0,\end{cases}$$

解该方程组得$\begin{cases}x_1=k,\\x_2=3-2k,\\x_3=k,\\x_4=1,\end{cases}$其中 k 为任意常数.

例 9 已知向量组 $\boldsymbol{\beta}_1=(0,1,-1)^{\mathrm T},\boldsymbol{\beta}_2=(a,2,1)^{\mathrm T},\boldsymbol{\beta}_3=(b,1,0)^{\mathrm T}$ 与 $\boldsymbol{\alpha}_1=(1,2,-3)^{\mathrm T},\boldsymbol{\alpha}_2=(3,0,1)^{\mathrm T},\boldsymbol{\alpha}_3=(9,6,-7)^{\mathrm T}$ 具有相同的秩,且 $\boldsymbol{\beta}_3$ 可由 $\boldsymbol{\alpha}_1,\boldsymbol{\alpha}_2,\boldsymbol{\alpha}_3$ 线性表出. 求 a,b 的值.

分析 易求得 $R(\boldsymbol{\alpha}_1,\boldsymbol{\alpha}_2,\boldsymbol{\alpha}_3)=2$,由 $R(\boldsymbol{\beta}_1,\boldsymbol{\beta}_2,\boldsymbol{\beta}_3)=2$ 或 $\det(\boldsymbol{\beta}_1,\boldsymbol{\beta}_2,\boldsymbol{\beta}_3)=0$ 可得 a 与 b 的关系式;再由 $\boldsymbol{\beta}_3$ 可由 $\boldsymbol{\alpha}_1,\boldsymbol{\alpha}_2,\boldsymbol{\alpha}_3$ 线性表出,从而可由其最大无关组线性表出,可得类似的关系式.

解 对矩阵$(\boldsymbol{\alpha}_1,\boldsymbol{\alpha}_2,\boldsymbol{\alpha}_3)$作行初等变换得

$$\begin{pmatrix}1&3&9\\2&0&6\\-3&1&-7\end{pmatrix}\to\begin{pmatrix}1&3&9\\0&-6&-12\\0&10&20\end{pmatrix}\to\begin{pmatrix}1&3&9\\0&1&2\\0&0&0\end{pmatrix},$$

可见 $R(\boldsymbol{\alpha}_1,\boldsymbol{\alpha}_2,\boldsymbol{\alpha}_3)=2$,且 $\boldsymbol{\alpha}_1,\boldsymbol{\alpha}_2$ 是向量组 $\boldsymbol{\alpha}_1,\boldsymbol{\alpha}_2,\boldsymbol{\alpha}_3$ 的一个最大无关组.

由已知条件 $R(\boldsymbol{\beta}_1,\boldsymbol{\beta}_2,\boldsymbol{\beta}_3)=R(\boldsymbol{\alpha}_1,\boldsymbol{\alpha}_2,\boldsymbol{\alpha}_3)=2$,所以

$$|(\boldsymbol{\beta}_1,\boldsymbol{\beta}_2,\boldsymbol{\beta}_3)|=\begin{vmatrix}0&a&b\\1&2&1\\-1&1&0\end{vmatrix}=0\Rightarrow a=3b.$$

又 $\boldsymbol{\beta}_3$ 可由 $\boldsymbol{\alpha}_1,\boldsymbol{\alpha}_2,\boldsymbol{\alpha}_3$ 线性表出,从而可由 $\boldsymbol{\alpha}_1,\boldsymbol{\alpha}_2$ 线性表出,所以 $\boldsymbol{\alpha}_1,\boldsymbol{\alpha}_2,\boldsymbol{\beta}_3$ 线性相关,可得

$$|(\boldsymbol{\alpha}_1,\boldsymbol{\alpha}_2,\boldsymbol{\beta}_3)|=\begin{vmatrix}1&3&b\\2&0&1\\-3&1&0\end{vmatrix}=0\Rightarrow 2b-10=0.$$

上面两式联立求解,得 $b=5,a=15$.

例 10 已知向量组(Ⅰ):$\boldsymbol{\alpha}_1,\boldsymbol{\alpha}_2,\boldsymbol{\alpha}_3$;(Ⅱ):$\boldsymbol{\alpha}_1,\boldsymbol{\alpha}_2,\boldsymbol{\alpha}_3,\boldsymbol{\alpha}_4$;(Ⅲ):$\boldsymbol{\alpha}_1,\boldsymbol{\alpha}_2,\boldsymbol{\alpha}_3,\boldsymbol{\alpha}_5$. 如果它们的秩分别为 R(Ⅰ)$=R$(Ⅱ)$=3$,R(Ⅲ)$=4$,求 $R(\boldsymbol{\alpha}_1,\boldsymbol{\alpha}_2,\boldsymbol{\alpha}_3,\boldsymbol{\alpha}_5-\boldsymbol{\alpha}_4)$.

分析 由于 R(Ⅰ)$=R$(Ⅱ)$=3$,$\boldsymbol{\alpha}_1,\boldsymbol{\alpha}_2,\boldsymbol{\alpha}_3$ 线性无关,则 $\boldsymbol{\alpha}_1,\boldsymbol{\alpha}_2,\boldsymbol{\alpha}_3,\boldsymbol{\alpha}_5-\boldsymbol{\alpha}_4$ 的秩至少为 3,能否为 4,关键是看 $\boldsymbol{\alpha}_5-\boldsymbol{\alpha}_4$ 能否用 $\boldsymbol{\alpha}_1,\boldsymbol{\alpha}_2,\boldsymbol{\alpha}_3$ 线性表出,或看向量组 $\boldsymbol{\alpha}_1,\boldsymbol{\alpha}_2,\boldsymbol{\alpha}_3,\boldsymbol{\alpha}_5-\boldsymbol{\alpha}_4$ 是线性相关的还是线性无关的.

解法 1 由 R(Ⅰ)$=R$(Ⅱ)$=3$,知 $\boldsymbol{\alpha}_1,\boldsymbol{\alpha}_2,\boldsymbol{\alpha}_3$ 线性无关,而 $\boldsymbol{\alpha}_1,\boldsymbol{\alpha}_2,\boldsymbol{\alpha}_3,\boldsymbol{\alpha}_4$ 线性相关,故 $\boldsymbol{\alpha}_4$ 可由 $\boldsymbol{\alpha}_1,\boldsymbol{\alpha}_2,\boldsymbol{\alpha}_3$ 线性表出,设

$$\boldsymbol{\alpha}_4=x_1\boldsymbol{\alpha}_1+x_2\boldsymbol{\alpha}_2+x_3\boldsymbol{\alpha}_3.$$

若 $\boldsymbol{\alpha}_5-\boldsymbol{\alpha}_4$ 能由 $\boldsymbol{\alpha}_1,\boldsymbol{\alpha}_2,\boldsymbol{\alpha}_3$ 线性表出,设 $\boldsymbol{\alpha}_5-\boldsymbol{\alpha}_4=k_1\boldsymbol{\alpha}_1+k_2\boldsymbol{\alpha}_2+k_3\boldsymbol{\alpha}_3$,于是

$$\boldsymbol{\alpha}_5=(k_1+x_1)\boldsymbol{\alpha}_1+(k_2+x_2)\boldsymbol{\alpha}_2+(k_3+x_3)\boldsymbol{\alpha}_3,$$

即 $\boldsymbol{\alpha}_5$ 可由 $\boldsymbol{\alpha}_1,\boldsymbol{\alpha}_2,\boldsymbol{\alpha}_3$ 线性表出，则 $R(\text{Ⅲ})=3$，与已知矛盾. 按最大无关组的定义知

$$R(\boldsymbol{\alpha}_1,\boldsymbol{\alpha}_2,\boldsymbol{\alpha}_3,\boldsymbol{\alpha}_5-\boldsymbol{\alpha}_4)=4.$$

解法 2　若 $k_1\boldsymbol{\alpha}_1+k_2\boldsymbol{\alpha}_2+k_3\boldsymbol{\alpha}_3+k_4(\boldsymbol{\alpha}_5-\boldsymbol{\alpha}_4)=\mathbf{0}$，把 $\boldsymbol{\alpha}_4=x_1\boldsymbol{\alpha}_1+x_2\boldsymbol{\alpha}_2+x_3\boldsymbol{\alpha}_3$ 代入有

$$(k_1-x_1k_4)\boldsymbol{\alpha}_1+(k_2-x_2k_4)\boldsymbol{\alpha}_2+(k_3-x_3k_4)\boldsymbol{\alpha}_3+k_4\boldsymbol{\alpha}_5=\mathbf{0}.$$

由 $R(\text{Ⅲ})=4$，知 $\boldsymbol{\alpha}_1,\boldsymbol{\alpha}_2,\boldsymbol{\alpha}_3,\boldsymbol{\alpha}_5$ 线性无关，所以

$$k_1-x_1k_4=k_2-x_2k_4=k_3-x_3k_4=k_4=0,$$

由此可得 $k_1=k_2=k_3=k_4=0$，所以 $\boldsymbol{\alpha}_1,\boldsymbol{\alpha}_2,\boldsymbol{\alpha}_3,\boldsymbol{\alpha}_5-\boldsymbol{\alpha}_4$ 线性无关，$R(\boldsymbol{\alpha}_1,\boldsymbol{\alpha}_2,\boldsymbol{\alpha}_3,\boldsymbol{\alpha}_5-\boldsymbol{\alpha}_4)=4$.

例 11　设 $R(\boldsymbol{A}_{4\times4})=1$，已知 $\boldsymbol{\alpha}_1=(1,1,1,3)$，$\boldsymbol{\alpha}_2=(-1,-3,5,1)$，$\boldsymbol{\alpha}_3=(3,2,-1,p+2)$，$\boldsymbol{\alpha}_4=(-2,-6,10,p)$，$\boldsymbol{\alpha}_5=(4,1,6,11)$ 均是方程组 $\boldsymbol{AX}=\mathbf{0}$ 的解向量，问 p 应为何值，并求此时方程组的基础解系.

分析　因 $R(\boldsymbol{A}_{4\times4})=1$，则 $\boldsymbol{AX}=\mathbf{0}$ 的基础解系含有 3 个线性无关的解向量，从而 $R(\boldsymbol{\alpha}_1^{\mathrm{T}},\boldsymbol{\alpha}_2^{\mathrm{T}},\boldsymbol{\alpha}_3^{\mathrm{T}},\boldsymbol{\alpha}_4^{\mathrm{T}},\boldsymbol{\alpha}_5^{\mathrm{T}})=r\leqslant3$，令 $r=3$ 就可定出 p 的值以及 $\boldsymbol{\alpha}_1,\boldsymbol{\alpha}_2,\boldsymbol{\alpha}_3,\boldsymbol{\alpha}_4,\boldsymbol{\alpha}_5$ 的最大无关组，也就是方程组的基础解系.

解　因 $R(\boldsymbol{A}_{4\times4})=1$，则方程组 $\boldsymbol{AX}=\mathbf{0}$ 的基础解系含有 3 个线性无关的解向量. 对矩阵 $(\boldsymbol{\alpha}_1^{\mathrm{T}},\boldsymbol{\alpha}_2^{\mathrm{T}},\boldsymbol{\alpha}_3^{\mathrm{T}},\boldsymbol{\alpha}_4^{\mathrm{T}},\boldsymbol{\alpha}_5^{\mathrm{T}})$ 作行初等变换，求向量组的秩与最大无关组.

$$(\boldsymbol{\alpha}_1^{\mathrm{T}},\boldsymbol{\alpha}_2^{\mathrm{T}},\boldsymbol{\alpha}_3^{\mathrm{T}},\boldsymbol{\alpha}_4^{\mathrm{T}},\boldsymbol{\alpha}_5^{\mathrm{T}})=\begin{pmatrix}1&-1&3&-2&4\\1&-3&2&-6&1\\1&5&-1&10&6\\3&1&p+2&p&11\end{pmatrix}$$

$$\rightarrow\begin{pmatrix}1&-1&3&-2&4\\0&-2&-1&-4&-3\\0&0&-7&0&-7\\0&0&p-9&p-2&-7\end{pmatrix}\rightarrow\begin{pmatrix}1&-1&3&-2&4\\0&2&1&4&3\\0&0&1&0&1\\0&0&1&p-2&2-p\end{pmatrix}.$$

当 $p=2$ 时，$R(\boldsymbol{\alpha}_1^{\mathrm{T}},\boldsymbol{\alpha}_2^{\mathrm{T}},\boldsymbol{\alpha}_3^{\mathrm{T}},\boldsymbol{\alpha}_4^{\mathrm{T}},\boldsymbol{\alpha}_5^{\mathrm{T}})=3$，$\boldsymbol{\alpha}_1,\boldsymbol{\alpha}_2,\boldsymbol{\alpha}_3$ 是一个最大无关组，也就是方程组 $\boldsymbol{AX}=\mathbf{0}$ 的一个基础解系.

例 12　设 $\boldsymbol{\alpha}_1,\boldsymbol{\alpha}_2,\cdots,\boldsymbol{\alpha}_s$ 为线性方程组 $\boldsymbol{AX}=\mathbf{0}$ 的一个基础解系，

$$\boldsymbol{\beta}_1=t_1\boldsymbol{\alpha}_1+t_2\boldsymbol{\alpha}_2,\quad \boldsymbol{\beta}_2=t_1\boldsymbol{\alpha}_2+t_2\boldsymbol{\alpha}_3,\cdots,\boldsymbol{\beta}_s=t_1\boldsymbol{\alpha}_s+t_2\boldsymbol{\alpha}_1,$$

其中 t_1,t_2 为实常数. 问 t_1,t_2 满足什么关系时，$\boldsymbol{\beta}_1,\boldsymbol{\beta}_2,\cdots,\boldsymbol{\beta}_s$ 也为 $\boldsymbol{AX}=\mathbf{0}$ 的一个基础解系.

分析　判断一个向量组是否为线性方程组 $\boldsymbol{AX}=\mathbf{0}$ 的一个基础解系，① 要看是否是它的解；② 要看是否线性无关；③ 要看所含向量的个数是否为 $n-r$，其中 n 为未知数个数，$r=R(\boldsymbol{A})$.

解法 1　由 $\boldsymbol{\beta}_i(i=1,2,\cdots,s)$ 为 $\boldsymbol{\alpha}_1,\boldsymbol{\alpha}_2,\cdots,\boldsymbol{\alpha}_s$ 的线性组合，所以 $\boldsymbol{\beta}_i(i=1,2,\cdots,s)$ 为 $\boldsymbol{AX}=\mathbf{0}$ 的解.

设 $k_1\boldsymbol{\beta}_1+k_2\boldsymbol{\beta}_2+\cdots+k_s\boldsymbol{\beta}_s=\mathbf{0}$,即

$$k_1(t_1\boldsymbol{\alpha}_1+t_2\boldsymbol{\alpha}_2)+k_2(t_1\boldsymbol{\alpha}_2+t_2\boldsymbol{\alpha}_3)+\cdots+k_s(t_1\boldsymbol{\alpha}_s+t_2\boldsymbol{\alpha}_1)=\mathbf{0},$$

$$(k_1t_1+k_st_2)\boldsymbol{\alpha}_1+(k_1t_2+k_2t_1)\boldsymbol{\alpha}_2+\cdots+(k_{s-1}t_2+k_st_1)\boldsymbol{\alpha}_s=\mathbf{0},$$

由于 $\boldsymbol{\alpha}_1,\boldsymbol{\alpha}_2,\cdots,\boldsymbol{\alpha}_s$ 线性无关,因此有

$$\begin{cases} t_1k_1+t_2k_s=0, \\ t_2k_1+t_1k_2=0, \\ \cdots\cdots\cdots\cdots\cdots \\ t_2k_{s-1}+t_1k_s=0, \end{cases} \tag{4-5}$$

考虑方程组的系数矩阵的行列式

$$\begin{vmatrix} t_1 & 0 & 0 & \cdots & 0 & t_2 \\ t_2 & t_1 & 0 & \cdots & 0 & 0 \\ 0 & t_2 & t_1 & \cdots & 0 & 0 \\ \vdots & \vdots & \vdots & & \vdots & \vdots \\ 0 & 0 & 0 & \cdots & t_2 & t_1 \end{vmatrix}=t_1^s+(-1)^{s+1}t_2^s,$$

所以当 $t_1^s+(-1)^{s+1}t_2^s\neq 0$ 时,即当 s 为偶数时,$t_1\neq\pm t_2$,当 s 为奇数时,$t_1\neq -t_2$ 时,方程组(4-5)只有零解 $k_1=k_2=\cdots=k_s=0$,从而 $\boldsymbol{\beta}_1,\boldsymbol{\beta}_2,\cdots,\boldsymbol{\beta}_s$ 线性无关.

由于方程组 $\boldsymbol{AX}=\mathbf{0}$ 的基础解系含有 s 个解向量,所以 $\boldsymbol{\beta}_1,\boldsymbol{\beta}_2,\cdots,\boldsymbol{\beta}_s$ 也为该方程组的一个基础解系.

解法 2 由题设知

$$(\boldsymbol{\beta}_1,\boldsymbol{\beta}_2,\cdots,\boldsymbol{\beta}_s)=(\boldsymbol{\alpha}_1,\boldsymbol{\alpha}_2,\cdots,\boldsymbol{\alpha}_s)\begin{pmatrix} t_1 & 0 & \cdots & 0 & t_2 \\ t_2 & t_1 & \cdots & 0 & 0 \\ \vdots & \vdots & & \vdots & \vdots \\ 0 & 0 & \cdots & t_1 & 0 \\ 0 & 0 & \cdots & t_2 & t_1 \end{pmatrix},$$

当 $|\boldsymbol{C}|=\begin{vmatrix} t_1 & 0 & \cdots & 0 & t_2 \\ t_2 & t_1 & \cdots & 0 & 0 \\ \vdots & \vdots & & \vdots & \vdots \\ 0 & 0 & \cdots & t_1 & 0 \\ 0 & 0 & \cdots & t_2 & t_1 \end{vmatrix}=t_1^s+(-1)^{s+1}t_2^s\neq 0$ 时,有

$$(\boldsymbol{\alpha}_1,\boldsymbol{\alpha}_2,\cdots,\boldsymbol{\alpha}_s)=(\boldsymbol{\beta}_1,\boldsymbol{\beta}_2,\cdots,\boldsymbol{\beta}_s)\boldsymbol{C}^{-1},$$

即 $\boldsymbol{\alpha}_1,\boldsymbol{\alpha}_2,\cdots,\boldsymbol{\alpha}_s$ 和 $\boldsymbol{\beta}_1,\boldsymbol{\beta}_2,\cdots,\boldsymbol{\beta}_s$ 等价,所以

$$R(\boldsymbol{\alpha}_1,\boldsymbol{\alpha}_2,\cdots,\boldsymbol{\alpha}_s)=R(\boldsymbol{\beta}_1,\boldsymbol{\beta}_2,\cdots,\boldsymbol{\beta}_s)=s.$$

故 $\boldsymbol{\beta}_1,\boldsymbol{\beta}_2,\cdots,\boldsymbol{\beta}_s$ 线性无关,从而该向量组也是方程组 $\boldsymbol{AX}=\mathbf{0}$ 的基础解系.

评注 关于齐次线性方程组 $\boldsymbol{AX}=\mathbf{0}$ 的基础解系有以下常用结论：与基础解系等价的线性无关向量组也是方程组的基础解系.

例 13 设有齐次线性方程组

$$\begin{cases}(1+a)x_1+x_2+\cdots+x_n=0,\\ 2x_1+(2+a)x_2+\cdots+2x_n=0,\\ \cdots\cdots\cdots\cdots\\ nx_1+nx_2+\cdots+(n+a)x_n=0\end{cases}\quad(n\geqslant 2),$$

问 a 取何值时，该方程组有非零解，并求出其通解.

分析 这是方程个数与未知数个数相同的齐次线性方程组，系数矩阵 $\boldsymbol{A}$ 为 n 阶矩阵，方程组有非零解的充要条件为 $R(\boldsymbol{A})<n$ 或 $|\boldsymbol{A}|=0$.

解法 1 $\boldsymbol{A}=\begin{pmatrix}1+a&1&1&\cdots&1\\2&2+a&2&\cdots&2\\\vdots&\vdots&\vdots&&\vdots\\n&n&n&\cdots&n+a\end{pmatrix}\to\begin{pmatrix}1+a&1&1&\cdots&1\\-2a&a&0&\cdots&0\\-3a&0&a&\cdots&0\\\vdots&\vdots&\vdots&&\vdots\\-na&0&0&\cdots&a\end{pmatrix}$,

当 $a=0$ 时，$R(\boldsymbol{A})=1<n$，方程组有非零解，基础解系含 $n-1$ 个解向量. 同解方程组为

$$x_1+x_2+\cdots+x_n=0,$$

基础解系为

$$\boldsymbol{\eta}_1=\begin{pmatrix}-1\\1\\0\\\vdots\\0\end{pmatrix},\boldsymbol{\eta}_2=\begin{pmatrix}-1\\0\\1\\\vdots\\0\end{pmatrix},\cdots,\boldsymbol{\eta}_{n-1}=\begin{pmatrix}-1\\0\\0\\\vdots\\1\end{pmatrix}.$$

方程组的通解为 $\boldsymbol{X}=k_1\boldsymbol{\eta}_1+k_2\boldsymbol{\eta}_2+\cdots+k_{n-1}\boldsymbol{\eta}_{n-1}$（$k_1,k_2,\cdots,k_{n-1}$ 为任意常数）.

当 $a\neq 0$ 时，进一步有

$$\boldsymbol{A}\to\begin{pmatrix}1+a&1&1&\cdots&1\\-2&1&0&\cdots&0\\\vdots&\vdots&\vdots&&\vdots\\-n&0&0&\cdots&1\end{pmatrix}\to\begin{pmatrix}a+\dfrac{n(n+1)}{2}&0&0&\cdots&0\\-2&1&0&\cdots&0\\\vdots&\vdots&\vdots&&\vdots\\-n&0&0&\cdots&1\end{pmatrix}.$$

当 $a=-\dfrac{n(n+1)}{2}$ 时，$R(\boldsymbol{A})=n-1<n$，方程组也有非零解，基础解系含 1 个解向量. 同解方程组为

$$\begin{cases} x_1 = x_1, \\ x_2 = 2x_1, \\ \cdots\cdots\cdots\cdots \\ x_n = nx_1. \end{cases}$$

基础解系为 $\boldsymbol{\eta}=\begin{pmatrix}1\\2\\\vdots\\n\end{pmatrix}$. 此时方程组的通解为 $\boldsymbol{X}=k\boldsymbol{\eta}$, k 为任意常数.

解法 2 方程组的系数矩阵的行列式为

$$\begin{vmatrix} 1+a & 1 & 1 & \cdots & 1 \\ 2 & 2+a & 2 & \cdots & 2 \\ \vdots & \vdots & \vdots & & \vdots \\ n & n & n & \cdots & n+a \end{vmatrix} = \begin{vmatrix} a+\frac{n(n+1)}{2} & a+\frac{n(n+1)}{2} & a+\frac{n(n+1)}{2} & \cdots & a+\frac{n(n+1)}{2} \\ 2 & 2+a & 2 & \cdots & 2 \\ \vdots & \vdots & \vdots & & \vdots \\ n & n & n & \cdots & n+a \end{vmatrix}$$

$$=\left(a+\frac{n(n+1)}{2}\right)\begin{vmatrix} 1 & 1 & 1 & \cdots & 1 \\ 2 & 2+a & 2 & \cdots & 2 \\ \vdots & \vdots & \vdots & & \vdots \\ n & n & n & \cdots & n+a \end{vmatrix}$$

$$=\left(a+\frac{n(n+1)}{2}\right)\begin{vmatrix} 1 & 0 & 0 & \cdots & 0 \\ 2 & a & 0 & \cdots & 0 \\ \vdots & \vdots & \vdots & & \vdots \\ n & 0 & 0 & \cdots & a \end{vmatrix}$$

$$=a^{n-1}\left(a+\frac{n(n+1)}{2}\right),$$

当 $|\boldsymbol{A}|=0$ 时, 即 $a=0$ 或 $a=-\frac{n(n+1)}{2}$ 时, 方程组有非零解.

当 $a=0$ 时,

$$A=\begin{pmatrix} 1 & 1 & \cdots & 1 \\ 2 & 2 & \cdots & 2 \\ \vdots & \vdots & & \vdots \\ n & n & \cdots & n \end{pmatrix}\to\begin{pmatrix} 1 & 1 & \cdots & 1 \\ 0 & 0 & \cdots & 0 \\ \vdots & \vdots & & \vdots \\ 0 & 0 & \cdots & 0 \end{pmatrix},$$

基础解系为

$$\boldsymbol{\eta}_1=\begin{pmatrix}-1\\1\\0\\\vdots\\0\end{pmatrix},\quad \boldsymbol{\eta}_2=\begin{pmatrix}-1\\0\\1\\\vdots\\0\end{pmatrix},\cdots,\quad \boldsymbol{\eta}_{n-1}=\begin{pmatrix}-1\\0\\0\\\vdots\\1\end{pmatrix}.$$

此时通解为 $X=k_1\eta_1+k_2\eta_2+\cdots+k_{n-1}\eta_{n-1}$（$k_1,k_2,\cdots,k_{n-1}$ 为任意常数）.

当 $a=-\dfrac{n(n+1)}{2}$ 时,

$$A\to\begin{pmatrix}1+a&1&1&\cdots&1\\-2a&a&0&\cdots&0\\\vdots&\vdots&\vdots&&\vdots\\-na&0&0&\cdots&a\end{pmatrix}\to\begin{pmatrix}1+a&1&1&\cdots&1\\-2&1&0&\cdots&0\\\vdots&\vdots&\vdots&&\vdots\\-n&0&0&\cdots&1\end{pmatrix}\to\begin{pmatrix}0&0&0&\cdots&0\\-2&1&0&\cdots&0\\\vdots&\vdots&\vdots&&\vdots\\-n&0&0&\cdots&1\end{pmatrix}.$$

同解方程组为

$$\begin{cases}x_1=x_1,\\x_2=2x_1,\\\cdots\cdots\cdots\cdots\\x_n=nx_1.\end{cases}$$

基础解系为 $\eta=\begin{pmatrix}1\\2\\\vdots\\n\end{pmatrix}$. 此时通解为 $X=k\eta$, k 为任意常数.

例 14 已知 $\alpha_1=(1,-2,1,0,0)$, $\alpha_2=(1,-2,0,1,0)$, $\alpha_3=(0,0,1,-1,0)$, $\alpha_4=(1,-2,3,-2,0)$ 是线性方程组

$$\begin{cases}x_1+x_2+x_3+x_4+x_5=0,\\3x_1+2x_2+x_3+x_4-3x_5=0,\\x_2+2x_3+2x_4+6x_5=0,\\5x_1+4x_2+3x_3+3x_4-x_5=0\end{cases}\tag{4-6}$$

的解向量,问 $\alpha_1,\alpha_2,\alpha_3,\alpha_4$ 是否构成方程组(4-6)的基础解系？假如不能,是多了,还是少了？若多了,如何去除,若少了,如何补充？

分析 只需将方程组 $AX=0$ 基础解系所含向量的个数 $5-R(A)$ 与 $R(\alpha_1,\alpha_2,\alpha_3,\alpha_4)$ 作比较,若 $R(\alpha_1,\alpha_2,\alpha_3,\alpha_4)=5-R(A)$,则 $\alpha_1,\alpha_2,\alpha_3,\alpha_4$ 的最大无关组就是基础解系;否则还需补充解向量.

解 将方程组(4-5)的系数矩阵化为阶梯形矩阵

$$A=\begin{pmatrix}1&1&1&1&1\\3&2&1&1&-3\\0&1&2&2&6\\5&4&3&3&-1\end{pmatrix}\to\begin{pmatrix}1&1&1&1&1\\0&-1&-2&-2&-6\\0&1&2&2&6\\0&-1&-2&-2&-6\end{pmatrix}\to\begin{pmatrix}1&1&1&1&1\\0&1&2&2&6\\0&0&0&0&0\\0&0&0&0&0\end{pmatrix}.$$

可知 $R(A)=2$,未知量个数为 5,基础解系应由 $5-2=3$ 个线性无关解向量组成.

将解向量 $\alpha_1,\alpha_2,\alpha_3,\alpha_4$ 作为行向量的矩阵作行初等变换

$$\begin{pmatrix}1&-2&1&0&0\\1&-2&0&1&0\\0&0&1&-1&0\\1&-2&3&-2&0\end{pmatrix}\longrightarrow\begin{pmatrix}1&-2&1&0&0\\0&0&-1&1&0\\0&0&1&-1&0\\0&0&2&-2&0\end{pmatrix}\longrightarrow\begin{pmatrix}1&-2&1&0&0\\0&0&1&-1&0\\0&0&0&0&0\\0&0&0&0&0\end{pmatrix}$$

得 $R(\boldsymbol{\alpha}_1,\boldsymbol{\alpha}_2,\boldsymbol{\alpha}_3,\boldsymbol{\alpha}_4)=2$，$\boldsymbol{\alpha}_1,\boldsymbol{\alpha}_3$ 是最大无关组.

从而知 $\boldsymbol{\alpha}_1,\boldsymbol{\alpha}_2,\boldsymbol{\alpha}_3,\boldsymbol{\alpha}_4$ 不能构成(4-6)的基础解系，应去除线性相关的解向量. 即去除 $\boldsymbol{\alpha}_2,\boldsymbol{\alpha}_4$，增添一个线性无关解向量.解方程组(4-6)取自由未知量为 $(x_3,x_4,x_5)=(0,0,1)$，解得 $\boldsymbol{\beta}=(5,-6,0,0,1)$，此时 $\boldsymbol{\alpha}_1,\boldsymbol{\alpha}_3,\boldsymbol{\beta}$ 必线性无关，则 $\boldsymbol{\alpha}_1,\boldsymbol{\alpha}_3,\boldsymbol{\beta}$ 构成(4-6)的一个基础解系.

例 15 已知线性方程组

$$(\mathrm{I})\begin{cases}a_{11}x_1+a_{12}x_2+\cdots+a_{1,2n}x_{2n}=0,\\a_{21}x_1+a_{22}x_2+\cdots+a_{2,2n}x_{2n}=0,\\\cdots\cdots\cdots\cdots\\a_{n1}x_1+a_{n2}x_2+\cdots+a_{n,2n}x_{2n}=0\end{cases}$$

的一个基础解系为 $(b_{11},b_{12},\cdots,b_{1,2n})^{\mathrm{T}},(b_{21},b_{22},\cdots,b_{2,2n})^{\mathrm{T}},\cdots,(b_{n1},b_{n2},\cdots,b_{n,2n})^{\mathrm{T}}$，试写出线性方程组

$$(\mathrm{II})\begin{cases}b_{11}y_1+b_{12}y_2+\cdots+b_{1,2n}y_{2n}=0,\\b_{21}y_1+b_{22}y_2+\cdots+b_{2,2n}y_{2n}=0,\\\cdots\cdots\cdots\cdots\\b_{n1}y_1+b_{n2}y_2+\cdots+b_{n,2n}y_{2n}=0\end{cases}$$

的通解，并说明理由.

分析 由题意易知(Ⅱ)的系数矩阵的秩为 n，所以只需找到 $2n-n=n$ 个线性无关的解向量即可.

解 将方程组(Ⅰ)，(Ⅱ)的系数矩阵分别记为 $\boldsymbol{A},\boldsymbol{B}$，则由(Ⅰ)的已知基础解系可知 $R(\boldsymbol{B})=n$，且 $\boldsymbol{AB}^{\mathrm{T}}=\boldsymbol{O}$，于是 $\boldsymbol{BA}^{\mathrm{T}}=(\boldsymbol{AB}^{\mathrm{T}})^{\mathrm{T}}=\boldsymbol{O}$，由此可知 $\boldsymbol{A}$ 的 n 个行向量的转置向量为(Ⅱ)的 n 个解.

由于(Ⅰ)的基础解系有 n 个(线性无关)解向量，故知 $2n-R(\boldsymbol{A})=n$（$2n$ 是(Ⅰ)的未知量个数)，所以 $R(\boldsymbol{A})=n$，$\boldsymbol{A}$ 的 n 个行向量线性无关，从而它们的转置向量构成(Ⅱ)的一个基础解系.故(Ⅱ)的通解为

$$y=c_1(a_{11},a_{12},\cdots,a_{1,2n})^{\mathrm{T}}+c_2(a_{21},a_{22},\cdots a_{2,2n})^{\mathrm{T}}+\cdots+c_n(a_{n1},a_{n2},\cdots,a_{n,2n})^{\mathrm{T}},$$

其中 $c_1,c_2,\cdots,c_n$ 为任意常数.

评注 矩阵等式 $\boldsymbol{AB}=\boldsymbol{O}\Leftrightarrow\boldsymbol{B}$ 的列向量是齐次方程组 $\boldsymbol{AX}=\boldsymbol{0}$ 的解向量.

例 16 已知 $\boldsymbol{\xi}_1=\left(\dfrac{31}{6},\dfrac{2}{3},-\dfrac{7}{6},0\right)^{\mathrm{T}}$，$\boldsymbol{\xi}_2=\left(5,\dfrac{2}{3},-1,-\dfrac{1}{3}\right)^{\mathrm{T}}$ 是线性方程组

$$\begin{cases}x_1+\ 2x_2+3x_3+x_4\ =a,\\ \qquad 2x_2+2x_3+bx_4=c,\\ \qquad 5x_2+2x_3+x_4\ =c,\\ 3x_1+dx_2+7x_3+2x_4=12\end{cases}$$

的解向量,求方程组的通解.

分析 记方程组为 $\boldsymbol{AX}=\boldsymbol{b}$,易看出 $R(\boldsymbol{A})\geqslant 3$,所以对应齐次方程组的基础解系最多含有一个解向量,方程组的通解就很容易求得.

解 因为 $\boldsymbol{\xi}_1,\boldsymbol{\xi}_2$ 是 $\boldsymbol{AX}=\boldsymbol{b}$ 的两个不同的解向量,所以 $\boldsymbol{\xi}_1-\boldsymbol{\xi}_2$ 是其导出组 $\boldsymbol{AX}=\boldsymbol{0}$ 的非零解, 故有 $R(\boldsymbol{A})=R(\boldsymbol{A},\boldsymbol{b})\leqslant 3$.又

$$R(\boldsymbol{A})=R\begin{pmatrix}1&2&3&1\\0&2&2&b\\0&5&2&1\\3&d&7&2\end{pmatrix}\geqslant R\begin{pmatrix}1&2&3\\0&2&2\\0&5&2\end{pmatrix}=3,$$

则 $R(\boldsymbol{A})=R(\boldsymbol{A},\boldsymbol{b})=3$. $\boldsymbol{AX}=\boldsymbol{0}$ 的基础解系只含有 $4-3=1$ 个解向量,即 $\boldsymbol{\xi}_1-\boldsymbol{\xi}_2$ 就是其基础解系,故 $\boldsymbol{AX}=\boldsymbol{b}$ 的通解为

$$\boldsymbol{X}=k(\boldsymbol{\xi}_1-\boldsymbol{\xi}_2)+\boldsymbol{\xi}_1(k\text{ 为任意常数}).$$

例 17 对于线性方程组

$$\begin{cases}\lambda x_1+x_2+x_3=\lambda-3,\\ x_1+\lambda x_2+x_3=-2,\\ x_1+x_2+\lambda x_3=-2.\end{cases}$$

讨论 λ 取何值时,方程组无解、有唯一解和有无穷多解,在方程组有无穷多解时,求出方程组的通解.

分析 方程组 $\boldsymbol{AX}=\boldsymbol{b}$ 有解$\Leftrightarrow R(\boldsymbol{A})=R(\bar{\boldsymbol{A}})$,只需用行初等变换化 $\bar{\boldsymbol{A}}$ 为阶梯形,再作讨论.

解法 1 对方程组的增广矩阵作行初等变换

$$\bar{\boldsymbol{A}}=\left(\begin{array}{ccc:c}\lambda&1&1&\lambda-3\\1&\lambda&1&-2\\1&1&\lambda&-2\end{array}\right)\to\left(\begin{array}{ccc:c}1&1&\lambda&-2\\0&\lambda-1&1-\lambda&0\\0&1-\lambda&1-\lambda^2&3(\lambda-1)\end{array}\right)$$

$$\to\left(\begin{array}{ccc:c}1&1&\lambda&-2\\0&\lambda-1&1-\lambda&0\\0&0&-(\lambda+2)(\lambda-1)&3(\lambda-1)\end{array}\right).$$

(1) 当 $\lambda\neq-2$ 且 $\lambda\neq 1$ 时,$R(\boldsymbol{A})=R(\bar{\boldsymbol{A}})=3$,方程组有唯一解.

(2) 当 $\lambda=-2$ 时,$R(\boldsymbol{A})=2$,$R(\bar{\boldsymbol{A}})=3$,方程组无解.

（3）当 $\lambda=1$ 时，有 $\overline{A}=\left(\begin{array}{ccc|c}1&1&1&-2\\0&0&0&0\\0&0&0&0\end{array}\right)$，可见 $R(A)=R(\overline{A})=1<3$，方程组有无穷多组解. 与原方程组同解方程组为

$$x_1=-2-x_2-x_3.$$

它的一个特解为 $\boldsymbol{\xi}=(-2,0,0)^{\mathrm{T}}$. 对应齐次方程组的一个基础解系为 $\boldsymbol{\eta}_1=(-1,1,0)^{\mathrm{T}}$，$\boldsymbol{\eta}_2=(-1,0,1)^{\mathrm{T}}$. 所以原方程组的通解为

$$\boldsymbol{X}=k_1\boldsymbol{\eta}_1+k_2\boldsymbol{\eta}_2+\boldsymbol{\xi}\ (k_1,k_2\text{ 为任意实数}).$$

解法 2 因为系数矩阵的行列式

$$D=\begin{vmatrix}\lambda&1&1\\1&\lambda&1\\1&1&\lambda\end{vmatrix}=(\lambda+2)(\lambda-1)^2,$$

（1）当 $\lambda\neq-2$ 且 $\lambda\neq1$ 时，$R(A)=R(\overline{A})=3$，方程组有唯一解.

（2）当 $\lambda=-2$ 时，对增广矩阵施行行初等变换，有

$$\overline{A}=\left(\begin{array}{ccc|c}-2&1&1&-5\\1&-2&1&-2\\1&1&-2&-2\end{array}\right)\to\left(\begin{array}{ccc|c}0&0&0&-9\\1&-2&1&-2\\1&1&-2&-2\end{array}\right),$$

第一个方程矛盾，所以方程组无解.

（3）当 $\lambda=1$ 时，有

$$\overline{A}=\left(\begin{array}{ccc|c}1&1&1&-2\\1&1&1&-2\\1&1&1&-2\end{array}\right)\to\left(\begin{array}{ccc|c}1&1&1&-2\\0&0&0&0\\0&0&0&0\end{array}\right),$$

余下步骤同解法 1.

评注 解法 2 比解法 1 计算量要小一些，在系数矩阵是方阵时，可以考虑把克拉默法则与高斯消元法结合起来求解.

例 18 已知线性方程组

$$\begin{cases}x_1+x_2+x_3=0,\\x_1+2x_2+ax_3=0,\\x_1+4x_2+a^2x_3=0\end{cases}$$

与方程 $x_1+2x_2+x_3=a-1$ 有公共解，求常数 a 的值，并求公共解.

分析 方程组的解就是该方程组中各个方程的公共解，所以只需将后一方程并入前面的方程组求解即可.

解 联立方程组得新方程组，则新方程组的解即为所求的公共解.

新方程组的增广矩阵经过初等行变换有

$$\overline{A}=\left(\begin{array}{ccc:c}1&1&1&0\\1&2&a&0\\1&4&a^2&0\\1&2&1&a-1\end{array}\right)\to\left(\begin{array}{ccc:c}1&1&1&0\\0&1&a-1&0\\0&0&(a-1)(a-2)&0\\0&0&1-a&a-1\end{array}\right)\to\left(\begin{array}{ccc:c}1&1&1&0\\0&1&a-1&0\\0&0&1-a&a-1\\0&0&0&(a-1)(a-2)\end{array}\right).$$

当 $a=1$ 时，有 $R(\boldsymbol{A})=R(\overline{\boldsymbol{A}})=2<3$，新方程组有解. 此时

$$\overline{A}\to\left(\begin{array}{ccc:c}1&0&1&0\\0&1&0&0\\0&0&0&0\\0&0&0&0\end{array}\right),$$

对应的齐次线性方程组的基础解系为 $(-1,0,1)^{\mathrm{T}}$，则全部公共解为

$$\boldsymbol{X}=k\ (-1,0,1)^{\mathrm{T}}(k\text{ 为任意常数}).$$

当 $a=2$ 时，有 $R(\boldsymbol{A})=R(\overline{\boldsymbol{A}})=3$，新方程组有唯一解. 此时

$$\overline{A}\to\left(\begin{array}{ccc:c}1&0&0&0\\0&1&0&1\\0&0&1&-1\\0&0&0&0\end{array}\right),$$

对应线性方程组的解为 $(0,1,-1)^{\mathrm{T}}$，则唯一公共解为 $\boldsymbol{X}=(0,1,-1)^{\mathrm{T}}$.

评注 该题也可以先求出第一个方程组的解再代入第二个方程中去确定 a 的值.

例 19 已知下列非齐次线性方程组(Ⅰ)，(Ⅱ)，

$$(\text{Ⅰ}):\begin{cases}x_1+x_2-2x_4=-6,\\4x_1-x_2-x_3-x_4=1,\\3x_1-x_2-x_3=3;\end{cases}$$

$$(\text{Ⅱ}):\begin{cases}x_1+mx_2-x_3-x_4=-5,\\nx_2-x_3-2x_4=-11,\\x_3-2x_4=-t+1.\end{cases}$$

当方程组(Ⅱ)中的参数 m,n,t 为何值时，方程组(Ⅰ)与(Ⅱ)同解.

分析 由于方程组(Ⅰ)中不含有待定参数，所以其通解是确定的，只需求出其通解并代入方程组(Ⅱ)即可求得满足题目要求的参数值.

解 设方程组(Ⅰ)的系数矩阵为 $\boldsymbol{A}_1$，增广矩阵为 $\overline{\boldsymbol{A}}_1$，对 $\overline{\boldsymbol{A}}_1$ 作行初等变换得

$$\overline{A}_1=\left(\begin{array}{cccc:c}1&1&0&-2&-6\\4&-1&-1&-1&1\\3&-1&-1&0&3\end{array}\right)\to\left(\begin{array}{cccc:c}1&0&0&-1&-2\\0&1&0&-1&-4\\0&0&1&-2&-5\end{array}\right).$$

由于 $R(\overline{A}_1)=R(A_1)=3<4$,所以方程组有无穷多组解,且通解为

$$X=\begin{pmatrix}-2\\-4\\-5\\0\end{pmatrix}+k\begin{pmatrix}1\\1\\2\\1\end{pmatrix}\quad(k\text{ 为任意常数}).$$

将(Ⅰ)的通解代入(Ⅱ)的第一个方程得

$$(-2+k)+m(-4+k)-(-5+2k)-k=-5,$$

解得 $m=2$.将(Ⅰ)的通解代入(Ⅱ)的第二个方程得

$$n(-4+k)-(-5+2k)-2k=-11,$$

解得 $n=4$.将(Ⅰ)的通解代入(Ⅱ)的第三个方程得

$$(-5+2k)-2k=-t+1,$$

解得 $t=6$.因此,当方程组(Ⅱ)的参数为 $m=2,n=4,t=6$ 时,方程组(Ⅰ)的解都是(Ⅱ)的解. 这时方程组(Ⅱ)化为

$$(\text{Ⅱ}):\begin{cases}x_1+2x_2-x_3-x_4=-5,\\ \quad 4x_2-x_3-2x_4=-11,\\ \qquad x_3-2x_4=-5.\end{cases}$$

设方程组(Ⅱ)的系数矩阵为 A_2,增广矩阵为$\overline{A}_2$,对$\overline{A}_2$ 作行初等变换得

$$\overline{A}_2=\left(\begin{array}{cccc:c}1&2&-1&-1&-5\\0&4&-1&-2&-11\\0&0&1&-2&-5\end{array}\right)\to\left(\begin{array}{cccc:c}1&0&0&-1&-2\\0&1&0&-1&-4\\0&0&1&-2&-5\end{array}\right),$$

显然,这就是(Ⅰ)所化成的阶梯形方程组, 所以(Ⅰ)与(Ⅱ)同解.

评注 该题也可用例 16 的方法求解,但会困难些.

例 20 设三元线性方程组有通解 $k_1(-1,3,2)^{\mathrm T}+k_2(2,-3,1)^{\mathrm T}+(1,-1,3)^{\mathrm T}$,求原方程组.

分析 从通解中可看出 $\boldsymbol{\eta}_1=(-1,3,2)^{\mathrm T},\boldsymbol{\eta}_2=(2,-3,1)^{\mathrm T}$ 是对应齐次方程组的基础解系,$\boldsymbol{\eta}^*=(1,-1,3)^{\mathrm T}$ 是非齐次方程组的特解. 设所求方程组为 $ax_1+bx_2+cx_3=d$,只需确定出其中的待定系数即可.

解 设非齐次方程为

$$ax_1+bx_2+cx_3=d. \tag{4-7}$$

由通解知 $\boldsymbol{\eta}_1=(-1,3,2)^{\mathrm T},\boldsymbol{\eta}_2=(2,-3,1)^{\mathrm T}$ 是对应齐次方程的解,代入齐次方程得

$$\begin{cases}-a+3b+2c=0,\\2a-3b+c=0.\end{cases} \tag{4-8}$$

方程组(4-8)的通解为 $(a,b,c)^{\mathrm T}=k(-9,-5,3)^{\mathrm T}$($k$ 为任意常数),代入(4-7)得

$$k(-9x_1-5x_2+3x_3)=d. \tag{4-9}$$

又 $\boldsymbol{\eta}^*=(1,-1,3)^{\mathrm{T}}$ 是非齐次方程组的特解，代入(4-9)得 $d=5k$. 故所求方程是

$$9x_1+5x_2-3x_3=-5.$$

评注 由通解知，对应齐次方程组 $\boldsymbol{AX}=\boldsymbol{0}$ 的基础解系含有两个解向量，故有 $R(\boldsymbol{A})=3-2=1$，所以方程组 $\boldsymbol{AX}=\boldsymbol{b}$ 只含有一个独立的方程.

若通解中，对应齐次方程组的基础解系只含有一个解向量，则有 $R(\boldsymbol{A})=3-1=2$，从而 $\boldsymbol{AX}=\boldsymbol{b}$ 应含有两个独立的方程.这时(4-8)中只有一个方程，其基础解系含两个解向量，从而可确定出两个不同的方程.

例 21 求通过不在一条直线上的三点 $M_i(x_i,y_i)(i=1,\ 2,\ 3)$ 的圆的方程.

分析 设所求圆的方程为 $a(x^2+y^2)+bx+cy+d=0$，只需将三点 $M_i(x_i,y_i)(i=1,\ 2,\ 3)$ 代入，定出 a,b,c,d 的值.

解 设过三点的圆的方程为

$$a(x^2+y^2)+bx+cy+d=0, \tag{4-10}$$

其中 (x,y) 为圆上任一点的坐标.

由圆过三点 $M_i(x_i,y_i)$，将三点的坐标代入(4-10)并与(4-10)联立得关于 a,b,c,d 的齐次方程组

$$\begin{cases} a(x^2+y^2)+bx+cy+d=0, \\ a(x_1^2+y_1^2)+bx_1+cy_1+d=0, \\ a(x_2^2+y_2^2)+bx_2+cy_2+d=0, \\ a(x_3^2+y_3^2)+bx_3+cy_3+d=0. \end{cases}$$

该方程组有非零解，故系数行列式

$$\begin{vmatrix} x^2+y^2 & x & y & 1 \\ x_1^2+y_1^2 & x_1 & y_1 & 1 \\ x_2^2+y_2^2 & x_2 & y_2 & 1 \\ x_3^2+y_3^2 & x_3 & y_3 & 1 \end{vmatrix}=0. \tag{4-11}$$

下面说明(4-11)就是所求的圆的方程：

首先(4-11)式是一个圆的方程. 原因是 x^2+y^2 的系数为 $A_{11}=\begin{vmatrix} x_1 & y_1 & 1 \\ x_2 & y_2 & 1 \\ x_3 & y_3 & 1 \end{vmatrix}$，由于 M_1,M_2,M_3 不在一直线上，所以 $A_{11}\neq 0$.又 $M_i(x_i,y_i)(i=1,2,3)$ 均满足(4-11)，故(4-11)即为所求的圆方程.

例 22 设 $W=\{(a_1,a_2,\cdots,a_{n-1},0)\mid a_i\in\mathbf{R},i=1,2,\cdots,n-1\}$，验证 W 是 $\mathbf{R}^n$ 的

一个子空间，且求 W 的一组基与维数.

分析 按子空间的定义，只需验证 W 非空，并且对 $\mathbf{R}^n$ 中的线性运算封闭. W 的一个最大无关组就是它的一组基.

解 显然 $(0,0,\cdots,0)\in W$，所以 W 是非空子集. 设

$$\boldsymbol{\alpha}=(a_1,a_2,\cdots,a_{n-1},0)\in W,$$
$$\boldsymbol{\beta}=(b_1,b_2,\cdots,b_{n-1},0)\in W, k\in\mathbf{R},$$

则

$$\boldsymbol{\alpha}+\boldsymbol{\beta}=(a_1+b_1,a_2+b_2,\cdots,a_{n-1}+b_{n-1},0)\in W,$$
$$k\boldsymbol{\alpha}=(ka_1,ka_2,\cdots,ka_{n-1},0)\in W,$$

所以 W 是 $\mathbf{R}^n$ 的一个线性子空间.取

$$\boldsymbol{e}_1=(1,0,\cdots,0,0),\boldsymbol{e}_2=(0,1,\cdots,0,0),\cdots,\boldsymbol{e}_{n-1}=(0,0,\cdots,1,0),$$

易知 $\boldsymbol{e}_1,\boldsymbol{e}_2,\cdots,\boldsymbol{e}_{n-1}$线性无关，设任意向量 $\boldsymbol{\alpha}\in W$，则有

$$\boldsymbol{\alpha}=(a_1,a_2,\cdots,a_{n-1},0)=a_1\boldsymbol{e}_1+a_2\boldsymbol{e}_2+\cdots+a_{n-1}\boldsymbol{e}_{n-1},$$

所以 $\boldsymbol{e}_1,\boldsymbol{e}_2,\cdots,\boldsymbol{e}_{n-1}$是 W 的一组基. $\dim W=n-1$.

评注 求空间的基与维数，其关键是求基，基确定了，即可确定出维数.

例 23 设 L 是由向量组$\boldsymbol{\alpha}_1=(1,-1,0,0)^{\mathrm{T}},\boldsymbol{\alpha}_2=(-1,2,1,-1)^{\mathrm{T}},\boldsymbol{\alpha}_3=(0,1,1,-1)^{\mathrm{T}},\boldsymbol{\alpha}_4=(-1,3,2,1)^{\mathrm{T}},\boldsymbol{\alpha}_5=(-2,6,4,1)^{\mathrm{T}}$ 所生成的向量空间. 求 L 的一组基与维数.

分析 向量组 $\boldsymbol{\alpha}_1,\boldsymbol{\alpha}_2,\boldsymbol{\alpha}_3,\boldsymbol{\alpha}_4,\boldsymbol{\alpha}_5$的一个最大线性无关组就是 L 的一组基，向量组的秩就是 L 的维数.

解 作矩阵 $\boldsymbol{A}=(\boldsymbol{\alpha}_1,\boldsymbol{\alpha}_2,\boldsymbol{\alpha}_3,\boldsymbol{\alpha}_4,\boldsymbol{\alpha}_5)$，对 $\boldsymbol{A}$ 作行初等变换化阶梯形得

$$\boldsymbol{A}=\begin{pmatrix}1&-1&0&-1&-2\\-1&2&1&3&6\\0&1&1&2&4\\0&-1&-1&1&1\end{pmatrix}\longrightarrow\begin{pmatrix}1&-1&0&-1&-2\\0&1&1&2&4\\0&1&1&2&4\\0&-1&-1&1&1\end{pmatrix}$$
$$\longrightarrow\begin{pmatrix}1&-1&0&-1&-2\\0&1&1&2&4\\0&0&0&0&0\\0&0&0&3&5\end{pmatrix}\longrightarrow\begin{pmatrix}1&-1&0&-1&-2\\0&1&1&2&4\\0&0&0&3&5\\0&0&0&0&0\end{pmatrix}.$$

从最后一个矩阵可看出，秩 $R(\boldsymbol{A})=3$，即 $\dim(L)=3$. 向量组 $\boldsymbol{\alpha}_1,\boldsymbol{\alpha}_2,\boldsymbol{\alpha}_4$是 $\boldsymbol{A}$ 的列向量组的一个最大线性无关组，也就是 L 的一组基.

例 24 若 $\boldsymbol{\alpha}_1,\boldsymbol{\alpha}_2,\cdots,\boldsymbol{\alpha}_n$ 是 n 维向量空间 V 的一组基，证明向量组 $\boldsymbol{\alpha}_1,\boldsymbol{\alpha}_1+\boldsymbol{\alpha}_2,\cdots,\boldsymbol{\alpha}_1+\boldsymbol{\alpha}_2+\cdots+\boldsymbol{\alpha}_n$ 仍是 V 的一组基，若 $\boldsymbol{\alpha}$ 关于前一组基的坐标为$(n,n-1,\cdots,2,1)$，求 $\boldsymbol{\alpha}$ 关于后一组基的坐标.

分析 若 $\boldsymbol{\alpha}_1,\boldsymbol{\alpha}_1+\boldsymbol{\alpha}_2,\cdots,\boldsymbol{\alpha}_1+\boldsymbol{\alpha}_2+\cdots+\boldsymbol{\alpha}_n$ 线性无关，则它就构成 V 的一组基. 求

$\boldsymbol{\alpha}$ 在这组基下的坐标,可用坐标的定义以及 $\boldsymbol{\alpha}$ 在已知基下的坐标来得到.

解 $(\boldsymbol{\alpha}_1,\boldsymbol{\alpha}_1+\boldsymbol{\alpha}_2,\cdots,\boldsymbol{\alpha}_1+\boldsymbol{\alpha}_2+\cdots+\boldsymbol{\alpha}_n)=(\boldsymbol{\alpha}_1,\cdots,\boldsymbol{\alpha}_n)\begin{pmatrix}1&1&1&\cdots&1\\0&1&1&\cdots&1\\0&0&1&\cdots&1\\\vdots&\vdots&\vdots&&\vdots\\0&0&0&\cdots&1\end{pmatrix}$,

由于矩阵 $\begin{pmatrix}1&1&1&\cdots&1\\0&1&1&\cdots&1\\0&0&1&\cdots&1\\\vdots&\vdots&\vdots&&\vdots\\0&0&0&\cdots&1\end{pmatrix}$ 可逆,则 $\boldsymbol{\alpha}_1,\boldsymbol{\alpha}_1+\boldsymbol{\alpha}_2,\cdots,\boldsymbol{\alpha}_1+\boldsymbol{\alpha}_2+\cdots+\boldsymbol{\alpha}_n$ 与 $\boldsymbol{\alpha}_1,\cdots,\boldsymbol{\alpha}_n$ 等价,从而

$$R(\boldsymbol{\alpha}_1,\boldsymbol{\alpha}_1+\boldsymbol{\alpha}_2,\cdots,\boldsymbol{\alpha}_1+\boldsymbol{\alpha}_2+\cdots+\boldsymbol{\alpha}_n)=R(\boldsymbol{\alpha}_1,\cdots,\boldsymbol{\alpha}_n)=n.$$

故 $\boldsymbol{\alpha}_1,\boldsymbol{\alpha}_1+\boldsymbol{\alpha}_2,\cdots,\boldsymbol{\alpha}_1+\boldsymbol{\alpha}_2+\cdots+\boldsymbol{\alpha}_n$ 线性无关,且也是 V 的一组基.

令

$$\begin{aligned}\boldsymbol{\alpha}&=x_1\boldsymbol{\alpha}_1+x_2(\boldsymbol{\alpha}_1+\boldsymbol{\alpha}_2)+\cdots+x_n(\boldsymbol{\alpha}_1+\boldsymbol{\alpha}_2+\cdots+\boldsymbol{\alpha}_n)\\&=(x_1+x_2+\cdots+x_n)\boldsymbol{\alpha}_1+(x_2+\cdots+x_n)\boldsymbol{\alpha}_2+\cdots+x_n\boldsymbol{\alpha}_n,\end{aligned}$$

由已知 $\boldsymbol{\alpha}=n\boldsymbol{\alpha}_1+(n-1)\boldsymbol{\alpha}_2+\cdots+\boldsymbol{\alpha}_n$,则

$$\begin{cases}x_1+x_2+\cdots+x_n=n,\\x_2+\cdots+x_n=n-1,\\\cdots\cdots\cdots\cdots\\x_n=1,\end{cases}$$

解得 $x_1=x_2=\cdots=x_n=1$,即 $\boldsymbol{\alpha}$ 在后一组基下的坐标为 $(1,1,\cdots,1)$.

评注 设 $\boldsymbol{\alpha}_1,\boldsymbol{\alpha}_2,\cdots,\boldsymbol{\alpha}_n$ 与 $\boldsymbol{\beta}_1,\boldsymbol{\beta}_2,\cdots,\boldsymbol{\beta}_n$ 是空间 V 的两组基,且有

$$(\boldsymbol{\beta}_1,\boldsymbol{\beta}_2,\cdots,\boldsymbol{\beta}_n)=(\boldsymbol{\alpha}_1,\boldsymbol{\alpha}_2,\cdots,\boldsymbol{\alpha}_n)\boldsymbol{P},$$

则称 $\boldsymbol{P}$ 是从基 $\boldsymbol{\alpha}_1,\boldsymbol{\alpha}_2,\cdots,\boldsymbol{\alpha}_n$ 到 $\boldsymbol{\beta}_1,\boldsymbol{\beta}_2,\cdots,\boldsymbol{\beta}_n$ 的**过度矩阵**.

若 $\boldsymbol{X}=(x_1,\cdots,x_n)^{\mathrm{T}}$ 与 $\boldsymbol{Y}=(y_1,\cdots,y_n)^{\mathrm{T}}$ 分别是同一向量在前后两组基下的坐标,则有**坐标变换公式** $\boldsymbol{X}=\boldsymbol{PY}$ 或 $\boldsymbol{Y}=\boldsymbol{P}^{-1}\boldsymbol{X}$.

本例中所求的坐标也可以用坐标变换公式来计算,即

$$\begin{pmatrix}x_1\\x_2\\\vdots\\x_n\end{pmatrix}=\begin{pmatrix}1&1&\cdots&1\\0&1&\cdots&1\\\vdots&\vdots&&\vdots\\0&0&\cdots&1\end{pmatrix}^{-1}\begin{pmatrix}n\\n-1\\\vdots\\1\end{pmatrix}=\begin{pmatrix}1&-1&\cdots&0\\0&1&\cdots&0\\\vdots&\vdots&&\vdots\\0&0&\cdots&1\end{pmatrix}\begin{pmatrix}n\\n-1\\\vdots\\1\end{pmatrix}=\begin{pmatrix}1\\1\\\vdots\\1\end{pmatrix}.$$

（三）证明题

例 1 设 $\boldsymbol{\beta}$ 可由 $\boldsymbol{\alpha}_1,\boldsymbol{\alpha}_2,\cdots,\boldsymbol{\alpha}_m$ 线性表出，但不能由 $\boldsymbol{\alpha}_1,\boldsymbol{\alpha}_2,\cdots,\boldsymbol{\alpha}_{m-1}$ 线性表出，证明：$\boldsymbol{\alpha}_m$ 可由 $\boldsymbol{\alpha}_1,\boldsymbol{\alpha}_2,\cdots,\boldsymbol{\alpha}_{m-1},\boldsymbol{\beta}$ 线性表出.

分析 设 $\boldsymbol{\beta}=k_1\boldsymbol{\alpha}_1+k_2\boldsymbol{\alpha}_2+\cdots+k_{m-1}\boldsymbol{\alpha}_{m-1}+k_m\boldsymbol{\alpha}_m$，只需证明 $k_m\neq 0$.

证 由题设 $\boldsymbol{\beta}$ 可由 $\boldsymbol{\alpha}_1,\boldsymbol{\alpha}_2,\cdots,\boldsymbol{\alpha}_m$ 线性表出，所以存在 m 个常数 $k_1,k_2,\cdots,k_m$ 使得

$$\boldsymbol{\beta}=k_1\boldsymbol{\alpha}_1+k_2\boldsymbol{\alpha}_2+\cdots+k_{m-1}\boldsymbol{\alpha}_{m-1}+k_m\boldsymbol{\alpha}_m. \tag{4-12}$$

下证 $k_m\neq 0$，否则有

$$\boldsymbol{\beta}=k_1\boldsymbol{\alpha}_1+k_2\boldsymbol{\alpha}_2+\cdots+k_{m-1}\boldsymbol{\alpha}_{m-1},$$

这与已知 $\boldsymbol{\beta}$ 不能由 $\boldsymbol{\alpha}_1,\boldsymbol{\alpha}_2,\cdots,\boldsymbol{\alpha}_{m-1}$ 线性表出矛盾.

由于 $k_m\neq 0$，由(4-12)式有

$$\boldsymbol{\alpha}_m=\frac{1}{k_m}\boldsymbol{\beta}-\frac{k_1}{k_m}\boldsymbol{\alpha}_1-\cdots-\frac{k_{m-1}}{k_m}\boldsymbol{\alpha}_{m-1},$$

得证.

评注 证明线性表出的常用方法有

(1) 定义法：$\boldsymbol{\beta}$ 能由 $\boldsymbol{\alpha}_1,\cdots,\boldsymbol{\alpha}_s$ 线性表出 $\Leftrightarrow$ 在 $k_1\boldsymbol{\alpha}_1+\cdots+k_s\boldsymbol{\alpha}_s+k_{s+1}\boldsymbol{\beta}=\mathbf{0}$ 中 $k_{s+1}\neq 0$.

(2) 方程组法：方程组 $x_1\boldsymbol{\alpha}_1+\cdots+x_s\boldsymbol{\alpha}_s=\boldsymbol{\beta}$ 有解 $\Leftrightarrow R(\boldsymbol{\alpha}_1,\cdots,\boldsymbol{\alpha}_s,\boldsymbol{\beta})=R(\boldsymbol{\alpha}_1,\cdots,\boldsymbol{\alpha}_s)$.

(3) 基本定理：$\boldsymbol{\alpha}_1,\cdots,\boldsymbol{\alpha}_s$ 线性无关，而 $\boldsymbol{\alpha}_1,\cdots,\boldsymbol{\alpha}_s,\boldsymbol{\beta}$ 相关 $\Leftrightarrow \boldsymbol{\beta}$ 可由 $\boldsymbol{\alpha}_1,\cdots,\boldsymbol{\alpha}_s$ 唯一地线性表出.

特别地，向量空间中的任一向量，都可由空间的一组基唯一地线性表出.

(4) 反证法.

例 2 设有向量组 $\boldsymbol{\alpha}_i=(a_i,a_i^2,\cdots,a_i^n)^{\mathrm{T}},i=1,2,\cdots,m(m\leqslant n)$，试证：向量组 $\boldsymbol{\alpha}_1,\boldsymbol{\alpha}_2,\cdots,\boldsymbol{\alpha}_m$ 线性无关，其中 $a_1,a_2,\cdots,a_m$ 是 m 个互不相等且不为零的常数.

分析 作矩阵 $\boldsymbol{A}=(\boldsymbol{\alpha}_1,\boldsymbol{\alpha}_2,\cdots,\boldsymbol{\alpha}_m)$，只需证明 $R(\boldsymbol{A})=m$.

证 记 $\boldsymbol{A}=(\boldsymbol{\alpha}_1,\boldsymbol{\alpha}_2,\cdots,\boldsymbol{\alpha}_m)=\begin{pmatrix} a_1 & a_2 & \cdots & a_m \\ a_1^2 & a_2^2 & \cdots & a_m^2 \\ \vdots & \vdots & & \vdots \\ a_1^n & a_2^n & \cdots & a_m^n \end{pmatrix}$，由 $m\leqslant n$，取 $\boldsymbol{A}$ 的前 m 行与 m 列作成的子式

$$\boldsymbol{D}=\begin{vmatrix} a_1 & a_2 & \cdots & a_m \\ a_1^2 & a_2^2 & \cdots & a_m^2 \\ \vdots & \vdots & & \vdots \\ a_1^m & a_2^m & \cdots & a_m^m \end{vmatrix}=a_1a_2\cdots a_m\begin{vmatrix} 1 & 1 & \cdots & 1 \\ a_1 & a_2 & \cdots & a_m \\ \vdots & \vdots & & \vdots \\ a_1^{m-1} & a_2^{m-1} & \cdots & a_m^{m-1} \end{vmatrix}$$

$$=a_1a_2\cdots a_m\prod_{1\leqslant i<j\leqslant m}(a_j-a_i)\neq 0,$$

所以 $R(\boldsymbol{A})=m$，故 $\boldsymbol{\alpha}_1,\boldsymbol{\alpha}_2,\cdots,\boldsymbol{\alpha}_m$ 线性无关.

例 3 设在向量组 $\boldsymbol{\alpha}_1,\boldsymbol{\alpha}_2,\cdots,\boldsymbol{\alpha}_m$ 中，$\boldsymbol{\alpha}_1\neq\boldsymbol{0}$，且每个 $\boldsymbol{\alpha}_i(i=2,3,\cdots,m)$ 都不能由 $\boldsymbol{\alpha}_1,\boldsymbol{\alpha}_2,\cdots,\boldsymbol{\alpha}_{i-1}$ 线性表出，证明这个向量组线性无关.

分析 1 用线性无关定义证明. 设 $k_1\boldsymbol{\alpha}_1+k_2\boldsymbol{\alpha}_2+\cdots+k_m\boldsymbol{\alpha}_m=\boldsymbol{0}$，依次说明 k_m，$k_{m-1},\cdots,k_1$ 只能全为 0.

证法 1 设 $k_1\boldsymbol{\alpha}_1+k_2\boldsymbol{\alpha}_2+\cdots+k_m\boldsymbol{\alpha}_m=\boldsymbol{0}$，由 $\boldsymbol{\alpha}_m$ 不能由 $\boldsymbol{\alpha}_1,\boldsymbol{\alpha}_2,\cdots,\boldsymbol{\alpha}_{m-1}$ 线性表出，故 $k_m=0$. 否则，$\boldsymbol{\alpha}_m$ 能由 $\boldsymbol{\alpha}_1,\boldsymbol{\alpha}_2,\cdots,\boldsymbol{\alpha}_{m-1}$ 线性表出.

由 $\boldsymbol{\alpha}_{m-1}$ 不能由 $\boldsymbol{\alpha}_1,\boldsymbol{\alpha}_2,\cdots,\boldsymbol{\alpha}_{m-2}$ 线性表出，故 $k_{m-1}=0$，否则，$\boldsymbol{\alpha}_{m-1}$ 能由 $\boldsymbol{\alpha}_1,\boldsymbol{\alpha}_2,\cdots,\boldsymbol{\alpha}_{m-2}$ 线性表出.

同理可证，$k_{m-2}=k_{m-3}=\cdots=k_2=0$. 最后得 $k_1\boldsymbol{\alpha}_1=\boldsymbol{0}$，而 $\boldsymbol{\alpha}_1\neq\boldsymbol{0}$，故 $k_1=0$，从而 $k_1=k_2=\cdots=k_m=0$，故 $\boldsymbol{\alpha}_1,\boldsymbol{\alpha}_2,\cdots,\boldsymbol{\alpha}_m$ 线性无关.

分析 2 用反证法. 显然 $\boldsymbol{\alpha}_1,\boldsymbol{\alpha}_2$ 线性无关，若 $\boldsymbol{\alpha}_1,\boldsymbol{\alpha}_2,\cdots,\boldsymbol{\alpha}_m$ 线性相关，存在一个 $\boldsymbol{\alpha}_j$，使 $\boldsymbol{\alpha}_j$ 可由 $\boldsymbol{\alpha}_1,\boldsymbol{\alpha}_2,\cdots,\boldsymbol{\alpha}_{j-1}$ 线性表出. 与题设矛盾.

证法 2 若 $\boldsymbol{\alpha}_1,\boldsymbol{\alpha}_2,\cdots,\boldsymbol{\alpha}_m$ 线性相关，则存在不全为零的数 $k_1,k_2,\cdots,k_m$ 使

$$k_1\boldsymbol{\alpha}_1+k_2\boldsymbol{\alpha}_2+\cdots+k_m\boldsymbol{\alpha}_m=\boldsymbol{0}.$$

设 $k_1,k_2,\cdots,k_m$ 中从右到左第一个不为零的数是 k_j，即

$$k_m=k_{m-1}=\cdots=k_{j+1}=0,k_j\neq 0.$$

于是有

$$k_1\boldsymbol{\alpha}_1+k_2\boldsymbol{\alpha}_2+\cdots+k_j\boldsymbol{\alpha}_j=\boldsymbol{0},k_j\neq 0.$$

若 $j=1$，则 $k_1\boldsymbol{\alpha}_1=\boldsymbol{0}$，即 $\boldsymbol{\alpha}_1=\boldsymbol{0}$ 与题设 $\boldsymbol{\alpha}_1\neq\boldsymbol{0}$ 矛盾. 故 $j>1$. 因此有

$$\boldsymbol{\alpha}_j=-\frac{k_1}{k_j}\boldsymbol{\alpha}_1-\frac{k_2}{k_j}\boldsymbol{\alpha}_2-\cdots-\frac{k_{j-1}}{k_j}\boldsymbol{\alpha}_{j-1},$$

即 $\boldsymbol{\alpha}_j$ 可由 $\boldsymbol{\alpha}_1,\boldsymbol{\alpha}_2,\cdots,\boldsymbol{\alpha}_{j-1}$ 线性表出，则与题设矛盾，从而该向量组线性无关.

分析 3 对个数 m 进行数学归纳法.

证法 3 设 $m=1$ 时，因为 $\boldsymbol{\alpha}_1\neq\boldsymbol{0}$，$\boldsymbol{\alpha}_1$ 线性无关. 设命题对 $m-1$ 个向量时成立. 考察 m 个向量，因为 $\boldsymbol{\alpha}_1,\boldsymbol{\alpha}_2,\cdots,\boldsymbol{\alpha}_{m-1}$ 中 $\boldsymbol{\alpha}_1\neq\boldsymbol{0}$，且每个 $\boldsymbol{\alpha}_i$ 都不能由它前面的 $i-1$ 个向量线性表出，所以这 $m-1$ 个向量满足题设条件，故 $\boldsymbol{\alpha}_1,\boldsymbol{\alpha}_2,\cdots,\boldsymbol{\alpha}_{m-1}$ 线性无关.

又因为 $\boldsymbol{\alpha}_m$ 不能由 $\boldsymbol{\alpha}_1,\boldsymbol{\alpha}_2,\cdots,\boldsymbol{\alpha}_{m-1}$ 线性表出，故 $\boldsymbol{\alpha}_1,\boldsymbol{\alpha}_2,\cdots,\boldsymbol{\alpha}_m$ 线性无关. 所以命题对所有自然数都成立.

评注 证明一个向量组线性无关的常用方法有

（1）定义法：$k_1\boldsymbol{\alpha}_1+k_2\boldsymbol{\alpha}_2+\cdots+k_s\boldsymbol{\alpha}_s=\boldsymbol{0}\Leftrightarrow k_1=k_2=\cdots=k_s=0$.

（2）方程组法：方程组 $x_1\boldsymbol{\alpha}_1+x_2\boldsymbol{\alpha}_2+\cdots+x_s\boldsymbol{\alpha}_s=\boldsymbol{0}$ 只有零解.

（3）矩阵的秩：$R(\boldsymbol{\alpha}_1,\boldsymbol{\alpha}_2,\cdots,\boldsymbol{\alpha}_s)=s$. 特别地，若 $(\boldsymbol{\alpha}_1,\boldsymbol{\alpha}_2,\cdots,\boldsymbol{\alpha}_s)$ 是方阵，则 $\det(\boldsymbol{\alpha}_1,\boldsymbol{\alpha}_2,\cdots,\boldsymbol{\alpha}_s)\neq 0$.

(4) 反证法.

(5) 归纳法.

例 4 设向量组 $\boldsymbol{\alpha}_1,\boldsymbol{\alpha}_2,\cdots,\boldsymbol{\alpha}_n$ 线性无关,向量 $\boldsymbol{\beta}_1$ 可以由这组向量线性表出,而 $\boldsymbol{\beta}_2$ 不能由这组向量线性表出,证明:向量组 $\boldsymbol{\alpha}_1,\boldsymbol{\alpha}_2,\cdots,\boldsymbol{\alpha}_n,l\boldsymbol{\beta}_1+\boldsymbol{\beta}_2$ 必线性无关,其中 l 为任意常数.

分析 因为 $\boldsymbol{\alpha}_1,\boldsymbol{\alpha}_2,\cdots,\boldsymbol{\alpha}_n$ 线性无关,若 $\boldsymbol{\alpha}_1,\boldsymbol{\alpha}_2,\cdots,\boldsymbol{\alpha}_n,l\boldsymbol{\beta}_1+\boldsymbol{\beta}_2$ 线性相关,容易推出 $\boldsymbol{\beta}_2$ 必可由 $\boldsymbol{\alpha}_1,\boldsymbol{\alpha}_2,\cdots,\boldsymbol{\alpha}_n$ 线性表出而出现矛盾.

证 若向量组 $\boldsymbol{\alpha}_1,\boldsymbol{\alpha}_2,\cdots,\boldsymbol{\alpha}_n,l\boldsymbol{\beta}_1+\boldsymbol{\beta}_2$ 线性相关,则存在一组不全为零的数 $k_1,k_2,\cdots,k_{n+1}$,使得

$$k_1\boldsymbol{\alpha}_1+k_2\boldsymbol{\alpha}_2+\cdots+k_n\boldsymbol{\alpha}_n+k_{n+1}(l\boldsymbol{\beta}_1+\boldsymbol{\beta}_2)=\mathbf{0},$$

由 $\boldsymbol{\alpha}_1,\boldsymbol{\alpha}_2,\cdots,\boldsymbol{\alpha}_n$ 线性无关,所以 $k_{n+1}\neq 0$. 故

$$\boldsymbol{\beta}_2=-\frac{k_1}{k_{n+1}}\boldsymbol{\alpha}_1-\frac{k_2}{k_{n+1}}\boldsymbol{\alpha}_2-\cdots-\frac{k_n}{k_{n+1}}\boldsymbol{\alpha}_n-l\boldsymbol{\beta}_1, \tag{4-13}$$

因为 $\boldsymbol{\beta}_1$ 可以由 $\boldsymbol{\alpha}_1,\boldsymbol{\alpha}_2,\cdots,\boldsymbol{\alpha}_n$ 线性表出,所以由(4-13)式 $\boldsymbol{\beta}_2$ 可以由 $\boldsymbol{\alpha}_1,\boldsymbol{\alpha}_2,\cdots,\boldsymbol{\alpha}_n$ 线性表出,矛盾. 故向量组 $\boldsymbol{\alpha}_1,\boldsymbol{\alpha}_2,\cdots,\boldsymbol{\alpha}_n,l\boldsymbol{\beta}_1+\boldsymbol{\beta}_2$ 必线性无关.

例 5 若向量组 $\boldsymbol{\alpha}_1,\boldsymbol{\alpha}_2,\cdots,\boldsymbol{\alpha}_s$ 线性无关,$\boldsymbol{\beta}$ 可由 $\boldsymbol{\alpha}_1,\boldsymbol{\alpha}_2,\cdots,\boldsymbol{\alpha}_s$ 线性表出,且表示式的系数全不为 0,证明 $\boldsymbol{\alpha}_1,\boldsymbol{\alpha}_2,\cdots,\boldsymbol{\alpha}_s,\boldsymbol{\beta}$ 中任意 s 个向量线性无关.

分析 由于 $\boldsymbol{\beta}$ 可由 $\boldsymbol{\alpha}_1,\boldsymbol{\alpha}_2,\cdots,\boldsymbol{\alpha}_s$ 线性表出,所以 $\boldsymbol{\alpha}_1,\boldsymbol{\alpha}_2,\cdots,\boldsymbol{\alpha}_s,\boldsymbol{\beta}$ 中任意 s 个向量的线性关系均表现为 $\boldsymbol{\alpha}_1,\boldsymbol{\alpha}_2,\cdots,\boldsymbol{\alpha}_s$ 的线性关系,因而是线性无关的.

证 反证法. 设 $\boldsymbol{\alpha}_1,\boldsymbol{\alpha}_2,\cdots,\boldsymbol{\alpha}_s,\boldsymbol{\beta}$ 中有 s 个向量 $\boldsymbol{\alpha}_1,\boldsymbol{\alpha}_2,\cdots,\boldsymbol{\alpha}_{i-1},\boldsymbol{\alpha}_{i+1},\cdots,\boldsymbol{\alpha}_s,\boldsymbol{\beta}$ $(i=1,2,\cdots,s)$ 线性相关,则存在不全为零的数 $k_1,k_2,\cdots,k_{i-1},k_{i+1},\cdots,k_s,k$,使得

$$k_1\boldsymbol{\alpha}_1+k_2\boldsymbol{\alpha}_2+\cdots+k_{i-1}\boldsymbol{\alpha}_{i-1}+k_{i+1}\boldsymbol{\alpha}_{i+1}+k\boldsymbol{\beta}=\mathbf{0}. \tag{4-14}$$

另一方面,由题设 $\boldsymbol{\beta}=l_1\boldsymbol{\alpha}_1+l_2\boldsymbol{\alpha}_2+\cdots+l_i\boldsymbol{\alpha}_i+\cdots+l_s\boldsymbol{\alpha}_s$,其中 $l_i\neq 0(i=1,2,\cdots,s)$,代入(4-14)式得

$$(k_1+kl_1)\boldsymbol{\alpha}_1+(k_2+kl_2)\boldsymbol{\alpha}_2+\cdots+(k_{i-1}+kl_{i-1})\boldsymbol{\alpha}_{i-1}+kl_i\boldsymbol{\alpha}_i+(k_{i+1}+kl_{i+1})\boldsymbol{\alpha}_{i+1}+\cdots+(k_s+kl_s)\boldsymbol{\alpha}_s=\mathbf{0},$$

因为 $\boldsymbol{\alpha}_1,\boldsymbol{\alpha}_2,\cdots,\boldsymbol{\alpha}_s$线性无关,所以 $kl_i=0,l_i\neq 0$,故 $k=0$. 代入(4-14)式可得

$$k_1=k_2=\cdots=k_{i-1}=k_{i+1}=\cdots=k_s=0,$$

矛盾. 故任意 s 个向量线性无关.

例 6 设向量组 $\boldsymbol{\alpha}_1,\boldsymbol{\alpha}_2,\cdots,\boldsymbol{\alpha}_m$ 线性相关,但其中任意 $m-1$ 个都线性无关,证明:

(1) 如果等式 $k_1\boldsymbol{\alpha}_1+k_2\boldsymbol{\alpha}_2+\cdots+k_m\boldsymbol{\alpha}_m=\mathbf{0}$,则 $k_1,k_2,\cdots,k_m$ 要么全为 0,要么全不为 0;

(2) 如果存在两个等式

$$k_1\boldsymbol{\alpha}_1+k_2\boldsymbol{\alpha}_2+\cdots+k_m\boldsymbol{\alpha}_m=\mathbf{0},\quad l_1\boldsymbol{\alpha}_1+l_2\boldsymbol{\alpha}_2+\cdots+l_m\boldsymbol{\alpha}_m=\mathbf{0},$$

其中 $l_1\neq 0$,则$\frac{k_1}{l_1}=\frac{k_2}{l_2}=\cdots=\frac{k_m}{l_m}$.

分析 (1) 只需证明 $k_1,k_2,\cdots,k_m$ 中若有一个为0,则其余 $m-1$ 个都会为0.

(2) 从所给的两个等式中消去一个向量,则剩下的 $m-1$ 个向量线性无关,即得结论.

证 (1) 如果 $k_1=k_2=\cdots=k_m=0$,则证毕. 若有一个 $k_i\neq 0$,不妨设 $k_1\neq 0$,那么其余的 k_i都全不为0,否则若有某个 $k_i=0$,则有 $\sum\limits_{j\neq i}k_j\boldsymbol{\alpha}_j=\boldsymbol{0}$,再由 $k_1\neq 0$ 知,这 $m-1$ 个向量线性相关,这与已知矛盾.

(2) 因为 $l_1\neq 0$,由(1)知 $l_2,l_3,\cdots,l_m$ 均不为0.

再看 k_i,若 $k_1=k_2=\cdots=k_m=0$,则证毕. 否则 $k_1,k_2,\cdots,k_m$ 均不为0,用 l_1乘所设第一式,用 k_1 乘所设第二式,得

$$l_1k_1\boldsymbol{\alpha}_1+l_1k_2\boldsymbol{\alpha}_2+\cdots+l_1k_m\boldsymbol{\alpha}_m=\boldsymbol{0},$$
$$k_1l_1\boldsymbol{\alpha}_1+k_1l_2\boldsymbol{\alpha}_2+\cdots+k_1l_m\boldsymbol{\alpha}_m=\boldsymbol{0},$$

上面两式相减,得

$$0\boldsymbol{\alpha}_1+(l_1k_2-k_1l_2)\boldsymbol{\alpha}_2+\cdots+(l_1k_m-k_1l_m)\boldsymbol{\alpha}_m=\boldsymbol{0}.$$

由于 $\boldsymbol{\alpha}_2,\cdots,\boldsymbol{\alpha}_m$ 线性无关,所以

$$0=l_1k_2-k_1l_2=\cdots=l_1k_m-k_1l_m\Rightarrow\frac{k_1}{l_1}=\frac{k_2}{l_2}=\cdots=\frac{k_m}{l_m}.$$

评注 本例说明:若向量组 $\boldsymbol{\alpha}_1,\boldsymbol{\alpha}_2,\cdots,\boldsymbol{\alpha}_m$ 线性相关,但其中任意 $m-1$ 个都线性无关,则使等式 $k_1\boldsymbol{\alpha}_1+k_2\boldsymbol{\alpha}_2+\cdots+k_m\boldsymbol{\alpha}_m=\boldsymbol{0}$ 成立的系数比 $k_1:k_2:\cdots:k_m$ 是不变的.

例7 设 $\boldsymbol{A}$ 是 n 阶方阵,$\boldsymbol{\alpha}_1,\boldsymbol{\alpha}_2,\boldsymbol{\alpha}_3$ 是 n 维向量,且

$$\boldsymbol{\alpha}_1\neq\boldsymbol{0},\boldsymbol{A}\boldsymbol{\alpha}_1=\boldsymbol{\alpha}_1,\boldsymbol{A}\boldsymbol{\alpha}_2=\boldsymbol{\alpha}_1+\boldsymbol{\alpha}_2,\boldsymbol{A}\boldsymbol{\alpha}_3=\boldsymbol{\alpha}_2+\boldsymbol{\alpha}_3.$$

试证 $\boldsymbol{\alpha}_1,\boldsymbol{\alpha}_2,\boldsymbol{\alpha}_3$ 线性无关.

分析 所给条件可变形为$(\boldsymbol{A}-\boldsymbol{I})\boldsymbol{\alpha}_1=\boldsymbol{0}$,$(\boldsymbol{A}-\boldsymbol{I})\boldsymbol{\alpha}_2=\boldsymbol{\alpha}_1$,$(\boldsymbol{A}-\boldsymbol{I})\boldsymbol{\alpha}_3=\boldsymbol{\alpha}_2$,对 $k_1\boldsymbol{\alpha}_1+k_2\boldsymbol{\alpha}_2+k_3\boldsymbol{\alpha}_3=\boldsymbol{0}$,要证 $k_1=k_2=k_3=0$,只需用 $\boldsymbol{A}-\boldsymbol{I}$ 左乘等式两边.

证 由
$$\begin{cases}\boldsymbol{A}\boldsymbol{\alpha}_1=\boldsymbol{\alpha}_1,\\ \boldsymbol{A}\boldsymbol{\alpha}_2=\boldsymbol{\alpha}_1+\boldsymbol{\alpha}_2,\\ \boldsymbol{A}\boldsymbol{\alpha}_3=\boldsymbol{\alpha}_2+\boldsymbol{\alpha}_3\end{cases}\Rightarrow\begin{cases}(\boldsymbol{A}-\boldsymbol{I})\boldsymbol{\alpha}_1=\boldsymbol{0},\\ (\boldsymbol{A}-\boldsymbol{I})\boldsymbol{\alpha}_2=\boldsymbol{\alpha}_1,\\ (\boldsymbol{A}-\boldsymbol{I})\boldsymbol{\alpha}_3=\boldsymbol{\alpha}_2.\end{cases}\tag{4-15}$$

设

$$k_1\boldsymbol{\alpha}_1+k_2\boldsymbol{\alpha}_2+k_3\boldsymbol{\alpha}_3=\boldsymbol{0},\tag{4-16}$$

用 $\boldsymbol{A}-\boldsymbol{I}$ 左乘上式两边,得

$$k_1(\boldsymbol{A}-\boldsymbol{I})\boldsymbol{\alpha}_1+k_2(\boldsymbol{A}-\boldsymbol{I})\boldsymbol{\alpha}_2+k_3(\boldsymbol{A}-\boldsymbol{I})\boldsymbol{\alpha}_3=\boldsymbol{0}.$$

由(4-15)有

$$k_2\boldsymbol{\alpha}_1+k_3\boldsymbol{\alpha}_2=\boldsymbol{0}\tag{4-17}$$

再用 $\boldsymbol{A}-\boldsymbol{I}$ 左乘上式两边,得 $k_3\boldsymbol{\alpha}_1=\boldsymbol{0}$,而 $\boldsymbol{\alpha}_1\neq\boldsymbol{0}$,所以 $k_3=0$. 依次代入(4-17),(4-

16)得 $k_2=0,k_1=0$,即 $k_1=k_2=k_3=0$. 故 $\boldsymbol{\alpha}_1,\boldsymbol{\alpha}_2,\boldsymbol{\alpha}_3$ 线性无关.

例 8 已知三维向量组(Ⅰ)$\boldsymbol{\alpha}_1,\boldsymbol{\alpha}_2$ 线性无关,(Ⅱ)$\boldsymbol{\beta}_1,\boldsymbol{\beta}_2$ 线性无关.

(1) 证明存在向量 $\boldsymbol{\xi}\neq\boldsymbol{0}$,$\boldsymbol{\xi}$ 既可由 $\boldsymbol{\alpha}_1,\boldsymbol{\alpha}_2$ 线性表出,也可由 $\boldsymbol{\beta}_1,\boldsymbol{\beta}_2$ 线性表出.

(2) 当 $\boldsymbol{\alpha}_1=(1,\ 2,\ 2)^{\mathrm{T}},\boldsymbol{\alpha}_2=(2,\ 1,\ 3)^{\mathrm{T}};\boldsymbol{\beta}_1=(1,\ 0,\ 3)^{\mathrm{T}},\boldsymbol{\beta}_2=(0,\ 4,\ -2)^{\mathrm{T}}$,求(1)中的 $\boldsymbol{\xi}$.

分析 (1) 若有 $\boldsymbol{\xi}=k_1\boldsymbol{\alpha}_1+k_2\boldsymbol{\alpha}_2=\lambda_1\boldsymbol{\beta}_1+\lambda_2\boldsymbol{\beta}\neq\boldsymbol{0}$,则 $\boldsymbol{\alpha}_1,\boldsymbol{\alpha}_2,\boldsymbol{\beta}_1,\boldsymbol{\beta}_2$ 线性相关. 因此,可考虑从说明 $\boldsymbol{\alpha}_1,\boldsymbol{\alpha}_2,\boldsymbol{\beta}_1,\boldsymbol{\beta}_2$ 线性相关入手.

(2) 将(1)中表达式 $\boldsymbol{\xi}=k_1\boldsymbol{\alpha}_1+k_2\boldsymbol{\alpha}_2=\lambda_1\boldsymbol{\beta}_1+\lambda_2\boldsymbol{\beta}$ 的系数 $k_1,k_2,\lambda_1,\lambda_2$ 解出即可.

解 (1) 四个 3 维向量 $\boldsymbol{\alpha}_1,\boldsymbol{\alpha}_2,\boldsymbol{\beta}_1,\boldsymbol{\beta}_2$ 必线性相关,故存在不全为零的 $k_1,k_2,\lambda_1,\lambda_2$ 使得

$$k_1\boldsymbol{\alpha}_1+k_2\boldsymbol{\alpha}_2+\lambda_1\boldsymbol{\beta}_1+\lambda_2\boldsymbol{\beta}=\boldsymbol{0}. \tag{4-18}$$

首先,上式中的 k_1,k_2 不会全为 0,否则有

$$\lambda_1\boldsymbol{\beta}_1+\lambda_2\boldsymbol{\beta}_2=\boldsymbol{0},$$

由于 λ_1,λ_2 不全为 0,所以 $\boldsymbol{\beta}_1,\boldsymbol{\beta}_2$ 线性相关,矛盾.

同理,(4-18)中的 λ_1,λ_2 也不会全为 0. 这样就有

$$k_1\boldsymbol{\alpha}_1+k_2\boldsymbol{\alpha}_2=-(\lambda_1\boldsymbol{\beta}_1+\lambda_2\boldsymbol{\beta})\neq\boldsymbol{0}. \tag{4-19}$$

令 $\boldsymbol{\xi}=k_1\boldsymbol{\alpha}_1+k_2\boldsymbol{\alpha}_2=-(\lambda_1\boldsymbol{\beta}_1+\lambda_2\boldsymbol{\beta})$,则 $\boldsymbol{\xi}$ 即为所求.

(2) 将(4-18)改写为

$$(\boldsymbol{\alpha}_1,\boldsymbol{\alpha}_2,\boldsymbol{\beta}_1,\boldsymbol{\beta}_2)\begin{pmatrix}k_1\\k_2\\\lambda_1\\\lambda_2\end{pmatrix}=\boldsymbol{0},\ 即\begin{pmatrix}1&2&1&0\\2&1&0&4\\2&3&3&-2\end{pmatrix}\begin{pmatrix}k_1\\k_2\\\lambda_1\\\lambda_2\end{pmatrix}=\boldsymbol{0},$$

这是关于 $k_1,k_2,\lambda_1,\lambda_2$ 的线性方程组,将系数矩阵作行初等变换

$$\begin{pmatrix}1&2&1&0\\2&1&0&4\\2&3&3&-2\end{pmatrix}\to\begin{pmatrix}1&2&1&0\\0&-3&-2&4\\0&-1&1&-2\end{pmatrix}\to\begin{pmatrix}1&2&1&0\\0&-1&1&-2\\0&0&-5&10\end{pmatrix}$$

$$\to\begin{pmatrix}1&2&1&0\\0&-1&1&-2\\0&0&1&-2\end{pmatrix}\to\begin{pmatrix}1&0&0&2\\0&1&0&0\\0&0&1&-2\end{pmatrix},$$

得方程组的一个基础解系 $(k_1,k_2,\lambda_1,\lambda_2)^{\mathrm{T}}=(-2,0,2,1)^{\mathrm{T}}$, 通解为 $k(-2,0,2,1)^{\mathrm{T}}$. 代入(4-19)得

$$\boldsymbol{\xi}=k(-2\boldsymbol{\alpha}_1+0\cdot\boldsymbol{\alpha}_2)=-k(2\boldsymbol{\beta}_1+\boldsymbol{\beta}_2)=k(-2,-4,-4)^{\mathrm{T}}.$$

例 9 设向量组 $B:\boldsymbol{\beta}_1,\boldsymbol{\beta}_2,\cdots,\boldsymbol{\beta}_r$ 能由向量组 $A:\boldsymbol{\alpha}_1,\boldsymbol{\alpha}_2,\cdots,\boldsymbol{\alpha}_m$ 线性表出为

$$(\boldsymbol{\beta}_1,\cdots,\boldsymbol{\beta}_r)=(\boldsymbol{\alpha}_1,\cdots,\boldsymbol{\alpha}_s)\boldsymbol{K},$$

其中 $\boldsymbol{K}$ 为 $s\times r$ 矩阵,且 A 组线性无关,证明:B 组线性无关的充要条件是 $R(\boldsymbol{K})=r$.

分析 等式 $(\boldsymbol{\beta}_1,\cdots,\boldsymbol{\beta}_r)=(\boldsymbol{\alpha}_1,\cdots,\boldsymbol{\alpha}_s)\boldsymbol{K}$ 将向量组的线性关系转化为矩阵乘积的关系. 要证 B 组线性无关 $\Leftrightarrow R(B)=r$,只需弄清 $R(B)$ 与 $R(\boldsymbol{K})$ 的关系.

证 必要性.若 $B:\boldsymbol{\beta}_1\cdots\boldsymbol{\beta}_r$ 线性无关,则 $R(B)=r$,而 $r\geqslant R(\boldsymbol{K})\geqslant R(B)$,所以 $R(\boldsymbol{K})=r$.

充分性(用反证法).若 $R(\boldsymbol{K})=r$,但 $\boldsymbol{\beta}_1,\boldsymbol{\beta}_2,\cdots,\boldsymbol{\beta}_r$ 线性相关. 记 $\boldsymbol{B}=(\boldsymbol{\beta}_1,\cdots,\boldsymbol{\beta}_r)$,则齐次方程组 $\boldsymbol{BX}=\boldsymbol{0}$ 有非零解 $\boldsymbol{X}_0\neq\boldsymbol{0}$,即有

$$(\boldsymbol{\beta}_1,\cdots,\boldsymbol{\beta}_r)\boldsymbol{X}_0=(\boldsymbol{\alpha}_1,\cdots,\boldsymbol{\alpha}_s)\boldsymbol{KX}_0=\boldsymbol{0}.$$

由 $\boldsymbol{\alpha}_1,\cdots,\boldsymbol{\alpha}_s$ 线性无关,得 $\boldsymbol{KX}_0=\boldsymbol{0}$. 这说明齐次方程组 $\boldsymbol{KX}=\boldsymbol{0}$ 有非零解,这与 $R(\boldsymbol{K})=r$ 矛盾. 故 $\boldsymbol{\beta}_1,\boldsymbol{\beta}_2,\cdots,\boldsymbol{\beta}_r$ 线性无关.

评注 关系式 $(\boldsymbol{\beta}_1,\cdots,\boldsymbol{\beta}_r)=(\boldsymbol{\alpha}_1,\cdots,\boldsymbol{\alpha}_s)\boldsymbol{K}$ 不仅刻画了向量组 $\boldsymbol{\beta}_1,\boldsymbol{\beta}_2,\cdots,\boldsymbol{\beta}_r$ 能由 $\boldsymbol{\alpha}_1,\boldsymbol{\alpha}_2,\cdots,\boldsymbol{\alpha}_m$ 线性表出,而且还将向量组的线性关系转化成矩阵乘积的关系.利用这种转化,我们可以通过矩阵来研究向量组,反之也可通过向量组来研究矩阵.

例 10 证明:一个向量组的任何一个线性无关组都可以扩充成一个最大线性无关组.

分析 1 用已知的线性无关向量组去替换最大线性无关组中与之等价的部分组,由此得到的最大线性无关组就是已知线性无关组的一个扩充.

证法 1 设向量组(Ⅰ):$\boldsymbol{\alpha}_{j_1},\boldsymbol{\alpha}_{j_2},\cdots,\boldsymbol{\alpha}_{j_s}$ 是向量组(Ⅱ):$\boldsymbol{\alpha}_1,\boldsymbol{\alpha}_2,\cdots,\boldsymbol{\alpha}_m$ 的一个线性无关组,而向量组(Ⅲ):$\boldsymbol{\beta}_1,\boldsymbol{\beta}_2,\cdots,\boldsymbol{\beta}_r$ 是(Ⅱ)的一个最大无关组,则(Ⅰ)可由(Ⅲ)线性表出,于是(Ⅲ)中存在 s 个向量(例如前 s 个)用(Ⅰ)代替后得到的向量组(Ⅳ):$\boldsymbol{\alpha}_{j_1},\boldsymbol{\alpha}_{j_2},\cdots,\boldsymbol{\alpha}_{j_s},\boldsymbol{\beta}_{s+1},\cdots,\boldsymbol{\beta}_r$ 与(Ⅲ)等价,从而(Ⅳ)是(Ⅱ)的一个极大无关组,即线性无关组(Ⅰ)可以扩充为(Ⅱ)的一个极大线性无关组.

分析 2 将向量组中不能由已知线性无关组线性表出的向量逐一加入,最终可扩充成一个最大线性无关组.

证法 2 设向量组(Ⅰ):$\boldsymbol{\alpha}_{j_1},\boldsymbol{\alpha}_{j_2},\cdots,\boldsymbol{\alpha}_{j_s}$ 是向量组(Ⅱ):$\boldsymbol{\alpha}_1,\boldsymbol{\alpha}_2,\cdots,\boldsymbol{\alpha}_m$ 的一个线性无关组. 若(Ⅱ)中每个向量都能由(Ⅰ)线性表出,则(Ⅰ)是(Ⅱ)的一个最大无关组. 若(Ⅱ)中向量 $\boldsymbol{\alpha}_{i_1}$ 不能由(Ⅰ)线性表出,则向量组(Ⅴ):$\boldsymbol{\alpha}_{j_1},\boldsymbol{\alpha}_{j_2},\cdots,\boldsymbol{\alpha}_{j_s},\boldsymbol{\alpha}_{i_1}$ 也是(Ⅱ)的线性无关组.

设向量组(Ⅱ)的秩为 r,当 $r=s+1$ 时,(Ⅴ)即为(Ⅱ)的一个最大无关组.

当 $r>s+1$ 时,(Ⅴ)中必存在 $\boldsymbol{\alpha}_{i_2}$ 不能由(Ⅴ)线性表出,于是 $\boldsymbol{\alpha}_{j_1},\boldsymbol{\alpha}_{j_2},\cdots,\boldsymbol{\alpha}_{j_s},\boldsymbol{\alpha}_{i_1},\boldsymbol{\alpha}_{i_2}$ 线性无关.

继续上述过程,最后总能得到一个包含(Ⅰ)的线性无关组,使(Ⅱ)中每个向量都可由它线性表出,所以它是(Ⅱ)的一个包含(Ⅰ)的最大线性无关组. 从而可知每个线性无关组都可扩充为最大线性无关组.

例 11 设 $\boldsymbol{\alpha}_1=(1,-1,2,4)$,$\boldsymbol{\alpha}_2=(0,3,1,2)$,$\boldsymbol{\alpha}_3=(3,0,7,14)$,$\boldsymbol{\alpha}_4=(1,-1,2,$

0), $\boldsymbol{\alpha}_5=(2,1,5,6)$, 证明: $\boldsymbol{\alpha}_1,\boldsymbol{\alpha}_2$ 线性无关, 并把 $\boldsymbol{\alpha}_1,\boldsymbol{\alpha}_2$ 扩充成一个最大线性无关组.

分析 可按例 10 中给出的两种方法扩充.

证 因为 $\boldsymbol{\alpha}_1\neq k\boldsymbol{\alpha}_2$, 所以 $\boldsymbol{\alpha}_1,\boldsymbol{\alpha}_2$ 线性无关. 下面用两种方法将 $\boldsymbol{\alpha}_1,\boldsymbol{\alpha}_2$ 扩充成一个最大无关组.

方法 1 因为 $\boldsymbol{\alpha}_3=3\boldsymbol{\alpha}_1-\boldsymbol{\alpha}_2$, 所以 $\boldsymbol{\alpha}_1,\boldsymbol{\alpha}_2,\boldsymbol{\alpha}_3$ 线性相关.

设 $\boldsymbol{\alpha}_4=k_1\boldsymbol{\alpha}_1+k_2\boldsymbol{\alpha}_2$, 得方程组

$$\begin{cases}k_1=1,\\-k_1+3k_2=-1,\\2k_1+k_2=2,\\4k_1+2k_2=0.\end{cases}$$

由其中第三与第四方程矛盾知, 方程组无解, 所以 $\boldsymbol{\alpha}_1,\boldsymbol{\alpha}_2,\boldsymbol{\alpha}_4$ 线性无关.

又设 $\boldsymbol{\alpha}_5=k_1\boldsymbol{\alpha}_1+k_2\boldsymbol{\alpha}_2+k_3\boldsymbol{\alpha}_4$, 得方程组

$$\begin{cases}k_1+k_3=2,\\-k_1+3k_2-k_3=1,\\2k_1+k_2+2k_3=5,\\4k_1+2k_2=6,\end{cases}$$

解得 $k_1=1,k_2=1,k_3=1$, 知 $\boldsymbol{\alpha}_5$ 可由 $\boldsymbol{\alpha}_1,\boldsymbol{\alpha}_2,\boldsymbol{\alpha}_4$ 线性表出. 所以原向量组任一向量均可由 $\boldsymbol{\alpha}_1,\boldsymbol{\alpha}_2,\boldsymbol{\alpha}_4$ 线性表出, $\boldsymbol{\alpha}_1,\boldsymbol{\alpha}_2,\boldsymbol{\alpha}_4$ 是由 $\boldsymbol{\alpha}_1,\boldsymbol{\alpha}_2$ 扩充成的一个最大线性无关组.

方法 2 将矩阵 $\boldsymbol{A}=(\boldsymbol{\alpha}_1^{\mathrm{T}},\boldsymbol{\alpha}_2^{\mathrm{T}},\boldsymbol{\alpha}_3^{\mathrm{T}},\boldsymbol{\alpha}_4^{\mathrm{T}},\boldsymbol{\alpha}_5^{\mathrm{T}})$ 作行初等变换化为阶梯形

$$\boldsymbol{A}=\begin{pmatrix}1&0&3&1&2\\-1&3&0&-1&1\\2&1&7&2&5\\4&2&14&0&6\end{pmatrix}\to\begin{pmatrix}1&0&3&1&2\\0&3&3&0&3\\0&1&1&0&1\\0&2&2&-4&-2\end{pmatrix}\to\begin{pmatrix}1&0&3&1&2\\0&1&1&0&1\\0&0&0&1&1\\0&0&0&0&0\end{pmatrix}.$$

可见, $\boldsymbol{\alpha}_1,\boldsymbol{\alpha}_2,\boldsymbol{\alpha}_4$ 或 $\boldsymbol{\alpha}_1,\boldsymbol{\alpha}_2,\boldsymbol{\alpha}_5$ 都是由 $\boldsymbol{\alpha}_1,\boldsymbol{\alpha}_2$ 扩充成的一个最大线性无关组.

评注 方法 2 显然较方法 1 简洁. 对分量具体给定了的向量组, 宜用方法 2; 否则只能选用方法 1.

例 12 在 $\boldsymbol{A}_{m\times n}$ 中任取 s 列作一 $m\times s$ 矩阵 $\boldsymbol{B}$, 设秩 $R(\boldsymbol{A})=r$, 证明:

$$r+s-n\leqslant R(\boldsymbol{B})\leqslant r.$$

分析 右边不等式显然; 要证明左边, 只需说明矩阵 $\boldsymbol{B}$ 的列向量中至少有 $r+s-n$ 个线性无关.

证 设 $\boldsymbol{A}=(\boldsymbol{\alpha}_1,\boldsymbol{\alpha}_2,\cdots,\boldsymbol{\alpha}_n)$, $\boldsymbol{B}=(\boldsymbol{\alpha}_{i_1},\boldsymbol{\alpha}_{i_2},\cdots,\boldsymbol{\alpha}_{i_s})$, 因为 $\boldsymbol{B}$ 的列向量组是 $\boldsymbol{A}$ 的列向量组的一部分, 显然 $R(\boldsymbol{B})\leqslant R(\boldsymbol{A})=r$.

由于 $R(\boldsymbol{A})=r$, 则 $\boldsymbol{A}$ 的列向量组中有 r 个向量构成最大线性无关组, 除此之

外,$\boldsymbol{A}$ 中还含 $n-r$ 个列向量,故 $\boldsymbol{B}$ 中至少含有该最大线性无关组中的 $s-(n-r)$ 个向量,而它们又是线性无关的,从而知 $\boldsymbol{B}$ 中至少有 $s-(n-r)$ 个向量线性无关. 故 $r+s-n\leqslant R(\boldsymbol{B})$. 所以原不等式成立.

例 13 设 $\boldsymbol{A},\boldsymbol{B}$ 为同型矩阵. 证明:$R(\boldsymbol{A}+\boldsymbol{B})\leqslant R(\boldsymbol{A})+R(\boldsymbol{B})$.

分析 1 将矩阵 $\boldsymbol{A},\boldsymbol{B},\boldsymbol{A}+\boldsymbol{B}$ 按列分块,将问题转化为向量组的秩的大小比较,这与向量组的最大线性无关组有密切的联系.

证法 1 将矩阵按列分块,记 $\boldsymbol{A}=(\boldsymbol{\alpha}_1,\boldsymbol{\alpha}_2,\cdots,\boldsymbol{\alpha}_n)$, $\boldsymbol{B}=(\boldsymbol{\beta}_1,\boldsymbol{\beta}_2,\cdots,\boldsymbol{\beta}_n)$, 则

$$\boldsymbol{A}+\boldsymbol{B}=(\boldsymbol{\alpha}_1+\boldsymbol{\beta}_1,\ \boldsymbol{\alpha}_2+\boldsymbol{\beta}_2,\ \cdots,\ \boldsymbol{\alpha}_n+\boldsymbol{\beta}_n).$$

因为 $\boldsymbol{\alpha}_1+\boldsymbol{\beta}_1,\boldsymbol{\alpha}_2+\boldsymbol{\beta}_2,\cdots,\boldsymbol{\alpha}_n+\boldsymbol{\beta}_n$ 可由向量组 $\boldsymbol{\alpha}_1,\boldsymbol{\alpha}_2,\cdots,\boldsymbol{\alpha}_n,\boldsymbol{\beta}_1,\boldsymbol{\beta}_2,\cdots,\boldsymbol{\beta}_n$ 线性表出,所以

$$R(\boldsymbol{A}+\boldsymbol{B})=R\{\boldsymbol{\alpha}_1+\boldsymbol{\beta}_1,\ \boldsymbol{\alpha}_2+\boldsymbol{\beta}_2,\ \cdots,\ \boldsymbol{\alpha}_n+\boldsymbol{\beta}_n\}\leqslant R\{\boldsymbol{\alpha}_1,\ \boldsymbol{\alpha}_2,\ \cdots,\ \boldsymbol{\alpha}_n,\ \boldsymbol{\beta}_1,\ \boldsymbol{\beta}_2,\ \cdots,\ \boldsymbol{\beta}_n\}.$$

设 $R(\boldsymbol{A})=r_1,\boldsymbol{\alpha}_1,\boldsymbol{\alpha}_2,\cdots,\boldsymbol{\alpha}_{r_1}$ 为 $\boldsymbol{\alpha}_1,\boldsymbol{\alpha}_2,\cdots,\boldsymbol{\alpha}_n$ 的一个最大线性无关组;$R(\boldsymbol{B})=r_2,\boldsymbol{\beta}_1,\boldsymbol{\beta}_2,\cdots,\boldsymbol{\beta}_{r_2}$ 为 $\boldsymbol{\beta}_1,\boldsymbol{\beta}_2,\cdots,\boldsymbol{\beta}_n$ 的一个最大线性无关组,则 $\boldsymbol{\alpha}_1,\boldsymbol{\alpha}_2,\cdots,\boldsymbol{\alpha}_{r_1},\boldsymbol{\beta}_1,\boldsymbol{\beta}_2,\cdots,\boldsymbol{\beta}_{r_2}$ 与 $\boldsymbol{\alpha}_1,\boldsymbol{\alpha}_2,\cdots,\boldsymbol{\alpha}_n,\boldsymbol{\beta}_1,\boldsymbol{\beta}_2,\cdots,\boldsymbol{\beta}_n$ 等价,所以

$$R\{\boldsymbol{\alpha}_1,\ \boldsymbol{\alpha}_2,\ \cdots,\boldsymbol{\alpha}_n,\ \boldsymbol{\beta}_1,\boldsymbol{\beta}_2,\ \cdots,\boldsymbol{\beta}_n\}=R\{\boldsymbol{\alpha}_1,\boldsymbol{\alpha}_2,\cdots,\boldsymbol{\alpha}_{r_1},\boldsymbol{\beta}_1,\boldsymbol{\beta}_2,\cdots,\boldsymbol{\beta}_{r_2}\}\leqslant r_1+r_2,$$

即

$$R(\boldsymbol{A}+\boldsymbol{B})\leqslant R(\boldsymbol{A})+R(\boldsymbol{B}).$$

分析 2 由于 $R(\boldsymbol{A})+R(\boldsymbol{B})=R\begin{pmatrix}\boldsymbol{A}&\boldsymbol{O}\\\boldsymbol{O}&\boldsymbol{B}\end{pmatrix}$,故只需证明 $R(\boldsymbol{A}+\boldsymbol{B})\leqslant R\begin{pmatrix}\boldsymbol{A}&\boldsymbol{O}\\\boldsymbol{O}&\boldsymbol{B}\end{pmatrix}$.

证法 2 因为 $\boldsymbol{A}+\boldsymbol{B}=(\boldsymbol{I},\boldsymbol{I})\begin{pmatrix}\boldsymbol{A}\\\boldsymbol{B}\end{pmatrix}$, 所以 $R(\boldsymbol{A}+\boldsymbol{B})\leqslant R\left(\begin{pmatrix}\boldsymbol{A}\\\boldsymbol{B}\end{pmatrix}\right)$ 又

$$\begin{pmatrix}\boldsymbol{A}\\\boldsymbol{B}\end{pmatrix}=\begin{pmatrix}\boldsymbol{A}&\boldsymbol{O}\\\boldsymbol{O}&\boldsymbol{B}\end{pmatrix}\begin{pmatrix}\boldsymbol{I}\\\boldsymbol{I}\end{pmatrix},$$

则

$$R\begin{pmatrix}\boldsymbol{A}\\\boldsymbol{B}\end{pmatrix}\leqslant R\begin{pmatrix}\boldsymbol{A}&\boldsymbol{O}\\\boldsymbol{O}&\boldsymbol{B}\end{pmatrix}=R(\boldsymbol{A})+R(\boldsymbol{B}).$$

评注 当一个命题与向量组的秩或线性表出有关时,常用最大线性无关组来讨论,因为最大线性无关组所含向量的个数最少,且线性无关,有利于问题的解决.

例 14 若两个向量组(Ⅰ):$\boldsymbol{\alpha}_1,\boldsymbol{\alpha}_2,\cdots,\boldsymbol{\alpha}_s$ 与(Ⅱ):$\boldsymbol{\beta}_1,\boldsymbol{\beta}_2,\cdots,\boldsymbol{\beta}_m$ 有相同的秩,且(Ⅰ)可由(Ⅱ)线性表出,证明:(Ⅰ)与(Ⅱ)等价.

分析 由于向量组与其最大线性无关组等价,所以只需证明两个向量组的最大线性无关组等价.

证 设两个向量组的秩都为 $r,\boldsymbol{\alpha}_1,\boldsymbol{\alpha}_2,\cdots,\boldsymbol{\alpha}_r$ 为(Ⅰ)的一个最大线性无关组,$\boldsymbol{\beta}_1,\boldsymbol{\beta}_2,\cdots,\boldsymbol{\beta}_r$ 为(Ⅱ)的一个最大线性无关组.

由于向量组(Ⅰ)可由(Ⅱ)线性表出,所以 $\boldsymbol{\alpha}_1,\boldsymbol{\alpha}_2,\cdots,\boldsymbol{\alpha}_r$ 可以由 $\boldsymbol{\beta}_1,\boldsymbol{\beta}_2,\cdots,\boldsymbol{\beta}_r$

线性表出,设 $\boldsymbol{\alpha}_i=\sum\limits_{j=1}^{r}k_{ji}\boldsymbol{\beta}_j(i=1,2,\cdots,r)$,即

$$(\boldsymbol{\alpha}_1,\boldsymbol{\alpha}_2,\cdots,\boldsymbol{\alpha}_r)=(\boldsymbol{\beta}_1,\boldsymbol{\beta}_2,\cdots,\boldsymbol{\beta}_r)\begin{pmatrix}k_{11}&k_{12}&\cdots&k_{1r}\\k_{21}&k_{22}&\cdots&k_{2r}\\\vdots&\vdots&&\vdots\\k_{r1}&k_{r2}&\cdots&k_{rr}\end{pmatrix},$$

记 $\boldsymbol{K}=\begin{pmatrix}k_{11}&k_{12}&\cdots&k_{1r}\\k_{21}&k_{22}&\cdots&k_{2r}\\\vdots&\vdots&&\vdots\\k_{r1}&k_{r2}&\cdots&k_{rr}\end{pmatrix}$,由于 $R(\boldsymbol{K})\geqslant R(\boldsymbol{\alpha}_1,\boldsymbol{\alpha}_2,\cdots,\boldsymbol{\alpha}_r)=r$,所以 $\boldsymbol{K}$ 可逆,有

$$(\boldsymbol{\alpha}_1,\boldsymbol{\alpha}_2,\cdots,\boldsymbol{\alpha}_r)\boldsymbol{K}^{-1}=(\boldsymbol{\beta}_1,\boldsymbol{\beta}_2,\cdots,\boldsymbol{\beta}_r),$$

这说明 $\boldsymbol{\alpha}_1,\boldsymbol{\alpha}_2,\cdots,\boldsymbol{\alpha}_r$ 与 $\boldsymbol{\beta}_1,\boldsymbol{\beta}_2,\cdots,\boldsymbol{\beta}_r$ 等价,故向量组(Ⅰ)与(Ⅱ)等价.

例 15 设 $\boldsymbol{\alpha}_i=(a_{i1},a_{i2},\cdots,a_{in})(i=1,2,\cdots,s)$,$\boldsymbol{\beta}=(b_1,b_2,\cdots,b_n)$,证明:若线性方程组

$$\begin{cases}a_{11}x_1+a_{12}x_2+\cdots+a_{1n}x_n=0,\\a_{21}x_1+a_{22}x_2+\cdots+a_{2n}x_n=0,\\\cdots\cdots\cdots\cdots\\a_{s1}x_1+a_{s2}x_2+\cdots+a_{sn}x_n=0\end{cases}\tag{4-20}$$

的解全是方程 $b_1x_1+b_2x_2+\cdots+b_nx_n=0$ 的解,则 $\boldsymbol{\beta}$ 可以由 $\boldsymbol{\alpha}_1,\boldsymbol{\alpha}_2,\cdots,\boldsymbol{\alpha}_s$ 线性表出.

证 增加一个方程作方程组

$$\begin{cases}a_{11}x_1+a_{12}x_2+\cdots+a_{1n}x_n=0,\\a_{21}x_1+a_{22}x_2+\cdots+a_{2n}x_n=0,\\\cdots\cdots\cdots\cdots\\a_{s1}x_1+a_{s2}x_2+\cdots+a_{sn}x_n=0,\\bx_1+b_2x_2+\cdots+b_nx_n=0.\end{cases}\tag{4-21}$$

由题设知,方程组(4-20)和(4-21)同解,其基础解系含有相同个数的解向量,即向量组 $\boldsymbol{\alpha}_1,\boldsymbol{\alpha}_2,\cdots,\boldsymbol{\alpha}_s$ 与 $\boldsymbol{\alpha}_1,\boldsymbol{\alpha}_2,\cdots,\boldsymbol{\alpha}_s,\boldsymbol{\beta}$ 的秩相等. 由上例知,两组向量等价,所以 $\boldsymbol{\beta}$ 可由 $\boldsymbol{\alpha}_1,\boldsymbol{\alpha}_2,\cdots,\boldsymbol{\alpha}_s$ 线性表出.

例 16 设 $\boldsymbol{A},\boldsymbol{B}$ 都是 n 阶方阵,证明:线性方程组 $\boldsymbol{ABX}=\boldsymbol{0}$ 与 $\boldsymbol{BX}=\boldsymbol{0}$ 同解的充分必要条件为秩 $R(\boldsymbol{AB})=R(\boldsymbol{B})$.

分析 连接线性方程组的解与系数矩阵秩的纽带是基础解系.

证 若线性方程组 $\boldsymbol{ABX}=\boldsymbol{0}$ 与 $\boldsymbol{BX}=\boldsymbol{0}$ 同解,则它们有共同的基础解系,所以

$$n-R(\boldsymbol{AB})=n-R(\boldsymbol{B})\Rightarrow R(\boldsymbol{AB})=R(\boldsymbol{B}).$$

反之,若秩 $R(\boldsymbol{AB})=R(\boldsymbol{B})$,则 $\boldsymbol{ABX}=\boldsymbol{0}$ 与 $\boldsymbol{BX}=\boldsymbol{0}$ 的基础解系含有相同的个数的解

向量.设 $\boldsymbol{ABX}=\mathbf{0}$ 的基础解系为 $\boldsymbol{\alpha}_1,\boldsymbol{\alpha}_2,\cdots,\boldsymbol{\alpha}_s$，$\boldsymbol{BX}=\mathbf{0}$ 的基础解为 $\boldsymbol{\beta}_1,\boldsymbol{\beta}_2,\cdots,\boldsymbol{\beta}_s$. 因为 $\boldsymbol{BX}=\mathbf{0}$ 的解也为 $\boldsymbol{ABX}=\mathbf{0}$ 的解，所以 $\boldsymbol{\beta}_1,\boldsymbol{\beta}_2,\cdots,\boldsymbol{\beta}_s$ 可以由 $\boldsymbol{\alpha}_1,\boldsymbol{\alpha}_2,\cdots,\boldsymbol{\alpha}_s$ 线性表出，由例 14 结论知 $\boldsymbol{\beta}_1,\boldsymbol{\beta}_2,\cdots,\boldsymbol{\beta}_s$ 与 $\boldsymbol{\alpha}_1,\boldsymbol{\alpha}_2,\cdots,\boldsymbol{\alpha}_s$ 等价，所以 $\boldsymbol{ABX}=\mathbf{0}$ 与 $\boldsymbol{BX}=\mathbf{0}$ 同解.

例 17 设 $\boldsymbol{A}$ 是 $m\times n$ 阶实矩阵，证明(1) $R(\boldsymbol{A}^{\mathrm{T}}\boldsymbol{A})=R(\boldsymbol{A})$；(2) 方程组$(\boldsymbol{A}^{\mathrm{T}}\boldsymbol{A})\boldsymbol{X}=\boldsymbol{A}^{\mathrm{T}}\boldsymbol{b}$ 一定有解.

分析 (1) 只需证明方程组 $\boldsymbol{A}^{\mathrm{T}}\boldsymbol{AX}=\mathbf{0}$ 与 $\boldsymbol{AX}=\mathbf{0}$ 同解.

(2) 只需证明 $R(\boldsymbol{A}^{\mathrm{T}}\boldsymbol{A})=R(\boldsymbol{A}^{\mathrm{T}}\boldsymbol{A},\boldsymbol{A}^{\mathrm{T}}\boldsymbol{b})$.

证 (1)设 X_0 是方程 $\boldsymbol{AX}=\mathbf{0}$ 的解，则 $\boldsymbol{AX}_0=\mathbf{0}\Rightarrow\boldsymbol{A}^{\mathrm{T}}\boldsymbol{AX}_0=\mathbf{0}$，即 X_0 也是方程 $\boldsymbol{A}^{\mathrm{T}}\boldsymbol{AX}=\mathbf{0}$ 的解；反过来，设实向量 $\boldsymbol{X}_1$ 是方程 $\boldsymbol{A}^{\mathrm{T}}\boldsymbol{AX}=\mathbf{0}$ 的解，则

$$\boldsymbol{A}^{\mathrm{T}}\boldsymbol{AX}_1=\mathbf{0}\Rightarrow\boldsymbol{X}_1^{\mathrm{T}}\boldsymbol{A}^{\mathrm{T}}\boldsymbol{AX}_1=\mathbf{0}\Rightarrow(\boldsymbol{AX}_1)^{\mathrm{T}}\boldsymbol{AX}_1=\mathbf{0}.$$

设 $\boldsymbol{AX}_1=(b_1,b_2,\cdots,b_m)^{\mathrm{T}}$，则$(\boldsymbol{AX}_1)^{\mathrm{T}}(\boldsymbol{AX}_1)=\sum\limits_{i=1}^{m}b_i^2=0$，必有 $b_1=b_2=\cdots=b_m=0$，即 $\boldsymbol{AX}_1=\mathbf{0}$，故 $\boldsymbol{X}_1$ 也是方程组 $\boldsymbol{AX}=\mathbf{0}$ 的解.

综上可知，方程组 $\boldsymbol{A}^{\mathrm{T}}\boldsymbol{AX}=\mathbf{0}$ 与 $\boldsymbol{AX}=\mathbf{0}$ 同解. 从而有 $R(\boldsymbol{A})=R(\boldsymbol{A}^{\mathrm{T}}\boldsymbol{A})$.

(2) 由(1)知 $R(\boldsymbol{A})=R(\boldsymbol{A}^{\mathrm{T}}\boldsymbol{A})$，将 $\boldsymbol{A},\boldsymbol{A}^{\mathrm{T}}\boldsymbol{A}$ 按列分块，由于 $\boldsymbol{A}^{\mathrm{T}}\boldsymbol{A}$ 的每个列向量均可由 $\boldsymbol{A}^{\mathrm{T}}$ 的列向量组线性表出，由例 14 知 $\boldsymbol{A}^{\mathrm{T}}$ 和 $\boldsymbol{A}^{\mathrm{T}}\boldsymbol{A}$ 的列向量组是等价向量组.

又 $\boldsymbol{A}^{\mathrm{T}}\boldsymbol{b}$ 是 $\boldsymbol{A}^{\mathrm{T}}$的列向量组的一个线性组合，从而

$$R(\boldsymbol{A}^{\mathrm{T}})=R(\boldsymbol{A}^{\mathrm{T}},\boldsymbol{A}^{\mathrm{T}}\boldsymbol{b})=R(\boldsymbol{A}^{\mathrm{T}}\boldsymbol{A},\boldsymbol{A}^{\mathrm{T}}\boldsymbol{b}),$$

故

$$R(\boldsymbol{A}^{\mathrm{T}}\boldsymbol{A})=R(\boldsymbol{A})=R(\boldsymbol{A}^{\mathrm{T}})=R(\boldsymbol{A}^{\mathrm{T}}\boldsymbol{A},\boldsymbol{A}^{\mathrm{T}}\boldsymbol{b}),$$

即 $R(\boldsymbol{A}^{\mathrm{T}}\boldsymbol{A})=R(\boldsymbol{A}^{\mathrm{T}}\boldsymbol{A},\boldsymbol{A}^{\mathrm{T}}\boldsymbol{b})$，所以方程组$(\boldsymbol{A}^{\mathrm{T}}\boldsymbol{A})\boldsymbol{X}=\boldsymbol{A}^{\mathrm{T}}\boldsymbol{b}$ 有解.

评注 本题中 $\boldsymbol{A}$ 是实矩阵的条件是必要的，因对于复矩阵，结论不一定成立. 例如 $\boldsymbol{A}=\begin{pmatrix}1 & \mathrm{i}\\ -\mathrm{i} & 1\end{pmatrix}$，因 $\boldsymbol{A}^{\mathrm{T}}\boldsymbol{A}=\boldsymbol{O}$，故 $R(\boldsymbol{A}^{\mathrm{T}}\boldsymbol{A})=0$，但 $R(\boldsymbol{A})=1$.

例 18 已知平面上三条不同直线的方程分别为

$$l_1: ax+2by+3c=0,$$

$$l_2: bx+2cy+3a=0,$$

$$l_3: cx+2ay+3b=0.$$

证明这三条直线交于一点的充分必要条件为 $a+b+c=0$.

分析 三条直线交于一点的充分必要条件是三个方程构成的线性方程组有唯一解.

证 由于三条直线不相同，所以常数 a,b,c 不同时相等，不妨设 a 是三个数中

的最大者.考虑非齐次线性方程组

$$\begin{cases}ax+2by+3c=0,\\bx+2cy+3a=0,\\cx+2ay+3b=0.\end{cases}\tag{4-22}$$

显然该方程组系数矩阵的秩 $R(\boldsymbol{A})=2$,则方程组有唯一解的充分必要条件是增广矩阵的秩 $R(\bar{\boldsymbol{A}})=2$,它等价于

$$\begin{vmatrix}a&2b&3c\\b&2c&3a\\c&2a&3b\end{vmatrix}=0.\tag{4-23}$$

左边行列式

$$\begin{vmatrix}a&2b&3c\\b&2c&3a\\c&2a&3b\end{vmatrix}=(a+b+c)\begin{vmatrix}1&2&3\\b&2c&3a\\c&2a&3b\end{vmatrix}=6(a+b+c)\begin{vmatrix}1&0&0\\b&c-b&a-b\\c&a-c&b-c\end{vmatrix}$$

$$=-6(a+b+c)[(b-c)^2+(a-b)(a-c)].$$

由于$(b-c)^2+(a-b)(a-c)>0$,故(4-23)式成立的充分必要条件为 $a+b+c=0$.

评注 由于行列式 $\begin{vmatrix}a&2b&3c\\b&2c&3a\\c&2a&3b\end{vmatrix}$ 关于字母 a,b,c 轮换对称,所以题解中设 a 是三个数中的最大者不影响题解的正确性.

例 19 设 $\boldsymbol{A}=(a_{ij})_{n\times n}$,且 $\sum\limits_{j=1}^{n}a_{ij}=0(i=1,2,\cdots,n)$. 证明:$\boldsymbol{A}$ 的第一行元素的代数余子式全相等.

分析 由 $\sum\limits_{j=1}^{n}a_{ij}=0(i=1,2,\cdots,n)$ 易知 $R(\boldsymbol{A})<n$,且 $\boldsymbol{\xi}=(1,1,\cdots,1)^{\mathrm{T}}$ 是齐次方程组 $\boldsymbol{AX}=\boldsymbol{0}$ 的解. 若 $R(\boldsymbol{A})<n-1$,结论自然成立;若 $R(\boldsymbol{A})=n-1$,只需证明 $(A_{11},A_{12},\cdots,A_{1n})^{\mathrm{T}}$ 也是 $\boldsymbol{AX}=\boldsymbol{0}$ 的解即可.

证 由 $\sum\limits_{j=1}^{n}a_{ij}=0,(i=1,2,\cdots,n)$,知 $|\boldsymbol{A}|=0$(或 $R(\boldsymbol{A})<n$),且 $\boldsymbol{AX}=\boldsymbol{0}$ 有解 $\boldsymbol{\xi}=(1,1,\cdots,1)^{\mathrm{T}}$ 及

$$\boldsymbol{AA}^*=|\boldsymbol{A}|\boldsymbol{I}=\boldsymbol{O},$$

即 $\boldsymbol{A}^*$ 的第一列 $(A_{11},A_{12},\cdots,A_{1n})^{\mathrm{T}}$ 是 $\boldsymbol{AX}=\boldsymbol{0}$ 的解向量.

若有 $A_{1j}\neq0$,则 $R(\boldsymbol{A})=n-1$,$(A_{11},A_{12},\cdots,A_{1n})^{\mathrm{T}}$ 是 $\boldsymbol{AX}=\boldsymbol{0}$ 的非零解,$\boldsymbol{AX}=\boldsymbol{0}$ 的通解是 $k(1,1,\cdots,1)^{\mathrm{T}}$,故有 $A_{11}=A_{12}=\cdots=A_{1n}$.

若 $A_{1j}=0(j=1,2,\cdots,n)$,则 $\boldsymbol{A}$ 的第一行的代数余子式全为零,即 $A_{11}=A_{12}=\cdots=A_{1n}=0$.

无论何种情况，都有 $\boldsymbol{A}$ 的第一行元素的代数余子式全相等.

例 20 设向量 $\boldsymbol{\beta}$ 为非齐次线性方程组 $\boldsymbol{AX}=\boldsymbol{b}\ (\boldsymbol{b}\neq\boldsymbol{0})$ 的一个解，$\boldsymbol{\alpha}_1,\boldsymbol{\alpha}_2,\cdots,\boldsymbol{\alpha}_s$ 为其导出组 $\boldsymbol{AX}=\boldsymbol{0}$ 的一个基础解系，证明：$\boldsymbol{\beta},\boldsymbol{\beta}+\boldsymbol{\alpha}_1,\boldsymbol{\beta}+\boldsymbol{\alpha}_2,\cdots,\boldsymbol{\beta}+\boldsymbol{\alpha}_s$ 为 $\boldsymbol{AX}=\boldsymbol{b}$ 解向量组中的一个最大线性无关向量组.

分析 只需证明 $\boldsymbol{\beta},\boldsymbol{\beta}+\boldsymbol{\alpha}_1,\boldsymbol{\beta}+\boldsymbol{\alpha}_2,\cdots,\boldsymbol{\beta}+\boldsymbol{\alpha}_s$ 是 $\boldsymbol{AX}=\boldsymbol{b}$ 的一组线性无关解，并且方程组的任意解都可由这组解向量线性表出.

证 显然，向量组 $\boldsymbol{\beta},\boldsymbol{\beta}+\boldsymbol{\alpha}_1,\boldsymbol{\beta}+\boldsymbol{\alpha}_2,\cdots,\boldsymbol{\beta}+\boldsymbol{\alpha}_s$ 都是 $\boldsymbol{AX}=\boldsymbol{b}$ 的解. 下证它是线性无关的. 设

$$k\boldsymbol{\beta}+k_1(\boldsymbol{\beta}+\boldsymbol{\alpha}_1)+k_2(\boldsymbol{\beta}+\boldsymbol{\alpha}_2)+\cdots+k_s(\boldsymbol{\beta}+\boldsymbol{\alpha}_s)=\boldsymbol{0}, \tag{4-24}$$

则

$$(k+k_1+k_2+\cdots+k_s)\boldsymbol{\beta}+k_1\boldsymbol{\alpha}_1+k_2\boldsymbol{\alpha}_2+\cdots+k_s\boldsymbol{\alpha}_s=\boldsymbol{0}, \tag{4-25}$$

左乘 $\boldsymbol{A}$，有

$$(k+k_1+k_2+\cdots+k_s)\boldsymbol{A\beta}+k_1\boldsymbol{A\alpha}_1+k_2\boldsymbol{A\alpha}_2+\cdots+k_s\boldsymbol{A\alpha}_s=\boldsymbol{0},$$

即

$$(k+k_1+k_2+\cdots+k_s)\boldsymbol{A\beta}=\boldsymbol{0}\Rightarrow(k+k_1+k_2+\cdots+k_s)\boldsymbol{b}=\boldsymbol{0},$$

因为 $\boldsymbol{b}\neq\boldsymbol{0}$，所以 $k+k_1+k_2+\cdots+k_s=0$.

由(4-25)得

$$k_1\boldsymbol{\alpha}_1+k_2\boldsymbol{\alpha}_2+\cdots+k_s\boldsymbol{\alpha}_s=\boldsymbol{0},$$

由于 $\boldsymbol{\alpha}_1,\boldsymbol{\alpha}_2,\cdots,\boldsymbol{\alpha}_s$ 线性无关，所以 $k_1=k_2=\cdots=k_s=0$. 代入(4-24)得 $k\boldsymbol{\beta}=\boldsymbol{0}$. 因为 $\boldsymbol{\beta}$ 为非齐次线性方程组 $\boldsymbol{AX}=\boldsymbol{b}\ (\boldsymbol{b}\neq\boldsymbol{0})$ 的一个解，可得 $\boldsymbol{\beta}\neq\boldsymbol{0}$，得 $k=0$. 所以 $\boldsymbol{\beta},\boldsymbol{\beta}+\boldsymbol{\alpha}_1,\boldsymbol{\beta}+\boldsymbol{\alpha}_2,\cdots,\boldsymbol{\beta}+\boldsymbol{\alpha}_s$ 线性无关.

下证任一 $\boldsymbol{AX}=\boldsymbol{b}$ 的解都可由 $\boldsymbol{\beta},\boldsymbol{\beta}+\boldsymbol{\alpha}_1,\boldsymbol{\beta}+\boldsymbol{\alpha}_2,\cdots,\boldsymbol{\beta}+\boldsymbol{\alpha}_s$ 线性表出.

设 $\boldsymbol{\gamma}$ 为 $\boldsymbol{AX}=\boldsymbol{b}$ 的任一解，则

$$\begin{aligned}\boldsymbol{\gamma}&=\boldsymbol{\beta}+k_1\boldsymbol{\alpha}_1+k_2\boldsymbol{\alpha}_2+\cdots+k_s\boldsymbol{\alpha}_s\\&=(1-k_1-k_2-\cdots-k_s)\boldsymbol{\beta}+k_1(\boldsymbol{\alpha}_1+\boldsymbol{\beta})+k_2(\boldsymbol{\alpha}_2+\boldsymbol{\beta})+\cdots+k_s(\boldsymbol{\alpha}_s+\boldsymbol{\beta}).\end{aligned}$$

综上所述，$\boldsymbol{\beta},\boldsymbol{\beta}+\boldsymbol{\alpha}_1,\boldsymbol{\beta}+\boldsymbol{\alpha}_2,\cdots,\boldsymbol{\beta}+\boldsymbol{\alpha}_s$ 为 $\boldsymbol{AX}=\boldsymbol{b}$ 解向量组中的一个最大线性无关向量组.

例 21 已知 $\boldsymbol{A}$ 是 $m\times n$ 矩阵，$\boldsymbol{B}$ 是 $n\times s$ 矩阵，若 $\boldsymbol{AB}=\boldsymbol{O}$，证明：$R(\boldsymbol{A})+R(\boldsymbol{B})\leqslant n$.

分析 由 $\boldsymbol{AB}=\boldsymbol{O}$ 可知，$\boldsymbol{B}$ 的列向量组是方程组 $\boldsymbol{AX}=\boldsymbol{0}$ 的解向量，从而可由方程组的基础解系线性表出，故结论成立.

证 对矩阵 $\boldsymbol{B}$ 按列分块，有

$$\boldsymbol{AB}=\boldsymbol{A}(\boldsymbol{\beta}_1,\boldsymbol{\beta}_2,\cdots,\boldsymbol{\beta}_s)=(\boldsymbol{A\beta}_1,\boldsymbol{A\beta}_2,\cdots,\boldsymbol{A\beta}_s)=\boldsymbol{O},$$

由于 $\boldsymbol{A\beta}_i=\boldsymbol{0},(i=1,2,\cdots,s)$，所以矩阵 $\boldsymbol{B}$ 的每一列 $\boldsymbol{\beta}_i(i=1,2,\cdots,s)$ 都是齐次线性方程组 $\boldsymbol{AX}=\boldsymbol{0}$ 的解，$\boldsymbol{B}$ 的列向量组的秩不超过 $\boldsymbol{AX}=\boldsymbol{0}$ 的解向量组的秩，即有

$$R(\boldsymbol{B})=R(\boldsymbol{\beta}_1,\boldsymbol{\beta}_2,\cdots,\boldsymbol{\beta}_s)\leqslant n-R(\boldsymbol{A}),$$

故 $$R(\boldsymbol{A})+R(\boldsymbol{B})\leqslant n.$$

评注 齐次线性方程组的基础解系含有 $n-R(\boldsymbol{A})$ 个解向量，它与秩 $R(\boldsymbol{A})$ 有关，因此一些有关矩阵秩的问题可转化为齐次线性方程组解的问题来讨论.

该例的结论很有用，用它可以得到一些有关矩阵秩的不等式.

例 22 已知 $\boldsymbol{A},\boldsymbol{B},\boldsymbol{C}$ 分别是 $m\times s,s\times t,t\times n$ 矩阵，秩 $R(\boldsymbol{A})=s,R(\boldsymbol{C})=t$，且 $\boldsymbol{ABC}=\boldsymbol{O}$. 证明 $\boldsymbol{B}=\boldsymbol{O}$.

分析 1 只需证明 $R(\boldsymbol{B})=0$. 由于 $\boldsymbol{ABC}=\boldsymbol{O}$，可利用上例中的不等式.

证法 1 因 $\boldsymbol{ABC}=\boldsymbol{O}$，故

$$R(\boldsymbol{A})+R(\boldsymbol{BC})\leqslant s(\text{其中 } s \text{ 是 } \boldsymbol{A} \text{ 的列数}, \boldsymbol{BC} \text{ 的行数}),$$

又 $R(\boldsymbol{A})=s$，从而有 $R(\boldsymbol{BC})\leqslant 0$，显然 $R(\boldsymbol{BC})\geqslant 0$，得 $R(\boldsymbol{BC})=0$，即 $\boldsymbol{BC}=\boldsymbol{O}$.

由 $\boldsymbol{BC}=\boldsymbol{O}$，得

$$R(\boldsymbol{B})+R(\boldsymbol{C})\leqslant t(\text{其中 } t \text{ 是 } \boldsymbol{B} \text{ 的列数或 } \boldsymbol{C} \text{ 的行数}),$$

又 $R(\boldsymbol{C})=t$，同理可得 $R(\boldsymbol{B})=0$，得证 $\boldsymbol{B}=\boldsymbol{O}$.

分析 2 只需证明 $\boldsymbol{B}$ 的行或列向量是某齐次方程组的解向量，而该方程组只有零解.

证法 2 因 $R(\boldsymbol{A})=s$，即 $\boldsymbol{A}$ 列满秩，$\boldsymbol{A}$ 的列向量组线性无关，s 元齐次线性方程 $\boldsymbol{AX}=\boldsymbol{0}$ 仅有零解，而已知 $\boldsymbol{ABC}=\boldsymbol{O}$，故 $\boldsymbol{BC}$ 的每一列都是 $\boldsymbol{AX}=\boldsymbol{0}$ 的解向量，从而得证 $\boldsymbol{BC}=\boldsymbol{O}$.

因 $\boldsymbol{BC}=\boldsymbol{O}$，有 $(\boldsymbol{BC})^{\mathrm{T}}=\boldsymbol{C}^{\mathrm{T}}\boldsymbol{B}^{\mathrm{T}}=\boldsymbol{O}$，因 $R(\boldsymbol{C})=t$，$\boldsymbol{C}$ 行满秩，$\boldsymbol{C}^{\mathrm{T}}$ 是列满秩，$\boldsymbol{C}^{\mathrm{T}}$ 的 t 个列向量线性无关，$\boldsymbol{C}^{\mathrm{T}}\boldsymbol{X}=\boldsymbol{0}$ 仅有零解，而 $\boldsymbol{C}^{\mathrm{T}}\boldsymbol{B}^{\mathrm{T}}=\boldsymbol{O}$，故 $\boldsymbol{B}^{\mathrm{T}}$ 的每一列均是 $\boldsymbol{C}^{\mathrm{T}}\boldsymbol{X}=\boldsymbol{0}$ 的解向量，从而得证 $\boldsymbol{B}^{\mathrm{T}}=\boldsymbol{O}$，即 $\boldsymbol{B}=\boldsymbol{O}$.

例 23 设 $\boldsymbol{A},\boldsymbol{B}$ 都是 n 阶矩阵，且秩 $R(\boldsymbol{A})+R(\boldsymbol{B})<n$，证明齐次线性方程组 $\boldsymbol{AX}=\boldsymbol{0}$ 与 $\boldsymbol{BX}=\boldsymbol{0}$ 有非零公共解.

分析 1 只需证明两个方程组的基础解系合并成的向量组线性相关.

证法 1（直接构造出其公共解）

设 $R(\boldsymbol{A})=r,R(\boldsymbol{B})=s$，则 $r+s<n$，若 $\boldsymbol{\alpha}_1,\boldsymbol{\alpha}_2,\cdots,\boldsymbol{\alpha}_{n-r}$ 是 $\boldsymbol{AX}=\boldsymbol{0}$ 的基础解系，$\boldsymbol{\beta}_1,\boldsymbol{\beta}_2,\cdots,\boldsymbol{\beta}_{n-s}$ 是 $\boldsymbol{BX}=\boldsymbol{0}$ 的基础解系，由于

$$n-r+n-s=n+(n-r-s)>n,$$

所以向量组 $\boldsymbol{\alpha}_1,\boldsymbol{\alpha}_2,\cdots,\boldsymbol{\alpha}_{n-r},\boldsymbol{\beta}_1,\boldsymbol{\beta}_2,\cdots,\boldsymbol{\beta}_{n-s}$ 线性相关. 所以存在不全为零的数 $k_1,k_2,\cdots,k_{n-r},l_1,l_2,\cdots,l_{n-s}$，使

$$k_1\boldsymbol{\alpha}_1+k_2\boldsymbol{\alpha}_2+\cdots+k_{n-r}\boldsymbol{\alpha}_{n-r}+l_1\boldsymbol{\beta}_1+l_2\boldsymbol{\beta}_2+\cdots+l_{n-s}\boldsymbol{\beta}_{n-s}=\boldsymbol{0}.$$

若 $k_1=k_2=\cdots=k_{n-r}=0$，则 $l_1,l_2,\cdots,l_{n-r}$ 不全为零，由上式知 $\boldsymbol{\beta}_1,\boldsymbol{\beta}_2,\cdots,\boldsymbol{\beta}_{n-s}$ 线性相关，与其为基础解系矛盾.所以必存在 $k_j\neq 0$，同理有 $l_m\neq 0$，那么

$$\boldsymbol{\gamma}=k_1\boldsymbol{\alpha}_1+k_2\boldsymbol{\alpha}_2+\cdots+k_{n-r}\boldsymbol{\alpha}_{n-r}=-(l_1\boldsymbol{\beta}_1+l_2\boldsymbol{\beta}_2+\cdots+l_{n-s}\boldsymbol{\beta}_{n-s})\neq\boldsymbol{0}$$

就是 $\boldsymbol{AX}=\boldsymbol{0}$ 与 $\boldsymbol{BX}=\boldsymbol{0}$ 的非零公共解.

分析 2　要证 $\boldsymbol{AX}=\boldsymbol{0}$ 与 $\boldsymbol{BX}=\boldsymbol{0}$ 有非零公共解,即证齐次线性方程组 $\begin{pmatrix}\boldsymbol{A}\\\boldsymbol{B}\end{pmatrix}\boldsymbol{X}=\boldsymbol{0}$ 有非零解,只需证明 $R\begin{pmatrix}\boldsymbol{A}\\\boldsymbol{B}\end{pmatrix}<n$.

证法 2　由于

$$\begin{pmatrix}\boldsymbol{A}&\boldsymbol{O}\\\boldsymbol{O}&\boldsymbol{B}\end{pmatrix}\begin{pmatrix}\boldsymbol{I}\\\boldsymbol{I}\end{pmatrix}=\begin{pmatrix}\boldsymbol{A}\\\boldsymbol{B}\end{pmatrix},$$

所以

$$R\begin{pmatrix}\boldsymbol{A}\\\boldsymbol{B}\end{pmatrix}\leqslant R\begin{pmatrix}\boldsymbol{A}&\boldsymbol{O}\\\boldsymbol{O}&\boldsymbol{B}\end{pmatrix}=R(\boldsymbol{A})+R(\boldsymbol{B})<n.$$

齐次线性方程组 $\begin{pmatrix}\boldsymbol{A}\\\boldsymbol{B}\end{pmatrix}\boldsymbol{X}=\boldsymbol{0}$ 有非零解,所以 $\boldsymbol{AX}=\boldsymbol{0}$ 与 $\boldsymbol{BX}=\boldsymbol{0}$ 有非零公共解.

例 24　设 V_1,V_2 都是向量空间 V 的子空间,且 $V_1\subseteq V_2$,证明:若 V_1 与 V_2 的维数相等,则 $V_1=V_2$.

分析　只需证明 $V_2\subseteq V_1$ 也成立. 由于向量空间都是由它的一组基生成的,所以只需说明它们有相同的一组基即可.

证　设 V_1 的维数为 r,若 $r=0$,则 V_1 与 V_2 都是零空间,显然相等.

当 $r\neq 0$ 时,任取 V_1 的一组基 $\boldsymbol{\alpha}_1,\boldsymbol{\alpha}_2,\cdots,\boldsymbol{\alpha}_r$,由于 $V_1\subseteq V_2$,且 V_1 与 V_2 维数相等,故 $\boldsymbol{\alpha}_1,\boldsymbol{\alpha}_2,\cdots,\boldsymbol{\alpha}_r$ 也是 V_2 的一组基,所以 V_2 中任一向量均可由 $\boldsymbol{\alpha}_1,\boldsymbol{\alpha}_2,\cdots,\boldsymbol{\alpha}_r$ 线性表出,而 $\boldsymbol{\alpha}_1,\boldsymbol{\alpha}_2,\cdots,\boldsymbol{\alpha}_r$ 的任一线性组合也是 V_1 中的向量,于是 $V_2\subseteq V_1$,故 $V_1=V_2$.

例 25　设 $\boldsymbol{\alpha}_1,\boldsymbol{\alpha}_2,\cdots,\boldsymbol{\alpha}_n$ 是 n 维线性空间 V 的一组基,$\boldsymbol{A}$ 是 $n\times s$ 矩阵,且

$$(\boldsymbol{\beta}_1,\boldsymbol{\beta}_2,\cdots,\boldsymbol{\beta}_s)=(\boldsymbol{\alpha}_1,\boldsymbol{\alpha}_2,\cdots,\boldsymbol{\alpha}_n)\boldsymbol{A}.$$

证明:由 $\boldsymbol{\beta}_1,\boldsymbol{\beta}_2,\cdots,\boldsymbol{\beta}_s$ 所生成的向量空间 $L(\boldsymbol{\beta}_1,\boldsymbol{\beta}_2,\cdots,\boldsymbol{\beta}_s)$ 的维数等于 $\boldsymbol{A}$ 的秩.

分析　由于 $\dim L(\boldsymbol{\beta}_1,\boldsymbol{\beta}_2,\cdots,\boldsymbol{\beta}_s)=R(\boldsymbol{\beta}_1,\boldsymbol{\beta}_2,\cdots,\boldsymbol{\beta}_s)$,所以只需证明 $R(\boldsymbol{\beta}_1,\boldsymbol{\beta}_2,\cdots,\boldsymbol{\beta}_s)=R(\boldsymbol{A})$.

证　设 $R(\boldsymbol{A})=r$,不妨设 $\boldsymbol{A}$ 的前 r 个列向量线性无关,并将 $\boldsymbol{A}$ 的前 r 列分块为 $\boldsymbol{A}_1$,后 $s-r$ 列分块为 $\boldsymbol{A}_2$,则 $\boldsymbol{A}=(\boldsymbol{A}_1,\boldsymbol{A}_2)$,$R(\boldsymbol{A}_1)=R(\boldsymbol{A})=r$. 因为

$$(\boldsymbol{\beta}_1,\boldsymbol{\beta}_2,\cdots,\boldsymbol{\beta}_s)=(\boldsymbol{\alpha}_1,\boldsymbol{\alpha}_2,\cdots,\boldsymbol{\alpha}_n)\boldsymbol{A},$$

所以

$$(\boldsymbol{\beta}_1,\boldsymbol{\beta}_2,\cdots,\boldsymbol{\beta}_r)=(\boldsymbol{\alpha}_1,\boldsymbol{\alpha}_2,\cdots,\boldsymbol{\alpha}_n)\boldsymbol{A}_1.$$

设有 $k_1\boldsymbol{\beta}_1+k_2\boldsymbol{\beta}_2+\cdots+k_r\boldsymbol{\beta}_r=\boldsymbol{0}$,即 $(\boldsymbol{\beta}_1,\boldsymbol{\beta}_2,\cdots,\boldsymbol{\beta}_r)\begin{pmatrix}k_1\\k_2\\\vdots\\k_r\end{pmatrix}=\boldsymbol{0}$,则有

$$(\boldsymbol{\alpha}_1,\boldsymbol{\alpha}_2,\cdots,\boldsymbol{\alpha}_n)\boldsymbol{A}_1\begin{pmatrix}k_1\\k_2\\\vdots\\k_r\end{pmatrix}=\boldsymbol{0}.$$

由于 $\boldsymbol{\alpha}_1,\boldsymbol{\alpha}_2,\cdots,\boldsymbol{\alpha}_n$ 线性无关,所以 $\boldsymbol{A}_1\begin{pmatrix}k_1\\k_2\\\vdots\\k_r\end{pmatrix}=\boldsymbol{0}$. 再由 $R(\boldsymbol{A}_1)=r$ 知,关于 $k_1,k_2,\cdots,k_r$ 的方程组只有零解,故 $\boldsymbol{\beta}_1,\boldsymbol{\beta}_2,\cdots,\boldsymbol{\beta}_r$ 线性无关.

另一方面,由 $(\boldsymbol{\beta}_1,\boldsymbol{\beta}_2,\cdots,\boldsymbol{\beta}_s)=(\boldsymbol{\alpha}_1,\boldsymbol{\alpha}_2,\cdots,\boldsymbol{\alpha}_n)\boldsymbol{A}$ 知,

$$R(\boldsymbol{\beta}_1,\boldsymbol{\beta}_2,\cdots,\boldsymbol{\beta}_s)\leqslant R(\boldsymbol{A})=r,$$

所以 $\boldsymbol{\beta}_1,\boldsymbol{\beta}_2,\cdots,\boldsymbol{\beta}_r$ 是 $\boldsymbol{\beta}_1,\boldsymbol{\beta}_2,\cdots,\boldsymbol{\beta}_s$ 的一个最大线性无关组,有

$$R(\boldsymbol{\beta}_1,\boldsymbol{\beta}_2,\cdots,\boldsymbol{\beta}_s)=r=R(\boldsymbol{A}),$$

即 $\dim L(\boldsymbol{\beta}_1,\boldsymbol{\beta}_2,\cdots,\boldsymbol{\beta}_s)=R(\boldsymbol{A})$.

三、单元检测

(一) 检测题

一、填空题(每题 3 分,共 15 分)

1. 已知方程组 $\begin{pmatrix}1&2&1\\2&3&a+2\\1&a&-2\end{pmatrix}\begin{pmatrix}x_1\\x_2\\x_3\end{pmatrix}=\begin{pmatrix}1\\3\\4\end{pmatrix}$ 无解,则 $a=$____________.

2. 设 n 维基本单位向量组 $\boldsymbol{\varepsilon}_1,\boldsymbol{\varepsilon}_2,\cdots,\boldsymbol{\varepsilon}_n$ 可由向量组 $\boldsymbol{\alpha}_1,\boldsymbol{\alpha}_2,\cdots,\boldsymbol{\alpha}_s$ 线性表出,则 s 与 n 的关系________.

3. 已知四元线性方程组 $\boldsymbol{AX}=\boldsymbol{b}$ 的三个解是 $\boldsymbol{\alpha}_1,\boldsymbol{\alpha}_2,\boldsymbol{\alpha}_3$,且

$$\boldsymbol{\alpha}_1=(1,2,3,4)^{\mathrm{T}},\boldsymbol{\alpha}_2+\boldsymbol{\alpha}_3=(3,5,7,9)^{\mathrm{T}},R(\boldsymbol{A})=3,$$

则方程组的通解是________________________.

4. 设 $\boldsymbol{A}=\begin{pmatrix}1&2&-2\\4&t&3\\3&-1&1\end{pmatrix}$,$\boldsymbol{B}$ 为三阶非零矩阵,且 $\boldsymbol{AB}=\boldsymbol{O}$,则 $t=$________.

5. 已知线性方程组$\begin{cases}a_1x_1+a_2x_2+a_3x_3+a_4x_4=a_5,\\ b_1x_1+b_2x_2+b_3x_3+b_4x_4=b_5,\\ c_1x_1+c_2x_2+c_3x_3+c_4x_4=c_5\end{cases}$有通解

$$k(1,2,-1,1)^{\mathrm{T}},+(1,-1,0,2)^{\mathrm{T}},$$

则方程组$\begin{cases}-a_1x_1+a_2x_2+a_3x_3+a_4x_4=a_5,\\ b_1x_1+b_2x_2+b_3x_3+b_4x_4=b_5,\\ c_1x_1+c_2x_2+c_3x_3+c_4x_4=c_5\end{cases}$ 有特解是________.

二、选择题(每题 3 分,共 15 分)

1. 下列集合构成向量空间 $\mathbf{R}^n$ 中的子空间的是(　　).

(A) $\{(a_1,a_2,\cdots,a_n)\mid a_1+a_2=0\}$　　(B) $\{(a_1,a_2,\cdots,a_n)\mid a_1+a_2\neq 0\}$

(C) $\{(a_1,a_2,\cdots,a_n)\mid a_1a_2=0\}$　　(D) $\{(a_1,a_2,\cdots,a_n)\mid a_1a_2\neq 0\}$

2. n 维向量组 $\boldsymbol{\alpha}_1,\boldsymbol{\alpha}_2,\cdots,\boldsymbol{\alpha}_s(3\leqslant s\leqslant n)$线性无关的充要条件是(　　).

(A) $\boldsymbol{\alpha}_1,\boldsymbol{\alpha}_2,\cdots,\boldsymbol{\alpha}_s$ 中任何两个向量都线性无关

(B) 存在不全为 0 的 s 个数 $k_1,\cdots,k_s$,使得 $k_1\boldsymbol{\alpha}_1+\cdots+k_s\boldsymbol{\alpha}_s\neq\mathbf{0}$

(C) $\boldsymbol{\alpha}_1,\boldsymbol{\alpha}_2,\cdots,\boldsymbol{\alpha}_s$ 中任何一个向量都不能用其余向量线性表出

(D) $\boldsymbol{\alpha}_1,\boldsymbol{\alpha}_2,\cdots,\boldsymbol{\alpha}_s$ 中存在一个向量不能用其余向量线性表出

3. 设 $\boldsymbol{A}$ 为 $m\times n$ 矩阵,且 $R(\boldsymbol{A})=m<n$,则有(　　).

(A) $\boldsymbol{A}$ 的任意 m 个列向量线性无关

(B) $\boldsymbol{A}$ 经过若干次行初等变换可化为$(\boldsymbol{I}_m,\boldsymbol{O})$形式

(C) $\boldsymbol{A}$ 中任一 m 阶子式均为零

(D) $\boldsymbol{AX}=\boldsymbol{b}$ 必有无穷多组解

4. 已知 $\boldsymbol{\beta}_1,\boldsymbol{\beta}_2$ 为非齐次线性方程组 $\boldsymbol{AX}=\boldsymbol{b}$ 的两个不同的解,$\boldsymbol{\alpha}_1,\boldsymbol{\alpha}_2$ 是对应齐次线性方程组 $\boldsymbol{AX}=\mathbf{0}$ 的基础解系,k_1,k_2 为任意常数,则方程组 $\boldsymbol{AX}=\boldsymbol{b}$ 的通解为(　　).

(A) $k_1\boldsymbol{\alpha}_1+k_2(\boldsymbol{\alpha}_1+\boldsymbol{\alpha}_2)+\dfrac{\boldsymbol{\beta}_1-\boldsymbol{\beta}_2}{2}$　　(B) $k_1\boldsymbol{\alpha}_1+k_2(\boldsymbol{\alpha}_1-\boldsymbol{\alpha}_2)+\dfrac{\boldsymbol{\beta}_1+\boldsymbol{\beta}_2}{2}$

(C) $k_1\boldsymbol{\alpha}_1+k_2(\boldsymbol{\beta}_1+\boldsymbol{\beta}_2)+\dfrac{\boldsymbol{\beta}_1-\boldsymbol{\beta}_2}{2}$　　(D) $k_1\boldsymbol{\alpha}_1+k_2(\boldsymbol{\beta}_1-\boldsymbol{\beta}_2)+\dfrac{\boldsymbol{\beta}_1+\boldsymbol{\beta}_2}{2}$

5. 设 $\boldsymbol{A}$ 是 $m\times s$ 矩阵,$\boldsymbol{B}$ 是 $s\times n$ 矩阵,则方程组 $\boldsymbol{BX}=\mathbf{0}$ 和 $\boldsymbol{ABX}=\mathbf{0}$ 是同解方程组的一个充分条件是(　　).

(A) $R(\boldsymbol{A})=m$　　(B) $R(\boldsymbol{A})=s$

(C) $R(B)=s$　　(D) $R(\boldsymbol{B})=n$

三、(10 分)已知 $\boldsymbol{\alpha}_1=\begin{pmatrix}1\\0\\3\end{pmatrix},\boldsymbol{\alpha}_2=\begin{pmatrix}1\\-1\\a\end{pmatrix},\boldsymbol{\alpha}_3=\begin{pmatrix}2\\a+1\\1\end{pmatrix},\boldsymbol{\beta}=\begin{pmatrix}1\\1\\b+2\end{pmatrix}$.

(1) a,b 为何值时,$\boldsymbol{\beta}$ 不能由 $\boldsymbol{\alpha}_1,\boldsymbol{\alpha}_2,\boldsymbol{\alpha}_3$ 线性表出;

(2) a,b 为何值时,$\boldsymbol{\beta}$ 可由 $\boldsymbol{\alpha}_1,\boldsymbol{\alpha}_2,\boldsymbol{\alpha}_3$ 线性表出,且表示法不唯一,并写出其表达式.

四、(10 分)设向量组 $\boldsymbol{\alpha}_1,\boldsymbol{\alpha}_2,\cdots,\boldsymbol{\alpha}_m$ 与 $\boldsymbol{\alpha}_1,\boldsymbol{\alpha}_2,\cdots,\boldsymbol{\alpha}_m,\boldsymbol{\beta}$ 有相同的秩,证明:$\boldsymbol{\beta}$ 可由 $\boldsymbol{\alpha}_1,\boldsymbol{\alpha}_2,\cdots,\boldsymbol{\alpha}_m$ 线性表出.

五、(10 分)设向量组

(Ⅰ):$\boldsymbol{\alpha}_1=(2,4,-2)^{\mathrm{T}},\boldsymbol{\alpha}_2=(-1,a-3,1)^{\mathrm{T}},\boldsymbol{\alpha}_3=(2,8,b-1)^{\mathrm{T}}$;

(Ⅱ):$\boldsymbol{\beta}_1=(2,b+5,-2)^{\mathrm{T}},\boldsymbol{\beta}_2=(3,7,a-4)^{\mathrm{T}},\boldsymbol{\beta}_3=(1,2b+4,-1)^{\mathrm{T}}$.

问:(1) a,b 取何值时,秩 R(Ⅰ)$=R$(Ⅱ),且(Ⅰ)与(Ⅱ)等价?

(2) a,b 取何值时,秩 R(Ⅰ)$=R$(Ⅱ),但(Ⅰ)与(Ⅱ)不等价?

六、(10 分)求解方程组 $\begin{cases}x_1+x_2+x_3+x_4=0,\\ x_2+2x_3+2x_4=1,\\ -x_2+(a-3)x_3-2x_4=b,\\ 3x_1+2x_2+x_3+ax_4=-1.\end{cases}$

七、(10 分)若 n 阶矩阵 $\boldsymbol{A}$ 满足 $\boldsymbol{A}^2=k\boldsymbol{A}$($k$ 为非零实数),证明:$R(\boldsymbol{A})+R(\boldsymbol{A}-k\boldsymbol{I})=n$.

八、(10 分)已知线性方程组 $\begin{cases}a_{11}x_1+a_{12}x_2+a_{13}x_3+a_{14}x_4=a_{15},\\ a_{21}x_1+a_{22}x_2+a_{23}x_3+a_{24}x_4=a_{25},\\ a_{31}x_1+a_{32}x_2+a_{33}x_3+a_{34}x_4=a_{35},\\ a_{41}x_1+a_{42}x_2+a_{43}x_3+a_{44}x_4=a_{45}\end{cases}$ 的通解为 $(2,1,0,1)^{\mathrm{T}}+k(1,-1,2,0)^{\mathrm{T}}$,记 $\boldsymbol{\alpha}_j=(a_{1j},a_{2j},a_{3j},a_{4j})^{\mathrm{T}}(j=1,2,3,4,5)$.

问:(1) $\boldsymbol{\alpha}_4$ 能否由 $\boldsymbol{\alpha}_1,\boldsymbol{\alpha}_2,\boldsymbol{\alpha}_3,\boldsymbol{\alpha}_5$ 线性表出?

(2) $\boldsymbol{\alpha}_4$ 能否由 $\boldsymbol{\alpha}_1,\boldsymbol{\alpha}_2,\boldsymbol{\alpha}_3$ 线性表出?

九、(10 分)设 $\boldsymbol{\eta}^*$ 是非齐次线性方程组 $\boldsymbol{AX}=\boldsymbol{b}$ 的一个解,$\boldsymbol{\xi}_1,\boldsymbol{\xi}_2,\cdots,\boldsymbol{\xi}_{n-1}$ 是对应齐次方程组的一个基础解系,证明:

(1) $\boldsymbol{\eta}^*,\boldsymbol{\xi}_1,\boldsymbol{\xi}_2,\cdots,\boldsymbol{\xi}_{n-1}$ 线性无关;

(2) $\boldsymbol{\eta}^*,\boldsymbol{\eta}^*+\boldsymbol{\xi}_1,\boldsymbol{\eta}^*+\boldsymbol{\xi}_2,\cdots,\boldsymbol{\eta}^*+\boldsymbol{\xi}_{n-1}$ 线性无关.

(二) 检测题答案与提示

一、1. 3;2. $s\geqslant n$;3. $(1,2,3,4)^{\mathrm{T}}+k(1,1,1,1)^{\mathrm{T}}$($k$ 为任意常数);4. -3;5. $(0,-3,1,1)^{\mathrm{T}}$.

二、1. A;2. C;3. D;4. B;5. B.

三、(1) 当 $a=-2$ 且 $b\neq 6$ 或 $a=4$ 且 $b\neq 0$ 时,$\boldsymbol{\beta}$ 不能由 $\boldsymbol{\alpha}_1,\boldsymbol{\alpha}_2,\boldsymbol{\alpha}_3$ 线性表出.

(2) 当 $a=-2$ 且 $b=6$ 或 $a=4$ 且 $b=0$ 时,$\boldsymbol{\beta}$ 可由 $\boldsymbol{\alpha}_1,\boldsymbol{\alpha}_2,\boldsymbol{\alpha}_3$ 线性表出,设 $\boldsymbol{\beta}=$

$k_1\boldsymbol{\alpha}_1+k_2\boldsymbol{\alpha}_2+k_3\boldsymbol{\alpha}_3$，则

$$k_1=2-(a+3)t,k_2=(a+1)t-1,k_3=t.$$

此时有 $\boldsymbol{\beta}=[2-(a+3)t]\boldsymbol{\alpha}_1+[(a+1)t-1]\boldsymbol{\alpha}_2+t\boldsymbol{\alpha}_3$，其中 t 为任意实数.

四、若 $\boldsymbol{\alpha}_1,\boldsymbol{\alpha}_2,\cdots,\boldsymbol{\alpha}_m$ 线性无关，则问题显然成立. 若线性相关，则可考虑 $\boldsymbol{\alpha}_1,\boldsymbol{\alpha}_2,\cdots,\boldsymbol{\alpha}_m$ 的一个最大线性无关组 $\boldsymbol{\alpha}_{i_1},\cdots,\boldsymbol{\alpha}_{i_r}(r=R(\boldsymbol{\alpha}_1,\cdots,\boldsymbol{\alpha}_m))$. 由于

$$R(\boldsymbol{\alpha}_{i_1},\cdots,\boldsymbol{\alpha}_{i_r})=R(\boldsymbol{\alpha}_1,\cdots,\boldsymbol{\alpha}_m)=R(\boldsymbol{\alpha}_1,\cdots,\boldsymbol{\alpha}_m,\boldsymbol{\beta})\geqslant R(\boldsymbol{\alpha}_{i_1},\cdots,\boldsymbol{\alpha}_{i_r},\boldsymbol{\beta}),$$

又 $R(\boldsymbol{\alpha}_{i_1},\cdots,\boldsymbol{\alpha}_{i_r})\leqslant R(\boldsymbol{\alpha}_{i_1},\cdots,\boldsymbol{\alpha}_{i_r},\boldsymbol{\beta})$，所以 $R(\boldsymbol{\alpha}_{i_1},\cdots,\boldsymbol{\alpha}_{i_r})=R(\boldsymbol{\alpha}_{i_1},\cdots,\boldsymbol{\alpha}_{i_r},\boldsymbol{\beta})$.

由 $\boldsymbol{\alpha}_{i_1},\cdots,\boldsymbol{\alpha}_{i_r}$ 线性无关，$\boldsymbol{\alpha}_{i_1},\cdots,\boldsymbol{\alpha}_{i_r},\boldsymbol{\beta}$ 线性相关，知 $\boldsymbol{\beta}$ 可由 $\boldsymbol{\alpha}_{i_1},\cdots,\boldsymbol{\alpha}_{i_r}$ 线性表出，从而可由 $\boldsymbol{\alpha}_1,\cdots,\boldsymbol{\alpha}_m$ 线性表出.

五、(1) 当 $a\neq1$ 且 $b\neq-1$，或 $a=1$ 且 $b=-1$ 时，$R(\text{Ⅰ})=R(\text{Ⅱ})$，且(Ⅰ)与(Ⅱ)等价.

(2) 当 $a=1$ 且 $b\neq-1$，或 $a\neq1$ 且 $b=-1$ 时，$R(\text{Ⅰ})=R(\text{Ⅱ})$，但(Ⅰ)与(Ⅱ)不等价.

六、$$\overline{\boldsymbol{A}}=\left(\begin{array}{cccc:c}1&1&1&1&0\\0&1&2&2&1\\0&-1&a-3&-2&b\\3&2&1&a&-1\end{array}\right)\longrightarrow\left(\begin{array}{cccc:c}1&1&1&1&0\\0&1&2&2&1\\0&-1&a-3&-2&b\\0&-1&-2&a-3&-1\end{array}\right)$$

$$\rightarrow\left(\begin{array}{cccc:c}1&1&1&1&0\\0&1&2&2&1\\0&0&a-1&0&b+1\\0&0&0&a-1&0\end{array}\right).$$

(1) 当 $a\neq1$ 时，$R(\boldsymbol{A})=R(\overline{\boldsymbol{A}})=4$ 方程组有唯一解

$$x_1=\frac{b-a+2}{a-1},x_2=\frac{a-2b-3}{a-1},x_3=\frac{b+1}{a-1},x_4=0.$$

(2) 当 $a=1,b\neq-1$ 时，$R(\boldsymbol{A})=2,R(\overline{\boldsymbol{A}})=3$，方程组无解.

(3) 当 $a=1,b=-1$ 时，$\overline{\boldsymbol{A}}\rightarrow\left(\begin{array}{cccc:c}1&1&1&1&0\\0&1&2&2&1\\0&0&0&0&0\\0&0&0&0&0\end{array}\right)$ 得同解方程组 $\begin{cases}x_1+x_2=-x_3-x_4,\\x_2=-2x_3-2x_4+1.\end{cases}$

特解为 $\boldsymbol{\eta}^*=\begin{pmatrix}-1\\1\\0\\0\end{pmatrix}$，导出组的基础解系 $\boldsymbol{\xi}_1=\begin{pmatrix}1\\-2\\1\\0\end{pmatrix},\boldsymbol{\xi}_2=\begin{pmatrix}1\\-2\\0\\1\end{pmatrix}$. 方程组的通解为

$$\boldsymbol{\eta}=k_1\boldsymbol{\xi}_1+k_2\boldsymbol{\xi}_2+\boldsymbol{\eta}^*\ (k_1,k_2\text{ 为任意常数}).$$

七、由 $\boldsymbol{A}(\boldsymbol{A}-k\boldsymbol{I})=\boldsymbol{O}$,有

$$R(\boldsymbol{A})+R(\boldsymbol{A}-k\boldsymbol{I})\leqslant n.$$

又

$$R(\boldsymbol{A})+R(\boldsymbol{A}-k\boldsymbol{I})=R(\boldsymbol{A})+R(k\boldsymbol{I}-\boldsymbol{A})\geqslant R(\boldsymbol{A}+k\boldsymbol{I}-\boldsymbol{A})=R(k\boldsymbol{I})=n,$$

所以 $R(\boldsymbol{A})+R(\boldsymbol{A}-k\boldsymbol{I})=n$.

八、线性方程组表示为向量形式为

$$x_1\boldsymbol{\alpha}_1+x_2\boldsymbol{\alpha}_2+x_3\boldsymbol{\alpha}_3+x_4\boldsymbol{\alpha}_4=\boldsymbol{\alpha}_5.$$

(1) 在通解中取 $k=0$ 知 $(2,\ 1,\ 0,\ 1)^{\mathrm{T}}$ 是方程组的解,即有

$$2\boldsymbol{\alpha}_1+\boldsymbol{\alpha}_2+0\boldsymbol{\alpha}_3+\boldsymbol{\alpha}_4=\boldsymbol{\alpha}_5\Rightarrow\boldsymbol{\alpha}_4=-2\boldsymbol{\alpha}_1-\boldsymbol{\alpha}_2+0\boldsymbol{\alpha}_3+\boldsymbol{\alpha}_5,$$

故 $\boldsymbol{\alpha}_4$ 可由 $\boldsymbol{\alpha}_1,\boldsymbol{\alpha}_2,\boldsymbol{\alpha}_3,\boldsymbol{\alpha}_5$ 线性表出.

(2) 由通解知,对应齐次方程组的基础解系只有一个非零解向量,故

$$R(\boldsymbol{\alpha}_1,\boldsymbol{\alpha}_2,\boldsymbol{\alpha}_3,\boldsymbol{\alpha}_4)=R(\boldsymbol{\alpha}_1,\boldsymbol{\alpha}_2,\boldsymbol{\alpha}_3,\boldsymbol{\alpha}_4,\boldsymbol{\alpha}_5)=4-1=3.$$

若 $\boldsymbol{\alpha}_4$ 可由 $\boldsymbol{\alpha}_1,\boldsymbol{\alpha}_2,\boldsymbol{\alpha}_3$ 线性表出,则 $R(\boldsymbol{\alpha}_1,\boldsymbol{\alpha}_2,\boldsymbol{\alpha}_3,\boldsymbol{\alpha}_4)=R(\boldsymbol{\alpha}_1,\boldsymbol{\alpha}_2,\boldsymbol{\alpha}_3)=3\Rightarrow\boldsymbol{\alpha}_1$,$\boldsymbol{\alpha}_2,\boldsymbol{\alpha}_3$ 线性无关. 但由 $(1,-1,2,0)^{\mathrm{T}}$ 为齐次方程组的解向量,有 $\boldsymbol{\alpha}_1-\boldsymbol{\alpha}_2+2\boldsymbol{\alpha}_3=\boldsymbol{0}$,即 $\boldsymbol{\alpha}_1,\boldsymbol{\alpha}_2,\boldsymbol{\alpha}_3$ 线性相关,矛盾.

故 $\boldsymbol{\alpha}_4$ 不能由 $\boldsymbol{\alpha}_1,\boldsymbol{\alpha}_2,\boldsymbol{\alpha}_3$ 线性表出.

九、提示:(1) 设存在数 $k_0,k_2,\cdots,k_{n-r}$ 满足

$$k_0\boldsymbol{\eta}^*+\sum_{i=1}^{n-r}k_i\boldsymbol{\xi}_i=\boldsymbol{0},$$

用 $\boldsymbol{A}$ 左乘上式,可得到 $k_0=0$,代入上式再由 $\boldsymbol{\xi}_1,\boldsymbol{\xi}_2,\cdots,\boldsymbol{\xi}_{n-1}$ 线性无关,可得 $k_1=\cdots=k_{n-r}=0$,所以 $\boldsymbol{\eta}^*,\boldsymbol{\xi}_1,\boldsymbol{\xi}_2,\cdots,\boldsymbol{\xi}_{n-r}$ 线性无关;

(2) 令 $l_0\boldsymbol{\eta}^*+l_1(\boldsymbol{\eta}^*+\boldsymbol{\xi}_1)+\cdots+l_{n-r}(\boldsymbol{\eta}^*+\boldsymbol{\xi}_{n-r})=\boldsymbol{0}$,则

$$(l_0+l_1+\cdots+l_{n-r})\boldsymbol{\eta}^*+(l_1\boldsymbol{\xi}_1+\cdots+l_{n-r}\boldsymbol{\xi}_{n-r})=\boldsymbol{0}.$$

用 $\boldsymbol{A}$ 左乘上式,可得到 $l_0+l_1+\cdots+l_{n-r}=0$,代入上式再由 $\boldsymbol{\xi}_1,\boldsymbol{\xi}_2,\cdots,\boldsymbol{\xi}_{n-1}$ 线性无关,可得 $l_1=\cdots=l_{n-r}=0$,故 $\boldsymbol{\eta}^*,\boldsymbol{\eta}^*+\boldsymbol{\xi}_1,\boldsymbol{\eta}^*+\boldsymbol{\xi}_2,\cdots,\boldsymbol{\eta}^*+\boldsymbol{\xi}_{n-r}$ 线性无关.

第五章　特征值与特征向量

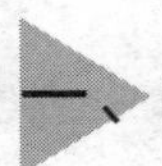

一、内容提要

（一）特征值与特征向量的概念与计算

1. 特征值与特征向量的概念

定义　设 $\boldsymbol{A}$ 为 n 阶方阵，如果存在数 λ 和 n 维非零列向量 $\boldsymbol{\alpha}$，使得

$$\boldsymbol{A\alpha}=\lambda\boldsymbol{\alpha},$$

则称 λ 为 $\boldsymbol{A}$ 的一个特征值，$\boldsymbol{\alpha}$ 为 $\boldsymbol{A}$ 对应于特征值 λ 的一个特征向量.

2. 特征多项式

定义　设 $\boldsymbol{A}=(a_{ij})$ 为 n 阶方阵，则

$$f(\lambda)=|\lambda\boldsymbol{I}-\boldsymbol{A}|=\lambda^n+(a_{11}+a_{22}+\cdots+a_{nn})\lambda^{n-1}+\cdots+(-1)^n|\boldsymbol{A}|$$

叫 $\boldsymbol{A}$ 的特征多项式.

3. 特征值与特征向量的性质

（1）设 $\boldsymbol{\alpha}_1,\boldsymbol{\alpha}_2,\cdots,\boldsymbol{\alpha}_m$ 是特征值 λ 对应的线性无关的特征向量，则任意非零线性组合

$$k_1\boldsymbol{\alpha}_1+k_2\boldsymbol{\alpha}_2+\cdots+k_m\boldsymbol{\alpha}_m$$

仍然是 λ 对应的特征向量. 即 $V_{\lambda_0}=\{\boldsymbol{\alpha}\mid\boldsymbol{A\alpha}=\lambda_0\boldsymbol{\alpha},\boldsymbol{\alpha}\in\mathbf{R}^n\}$ 是 $\mathbf{R}^n$ 的一个子空间，称为 λ_0 的特征子空间.

（2）设 $\boldsymbol{A\alpha}=\lambda\boldsymbol{\alpha}$，$g(x)$ 是一个多项式，则

$$g(\boldsymbol{A})\boldsymbol{\alpha}=g(\lambda)\boldsymbol{\alpha};$$

当 $\boldsymbol{A}$ 可逆时，有

$$\boldsymbol{A}^{-1}\boldsymbol{\alpha}=\frac{1}{\lambda}\boldsymbol{\alpha},\ \boldsymbol{A}^*\boldsymbol{\alpha}=\frac{|\boldsymbol{A}|}{\lambda}\boldsymbol{\alpha}(\boldsymbol{A}^*\text{为}\boldsymbol{A}\text{的伴随矩阵}).$$

（3）不同特征值对应的特征向量线性无关. 一般有

定理　设 $\lambda_1,\lambda_2,\cdots,\lambda_s$ 是矩阵 $\boldsymbol{A}$ 的互异特征值，$\boldsymbol{\alpha}_{i1},\boldsymbol{\alpha}_{i2},\cdots,\boldsymbol{\alpha}_{ir_i}(i=1,2,\cdots,s)$ 是 λ_i 对应的线性无关的特征向量，则 $\boldsymbol{\alpha}_{11},\cdots,\boldsymbol{\alpha}_{1r_1},\cdots,\boldsymbol{\alpha}_{s1},\cdots,\boldsymbol{\alpha}_{sr_s}$ 线性无关.

(4) 设 n 阶方阵 $\boldsymbol{A}=(a_{ij})$ 的 n 个特征值为 $\lambda_1,\lambda_2,\cdots,\lambda_n$，则

$$\lambda_1+\lambda_2+\cdots+\lambda_n=a_{11}+a_{22}+\cdots+a_{nn}=\operatorname{tr}\boldsymbol{A},\quad \lambda_1\lambda_2\cdots\lambda_n=\det\boldsymbol{A}.$$

4. 特征值与特征向量的计算

(1) 求特征多项式 $f(\lambda)=|\lambda\boldsymbol{I}-\boldsymbol{A}|$ 的全部互异的根 $\lambda_1,\lambda_2,\cdots,\lambda_s$；

(2) 分别求齐次线性方程组 $(\lambda_i\boldsymbol{I}-\boldsymbol{A})\boldsymbol{X}=\boldsymbol{0}$ 的基础解系 $\boldsymbol{\alpha}_{i1},\boldsymbol{\alpha}_{i2},\cdots,\boldsymbol{\alpha}_{ir_i}$ $(i=1,2,\cdots,s)$，则非零线性组合

$$k_1\boldsymbol{\alpha}_{i1}+k_2\boldsymbol{\alpha}_{i2}+\cdots+k_{r_i}\boldsymbol{\alpha}_{ir_i}$$

就是 $\boldsymbol{A}$ 对应于特征值 λ_i 的全部特征向量.

（二）相似矩阵

1. 相似矩阵的概念

定义 对于 n 阶矩阵 $\boldsymbol{A},\boldsymbol{B}$，如果存在可逆矩阵 $\boldsymbol{P}$，使得

$$\boldsymbol{B}=\boldsymbol{P}^{-1}\boldsymbol{A}\boldsymbol{P},$$

则称 $\boldsymbol{A}$ 与 $\boldsymbol{B}$ 相似，记为 $\boldsymbol{A}\sim\boldsymbol{B}$.

2. 相似矩阵的性质

(1) 相似关系是一种等价关系，矩阵相似具有反身性、对称性、传递性；

(2) 相似矩阵有相同的特征多项式，因而有相同的特征值、相同的迹与相同的行列式；

(3) 若矩阵 $\boldsymbol{A}$ 与 $\boldsymbol{B}$ 相似，$g(x)$ 是一个多项式，则 $g(\boldsymbol{A})$ 与 $g(\boldsymbol{B})$ 也相似.

3. 矩阵的相似对角化

(1) 矩阵相似于对角矩阵的条件

定理（必要条件） 若 n 阶矩阵 $\boldsymbol{A}$ 与对角矩阵 $\operatorname{diag}(\lambda_1,\lambda_2,\cdots,\lambda_n)$ 相似，则 $\lambda_1,\lambda_2,\cdots,\lambda_n$ 是 $\boldsymbol{A}$ 的全部特征值.

定理（充要条件） n 阶矩阵 $\boldsymbol{A}$ 与对角矩阵相似的充分必要条件是 $\boldsymbol{A}$ 有 n 个线性无关的特征向量.

推论 n 阶矩阵 $\boldsymbol{A}$ 与对角矩阵相似 $\Leftrightarrow$ 对于 $\boldsymbol{A}$ 的每一个 k_i 重特征值 λ_i，都有 $R(\lambda_i\boldsymbol{I}-\boldsymbol{A})=n-k_i\Leftrightarrow\boldsymbol{A}$ 的每一个 k_i 重特征值都对应 k_i 个线性无关的特征向量.

定理（充分条件） 若矩阵 $\boldsymbol{A}$ 的特征值都是单根，则 $\boldsymbol{A}$ 与对角矩阵相似.

(2) 矩阵相似对角化的步骤

第一步 计算 $|\lambda\boldsymbol{I}-\boldsymbol{A}|$，求 $\boldsymbol{A}$ 的全部特征值 $\lambda_1,\lambda_2,\cdots,\lambda_n$；

第二步 对每个不同的 λ_i，求 $(\lambda_i\boldsymbol{I}-\boldsymbol{A})\boldsymbol{X}=\boldsymbol{0}$ 的基础解系；

第三步 以 $\boldsymbol{A}$ 的 n 个线性无关的特征向量为列向量构成可逆矩阵 $\boldsymbol{P}=(\boldsymbol{\alpha}_1,\boldsymbol{\alpha}_2,\cdots,\boldsymbol{\alpha}_n)$，则

$$P^{-1}AP=\begin{pmatrix}\lambda_1 & & & \\ & \lambda_2 & & \\ & & \ddots & \\ & & & \lambda_n\end{pmatrix},$$

其中 $\boldsymbol{\alpha}_1,\boldsymbol{\alpha}_2,\cdots,\boldsymbol{\alpha}_n$ 的排列顺序与 $\lambda_1,\lambda_2,\cdots,\lambda_n$ 的排列顺序一致($\boldsymbol{\alpha}_i$ 是 λ_i 对应的特征向量).

(三) $\mathbf{R}^n$ 空间中的正交性

1. 向量的内积

(1) 内积的概念

定义 设 $\boldsymbol{\alpha}=(a_1,a_2,\cdots,a_n)$,$\boldsymbol{\beta}=(b_1,b_2,\cdots,b_n)$是 $\mathbf{R}^n$ 中的两个向量, 则 $(\boldsymbol{\alpha},\boldsymbol{\beta})=\boldsymbol{\alpha}\boldsymbol{\beta}^{\mathrm{T}}=\sum\limits_{i=1}^{n}a_ib_i$ 称为 $\boldsymbol{\alpha}$ 与 $\boldsymbol{\beta}$ 的内积.

(2) 内积的性质

非负性 $(\boldsymbol{\alpha},\boldsymbol{\alpha})\geqslant 0$,当且仅当 $\boldsymbol{\alpha}=\mathbf{0}$ 时,等号成立.

对称性 $(\boldsymbol{\alpha},\boldsymbol{\beta})=(\boldsymbol{\beta},\boldsymbol{\alpha})$;

线性性 $(\boldsymbol{\alpha}+\boldsymbol{\beta},\boldsymbol{\gamma})=(\boldsymbol{\alpha},\boldsymbol{\gamma})+(\boldsymbol{\beta},\boldsymbol{\gamma})$,$(k\boldsymbol{\alpha},\boldsymbol{\beta})=k(\boldsymbol{\beta},\boldsymbol{\alpha})$,

其中 $\boldsymbol{\alpha},\boldsymbol{\beta},\boldsymbol{\gamma}\in\mathbf{R}^n$,$k\in\mathbf{R}$.

2. 向量的长度(模)

(1) 长度的概念

定义 设 $\boldsymbol{\alpha}=(a_1,a_2,\cdots,a_n)\in\mathbf{R}^n$, 称 $\|\boldsymbol{\alpha}\|=\sqrt{(\boldsymbol{\alpha},\boldsymbol{\alpha})}=\sqrt{a_1^2+a_2^2+\cdots+a_n^2}$ 叫向量 $\boldsymbol{\alpha}$ 的长度(模). 长度为 1 的向量叫单位向量.

(2) 长度的性质

非负性 $\|\boldsymbol{\alpha}\|\geqslant 0$, 当且仅当 $\boldsymbol{\alpha}=\mathbf{0}$ 时,等号成立;

齐次性 $\|k\boldsymbol{\alpha}\|=|k|\,\|\boldsymbol{\alpha}\|$,$k\in\mathbf{R}$;

三角不等式 $\|\boldsymbol{\alpha}+\boldsymbol{\beta}\|\leqslant\|\boldsymbol{\alpha}\|+\|\boldsymbol{\beta}\|$.

柯西-施瓦茨不等式 $|(\boldsymbol{\alpha},\boldsymbol{\beta})|\leqslant\|\boldsymbol{\alpha}\|\cdot\|\boldsymbol{\beta}\|$或$(\boldsymbol{\alpha},\boldsymbol{\beta})^2\leqslant(\boldsymbol{\alpha},\boldsymbol{\alpha})(\boldsymbol{\beta},\boldsymbol{\beta})$, 当且仅当 $\boldsymbol{\alpha},\boldsymbol{\beta}$ 线性相关时,等号成立.

3. 向量组的正交性

(1) 正交向量组

定义 若$(\boldsymbol{\alpha},\boldsymbol{\beta})=0$,称向量 $\boldsymbol{\alpha}$ 与 $\boldsymbol{\beta}$ 正交. 两两正交且不含零向量的向量组称为正交向量组. 每一个向量都是单位向量的正交向量组, 称为标准(或规范)正交向量组.

定理 正交向量组一定线性无关.

(2) 向量组的施密特正交化方法

设 $\boldsymbol{\alpha}_1,\boldsymbol{\alpha}_2,\cdots,\boldsymbol{\alpha}_s$ 是 $\mathbf{R}^n$ 中线性无关的向量组，令

$$\boldsymbol{\beta}_1=\boldsymbol{\alpha}_1,$$

$$\boldsymbol{\beta}_2=\boldsymbol{\alpha}_2-\frac{(\boldsymbol{\alpha}_2,\boldsymbol{\beta}_1)}{(\boldsymbol{\beta}_1,\boldsymbol{\beta}_1)}\boldsymbol{\beta}_1,$$

$$\boldsymbol{\beta}_3=\boldsymbol{\alpha}_3-\frac{(\boldsymbol{\alpha}_3,\boldsymbol{\beta}_1)}{(\boldsymbol{\beta}_1,\boldsymbol{\beta}_1)}\boldsymbol{\beta}_1-\frac{(\boldsymbol{\alpha}_3,\boldsymbol{\beta}_2)}{(\boldsymbol{\beta}_2,\boldsymbol{\beta}_2)}\boldsymbol{\beta}_2,$$

$$\cdots\cdots\cdots\cdots$$

$$\boldsymbol{\beta}_s=\boldsymbol{\alpha}_s-\frac{(\boldsymbol{\alpha}_s,\boldsymbol{\beta}_1)}{(\boldsymbol{\beta}_1,\boldsymbol{\beta}_1)}\boldsymbol{\beta}_1-\cdots-\frac{(\boldsymbol{\alpha}_s,\boldsymbol{\beta}_{s-1})}{(\boldsymbol{\beta}_{s-1},\boldsymbol{\beta}_{s-1})}\boldsymbol{\beta}_{s-1},$$

再令

$$\boldsymbol{\gamma}_i=\frac{1}{\|\boldsymbol{\beta}_i\|}\boldsymbol{\beta}_i\ (i=1,2,\cdots,s),$$

则 $\boldsymbol{\gamma}_1,\boldsymbol{\gamma}_2,\cdots,\boldsymbol{\gamma}_s$ 是一组与 $\boldsymbol{\alpha}_1,\boldsymbol{\alpha}_2,\cdots,\boldsymbol{\alpha}_s$ 等价的标准正交向量组.

4. 正交矩阵

(1) 正交矩阵的概念

定义 若实矩阵 $\boldsymbol{A}$ 满足

$$\boldsymbol{A}\boldsymbol{A}^{\mathrm{T}}=\boldsymbol{A}^{\mathrm{T}}\boldsymbol{A}=\boldsymbol{I},$$

则称 $\boldsymbol{A}$ 为正交矩阵.

(2) 正交矩阵的性质

性质 1 $\boldsymbol{A}$ 为正交矩阵 $\Leftrightarrow \boldsymbol{A}^{\mathrm{T}}=\boldsymbol{A}^{-1}$.

性质 2 若 $\boldsymbol{A}$ 是正交矩阵，则 $\det \boldsymbol{A}=\pm 1$.

性质 3 若 $\boldsymbol{A},\boldsymbol{B}$ 都是 n 阶正交矩阵，则 $\boldsymbol{AB}$ 也是正交矩阵.

性质 4 方阵 $\boldsymbol{A}$ 是正交矩阵 $\Leftrightarrow \boldsymbol{A}$ 的行(列)向量组是标准正交向量组.

(四) 实对称矩阵的相似对角化

1. 实对称矩阵特征值与特征向量的性质

定理 1 实对称矩阵的特征值都是实数.

定理 2 实对称矩阵的不同特征值对应的特征向量相互正交.

2. 实对称矩阵的相似对角化

定理 任一 n 阶实对称矩阵 $\boldsymbol{A}$，都存在一个正交矩阵 $\boldsymbol{C}$，使得

$$\boldsymbol{C}^{\mathrm{T}}\boldsymbol{A}\boldsymbol{C}=\boldsymbol{C}^{-1}\boldsymbol{A}\boldsymbol{C}=\mathrm{diag}(\lambda_1,\lambda_2,\cdots,\lambda_n).$$

实对称矩阵相似对角化的步骤

第一步 求 $\boldsymbol{A}$ 的全部特征值 $\lambda_1,\lambda_2,\cdots,\lambda_n$;

第二步 对每个不同的 λ_i，求 $(\lambda_i\boldsymbol{I}-\boldsymbol{A})\boldsymbol{X}=\boldsymbol{0}$ 的基础解系，并将其正交化，单位

化为 $\boldsymbol{\gamma}_{i1},\boldsymbol{\gamma}_{i2},\cdots,\boldsymbol{\gamma}_{ir_i}$;

第三步　设 $r_1+\cdots+r_s=n$,令 $\boldsymbol{C}=(\boldsymbol{\gamma}_{11},\cdots,\boldsymbol{\gamma}_{1r_1},\cdots,\boldsymbol{\gamma}_{s1},\cdots,\boldsymbol{\gamma}_{sr_s})$,则 $\boldsymbol{C}$ 为正交矩阵,且

$$\boldsymbol{C}^{\mathrm{T}}\boldsymbol{AC}=\boldsymbol{C}^{-1}\boldsymbol{AC}=\operatorname{diag}(\lambda_1,\lambda_2,\cdots,\lambda_n).$$

二、典型例题

(一) 选择题

例 1　设 $\boldsymbol{A}$ 是 n 阶方阵,且 $\boldsymbol{A}^k=\boldsymbol{O}$($k$ 为一自然数),则下列说法正确的是(　　).

(A) $\boldsymbol{A}=\boldsymbol{O}$　　(B) $\boldsymbol{A}$ 有一不为零的特征值

(C) $\boldsymbol{A}$ 的特征值全部为零　　(D) $\boldsymbol{A}$ 有 n 个线性无关特征向量

分析　设 λ 是矩阵 $\boldsymbol{A}$ 的任一特征值,$\boldsymbol{\alpha}$ 是矩阵 $\boldsymbol{A}$ 的与 λ 相对应的特征向量,则 $\boldsymbol{A\alpha}=\lambda\boldsymbol{\alpha}\Rightarrow\boldsymbol{A}^k\boldsymbol{\alpha}=\lambda^k\boldsymbol{\alpha}$,由于 $\boldsymbol{A}^k=\boldsymbol{O}$,所以 $\lambda^k\boldsymbol{\alpha}=\boldsymbol{0}$,同时 $\boldsymbol{\alpha}\neq\boldsymbol{0}$,故有 $\lambda^k=0$,即 $\lambda=0$.

答案　(C).

例 2　设 n 阶方阵 $\boldsymbol{A}$ 的全部特征值为 2, 4, $\cdots$, $2n$,则方阵 $\boldsymbol{I}-\boldsymbol{A}$ 的行列式等于(　　).

(A) $1\times3\times\cdots\times(2n-1)$　　(B) $2^n\times1\times3\times\cdots\times(2n-1)$

(C) $(-2)^n\times1\times3\times\cdots\times(2n-1)$　　(D) $(-1)^n\times1\times3\times\cdots\times(2n-1)$

分析　若 λ 是矩阵 $\boldsymbol{A}$ 的特征值,则 $\boldsymbol{I}-\boldsymbol{A}$ 的特征值为 $1-\lambda$,所以 $\boldsymbol{I}-\boldsymbol{A}$ 的全部特征值为 $-1,-3,\cdots,-(2n-1)$,故 $\det(\boldsymbol{I}-\boldsymbol{A})=(-1)^n\times1\times3\times\cdots\times(2n-1)$.

答案　(D).

例 3　已知三阶矩阵 $\boldsymbol{A}$ 的特征值为 $-1,1,2$,则矩阵 $\boldsymbol{B}=(3\boldsymbol{A}^*)^{-1}$ 的特征值为(　　).

(A) $1,\ -1,\ -2$　　(B) $\dfrac{1}{6},-\dfrac{1}{6},-\dfrac{1}{3}$

(C) $\dfrac{1}{6},-\dfrac{1}{6},\dfrac{1}{3}$　　(D) $\dfrac{1}{2},-\dfrac{1}{2},\ -1$

分析　因为 $|\boldsymbol{A}|=\lambda_1\lambda_2\lambda_3=-2$,则 $\boldsymbol{B}=(3\boldsymbol{A}^*)^{-1}=\dfrac{1}{3|\boldsymbol{A}|}\boldsymbol{A}=-\dfrac{1}{6}\boldsymbol{A}$,于是 $\boldsymbol{B}=(3\boldsymbol{A}^*)^{-1}$ 的特征值为 $\dfrac{1}{6}$,$-\dfrac{1}{6}$,$-\dfrac{1}{3}$.

答案　(B).

例 4　设 $\boldsymbol{A}$ 为 n 阶矩阵，则以下结论正确的是(　　).

(A) 如果矩阵 $\boldsymbol{A}$ 可逆，则 $\boldsymbol{A}^{-1}$ 与 $\boldsymbol{A}$ 有相同的特征向量

(B) $\boldsymbol{A}$ 的特征向量的任一线性组合都是 $\boldsymbol{A}$ 的特征向量

(C) $\boldsymbol{A}$ 与 $\boldsymbol{A}^{\mathrm{T}}$ 具有相同的特征向量

(D) 方程组 $(\boldsymbol{A}-\lambda\boldsymbol{I})\boldsymbol{X}=\boldsymbol{0}$ 的解向量都是 $\boldsymbol{A}$ 的特征向量

分析　(A) 中，设 $\boldsymbol{\alpha}$ 是 $\boldsymbol{A}$ 对应特征值 λ 的特征向量，即 $\boldsymbol{A\alpha}=\lambda\boldsymbol{\alpha}$，如果矩阵 $\boldsymbol{A}$ 可逆，则 $\boldsymbol{\alpha}=\lambda\boldsymbol{A}^{-1}\boldsymbol{\alpha}$，且 $\lambda\neq 0$，从而 $\boldsymbol{A}^{-1}\boldsymbol{\alpha}=\dfrac{1}{\lambda}\boldsymbol{\alpha}$，故 $\boldsymbol{\alpha}$ 也是 $\boldsymbol{A}^{-1}$ 特征向量；同理，$\boldsymbol{A}^{-1}$ 特征向量也都是 $\boldsymbol{A}$ 的特征向量. 所以(A)正确.

(B) 不正确. 设 $\boldsymbol{A\alpha}_i=\lambda_i\boldsymbol{\alpha}_i(i=1,2)$，$\lambda_1\neq\lambda_2$，则 $\boldsymbol{\alpha}_1+\boldsymbol{\alpha}_2$ 一定不是 $\boldsymbol{A}$ 的特征向量，因为若 $\boldsymbol{A}(\boldsymbol{\alpha}_1+\boldsymbol{\alpha}_2)=\lambda(\boldsymbol{\alpha}_1+\boldsymbol{\alpha}_2)$，则 $\lambda_1\boldsymbol{\alpha}_1+\lambda_2\boldsymbol{\alpha}_2=\lambda(\boldsymbol{\alpha}_1+\boldsymbol{\alpha}_2)$，由于 $\boldsymbol{\alpha}_1,\boldsymbol{\alpha}_2$ 线性无关，可得 $\lambda_1=\lambda=\lambda_2$，矛盾.

(C) 不正确. 设矩阵 $\boldsymbol{A}=\begin{pmatrix}1&1\\0&2\end{pmatrix}$，则 $\boldsymbol{A}^{\mathrm{T}}=\begin{pmatrix}1&0\\1&2\end{pmatrix}$，易知，$\boldsymbol{\alpha}=\begin{pmatrix}1\\0\end{pmatrix}$ 是 $\boldsymbol{A}$ 对应于特征值 $\lambda=1$ 的特征向量，但 $\boldsymbol{\alpha}$ 却不是 $\boldsymbol{A}^{\mathrm{T}}$ 的特征向量.

(D) 不正确，根据特征值和特征向量的定义，矩阵 $\boldsymbol{A}$ 的特征向量为非零向量，故方程组 $(\boldsymbol{A}-\lambda\boldsymbol{I})\boldsymbol{X}=\boldsymbol{0}$ 的零向量解不是 $\boldsymbol{A}$ 的特征向量.

答案　(A).

评注　一般结论是：$\boldsymbol{A}$ 与 $\boldsymbol{A}^{-1}$ 有相同的特征向量，但不一定有相同的特征值；$\boldsymbol{A}$ 与 $\boldsymbol{A}^{\mathrm{T}}$ 有相同的特征值，但不一定有相同的特征向量；$\boldsymbol{A}$ 的同一特征值对应的特征向量的任一非零线性组合都是 $\boldsymbol{A}$ 的特征向量，不同特征值对应的特征向量的非零线性组合都不是 $\boldsymbol{A}$ 的特征向量.

例 5　不是"-1 是 $\boldsymbol{A}$ 的特征值"的充分条件是(　　).

(A) $\boldsymbol{A}^2=\boldsymbol{I}$　　　　(B) $R(\boldsymbol{A}+\boldsymbol{I})<n$

(C) $\boldsymbol{A}$ 中每行元素之和为 -1　　　　(D) $\boldsymbol{A}^{\mathrm{T}}=-\boldsymbol{A}$，且 1 是 $\boldsymbol{A}$ 的特征值

分析　对(A)，取 $\boldsymbol{A}=\boldsymbol{I}$，显然 $\boldsymbol{A}^2=\boldsymbol{I}$，但 -1 不是 $\boldsymbol{A}$ 的特征值，故应选(A).

对(B)，由 $R(\boldsymbol{A}+\boldsymbol{I})<n$ 知，$|\boldsymbol{A}+\boldsymbol{I}|=0\Rightarrow|-\boldsymbol{I}-\boldsymbol{A}|=0$，则 -1 是 $\boldsymbol{A}$ 的特征值；

对(C)，记 $\boldsymbol{\alpha}=(1,\cdots,1)^{\mathrm{T}}$，则有 $\boldsymbol{A\alpha}=-\boldsymbol{\alpha}$，$-1$ 是 $\boldsymbol{A}$ 的特征值；

对(D)，由条件知，

$$0=|\boldsymbol{I}-\boldsymbol{A}|=|(\boldsymbol{I}-\boldsymbol{A})^{\mathrm{T}}|=|\boldsymbol{I}-\boldsymbol{A}^{\mathrm{T}}|=|\boldsymbol{I}+\boldsymbol{A}|=(-1)^n|-\boldsymbol{I}-\boldsymbol{A}|,$$

得 $|-\boldsymbol{I}-\boldsymbol{A}|=0$，所以 -1 是 $\boldsymbol{A}$ 的特征值.

答案　(A).

评注　判断数 λ 是 n 阶 $\boldsymbol{A}$ 矩阵的特征值的常见方法有：$\boldsymbol{A\alpha}=\lambda\boldsymbol{\alpha}$；$|\lambda\boldsymbol{I}-\boldsymbol{A}|=0$；$\lambda\boldsymbol{I}-\boldsymbol{A}$ 不可逆；$R(\lambda\boldsymbol{I}-\boldsymbol{A})<n$；$\boldsymbol{A}$ 中每行元素之和为 λ.

例 6　已知 $\boldsymbol{A}$ 是 3 阶矩阵，$R(\boldsymbol{A})=1$，则 $\lambda=0$(　　).

(A) 必是 $\boldsymbol{A}$ 的二重特征值　　　　　(B) 至少是 $\boldsymbol{A}$ 的二重特征值

(C) 至多是 $\boldsymbol{A}$ 的二重特征值　　　　　(D) 一重、二重、三重特征值都可能

分析　因为 $R(0\boldsymbol{I}-\boldsymbol{A})=R(\boldsymbol{A})=1$,所以 $(0\boldsymbol{I}-\boldsymbol{A})\boldsymbol{X}=\boldsymbol{0}$ 基础解系含有 2 个解向量,即 $\boldsymbol{A}$ 对应 $\lambda=0$ 有两个线性无关的特征向量,根据特征值的代数重数要大于或等于其几何重数知,$\lambda=0$ 至少是二重特征值,也可能是三重. 如 $\boldsymbol{A}=\begin{pmatrix}0&0&1\\0&0&0\\0&0&0\end{pmatrix}$,$R(\boldsymbol{A})=1$.$\lambda=0$ 是三重特征值.

答案　(B).

例 7　设矩阵 $\boldsymbol{B}=\begin{pmatrix}0&0&1\\0&1&0\\1&0&0\end{pmatrix}$, 矩阵 $\boldsymbol{A}$ 与 $\boldsymbol{B}$ 相似, 则 $R(\boldsymbol{A}-2\boldsymbol{I})+R(\boldsymbol{A}-\boldsymbol{I})=$(　　).

(A) 2　　　　(B) 3　　　　(C) 4　　　　(D) 5

分析　利用相似矩阵具有相同的秩即可求解. 由 $\boldsymbol{A}\sim\boldsymbol{B}$ 知,$\boldsymbol{A}-2\boldsymbol{I}\sim\boldsymbol{B}-2\boldsymbol{I}$,$\boldsymbol{A}-\boldsymbol{I}\sim\boldsymbol{B}-\boldsymbol{I}$,易求得 $R(\boldsymbol{B}-2\boldsymbol{I})=3$,$R(\boldsymbol{B}-\boldsymbol{I})=1$, 所以

$$R(\boldsymbol{A}-2\boldsymbol{I})+R(\boldsymbol{A}-\boldsymbol{I})=R(\boldsymbol{B}-2\boldsymbol{I})+R(\boldsymbol{B}-\boldsymbol{I})=4.$$

答案　(C).

评注　一般情况有:设 $g(x)$ 是多项式,若矩阵 $\boldsymbol{A}\sim\boldsymbol{B}$,则 $g(\boldsymbol{A})\sim g(\boldsymbol{B})$.

例 8　设 n 阶方阵 $\boldsymbol{A}$ 与 $\boldsymbol{B}$ 有相同的特征值, 则下列说法正确的是(　　).

(A) $\boldsymbol{A}\sim\boldsymbol{B}$　　　　　　　　　　(B) 存在对角矩阵 $\boldsymbol{\Lambda}$, 使得 $\boldsymbol{A}\sim\boldsymbol{\Lambda}\sim\boldsymbol{B}$

(C) $\det\boldsymbol{A}=\det\boldsymbol{B}$　　　　　　　　(D) 存在正交矩阵 $\boldsymbol{P}$, 使得 $\boldsymbol{P}^{\mathrm{T}}\boldsymbol{A}\boldsymbol{P}=\boldsymbol{B}$

分析　相似矩阵有相同的特征值, 反之则不成立. 例如二阶单位矩阵 $\boldsymbol{I}$ 和矩阵 $\boldsymbol{A}=\begin{pmatrix}1&1\\0&1\end{pmatrix}$ 有相同的特征值 1(二重), 但它们不相似, 因为与单位矩阵相似的必然是单位矩阵,所以(A)、(B)、(D) 均不对.由于矩阵的行列式等于其所有特征值的乘积, 矩阵 $\boldsymbol{A}$ 与 $\boldsymbol{B}$ 有相同的特征值, 所以两矩阵有相同的行列式.

答案　(C)

例 9　n 阶矩阵 $\boldsymbol{A}$ 能够相似对角化的充要条件是(　　).

(A) $\boldsymbol{A}$ 有 n 个不全相同的特征值

(B) $\boldsymbol{A}$ 有 n 个互异的特征值

(C) $\boldsymbol{A}$ 有 n 个不相同的特征向量

(D) $\boldsymbol{A}$ 的任一特征值的重数与其线性无关特征向量的个数相同

分析　(A) 不正确,如 $\boldsymbol{A}=\boldsymbol{I}$,$n$ 个特征值全相同,但它与自身相似;

(B) 是矩阵 $\boldsymbol{A}$ 相似于对角矩阵的充分而非必要的条件;

(C) 不正确,应为 n 个线性无关的特征向量;

若(D)成立,则 $\boldsymbol{A}$ 一定有 n 个线性无关的特征向量,从而能够相似对角化,反之亦然.

答案 (D).

例 10 设 $\boldsymbol{A},\boldsymbol{B}$ 为 n 阶方阵,且 $\boldsymbol{A}\sim\boldsymbol{B}$,$\boldsymbol{I}$ 为 n 阶单位阵,则有( ).

(A) $\lambda\boldsymbol{I}-\boldsymbol{A}=\lambda\boldsymbol{I}-\boldsymbol{B}$

(B) $\boldsymbol{A}$ 与 $\boldsymbol{B}$ 有相同的特征值和特征向量

(C) $\boldsymbol{A}$ 与 $\boldsymbol{B}$ 相似于同一对角矩阵

(D) 对任意常数 t,有 $t\boldsymbol{I}-\boldsymbol{A}\sim t\boldsymbol{I}-\boldsymbol{B}$

分析 (A)中,$\lambda\boldsymbol{I}-\boldsymbol{A}=\lambda\boldsymbol{I}-\boldsymbol{B}\Leftrightarrow\boldsymbol{A}=\boldsymbol{B}$,显然不对;

(B)不对,相似矩阵有相同的特征值但未必有相同的特征向量;

(C)不对,$\boldsymbol{A}$ 与 $\boldsymbol{B}$ 不一定相似于对角形;

对(D),由 $\boldsymbol{A}=\boldsymbol{P}^{-1}\boldsymbol{B}\boldsymbol{P}\Rightarrow t\boldsymbol{I}-\boldsymbol{A}=\boldsymbol{P}^{-1}(t\boldsymbol{I}-\boldsymbol{B})\boldsymbol{P}$ 正确.

答案 (D).

(二) 解答题

例 1 已知三阶矩阵 $\boldsymbol{A}=\begin{pmatrix}3&2&-1\\x&-2&2\\3&y&-1\end{pmatrix}$ 有一个特征向量 $\boldsymbol{\alpha}=(1,-2,3)^{\mathrm{T}}$,求 x,y 及与 $\boldsymbol{\alpha}$ 对应的特征值 λ.

分析 由题意知$(\lambda\boldsymbol{I}-\boldsymbol{A})\boldsymbol{\alpha}=\boldsymbol{0}$,解方程组可求得 x,y 与 λ 的值.

解 由题意知$(\lambda\boldsymbol{I}-\boldsymbol{A})\boldsymbol{\alpha}=\boldsymbol{0}$,即

$$\begin{pmatrix}\lambda-3&-2&1\\-x&\lambda+2&-2\\-3&-y&\lambda+1\end{pmatrix}\begin{pmatrix}1\\-2\\3\end{pmatrix}=\begin{pmatrix}0\\0\\0\end{pmatrix},$$

或

$$\begin{cases}\lambda-3+4+3=0,\\-x-2(\lambda+2)-6=0,\\-3+2y+3(\lambda+1)=0,\end{cases}$$

解得 $x=-2,y=6,\lambda=-4$.

例 2 设 $\boldsymbol{A}$ 是 3 阶矩阵,已知 $|\boldsymbol{A}+\boldsymbol{I}|=0$,$|\boldsymbol{A}+2\boldsymbol{I}|=0$,$|\boldsymbol{A}+3\boldsymbol{I}|=0$,求 $|\boldsymbol{A}+4\boldsymbol{I}|$.

分析 由所给条件知 $\lambda=-1,-2,-3$ 是 $\boldsymbol{A}$ 的 3 个特征值,由此可得到 $\boldsymbol{A}+4\boldsymbol{I}$ 的 3 个特征值,它们的乘积就是行列式.

解 由 $|\boldsymbol{A}+\boldsymbol{I}|=0$ 可得 $|-\boldsymbol{I}-\boldsymbol{A}|=0$,所以 $\lambda=-1$ 是 $\boldsymbol{A}$ 的一个特征值.同理,由 $|\boldsymbol{A}+2\boldsymbol{I}|=0$,$|\boldsymbol{A}+3\boldsymbol{I}|=0$ 可得 $\lambda=-2,-3$ 也是 $\boldsymbol{A}$ 的特征值,因此,$\boldsymbol{A}+4\boldsymbol{I}$ 的特征

值为 $\lambda+4=3,2,1$，故

$$|A+4I|=3\cdot 2\cdot 1=6.$$

例 3 求下列矩阵的特征值与特征向量：

(1) $A=\begin{pmatrix}4&6&0\\-3&-5&0\\-3&-6&1\end{pmatrix}$； (2) $B=\begin{pmatrix}0&0&-1\\-1&0&0\\0&-1&0\end{pmatrix}$.

分析 由特征方程 $|\lambda I-A|=0$ 计算特征值；解齐次方程组 $(\lambda I-A)X=\mathbf{0}$ 得对应的特征向量.

解 (1) A 的特征方程

$$|\lambda I-A|=\begin{vmatrix}\lambda-4&-6&0\\3&\lambda+5&0\\3&6&\lambda-1\end{vmatrix}=(\lambda-1)^2(\lambda+2)=0,$$

则特征值为 $\lambda_1=-2,\lambda_2=\lambda_3=1$.

对 $\lambda_1=-2$，由

$$-2I-A=\begin{pmatrix}-6&-6&0\\3&3&0\\3&6&-3\end{pmatrix}\to\begin{pmatrix}1&0&1\\0&1&-1\\0&0&0\end{pmatrix},$$

对应齐次方程组为

$$\begin{cases}x_1+x_3=0,\\x_2-x_3=0,\end{cases}$$

其基础解系为 $\boldsymbol{\alpha}_1=(-1,1,1)^{\mathrm{T}}$. A 对应于 $\lambda_1=-2$ 的全部特征向量为

$$k_1\boldsymbol{\alpha}_1=k_1(-1,1,1)^{\mathrm{T}}(k_1\neq 0).$$

对于 $\lambda_2=\lambda_3=1$，由

$$I-A=\begin{pmatrix}-3&-6&0\\3&6&0\\3&6&0\end{pmatrix}\to\begin{pmatrix}1&2&0\\0&0&0\\0&0&0\end{pmatrix},$$

对应齐次方程为

$$x_1+2x_2=0,$$

其基础解系为 $\boldsymbol{\alpha}_2=(-2,1,0)^{\mathrm{T}},\boldsymbol{\alpha}_3=(0,0,1)^{\mathrm{T}}$. A 对应于 $\lambda_2=\lambda_3=1$ 的全部特征向量为

$$k_2\boldsymbol{\alpha}_2+k_3\boldsymbol{\alpha}_3(k_2,k_3\text{ 不同时为 }0).$$

(2) B 的特征方程

$$|\lambda I-B|=\begin{vmatrix}\lambda&0&1\\1&\lambda&0\\0&1&\lambda\end{vmatrix}=\lambda^3+1=0,$$

特征值为 $\lambda_1=-\varepsilon,\lambda_2=-\varepsilon^2,\lambda_3=-1$，其中 $\varepsilon=-\dfrac{1+\sqrt{3}\,\mathrm{i}}{2}$.

对于 $\lambda_1=-\varepsilon$，由

$$-\varepsilon\boldsymbol{I}-\boldsymbol{B}=\begin{pmatrix}-\varepsilon & 0 & 1\\ 1 & -\varepsilon & 0\\ 0 & 1 & -\varepsilon\end{pmatrix}\to\begin{pmatrix}1 & 0 & -\varepsilon^2\\ 0 & 1 & -\varepsilon\\ 0 & 0 & 0\end{pmatrix},$$

对应齐次方程组为

$$\begin{cases}x_1-\varepsilon^2x_3=0,\\ x_2-\varepsilon x_3=0,\end{cases}$$

其基础解系为 $\boldsymbol{\alpha}_1=(\varepsilon^2,\varepsilon,1)^{\mathrm{T}}$，$\boldsymbol{B}$ 对应于 $\lambda_1=-\varepsilon$ 的全部特征向量为 $k_1\boldsymbol{\alpha}_1(k_1\neq0)$.

对于 $\lambda_2=-\varepsilon^2$，由

$$-\varepsilon^2\boldsymbol{I}-\boldsymbol{B}=\begin{pmatrix}-\varepsilon^2 & 0 & 1\\ 1 & -\varepsilon^2 & 0\\ 0 & 1 & -\varepsilon^2\end{pmatrix}\to\begin{pmatrix}1 & 0 & -\varepsilon\\ 0 & 1 & -\varepsilon^2\\ 0 & 0 & 0\end{pmatrix},$$

对应齐次方程组为

$$\begin{cases}x_1-\varepsilon x_3=0,\\ x_2-\varepsilon^2x_3=0,\end{cases}$$

其基础解系为 $\boldsymbol{\alpha}_2=(\varepsilon,\varepsilon^2,1)^{\mathrm{T}}$，$\boldsymbol{B}$ 对应于 $\lambda_2=-\varepsilon^2$ 的全部特征向量为 $k_2\boldsymbol{\alpha}_2(k_2\neq0)$.

对于 $\lambda_3=-1$，由

$$-\boldsymbol{I}-\boldsymbol{B}=\begin{pmatrix}-1 & 0 & 1\\ 1 & -1 & 0\\ 0 & 1 & -1\end{pmatrix}\to\begin{pmatrix}1 & 0 & -1\\ 0 & 1 & -1\\ 0 & 0 & 0\end{pmatrix},$$

对应齐次方程为

$$\begin{cases}x_1-x_3=0,\\ x_2-x_3=0,\end{cases}$$

其基础解系为 $\boldsymbol{\alpha}_3=(1,1,1)^{\mathrm{T}}$，$\boldsymbol{B}$ 对应于 $\lambda_3=-1$ 的全部特征向量为 $k_3\boldsymbol{\alpha}_3(k_3\neq0)$.

评注 (1) 上面的矩阵 $\boldsymbol{B}$ 是实矩阵，但其特征值与特征向量中都可能出现复数；

(2) 计算 $\boldsymbol{B}$ 的特征向量时，在矩阵化阶梯形的过程中用到了 $\lambda_1=-\varepsilon$ 是方程 $\lambda^3+1=0$ 的根这一特性，即有 $\varepsilon^3=1$.

例 4 设向量 $\boldsymbol{\alpha}=(a_1,a_2,\cdots,a_n)^{\mathrm{T}}$，$\boldsymbol{\beta}=(b_1,b_2,\cdots,b_n)^{\mathrm{T}}(n\geqslant2)$ 都是非零向量，且满足 $\boldsymbol{\alpha}^{\mathrm{T}}\boldsymbol{\beta}=a(a\neq0)$. 记 n 阶矩阵 $\boldsymbol{A}=\boldsymbol{\alpha}\boldsymbol{\beta}^{\mathrm{T}}$，求矩阵 $\boldsymbol{A}$ 的特征值和特征向量.

分析 显然 $\boldsymbol{A}^2=(\boldsymbol{\alpha}\boldsymbol{\beta}^{\mathrm{T}})(\boldsymbol{\alpha}\boldsymbol{\beta}^{\mathrm{T}})=\boldsymbol{\alpha}(\boldsymbol{\beta}^{\mathrm{T}}\boldsymbol{\alpha})\boldsymbol{\beta}^{\mathrm{T}}=a\boldsymbol{A}$，则 $\boldsymbol{A}$ 的特征值必满足 $\lambda^2=a\lambda$，

由此可求得 $\boldsymbol{A}$ 的特征值，再确定其特征向量.

解 由于

$$\boldsymbol{A}^2=(\boldsymbol{\alpha\beta}^{\mathrm{T}})(\boldsymbol{\alpha\beta}^{\mathrm{T}})=\boldsymbol{\alpha}(\boldsymbol{\beta}^{\mathrm{T}}\boldsymbol{\alpha})\boldsymbol{\beta}^{\mathrm{T}}=a\boldsymbol{A},$$

则 $\boldsymbol{A}$ 的特征值必满足 $\lambda^2=a\lambda$，由此得到 $\boldsymbol{A}$ 的特征值只可能是 0 或 a.

显然 $R(\boldsymbol{A})=1$，$|\boldsymbol{A}|=0$，$\lambda_1=0$ 一定是 $\boldsymbol{A}$ 的特征值.

下面求 $\lambda_1=0$ 对应的特征向量.

由

$$0\boldsymbol{I}-\boldsymbol{A}=\begin{pmatrix}-a_1b_1 & -a_1b_2 & \cdots & -a_1b_n\\ -a_2b_1 & -a_2b_2 & \cdots & -a_2b_n\\ \vdots & \vdots & & \vdots\\ -a_nb_1 & -a_nb_2 & \cdots & -a_nb_n\end{pmatrix}\to\begin{pmatrix}b_1 & b_2 & \cdots & b_n\\ 0 & 0 & \cdots & 0\\ \vdots & \vdots & & \vdots\\ 0 & 0 & \cdots & 0\end{pmatrix},$$

可得齐次线性方程组 $(0\boldsymbol{I}-\boldsymbol{A})\boldsymbol{X}=\boldsymbol{0}$ 的基础解系为

$$\boldsymbol{\alpha}_1=(-b_2,b_1,0,\cdots,0)^{\mathrm{T}},$$

$$\boldsymbol{\alpha}_2=(-b_3,\ 0,b_1,\cdots,0)^{\mathrm{T}},$$

$$\cdots\cdots\cdots\cdots$$

$$\boldsymbol{\alpha}_{n-1}=(-b_n,\ 0,\cdots,0,b_1)^{\mathrm{T}},$$

则 $\boldsymbol{A}$ 对应于 $\lambda_1=0$ 的全部特征向量为

$$k_1\boldsymbol{\alpha}_1+k_2\boldsymbol{\alpha}_2+\cdots+k_{n-1}\boldsymbol{\alpha}_{n-1}(k_1,k_2,\cdots,k_{n-1}\text{是不全为零的数}).$$

又因为

$$\boldsymbol{A\alpha}=(\boldsymbol{\alpha\beta}^{\mathrm{T}})\boldsymbol{\alpha}=\boldsymbol{\alpha}(\boldsymbol{\beta}^{\mathrm{T}}\boldsymbol{\alpha})=a\boldsymbol{\alpha},$$

所以 $\lambda_2=a$ 也是 $\boldsymbol{A}$ 的特征值，$\boldsymbol{\alpha}$ 是对应的特征向量.

由于 $\boldsymbol{A}$ 最多有 n 个线性无关的特征向量，所以 $\lambda_2=a$ 对应的线性无关的特征向量只有一个，故 $\lambda_2=a$ 的全部特征向量为 $k\boldsymbol{\alpha}$ $(k\neq 0)$.

评注 该例中的矩阵 $\boldsymbol{A}$ 是 n 阶矩阵，且它的元素为字母参数，直接计算其特征多项式是很困难的，这里利用特征值的性质以及特征值与特征向量的定义得到了较为简捷的计算. 学习中要善于观察、总结.

例 5 设 $\boldsymbol{A}=\begin{pmatrix}0 & 0 & 1\\ x & 1 & y\\ 1 & 0 & 0\end{pmatrix}$ 有三个线性无关的特征向量，求 x,y 应满足的条件.

分析 由于 $\boldsymbol{A}$ 有三个线性无关的特征向量，其特征值的代数重数必等于其几何重数.

解 因为 $|\boldsymbol{A}-\lambda\boldsymbol{I}|=\begin{vmatrix}-\lambda & 0 & 1\\ x & 1-\lambda & y\\ 1 & 0 & -\lambda\end{vmatrix}=-(\lambda-1)^2(\lambda+1)=0.$

$\lambda=1$ 是二重特征根,应对应两个线性无关的特征向量,即有 $R(\boldsymbol{A}-\boldsymbol{I})=1$. 而

$$\boldsymbol{A}-\boldsymbol{I}=\begin{pmatrix}-1&0&1\\x&0&y\\1&0&-1\end{pmatrix}\to\begin{pmatrix}1&0&-1\\x&0&y\\0&0&0\end{pmatrix}\to\begin{pmatrix}1&0&-1\\0&0&x+y\\0&0&0\end{pmatrix},$$

所以 x,y 应满足的条件 $x+y=0$.

评注 n 阶矩阵有 n 个线性无关的特征向量的充分必要条件是每个 k 重特征值都对应 k 个线性无关的特征向量,即每个特征值的代数重数都等于其几何重数.

例 6 设 $\boldsymbol{A}$ 是 3 阶矩阵, $|\boldsymbol{A}|=12$,且满足 $2\boldsymbol{A}^3-\boldsymbol{A}^2-13\boldsymbol{A}=6\boldsymbol{I}$,求伴随矩阵 $\boldsymbol{A}^*$ 的特征值.

分析 由所给条件知,$\boldsymbol{A}$ 的特征值必满足 $2\lambda^3-\lambda^2-13\lambda=6$,并根据 $|\boldsymbol{A}|=\lambda_1\lambda_2\lambda_3=12$,可定出 $\boldsymbol{A}$ 的特征值,再由 $\boldsymbol{A}^*$ 的特征值与 $\boldsymbol{A}$ 的特征值之间的关系可得所求.

解 由于 $2\boldsymbol{A}^3-\boldsymbol{A}^2-13\boldsymbol{A}=6\boldsymbol{I}$,所以 $\boldsymbol{A}$ 的特征值必满足方程

$$2\lambda^3-\lambda^2-13\lambda=6,$$

即

$$(\lambda+2)(\lambda-3)(2\lambda+1)=0,$$

解得

$$\lambda_1=-2,\lambda_2=3,\lambda_3=-\frac{1}{2}.$$

由于 $|\boldsymbol{A}|=\lambda_1\lambda_2\lambda_3=12$,所以 $\lambda_1=-2$ 是 $\boldsymbol{A}$ 的二重特征值,$\lambda_2=3$ 是单特征值,$\lambda_3=-\frac{1}{2}$不是 $\boldsymbol{A}$ 的特征值,则 $\boldsymbol{A}^*$ 的特征值为$\frac{|\boldsymbol{A}|}{\lambda}=-6$(二重),4.

评注 若矩阵 $\boldsymbol{A}$ 满足方程 $f(\boldsymbol{A})=\boldsymbol{0}$($f$ 为多项式),则 $\boldsymbol{A}$ 的特征值必是方程 $f(\lambda)=0$ 的根.反之却不不一定成立. 例如,单位矩阵 $\boldsymbol{I}$ 必满足方程 $\boldsymbol{I}^2-\boldsymbol{I}=\boldsymbol{O}$,而方程 $\lambda^2-\lambda=0$ 的根 $\lambda=0$ 却不是 $\boldsymbol{I}$ 的特征值.

例 7 设三阶矩阵 $\boldsymbol{A}$ 有特征值 1,2,3,A_{ij}是 $\boldsymbol{A}$ 中元素 a_{ij} 的代数余子式,求 $A_{11}+A_{22}+A_{33}$.

分析 因为 $A_{11}+A_{22}+A_{33}$是伴随矩阵 $\boldsymbol{A}^*$ 的迹,即 $A_{11}+A_{22}+A_{33}=\mathrm{tr}\boldsymbol{A}^*$,所以它等于 $\boldsymbol{A}^*$ 的三个特征值之和. 只需先求出 $\boldsymbol{A}^*$ 的特征值即可.

解 $\boldsymbol{A}$ 有特征值 $\lambda=1,2,3$,则 $|\boldsymbol{A}|=1\cdot2\cdot3=6$. $\boldsymbol{A}^*$ 的三个特征值为

$$\frac{|\boldsymbol{A}|}{\lambda}=6,3,2,$$

所以

$$A_{11}+A_{22}+A_{33}=\mathrm{tr}\boldsymbol{A}^*=6+3+2=11.$$

例 8 设 n 阶可逆矩阵 $\boldsymbol{A}$ 的各行元之和均为常数 k, 求 $2\boldsymbol{A}^{-1}+4\boldsymbol{A}$ 的一个特征

值及与之对应的一个特征向量.

分析 由于 $\boldsymbol{A}$ 的各行元之和均为常数 k，易知 $\lambda=k$ 是 $\boldsymbol{A}$ 的一个特征值，$\boldsymbol{\alpha}=(1,1,\cdots,1)^{\mathrm{T}}$ 是对应的特征向量,由此可得到 $2\boldsymbol{A}^{-1}+4\boldsymbol{A}$ 的一个特征值与对应的特征向量.

解 设

$$\boldsymbol{A}=\begin{pmatrix} a_{11} & a_{12} & \cdots & a_{1n} \\ a_{21} & a_{22} & \cdots & a_{2n} \\ \vdots & \vdots & & \vdots \\ a_{n1} & a_{n2} & \cdots & a_{nn} \end{pmatrix},$$

则

$$\boldsymbol{A}\begin{pmatrix} 1 \\ 1 \\ \vdots \\ 1 \end{pmatrix}=\begin{pmatrix} a_{11}+a_{12}+\cdots+a_{1n} \\ a_{21}+a_{22}+\cdots+a_{2n} \\ \vdots \\ a_{n1}+a_{n2}+\cdots+a_{nn} \end{pmatrix}=\begin{pmatrix} k \\ k \\ \vdots \\ k \end{pmatrix}=k\begin{pmatrix} 1 \\ 1 \\ \vdots \\ 1 \end{pmatrix},$$

即 k 是矩阵 $\boldsymbol{A}$ 的一个特征值，其对应的特征向量为 $\boldsymbol{\alpha}=(1,1,\cdots,1)^{\mathrm{T}}$.

由于 $\boldsymbol{A}$ 可逆,所以 $k\neq 0$,由 $\boldsymbol{A\alpha}=k\boldsymbol{\alpha}$ 得 $\boldsymbol{A}^{-1}\boldsymbol{\alpha}=\dfrac{1}{k}\boldsymbol{\alpha}$,所以

$$(2\boldsymbol{A}^{-1}+4\boldsymbol{A})\boldsymbol{\alpha}=2\boldsymbol{A}^{-1}\boldsymbol{\alpha}+4\boldsymbol{A\alpha}=\frac{2}{k}\boldsymbol{\alpha}+4k\boldsymbol{\alpha}=\left(\frac{2}{k}+4k\right)\boldsymbol{\alpha},$$

故 $2\boldsymbol{A}^{-1}+4\boldsymbol{A}$ 的一个特征值为 $\dfrac{2}{k}+4k$,对应的一个特征向量为 $\boldsymbol{\alpha}=(1,1,\cdots,1)^{\mathrm{T}}$.

评注 (1) 若矩阵 $\boldsymbol{A}$ 的各行元之和均为常数 k,则 $\lambda=k$ 一定是 $\boldsymbol{A}$ 的一个特征值,$(1,1,\cdots,1)^{\mathrm{T}}$ 是对应的特征向量;

(2) 设 $f(\boldsymbol{A})$ 是 $\boldsymbol{A}$ 的矩阵多项式,则 $\boldsymbol{A}$ 的特征向量一定是 $f(\boldsymbol{A})$ 的特征向量,反之却不一定成立. 例如 $\boldsymbol{A}=\begin{pmatrix} 1 & 1 \\ 0 & 1 \end{pmatrix}$,有 $2\boldsymbol{A}-\boldsymbol{A}^2=\boldsymbol{I}$,则任一非零向量都是 $2\boldsymbol{A}-\boldsymbol{A}^2$ 的特征向量,但并非 $\boldsymbol{A}$ 的特征向量.

例 9 设矩阵 $\boldsymbol{A}=\begin{pmatrix} a & -1 & c \\ 5 & b & 3 \\ 1-c & 0 & -a \end{pmatrix}$, 其行列式 $|\boldsymbol{A}|=-1$, 又 $\boldsymbol{A}^*$ 有一个特征值 λ_0, 属于 λ_0 的一个特征向量为 $\boldsymbol{\alpha}=(-1,-1,1)^{\mathrm{T}}$, 求 a,b,c 和 λ_0 的值.

分析 利用关系式 $\boldsymbol{AA}^*=|\boldsymbol{A}|\boldsymbol{I}=-\boldsymbol{I}$,可将题设 $\boldsymbol{A}^*\boldsymbol{\alpha}=\lambda_0\boldsymbol{\alpha}$ 转化为 $\lambda_0\boldsymbol{A\alpha}=-\boldsymbol{\alpha}$,由此可求得 a,b,c 和 λ_0 的值.

解 根据题设有 $\boldsymbol{AA}^*=|\boldsymbol{A}|\boldsymbol{I}=-\boldsymbol{I}$ 和 $\boldsymbol{A}^*\boldsymbol{\alpha}=\lambda_0\boldsymbol{\alpha}$, 于是有

$$AA^*\boldsymbol{\alpha}=-\boldsymbol{\alpha},\quad AA^*\boldsymbol{\alpha}=A(\lambda_0\boldsymbol{\alpha})=\lambda_0A\boldsymbol{\alpha},$$

由此可得 $\lambda_0A\boldsymbol{\alpha}=-\boldsymbol{\alpha}$，即

$$\lambda_0\begin{pmatrix}a&-1&c\\5&b&3\\1-c&0&-a\end{pmatrix}\begin{pmatrix}-1\\-1\\1\end{pmatrix}=-\begin{pmatrix}-1\\-1\\1\end{pmatrix}$$

或

$$\begin{cases}\lambda_0(-a+1+c)=1,\\ \lambda_0(-5-b+3)=1,\\ \lambda_0(-1+c-a)=-1,\end{cases}$$

解此方程组可得 $\lambda_0=1,b=-3,a=c$，再由 $|A|=-1$，有 $|A|=a-3=-1$，解得 $a=2$，即 $a=2$，$b=-3,c=2$，$\lambda_0=1$.

评注 $AA^*=|A|I$ 是矩阵与其伴随矩阵最基本的关系式，当一个命题与矩阵及其伴随矩阵有关时，常用这个关系式来作转换.

例 10 设矩阵 $A=\begin{pmatrix}0&-1&0\\1&0&0\\0&0&-1\end{pmatrix}$，$B=P^{-1}AP$，其中 P 为三阶可逆矩阵，求 $B^{2016}-2A^2$.

分析 由 $B=P^{-1}AP$ 可得 $B^{2016}=P^{-1}A^{2016}P$，而 $A^2=\begin{pmatrix}-1&0&0\\0&-1&0\\0&0&1\end{pmatrix}$，所求计算就简单了.

解 由矩阵乘法可得

$$A^2=\begin{pmatrix}0&-1&0\\1&0&0\\0&0&-1\end{pmatrix}\begin{pmatrix}0&-1&0\\1&0&0\\0&0&-1\end{pmatrix}=\begin{pmatrix}-1&0&0\\0&-1&0\\0&0&1\end{pmatrix},$$

从而

$$A^4=I,$$

于是，

$$B^{2016}-2A^2=P^{-1}A^{2016}P-2A^2=P^{-1}IP-2A^2=I-2A^2=\begin{pmatrix}3&0&0\\0&3&0\\0&0&-1\end{pmatrix}.$$

评注 该题容易计算的关键是 A^2 是一个对角矩阵，或者说 B^2 相似于一个对角矩阵.

例 11 已知 $\boldsymbol{\xi}$ 是 A 的对应于 λ（单根）的特征向量，P 是可逆矩阵，求 $P^{-1}AP$

对应于 λ 的全部特征向量.

分析 由于单特征根对应的线性无关的特征向量只有一个,所以只需找到 $\boldsymbol{P}^{-1}\boldsymbol{AP}$ 对应于 λ 的一个特征向量即可.

解 由于相似矩阵有相同的特征值,而 λ 是 $\boldsymbol{A}$ 的单特征根,故 λ 也是 $\boldsymbol{P}^{-1}\boldsymbol{AP}$ 的单特征根,从而它所对应的线性无关的特征向量只有一个.

设 $\boldsymbol{P}^{-1}\boldsymbol{AP}$ 对应于 λ 的特征向量为 $\boldsymbol{\alpha}$,则

$$\boldsymbol{P}^{-1}\boldsymbol{AP}\boldsymbol{\alpha}=\lambda\boldsymbol{\alpha}.$$

由此可得 $\boldsymbol{AP}\boldsymbol{\alpha}=\lambda\boldsymbol{P}\boldsymbol{\alpha}$,这说明 $\boldsymbol{P}\boldsymbol{\alpha}$ 是 $\boldsymbol{A}$ 的对应于 λ(单根)的特征向量,从而 $\boldsymbol{P}\boldsymbol{\alpha}$ 与 $\boldsymbol{\xi}$ 线性相关,即有

$$\boldsymbol{P}\boldsymbol{\alpha}=k\boldsymbol{\xi}\text{(}k\text{ 是不为零的任意常数)},$$

所以 $\boldsymbol{P}^{-1}\boldsymbol{AP}$ 对应于 λ 的全部特征向量为

$$\boldsymbol{\alpha}=k\boldsymbol{P}^{-1}\boldsymbol{\xi}\text{(}k\text{ 是不为零的任意常数)}.$$

评注 相似矩阵有相同的特征值,但未必有相同的特征向量. 由本题可看出,当 $\boldsymbol{\xi}$ 是 $\boldsymbol{A}$ 的特征向量而不是 $\boldsymbol{P}$ 的特征向量时,它就不再是 $\boldsymbol{P}^{-1}\boldsymbol{AP}$ 的特征向量.

例 12 已知三阶矩阵 $\boldsymbol{A}$ 的第一行元素全是 1, 且 $\boldsymbol{\alpha}_1=(1,1,1)^{\mathrm{T}}$, $\boldsymbol{\alpha}_2=(1,0,-1)^{\mathrm{T}}$, $\boldsymbol{\alpha}_3=(1,-1,0)^{\mathrm{T}}$ 是 $\boldsymbol{A}$ 的 3 个特征向量, 求 $\boldsymbol{A}$.

分析 容易判断所给的 3 个特征向量是线性无关的,所以 $\boldsymbol{A}$ 相似于对角矩阵,只需求出对应的特征值.

解 设 3 个特征向量对应的特征值分别为 λ_1, λ_2, λ_3, 则

$$\begin{pmatrix}1&1&1\\a_1&a_2&a_3\\b_1&b_2&b_3\end{pmatrix}\begin{pmatrix}1\\1\\1\end{pmatrix}=\begin{pmatrix}3\\a_1+a_2+a_3\\b_1+b_2+b_3\end{pmatrix}=\lambda_1\begin{pmatrix}1\\1\\1\end{pmatrix},$$

所以 $\lambda_1=3$. 同样可得 $\lambda_2=\lambda_3=0$.

由于 3 个特征向量线性无关, 则 $\boldsymbol{A}$ 相似于对角矩阵 $\boldsymbol{\Lambda}=\begin{pmatrix}3&&\\&0&\\&&0\end{pmatrix}$.

记 $\boldsymbol{P}=(\boldsymbol{\alpha}_1,\boldsymbol{\alpha}_2,\boldsymbol{\alpha}_3)$, 则

$$\boldsymbol{A}=\boldsymbol{P\Lambda P}^{-1}=\begin{pmatrix}1&1&1\\1&0&-1\\1&-1&0\end{pmatrix}\begin{pmatrix}3&&\\&0&\\&&0\end{pmatrix}\begin{pmatrix}1&1&1\\1&0&-1\\1&-1&0\end{pmatrix}^{-1}=\begin{pmatrix}1&1&1\\1&1&1\\1&1&1\end{pmatrix}.$$

例 13 设 $\boldsymbol{A}$ 相似于对角阵 $\begin{pmatrix}\lambda_1&&\\&\lambda_2&\\&&\lambda_3\end{pmatrix}$, $\boldsymbol{B}=(\boldsymbol{A}-\lambda_1\boldsymbol{I})(\boldsymbol{A}-\lambda_2\boldsymbol{I})(\boldsymbol{A}-\lambda_3\boldsymbol{I})$,求矩阵 $\boldsymbol{B}$.

分析 将 $\boldsymbol{A}$ 用相似的对角矩阵来表示,并代入 $\boldsymbol{B}$ 即可.

解 记 $\boldsymbol{\Lambda}=\begin{pmatrix}\lambda_1 & & \\ & \lambda_2 & \\ & & \lambda_3\end{pmatrix}$,由题设知,存在可逆矩阵 $\boldsymbol{P}$ 使 $\boldsymbol{P}^{-1}\boldsymbol{A}\boldsymbol{P}=\boldsymbol{\Lambda}$,即 $\boldsymbol{A}=\boldsymbol{P}\boldsymbol{\Lambda}\boldsymbol{P}^{-1}$,所以

$$\begin{aligned}\boldsymbol{B}&=(\boldsymbol{A}-\lambda_1\boldsymbol{I})(\boldsymbol{A}-\lambda_2\boldsymbol{I})(\boldsymbol{A}-\lambda_3\boldsymbol{I})\\&=(\boldsymbol{P}\boldsymbol{\Lambda}\boldsymbol{P}^{-1}-\lambda_1\boldsymbol{I})(\boldsymbol{P}\boldsymbol{\Lambda}\boldsymbol{P}^{-1}-\lambda_2\boldsymbol{I})(\boldsymbol{P}\boldsymbol{\Lambda}\boldsymbol{P}^{-1}-\lambda_3\boldsymbol{I})\\&=\boldsymbol{P}(\boldsymbol{\Lambda}-\lambda_1\boldsymbol{I})\boldsymbol{P}^{-1}\boldsymbol{P}(\boldsymbol{\Lambda}-\lambda_2\boldsymbol{I})\boldsymbol{P}^{-1}\boldsymbol{P}(\boldsymbol{\Lambda}-\lambda_3\boldsymbol{I})\boldsymbol{P}^{-1}\\&=\boldsymbol{P}\begin{pmatrix}0 & & \\ & \lambda_2-\lambda_1 & \\ & & \lambda_3-\lambda_1\end{pmatrix}\begin{pmatrix}\lambda_1-\lambda_2 & & \\ & 0 & \\ & & \lambda_3-\lambda_2\end{pmatrix}\begin{pmatrix}\lambda_1-\lambda_3 & & \\ & \lambda_2-\lambda_3 & \\ & & 0\end{pmatrix}\boldsymbol{P}^{-1}\\&=\boldsymbol{P}\boldsymbol{O}\boldsymbol{P}^{-1}=\boldsymbol{O}.\end{aligned}$$

评注 下面的做法是不正确的:

由题设知 $\boldsymbol{A}$ 的三个特征值为 $\lambda_1,\lambda_2,\lambda_3$,则 $\boldsymbol{B}$ 的三个特征值均为0,所以 $\boldsymbol{B}$ 是零矩阵.

因为特征值全为0的矩阵未必是零矩阵. 如 $\boldsymbol{B}=\begin{pmatrix}0 & 1 & 0\\ 0 & 0 & 1\\ 0 & 0 & 0\end{pmatrix}$ 的特征值均为0,但 $\boldsymbol{B}\neq\boldsymbol{O}$. 需进一步说明 $\boldsymbol{B}$ 能相似对角化,才能得出 $\boldsymbol{B}=\boldsymbol{O}$.

例 14 将矩阵 $\boldsymbol{A}=\begin{pmatrix}1 & -3 & 3\\ 3 & -5 & 3\\ 6 & -6 & 4\end{pmatrix}$ 相似对角化.

解 求 $\boldsymbol{A}$ 的特征值与特征向量.

$$|\lambda\boldsymbol{I}-\boldsymbol{A}|=\begin{vmatrix}\lambda-1 & 3 & -3\\ -3 & \lambda+5 & -3\\ -6 & 6 & \lambda-4\end{vmatrix}=(\lambda+2)^2(\lambda-4)=0,$$

其特征值为 $\lambda_1=-2$(二重), $\lambda_2=4$.

把 $\lambda_1=-2$ 代入齐次线性方程组 $(\lambda_1\boldsymbol{I}-\boldsymbol{A})\boldsymbol{X}=\boldsymbol{0}$, 解之得两个线性无关的特征向量

$$\boldsymbol{\alpha}_1=(1,1,0)^{\mathrm{T}},\quad \boldsymbol{\alpha}_2=(1,0,-1)^{\mathrm{T}}.$$

把 $\lambda_2=4$ 代入齐次线性方程组 $(\lambda_2\boldsymbol{I}-\boldsymbol{A})\boldsymbol{X}=\boldsymbol{0}$, 解之得特征向量为

$$\boldsymbol{\alpha}_3=(1,1,2)^{\mathrm{T}},$$

因此矩阵 $\boldsymbol{A}$ 有三个线性无关的特征向量, 令

$$P=(\boldsymbol{\alpha}_1,\boldsymbol{\alpha}_2,\boldsymbol{\alpha}_3)=\begin{pmatrix}1&1&1\\1&0&1\\0&-1&2\end{pmatrix},$$

则

$$P^{-1}AP=\begin{pmatrix}-2&0&0\\0&-2&0\\0&0&4\end{pmatrix}.$$

例 15 设矩阵 A 是 3 阶矩阵，已知 $I+2A$，$I-3A$，$I-4A$ 均不可逆，求 $\lim\limits_{n\to\infty}A^n$.

分析 要求 A^n,需将 A 相似对角化,由题设条件这是容易做到的.

解 因为 $I+2A$，$I-3A$，$I-4A$ 均不可逆,则有

$$\det(I+2A)=\det(I-3A)=\det(I-4A)=0,$$

可写成

$$(-1)^3 2^3\det\left(-\frac{1}{2}I-A\right)=3^3\det\left(\frac{1}{3}I-A\right)=4^3\det\left(\frac{1}{4}I-A\right)=0,$$

则 A 有三个不同的特征值 $-\frac{1}{2}$，$\frac{1}{3}$，$\frac{1}{4}$,故 A 相似于对角矩阵，即存在可逆矩阵 P,使得

$$A=P\begin{pmatrix}-\frac{1}{2}&&\\&\frac{1}{3}&\\&&\frac{1}{4}\end{pmatrix}P^{-1}.$$

所以

$$\lim_{n\to\infty}A^n=\lim_{n\to\infty}P\begin{pmatrix}\left(-\frac{1}{2}\right)^n&0&0\\0&\left(\frac{1}{3}\right)^n&0\\0&0&\left(\frac{1}{4}\right)^n\end{pmatrix}P^{-1}=O.$$

例 16 设三阶矩阵 A 的特征值为 $\lambda_1=1$，$\lambda_2=2$，$\lambda_3=3$，对应的特征向量依次为

$$\boldsymbol{\alpha}_1=(1,1,1)^{\mathrm{T}},\quad \boldsymbol{\alpha}_2=(1,2,4)^{\mathrm{T}},\quad \boldsymbol{\alpha}_3=(1,3,9)^{\mathrm{T}},$$

又向量 $\boldsymbol{\beta}=(1,1,3)^{\mathrm{T}}$. 求 $A^n\boldsymbol{\beta}$（n 为自然数）.

分析 由于 $\boldsymbol{\alpha}_1,\boldsymbol{\alpha}_2,\boldsymbol{\alpha}_3$ 是三个不同特征值对应的特征向量,所以它们线性无

关，$\boldsymbol{\beta}$ 可由这三个向量线性表出，由此可求得 $\boldsymbol{A}^n\boldsymbol{\beta}$；也可先求出矩阵 $\boldsymbol{A}$ 再计算 $\boldsymbol{A}^n\boldsymbol{\beta}$.

解法 1 由于 $\boldsymbol{\alpha}_1,\boldsymbol{\alpha}_2,\boldsymbol{\alpha}_3$ 是三个不同特征值对应的特征向量，所以它们线性无关，设 $\boldsymbol{\beta}=x_1\boldsymbol{\alpha}_1+x_2\boldsymbol{\alpha}_2+x_3\boldsymbol{\alpha}_3$，得方程组

$$\begin{pmatrix}1&1&1\\1&2&3\\1&4&9\end{pmatrix}\begin{pmatrix}x_1\\x_2\\x_3\end{pmatrix}=\begin{pmatrix}1\\1\\3\end{pmatrix},$$

将增广矩阵作行初等变换

$$\left(\begin{array}{ccc:c}1&1&1&1\\1&2&3&1\\1&4&9&3\end{array}\right)\to\left(\begin{array}{ccc:c}1&1&1&1\\0&1&2&0\\0&0&1&1\end{array}\right),$$

则 $R(\overline{\boldsymbol{A}})=R(\boldsymbol{A})=3$，方程组有唯一解 $x_3=1,x_2=-2,x_1=2$，即有

$$\boldsymbol{\beta}=2\boldsymbol{\alpha}_1-2\boldsymbol{\alpha}_2+\boldsymbol{\alpha}_3,$$

所以

$$\boldsymbol{A}^n\boldsymbol{\beta}=\boldsymbol{A}^n(2\boldsymbol{\alpha}_1-2\boldsymbol{\alpha}_2+\boldsymbol{\alpha}_3)=2\lambda_1^n\boldsymbol{\alpha}_1-2\lambda_2^n\boldsymbol{\alpha}_2+\lambda_3^n\boldsymbol{\alpha}_3=\begin{pmatrix}2-2^{n+1}+3^n\\2-2^{n+2}+3^{n+1}\\2-2^{n+3}+3^{n+2}\end{pmatrix}.$$

解法 2 因为矩阵 $\boldsymbol{A}$ 有三个不相等的特征值，所以 $\boldsymbol{A}$ 必可对角化，记 $\boldsymbol{P}=(\boldsymbol{\alpha}_1,\boldsymbol{\alpha}_2,\boldsymbol{\alpha}_3)$，则有

$$\boldsymbol{P}^{-1}\boldsymbol{A}\boldsymbol{P}=\boldsymbol{\Lambda}=\begin{pmatrix}1&&\\&2&\\&&3\end{pmatrix},\quad \boldsymbol{A}=\boldsymbol{P}\boldsymbol{\Lambda}\boldsymbol{P}^{-1}=\boldsymbol{P}\begin{pmatrix}1&&\\&2&\\&&3\end{pmatrix}\boldsymbol{P}^{-1},$$

故

$$\boldsymbol{A}^n\boldsymbol{\beta}=\boldsymbol{P}\boldsymbol{\Lambda}^n\boldsymbol{P}^{-1}\boldsymbol{\beta}=\boldsymbol{P}\begin{pmatrix}1^n&&\\&2^n&\\&&3^n\end{pmatrix}\boldsymbol{P}^{-1}\boldsymbol{\beta}$$

$$=\begin{pmatrix}1&1&1\\1&2&3\\1&4&9\end{pmatrix}\begin{pmatrix}1^n&&\\&2^n&\\&&3^n\end{pmatrix}\begin{pmatrix}1&1&1\\1&2&3\\1&4&9\end{pmatrix}^{-1}\begin{pmatrix}1\\1\\3\end{pmatrix}$$

$$=\begin{pmatrix}2-2^{n+1}+3^n\\2-2^{n+2}+3^{n+1}\\2-2^{n+3}+3^{n+2}\end{pmatrix}.$$

例 17 设矩阵 $\boldsymbol{A}$ 与 $\boldsymbol{B}$ 相似，其中

$$A=\begin{pmatrix}-2&0&0\\2&x&2\\3&1&1\end{pmatrix},\ B=\begin{pmatrix}-1&0&0\\0&2&0\\0&0&y\end{pmatrix},$$

(1) 求 x 和 y 的值；

(2) 求可逆矩阵 P，使 $P^{-1}AP=B$.

分析 由相似矩阵有相同的特征多项式可求得 x 和 y 的值；再求 A 的特征向量可得矩阵 P.

解 (1) 因为 $A\sim B$，所以两矩阵的特征多项式相同，即

$$|\lambda I-A|=|\lambda I-B|,$$

计算得

$$(\lambda+2)[\lambda^2-(x+1)\lambda+x-2]=(\lambda+1)(\lambda-2)(\lambda-y).$$

令 $\lambda=0$，有 $2(x-2)=2y$，即 $y=x-2$；令 $\lambda=-2$，则 $y=-2$，由此可得 $x=0$.

(2) 由 $x=0$，$y=-2$ 可得

$$A=\begin{pmatrix}-2&0&0\\2&0&2\\3&1&1\end{pmatrix},\ B=\begin{pmatrix}-1&0&0\\0&2&0\\0&0&-2\end{pmatrix},$$

A 的特征值为 $\lambda_1=-1,\lambda_2=2,\lambda_3=-2$.

将 $\lambda_1=-1$ 代入 $(\lambda_1I-A)X=\mathbf{0}$，可得 λ_1 对应的一个特征向量为

$$\boldsymbol{\alpha}_1=(0,2,-1)^{\mathrm{T}}.$$

同样可求得 λ_2,λ_3 所对应的另两个特征向量为

$$\boldsymbol{\alpha}_2=(0,1,1)^{\mathrm{T}},\ \boldsymbol{\alpha}_3=(1,0,-1)^{\mathrm{T}}.$$

令

$$P=(\boldsymbol{\alpha}_1,\boldsymbol{\alpha}_2,\boldsymbol{\alpha}_3)=\begin{pmatrix}0&0&1\\2&1&0\\-1&1&-1\end{pmatrix},$$

则 $P^{-1}AP=B$.

评注 也可用相似矩阵有相同的迹与行列式来求(1)中 x 和 y 的值.

例 18 设矩阵 $A=\begin{pmatrix}3&2&-2\\k&-1&-k\\4&2&-3\end{pmatrix}$，问 k 为何值时，存在可逆矩阵 P，使 $P^{-1}AP$ 为对角矩阵，并求出 P 及相应的对角矩阵.

分析 n 阶矩阵 A 可相似对角化的一个充要条件是 A 有 n 个线性无关的特征向量，故当 A 有 2 重特征值时，对应于该特征值有 2 个线性无关的特征向量，否则 A 就不可以对角化.

矩阵相似于对角矩阵的充分必要条件是每个特征值的代数重数都等于其几何

重数,由此可定出 k 的值.

解 由

$$|\lambda\boldsymbol{I}-\boldsymbol{A}|=\begin{vmatrix}\lambda-3 & -2 & 2\\ -k & \lambda+1 & k\\ -4 & -2 & \lambda+3\end{vmatrix}=(\lambda+1)^2(\lambda-1),$$

得 $\boldsymbol{A}$ 的特征值 $\lambda_1=\lambda_2=-1,\ \lambda_3=1$.

$\lambda_1=\lambda_2=-1$ 是一个二重特征值, $\boldsymbol{A}$ 与对角矩阵相似,则该特征值要对应两个线性无关的特征向量,所以 $R(-\boldsymbol{I}-\boldsymbol{A})=1$. 由于

$$-\boldsymbol{I}-\boldsymbol{A}=\begin{pmatrix}-4 & -2 & 2\\ -k & 0 & k\\ -4 & -2 & 2\end{pmatrix}\to\begin{pmatrix}-4 & -2 & 2\\ -k & 0 & k\\ 0 & 0 & 0\end{pmatrix},$$

所以 k 必须为 0.

当 $k=0$ 时, $-\boldsymbol{I}-\boldsymbol{A}\to\begin{pmatrix}2 & 1 & -1\\ 0 & 0 & 0\\ 0 & 0 & 0\end{pmatrix}$, 对应于 $\lambda_1=\lambda_2=-1$ 的两个线性无关的特征向量为 $\boldsymbol{\alpha}_1=(-1,\ 2,\ 0)^{\mathrm{T}},\ \boldsymbol{\alpha}_2=(1,\ 0,\ 2)^{\mathrm{T}}$.

当 $\lambda_3=1$ 时, $\boldsymbol{I}-\boldsymbol{A}\to\begin{pmatrix}1 & 0 & -1\\ 0 & 1 & 0\\ 0 & 0 & 0\end{pmatrix}$, 对应的特征向量为 $\boldsymbol{\alpha}_3=(1,\ 0,\ 1)^{\mathrm{T}}$.

所以, 当 $k=0$ 时, 存在可逆矩阵 $\boldsymbol{P}=(\boldsymbol{\alpha}_1,\boldsymbol{\alpha}_2,\boldsymbol{\alpha}_3)=\begin{pmatrix}-1 & 1 & 1\\ 2 & 0 & 0\\ 0 & 2 & 1\end{pmatrix}$, 使

$$\boldsymbol{P}^{-1}\boldsymbol{A}\boldsymbol{P}=\begin{pmatrix}-1 & 0 & 0\\ 0 & -1 & 0\\ 0 & 0 & 1\end{pmatrix}.$$

例 19 设矩阵 $\boldsymbol{A}=\begin{pmatrix}1 & 2 & -3\\ -1 & 4 & -3\\ 1 & a & 5\end{pmatrix}$ 的特征方程有一个二重根, 求 a 的值, 并讨论 $\boldsymbol{A}$ 是否可相似对角化.

分析 该题的解题思路同上例.

解 矩阵 $\boldsymbol{A}$ 的特征多项式

$$|\lambda\boldsymbol{I}-\boldsymbol{A}|=\begin{vmatrix}\lambda-1 & -2 & 3\\ 1 & \lambda-4 & 3\\ -1 & -a & \lambda-5\end{vmatrix}=\begin{vmatrix}\lambda-2 & 2-\lambda & 0\\ 1 & \lambda-4 & 3\\ -1 & -a & \lambda-5\end{vmatrix}$$

$$=(\lambda-2)\begin{vmatrix}1 & -1 & 0\\ 1 & \lambda-4 & 3\\ -1 & -a & \lambda-5\end{vmatrix}=(\lambda-2)\begin{vmatrix}1 & 0 & 0\\ 1 & \lambda-3 & 3\\ -1 & -a-1 & \lambda-5\end{vmatrix}$$

$$=(\lambda-2)(\lambda^2-8\lambda+18+3a).$$

若 $\lambda=2$ 是特征方程的二重根，则有 $2^2-8\times2+18+3a=0$，解得 $a=-2$.

当 $a=-2$ 时，矩阵 $\boldsymbol{A}$ 的特征值为 2，2，6，矩阵 $2\boldsymbol{I}-\boldsymbol{A}=\begin{pmatrix}1 & -2 & 3\\ 1 & -2 & 3\\ -1 & 2 & -3\end{pmatrix}$ 的秩显然为 1，故 $\lambda=2$ 对应的线性无关的特征向量有两个，所以 $\boldsymbol{A}$ 可以相似对角化.

若 $\lambda=2$ 不是特征方程的二重根，则 $\lambda^2-8\lambda+18+3a$ 为完全平方，从而 $18+3a=16$，解得 $a=-\dfrac{2}{3}$.

当 $a=-\dfrac{2}{3}$时，矩阵 $\boldsymbol{A}$ 的特征值为 2，4，4，矩阵

$$4\boldsymbol{I}-\boldsymbol{A}=\begin{pmatrix}3 & -2 & 3\\ 1 & 0 & 3\\ -1 & \dfrac{2}{3} & -1\end{pmatrix}\to\begin{pmatrix}1 & 0 & 3\\ 0 & 1 & 3\\ 0 & 0 & 0\end{pmatrix}.$$

由于 $R(4\boldsymbol{I}-\boldsymbol{A})=2$，故 $\lambda=4$ 对应的线性无关的特征向量只有一个，从而 $\boldsymbol{A}$ 不可以相似对角化.

例 20 在 $\mathbf{R}^4$ 中求一单位向量，使它与 $\boldsymbol{\alpha}_1=(1,1,-1,1)^{\mathrm{T}}$，$\boldsymbol{\alpha}_2=(1,-1,-1,1)^{\mathrm{T}}$ 和 $\boldsymbol{\alpha}_3=(2,1,1,3)^{\mathrm{T}}$ 都正交.

分析 所求向量即为方程组 $\boldsymbol{\alpha}_i^{\mathrm{T}}\boldsymbol{x}=0(i=1,2,3)$ 的解，再单位化.

解 设 $\boldsymbol{x}=(x_1,x_2,x_3,x_4)^{\mathrm{T}}$ 与 $\boldsymbol{\alpha}_i(i=1,2,3)$ 正交，则 $\boldsymbol{\alpha}_i^{\mathrm{T}}\boldsymbol{x}=0(i=1,2,3)$，即

$$\begin{cases}x_1+x_2-x_3+x_4=0,\\ x_1-x_2-x_3+x_4=0,\\ 2x_1+x_2+x_3+3x_4=0,\end{cases}$$

解此齐次线性方程组，得基础解系为 $\boldsymbol{p}=(4,0,1,-3)^{\mathrm{T}}$. 故与 $\boldsymbol{\alpha}_i(i=1,2,3)$ 都正交的向量全体为 $\boldsymbol{x}=k\boldsymbol{p}=k(4,0,1,-3)^{\mathrm{T}}$（$k$ 为任意实数），当 $k\neq0$ 时，将非零向量 $\boldsymbol{x}=k\boldsymbol{p}$ 单位化，得所求的单位向量为

$$\boldsymbol{\eta}=\frac{\boldsymbol{x}}{\|\boldsymbol{x}\|}=\pm\frac{1}{\sqrt{26}}(4,0,1,-3)^{\mathrm{T}}.$$

例 21 用施密特正交化方法将 $\mathbf{R}^4$ 中向量 $\boldsymbol{\alpha}_1=(1,2,2,-1)^{\mathrm{T}}$，$\boldsymbol{\alpha}_2=(1,1,-5,3)^{\mathrm{T}}$，$\boldsymbol{\alpha}_3=(3,2,8,-7)^{\mathrm{T}}$ 化为正交单位向量组.

解 先正交化，即令

$$\boldsymbol{\beta}_1=\boldsymbol{\alpha}_1=(1,2,2,-1)^{\mathrm{T}},$$

$$\boldsymbol{\beta}_2=\boldsymbol{\alpha}_2-\frac{(\boldsymbol{\alpha}_2,\boldsymbol{\beta}_1)}{(\boldsymbol{\beta}_1,\boldsymbol{\beta}_1)}\boldsymbol{\beta}_1=(2,3,-3,2)^{\mathrm{T}},$$

$$\boldsymbol{\beta}_3=\boldsymbol{\alpha}_3-\frac{(\boldsymbol{\alpha}_3,\boldsymbol{\beta}_1)}{(\boldsymbol{\beta}_1,\boldsymbol{\beta}_1)}\boldsymbol{\beta}_1-\frac{(\boldsymbol{\alpha}_3,\boldsymbol{\beta}_2)}{(\boldsymbol{\beta}_2,\boldsymbol{\beta}_2)}\boldsymbol{\beta}_2=(2,-1,-1,-2)^{\mathrm{T}}.$$

再单位化，即令 $\boldsymbol{\eta}_i=\frac{1}{\|\boldsymbol{\beta}_i\|}\boldsymbol{\beta}_i(i=1,2,3)$，所求正交单位向量组为

$$\boldsymbol{\eta}_1=\frac{1}{\sqrt{10}}(1,2,2,-1)^{\mathrm{T}},\ \boldsymbol{\eta}_2=\frac{1}{\sqrt{26}}(2,3,-3,2)^{\mathrm{T}},\ \boldsymbol{\eta}_3=\frac{1}{\sqrt{10}}(2,-1,-1,-2)^{\mathrm{T}}.$$

例 22 求齐次线性方程组 $\begin{cases}2x_1+x_2-x_3+x_4-3x_5=0,\\x_1+x_2-x_3+x_5=0\end{cases}$ 解空间的一组标准正交基.

分析 先求方程组的一个基础解系，再正交化、单位化.

解 将系数矩阵作行初等变换化为阶梯形

$$\begin{pmatrix}2&1&-1&1&-3\\1&1&-1&0&1\end{pmatrix}\rightarrow\begin{pmatrix}1&0&0&1&-4\\0&1&-1&-1&5\end{pmatrix},$$

则原线性方程组等价于线性方程组

$$\begin{cases}x_1=-x_4+4x_5,\\x_2=x_3+x_4-5x_5.\end{cases}$$

分别取 (x_3,x_4,x_5) 等于 $(1,0,0)$，$(0,1,0)$，$(0,0,1)$，得基础解系为

$$\boldsymbol{\alpha}_1=(0,1,1,0,0)^{\mathrm{T}},\boldsymbol{\alpha}_2=(-1,1,0,1,0)^{\mathrm{T}},\boldsymbol{\alpha}_3=(4,-5,0,0,1)^{\mathrm{T}},$$

这就是解空间的基，将它们正交化，得

$$\boldsymbol{\beta}_1=\boldsymbol{\alpha}_1=(0,1,1,0,0)^{\mathrm{T}},$$

$$\boldsymbol{\beta}_2=\boldsymbol{\alpha}_2-\frac{(\boldsymbol{\alpha}_2,\boldsymbol{\beta}_1)}{(\boldsymbol{\beta}_1,\boldsymbol{\beta}_1)}\boldsymbol{\beta}_1=\left(-1,\frac{1}{2},-\frac{1}{2},1,0\right)^{\mathrm{T}},$$

$$\boldsymbol{\beta}_3=\boldsymbol{\alpha}_3-\frac{(\boldsymbol{\alpha}_3,\boldsymbol{\beta}_1)}{(\boldsymbol{\beta}_1,\boldsymbol{\beta}_1)}\boldsymbol{\beta}_1-\frac{(\boldsymbol{\alpha}_3,\boldsymbol{\beta}_2)}{(\boldsymbol{\beta}_2,\boldsymbol{\beta}_2)}\boldsymbol{\beta}_2=\frac{1}{5}(7,-6,6,13,5)^{\mathrm{T}}.$$

再将 $\boldsymbol{\beta}_1,\boldsymbol{\beta}_2,\boldsymbol{\beta}_3$ 单位化，得

$$\boldsymbol{\eta}_1=\frac{1}{\|\boldsymbol{\beta}_1\|}\boldsymbol{\beta}_1=\frac{1}{\sqrt{2}}(0,1,1,0,0)^{\mathrm{T}},$$

$$\boldsymbol{\eta}_1=\frac{1}{\|\boldsymbol{\beta}_2\|}\boldsymbol{\beta}_2=\frac{1}{\sqrt{10}}(-2,1,-1,2,0)^{\mathrm{T}},$$

$$\boldsymbol{\eta}_3=\frac{1}{\|\boldsymbol{\beta}_3\|}\boldsymbol{\beta}_3=\frac{1}{3\sqrt{35}}(7,-6,6,13,5)^{\mathrm{T}},$$

则 $\boldsymbol{\eta}_1,\boldsymbol{\eta}_2,\boldsymbol{\eta}_3$ 就是解空间的标准正交基.

例 23 设 $\boldsymbol{A}=(a_{ij})_{3\times3}$ 是正交矩阵，且 $a_{11}=1$，$\boldsymbol{b}=(1,0,0)^{\mathrm{T}}$，求线性方程组 $\boldsymbol{Ax}=\boldsymbol{b}$ 的解.

分析 因为 $\boldsymbol{A}$ 是正交矩阵，则 $\boldsymbol{A}^{\mathrm{T}}=\boldsymbol{A}^{-1}$，方程组 $\boldsymbol{Ax}=\boldsymbol{b}$ 有唯一的解 $\boldsymbol{x}=\boldsymbol{A}^{\mathrm{T}}\boldsymbol{b}$，该解向量就是 $\boldsymbol{A}$ 的第一行的转置向量.

解 设 $\boldsymbol{A}=\begin{pmatrix}1&a_{12}&a_{13}\\a_{21}&a_{22}&a_{23}\\a_{31}&a_{32}&a_{33}\end{pmatrix}$，则由 $\boldsymbol{A}$ 为正交矩阵得

$$1^2+a_{12}^2+a_{13}^2=1,$$

所以有 $a_{12}=a_{13}=0$.

又由 $\boldsymbol{A}^{-1}=\boldsymbol{A}^{\mathrm{T}}$，可得方程的唯一解

$$\boldsymbol{x}=\boldsymbol{A}^{-1}\boldsymbol{b}=\boldsymbol{A}^{\mathrm{T}}\boldsymbol{b}=\begin{pmatrix}1&a_{21}&a_{31}\\0&a_{22}&a_{32}\\0&a_{23}&a_{33}\end{pmatrix}\begin{pmatrix}1\\0\\0\end{pmatrix}=\begin{pmatrix}1\\0\\0\end{pmatrix}.$$

例 24 设 $\boldsymbol{A}$ 是 n 阶实对称阵，$\lambda_1,\lambda_2,\cdots,\lambda_n$ 是 $\boldsymbol{A}$ 的 n 个互不相同的特征值，$\boldsymbol{\xi}_1,\boldsymbol{\xi}_2,\cdots,\boldsymbol{\xi}_n$ 是对应的特征向量，求矩阵 $\boldsymbol{B}=\boldsymbol{A}-\boldsymbol{\xi}_1\boldsymbol{\xi}_1^{\mathrm{T}}$ 的特征值与特征向量.

分析 由于题中的矩阵为抽象形式，所以没法用特征多项式去计算特征值，也没法用特征方程组去计算特征向量，只能用特征值与特征向量的定义来作判断，并用 $\boldsymbol{\xi}_1,\boldsymbol{\xi}_2,\cdots,\boldsymbol{\xi}_n$ 去尝试.

解 因为 $\boldsymbol{A}$ 是实对称阵，$\lambda_1,\lambda_2,\cdots,\lambda_n$ 互不相同，所以对应的特征向量 $\boldsymbol{\xi}_1,\boldsymbol{\xi}_2,\cdots,\boldsymbol{\xi}_n$ 相互正交.

记 $\|\boldsymbol{\xi}_1\|=a$，注意到

$$\boldsymbol{\xi}_1^{\mathrm{T}}\boldsymbol{\xi}_i=\begin{cases}a^2, i=1,\\0, i\neq1.\end{cases}$$

所以

$$\boldsymbol{B}\boldsymbol{\xi}_i=(\boldsymbol{A}-\boldsymbol{\xi}_1\boldsymbol{\xi}_1^{\mathrm{T}})\boldsymbol{\xi}_i=\boldsymbol{A}\boldsymbol{\xi}_i-\boldsymbol{\xi}_1(\boldsymbol{\xi}_1^{\mathrm{T}}\boldsymbol{\xi}_i)=\begin{cases}(\lambda_1-a^2)\boldsymbol{\xi}_1, & i=1,\\\lambda_i\boldsymbol{\xi}_i, & i\neq1.\end{cases}$$

故 $\boldsymbol{B}$ 的特征值为 (λ_1-a^2)，$\lambda_i(i\neq1)$. $\boldsymbol{B}$ 与 $\boldsymbol{A}$ 有完全相同的特征向量. 也就是对应于特征值 (λ_1-a^2) 的全部特征向量为 $k_1\boldsymbol{\xi}_1$（k_1 是不为 0 的任意常数），对应于特征值 $\lambda_i(i\neq1)$ 的全部特征向量为 $k_i\boldsymbol{\xi}_i$（k_i 是不为 0 的任意常数）.

例 25 实对称矩阵 $\boldsymbol{A}$ 满足 $\boldsymbol{A}^3+\boldsymbol{A}^2+\boldsymbol{A}=3\boldsymbol{I}$，求矩阵 $\boldsymbol{A}$.

分析 由于实对称矩阵的特征值一定是实数，且矩阵一定相似于由它的特征值为对角元所构成的对角矩阵，所以利用已知条件确定出 $\boldsymbol{A}$ 的特征值，才有可能确

定矩阵 $\boldsymbol{A}$.

解 设矩阵 $\boldsymbol{A}$ 的特征值为 λ，由于 $\boldsymbol{A}^3+\boldsymbol{A}^2+\boldsymbol{A}=3\boldsymbol{I}$,则有

$$\lambda^3+\lambda^2+\lambda=3，即(\lambda-1)(\lambda^2+2\lambda+3)=0.$$

由于实对称矩阵的特征值是实数，故 $\lambda^2+2\lambda+3=(\lambda+1)^2+2>0$，由此可得 $\boldsymbol{A}$ 只有唯一的 n 重特征值 1，即存在可逆矩阵 $\boldsymbol{P}$，使得

$$\boldsymbol{P}^{-1}\boldsymbol{A}\boldsymbol{P}=\boldsymbol{I}\Rightarrow\boldsymbol{A}=\boldsymbol{P}\boldsymbol{I}\boldsymbol{P}^{-1}=\boldsymbol{I}.$$

例 26 设矩阵 $\boldsymbol{A}=\begin{pmatrix}1&1&1&1\\1&1&1&1\\1&1&1&1\\1&1&1&1\end{pmatrix}$，求正交矩阵 $\boldsymbol{P}$ 使 $\boldsymbol{P}^{-1}\boldsymbol{A}\boldsymbol{P}$ 为对角矩阵.

分析 $\boldsymbol{A}$ 是实对称矩阵,则一定存在正交矩阵 $\boldsymbol{P}$ 使 $\boldsymbol{P}^{-1}\boldsymbol{A}\boldsymbol{P}$ 为对角矩阵；又 $R(A)=1$,且各行元素之和都相等,由此很容易求得 $\boldsymbol{A}$ 的特征值与特征向量.

解 由于 $\boldsymbol{A}$ 的各行元素之和都等于 4,所以 $\lambda_1=4$ 是 $\boldsymbol{A}$ 的一个特征值，$\boldsymbol{\alpha}=(1,1,1,1)^{\mathrm{T}}$ 是对应的一个特征向量. 单位化得

$$\boldsymbol{\eta}=\frac{1}{2}(1,1,1,1)^{\mathrm{T}}.$$

又 $R(\boldsymbol{A})=1$,所以 $\lambda_2=\lambda_3=\lambda_4=0$ 是 $\boldsymbol{A}$ 的三重特征值.易知 $(0\boldsymbol{I}-\boldsymbol{A})\boldsymbol{X}=\boldsymbol{0}$ 的同解方程组为

$$x_1+x_2+x_3+x_4=0,$$

其基础解系为

$$\boldsymbol{\alpha}_1=(-1,1,0,0)^{\mathrm{T}},\boldsymbol{\alpha}_2=(-1,0,1,0)^{\mathrm{T}},\boldsymbol{\alpha}_3=(-1,0,0,1)^{\mathrm{T}},$$

将 $\boldsymbol{\alpha}_1,\boldsymbol{\alpha}_2,\boldsymbol{\alpha}_3$ 正交化，得

$$\boldsymbol{\beta}_1=\boldsymbol{\alpha}_1=(-1,1,0,0)^{\mathrm{T}},$$

$$\boldsymbol{\beta}_2=\boldsymbol{\alpha}_2-\frac{(\boldsymbol{\alpha}_2,\boldsymbol{\beta}_1)}{(\boldsymbol{\beta}_1,\boldsymbol{\beta}_1)}\boldsymbol{\beta}_1=\left(-\frac{1}{2},-\frac{1}{2},1,0\right)^{\mathrm{T}},$$

$$\boldsymbol{\beta}_3=\boldsymbol{\alpha}_3-\frac{(\boldsymbol{\alpha}_3,\boldsymbol{\beta}_1)}{(\boldsymbol{\beta}_1,\boldsymbol{\beta}_1)}\boldsymbol{\beta}_1-\frac{(\boldsymbol{\alpha}_3,\boldsymbol{\beta}_2)}{(\boldsymbol{\beta}_2,\boldsymbol{\beta}_2)}\boldsymbol{\beta}_2=\left(-\frac{1}{3},-\frac{1}{3},-\frac{1}{3},1\right)^{\mathrm{T}}.$$

再将 $\boldsymbol{\beta}_1,\boldsymbol{\beta}_2,\boldsymbol{\beta}_3$ 单位化，得

$$\boldsymbol{\eta}_1=\frac{1}{\|\boldsymbol{\beta}_1\|}\boldsymbol{\beta}_1=\frac{1}{\sqrt{2}}(-1,1,0,0)^{\mathrm{T}},$$

$$\boldsymbol{\eta}_2=\frac{1}{\|\boldsymbol{\beta}_2\|}\boldsymbol{\beta}_2=\frac{1}{\sqrt{6}}(-1,-1,2,0)^{\mathrm{T}},$$

$$\boldsymbol{\eta}_3=\frac{1}{\|\boldsymbol{\beta}_3\|}\boldsymbol{\beta}_3=\frac{\sqrt{3}}{6}(-1,-1,-1,3)^{\mathrm{T}}.$$

令 $\boldsymbol{P}=(\boldsymbol{\eta},\boldsymbol{\eta}_1,\boldsymbol{\eta}_2,\boldsymbol{\eta}_3)$，则 $\boldsymbol{P}$ 是正交矩阵,且有

$$\boldsymbol{P}^{-1}\boldsymbol{A}\boldsymbol{P}=\begin{pmatrix}4&&&\\&0&&\\&&0&\\&&&0\end{pmatrix}.$$

评注 若该题的特征值采用特征方程 $|\lambda\boldsymbol{I}-\boldsymbol{A}|=0$ 来计算,会略为困难些.

例 27 设三阶实对称矩阵 $\boldsymbol{A}$ 的秩为 2, $\lambda_1=\lambda_2=6$ 是 $\boldsymbol{A}$ 的二重特征值. 若 $\boldsymbol{\alpha}_1=(1,1,0)^{\mathrm{T}}$, $\boldsymbol{\alpha}_2=(2,1,1)^{\mathrm{T}}$, $\boldsymbol{\alpha}_3=(-1,2,-3)^{\mathrm{T}}$ 都是 $\boldsymbol{A}$ 的属于特征值 6 的特征向量. 求矩阵 $\boldsymbol{A}$.

分析 由于实对称矩阵一定能相似对角化,所以只需求得 $\boldsymbol{A}$ 的三个特征值及与特征值对应的三个线性无关的特征向量. 由 $\boldsymbol{A}$ 的相似标准形即可算出 $\boldsymbol{A}$.

解 因为 $\lambda_1=\lambda_2=6$ 是 $\boldsymbol{A}$ 的二重特征值, 故 $\boldsymbol{A}$ 的属于特征值 6 的线性无关的特征向量有 2 个. 由题设可得 $\boldsymbol{\alpha}_1,\boldsymbol{\alpha}_2,\boldsymbol{\alpha}_3$ 的一个最大线性无关组为 $\boldsymbol{\alpha}_1,\boldsymbol{\alpha}_2$, 故 $\boldsymbol{\alpha}_1,\boldsymbol{\alpha}_2$ 为 $\boldsymbol{A}$ 的属于特征值 6 的线性无关的特征向量.由 $R(\boldsymbol{A})=2$ 可知, $|\boldsymbol{A}|=0$, 所以矩阵 $\boldsymbol{A}$ 的另一个特征值为 $\lambda_3=0$.

设 $\lambda_3=0$ 所对应的特征向量为 $\boldsymbol{\alpha}=(x_1,x_2,x_3)^{\mathrm{T}}$, 则有 $\boldsymbol{\alpha}_1^{\mathrm{T}}\boldsymbol{\alpha}=0$, $\boldsymbol{\alpha}_2^{\mathrm{T}}\boldsymbol{\alpha}=0$, 即

$$\begin{cases}x_1+x_2=0,\\2x_1+x_2+x_3=0,\end{cases}$$

解得此方程组的基础解系为 $\boldsymbol{\alpha}=(-1,1,1)^{\mathrm{T}}$.

令矩阵 $\boldsymbol{P}=(\boldsymbol{\alpha}_1,\boldsymbol{\alpha}_2,\boldsymbol{\alpha})$, 则

$$\boldsymbol{P}^{-1}\boldsymbol{A}\boldsymbol{P}=\begin{pmatrix}6&0&0\\0&6&0\\0&0&0\end{pmatrix},$$

所以

$$\boldsymbol{A}=\boldsymbol{P}\begin{pmatrix}6&0&0\\0&6&0\\0&0&0\end{pmatrix}\boldsymbol{P}^{-1},$$

又

$$\boldsymbol{P}^{-1}=\begin{pmatrix}0&1&-1\\\frac{1}{3}&-\frac{1}{3}&\frac{2}{3}\\-\frac{1}{3}&\frac{1}{3}&\frac{1}{3}\end{pmatrix},$$

可求得

$$A=\begin{pmatrix}4&2&2\\2&4&-2\\2&-2&4\end{pmatrix}.$$

例 28 设 n 阶实对称矩阵 $A=\begin{pmatrix}1&b&\cdots&b\\b&1&\cdots&b\\\vdots&\vdots&&\vdots\\b&b&\cdots&1\end{pmatrix}$,

(1) 求 A 的特征值和特征向量;

(2) 求可逆矩阵 P, 使得 $P^{-1}AP$ 为对角矩阵.

分析 在计算特征多项式时,注意 $|\lambda I-A|$ 的各行之和相等,这会给行列式的计算带来方便;由于 A 的特征值和特征向量都与 b 的取值有关,求解中要注意讨论.

解 (1) $|\lambda I-A|=\begin{vmatrix}\lambda-1&-b&\cdots&-b\\-b&\lambda-1&\cdots&-b\\\vdots&\vdots&&\vdots\\-b&-b&\cdots&\lambda-1\end{vmatrix}=\begin{vmatrix}\lambda-1-(n-1)b&-b&\cdots&-b\\\lambda-1-(n-1)b&\lambda-1&\cdots&-b\\\vdots&\vdots&&\vdots\\\lambda-1-(n-1)b&-b&\cdots&\lambda-1\end{vmatrix}$

$$=[\lambda-1-(n-1)b]\begin{vmatrix}1&-b&\cdots&-b\\1&\lambda-1&\cdots&-b\\\vdots&\vdots&&\vdots\\1&-b&\cdots&\lambda-1\end{vmatrix}$$

$$=[\lambda-1-(n-1)b]\begin{vmatrix}1&-b&\cdots&-b\\0&\lambda-(1-b)&\cdots&0\\\vdots&\vdots&&\vdots\\0&0&\cdots&\lambda-(1-b)\end{vmatrix}$$

$$=[\lambda-1-(n-1)b][\lambda-(1-b)]^{n-1},$$

故矩阵 A 的特征值 $\lambda_1=1+(n-1)b$, $\lambda_2=\cdots=\lambda_n=1-b$.

1° 当 $b\neq0$ 时, $\lambda_1=1+(n-1)b$ 是 A 的单特征值,对应线性无关的特征向量只有一个,易见, $\boldsymbol{\xi}_1=(1,1,\cdots,1)^{\mathrm T}$ 是它的一个特征向量(因为 A 的各行元素和等于 λ_1). 所以属于 λ_1 的全部特征向量为

$$k\boldsymbol{\xi}_1=k(1,1,\cdots,1)^{\mathrm T}(k\text{ 为任意非零常数}).$$

对于 $\lambda_2=\cdots=\lambda_n=1-b$, 解齐次线性方程组 $[(1-b)I-A]X=\mathbf{0}$, 由

$$(1-b)I-A=\begin{pmatrix}-b&-b&\cdots&-b\\-b&-b&\cdots&-b\\\vdots&\vdots&&\vdots\\-b&-b&\cdots&-b\end{pmatrix}\to\begin{pmatrix}1&1&\cdots&1\\0&0&\cdots&0\\\vdots&\vdots&&\vdots\\0&0&\cdots&0\end{pmatrix},$$

得基础解系为

$$\boldsymbol{\xi}_2=(1,-1,\ 0,\ \cdots,\ 0)^{\mathrm{T}},$$

$$\boldsymbol{\xi}_3=(1,0,-1,\ \cdots,\ 0)^{\mathrm{T}},$$

$$\cdots\cdots\cdots\cdots$$

$$\boldsymbol{\xi}_n=(1,0,\ 0,\ \cdots,-1)^{\mathrm{T}},$$

对应的全部特征向量为

$$k_2\boldsymbol{\xi}_2+k_3\boldsymbol{\xi}_3+\cdots+k_n\boldsymbol{\xi}_n(k_2,k_3\cdots,k_n\text{ 是不全为零的任意常数}).$$

2° 当 $b=0$ 时，$\lambda_1=\lambda_2=\cdots=\lambda_n=1$，$\boldsymbol{A}=\boldsymbol{I}$，由 $\boldsymbol{I}-\boldsymbol{A}=\boldsymbol{O}$ 知任意非零向量都是特征向量.

(2) 当 $b\neq0$ 时，$\boldsymbol{A}$ 有 n 个线性无关的特征向量，令 $\boldsymbol{P}=(\boldsymbol{\xi}_1,\boldsymbol{\xi}_2,\cdots,\boldsymbol{\xi}_n)$，则

$$\boldsymbol{P}^{-1}\boldsymbol{AP}=\mathrm{diag}(1+(n-1)b,1-b,\cdots,1-b).$$

当 $b=0$ 时，$\boldsymbol{A}=\boldsymbol{I}$，对任意可逆矩阵 $\boldsymbol{P}$，均有

$$\boldsymbol{P}^{-1}\boldsymbol{AP}=\boldsymbol{I}.$$

评注 (1) 虽然 $\boldsymbol{A}$ 的各行元素之和相等，这个和就是 $\boldsymbol{A}$ 的一个特征值，但由于要计算 $\boldsymbol{A}$ 的全部特征值，所以这里仍然计算了 $\boldsymbol{A}$ 的特征多项式；

(2) 在计算单特征值 $\lambda_1=1+(n-1)b(b\neq0)$ 所对应的特征向量时，我们没具体解线性方程组 $(\lambda_1\boldsymbol{I}-\boldsymbol{A})\boldsymbol{X}=\boldsymbol{0}$ 求基础解系，是因为此时化 $(\lambda_1\boldsymbol{I}-\boldsymbol{A})$ 为阶梯形的工作量较大.学习中要充分利用已有的知识来简化计算.

例 29 设 $\boldsymbol{A}$ 为 n 阶实对称矩阵，$\boldsymbol{A}^2=\boldsymbol{A}$，$R(\boldsymbol{A})=r$，求：

(1) $\boldsymbol{A}$ 的相似对角矩阵；

(2) $|2\boldsymbol{I}-\boldsymbol{A}|$.

分析 $\boldsymbol{A}$ 的相似对角矩阵完全由 $\boldsymbol{A}$ 的特征值确定，所以只需求出 $\boldsymbol{A}$ 的全部特征值；利用 $\boldsymbol{A}$ 的相似对角阵可求得行列式 $|2\boldsymbol{I}-\boldsymbol{A}|$ 的值.

解 (1) 设 λ 为 $\boldsymbol{A}$ 的任一特征值，由于 $\boldsymbol{A}^2=\boldsymbol{A}$，则

$$\lambda^2-\lambda=0\Rightarrow\lambda=0,\lambda=1,$$

即 $\boldsymbol{A}$ 的特征值只能为 0 或 1.

因为 $\boldsymbol{A}$ 为实对称矩阵，故存在正交矩阵 $\boldsymbol{Q}$ 使

$$\boldsymbol{Q}^{-1}\boldsymbol{AQ}=\begin{pmatrix}1&&&&&\\&\ddots&&&&\\&&1&&&\\&&&0&&\\&&&&\ddots&\\&&&&&0\end{pmatrix},$$

其中 1 的个数为 $R(\boldsymbol{A})=r$ 个，即 $\boldsymbol{Q}^{-1}\boldsymbol{AQ}=\begin{pmatrix}\boldsymbol{I}_r&\boldsymbol{0}\\\boldsymbol{0}&0\end{pmatrix}$ 为 $\boldsymbol{A}$ 的相似对角矩阵.

(2)
$$|2I-A|=|Q^{-1}||2I-A||Q|$$
$$=|Q^{-1}(2I-A)Q|=|2I-Q^{-1}AQ|$$
$$=\left|2I-\begin{pmatrix}I_r & 0\\ 0 & 0\end{pmatrix}\right|=\begin{vmatrix}I_r & 0\\ 0 & 2I_{n-r}\end{vmatrix}=2^{n-r}.$$

评注 求(2)中行列式$|2I-A|$的值也可由矩阵$2I-A$特征值的乘积来计算.

例 30 设A为三阶矩阵,$\alpha_1,\alpha_2,\alpha_3$是三个线性无关的三维列向量,且满足
$$A\alpha_1=\alpha_1+\alpha_2+\alpha_3,\quad A\alpha_2=2\alpha_2+\alpha_3,\quad A\alpha_3=2\alpha_2+3\alpha_3.$$

(1) 求矩阵B,使得$A(\alpha_1,\alpha_2,\alpha_3)=(\alpha_1,\alpha_2,\alpha_3)B$;

(2) 求矩阵A的特征值;

(3) 求可逆矩阵P,使$P^{-1}AP$为对角矩阵.

分析 将所给三个等式写成矩阵乘积的形式就可得到(1)中所求的矩阵B;由(1)可知A与B相似,B的特征值就是A的特征值;将B相似对角化,就可得到A的相似对角形矩阵.

解 (1) 由题设知
$$A(\alpha_1,\alpha_2,\alpha_3)=(\alpha_1,\alpha_2,\alpha_3)\begin{pmatrix}1&0&0\\1&2&2\\1&1&3\end{pmatrix},$$
故
$$B=\begin{pmatrix}1&0&0\\1&2&2\\1&1&3\end{pmatrix}.$$

(2) 因为$\alpha_1,\alpha_2,\alpha_3$线性无关,故矩阵$C=(\alpha_1,\alpha_2,\alpha_3)$可逆,所以$C^{-1}AC=B$,即$A$与$B$相似,故$A$与$B$有相同的特征值. 由
$$|\lambda I-B|=\begin{vmatrix}\lambda-1&0&0\\-1&\lambda-2&-2\\-1&-1&\lambda-3\end{vmatrix}=(\lambda-1)^2(\lambda-4)=0,$$
解得B(即A)的特征值为$\lambda_1=\lambda_2=1,\lambda_3=4$.

(3) 当$\lambda_1=\lambda_2=1$时,由$(I-B)X=0$解得基础解系
$$\xi_1=(-1,1,0)^{\mathrm T},\xi_2=(-2,0,1)^{\mathrm T}.$$
当$\lambda_3=4$时,由$(4I-B)X=0$解得基础解系
$$\xi_3=(0,1,1)^{\mathrm T}.$$
令
$$Q=(\xi_1,\xi_2,\xi_3)=\begin{pmatrix}-1&-2&0\\1&0&1\\0&1&1\end{pmatrix}\Rightarrow Q^{-1}BQ=\begin{pmatrix}1&0&0\\0&1&0\\0&0&4\end{pmatrix},$$

由 $Q^{-1}BQ=Q^{-1}C^{-1}ACQ$，记矩阵

$$P=CQ=(\boldsymbol{\alpha}_1,\boldsymbol{\alpha}_2,\boldsymbol{\alpha}_3)\begin{pmatrix}-1&-2&0\\1&0&1\\0&1&1\end{pmatrix}$$
$$=(-\boldsymbol{\alpha}_1+\boldsymbol{\alpha}_2,-2\boldsymbol{\alpha}_1+\boldsymbol{\alpha}_3,\boldsymbol{\alpha}_2+\boldsymbol{\alpha}_3),$$

P 即为所求的可逆矩阵.

例 31 已知 3 阶矩阵 A 和三维向量 X，向量组 A,AX,A^2X 线性无关，且满足 $A^3X=3AX-2A^2X$.

(1) 记 $P=(X,AX,A^2X)$，求 3 阶矩阵 B，使 $A=PBP^{-1}$；

(2) 计算行列式 $|A+I|$.

分析 求 A 的特征值和特征向量，将 A 相似对角化，利用相似矩阵的传递性就可求得矩阵 B.

解法 1 (1) 由题设 $A^3X+2A^2X-3AX=\mathbf{0}$ 得

$$A(A^2X+2AX-3X)=\mathbf{0},$$
$$A(A^2X+3AX)=(A^2X+3AX),$$
$$A(A^2X-AX)=-3(A^2X-AX).$$

因

$$D=(A^2X+2AX-3X,A^2X+3AX,A^2X-AX)$$
$$=(X,AX,A^2X)\begin{pmatrix}-3&0&0\\2&3&-1\\1&1&1\end{pmatrix}\xlongequal{\text{记}}PC,$$

其中 $P=(X,AX,A^2X)$ 可逆，$|C|=-12\neq0$，故 $A^2X-2AX+3X,A^2X+3AX,A^2X-AX$ 线性无关，均为非零向量，且均是 A 的特征向量，它们对应的特征值分别是 $0,1,-3$，从而有

$$D^{-1}AD=\Lambda=\begin{pmatrix}0&&\\&1&\\&&-3\end{pmatrix},$$

$$D^{-1}AD=(PC)^{-1}APC=C^{-1}P^{-1}APC=C^{-1}BC=\Lambda,$$
$$B=C\Lambda C^{-1}$$
$$=\begin{pmatrix}-3&0&0\\2&3&-1\\1&1&1\end{pmatrix}\begin{pmatrix}0&&\\&1&\\&&-3\end{pmatrix}\begin{pmatrix}-\frac{1}{3}&0&0\\\frac{1}{4}&\frac{1}{4}&\frac{1}{4}\\\frac{1}{12}&-\frac{1}{4}&\frac{3}{4}\end{pmatrix}$$

$$=\begin{pmatrix}0&0&0\\0&3&3\\0&1&-3\end{pmatrix}\begin{pmatrix}-\frac{1}{3}&0&0\\\frac{1}{4}&\frac{1}{4}&\frac{1}{4}\\\frac{1}{12}&-\frac{1}{4}&\frac{3}{4}\end{pmatrix}=\begin{pmatrix}0&0&0\\1&0&3\\0&1&-2\end{pmatrix}.$$

（2）由（1）知 $\boldsymbol{A}\sim\boldsymbol{B}$，则 $\boldsymbol{A}+\boldsymbol{I}\sim\boldsymbol{B}+\boldsymbol{I}$，从而

$$|\boldsymbol{A}+\boldsymbol{I}|=|\boldsymbol{B}+\boldsymbol{I}|=\begin{vmatrix}1&0&0\\1&1&3\\0&1&-1\end{vmatrix}=-4.$$

解法 2　由题设 $\boldsymbol{A}=\boldsymbol{P}\boldsymbol{B}\boldsymbol{P}^{-1}$ 得

$$\boldsymbol{AP}=\boldsymbol{PB},$$

$$\boldsymbol{A}(\boldsymbol{X},\boldsymbol{AX},\boldsymbol{A}^2\boldsymbol{X})=(\boldsymbol{AX},\boldsymbol{A}^2\boldsymbol{X},\boldsymbol{A}^3\boldsymbol{X})=(\boldsymbol{AX},\boldsymbol{A}^2\boldsymbol{X},3\boldsymbol{AX}-2\boldsymbol{A}^2\boldsymbol{X})$$

$$=(\boldsymbol{X},\boldsymbol{AX},\boldsymbol{A}^2\boldsymbol{X})\begin{pmatrix}0&0&0\\1&0&3\\0&1&-2\end{pmatrix}=(\boldsymbol{X},\boldsymbol{AX},\boldsymbol{A}^2\boldsymbol{X})\boldsymbol{B}=\boldsymbol{PB},$$

得

$$\boldsymbol{B}=\begin{pmatrix}0&0&0\\1&0&3\\0&1&-2\end{pmatrix}.$$

解法 3　由题设 $\boldsymbol{P}=(\boldsymbol{X},\boldsymbol{AX},\boldsymbol{A}^2\boldsymbol{X})$，因 $\boldsymbol{X},\boldsymbol{AX},\boldsymbol{A}^2\boldsymbol{X}$ 线性无关，故 $\boldsymbol{P}$ 可逆，且

$$\boldsymbol{P}^{-1}\boldsymbol{P}=\boldsymbol{P}^{-1}(\boldsymbol{X},\boldsymbol{AX},\boldsymbol{A}^2\boldsymbol{X})=(\boldsymbol{P}^{-1}\boldsymbol{X},\boldsymbol{P}^{-1}\boldsymbol{AX},\boldsymbol{P}^{-1}\boldsymbol{A}^2\boldsymbol{X})=\boldsymbol{I},$$

故

$$\boldsymbol{P}^{-1}\boldsymbol{X}=\begin{pmatrix}0\\0\\1\end{pmatrix},\boldsymbol{P}^{-1}\boldsymbol{AX}=\begin{pmatrix}0\\1\\0\end{pmatrix},\boldsymbol{P}^{-1}\boldsymbol{A}^2\boldsymbol{X}=\begin{pmatrix}0\\0\\1\end{pmatrix},$$

从而有

$$\boldsymbol{P}^{-1}\boldsymbol{A}^3\boldsymbol{X}=\boldsymbol{P}^{-1}(3\boldsymbol{AX}-2\boldsymbol{A}^2\boldsymbol{X})=\begin{pmatrix}0\\3\\-2\end{pmatrix},$$

$$\boldsymbol{B}=\boldsymbol{P}^{-1}\boldsymbol{AP}=\boldsymbol{P}^{-1}\boldsymbol{A}(\boldsymbol{X},\boldsymbol{AX},\boldsymbol{A}^2\boldsymbol{X})=\boldsymbol{P}^{-1}(\boldsymbol{AX},\boldsymbol{A}^2\boldsymbol{X},\boldsymbol{A}^3\boldsymbol{X})$$

$$=(\boldsymbol{P}^{-1}\boldsymbol{AX},\boldsymbol{P}^{-1}\boldsymbol{A}^2\boldsymbol{X},\boldsymbol{P}^{-1}\boldsymbol{A}^3\boldsymbol{X})=\begin{pmatrix}0&0&0\\1&0&3\\0&1&-2\end{pmatrix}.$$

解法 4　由题设

$$\boldsymbol{AP}=\boldsymbol{PB}$$

$$\boldsymbol{A}(\boldsymbol{X},\boldsymbol{AX},\boldsymbol{A}^2\boldsymbol{X})=(\boldsymbol{AX},\boldsymbol{A}^2\boldsymbol{X},\boldsymbol{A}^3\boldsymbol{X})=(\boldsymbol{AX},\boldsymbol{A}^2\boldsymbol{X},3\boldsymbol{AX}-2\boldsymbol{A}^2\boldsymbol{X})$$

$$= (X, AX, A^2X)B.$$

将 $P=(X,AX,A^2X)$ 中第一，二列对换，再第二，三列对换，再将第三列乘零，并将第一列的 3 倍和第二列的 -2 倍加到第三列，即得 AP，即

$$AP=P\begin{pmatrix}0&1&0\\1&0&0\\0&0&1\end{pmatrix}\begin{pmatrix}1&0&0\\0&0&1\\0&1&0\end{pmatrix}\begin{pmatrix}1&&\\&1&\\&&0\end{pmatrix}\begin{pmatrix}1&0&3\\0&1&-2\\0&0&1\end{pmatrix}.$$

故 $$B=\begin{pmatrix}0&1&0\\1&0&0\\0&0&1\end{pmatrix}\begin{pmatrix}1&0&0\\0&0&1\\0&1&0\end{pmatrix}\begin{pmatrix}1&&\\&1&\\&&0\end{pmatrix}\begin{pmatrix}1&0&3\\0&1&-2\\0&0&1\end{pmatrix}=\begin{pmatrix}0&0&0\\1&0&3\\0&1&-2\end{pmatrix}.$$

解法 5 用待定系数法确定矩阵 B，

设 $B=\begin{pmatrix}b_{11}&b_{12}&b_{13}\\b_{21}&b_{22}&b_{23}\\b_{31}&b_{32}&b_{33}\end{pmatrix}$，则由 $AP=PB$，得

$$\begin{aligned}AP&=A(X,AX,A^2X)=(AX,A^2X,A^3X)\\&=(AX,A^2X,3AX-2A^2X)\\&=(X,AX,A^2X)\begin{pmatrix}b_{11}&b_{12}&b_{13}\\b_{21}&b_{22}&b_{23}\\b_{31}&b_{32}&b_{33}\end{pmatrix},\end{aligned}$$

$$AX=b_{11}X_1+b_{21}AX+b_{31}A^2X, \tag{5-1}$$

$$A^2X=b_{12}X+b_{22}AX+b_{32}A^2X, \tag{5-2}$$

$$3AX-2A^2X=b_{13}X+b_{23}AX+b_{33}A^2X, \tag{5-3}$$

由于 X,AX,A^2X 线性无关，故由(5-1)式得 $b_{11}=0,b_{21}=1,b_{31}=0$，由(5-2)式得 $b_{12}=b_{22}=0,b_{32}=1$，由(5-3)式得 $b_{13}=0,b_{23}=3,b_{33}=-2$.从而

$$B=\begin{pmatrix}0&0&0\\1&0&3\\0&1&-2\end{pmatrix}.$$

例 32 设 A 为 n 阶方阵，满足 $A^2-3A+2I=O$，求一可逆矩阵 P，使 $P^{-1}AP$ 为对角矩阵.

分析 已知条件可写为 $(A-I)(A-2I)=(A-2I)(A-I)=O$，由此可知 $A-2I$ 非零列向量是矩阵 A 的属于特征值 1 的特征向量，$A-I$ 非零列向量是矩阵 A 的属于特征值 2 的特征向量，若能证明 $R(A-I)+R(A-2I)=n$，则 A 就有 n 个线性无关的特征向量，问题便得以解决.

解 由题设可得

$$(A-I)(A-2I)=(A-2I)(A-I)=O,$$

故 $$R(\boldsymbol{A}-\boldsymbol{I})+R(\boldsymbol{A}-2\boldsymbol{I})\leqslant n.$$

又 $$\boldsymbol{A}-\boldsymbol{I}-(\boldsymbol{A}-2\boldsymbol{I})=\boldsymbol{I}\Rightarrow R(\boldsymbol{A}-\boldsymbol{I})+R(\boldsymbol{A}-2\boldsymbol{I})\geqslant R(\boldsymbol{I})=n,$$

所以

$$R(\boldsymbol{A}-\boldsymbol{I})+R(\boldsymbol{A}-2\boldsymbol{I})=n.$$

不妨设 $R(\boldsymbol{A}-\boldsymbol{I})=k,R(\boldsymbol{A}-2\boldsymbol{I})=s$,则 $k+s=n$.

设 $\boldsymbol{\alpha}_1,\boldsymbol{\alpha}_2,\cdots,\boldsymbol{\alpha}_k$ 和 $\boldsymbol{\beta}_1,\boldsymbol{\beta}_2,\cdots,\boldsymbol{\beta}_s$ 分别是 $\boldsymbol{A}-\boldsymbol{I}$ 和 $\boldsymbol{A}-2\boldsymbol{I}$ 的列向量组的最大线性无关组,由 $(\boldsymbol{A}-\boldsymbol{I})(\boldsymbol{A}-2\boldsymbol{I})=\boldsymbol{O}$,知 $\boldsymbol{\beta}_1,\boldsymbol{\beta}_2,\cdots,\boldsymbol{\beta}_s$ 是矩阵 $\boldsymbol{A}$ 的属于特征值 1 的线性无关的特征向量;由 $(\boldsymbol{A}-2\boldsymbol{I})(\boldsymbol{A}-\boldsymbol{I})=\boldsymbol{O}$,知 $\boldsymbol{\alpha}_1,\boldsymbol{\alpha}_2,\cdots,\boldsymbol{\alpha}_k$ 是矩阵 $\boldsymbol{A}$ 的属于特征值 2 的线性无关的特征向量.故 $\boldsymbol{\alpha}_1,\boldsymbol{\alpha}_2,\cdots,\boldsymbol{\alpha}_k,\boldsymbol{\beta}_1,\boldsymbol{\beta}_2,\cdots,\boldsymbol{\beta}_s$ 线性无关. 令 $\boldsymbol{P}=(\boldsymbol{\alpha}_1,\boldsymbol{\alpha}_2,\cdots,\boldsymbol{\alpha}_k,\boldsymbol{\beta}_1,\boldsymbol{\beta}_2,\cdots,\boldsymbol{\beta}_s)$,得

$$\boldsymbol{P}^{-1}\boldsymbol{A}\boldsymbol{P}=\begin{pmatrix}2&&&&&\\&\ddots&&&&\\&&2&&&\\&&&1&&\\&&&&\ddots&\\&&&&&1\end{pmatrix}\begin{matrix}\left.\vphantom{\begin{matrix}2\\\ddots\\2\end{matrix}}\right\}k\text{ 个}\\\left.\vphantom{\begin{matrix}1\\\ddots\\1\end{matrix}}\right\}s\text{ 个}\end{matrix}.$$

例 33 某试验性生产线每年一月份进行熟练工与非熟练工的人数统计,然后将$\dfrac{1}{6}$熟练工支援其他生产部门,其缺额由新招的非熟练工补齐,新、老非熟练工经过培训及实践至年终考核有$\dfrac{2}{5}$成为熟练工. 设第 n 年一月份统计的熟练工和非熟练工所占百分比分别为 x_n 和 y_n.

(1) 求向量$\begin{pmatrix}x_{n+1}\\y_{n+1}\end{pmatrix}$与$\begin{pmatrix}x_n\\y_n\end{pmatrix}$的关系,并写成矩阵形式$\begin{pmatrix}x_{n+1}\\y_{n+1}\end{pmatrix}=\boldsymbol{A}\begin{pmatrix}x_n\\y_n\end{pmatrix}$.

(2) 验证 $\boldsymbol{p}_1=\begin{pmatrix}4\\1\end{pmatrix},\boldsymbol{p}_2=\begin{pmatrix}-1\\1\end{pmatrix}$ 是 $\boldsymbol{A}$ 的两个线性无关的特征向量,并求出相应的特征值.

(3) 当$\begin{pmatrix}x_1\\y_1\end{pmatrix}=\begin{pmatrix}\dfrac{1}{2}\\\dfrac{1}{2}\end{pmatrix}$时,求$\begin{pmatrix}x_{n+1}\\y_{n+1}\end{pmatrix}$.

分析 据题意可知 $x_{n+1}=\dfrac{5}{6}x_n+\dfrac{2}{5}\left(\dfrac{1}{6}x_n+y_n\right),y_{n+1}=\dfrac{3}{5}\left(\dfrac{1}{6}x_n+y_n\right)$,将该关系式写成矩阵形式就可得到矩阵 $\boldsymbol{A}$;由(1)中的关系式可得$\begin{pmatrix}x_{n+1}\\y_{n+1}\end{pmatrix}=\boldsymbol{A}^n\begin{pmatrix}x_1\\y_1\end{pmatrix}$,计算 $\boldsymbol{A}^n$ 需

将 $\boldsymbol{A}$ 相似对角化.

解 (1) 根据题意有

$$\begin{cases} x_{n+1}=\dfrac{5}{6}x_n+\dfrac{2}{5}\left(\dfrac{1}{6}x_n+y_n\right), \\ y_{n+1}=\dfrac{3}{5}\left(\dfrac{1}{6}x_n+y_n\right), \end{cases}$$

写成矩阵形式为

$$\begin{pmatrix} x_{n+1} \\ y_{n+1} \end{pmatrix}=\boldsymbol{A}\begin{pmatrix} x_n \\ y_n \end{pmatrix}=\begin{pmatrix} \dfrac{9}{10} & \dfrac{2}{5} \\ \dfrac{1}{10} & \dfrac{3}{5} \end{pmatrix}\begin{pmatrix} x_n \\ y_n \end{pmatrix},$$

所以

$$\boldsymbol{A}=\begin{pmatrix} \dfrac{9}{10} & \dfrac{2}{5} \\ \dfrac{1}{10} & \dfrac{3}{5} \end{pmatrix}.$$

(2) $\begin{pmatrix} x_{n+1} \\ y_{n+1} \end{pmatrix}=\boldsymbol{A}\begin{pmatrix} x_n \\ y_n \end{pmatrix}=\boldsymbol{A}^2\begin{pmatrix} x_{n-1} \\ y_{n-1} \end{pmatrix}=\cdots=\boldsymbol{A}^n\begin{pmatrix} x_1 \\ y_1 \end{pmatrix}.$

易求得的 $\boldsymbol{A}$ 特征值为 $\lambda_1=1$, $\lambda_2=\dfrac{1}{2}$,对应的特征向量分别为

$$\boldsymbol{\alpha}_1=\begin{pmatrix} 4 \\ 1 \end{pmatrix},\quad \boldsymbol{\alpha}_2=\begin{pmatrix} -1 \\ 1 \end{pmatrix}.$$

(3) 令 $\boldsymbol{P}=(\boldsymbol{\alpha}_1, \boldsymbol{\alpha}_2)$,则有 $\boldsymbol{P}^{-1}\boldsymbol{AP}=\begin{pmatrix} 1 & 0 \\ 0 & \dfrac{1}{2} \end{pmatrix}$,得

$$\boldsymbol{A}^n=\boldsymbol{P}\begin{pmatrix} 1 & 0 \\ 0 & \dfrac{1}{2} \end{pmatrix}^n\boldsymbol{P}^{-1}=\boldsymbol{P}\begin{pmatrix} 1 & 0 \\ 0 & \dfrac{1}{2^n} \end{pmatrix}\boldsymbol{P}^{-1}$$

$$=\begin{pmatrix} 4 & -1 \\ 1 & 1 \end{pmatrix}\begin{pmatrix} 1 & 0 \\ 0 & \dfrac{1}{2} \end{pmatrix}^n\dfrac{1}{5}\begin{pmatrix} 1 & 1 \\ -1 & 4 \end{pmatrix}=\dfrac{1}{5}\begin{pmatrix} 4+\dfrac{1}{2^n} & 4-\dfrac{4}{2^n} \\ 1-\dfrac{1}{2^n} & 1+\dfrac{4}{2^n} \end{pmatrix},$$

所以

$$\begin{pmatrix} x_{n+1} \\ y_{n+1} \end{pmatrix}=\boldsymbol{A}^n\begin{pmatrix} \dfrac{1}{2} \\ \dfrac{1}{2} \end{pmatrix}=\dfrac{1}{10}\begin{pmatrix} 8-\dfrac{3}{2^n} \\ 2+\dfrac{3}{2^n} \end{pmatrix}.$$

（三）证明题

例 1 设 $\boldsymbol{\alpha}_1$，$\boldsymbol{\alpha}_2$ 是矩阵 $\boldsymbol{A}$ 对应于不同特征值 λ_1，λ_2 的特征向量，试证 $k_1\boldsymbol{\alpha}_1+k_2\boldsymbol{\alpha}_2(k_1k_2\neq 0)$ 不是 $\boldsymbol{A}$ 的特征向量.

分析 可从矩阵的特征值与特征向量的定义去考察，用反证法.

证 假设 $k_1\boldsymbol{\alpha}_1+k_2\boldsymbol{\alpha}_2(k_1k_2\neq 0)$ 是 $\boldsymbol{A}$ 对应于特征值 λ 的特征向量，则有

$$\boldsymbol{A}(k_1\boldsymbol{\alpha}_1+k_2\boldsymbol{\alpha}_2)=\lambda(k_1\boldsymbol{\alpha}_1+k_2\boldsymbol{\alpha}_2),$$

而

$$\boldsymbol{A}(k_1\boldsymbol{\alpha}_1+k_2\boldsymbol{\alpha}_2)=k_1(\boldsymbol{A}\boldsymbol{\alpha}_1)+k_2(\boldsymbol{A}\boldsymbol{\alpha}_2)=k_1\lambda_1\boldsymbol{\alpha}_1+k_2\lambda_2\boldsymbol{\alpha}_2,$$

所以

$$k_1\lambda_1\boldsymbol{\alpha}_1+k_2\lambda_2\boldsymbol{\alpha}_2=\lambda(k_1\boldsymbol{\alpha}_1+k_2\boldsymbol{\alpha}_2),$$
$$k_1(\lambda_1-\lambda)\boldsymbol{\alpha}_1+k_2(\lambda_2-\lambda)\boldsymbol{\alpha}_2=\mathbf{0},$$

因为 $\boldsymbol{\alpha}_1$，$\boldsymbol{\alpha}_2$ 是不同特征值 λ_1，λ_2 的特征向量，故 $\boldsymbol{\alpha}_1$，$\boldsymbol{\alpha}_2$ 线性无关，欲使上式成立，必有

$$k_1(\lambda_1-\lambda)=0,\quad k_2(\lambda_2-\lambda)=0.$$

由于 $k_1k_2\neq 0$，可得 $\lambda_1=\lambda=\lambda_2$，与 $\lambda_1\neq\lambda_2$ 矛盾，所以 $k_1\boldsymbol{\alpha}_1+k_2\boldsymbol{\alpha}_2(k_1k_2\neq 0)$ 不是 $\boldsymbol{A}$ 的特征向量.

例 2 设 $\boldsymbol{A}$ 为 4 阶方阵，4 个不相同的特征值 $\lambda_1,\lambda_2,\lambda_3,\lambda_4$ 对应的特征向量依次为 $\boldsymbol{\alpha}_1,\boldsymbol{\alpha}_2,\boldsymbol{\alpha}_3,\boldsymbol{\alpha}_4$，令 $\boldsymbol{\beta}=\boldsymbol{\alpha}_1+\boldsymbol{\alpha}_2+\boldsymbol{\alpha}_3+\boldsymbol{\alpha}_4$，证明：$\boldsymbol{\beta},\boldsymbol{A}\boldsymbol{\beta},\boldsymbol{A}^2\boldsymbol{\beta},\boldsymbol{A}^3\boldsymbol{\beta}$ 线性无关.

分析 由于对应于不同特征值的特征向量是线性无关的，故 $\boldsymbol{\alpha}_1,\boldsymbol{\alpha}_2,\boldsymbol{\alpha}_3,\boldsymbol{\alpha}_4$ 线性无关. 将向量 $\boldsymbol{\beta},\boldsymbol{A}\boldsymbol{\beta},\boldsymbol{A}^2\boldsymbol{\beta},\boldsymbol{A}^3\boldsymbol{\beta}$ 用 $\boldsymbol{\alpha}_1,\boldsymbol{\alpha}_2,\boldsymbol{\alpha}_3,\boldsymbol{\alpha}_4$ 表示出来，就可得到所需证明.

证 因为 $\boldsymbol{A}\boldsymbol{\alpha}_i=\lambda_i\boldsymbol{\alpha}_i(i=1,2,3,4)$，$\boldsymbol{\beta}=\boldsymbol{\alpha}_1+\boldsymbol{\alpha}_2+\boldsymbol{\alpha}_3+\boldsymbol{\alpha}_4$，则

$$\boldsymbol{A}\boldsymbol{\beta}=\boldsymbol{A}(\boldsymbol{\alpha}_1+\boldsymbol{\alpha}_2+\boldsymbol{\alpha}_3+\boldsymbol{\alpha}_4)=\lambda_1\boldsymbol{\alpha}_1+\lambda_2\boldsymbol{\alpha}_2+\lambda_3\boldsymbol{\alpha}_3+\lambda_4\boldsymbol{\alpha}_4,$$
$$\boldsymbol{A}^2\boldsymbol{\beta}=\boldsymbol{A}(\lambda_1\boldsymbol{\alpha}_1+\lambda_2\boldsymbol{\alpha}_2+\lambda_3\boldsymbol{\alpha}_3+\lambda_4\boldsymbol{\alpha}_4)=\lambda_1^2\boldsymbol{\alpha}_1+\lambda_2^2\boldsymbol{\alpha}_2+\lambda_3^2\boldsymbol{\alpha}_3+\lambda_4^2\boldsymbol{\alpha}_4,$$
$$\boldsymbol{A}^3\boldsymbol{\beta}=\lambda_1^3\boldsymbol{\alpha}_1+\lambda_2^3\boldsymbol{\alpha}_2+\lambda_3^3\boldsymbol{\alpha}_3+\lambda_4^3\boldsymbol{\alpha}_4.$$

设存在常数 $k_i(i=1,2,3,4)$ 使

$$k_1\boldsymbol{\beta}_1+k_2\boldsymbol{A}\boldsymbol{\beta}+k_3\boldsymbol{A}^2\boldsymbol{\beta}+k_4\boldsymbol{A}^3\boldsymbol{\beta}=\mathbf{0},$$

即

$$k_1\sum_{i=1}^{4}\boldsymbol{\alpha}_i+k_2\sum_{i=1}^{4}\lambda_i\boldsymbol{\alpha}_i+k_3\sum_{i=1}^{4}\lambda_i^2\boldsymbol{\alpha}_i+k_4\sum_{i=1}^{4}\lambda_i^3\boldsymbol{\alpha}_i=\mathbf{0}$$
$$\Rightarrow(k_1+k_2\lambda_1+k_3\lambda_1^2+k_4\lambda_1^3)\boldsymbol{\alpha}_1+(k_1+k_2\lambda_2+k_3\lambda_2^2+k_4\lambda_2^3)\boldsymbol{\alpha}_2+$$
$$(k_1+k_2\lambda_3+k_3\lambda_3^2+k_4\lambda_3^3)\boldsymbol{\alpha}_3+(k_1+k_2\lambda_4+k_3\lambda_4^2+k_4\lambda_4^3)\boldsymbol{\alpha}_4=\mathbf{0}.$$

由于属于不同特征值的特征向量线性无关，即 $\boldsymbol{\alpha}_1,\boldsymbol{\alpha}_2,\boldsymbol{\alpha}_3,\boldsymbol{\alpha}_4$ 线性无关，于是

$$\begin{cases}k_1+k_2\lambda_1+k_3\lambda_1^2+k_4\lambda_1^3=0,\\k_1+k_2\lambda_2+k_3\lambda_2^2+k_4\lambda_2^3=0,\\k_1+k_2\lambda_3+k_3\lambda_3^2+k_4\lambda_3^3=0,\\k_1+k_2\lambda_4+k_3\lambda_4^2+k_4\lambda_4^3=0.\end{cases}$$

该线性方程组的系数行列式

$$D=\begin{vmatrix}1&\lambda_1&\lambda_1^2&\lambda_1^3\\1&\lambda_2&\lambda_2^2&\lambda_2^3\\1&\lambda_3&\lambda_3^2&\lambda_3^3\\1&\lambda_4&\lambda_4^2&\lambda_4^3\end{vmatrix}=\prod_{1\leqslant i<j\leqslant 4}(\lambda_j-\lambda_i)\neq 0,$$

所以方程组只有零解,即 $k_1=k_2=k_3=k_4=0$,故 $\boldsymbol{\beta},\boldsymbol{A\beta},\boldsymbol{A}^2\boldsymbol{\beta},\boldsymbol{A}^3\boldsymbol{\beta}$ 线性无关.

例 3 设矩阵 $\boldsymbol{A}$ 可逆且 $\boldsymbol{A}\sim\boldsymbol{B}$,证明它们的伴随矩阵也相似,即 $\boldsymbol{A}^*\sim\boldsymbol{B}^*$.

分析 利用公式 $\boldsymbol{A}^*=|\boldsymbol{A}|\boldsymbol{A}^{-1}$ 即可.

证 因矩阵 $\boldsymbol{A}$ 可逆且 $\boldsymbol{A}\sim\boldsymbol{B}$,故存在可逆矩阵 $\boldsymbol{P}$ 使 $\boldsymbol{P}^{-1}\boldsymbol{AP}=\boldsymbol{B}$,所以

$$\boldsymbol{P}^{-1}\boldsymbol{A}^{-1}\boldsymbol{P}=\boldsymbol{B}^{-1}.$$

将上式两端同乘以 $|\boldsymbol{A}|$,得

$$|\boldsymbol{A}|\boldsymbol{P}^{-1}\boldsymbol{A}^{-1}\boldsymbol{P}=|\boldsymbol{A}|\boldsymbol{B}^{-1},$$

又 $|\boldsymbol{B}|=|\boldsymbol{P}^{-1}\boldsymbol{AP}|=|\boldsymbol{P}^{-1}||\boldsymbol{A}||\boldsymbol{P}|=|\boldsymbol{A}|$,于是

$$\boldsymbol{P}^{-1}|\boldsymbol{A}|\boldsymbol{A}^{-1}\boldsymbol{P}=|\boldsymbol{B}|\boldsymbol{B}^{-1},$$

即 $\boldsymbol{P}^{-1}\boldsymbol{A}^*\boldsymbol{P}=\boldsymbol{B}^*$,故 $\boldsymbol{A}^*\sim\boldsymbol{B}^*$.

例 4 设 $\boldsymbol{A},\boldsymbol{B}$ 均是三阶非零幂等矩阵(即 $\boldsymbol{A}^2=\boldsymbol{A},\boldsymbol{B}^2=\boldsymbol{B}$),且 $\boldsymbol{AB}=\boldsymbol{BA}=\boldsymbol{O}$.

(1) 证明 0 和 1 必是 $\boldsymbol{A},\boldsymbol{B}$ 的特征值;

(2) 若 $\boldsymbol{\xi}_1,\boldsymbol{\xi}_2$ 分别是 $\boldsymbol{A},\boldsymbol{B}$ 的对应于特征值 $\lambda=1$ 的特征向量,证明 $\boldsymbol{\xi}_1,\boldsymbol{\xi}_2$ 线性无关.

分析 只需证明 $|\boldsymbol{A}|=0$, $|\boldsymbol{I}-\boldsymbol{A}|=0$,由题设条件知 $\boldsymbol{A}(\boldsymbol{I}-\boldsymbol{A})=\boldsymbol{O}$,所以结论较为显然的.

证 (1) 由于 $\boldsymbol{A}^2=\boldsymbol{A}$, 所以 $\boldsymbol{A}(\boldsymbol{I}-\boldsymbol{A})=\boldsymbol{O}$,由此可得

$$R(\boldsymbol{A})+R(\boldsymbol{I}-\boldsymbol{A})\leqslant 3.$$

再由 $\boldsymbol{AB}=\boldsymbol{O},\boldsymbol{A}\neq\boldsymbol{O},\boldsymbol{B}\neq\boldsymbol{O}$,得

$$0<R(\boldsymbol{A})<3,\quad 0<R(\boldsymbol{I}-\boldsymbol{A})<3,$$

所以

$$|\boldsymbol{A}|=0,\quad |\boldsymbol{I}-\boldsymbol{A}|=0.$$

故 $\lambda=0$ 与 $\lambda=1$ 都是 $\boldsymbol{A}$ 的特征值. 同理,它们也都是 $\boldsymbol{B}$ 的特征值.

(2) 因 $\boldsymbol{A}$ 的对应于 $\lambda=1$ 的特征向量是 $\boldsymbol{\xi}_1$,故有

$$A\boldsymbol{\xi}_1=\boldsymbol{\xi}_1.$$

两边左乘 $\boldsymbol{B}$,并注意 $\boldsymbol{BA}=\boldsymbol{O}$ 得

$$\boldsymbol{BA\xi}_1=\boldsymbol{B\xi}_1=0\boldsymbol{\xi}_1,$$

可见 $\boldsymbol{\xi}_1$ 是矩阵 $\boldsymbol{B}$ 对应于 $\lambda=0$ 的特征向量.

故 $\boldsymbol{\xi}_1,\boldsymbol{\xi}_2$ 是 $\boldsymbol{B}$ 的分别对应于 $\lambda=0$ 和 $\lambda=1$ 的特征向量,从而得证 $\boldsymbol{\xi}_1,\boldsymbol{\xi}_2$ 线性无关.

评注 若由 $\boldsymbol{A}(\boldsymbol{I}-\boldsymbol{A})=\boldsymbol{O}\Rightarrow|\boldsymbol{A}(\boldsymbol{I}-\boldsymbol{A})|=0\Rightarrow|\boldsymbol{A}|=0$ 或 $|\boldsymbol{I}-\boldsymbol{A}|=0$,由此得到 $\lambda=0$ 与 $\lambda=1$ 都是 $\boldsymbol{A}$ 的特征值是不对的,原因是我们不能由此推断必有 $|\boldsymbol{A}|=0$,$|\boldsymbol{I}-\boldsymbol{A}|=0$ 同时成立.

例 5 设 $\boldsymbol{A},\boldsymbol{B}$ 均是 n 阶方阵,有相同的 n 个互异的特征值,证明存在 n 阶矩阵 $\boldsymbol{T},\boldsymbol{S}$,其中 $\boldsymbol{T}$ 可逆,使得 $\boldsymbol{A}=\boldsymbol{TS},\boldsymbol{B}=\boldsymbol{ST}$.

分析 若结论成立,则有 $\boldsymbol{S}=\boldsymbol{T}^{-1}\boldsymbol{A}$,进而 $\boldsymbol{B}=\boldsymbol{T}^{-1}\boldsymbol{AT}$. 故只需证明 $\boldsymbol{A}$ 与 $\boldsymbol{B}$ 相似.

证 因 $\boldsymbol{A},\boldsymbol{B}$ 有相同的 n 个互异的特征值,则 $\boldsymbol{A}$ 与 $\boldsymbol{B}$ 相似于同一个对角矩阵,从而 $\boldsymbol{A}\sim\boldsymbol{B}$,即存在可逆阵 $\boldsymbol{P}$,使得

$$\boldsymbol{P}^{-1}\boldsymbol{AP}=\boldsymbol{B},\quad \boldsymbol{A}=\boldsymbol{PBP}^{-1}.$$

令 $\boldsymbol{P}=\boldsymbol{T},\boldsymbol{BP}^{-1}=\boldsymbol{S}$,则 $\boldsymbol{A}=\boldsymbol{TS},\boldsymbol{B}=\boldsymbol{ST}$,其中 $\boldsymbol{T}$ 是可逆矩阵.

例 6 设 $\boldsymbol{A}=(a_{ij})_{n\times n}$ 是 n 阶下三角形矩阵($a_{ij}=0,i<j$),证明:

(1) 若 $a_{ii}\neq a_{jj}(i\neq j,\ i,\ j=1,\ 2,\ \cdots,\ n)$,则 $\boldsymbol{A}$ 与一对角矩阵相似.

(2) 若 $a_{11}=a_{22}=\cdots=a_{nn}$,且至少有一个 $a_{ij}\neq 0\ (i>j)$,则 $\boldsymbol{A}$ 不能与对角矩阵相似.

分析 (1) 当 $a_{ii}\neq a_{jj}(i\neq j,\ i,\ j=1,\ 2,\ \cdots,\ n)$时,$\boldsymbol{A}$ 有 n 个互不相同的特征值,则其一定与一对角矩阵相似;(2) 若 $a_{11}=a_{22}=\cdots=a_{nn}$,则 $\lambda=a_{11}$是 $\boldsymbol{A}$ 的 n 重特征值,若 $\boldsymbol{A}$ 相似于对角矩阵,则该特征值就要对应 n 个线性无关的特征向量,即有 $R(a_{11}\boldsymbol{I}-\boldsymbol{A})=0$,若有某个 $a_{ij}\neq 0\ (i>j)$,显然这是不可能的.

证 (1) 因为 $\boldsymbol{A}=(a_{ij})_{n\times n}$是下三角形矩阵,则 $\boldsymbol{A}$ 的特征多项式为

$$|\lambda\boldsymbol{I}-\boldsymbol{A}|=(\lambda-a_{11})(\lambda-a_{22})\cdots(\lambda-a_{nn}).$$

因为 $a_{ii}\neq a_{jj}(i\neq j,\ i,\ j=1,\ 2,\ \cdots,\ n)$,所以 $\boldsymbol{A}$ 有 n 个互不相同的特征值

$$\lambda_i=a_{ii}\ (i=1,\ 2,\ \cdots,\ n),$$

故 $\boldsymbol{A}$ 可与对角矩阵相似.

(2) **证法 1** 因 $\boldsymbol{A}$ 的特征值只有 a_{11}(n 重),且 $\boldsymbol{A}$ 至少有一个 $a_{ij}\neq 0\ (i>j)$,故对应于特征值 a_{11}的齐次线性方程组

$$(a_{11}\boldsymbol{I}-\boldsymbol{A})\boldsymbol{X}=\boldsymbol{0}$$

的系数矩阵的秩 $R(a_{11}\boldsymbol{I}-\boldsymbol{A})=r\geqslant 1$,故基础解系所含向量个数 $n-r<n$,所以 $\boldsymbol{A}$ 不可能有 n 个线性无关的特征向量,即 $\boldsymbol{A}$ 不能与对角矩阵相似.

证法 2 用反证法.

若 $a_{11}=a_{22}=\cdots=a_{nn}$ 且有一个 $a_{ij}\neq 0\ (i>j)$，假设 $\boldsymbol{A}$ 与对角矩阵 $\boldsymbol{\Lambda}$ 相似，则 $\boldsymbol{\Lambda}$ 的特征值（即对角元）与 $\boldsymbol{A}$ 的特征值相同，故

$$\boldsymbol{\Lambda}=\begin{pmatrix} a_{11} & & & \\ & a_{22} & & \\ & & \ddots & \\ & & & a_{nn} \end{pmatrix}=a_{11}\boldsymbol{I},$$

且存在可逆矩阵 $\boldsymbol{P}$，使得

$$\boldsymbol{A}=\boldsymbol{P}\boldsymbol{\Lambda}\boldsymbol{P}^{-1}=\boldsymbol{P}a_{11}\boldsymbol{I}\boldsymbol{P}^{-1}=a_{11}\boldsymbol{I}=\boldsymbol{\Lambda},$$

这与 $\boldsymbol{A}$ 至少有一个 $a_{ij}\neq 0\ (i>j)$ 矛盾，故 $\boldsymbol{A}$ 不能与对角矩阵相似.

例 7 设 $\boldsymbol{A}$ 是 n 阶幂等阵（$\boldsymbol{A}^2=\boldsymbol{A}$），$R(\boldsymbol{A})=r$，$0<r\leqslant n$，求证：$\boldsymbol{A}$ 与对角阵相似，并求 $|\boldsymbol{A}-2\boldsymbol{I}|$ 的值.

分析 只需证明 $\boldsymbol{A}$ 有 n 个线性无关的特征向量. 因为幂等矩阵的特征值为 0 或 1，若 $\boldsymbol{A}$ 相似于对角矩阵，则必有 $\boldsymbol{A}\sim\begin{pmatrix}\boldsymbol{I}_r & 0\\ 0 & 0\end{pmatrix}$（$r=R(\boldsymbol{A})$），则 $|\boldsymbol{A}-2\boldsymbol{I}|$ 就容易计算了.

证法 1 由 $\boldsymbol{A}^2=\boldsymbol{A}$，得

$$\boldsymbol{A}(\boldsymbol{I}-\boldsymbol{A})=\boldsymbol{O}\Rightarrow R(\boldsymbol{A})+R(\boldsymbol{I}-\boldsymbol{A})\leqslant n.$$

又

$$R(\boldsymbol{A})+R(\boldsymbol{I}-\boldsymbol{A})\geqslant R(\boldsymbol{A}+\boldsymbol{I}-\boldsymbol{A})=R(\boldsymbol{I})=n,$$

从而

$$R(\boldsymbol{A})+R(\boldsymbol{I}-\boldsymbol{A})=n.$$

由 $R(\boldsymbol{A})=r$，得 $R(\boldsymbol{I}-\boldsymbol{A})=n-r$.

$\lambda=0$ 时，对应方程组 $\boldsymbol{A}\boldsymbol{X}=\boldsymbol{0}$，由于 $R(\boldsymbol{A})=r$，故 $\lambda=0$ 对应 $n-r$ 个线性无关的特征向量.

$\lambda=1$ 时，对应方程组 $(\boldsymbol{I}-\boldsymbol{A})\boldsymbol{X}=\boldsymbol{0}$，由于 $R(\boldsymbol{I}-\boldsymbol{A})=n-r$，故 $\lambda=1$ 对应 r 个线性无关的特征向量.

又由不同特征值对应的特征向量线性无关，知 $\boldsymbol{A}$ 有 n 个线性无关的特征向量，故与对角矩阵相似，即存在可逆阵 P 使

$$\boldsymbol{P}^{-1}\boldsymbol{A}\boldsymbol{P}=\begin{pmatrix}\boldsymbol{I}_r & 0\\ 0 & 0\end{pmatrix},$$

所以

$$|\boldsymbol{A}-2\boldsymbol{I}|=\left|\boldsymbol{P}\begin{pmatrix}\boldsymbol{I}_r & 0\\ 0 & 0\end{pmatrix}\boldsymbol{P}^{-1}-2\boldsymbol{P}\boldsymbol{P}^{-1}\right|$$

$$=|\boldsymbol{P}|\left|\begin{pmatrix}\boldsymbol{I}_r & 0\\ 0 & 0\end{pmatrix}-2\boldsymbol{I}\right||\boldsymbol{P}|^{-1}=(-1)^n\begin{vmatrix}\boldsymbol{I}_r & 0\\ 0 & 2\boldsymbol{I}_{n-r}\end{vmatrix}=(-1)^n 2^{n-r}.$$

证法 2 因为 $\boldsymbol{A}^2=\boldsymbol{A}\boldsymbol{A}=\boldsymbol{A}$，将 $\boldsymbol{A}$ 以列分块得

$$\boldsymbol{A}(\boldsymbol{\alpha}_1,\boldsymbol{\alpha}_2,\cdots,\boldsymbol{\alpha}_n)=(\boldsymbol{\alpha}_1,\boldsymbol{\alpha}_2,\cdots,\boldsymbol{\alpha}_n),$$

即有

$$\boldsymbol{A}\boldsymbol{\alpha}_i=\boldsymbol{\alpha}_i(i=1,2,\cdots,r).$$

因为 $R(\boldsymbol{A})=r$，故 $\boldsymbol{A}$ 中有 r 个列向量线性无关，上式表明这 r 个线性无关的列向量是 $\boldsymbol{A}$ 对应于特征值 $\lambda=1$ 的特征向量.

又 $R(\boldsymbol{A})=r$，则方程组 $\boldsymbol{A}\boldsymbol{X}=\boldsymbol{0}$ 有 $n-r$ 个线性无关的解向量，它们是 $\boldsymbol{A}$ 对应于特征值 $\lambda=0$ 的特征向量.

由于不同特征值对应的特征向量线性无关，所以 $\boldsymbol{A}$ 有 n 个线性无关的特征向量，故与对角矩阵相似.

例 8 (1) 已知 $\boldsymbol{\alpha}_1,\boldsymbol{\alpha}_2,\cdots,\boldsymbol{\alpha}_n$ 是 n 维空间的标准正交基，若向量 $\boldsymbol{\beta}$ 与 $\boldsymbol{\alpha}_i(i=1,2,\cdots,n)$ 都正交，证明 $\boldsymbol{\beta}=\boldsymbol{0}$.

(2) 已知 $\boldsymbol{\alpha}_1,\boldsymbol{\alpha}_2,\cdots,\boldsymbol{\alpha}_n$ 是 n 维空间的基，若对向量 $\boldsymbol{\alpha},\boldsymbol{\beta}$，均有 $(\boldsymbol{\alpha},\boldsymbol{\alpha}_i)=(\boldsymbol{\beta},\boldsymbol{\alpha}_i)$ $(i=1,2,\cdots,n)$ 成立，证明 $\boldsymbol{\alpha}=\boldsymbol{\beta}$.

分析 (1) 设 $\boldsymbol{\beta}=x_1\boldsymbol{\alpha}_1+x_2\boldsymbol{\alpha}_2+\cdots+x_n\boldsymbol{\alpha}_n$，只需证明必有 $x_i=0(i=1,2,\cdots,n)$.

(2) 因为 $(\boldsymbol{\alpha},\boldsymbol{\alpha}_i)=(\boldsymbol{\beta},\boldsymbol{\alpha}_i)\Leftrightarrow(\boldsymbol{\alpha}-\boldsymbol{\beta},\boldsymbol{\alpha}_i)=0$. 只需证明若 $(\boldsymbol{\gamma},\boldsymbol{\alpha}_i)=0(i=1,2,\cdots,n)$，则 $\boldsymbol{\gamma}=\boldsymbol{0}$.

证 (1) 设 $\boldsymbol{\beta}$ 在基 $\boldsymbol{\alpha}_1,\boldsymbol{\alpha}_2,\cdots,\boldsymbol{\alpha}_n$ 下的坐标为 $(x_1,x_2,\cdots,x_n)$，即

$$\boldsymbol{\beta}=x_1\boldsymbol{\alpha}_1+x_2\boldsymbol{\alpha}_2+\cdots+x_n\boldsymbol{\alpha}_n,$$

由已知

$$\begin{aligned}(\boldsymbol{\beta},\boldsymbol{\alpha}_i)&=(x_1\boldsymbol{\alpha}_1+x_2\boldsymbol{\alpha}_2+\cdots+x_n\boldsymbol{\alpha}_n,\boldsymbol{\alpha}_i)\\&=x_1(\boldsymbol{\alpha}_1,\boldsymbol{\alpha}_i)+x_2(\boldsymbol{\alpha}_2,\boldsymbol{\alpha}_i)+\cdots+x_i(\boldsymbol{\alpha}_i,\boldsymbol{\alpha}_i)+\cdots+x_n(\boldsymbol{\alpha}_n,\boldsymbol{\alpha}_i)\\&=x_i(\boldsymbol{\alpha}_i,\boldsymbol{\alpha}_i)=x_i=0\quad(i=1,2,\cdots,n),\end{aligned}$$

得证 $\boldsymbol{\beta}=\boldsymbol{0}$.

(2) 因为 $(\boldsymbol{\alpha},\boldsymbol{\alpha}_i)=(\boldsymbol{\beta},\boldsymbol{\alpha}_i)\Leftrightarrow(\boldsymbol{\alpha}-\boldsymbol{\beta},\boldsymbol{\alpha}_i)=0(i=1,2,\cdots,n)$. 记 $\boldsymbol{\alpha}-\boldsymbol{\beta}=\boldsymbol{\gamma}$，下证 $\boldsymbol{\gamma}=\boldsymbol{0}$.

设 $\boldsymbol{\gamma}=x_1\boldsymbol{\alpha}_1+x_2\boldsymbol{\alpha}_2+\cdots+x_n\boldsymbol{\alpha}_n$，因为 $(\boldsymbol{\gamma},\boldsymbol{\alpha}_i)=0(i=1,2,\cdots,n)$，将 $\boldsymbol{\gamma}$ 与 $\boldsymbol{\gamma}$ 作内积，有

$$\begin{aligned}(\boldsymbol{\gamma},\boldsymbol{\gamma})&=(x_1\boldsymbol{\alpha}_1+x_2\boldsymbol{\alpha}_2+\cdots+x_n\boldsymbol{\alpha}_n,\boldsymbol{\gamma})\\&=x_1(\boldsymbol{\alpha}_1,\boldsymbol{\gamma})+x_2(\boldsymbol{\alpha}_2,\boldsymbol{\gamma})+\cdots+x_n(\boldsymbol{\alpha}_n,\boldsymbol{\gamma})=0.\end{aligned}$$

由内积的非负性知，$\boldsymbol{\gamma}=\boldsymbol{0}$，所以 $\boldsymbol{\alpha}=\boldsymbol{\beta}$.

评注 该例的结论表明，在 $\mathbf{R}^n$ 空间中，除了零向量不存在与 n 个线性无关的向量都正交的向量.

例 9 设 n 维向量 $\boldsymbol{\alpha}_1,\boldsymbol{\alpha}_2$ 线性无关，$\boldsymbol{\alpha}_3,\boldsymbol{\alpha}_4$ 线性无关，若 $\boldsymbol{\alpha}_1,\boldsymbol{\alpha}_2$ 与 $\boldsymbol{\alpha}_3,\boldsymbol{\alpha}_4$ 正交，证明 $\boldsymbol{\alpha}_1,\boldsymbol{\alpha}_2,\boldsymbol{\alpha}_3,\boldsymbol{\alpha}_4$ 线性无关.

分析 设 $k_1\boldsymbol{\alpha}_1+k_2\boldsymbol{\alpha}_2+k_3\boldsymbol{\alpha}_3+k_4\boldsymbol{\alpha}_4=\boldsymbol{0}$，只需证明各系数 k_i 必全为 0. 为此，将等式变形为 $k_1\boldsymbol{\alpha}_1+k_2\boldsymbol{\alpha}_2=-k_3\boldsymbol{\alpha}_3-k_4\boldsymbol{\alpha}_4$，用 $\boldsymbol{\alpha}_1,\boldsymbol{\alpha}_2$ 分别与等式两边的向量作内积得方程组，

并说明方程组只有零解;也可将向量 $k_1\boldsymbol{\alpha}_1+k_2\boldsymbol{\alpha}_2$ 与自身作内积,得到 $k_1=k_2=0$.

证法 1 设 $k_1\boldsymbol{\alpha}_1+k_2\boldsymbol{\alpha}_2+k_3\boldsymbol{\alpha}_3+k_4\boldsymbol{\alpha}_4=\mathbf{0}$,则

$$k_1\boldsymbol{\alpha}_1+k_2\boldsymbol{\alpha}_2=-k_3\boldsymbol{\alpha}_3-k_4\boldsymbol{\alpha}_4. \tag{5-4}$$

分别用 $\boldsymbol{\alpha}_1,\boldsymbol{\alpha}_2$ 与上式两边作内积,并注意到 $\boldsymbol{\alpha}_1,\boldsymbol{\alpha}_2$ 与 $\boldsymbol{\alpha}_3,\boldsymbol{\alpha}_4$ 正交,得

$$\begin{cases}k_1(\boldsymbol{\alpha}_1,\boldsymbol{\alpha}_1)+k_2(\boldsymbol{\alpha}_1,\boldsymbol{\alpha}_2)=0,\\ k_1(\boldsymbol{\alpha}_2,\boldsymbol{\alpha}_1)+k_2(\boldsymbol{\alpha}_2,\boldsymbol{\alpha}_2)=0.\end{cases} \tag{5-5}$$

因为 $\begin{vmatrix}(\boldsymbol{\alpha}_1,\boldsymbol{\alpha}_1) & (\boldsymbol{\alpha}_1,\boldsymbol{\alpha}_2)\\ (\boldsymbol{\alpha}_2,\boldsymbol{\alpha}_1) & (\boldsymbol{\alpha}_2,\boldsymbol{\alpha}_2)\end{vmatrix}=(\boldsymbol{\alpha}_1,\boldsymbol{\alpha}_1)(\boldsymbol{\alpha}_2,\boldsymbol{\alpha}_2)-(\boldsymbol{\alpha}_1,\boldsymbol{\alpha}_2)^2>0$(柯西-施瓦茨不等式),所以方程组(5-5)只有解,即 $k_1=k_2=0$.将 $k_1=k_2=0$ 代入(5-4)式得

$$k_3\boldsymbol{\alpha}_3+k_4\boldsymbol{\alpha}_4=\mathbf{0},$$

由 $\boldsymbol{\alpha}_3,\boldsymbol{\alpha}_4$ 线性无关得 $k_3=k_4=0$. 即有 $k_1=k_2=k_3=k_4=0$,故 $\boldsymbol{\alpha}_1,\boldsymbol{\alpha}_2,\boldsymbol{\alpha}_3,\boldsymbol{\alpha}_4$ 线性无关.

证法 2 利用(5-4),将向量 $k_1\boldsymbol{\alpha}_1+k_2\boldsymbol{\alpha}_2$ 与自身作内积,得到

$$(k_1\boldsymbol{\alpha}_1+k_2\boldsymbol{\alpha}_2,k_1\boldsymbol{\alpha}_1+k_2\boldsymbol{\alpha}_2)=(k_1\boldsymbol{\alpha}_1+k_2\boldsymbol{\alpha}_2,-k_3\boldsymbol{\alpha}_3-k_4\boldsymbol{\alpha}_4)=0.$$

由内积的非负性得

$$k_1\boldsymbol{\alpha}_1+k_2\boldsymbol{\alpha}_2=\mathbf{0},$$

再由 $\boldsymbol{\alpha}_1,\boldsymbol{\alpha}_2$ 线性无关得 $k_1=k_2=0$;同样由 $\boldsymbol{\alpha}_3,\boldsymbol{\alpha}_4$ 线性无关可得 $k_3=k_4=0$.

评注 该例的更一般结论是:设 n 维向量组(Ⅰ)$\boldsymbol{\alpha}_1,\boldsymbol{\alpha}_2,\cdots,\boldsymbol{\alpha}_s$ 线性无关,(Ⅱ)$\boldsymbol{\beta}_1,\boldsymbol{\beta}_2,\cdots,\boldsymbol{\beta}_t(s+t\leqslant n)$ 线性无关.若向量组(Ⅰ)与(Ⅱ)正交,则向量组 $\boldsymbol{\alpha}_1,\boldsymbol{\alpha}_2,\cdots,\boldsymbol{\alpha}_s,\boldsymbol{\beta}_1,\boldsymbol{\beta}_2,\cdots,\boldsymbol{\beta}_t$ 也线性无关.

例 10 设 n 维向量组 $\boldsymbol{\alpha}_1,\boldsymbol{\alpha}_2,\cdots,\boldsymbol{\alpha}_{n-1}$ 线性无关,且与 $\boldsymbol{\beta}_1,\boldsymbol{\beta}_2$ 都正交,证明:$\boldsymbol{\beta}_1,\boldsymbol{\beta}_2$ 线性相关.

分析 当 $\boldsymbol{\beta}_1\neq\mathbf{0}$ 时,容易判定向量组 $\boldsymbol{\alpha}_1,\boldsymbol{\alpha}_2,\cdots,\boldsymbol{\alpha}_{n-1},\boldsymbol{\beta}_1$ 是线性无关的,从而 $\boldsymbol{\beta}_2$ 可由这组向量线性表出,设 $\boldsymbol{\beta}_2=k_1\boldsymbol{\alpha}_1+k_2\boldsymbol{\alpha}_2+\cdots+k_{n-1}\boldsymbol{\alpha}_{n-1}+k_n\boldsymbol{\beta}_1$,则 $\boldsymbol{\beta}_2-k_n\boldsymbol{\beta}_1=k_1\boldsymbol{\alpha}_1+k_2\boldsymbol{\alpha}_2+\cdots+k_{n-1}\boldsymbol{\alpha}_{n-1}$,由上例证法 2 可知 $(\boldsymbol{\beta}_2-k_n\boldsymbol{\beta}_1,\boldsymbol{\beta}_2-k_n\boldsymbol{\beta}_1)=0$,故 $\boldsymbol{\beta}_2-k_n\boldsymbol{\beta}_1=\mathbf{0}$.问题得证.

证法 1 若 $\boldsymbol{\beta}_1\neq\mathbf{0}$($\boldsymbol{\beta}_1=\mathbf{0}$,显然 $\boldsymbol{\beta}_1,\boldsymbol{\beta}_2$ 线性相关),设 $k_1\boldsymbol{\alpha}_1+k_2\boldsymbol{\alpha}_2+\cdots+k_{n-1}\boldsymbol{\alpha}_{n-1}+k_n\boldsymbol{\beta}_1=\mathbf{0}$,用 $\boldsymbol{\beta}_1$ 两端作内积,并注意 $\boldsymbol{\alpha}_1,\boldsymbol{\alpha}_2,\cdots,\boldsymbol{\alpha}_{n-1}$ 与 $\boldsymbol{\beta}_1$ 正交,得

$$k_n(\boldsymbol{\beta}_1,\boldsymbol{\beta}_1)=0.$$

由于 $(\boldsymbol{\beta}_1,\boldsymbol{\beta}_1)>0$,所以 $k_n=0$. 从而

$$k_1\boldsymbol{\alpha}_1+k_2\boldsymbol{\alpha}_2+\cdots+k_{n-1}\boldsymbol{\alpha}_{n-1}=\mathbf{0},$$

由 $\boldsymbol{\alpha}_1,\boldsymbol{\alpha}_2,\cdots,\boldsymbol{\alpha}_{n-1}$ 线性无关,得 $k_1=k_2=\cdots=k_{n-1}=0$.因此,$\boldsymbol{\alpha}_1,\boldsymbol{\alpha}_2,\cdots,\boldsymbol{\alpha}_{n-1},\boldsymbol{\beta}_1$ 线性无关.

而 $\boldsymbol{\alpha}_1,\boldsymbol{\alpha}_2,\cdots,\boldsymbol{\alpha}_{n-1},\boldsymbol{\beta}_1,\boldsymbol{\beta}_2$ 线性相关($n+1$ 个 n 维向量),所以 $\boldsymbol{\beta}_2$ 可由 $\boldsymbol{\alpha}_1,\boldsymbol{\alpha}_2,\cdots,\boldsymbol{\alpha}_{n-1},\boldsymbol{\beta}_1$ 线性表出. 设为

$$\boldsymbol{\beta}_2=l_1\boldsymbol{\alpha}_1+l_2\boldsymbol{\alpha}_2+\cdots+l_{n-1}\boldsymbol{\alpha}_{n-1}+l_n\boldsymbol{\beta}_1,$$

则

$$\boldsymbol{\beta}_2-l_n\boldsymbol{\beta}_1=l_1\boldsymbol{\alpha}_1+l_2\boldsymbol{\alpha}_2+\cdots+l_{n-1}\boldsymbol{\alpha}_{n-1},$$

$$(\boldsymbol{\beta}_2-l_n\boldsymbol{\beta}_1,\boldsymbol{\beta}_2-l_n\boldsymbol{\beta}_1)=(\boldsymbol{\beta}_2-l_n\boldsymbol{\beta}_1,l_1\boldsymbol{\alpha}_1+l_2\boldsymbol{\alpha}_2+\cdots+l_{n-1}\boldsymbol{\alpha}_{n-1})=0,$$

所以 $\boldsymbol{\beta}_2-l_n\boldsymbol{\beta}_1=\mathbf{0}$，即 $\boldsymbol{\beta}_1,\boldsymbol{\beta}_2$ 线性相关.

证法 2 由已知 $(\boldsymbol{\alpha}_i,\boldsymbol{\beta}_i)=\boldsymbol{\alpha}_i^{\mathrm{T}}\boldsymbol{\beta}_1=0(i=1,2,\cdots,n-1)$，即

$$\begin{pmatrix}\boldsymbol{\alpha}_1^{\mathrm{T}}\\ \boldsymbol{\alpha}_2^{\mathrm{T}}\\ \vdots\\ \boldsymbol{\alpha}_{n-1}^{\mathrm{T}}\end{pmatrix}\boldsymbol{\beta}_1=\boldsymbol{A}_{(n-1)\times n}\boldsymbol{\beta}_1=\mathbf{0}.$$

这说明 $\boldsymbol{\beta}_1$ 是齐次方程组 $\boldsymbol{AX}=\mathbf{0}$ 的解向量，同理 $\boldsymbol{\beta}_2$ 也是 $\boldsymbol{AX}=\mathbf{0}$ 的解向量.

由 $\boldsymbol{\alpha}_1,\boldsymbol{\alpha}_2,\cdots,\boldsymbol{\alpha}_{n-1}$ 线性无关可知，$R(\boldsymbol{A})=n-1$. 所以 $\boldsymbol{AX}=\mathbf{0}$ 的基础解系仅由一个线性无关的向量组成（或解空间的维数是 1），故 $\boldsymbol{\beta}_1,\boldsymbol{\beta}_2$ 线性相关.

评注 该例的更一般结论是：设 n 维向量组（Ⅰ）$\boldsymbol{\alpha}_1,\boldsymbol{\alpha}_2,\cdots,\boldsymbol{\alpha}_s$ 线性无关，向量组 $\boldsymbol{\beta}_1,\boldsymbol{\beta}_2,\cdots,\boldsymbol{\beta}_t$ 中的每一个向量都与向量组（Ⅰ）中的向量正交，若 $s+t>n$，则向量组 $\boldsymbol{\beta}_1,\boldsymbol{\beta}_2,\cdots,\boldsymbol{\beta}_t$ 线性相关.

例 11 设 $\boldsymbol{A},\boldsymbol{B}$ 均为 n 阶矩阵，$\boldsymbol{A}$ 有 n 个不相同的特征值，试证：(1) 若 $\boldsymbol{AB}=\boldsymbol{BA}$，则 $\boldsymbol{B}$ 相似于对角阵；(2) 若 $\boldsymbol{A}$ 的特征向量也是 $\boldsymbol{B}$ 的特征向量，则 $\boldsymbol{AB}=\boldsymbol{BA}$.

分析 由题设知 $\boldsymbol{A}$ 相似于对角矩阵，即有 $\boldsymbol{P}^{-1}\boldsymbol{AP}=\boldsymbol{\Lambda}$ 为对角矩阵.(1) 若 $\boldsymbol{AB}=\boldsymbol{BA}$，易得 $\boldsymbol{\Lambda}(\boldsymbol{P}^{-1}\boldsymbol{BP})=(\boldsymbol{P}^{-1}\boldsymbol{BP})\boldsymbol{\Lambda}$，则 $\boldsymbol{P}^{-1}\boldsymbol{BP}$ 只能是对角矩阵.(2) 若 $\boldsymbol{A}$ 的特征向量也是 $\boldsymbol{B}$ 的特征向量，则 $\boldsymbol{P}^{-1}\boldsymbol{AP},\boldsymbol{P}^{-1}\boldsymbol{BP}$ 同为对角矩阵，从而它们的乘积可交换，即有 $\boldsymbol{AB}=\boldsymbol{BA}$.

证 设 $\lambda_1,\lambda_2,\cdots,\lambda_n$ 为 $\boldsymbol{A}$ 的 n 个互不相同的特征值，则存在可逆矩阵 $\boldsymbol{P}$ 使

$$\boldsymbol{P}^{-1}\boldsymbol{AP}=\begin{pmatrix}\lambda_1 & & & \\ & \lambda_2 & & \\ & & \ddots & \\ & & & \lambda_n\end{pmatrix}=\boldsymbol{\Lambda}_1.$$

(1) 由 $\boldsymbol{AB}=\boldsymbol{BA}$ 得

$$(\boldsymbol{P}^{-1}\boldsymbol{AP})(\boldsymbol{P}^{-1}\boldsymbol{BP})=(\boldsymbol{P}^{-1}\boldsymbol{BP})(\boldsymbol{P}^{-1}\boldsymbol{AP}),$$

即

$$\boldsymbol{\Lambda}_1(\boldsymbol{P}^{-1}\boldsymbol{BP})=(\boldsymbol{P}^{-1}\boldsymbol{BP})\boldsymbol{\Lambda}_1.$$

下证 $\boldsymbol{P}^{-1}\boldsymbol{BP}$ 是对角矩阵.

设 $\boldsymbol{P}^{-1}\boldsymbol{BP}=(c_{ij})_{n\times n}$，则

$$\begin{pmatrix} \lambda_1 & & & \\ & \lambda_2 & & \\ & & \ddots & \\ & & & \lambda_n \end{pmatrix}\begin{pmatrix} c_{11} & c_{12} & \cdots & c_{1n} \\ c_{21} & c_{22} & \cdots & c_{2n} \\ \vdots & \vdots & & \vdots \\ c_{n1} & c_{n2} & \cdots & c_{nn} \end{pmatrix}=\begin{pmatrix} c_{11} & c_{12} & \cdots & c_{1n} \\ c_{21} & c_{22} & \cdots & c_{2n} \\ \vdots & \vdots & & \vdots \\ c_{n1} & c_{n2} & \cdots & c_{nn} \end{pmatrix}\begin{pmatrix} \lambda_1 & & & \\ & \lambda_2 & & \\ & & \ddots & \\ & & & \lambda_n \end{pmatrix},$$

即

$$\begin{pmatrix} \lambda_1 c_{11} & \lambda_1 c_{12} & \cdots & \lambda_1 c_{1n} \\ \lambda_2 c_{21} & \lambda_2 c_{22} & \cdots & \lambda_2 c_{2n} \\ \vdots & \vdots & & \vdots \\ \lambda_n c_{n1} & \lambda_n c_{n2} & \cdots & \lambda_n c_{nn} \end{pmatrix}=\begin{pmatrix} \lambda_1 c_{n} & \lambda_2 c_{12} & \cdots & \lambda_n c_{1n} \\ \lambda_1 c_{21} & \lambda_2 c_{22} & \cdots & \lambda_n c_{2n} \\ \vdots & \vdots & & \vdots \\ \lambda_1 c_{n1} & \lambda_2 c_{n2} & \cdots & \lambda_n c_{nn} \end{pmatrix}.$$

比较两边(i,j)元素得

$$\lambda_i c_{ij}=\lambda_j c_{ij}\Rightarrow(\lambda_i-\lambda_j)c_{ij}=0.$$

当 $i\neq j$ 时 $\lambda_i\neq\lambda_j$，则 $c_{ij}=0$，

$$\boldsymbol{P}^{-1}\boldsymbol{BP}=\begin{pmatrix} c_{11} & & & \\ & c_{22} & & \\ & & \ddots & \\ & & & c_{nn} \end{pmatrix}.$$

（2）记 $\boldsymbol{P}=(\boldsymbol{p}_1,\boldsymbol{p}_2,\cdots,\boldsymbol{p}_n)$. 若 $\boldsymbol{p}_i(i=1,2,\cdots,n)$ 也是 $\boldsymbol{B}$ 的特征向量. 设对应特征值为 u_i，即

$$\boldsymbol{B}\boldsymbol{p}_i=u_i\boldsymbol{p}_i(i=1,2,\cdots,n),$$

则有

$$\boldsymbol{P}^{-1}\boldsymbol{BP}=\begin{pmatrix} u_1 & & & \\ & u_2 & & \\ & & \ddots & \\ & & & u_n \end{pmatrix}=\boldsymbol{\Lambda}_2.$$

从而

$$\boldsymbol{P}^{-1}\boldsymbol{ABP}=(\boldsymbol{P}^{-1}\boldsymbol{AP})(\boldsymbol{P}^{-1}\boldsymbol{BP})=\boldsymbol{\Lambda}_1\boldsymbol{\Lambda}_2=\boldsymbol{\Lambda}_2\boldsymbol{\Lambda}_1=(\boldsymbol{P}^{-1}\boldsymbol{BP})(\boldsymbol{P}^{-1}\boldsymbol{AP})=\boldsymbol{P}^{-1}\boldsymbol{BAP},$$

由此可得

$$\boldsymbol{AB}=\boldsymbol{BA}.$$

例 12 设 $\boldsymbol{\alpha}$ 是 $\mathbf{R}^n$ 中的单位（列）向量，$\boldsymbol{I}$ 为 n 阶单位矩阵，证明：$\boldsymbol{A}=\boldsymbol{I}-2\boldsymbol{\alpha}\boldsymbol{\alpha}^{\mathrm{T}}$ 是正交矩阵.

分析 只需验证 $\boldsymbol{A}^{\mathrm{T}}\boldsymbol{A}=\boldsymbol{I}$.

证 由于 $\boldsymbol{\alpha}$ 是单位向量，故 $\boldsymbol{\alpha}^{\mathrm{T}}\boldsymbol{\alpha}=\|\boldsymbol{\alpha}\|^2=1$，

$$\begin{aligned}\boldsymbol{A}^{\mathrm{T}}\boldsymbol{A}&=(\boldsymbol{I}-2\boldsymbol{\alpha}\boldsymbol{\alpha}^{\mathrm{T}})^{\mathrm{T}}(\boldsymbol{I}-2\boldsymbol{\alpha}\boldsymbol{\alpha}^{\mathrm{T}})=(\boldsymbol{I}-2\boldsymbol{\alpha}\boldsymbol{\alpha}^{\mathrm{T}})(\boldsymbol{I}-2\boldsymbol{\alpha}\boldsymbol{\alpha}^{\mathrm{T}})\\&=\boldsymbol{I}-4\boldsymbol{\alpha}\boldsymbol{\alpha}^{\mathrm{T}}+4\boldsymbol{\alpha}\boldsymbol{\alpha}^{\mathrm{T}}\boldsymbol{\alpha}\boldsymbol{\alpha}^{\mathrm{T}}=\boldsymbol{I}-4\boldsymbol{\alpha}\boldsymbol{\alpha}^{\mathrm{T}}+4\boldsymbol{\alpha}(\boldsymbol{\alpha}^{\mathrm{T}}\boldsymbol{\alpha})\boldsymbol{\alpha}^{\mathrm{T}}\end{aligned}$$

$$=\boldsymbol{I}-4\boldsymbol{\alpha}\boldsymbol{\alpha}^{\mathrm{T}}+4\boldsymbol{\alpha}\boldsymbol{\alpha}^{\mathrm{T}}=\boldsymbol{I},$$

所以 $\boldsymbol{A}$ 是正交矩阵.

例 13 设 $\boldsymbol{\gamma}_1, \boldsymbol{\gamma}_2, \boldsymbol{\gamma}_3$ 是 $\mathbf{R}^3$ 的一组标准正交基,且 $\boldsymbol{\alpha}_1=\frac{1}{3}(2\boldsymbol{\gamma}_1+2\boldsymbol{\gamma}_2-\boldsymbol{\gamma}_3)$, $\boldsymbol{\alpha}_2=\frac{1}{3}(2\boldsymbol{\gamma}_1-\boldsymbol{\gamma}_2+2\boldsymbol{\gamma}_3)$, $\boldsymbol{\alpha}_3=\frac{1}{3}(\boldsymbol{\gamma}_1-2\boldsymbol{\gamma}_2-2\boldsymbol{\gamma}_3)$. 证明: 矩阵 $\boldsymbol{A}=(\boldsymbol{\alpha}_1, \boldsymbol{\alpha}_2, \boldsymbol{\alpha}_3)$ 是正交矩阵.

分析 只需证明 $\boldsymbol{\alpha}_1, \boldsymbol{\alpha}_2, \boldsymbol{\alpha}_3$ 也是 $\mathbf{R}^3$ 的一组标准正交基.

证法 1 由于

$$(\boldsymbol{\alpha}_1,\boldsymbol{\alpha}_2)=\frac{4}{9}(\boldsymbol{\gamma}_1,\boldsymbol{\gamma}_1)-\frac{2}{9}(\boldsymbol{\gamma}_2,\boldsymbol{\gamma}_2)-\frac{2}{9}(\boldsymbol{\gamma}_3,\boldsymbol{\gamma}_3)=\frac{4}{9}-\frac{2}{9}-\frac{2}{9}=0,$$

$$(\boldsymbol{\alpha}_1,\boldsymbol{\alpha}_1)=\frac{4}{9}(\boldsymbol{\gamma}_1,\boldsymbol{\gamma}_1)+\frac{4}{9}(\boldsymbol{\gamma}_2,\boldsymbol{\gamma}_2)+\frac{1}{9}(\boldsymbol{\gamma}_3,\boldsymbol{\gamma}_3)=\frac{4}{9}+\frac{4}{9}+\frac{1}{9}=1,$$

同样可得 $(\boldsymbol{\alpha}_1,\boldsymbol{\alpha}_3)=(\boldsymbol{\alpha}_2,\boldsymbol{\alpha}_3)=0$, $(\boldsymbol{\alpha}_2,\boldsymbol{\alpha}_2)=(\boldsymbol{\alpha}_3,\boldsymbol{\alpha}_3)=1$,即三向量相互正交,且都是单位向量,所以向量 $\boldsymbol{\alpha}_1, \boldsymbol{\alpha}_2, \boldsymbol{\alpha}_3$ 也是 $\mathbf{R}^3$ 的一组标准正交基,故 $\boldsymbol{A}=(\boldsymbol{\alpha}_1, \boldsymbol{\alpha}_2, \boldsymbol{\alpha}_3)$ 是正交矩阵.

证法 2 由于

$$\begin{aligned}\boldsymbol{A}&=(\boldsymbol{\alpha}_1, \boldsymbol{\alpha}_2, \boldsymbol{\alpha}_3)=\frac{1}{3}(2\boldsymbol{\gamma}_1+2\boldsymbol{\gamma}_2-\boldsymbol{\gamma}_3,2\boldsymbol{\gamma}_1-\boldsymbol{\gamma}_2+2\boldsymbol{\gamma}_3,\boldsymbol{\gamma}_1-2\boldsymbol{\gamma}_2-2\boldsymbol{\gamma}_3)\\&=(\boldsymbol{\gamma}_1, \boldsymbol{\gamma}_2, \boldsymbol{\gamma}_3)\frac{1}{3}\begin{pmatrix}2&2&1\\2&-1&-2\\-1&2&-2\end{pmatrix},\end{aligned}$$

其中 $\boldsymbol{B}=(\boldsymbol{\gamma}_1, \boldsymbol{\gamma}_2, \boldsymbol{\gamma}_3)$, $\boldsymbol{C}=\frac{1}{3}\begin{pmatrix}2&2&1\\2&-1&-2\\-1&2&-2\end{pmatrix}$ 都是正交矩阵,所以 $\boldsymbol{A}=\boldsymbol{B}\boldsymbol{C}$ 也是正交矩阵.

例 14 设分块矩阵 $\boldsymbol{P}=\begin{pmatrix}\boldsymbol{A}&\boldsymbol{B}\\\boldsymbol{O}&\boldsymbol{C}\end{pmatrix}$ 是正交矩阵,其中 $\boldsymbol{A},\boldsymbol{C}$ 分别是 m,n 阶方阵,证明: $\boldsymbol{A},\boldsymbol{C}$ 都是正交矩阵,且 $\boldsymbol{B}=\boldsymbol{O}$.

分析 由 $\boldsymbol{P}^{\mathrm{T}}\boldsymbol{P}=\boldsymbol{I}$ 得到 $\boldsymbol{A}\boldsymbol{A}^{\mathrm{T}}=\boldsymbol{I},\boldsymbol{C}\boldsymbol{C}^{\mathrm{T}}=\boldsymbol{I},\boldsymbol{B}=\boldsymbol{O}$.

证 设 $\boldsymbol{I}_m,\boldsymbol{I}_n$ 分别为 m,n 阶单位矩阵,因为 $\boldsymbol{P}$ 为正交矩阵,即 $\boldsymbol{P}^{\mathrm{T}}\boldsymbol{P}=\boldsymbol{I}$,可得

$$\boldsymbol{P}^{\mathrm{T}}\boldsymbol{P}=\begin{pmatrix}\boldsymbol{A}&\boldsymbol{B}\\\boldsymbol{O}&\boldsymbol{C}\end{pmatrix}^{\mathrm{T}}\begin{pmatrix}\boldsymbol{A}&\boldsymbol{B}\\\boldsymbol{O}&\boldsymbol{C}\end{pmatrix}=\begin{pmatrix}\boldsymbol{A}^{\mathrm{T}}&\boldsymbol{O}\\\boldsymbol{B}^{\mathrm{T}}&\boldsymbol{C}^{\mathrm{T}}\end{pmatrix}\begin{pmatrix}\boldsymbol{A}&\boldsymbol{B}\\\boldsymbol{O}&\boldsymbol{C}\end{pmatrix}=\begin{pmatrix}\boldsymbol{A}^{\mathrm{T}}\boldsymbol{A}&\boldsymbol{A}^{\mathrm{T}}\boldsymbol{B}\\\boldsymbol{B}^{\mathrm{T}}\boldsymbol{A}&\boldsymbol{B}^{\mathrm{T}}\boldsymbol{B}+\boldsymbol{C}^{\mathrm{T}}\boldsymbol{C}\end{pmatrix}=\begin{pmatrix}\boldsymbol{I}_m&\boldsymbol{O}\\\boldsymbol{O}&\boldsymbol{I}_n\end{pmatrix},$$

即

$$
\begin{cases}
\boldsymbol{A}^{\mathrm{T}}\boldsymbol{A}=\boldsymbol{I}_m, & (5-6)\\
\boldsymbol{A}^{\mathrm{T}}\boldsymbol{B}=\boldsymbol{O}, & (5-7)\\
\boldsymbol{B}^{\mathrm{T}}\boldsymbol{A}=\boldsymbol{O}, & (5-8)\\
\boldsymbol{B}^{\mathrm{T}}\boldsymbol{B}+\boldsymbol{C}^{\mathrm{T}}\boldsymbol{C}=\boldsymbol{I}_n. & (5-9)
\end{cases}
$$

由式(5-6)可知矩阵 $\boldsymbol{A}$ 是正交矩阵,则 $\boldsymbol{A}$ 可逆.式(5-8)两端右乘 $\boldsymbol{A}^{-1}$ 得 $\boldsymbol{B}^{\mathrm{T}}=\boldsymbol{O}$(即 $\boldsymbol{B}=\boldsymbol{O}$),把 $\boldsymbol{B}=\boldsymbol{O}$ 代入式(5-9)得 $\boldsymbol{C}^{\mathrm{T}}\boldsymbol{C}=\boldsymbol{I}_n$,即 $\boldsymbol{C}$ 为正交矩阵.

例 15 设 $\boldsymbol{A}$ 为 n 阶实反对称矩阵,试证:

(1) $\boldsymbol{I}+\boldsymbol{A},\boldsymbol{I}-\boldsymbol{A}$ 均可逆;

(2) $(\boldsymbol{I}-\boldsymbol{A})(\boldsymbol{I}+\boldsymbol{A})^{-1}$是正交矩阵,且-1 不是其特征值.

分析 由于实反对称矩阵的特征值只能是 0 或纯虚数,故(1)中结论显然成立;记 $\boldsymbol{B}=(\boldsymbol{I}-\boldsymbol{A})(\boldsymbol{I}+\boldsymbol{A})^{-1}$,只需验证 $\boldsymbol{B}\boldsymbol{B}^{\mathrm{T}}=\boldsymbol{I}$ 且 $|-\boldsymbol{I}-(\boldsymbol{I}-\boldsymbol{A})(\boldsymbol{I}+\boldsymbol{A})^{-1}|\neq 0$.

证 (1)先证明实反对称矩阵的特征值只能是纯虚数.

设 $\boldsymbol{\alpha}$ 为 $\boldsymbol{A}$ 对应于 λ 的特征向量,即 $\boldsymbol{A}\boldsymbol{\alpha}=\lambda\boldsymbol{\alpha}$,由于 $\boldsymbol{A}=-\boldsymbol{A}^{\mathrm{T}}$ 且 $\boldsymbol{A}=\overline{\boldsymbol{A}}$(共轭)得

$$
\begin{aligned}
&\boldsymbol{\alpha}^{\mathrm{T}}\boldsymbol{A}^{\mathrm{T}}=\lambda\boldsymbol{\alpha}^{\mathrm{T}}\Rightarrow-\boldsymbol{\alpha}^{\mathrm{T}}\boldsymbol{A}=\lambda\boldsymbol{\alpha}^{\mathrm{T}}\\
&\Rightarrow-\overline{\boldsymbol{\alpha}^{\mathrm{T}}}\overline{\boldsymbol{A}}=\bar{\lambda}\,\overline{\boldsymbol{\alpha}^{\mathrm{T}}}\Rightarrow-\overline{\boldsymbol{\alpha}^{\mathrm{T}}}\boldsymbol{A}\boldsymbol{\alpha}=\bar{\lambda}\,\overline{\boldsymbol{\alpha}^{\mathrm{T}}}\boldsymbol{\alpha}\\
&\Rightarrow-\lambda\,\overline{\boldsymbol{\alpha}^{\mathrm{T}}}\boldsymbol{\alpha}=\bar{\lambda}\,\overline{\boldsymbol{\alpha}^{\mathrm{T}}}\boldsymbol{\alpha}\Rightarrow(\lambda+\bar{\lambda})\overline{\boldsymbol{\alpha}^{\mathrm{T}}}\boldsymbol{\alpha}=0.
\end{aligned}
$$

因为 $\boldsymbol{\alpha}\neq\boldsymbol{0},\overline{\boldsymbol{\alpha}^{\mathrm{T}}}\boldsymbol{\alpha}>0$,故 $\lambda+\bar{\lambda}=0$,即 $\lambda=0$ 或 λ 为纯虚数.故 $\lambda=\pm1$ 不是 $\boldsymbol{A}$ 的特征值,所以 $|\boldsymbol{I}+\boldsymbol{A}|\neq0,|\boldsymbol{I}-\boldsymbol{A}|\neq0$,故 $\boldsymbol{I}+\boldsymbol{A}$ 与 $\boldsymbol{I}-\boldsymbol{A}$ 可逆.

(2) 记 $\boldsymbol{B}=(\boldsymbol{I}-\boldsymbol{A})(\boldsymbol{I}+\boldsymbol{A})^{-1}$,下面验证 $\boldsymbol{B}\boldsymbol{B}^{\mathrm{T}}=\boldsymbol{I}$.

$$
\begin{aligned}
\boldsymbol{B}\boldsymbol{B}^{\mathrm{T}}&=(\boldsymbol{I}-\boldsymbol{A})(\boldsymbol{I}+\boldsymbol{A})^{-1}[(\boldsymbol{I}-\boldsymbol{A})(\boldsymbol{I}+\boldsymbol{A})^{-1}]^{\mathrm{T}}\\
&=(\boldsymbol{I}-\boldsymbol{A})(\boldsymbol{I}+\boldsymbol{A})^{-1}[(\boldsymbol{I}+\boldsymbol{A})^{-1}]^{\mathrm{T}}(\boldsymbol{I}-\boldsymbol{A})^{\mathrm{T}}\\
&=(\boldsymbol{I}-\boldsymbol{A})[(\boldsymbol{I}+\boldsymbol{A})^{\mathrm{T}}(\boldsymbol{I}+\boldsymbol{A})]^{-1}(\boldsymbol{I}-\boldsymbol{A})^{\mathrm{T}}\\
&=(\boldsymbol{I}-\boldsymbol{A})[(\boldsymbol{I}-\boldsymbol{A})(\boldsymbol{I}+\boldsymbol{A})]^{-1}(\boldsymbol{I}+\boldsymbol{A})\\
&=(\boldsymbol{I}-\boldsymbol{A})[(\boldsymbol{I}+\boldsymbol{A})(\boldsymbol{I}-\boldsymbol{A})]^{-1}(\boldsymbol{I}+\boldsymbol{A})\\
&=(\boldsymbol{I}-\boldsymbol{A})(\boldsymbol{I}-\boldsymbol{A})^{-1}(\boldsymbol{I}+\boldsymbol{A})^{-1}(\boldsymbol{I}+\boldsymbol{A})=\boldsymbol{I},
\end{aligned}
$$

所以 $\boldsymbol{B}=(\boldsymbol{I}-\boldsymbol{A})(\boldsymbol{I}+\boldsymbol{A})^{-1}$是正交矩阵.

下证 $|-\boldsymbol{I}-(\boldsymbol{I}-\boldsymbol{A})(\boldsymbol{I}+\boldsymbol{A})^{-1}|\neq0$.

因为

$$
\begin{aligned}
|-\boldsymbol{I}-(\boldsymbol{I}-\boldsymbol{A})(\boldsymbol{I}+\boldsymbol{A})^{-1}|&=(-1)^n|(\boldsymbol{I}+\boldsymbol{A})(\boldsymbol{I}+\boldsymbol{A})^{-1}+(\boldsymbol{I}-\boldsymbol{A})(\boldsymbol{I}+\boldsymbol{A})^{-1}|\\
&=(-1)^n|(\boldsymbol{I}+\boldsymbol{A})+(\boldsymbol{I}-\boldsymbol{A})||(\boldsymbol{I}+\boldsymbol{A})^{-1}|\\
&=(-1)^n|2\boldsymbol{I}||\boldsymbol{I}+\boldsymbol{A}|^{-1}\neq0,
\end{aligned}
$$

所以-1 不是$(\boldsymbol{I}-\boldsymbol{A})(\boldsymbol{I}+\boldsymbol{A})^{-1}$的特征值.

例 16 设 $\boldsymbol{A}$ 为 n 阶实可逆矩阵,证明:一定存在正交矩阵 $\boldsymbol{Q}$ 与可逆的上三角

形矩阵 $\boldsymbol{R}$ 使 $\boldsymbol{A}=\boldsymbol{QR}$.

分析 用施密特正交化方法将 $\boldsymbol{A}$ 的列向量组正交化、单位化再写成矩阵形式，就得到相应的证明.

证 设 $\boldsymbol{A}=(\boldsymbol{\alpha}_1,\boldsymbol{\alpha}_2,\cdots,\boldsymbol{\alpha}_n)$，因为 $\boldsymbol{A}$ 可逆，所以 $\boldsymbol{\alpha}_1,\boldsymbol{\alpha}_2,\cdots,\boldsymbol{\alpha}_n$ 线性无关.

用施密特正交化方法将 $\boldsymbol{\alpha}_1,\boldsymbol{\alpha}_2,\cdots,\boldsymbol{\alpha}_n$ 正交化、单位化. 令

$$\begin{aligned}
\boldsymbol{\beta}_1&=\boldsymbol{\alpha}_1,\\
\boldsymbol{\beta}_2&=\boldsymbol{\alpha}_2-\frac{(\boldsymbol{\alpha}_2,\boldsymbol{\beta}_1)}{(\boldsymbol{\beta}_1,\boldsymbol{\beta}_1)}\boldsymbol{\beta}_1\\
\boldsymbol{\beta}_3&=\boldsymbol{\alpha}_3-\frac{(\boldsymbol{\alpha}_3,\boldsymbol{\beta}_1)}{(\boldsymbol{\beta}_1,\boldsymbol{\beta}_1)}\boldsymbol{\beta}_1-\frac{(\boldsymbol{\alpha}_3,\boldsymbol{\beta}_2)}{(\boldsymbol{\beta}_2,\boldsymbol{\beta}_2)}\boldsymbol{\beta}_2,\\
&\cdots\cdots\cdots\cdots\\
\boldsymbol{\beta}_n&=\boldsymbol{\alpha}_n-\frac{(\boldsymbol{\alpha}_s,\boldsymbol{\beta}_1)}{(\boldsymbol{\beta}_1,\boldsymbol{\beta}_1)}\boldsymbol{\beta}_1-\cdots\frac{(\boldsymbol{\alpha}_n,\boldsymbol{\beta}_{n-1})}{(\boldsymbol{\beta}_{n-1},\boldsymbol{\beta}_{n-1})}\boldsymbol{\beta}_{n-1},
\end{aligned}\tag{5-10}$$

再令

$$\boldsymbol{\gamma}_i=\frac{1}{\|\boldsymbol{\beta}_i\|}\boldsymbol{\beta}_i,(i=1,2,\cdots,n),\tag{5-11}$$

则 $\boldsymbol{\gamma}_1,\boldsymbol{\gamma}_2,\cdots,\boldsymbol{\gamma}_n$ 是 $\mathbf{R}^n$ 的一组标准正交基，将(5-11)代入(5-10)中各等式，并写为

$$\begin{aligned}
\boldsymbol{\alpha}_1&=k_{11}\boldsymbol{\gamma}_1,\\
\boldsymbol{\alpha}_2&=k_{21}\boldsymbol{\gamma}_1+k_{22}\boldsymbol{\gamma}_2\\
\boldsymbol{\alpha}_3&=k_{31}\boldsymbol{\gamma}_1+k_{32}\boldsymbol{\gamma}_2+k_{33}\boldsymbol{\gamma}_3,\\
&\cdots\cdots\cdots\cdots\\
\boldsymbol{\alpha}_n&=k_{n1}\boldsymbol{\gamma}_1+k_{n2}\boldsymbol{\gamma}_2+\cdots+k_{nn}\boldsymbol{\gamma}_n.
\end{aligned}\tag{5-12}$$

将(5-12)写成矩阵形式，有

$$(\boldsymbol{\alpha}_1,\boldsymbol{\alpha}_2,\cdots,\boldsymbol{\alpha}_n)=(\boldsymbol{\gamma}_1,\boldsymbol{\gamma}_2,\cdots,\boldsymbol{\gamma}_n)\begin{pmatrix}k_{11}&k_{21}&\cdots&k_{n1}\\&k_{22}&\cdots&k_{n1}\\&&\ddots&\vdots\\&&&k_{nn}\end{pmatrix},$$

即 $\boldsymbol{A}=\boldsymbol{QR}$，其中 $\boldsymbol{Q}=(\boldsymbol{\gamma}_1,\boldsymbol{\gamma}_2,\cdots,\boldsymbol{\gamma}_n)$ 是正交矩阵，$\boldsymbol{R}=\begin{pmatrix}k_{11}&k_{21}&\cdots&k_{n1}\\&k_{22}&\cdots&k_{n1}\\&&\ddots&\vdots\\&&&k_{nn}\end{pmatrix}$ 是可逆的上三角形矩阵.

例 17 设 $\boldsymbol{A}$ 与 $\boldsymbol{B}$ 是同阶实对称矩阵，证明存在正交矩阵 $\boldsymbol{P}$ 使 $\boldsymbol{P}^{\mathrm{T}}\boldsymbol{AP}=\boldsymbol{B}$ 的充分必要条件是 $\boldsymbol{A}$ 与 $\boldsymbol{B}$ 有相同的特征值.

分析 由于两实对称矩阵相似的充分必要条件是它们有相同的特征值,故该题的结论是显然的.

证 充分性.设 $\boldsymbol{A}$ 与 $\boldsymbol{B}$ 的相同特征值为 $\lambda_1,\lambda_2,\cdots,\lambda_n$,且 $\boldsymbol{A}$ 与 $\boldsymbol{B}$ 是实对称矩阵,故存在正交矩阵 $\boldsymbol{P}_1,\boldsymbol{P}_2$,使

$$\boldsymbol{P}_1^{\mathrm{T}}\boldsymbol{A}\boldsymbol{P}_1=\begin{pmatrix}\lambda_1 & & & \\ & \lambda_2 & & \\ & & \ddots & \\ & & & \lambda_n\end{pmatrix}=\boldsymbol{P}_2^{\mathrm{T}}\boldsymbol{B}\boldsymbol{P}_2,$$

可得

$$(\boldsymbol{P}_2^{\mathrm{T}})^{-1}\boldsymbol{P}_1^{\mathrm{T}}\boldsymbol{A}\boldsymbol{P}_1\boldsymbol{P}_2^{-1}=\boldsymbol{B},\text{即 }(\boldsymbol{P}_1\boldsymbol{P}_2^{-1})^{\mathrm{T}}\boldsymbol{A}(\boldsymbol{P}_1\boldsymbol{P}_2^{-1})=\boldsymbol{B}.$$

由于 $\boldsymbol{P}_1,\boldsymbol{P}_2$,都是正交矩阵,所以 $\boldsymbol{P}_2^{-1}$ 及 $\boldsymbol{P}_1\boldsymbol{P}_2^{-1}$ 也是正交矩阵,令 $\boldsymbol{P}=\boldsymbol{P}_1\boldsymbol{P}_2^{-1}$,则 $\boldsymbol{P}^{\mathrm{T}}\boldsymbol{A}\boldsymbol{P}=\boldsymbol{B}$.

必要性.因为 $\boldsymbol{P}$ 是正交矩阵且 $\boldsymbol{P}^{\mathrm{T}}\boldsymbol{A}\boldsymbol{P}=\boldsymbol{B}$,所以 $\boldsymbol{P}^{-1}\boldsymbol{A}\boldsymbol{P}=\boldsymbol{B}$,即 $\boldsymbol{A}$ 与 $\boldsymbol{B}$ 相似,因而有相同的特征值.

例 18 已知 $\boldsymbol{A}$ 是 n 阶实对称阵,$\lambda_1,\lambda_2,\cdots,\lambda_n$ 是 $\boldsymbol{A}$ 的特征值,$\boldsymbol{\xi}_1,\boldsymbol{\xi}_2,\cdots,\boldsymbol{\xi}_n$ 是 $\boldsymbol{A}$ 对应的 n 个标准正交特征向量,证明 $\boldsymbol{A}$ 可表示为

$$\boldsymbol{A}=\lambda_1\boldsymbol{\xi}_1\boldsymbol{\xi}_1^{\mathrm{T}}+\lambda_2\boldsymbol{\xi}_2\boldsymbol{\xi}_2^{\mathrm{T}}+\cdots+\lambda_n\boldsymbol{\xi}_n\boldsymbol{\xi}_n^{\mathrm{T}}.$$

分析 将所证关系式写成矩阵形式,有

$$\boldsymbol{A}=\lambda_1\boldsymbol{\xi}_1\boldsymbol{\xi}_1^{\mathrm{T}}+\lambda_2\boldsymbol{\xi}_2\boldsymbol{\xi}_2^{\mathrm{T}}+\cdots+\lambda_n\boldsymbol{\xi}_n\boldsymbol{\xi}_n^{\mathrm{T}}=(\boldsymbol{\xi}_1,\boldsymbol{\xi}_2,\cdots,\boldsymbol{\xi}_n)\begin{pmatrix}\lambda_1 & & & \\ & \lambda_2 & & \\ & & \ddots & \\ & & & \lambda_n\end{pmatrix}\begin{pmatrix}\boldsymbol{\xi}_1^{\mathrm{T}}\\ \boldsymbol{\xi}_2^{\mathrm{T}}\\ \vdots\\ \boldsymbol{\xi}_n^{\mathrm{T}}\end{pmatrix},$$

故结论是显然的.

证 取 $\boldsymbol{Q}=(\boldsymbol{\xi}_1,\boldsymbol{\xi}_2,\cdots,\boldsymbol{\xi}_n)$,则 $\boldsymbol{Q}$ 是正交矩阵,即有 $\boldsymbol{Q}^{-1}=\boldsymbol{Q}^{\mathrm{T}}$,且

$$\boldsymbol{Q}^{-1}\boldsymbol{A}\boldsymbol{Q}=\boldsymbol{Q}^{\mathrm{T}}\boldsymbol{A}\boldsymbol{Q}=\mathrm{diag}(\lambda_1,\lambda_2,\cdots,\lambda_n)=\boldsymbol{\Lambda},$$

所以

$$\boldsymbol{A}=\boldsymbol{Q}\boldsymbol{\Lambda}\boldsymbol{Q}^{\mathrm{T}}=(\boldsymbol{\xi}_1,\boldsymbol{\xi}_2,\cdots,\boldsymbol{\xi}_n)\begin{pmatrix}\lambda_1 & & & \\ & \lambda_2 & & \\ & & \ddots & \\ & & & \lambda_n\end{pmatrix}\begin{pmatrix}\boldsymbol{\xi}_1^{\mathrm{T}}\\ \boldsymbol{\xi}_2^{\mathrm{T}}\\ \vdots\\ \boldsymbol{\xi}_n^{\mathrm{T}}\end{pmatrix}$$

$$=(\boldsymbol{\xi}_1,\boldsymbol{\xi}_2,\cdots,\boldsymbol{\xi}_n)\begin{pmatrix}\lambda_1\boldsymbol{\xi}_1^{\mathrm{T}}\\ \lambda_2\boldsymbol{\xi}_2^{\mathrm{T}}\\ \vdots\\ \lambda_n\boldsymbol{\xi}_n^{\mathrm{T}}\end{pmatrix}=\lambda_1\boldsymbol{\xi}_1\boldsymbol{\xi}_1^{\mathrm{T}}+\lambda_2\boldsymbol{\xi}_2\boldsymbol{\xi}_2^{\mathrm{T}}+\cdots+\lambda_n\boldsymbol{\xi}_n\boldsymbol{\xi}_n^{\mathrm{T}}.$$

例 19 设 $\boldsymbol{A}$ 是 n 阶实对称阵,证明:一定存在正交矩阵 $\boldsymbol{Q}$ 使 $\boldsymbol{Q}^{-1}\boldsymbol{AQ}=\boldsymbol{\Lambda}$ 为对角矩阵.

分析 若正交矩阵 $\boldsymbol{Q}=(\boldsymbol{\alpha}_1,\boldsymbol{\alpha}_2,\cdots,\boldsymbol{\alpha}_n)$ 中的 $\boldsymbol{\alpha}_1$ 是 $\boldsymbol{A}$ 的特征向量,λ_1是对应的特征值,则有 $\boldsymbol{Q}^{-1}\boldsymbol{AQ}=\boldsymbol{Q}^{\mathrm{T}}\boldsymbol{AQ}=\begin{pmatrix}\lambda_0 & \boldsymbol{O}\\ \boldsymbol{O} & \boldsymbol{B}\end{pmatrix}$,且 $\boldsymbol{B}$ 是 $n-1$ 阶实对称阵. 故可考虑对矩阵的阶数 n 用数学归纳法.

证 对 $\boldsymbol{A}$ 的阶数 n 用数学归纳法.

$n=1$ 时,一阶矩阵已经是对角矩阵,结论显然成立.

设 $n-1$ 阶实对称矩阵能正交相似于对角矩阵.

对 n 阶实对称矩阵 $\boldsymbol{A}$,设 λ_1是 $\boldsymbol{A}$ 的一个特征值,$\boldsymbol{\alpha}_1$ 是对应的一个单位特征向量,将 $\boldsymbol{\alpha}_1$ 扩充为空间 $\mathbf{R}^n$ 中的一组标准正交基 $\boldsymbol{\alpha}_1,\boldsymbol{\alpha}_2,\cdots,\boldsymbol{\alpha}_n$. 作正交矩阵 $\boldsymbol{Q}_1=(\boldsymbol{\alpha}_1,\boldsymbol{\alpha}_2,\cdots,\boldsymbol{\alpha}_n)$,则

$$\boldsymbol{AQ}_1=\boldsymbol{Q}_1\begin{pmatrix}\lambda_0 & \boldsymbol{B}_1\\ \boldsymbol{O} & \boldsymbol{B}_2\end{pmatrix}\Rightarrow \boldsymbol{Q}_1^{-1}\boldsymbol{AQ}_1=\begin{pmatrix}\lambda_0 & \boldsymbol{B}_1\\ \boldsymbol{O} & \boldsymbol{B}_2\end{pmatrix}.$$

由于 $\boldsymbol{A}$ 是实对称矩阵,则 $\boldsymbol{Q}_1^{-1}\boldsymbol{AQ}_1$ 也是实对称矩阵,故必有 $\boldsymbol{B}_1=\boldsymbol{O}$,且 $\boldsymbol{B}_2$ 是 $n-1$ 阶实对称矩阵.

由归纳假设存在 $n-1$ 阶正交矩阵 $\boldsymbol{Q}_2$ 使 $\boldsymbol{B}_2$ 相似于对角矩阵

$$\boldsymbol{Q}_2^{-1}\boldsymbol{B}_2\boldsymbol{Q}_2=\begin{pmatrix}\lambda_2 & & \\ & \ddots & \\ & & \lambda_n\end{pmatrix}.$$

于是正交矩阵 $\boldsymbol{Q}=\boldsymbol{Q}_1\begin{pmatrix}1 & \\ & \boldsymbol{Q}_2\end{pmatrix}$ 就使 $\boldsymbol{A}$ 相似于对角矩阵

$$\boldsymbol{Q}^{-1}\boldsymbol{AQ}=\begin{pmatrix}\lambda_1 & & \\ & \ddots & \\ & & \lambda_n\end{pmatrix}.$$

三、单元检测

(一)检测题

一、填空题(每题 3 分,共 15 分)

1. 设 $\boldsymbol{A}$ 是 4 阶矩阵,$\boldsymbol{A}$ 的元素全为 1,则 $\boldsymbol{A}$ 的全部特征值为________,非零特征值对应的特征向量为____________.

2. 设三阶矩阵 $\boldsymbol{A}$ 的三个特征值为 1,2,3,则行列式 $|2\boldsymbol{I}-\boldsymbol{A}^3|=$______.

3. 已知 $\boldsymbol{A}\sim\boldsymbol{B}=\begin{pmatrix}1&0&0&0\\0&1&0&0\\0&0&-1&2\\0&0&2&2\end{pmatrix}$,则 $R(\boldsymbol{A}-\boldsymbol{I})+R(\boldsymbol{A}-3\boldsymbol{I})=$______.

4. 已知矩阵 $\boldsymbol{A}=\begin{pmatrix}2&0&0\\0&0&1\\0&1&x\end{pmatrix}$ 与 $\boldsymbol{B}=\begin{pmatrix}2&0&0\\0&y&0\\0&0&-1\end{pmatrix}$ 相似,则 $x=$____,$y=$____.

5. 已知向量 $\boldsymbol{p}_1=\begin{pmatrix}1\\2\\2\end{pmatrix}$,$\boldsymbol{p}_2=\begin{pmatrix}0\\-1\\1\end{pmatrix}$,$\boldsymbol{p}_3=\begin{pmatrix}0\\0\\1\end{pmatrix}$,方阵 $\boldsymbol{A}$ 满足 $\boldsymbol{A}\boldsymbol{p}_1=\boldsymbol{p}_1,\boldsymbol{A}\boldsymbol{p}_2=\boldsymbol{0},\boldsymbol{A}\boldsymbol{p}_3=-\boldsymbol{p}_3$,则 $\boldsymbol{A}=$____.

二、选择题(每题 3 分,共 15 分)

1. n 阶矩阵 $\boldsymbol{A}$ 与对角矩阵相似的充要条件是(　　).

(A) $\boldsymbol{A}$ 的特征值都是 $|\lambda\boldsymbol{I}-\boldsymbol{A}|=0$ 的单根

(B) $\boldsymbol{A}$ 的不同特征值的特征向量线性无关

(C) 若 λ_i 是 $|\lambda\boldsymbol{I}-\boldsymbol{A}|=0$ 的 k_i 重根,则 $R(\lambda_i\boldsymbol{I}-\boldsymbol{A})=k_i$

(D) 若 λ_i 是 $|\lambda\boldsymbol{I}-\boldsymbol{A}|=0$ 的 k_i 重根,则 $(\lambda_i\boldsymbol{I}-\boldsymbol{A})\boldsymbol{X}=0$ 的基础解系由 k_i 个解向量组成

2. 设 $\boldsymbol{A}$ 是 n 阶方阵,向量 $\boldsymbol{\alpha}_1,\boldsymbol{\alpha}_2$ 分别是 $\boldsymbol{A}$ 的对应于特征值 λ_1,λ_2 的特征向量,则有(　　).

(A) $\lambda_1=\lambda_2$ 时,$\boldsymbol{\alpha}_1=k\boldsymbol{\alpha}_2$

(B) $\lambda_1=0$ 时,$\boldsymbol{\alpha}_1=\boldsymbol{0}$

(C) $\lambda_1\neq\lambda_2$ 时,$\boldsymbol{\alpha}_1+\boldsymbol{\alpha}_2$ 不可能是 $\boldsymbol{A}$ 的特征向量

(D) $\lambda_1\neq\lambda_2$ 时,若 $\lambda_3=\lambda_1+\lambda_2$ 也是特征值,则 $\boldsymbol{\alpha}_1+\boldsymbol{\alpha}_2$ 是对应特征向量

3. 设 $\boldsymbol{A}$ 为三阶方阵,$\boldsymbol{A}$ 的特征值为 1,-2,3,则下列矩阵中满秩矩阵是(　　).

(A) $\boldsymbol{I}-\boldsymbol{A}$　　(B) $2\boldsymbol{I}-\boldsymbol{A}$　　(C) $2\boldsymbol{I}+\boldsymbol{A}$　　(D) $-3\boldsymbol{I}+\boldsymbol{A}$

4. 设 n 阶实对称矩阵 $\boldsymbol{A}$ 的特征值为 $\lambda_i=(-1)^i(i=1,2,\cdots,n)$,则 $\boldsymbol{A}^{100}=$(　　).

(A) $-\boldsymbol{A}$　　(B) $100\boldsymbol{A}$　　(C) $-\boldsymbol{I}$　　(D) $\boldsymbol{I}$

5. 设三阶实对称矩阵 $\boldsymbol{A}$ 的特征值为 1,2,3,$\boldsymbol{A}$ 对应于特征值 1,2 的特征向量分别为 $\boldsymbol{\alpha}_1=(-1,-1,1)^{\mathrm{T}}$,$\boldsymbol{\alpha}_2=(1,-2,-1)^{\mathrm{T}}$,则 $\boldsymbol{A}$ 对应于特征值 3 的特征向量为(　　)

(A) $(1,0,1)^{\mathrm{T}}$　　(B) $(0,1,1)^{\mathrm{T}}$　　(C) $(1,1,0)^{\mathrm{T}}$　　(D) $(1,1,1)^{\mathrm{T}}$

三、(8 分)设 n 阶矩阵 $\boldsymbol{A}$ 满足 $\boldsymbol{A}^2=4\boldsymbol{I}$,且 $|\boldsymbol{A}|>0$,$\boldsymbol{A}^*$ 是 $\boldsymbol{A}$ 的伴随矩阵,求 $(\boldsymbol{A}^*)^*+2\boldsymbol{A}^*$ 的特征值.

四、(10 分)已知矩阵 $A=\begin{pmatrix}1&2&0\\2&2&2\\0&2&3\end{pmatrix}$, $f(x)=\begin{vmatrix}x^4-1&x\\x^2&x^6+1\end{vmatrix}$,求

(1) $f(A)$;

(2) $f(A)$的特征值及其相对应的特征向量.

五、(10 分)已知 $p=\begin{pmatrix}1\\1\\-1\end{pmatrix}$是矩阵 $A=\begin{pmatrix}2&-1&2\\5&a&3\\-1&b&-2\end{pmatrix}$的一个特征向量,

(1) 试确定参数 a, b 及 p 所对应的特征值;

(2) 问 A 能否相似于对角矩阵?

六、(8 分)设矩阵 A 与 B 是 n 阶方阵,证明 AB,BA 有相同的特征值.

七、(10 分) 设 A,B 分别是 m 阶,n 阶矩阵,且 $C=\begin{pmatrix}A&O\\O&B\end{pmatrix}$,证明:

(1) 若 A,B 都相似于对角矩阵,则 C 相似于对角矩阵;

(2) 若 A,B 都为正交矩阵,则 C 也是正交矩阵.

八、(8 分)设三阶实对称矩阵 A 的特征值为 $\lambda_1=-1$,$\lambda_2=\lambda_3=2$,对应于 λ_1 的特征向量为 $\eta_1=(0,1,1)^T$,求 A^{100}.

九、(8 分)设 n 阶方阵 A 满足 $A^2-5A+6I=O$,证明 A 相似于一个对角矩阵,并求一可逆矩阵 P,使 $P^{-1}AP$ 为对角矩阵.

十、(8 分)设 A 是三阶矩阵,$e_1=(1,0,1)^T$,$e_2=(0,1,0)^T$,$e_3=(0,0,1)^T$,$\varepsilon_1=(1,0,2)^T$, $\varepsilon_2=(-1,2,-1)^T$, $\varepsilon_3=(1,0,0)^T$,且 $Ae_i=\varepsilon_i(i=1,2,3)$,求可逆阵 W,使得 $W^{-1}AW=\Lambda$,其中 Λ 是对角阵.

(二) 检测题答案与提示

一、1. 4,0(3 重),$\alpha=(1,1,1,1)^T$; 2. 150; 3. 5; 4. $x=0$, $y=1$;
5. $\begin{pmatrix}1&0&0\\2&0&0\\6&-1&-1\end{pmatrix}$.

二、1. (D);2. (C);3. (B);4. (D);5. (A);

三、因为 $A^2=4I$,则 $|A|^2=|4I|=4^n=2^{2n}$,由 $|A|>0$ 得 $|A|=2^n$.由于

$$A^*=|A|A^{-1}=2^nA^{-1},(A^*)^*=|A|^{n-2}A=2^{n(n-2)}A,$$

故

$$(A^*)^*+2A^*=2^{n(n-2)}A+2^{n+1}A^{-1}.$$

设 λ 是 A 的特征值,因为 $A^2=4I$,所以 $\lambda^2=4\Rightarrow\lambda=\pm2$,所以$(A^*)^*+2A^*$的特征

值为 $2^{n(n-2)}\lambda+2^{n+1}\cdot\dfrac{1}{\lambda}=\pm(2^{(n-1)^2}+2^n)$（由题设信息无法确定正负号）.

四、$f(x)=x^{10}-x^6+x^4-x^3-1$，则

$$f(\boldsymbol{A})=\boldsymbol{A}^{10}-\boldsymbol{A}^6+\boldsymbol{A}^4-\boldsymbol{A}^3-\boldsymbol{I},$$

$$|\lambda\boldsymbol{I}-\boldsymbol{A}|=-(\lambda-2)(\lambda-5)(\lambda+1),$$

特征值为 $\lambda_1=2,\lambda_2=5,\lambda_3=-1$，它们对应的特征向量分别为

$$\boldsymbol{\alpha}_1=(2,1,-2)^{\mathrm{T}},\boldsymbol{\alpha}_2=(1,2,2)^{\mathrm{T}},\boldsymbol{\alpha}_3=(2,-2,1)^{\mathrm{T}},$$

所以 $f(\boldsymbol{A})$ 的特征值分别为 $f(2),f(5),f(-1)$，对应的特征向量分别为 $\boldsymbol{\alpha}_1,\boldsymbol{\alpha}_2,\boldsymbol{\alpha}_3$.

五、（1）由

$$(\lambda\boldsymbol{I}-\boldsymbol{A})\boldsymbol{p}=\begin{pmatrix}\lambda-2 & 1 & -2\\ -5 & \lambda-a & -3\\ 1 & -b & \lambda+2\end{pmatrix}\begin{pmatrix}1\\1\\-1\end{pmatrix}=\begin{pmatrix}0\\0\\0\end{pmatrix},$$

即

$$\begin{cases}\lambda-2+1+2=0,\\ -5+\lambda-a+3=0,\\ 1-b-\lambda-2=0,\end{cases}$$

解得 $\lambda=-1$，$a=-3$，$b=0$，-1 是 $\boldsymbol{p}$ 所对应的特征值.

（2）矩阵 $\boldsymbol{A}$ 的特征多项式为

$$|\lambda\boldsymbol{I}-\boldsymbol{A}|=\begin{vmatrix}\lambda-2 & 1 & -2\\ -5 & \lambda+3 & -3\\ 1 & 0 & \lambda+2\end{vmatrix}=(\lambda+1)^3,$$

则 $\boldsymbol{A}$ 的特征值为 $\lambda=-1$（三重）.

再求 $\boldsymbol{A}$ 的线性无关的特征向量，解方程组 $(-\boldsymbol{I}-\boldsymbol{A})\boldsymbol{X}=\boldsymbol{0}$，因为矩阵

$$-\boldsymbol{I}-\boldsymbol{A}=\begin{pmatrix}-3 & 1 & -2\\ -5 & 2 & -3\\ 1 & 0 & 1\end{pmatrix}\to\begin{pmatrix}1 & 0 & 1\\ 0 & 1 & 1\\ 0 & 0 & 0\end{pmatrix}$$

的秩为 2，线性无关的特征向量只有一个，故 $\boldsymbol{A}$ 不能相似于对角矩阵.

六、设 λ 是 $\boldsymbol{AB}$ 的非零特征值，$\boldsymbol{x}$ 是对应的特征向量，即有

$$\boldsymbol{ABx}=\lambda\boldsymbol{x}\Rightarrow\boldsymbol{BABx}=\lambda\boldsymbol{Bx}.$$

记 $\boldsymbol{y}=\boldsymbol{Bx}$，显然 $\boldsymbol{y}\neq\boldsymbol{0}$，且 $\boldsymbol{BAy}=\lambda\boldsymbol{y}$，这说明 λ 也是 $\boldsymbol{BA}$ 的特征值.

设 0 是 $\boldsymbol{AB}$ 的特征值，则

$$|\boldsymbol{AB}|=|\boldsymbol{A}||\boldsymbol{B}|=|\boldsymbol{BA}|=0,$$

这说明 0 也是 $\boldsymbol{BA}$ 的特征值，所以结论成立.

七、（1）设有

$$\boldsymbol{P}^{-1}\boldsymbol{AP}=\boldsymbol{\Lambda}_1,\boldsymbol{Q}^{-1}\boldsymbol{BQ}=\boldsymbol{\Lambda}_2(\boldsymbol{\Lambda}_1,\boldsymbol{\Lambda}_2\text{ 为对角矩阵}),$$

取 $\boldsymbol{R}=\begin{pmatrix}\boldsymbol{P} & \boldsymbol{O}\\ \boldsymbol{O} & \boldsymbol{Q}\end{pmatrix}$，则有

$$\boldsymbol{R}^{-1}\boldsymbol{C}\boldsymbol{R}=\begin{pmatrix}\boldsymbol{P}^{-1}\boldsymbol{A}\boldsymbol{P} & \boldsymbol{O}\\ \boldsymbol{O} & \boldsymbol{Q}^{-1}\boldsymbol{B}\boldsymbol{Q}\end{pmatrix}=\begin{pmatrix}\boldsymbol{\Lambda}_1 & \boldsymbol{O}\\ \boldsymbol{O} & \boldsymbol{\Lambda}_2\end{pmatrix}.$$

（2）若 $\boldsymbol{A},\boldsymbol{B}$ 都为正交矩阵，则 $\boldsymbol{A}\boldsymbol{A}^{\mathrm{T}}=\boldsymbol{I},\boldsymbol{B}\boldsymbol{B}^{\mathrm{T}}=\boldsymbol{I}$，所以

$$\boldsymbol{C}\boldsymbol{C}^{\mathrm{T}}=\begin{pmatrix}\boldsymbol{A} & \boldsymbol{O}\\ \boldsymbol{O} & \boldsymbol{B}\end{pmatrix}\begin{pmatrix}\boldsymbol{A}^{\mathrm{T}} & \boldsymbol{O}\\ \boldsymbol{O} & \boldsymbol{B}^{\mathrm{T}}\end{pmatrix}=\begin{pmatrix}\boldsymbol{A}\boldsymbol{A}^{\mathrm{T}} & \boldsymbol{O}\\ \boldsymbol{O} & \boldsymbol{B}\boldsymbol{B}^{\mathrm{T}}\end{pmatrix}=\boldsymbol{I},$$

$\boldsymbol{C}$ 也是正交矩阵.

八、矩阵 $\boldsymbol{A}$ 是实对称矩阵，故可以对角化，即存在正交矩阵 $\boldsymbol{P}$ 使

$$\boldsymbol{P}^{-1}\boldsymbol{A}\boldsymbol{P}=\boldsymbol{\Lambda}=\begin{pmatrix}-1 & & \\ & 1 & \\ & & 1\end{pmatrix},$$

这里 $\boldsymbol{P}$ 的列向量就是与 $\boldsymbol{A}$ 的特征值相对应的特征向量. 同时实对称矩阵的对应于不同特征值的特征向量是相互正交的，则对应于 $\lambda_2=\lambda_3=2$ 的特征向量 $\boldsymbol{x}=(x_1,x_2,x_3)^{\mathrm{T}}$ 与 $\boldsymbol{\eta}_1=(0,1,1)^{\mathrm{T}}$ 正交，解齐次方程 $(\boldsymbol{x},\boldsymbol{\eta})=x_2+x_3=0$，可得基础解系为 $\boldsymbol{\eta}_2=(1,0,0)^{\mathrm{T}}$，$\boldsymbol{\eta}_3=(0,1,-1)^{\mathrm{T}}$，则 $\boldsymbol{\eta}_1,\boldsymbol{\eta}_2,\boldsymbol{\eta}_3$ 均是 $\boldsymbol{A}$ 的特征向量，且相互正交，标准化得

$$\boldsymbol{p}_1=\frac{1}{\sqrt{2}}(0,1,1)^{\mathrm{T}},\boldsymbol{p}_2=(1,0,0)^{\mathrm{T}},\boldsymbol{p}_3=\frac{1}{\sqrt{2}}(0,1,-1)^{\mathrm{T}},$$

取 $\boldsymbol{P}=(\boldsymbol{p}_1,\boldsymbol{p}_2,\boldsymbol{p}_3)$，有 $\boldsymbol{A}=\boldsymbol{P}\begin{pmatrix}-1 & & \\ & 2 & \\ & & 2\end{pmatrix}\boldsymbol{P}^{-1}$，所以

$$\begin{aligned}\boldsymbol{A}^{100}&=\boldsymbol{P}\begin{pmatrix}-1 & & \\ & 2 & \\ & & 2\end{pmatrix}^{100}\boldsymbol{P}^{-1}\\&=\frac{1}{\sqrt{2}}\begin{pmatrix}0 & \sqrt{2} & 0\\ 1 & 0 & 1\\ 1 & 0 & -1\end{pmatrix}\begin{pmatrix}1 & & \\ & 2^{100} & \\ & & 2^{100}\end{pmatrix}\frac{1}{\sqrt{2}}\begin{pmatrix}0 & 1 & 1\\ \sqrt{2} & 0 & 0\\ 0 & 1 & -1\end{pmatrix}\\&=\frac{1}{2}\begin{pmatrix}2^{101} & 0 & 0\\ 0 & 1+2^{100} & 1-2^{100}\\ 0 & 1-2^{100} & 1+2^{100}\end{pmatrix}.\end{aligned}$$

九、提示：参见本章二“（二）解答题”例 32.

设 $R(\boldsymbol{A}-2\boldsymbol{I})=k,R(\boldsymbol{A}-3\boldsymbol{I})=s(k+s=n)$，$\boldsymbol{\alpha}_1,\boldsymbol{\alpha}_2,\cdots,\boldsymbol{\alpha}_k$ 和 $\boldsymbol{\beta}_1,\boldsymbol{\beta}_2,\cdots,\boldsymbol{\beta}_s$ 分别是 $\boldsymbol{A}-2\boldsymbol{I}$ 和 $\boldsymbol{A}-3\boldsymbol{I}$ 的列向量组的最大线性无关组，令 $\boldsymbol{P}=(\boldsymbol{\alpha}_1,\boldsymbol{\alpha}_2,\cdots,\boldsymbol{\alpha}_k,\boldsymbol{\beta}_1,\boldsymbol{\beta}_2,\cdots,\boldsymbol{\beta}_s)$，得

$$P^{-1}AP=\begin{pmatrix}2&&&&&\\&\ddots&&&&\\&&2&&&\\&&&3&&\\&&&&\ddots&\\&&&&&3\end{pmatrix}\begin{matrix}\left.\vphantom{\begin{matrix}1\\1\\1\end{matrix}}\right\}k\text{ 个}\\ \left.\vphantom{\begin{matrix}1\\1\\1\end{matrix}}\right\}s\text{ 个}\end{matrix}.$$

十、$\boldsymbol{A}\boldsymbol{e}_i=\boldsymbol{\varepsilon}_i(i=1,2,3)$,故有 $\boldsymbol{A}(\boldsymbol{e}_1,\boldsymbol{e}_2,\boldsymbol{e}_3)=(\boldsymbol{\varepsilon}_1,\boldsymbol{\varepsilon}_2,\boldsymbol{\varepsilon}_3)$,将 $\boldsymbol{\varepsilon}_1,\boldsymbol{\varepsilon}_2,\boldsymbol{\varepsilon}_3$ 在 $\boldsymbol{e}_1,\boldsymbol{e}_2,\boldsymbol{e}_3$ 中线性表出,有

$$\boldsymbol{\varepsilon}_1=\begin{pmatrix}1\\0\\2\end{pmatrix}=\begin{pmatrix}1\\0\\1\end{pmatrix}+\begin{pmatrix}0\\0\\1\end{pmatrix}=\boldsymbol{e}_1+\boldsymbol{e}_3,$$

$$\boldsymbol{\varepsilon}_2=\begin{pmatrix}-1\\2\\-1\end{pmatrix}=-\begin{pmatrix}1\\0\\1\end{pmatrix}+2\begin{pmatrix}0\\1\\0\end{pmatrix}=-\boldsymbol{e}_1+2\boldsymbol{e}_2,$$

$$\boldsymbol{\varepsilon}_3=\begin{pmatrix}1\\0\\0\end{pmatrix}=\begin{pmatrix}1\\0\\1\end{pmatrix}-\begin{pmatrix}0\\0\\1\end{pmatrix}=\boldsymbol{e}_1-\boldsymbol{e}_3.$$

合并成矩阵形式有

$$(\boldsymbol{\varepsilon}_1,\boldsymbol{\varepsilon}_2,\boldsymbol{\varepsilon}_3)=(\boldsymbol{e}_1,\boldsymbol{e}_2,\boldsymbol{e}_3)\begin{pmatrix}1&-1&1\\0&2&0\\1&0&-1\end{pmatrix},$$

即

$$\boldsymbol{A}(\boldsymbol{e}_1,\boldsymbol{e}_2,\boldsymbol{e}_3)=(\boldsymbol{\varepsilon}_1,\boldsymbol{\varepsilon}_2,\boldsymbol{\varepsilon}_3)=(\boldsymbol{e}_1,\boldsymbol{e}_2,\boldsymbol{e}_3)\begin{pmatrix}1&-1&1\\0&2&0\\1&0&-1\end{pmatrix}.$$

记 $(\boldsymbol{e}_1,\boldsymbol{e}_2,\boldsymbol{e}_3)=\boldsymbol{P}$, $\begin{pmatrix}1&-1&1\\0&2&0\\1&0&-1\end{pmatrix}=\boldsymbol{B}$,则有

$$\boldsymbol{P}^{-1}\boldsymbol{A}\boldsymbol{P}=\boldsymbol{B}.$$

下面将 $\boldsymbol{B}$ 相似对角化.

$$|\lambda\boldsymbol{I}-\boldsymbol{B}|=\begin{vmatrix}\lambda-1&1&-1\\0&\lambda-2&0\\-1&0&\lambda+1\end{vmatrix}=(\lambda-2)(\lambda^2-2)=0,$$

则 $\boldsymbol{B}$ 的特征值为 $\lambda=2,\lambda=\sqrt{2},\lambda=-\sqrt{2}$.

求得 $\lambda=2$ 对应的特征向量为 $\boldsymbol{\xi}_1=(3,-2,1)^{\mathrm{T}}$；$\lambda=\sqrt{2}$ 对应的特征向量为 $\boldsymbol{\xi}_2=(\sqrt{2}+1,0,1)^{\mathrm{T}}$；$\lambda=-\sqrt{2}$ 对应的特征向量为 $\boldsymbol{\xi}_3=(-\sqrt{2}+1,0,1)^{\mathrm{T}}$. 记 $\boldsymbol{Q}=(\boldsymbol{\xi}_1,\boldsymbol{\xi}_2,\boldsymbol{\xi}_3)$，则有

$$\boldsymbol{Q}^{-1}\boldsymbol{B}\boldsymbol{Q}=\begin{pmatrix}2&&\\&\sqrt{2}&\\&&-\sqrt{2}\end{pmatrix}=\boldsymbol{\Lambda}.$$

由 $\boldsymbol{P}^{-1}\boldsymbol{A}\boldsymbol{P}=\boldsymbol{B}$，得

$$\boldsymbol{Q}^{-1}\boldsymbol{P}^{-1}\boldsymbol{A}\boldsymbol{P}\boldsymbol{Q}=\boldsymbol{Q}^{-1}\boldsymbol{B}\boldsymbol{Q}=\boldsymbol{\Lambda}.$$

所求可逆阵

$$\boldsymbol{W}=\boldsymbol{P}\boldsymbol{Q}=\begin{pmatrix}1&0&0\\0&1&0\\1&0&1\end{pmatrix}\begin{pmatrix}3&\sqrt{2}+1&-\sqrt{2}+1\\-2&0&0\\1&1&1\end{pmatrix}=\begin{pmatrix}3&\sqrt{2}+1&-\sqrt{2}+1\\-2&0&0\\4&2+\sqrt{2}&2-\sqrt{2}\end{pmatrix}.$$

第六章　二次型与二次曲面

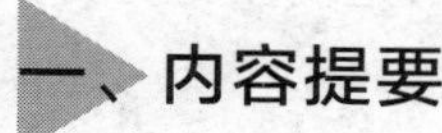

一、内容提要

（一）实二次型及其标准形

1. 二次型的相关概念

定义 1　n 元二次齐次多项式

$$f(x_1,x_2,\cdots,x_n)=\sum_{i=1}^{n}\sum_{j=1}^{n}a_{ij}x_ix_j=\boldsymbol{X}^{\mathrm{T}}\boldsymbol{A}\boldsymbol{X}$$

称为 n 元二次型，简称二次型.其中，

$$\boldsymbol{A}=\begin{pmatrix}a_{11}&a_{12}&\cdots&a_{1n}\\a_{21}&a_{22}&\cdots&a_{2n}\\\vdots&\vdots&&\vdots\\a_{n1}&a_{n2}&\cdots&a_{nn}\end{pmatrix},\quad \boldsymbol{A}^{\mathrm{T}}=\boldsymbol{A},\quad \boldsymbol{X}=(x_1,x_2,\cdots,x_n)^{\mathrm{T}}.$$

定义 2　实对称矩阵 $\boldsymbol{A}$ 称为二次型 $f(\boldsymbol{X})=\boldsymbol{X}^{\mathrm{T}}\boldsymbol{A}\boldsymbol{X}$ 的矩阵，$\boldsymbol{A}$ 的秩称为二次型 $f(\boldsymbol{X})$ 的秩.

2. 矩阵的合同

定义　设 $\boldsymbol{A},\boldsymbol{B}$ 为 n 阶方阵，如果存在可逆矩阵 $\boldsymbol{C}$，使得

$$\boldsymbol{B}=\boldsymbol{C}^{\mathrm{T}}\boldsymbol{A}\boldsymbol{C},$$

则称 $\boldsymbol{A}$ 与 $\boldsymbol{B}$ 合同.

性质　矩阵的合同具有反身性、对称性、传递性.

3. 二次型的标准形

(1) 标准形的概念

定义 1　平方和

$$d_1y_1^2+d_2y_2^2+\cdots+d_ny_n^2$$

形式的二次型称为标准形.

定义 2　形如

$$y_1^2+\cdots+y_p^2-y_{p+1}^2-\cdots-y_r^2$$

的标准形称为规范形.正项系数 p 称为正惯性指数，负项系数 $r-p$ 称为负惯性指数，

而正负惯性指数的差 $2p-r$ 称为符号差.

(2) 用配方法化二次型为标准形

定理 任何一个实二次型 $\boldsymbol{X}^{\mathrm{T}}\boldsymbol{A}\boldsymbol{X}$ 都可以通过可逆线性变换 $\boldsymbol{X}=\boldsymbol{C}\boldsymbol{Y}$ 化为标准形.

二次型化为标准形的一般步骤:

第一步 若二次型含有 x_i 的平方项,则先把含有 x_i 的乘积项集中,然后配方.再对其余的变量执行相同的操作,直到都配成平方项为止;

第二步 若二次型不含有平方项,但是 $a_{ij}\neq 0(i\neq j)$,则先作可逆线性变换

$$\begin{cases}x_i=y_i-y_j,\\ x_j=y_i+y_j,\\ x_k=y_k,\end{cases}$$

化二次型为含有平方项的二次型,然后再按上述方法配方.

(3) 用正交变换化二次型为标准形

定理 任何一个实二次型都可以通过正交变换化为标准形.

用正交变换将二次型化为标准形的一般步骤:

第一步 求特征值,解 $f(\lambda)=|\lambda\boldsymbol{I}-\boldsymbol{A}|=0$,得 $\boldsymbol{A}$ 的相异特征值 $\lambda_1,\lambda_2,\cdots,\lambda_t(t\leqslant n)$.

第二步 求特征向量,求 $(\lambda_i\boldsymbol{I}-\boldsymbol{A})\boldsymbol{X}=0$ 的基础解系 $\boldsymbol{X}_{i1},\boldsymbol{X}_{i2},\cdots,\boldsymbol{X}_{ir_i}(i=1,2,\cdots,t)$.

第三步 正交化,将 $\boldsymbol{X}_{i1},\boldsymbol{X}_{i2},\cdots,\boldsymbol{X}_{ir_i}$ 正交化得 $\boldsymbol{\beta}_{i1},\boldsymbol{\beta}_{i2},\cdots,\boldsymbol{\beta}_{ir_i}(i=1,2,\cdots,t)$.

第四步 单位化,令 $\boldsymbol{\gamma}_{ij}=\dfrac{1}{\|\boldsymbol{\beta}_{ij}\|}\boldsymbol{\beta}_{ij}$,得 $\boldsymbol{\gamma}_{i1},\boldsymbol{\gamma}_{i2},\cdots,\boldsymbol{\gamma}_{ir_i}(i=1,2,\cdots,t)$.

第五步 作正交矩阵

$$\boldsymbol{C}=(\boldsymbol{\gamma}_{11},\boldsymbol{\gamma}_{12},\cdots,\boldsymbol{\gamma}_{1r_1},\boldsymbol{\gamma}_{21},\boldsymbol{\gamma}_{22},\cdots,\boldsymbol{\gamma}_{2r_2},\cdots,\boldsymbol{\gamma}_{t1},\boldsymbol{\gamma}_{t2},\cdots,\boldsymbol{\gamma}_{tr_t}).$$

第六步 作正交变换,令 $\boldsymbol{X}=\boldsymbol{C}\boldsymbol{Y}$,则

$$f(\boldsymbol{X})=\lambda_1y_1^2+\lambda_2y_2^2+\cdots+\lambda_ny_n^2.$$

(二) 正定二次型与正定矩阵

1. 相关概念

定义 1 设 $f(\boldsymbol{X})=\boldsymbol{X}^{\mathrm{T}}\boldsymbol{A}\boldsymbol{X}$ 是实二次型,如果任一非零实向量 $\boldsymbol{X}$,都有 $f(\boldsymbol{X})=\boldsymbol{X}^{\mathrm{T}}\boldsymbol{A}\boldsymbol{X}>0$,则称 $f(\boldsymbol{X})$ 为正定二次型,$f(\boldsymbol{X})$ 的矩阵 $\boldsymbol{A}$ 称为正定矩阵.

定义 2 对于 n 阶矩阵 $\boldsymbol{A}=(a_{ij})_{n\times n}$,子式

$$\boldsymbol{P}_k=\begin{vmatrix}a_{11}&a_{12}&\cdots&a_{1k}\\ a_{21}&a_{22}&\cdots&a_{2k}\\ \vdots&\vdots&&\vdots\\ a_{k1}&a_{k2}&\cdots&a_{kk}\end{vmatrix}\quad(k=1,2,\cdots,n)$$

称为 $\boldsymbol{A}$ 的 k 阶顺序主子式.

2. 正定二次型(正定矩阵)的判定

定理 1 二次型 $f(\boldsymbol{X})=\boldsymbol{X}^{\mathrm{T}}\boldsymbol{A}\boldsymbol{X}$ 为正定二次型的充分必要条件是矩阵 $\boldsymbol{A}$ 的特征值全为正实数.

推论 1 二次型 $f(\boldsymbol{X})=\boldsymbol{X}^{\mathrm{T}}\boldsymbol{A}\boldsymbol{X}$ 是正定二次型的充分必要条件是 $f(\boldsymbol{X})$ 的正惯性指数为 n,即 $f(\boldsymbol{X})$ 的标准形

$$d_1y_1^2+d_2y_2^2+\cdots+d_ny_n^2$$

中各项系数 $d_k>0(k=1,2,\cdots,n)$.

推论 2 二次型 $f(\boldsymbol{X})=\boldsymbol{X}^{\mathrm{T}}\boldsymbol{A}\boldsymbol{X}$ 是正定二次型的充分必要条件是矩阵 $\boldsymbol{A}$ 与单位矩阵 $\boldsymbol{I}$ 合同,即存在可逆矩阵 $\boldsymbol{C}$,使得 $\boldsymbol{A}=\boldsymbol{C}\boldsymbol{C}^{\mathrm{T}}$.

定理 2 二次型 $f(\boldsymbol{X})=\boldsymbol{X}^{\mathrm{T}}\boldsymbol{A}\boldsymbol{X}$ 是正定二次型的充分必要条件是矩阵 $\boldsymbol{A}$ 的各阶顺序主子式全大于零.

以上结论可用矩阵描述为:

设 $\boldsymbol{A}$ 为实对称矩阵,则有

$\boldsymbol{A}$ 是正定矩阵 $\Leftrightarrow\boldsymbol{A}$ 的特征值全为正实数 $\Leftrightarrow\boldsymbol{A}$ 与单位矩阵 $\boldsymbol{I}$ 合同 $\Leftrightarrow\boldsymbol{A}$ 的各阶顺序主子式全大于零.

3. 其他类型二次型

(1) 相关概念

定义 对于二次型 $f(\boldsymbol{X})=\boldsymbol{X}^{\mathrm{T}}\boldsymbol{A}\boldsymbol{X}$ 及任一非零向量 $\boldsymbol{X}$,

1° 如果 $f(\boldsymbol{X})=\boldsymbol{X}^{\mathrm{T}}\boldsymbol{A}\boldsymbol{X}<0$,则称 $f(\boldsymbol{X})$ 是负定二次型;

2° 如果 $f(\boldsymbol{X})=\boldsymbol{X}^{\mathrm{T}}\boldsymbol{A}\boldsymbol{X}\geqslant 0$,则称 $f(\boldsymbol{X})$ 是半正定二次型;

3° 如果 $f(\boldsymbol{X})=\boldsymbol{X}^{\mathrm{T}}\boldsymbol{A}\boldsymbol{X}\leqslant 0$,则称 $f(\boldsymbol{X})$ 是半负定二次型;

4° 不是正定,半正定,负定,半负定的二次型称为不定二次型.

(2) 负定二次型的判定

定理 对于二次型 $f(\boldsymbol{X})=\boldsymbol{X}^{\mathrm{T}}\boldsymbol{A}\boldsymbol{X}$,下列命题等价:

$f(\boldsymbol{X})$ 为负定二次型 $\Leftrightarrow f(\boldsymbol{X})$ 的特征值全为负实数 $\Leftrightarrow f(\boldsymbol{X})$ 的负惯性指数为 $n\Leftrightarrow f(\boldsymbol{X})$ 的矩阵 A 的顺序主子式满足 $(-1)^kP_k>0(k=1,2,\cdots,n)$.

(三) 曲面与空间曲线

1. 曲面

(1) 柱面

定义 若一动直线 l 沿已知曲线 c 移动,且始终与某一直线 l' 平行,则这样形成的曲面称为柱面.曲线 c 称为柱面的准线,而直线 l 称为柱面的母线.

母线与坐标轴平行的柱面

1° 与 x 轴平行,方程形式:$f(y,z)=0$.

2° 与 y 轴平行，方程形式：$f(x,z)=0$.

3° 与 z 轴平行，方程形式：$f(x,y)=0$.

（2）旋转曲面

定义 一条空间曲线 c 绕一条定直线 l 旋转一周所产生的曲面称为旋转曲面.曲线 c 称为该曲面的母线，定直线 l 称为旋转轴.

yOz 平面上的曲线

$$\begin{cases}f(y,z)=0,\\x=0\end{cases}$$

绕 z 轴旋转一周所产生的旋转曲面的方程为

$$f(\pm\sqrt{x^2+y^2},z)=0.$$

2. 空间曲线

（1）空间曲线的方程

1° 空间曲线的一般式方程 将曲线看做是两个曲面的交线，

$$\begin{cases}F_1(x,y,z)=0,\\F_2(x,y,z)=0.\end{cases}$$

2° 空间曲线的参数方程 将曲线上动点的坐标 x,y,z 都用一个参变量 t 表示，

$$\begin{cases}x=x(t),\\y=y(t),\\z=z(t).\end{cases}$$

（2）空间曲线在坐标面上的投影

定义 以空间曲线 c 为准线，作母线平行于 z 轴的柱面 S，S 与 xOy 平面的交线 c' 就是 c 在 xOy 平面上的投影.曲面 S 称为投影柱面.

可类似定义空间曲线 c 在 yOz，zOx 平面上的投影.

（四）二次曲面

1. 二次曲面的概念

定义 一般二次方程

$$a_{11}x^2+a_{22}y^2+a_{33}z^2+2a_{12}xy+2a_{13}xz+2a_{23}yz+b_1x+b_2y+b_3z+c=0$$

所表示的曲面称为二次曲面.

2. 几类二次曲面的标准方程

（1）椭球面 $\frac{x^2}{a^2}+\frac{y^2}{b^2}+\frac{z^2}{c^2}=1$（$a=b=c$ 时，该方程表示球面）.

（2）抛物面

椭圆抛物面 $z=\frac{x^2}{2p}+\frac{y^2}{2q}$（$pq>0$）；

双曲抛物面　$z=\frac{x^2}{2p}-\frac{y^2}{2q}(pq>0)$.

(3) 双曲面

单叶双曲面　$\frac{x^2}{a^2}+\frac{y^2}{b^2}-\frac{z^2}{c^2}=1$;

双叶双曲面　$\frac{x^2}{a^2}+\frac{y^2}{b^2}-\frac{z^2}{c^2}=-1$.

二、典型例题

(一) 选择题

例 1　二次型 $f(x_1,x_2,x_3)=(x_1,x_2,x_3)\begin{pmatrix}1&2&1\\0&1&0\\1&2&1\end{pmatrix}\begin{pmatrix}x_1\\x_2\\x_3\end{pmatrix}$ 的秩为(　　).

(A) 0　　　(B) 2　　　(C) 1　　　(D) 3

分析　二次型的矩阵必须是对称矩阵,表达式中的矩阵 $\begin{pmatrix}1&2&1\\0&1&0\\1&2&1\end{pmatrix}$ 不是二次型的矩阵,应将其还原为对称矩阵 $\begin{pmatrix}1&1&1\\1&1&1\\1&1&1\end{pmatrix}$,再计算秩.

答案　(C).

例 2　设 $\boldsymbol{A},\boldsymbol{B}$ 均是 n 阶实对称矩阵,则正确的命题是(　　).

(A) 若 $\boldsymbol{A}$ 与 $\boldsymbol{B}$ 等价,则 $\boldsymbol{A}$ 与 $\boldsymbol{B}$ 相似　　(B) 若 $\boldsymbol{A}$ 与 $\boldsymbol{B}$ 相似,则 $\boldsymbol{A}$ 与 $\boldsymbol{B}$ 合同

(C) 若 $\boldsymbol{A}$ 与 $\boldsymbol{B}$ 合同,则 $\boldsymbol{A}$ 与 $\boldsymbol{B}$ 相似　　(D) 若 $\boldsymbol{A}$ 与 $\boldsymbol{B}$ 等价,则 $\boldsymbol{A}$ 与 $\boldsymbol{B}$ 合同

分析　同型矩阵等价的充要条件是其具有相同的秩.相似的矩阵具有相同的秩,相同的特征多项式,相同的特征值,相同的行列式.合同的矩阵具有相同的秩.

相似的矩阵必然等价,合同的矩阵必然等价,但反过来不一定成立.相似的矩阵不一定合同,合同的矩阵不一定相似.

但由于实对称矩阵可以相似对角化,所以若 $\boldsymbol{A}$ 与 $\boldsymbol{B}$ 相似,则存在正交矩阵 $\boldsymbol{P}$ 和 $\boldsymbol{Q}$ 使得

$$\boldsymbol{P}^{\mathrm{T}}\boldsymbol{A}\boldsymbol{P}=\operatorname{diag}(\lambda_1,\lambda_2,\cdots,\lambda_n)=\boldsymbol{Q}^{\mathrm{T}}\boldsymbol{B}\boldsymbol{Q},$$

其中 $\lambda_1,\lambda_2,\cdots,\lambda_n$ 为矩阵 $\boldsymbol{A}$ 与 $\boldsymbol{B}$ 的所有特征值.从而,

$$\boldsymbol{A}=(\boldsymbol{QP}^{-1})^{\mathrm{T}}\boldsymbol{B}(\boldsymbol{QP}^{-1}).$$

所以若两个实对称矩阵相似,则其必然合同.

答案 (B).

例 3 若二次型的秩为 r,符号差为 s 且 s 为偶数,则下列结论正确的是(　　).

(A) r 为偶数且 $|s|\leqslant r$　　(B) r 为奇数且 $|s|\leqslant r$

(C) r 为奇数且 $|s|>r$　　(D) r 为偶数且 $|s|>r$

分析 设二次型的正惯性指数为 p,则 $s=2p-r$,即 $s+r=2p$,所以 r 与 s 的奇偶性相同.因为 $0\leqslant p\leqslant r$,所以 $0\leqslant s+r\leqslant 2r$,于是 $-r\leqslant s\leqslant r$,即 $|s|\leqslant r$.

答案 (A).

例 4 已知矩阵 $\boldsymbol{A}=\begin{pmatrix}1&-1&-1\\-1&4&2\\-1&2&4\end{pmatrix}$,则矩阵 $\boldsymbol{A}$ 是(　　).

(A) 负定的　　(B) 半负定的　　(C) 半正定的　　(D) 正定的

分析 实对称矩阵正定的充分必要条件是其顺序主子式全大于零,因此,只需验证矩阵的三个顺序主子式即可.

答案 (D).

例 5 下列不是 n 元二次型 $f(\boldsymbol{X})=\boldsymbol{X}^{\mathrm{T}}\boldsymbol{AX}$ 为正定二次型的充分必要条件的是(　　).

(A) 存在正交矩阵 $\boldsymbol{P}$,使得 $\boldsymbol{P}^{\mathrm{T}}\boldsymbol{AP}=\boldsymbol{I}$　　(B) 正惯性指数为 n

(C) $\boldsymbol{A}$ 的特征值全为正实数　　(D) $f(\boldsymbol{X})$ 的规范形为 $y_1^2+y_2^2+\cdots+y_n^2$

分析 二次型 $f(\boldsymbol{X})=\boldsymbol{X}^{\mathrm{T}}\boldsymbol{AX}$ 是正定二次型的几个常见的充分必要条件:

$\boldsymbol{A}$ 的特征值全为正实数$\Leftrightarrow f(\boldsymbol{X})$ 的正惯性指数为 $n\Leftrightarrow\boldsymbol{A}$ 与单位矩阵 $\boldsymbol{I}$ 合同$\Leftrightarrow\boldsymbol{A}$ 的各阶顺序主子式全大于零.

可见(B)、(C)、(D)均是正定二次型的充要条件.

(A) 中的条件只是充分条件而非必要条件,即从 $f(\boldsymbol{X})=\boldsymbol{X}^{\mathrm{T}}\boldsymbol{AX}$ 是正定二次型出发,只能推出存在可逆矩阵 $\boldsymbol{P}$,使得 $\boldsymbol{P}^{\mathrm{T}}\boldsymbol{AP}=\boldsymbol{I}$,$\boldsymbol{P}$ 不一定是正交矩阵.

答案 (A).

例 6 方程 $3x^2-2z^2=6$ 表示(　　)曲面.

(A) 母线平行于 x 轴的椭圆柱面　　(B) 母线平行于 y 轴的椭圆柱面

(C) 母线平行于 z 轴的椭圆柱面　　(D) 母线平行于 y 轴的双曲柱面

分析 一般来说,若曲面方程缺少一个变量,则该曲面是一个柱面,且这个柱面的母线与这个变量对应的坐标轴平行.另外,要注意椭圆柱面与双曲柱面方程的区别.

答案 (D).

例 7 曲线

$$\begin{cases}5x^2+3y^2-3z^2=12,\\ y=3\end{cases}$$

在 xOz 面上的投影曲线绕 x 轴旋转一周所成的曲面是(　　).

(A) 椭球面　　(B) 马鞍面　　(C) 单叶双曲面　　(D) 双叶双曲面

分析　消去变量 y 得到母线与 y 轴平行的双曲柱面:

$$\frac{z^2}{5}-\frac{x^2}{3}=1,$$

从而在 xOz 面上的投影曲线为

$$\begin{cases}\dfrac{z^2}{5}-\dfrac{x^2}{3}=1,\\ y=0.\end{cases}$$

该曲线绕 x 轴旋转一周得到单叶双曲面

$$\frac{y^2+z^2}{5}-\frac{x^2}{3}=1.$$

答案　(C).

例 8　已知三元二次型

$$f(x_1,x_2,x_3)=5x_1^2+5x_2^2+3x_3^2-2x_1x_2+6x_1x_3-6x_2x_3,$$

则 $f(x_1,x_2,x_3)=1$ 表示(　　).

(A) 旋转抛物面　　(B) 圆锥面　　(C) 双曲柱面　　(D) 椭圆柱面

分析　先将二次型化为标准形,再判断曲面的类型;利用正交变换化二次型为标准形,只需计算二次型矩阵的特征值.

二次型 $f(x_1,x_2,x_3)$ 的矩阵为

$$\boldsymbol{A}=\begin{pmatrix}5&-1&3\\-1&5&-3\\3&-3&3\end{pmatrix}.$$

计算可得矩阵 $\boldsymbol{A}$ 的三个特征值分别为 0,4,9.在正交变换下,$f(x_1,x_2,x_3)=1$ 化为椭圆柱面

$$4y_2^2+9y_3^2=1.$$

答案　(D).

(二) 解答题

例 1　求二次型 $f(\boldsymbol{X})=\sum\limits_{i=1}^{m}(b_{i1}x_1+b_{i2}x_2+\cdots+b_{in}x_n)^2$ 的矩阵 $\boldsymbol{A}$,其中 $\boldsymbol{B}=(b_{ij})_{m\times n}$.

分析　因为括号中的表达式为 n 项之和,所以不能直接将括号展开来求二次

型的矩阵，而是应该用矩阵分块乘积的办法来表示它.

解 可将 $f(\boldsymbol{X})$ 改写为

$$f(\boldsymbol{X})=\sum_{i=1}^{m}(x_1,x_2,\cdots,x_n)\begin{pmatrix}b_{i1}\\b_{i2}\\\vdots\\b_{in}\end{pmatrix}(b_{i1},b_{i2},\cdots,b_{in})\begin{pmatrix}x_1\\x_2\\\vdots\\x_n\end{pmatrix}$$

$$=(x_1,x_2,\cdots,x_n)\left(\sum_{i=1}^{m}\begin{pmatrix}b_{i1}\\b_{i2}\\\vdots\\b_{in}\end{pmatrix}(b_{i1},b_{i2},\cdots,b_{in})\right)\begin{pmatrix}x_1\\x_2\\\vdots\\x_n\end{pmatrix}.$$

因此，$f(\boldsymbol{X})=\boldsymbol{X}^{\mathrm{T}}(\boldsymbol{B}^{\mathrm{T}}\boldsymbol{B})\boldsymbol{X}$.显然，$\boldsymbol{B}^{\mathrm{T}}\boldsymbol{B}$ 为对称矩阵，因此 $\boldsymbol{A}=\boldsymbol{B}^{\mathrm{T}}\boldsymbol{B}$.

评注 二次型的矩阵必须为对称矩阵.

例 2 计算二次型 $f(x_1,x_2,x_3)=x_1^2+x_3^2-2x_1x_2+2x_1x_3+2x_2x_3$ 的正惯性指数.

分析 求一个二次型的正惯性指数可以用配方法对二次型作可逆线性变换解得，或者用正交变换化为标准形，也可以直接计算其矩阵的特征值来判断.

解 二次型的矩阵为

$$\boldsymbol{A}=\begin{pmatrix}1&-1&1\\-1&0&1\\1&1&1\end{pmatrix}.$$

计算

$$|\lambda\boldsymbol{I}-\boldsymbol{A}|=\begin{vmatrix}\lambda-1&1&-1\\1&\lambda&-1\\-1&-1&\lambda-1\end{vmatrix}=0,$$

解得 $\boldsymbol{A}$ 的特征值为 $\lambda_1=2,\lambda_2=\sqrt{2},\lambda_3=-\sqrt{2}$，所以 $f(x_1,x_2,x_3)$ 的正惯性指数为 2.

评注 二次型的正惯性指数等于其矩阵的正特征值的个数.

例 3 用配方法化二次型 $f(x_1,x_2,x_3)=x_1x_2+4x_1x_3+x_2x_3$ 为规范形，并写出所用的可逆线性变换.

分析 二次型中没有平方项，应先作一次变换构造出平方项.

解 令 $x_1=y_1+y_2,x_2=y_1-y_2,x_3=y_3$，二次型化为

$$f=y_1^2-y_2^2+4(y_1+y_2)y_3+(y_1-y_2)y_3=y_1^2-y_2^2+5y_1y_3+3y_2y_3.$$

先对 y_1 配方，有

$$f=\left(y_1+\frac{5}{2}y_3\right)^2-y_2^2-\frac{25}{4}y_3^2+3y_2y_3=\left(y_1+\frac{5}{2}y_3\right)^2-\left(y_2-\frac{3}{2}y_3\right)^2-4y_3^2.$$

令

$$
\begin{cases}
z_1=y_1+\dfrac{5}{2}y_3=\dfrac{x_1}{2}+\dfrac{x_2}{2}+\dfrac{5}{2}x_3,\\
z_2=y_2-\dfrac{3}{2}y_3=\dfrac{1}{2}x_1-\dfrac{1}{2}x_2-\dfrac{3}{2}x_3,\\
z_3=2y_3=2x_3,
\end{cases}
$$

即可逆线性变换为

$$
\begin{pmatrix}x_1\\x_2\\x_3\end{pmatrix}=\begin{pmatrix}1&1&-\dfrac{1}{2}\\1&-1&-2\\0&0&\dfrac{1}{2}\end{pmatrix}\begin{pmatrix}z_1\\z_2\\z_3\end{pmatrix}.
$$

故二次型的规范形为 $z_1^2-z_2^2-z_3^2$.

例 4 用正交变换化二次型

$$
f(x_1,x_2,x_3)=x_1^2+2x_2^2+3x_3^2+4x_1x_2-4x_2x_3
$$

为标准形,并求出该正交变换.

分析 用正交变换化二次型为标准形,主要工作在于求正交矩阵.一般方法是:首先写出二次型的矩阵,然后求其特征值与特征向量,最后采用施密特正交化方法求得正交矩阵.

解 二次型的矩阵为

$$
\boldsymbol{A}=\begin{pmatrix}1&2&0\\2&2&-2\\0&-2&3\end{pmatrix},
$$

则由 $\boldsymbol{A}$ 的特征方程

$$
|\lambda\boldsymbol{I}-\boldsymbol{A}|=\begin{vmatrix}\lambda-1&-2&0\\-2&\lambda-2&2\\0&2&\lambda-3\end{vmatrix}=(\lambda+1)(\lambda-2)(\lambda-5)=0,
$$

得到矩阵 $\boldsymbol{A}$ 的特征值为 $\lambda=2,5,-1$.

对 $\lambda=2$,由 $(2\boldsymbol{I}-\boldsymbol{A})\boldsymbol{X}=0$,对其系数矩阵作初等变换得

$$
\begin{pmatrix}1&-2&0\\-2&0&2\\0&2&-1\end{pmatrix}\longrightarrow\begin{pmatrix}1&-2&0\\0&2&-1\\0&0&0\end{pmatrix}.
$$

由此可得特征向量 $\boldsymbol{\xi}_1=(2,1,2)^{\mathrm{T}}$.

同理,对 $\lambda=5$,由 $(5\boldsymbol{I}-\boldsymbol{A})\boldsymbol{X}=0$ 可得特征向量 $\boldsymbol{\xi}_2=(1,2,-2)^{\mathrm{T}}$.对 $\lambda=-1$,由 $(-\boldsymbol{I}-\boldsymbol{A})\boldsymbol{X}=\boldsymbol{0}$ 可得特征向量 $\boldsymbol{\xi}_3=(-2,2,1)^{\mathrm{T}}$.

特征值不同,特征向量必两两正交,只需对其单位化可得

$$\boldsymbol{\gamma}_1=\frac{1}{3}(2,1,2)^{\mathrm{T}},\quad \boldsymbol{\gamma}_2=\frac{1}{3}(1,2,-2)^{\mathrm{T}},\quad \boldsymbol{\gamma}_3=\frac{1}{3}(-2,2,1)^{\mathrm{T}}.$$

令

$$\boldsymbol{X}=\begin{pmatrix}x_1\\x_2\\x_3\end{pmatrix},\quad \boldsymbol{C}=(\boldsymbol{\gamma}_1,\boldsymbol{\gamma}_2,\boldsymbol{\gamma}_3)=\frac{1}{3}\begin{pmatrix}2&1&-2\\1&2&2\\2&-2&1\end{pmatrix},\quad \boldsymbol{Y}=\begin{pmatrix}y_1\\y_2\\y_3\end{pmatrix},$$

则 $\boldsymbol{X}=\boldsymbol{C}\boldsymbol{Y}$ 是正交变换,且标准形为

$$f(x_1,x_2,x_3)=2y_1^2+5y_2^2-y_3^2.$$

例 5 设二次型 $f(x_1,x_2,x_3)=x_1^2+x_2^2+x_3^2+2ax_1x_2+2x_1x_3+2bx_2x_3$ 经过正交变换 $\boldsymbol{X}=\boldsymbol{C}\boldsymbol{Y}$ 化为 $f=y_2^2+2y_3^2$,求常数 a,b 的值.

分析 正交变换化二次型为标准形时,标准形的系数为对应的二次型矩阵的特征值,由此可以计算出常数 a,b 的值.

解 根据假设条件知,二次型的矩阵为

$$\boldsymbol{A}=\begin{pmatrix}1&a&1\\a&1&b\\1&b&1\end{pmatrix},$$

则 $\boldsymbol{A}$ 的特征值为 0,1,2.因此,

$$|\lambda\boldsymbol{I}-\boldsymbol{A}|=\begin{vmatrix}\lambda-1&-a&-1\\-a&\lambda-1&-b\\-1&-b&\lambda-1\end{vmatrix}=\lambda(\lambda-1)(\lambda-2),$$

即

$$\lambda^3-3\lambda^2+(2-a^2-b^2)\lambda+(a-b)^2=\lambda^3-3\lambda^2+2\lambda,$$

从而 $a=b=0$.

评注 二次型标准形的系数为二次型矩阵的特征值.

例 6 已知二次型 $f(x_1,x_2,x_3)=\boldsymbol{X}^{\mathrm{T}}\boldsymbol{A}\boldsymbol{X}$ 的矩阵 $\boldsymbol{A}$ 满足 $\left|\frac{1}{2}\boldsymbol{A}-\boldsymbol{I}\right|=0,\boldsymbol{A}\boldsymbol{B}=\boldsymbol{O}$,其中

$$\boldsymbol{B}=\begin{pmatrix}1&1\\2&-1\\1&1\end{pmatrix}.$$

(1) 利用正交变换将二次型化为标准形,并写出所用的正交变换和所得的标准形;

(2) 求出该二次型.

分析 本题关键在于构造一个正交矩阵,先求 3 个线性无关的特征向量,然后再正交化、单位化.

解 (1) 由题意知,A 是实对称矩阵.记 $\boldsymbol{\alpha}_1=(1,2,1)^{\mathrm{T}}$,$\boldsymbol{\alpha}_2=(1,-1,1)^{\mathrm{T}}$,则 $\boldsymbol{B}=(\boldsymbol{\alpha}_1,\boldsymbol{\alpha}_2)$.由题设有 $\boldsymbol{AB}=\boldsymbol{A}(\boldsymbol{\alpha}_1,\boldsymbol{\alpha}_2)=(\boldsymbol{A\alpha}_1,\boldsymbol{A\alpha}_2)=\boldsymbol{O}$,所以 $\boldsymbol{A\alpha}_1=\boldsymbol{A\alpha}_2=\boldsymbol{0}$,这表明 $\lambda_1=0$ 是 $\boldsymbol{A}$ 的一个特征值,$\boldsymbol{\alpha}_1,\boldsymbol{\alpha}_2$ 是 $\boldsymbol{A}$ 的属于特征值 $\lambda_1=0$ 的特征向量.

另外,由 $\left|\frac{1}{2}\boldsymbol{A}-\boldsymbol{I}\right|=\left|-\frac{1}{2}(2\boldsymbol{I}-\boldsymbol{A})\right|=0$ 可得 $|2\boldsymbol{I}-\boldsymbol{A}|=0$,所以 $\lambda_2=2$ 是 $\boldsymbol{A}$ 的另一个特征值.设 $\boldsymbol{\alpha}_3=(x_1,x_2,x_3)^{\mathrm{T}}$ 是 $\boldsymbol{A}$ 的属于特征值 $\lambda_2=2$ 的特征向量,由于 $\lambda_1\neq\lambda_2$,知 $\boldsymbol{\alpha}_3$ 与 $\boldsymbol{\alpha}_1,\boldsymbol{\alpha}_2$ 正交,即

$$\begin{cases}x_1+2x_2+x_3=0,\\x_1-x_2+x_3=0,\end{cases}$$

取其一组解为 $\boldsymbol{\alpha}_3=(-1,0,1)^{\mathrm{T}}$.

由于 $\boldsymbol{\alpha}_1$ 与 $\boldsymbol{\alpha}_2$ 正交,将 $\boldsymbol{\alpha}_1,\boldsymbol{\alpha}_2,\boldsymbol{\alpha}_3$ 分别单位化得两两正交的向量组

$$\boldsymbol{\eta}_1=\frac{1}{\sqrt{6}}(1,2,1)^{\mathrm{T}},\quad \boldsymbol{\eta}_2=\frac{1}{\sqrt{3}}(1,-1,1)^{\mathrm{T}},\quad \boldsymbol{\eta}_3=\frac{1}{\sqrt{2}}(-1,0,1)^{\mathrm{T}}.$$

令 $\boldsymbol{C}=(\boldsymbol{\eta}_1,\boldsymbol{\eta}_2,\boldsymbol{\eta}_3)$,则 $\boldsymbol{C}$ 为正交矩阵,且 $\boldsymbol{C}^{\mathrm{T}}\boldsymbol{AC}=\operatorname{diag}(0,0,2)$.
作正交变换 $\boldsymbol{X}=\boldsymbol{CY}$,则得标准形

$$f(x_1,x_2,x_3)=\boldsymbol{X}^{\mathrm{T}}\boldsymbol{AX}=(\boldsymbol{CY})^{\mathrm{T}}\boldsymbol{A}(\boldsymbol{CY})=\boldsymbol{Y}^{\mathrm{T}}(\boldsymbol{C}^{\mathrm{T}}\boldsymbol{AC})\boldsymbol{Y}=\boldsymbol{Y}^{\mathrm{T}}\operatorname{diag}(0,0,2)\boldsymbol{Y}=2y_3^2.$$

(2) 由(1)知,$\boldsymbol{C}^{\mathrm{T}}\boldsymbol{AC}=\operatorname{diag}(0,0,2)$,故

$$\boldsymbol{A}=\boldsymbol{C}\operatorname{diag}(0,0,2)\boldsymbol{C}^{\mathrm{T}}=\begin{pmatrix}1&0&-1\\0&0&0\\-1&0&1\end{pmatrix},$$

所以二次型 $f(x_1,x_2,x_3)=x_1^2-2x_1x_3+x_3^2$.

评注 本例的矩阵形式表述为:已知 3 阶实对称矩阵 $\boldsymbol{A}$ 满足 $\left|\frac{1}{2}\boldsymbol{A}-\boldsymbol{I}\right|=0$,$\boldsymbol{AB}=\boldsymbol{O}$,其中

$$\boldsymbol{B}=\begin{pmatrix}1&1\\2&-1\\1&1\end{pmatrix},$$

求矩阵 $\boldsymbol{A}$.

也可以表述为:已知 3 阶实对称矩阵 $\boldsymbol{A}$ 满足 $\left|\frac{1}{2}\boldsymbol{A}-\boldsymbol{I}\right|=0$,且 $\boldsymbol{\alpha}_1=(1,2,1)^{\mathrm{T}}$,$\boldsymbol{\alpha}_2=(1,-1,1)^{\mathrm{T}}$ 是齐次线性方程组 $\boldsymbol{AX}=\boldsymbol{0}$ 的一个基础解系,求矩阵 $\boldsymbol{A}$.

例 7 已知二次型 $f(x_1,x_2,x_3)=\boldsymbol{X}^{\mathrm{T}}\boldsymbol{AX}$ 经过正交变换 $\boldsymbol{X}=\boldsymbol{CY}$ 化为标准形 $\lambda y_1^2-y_2^2-y_3^2$.若 $\boldsymbol{A\alpha}=2\boldsymbol{\alpha}$,其中 $\boldsymbol{\alpha}=(1,-1,1)^{\mathrm{T}}$,求二次型 $f(x_1,x_2,x_3)$.

分析 此题关键在于求出正交矩阵 $\boldsymbol{C}$ 以及未知参数 λ,则 $\boldsymbol{A}=\boldsymbol{C}\operatorname{diag}(\lambda,-1,$

$-1)C^{T}$.

解 由题设知A有3个特征值$\lambda_1=\lambda,\lambda_2=\lambda_3=-1$.又因为$A\alpha=2\alpha$,故2是$A$的一个特征值,所以$\alpha=(1,-1,1)^{T}$是$A$的属于特征值$\lambda_1=2$的特征向量.

设A的属于特征值-1的特征向量为$\beta=(x_1,x_2,x_3)^{T}$,因$\lambda_1\neq-1$,所以α与β正交,因此得方程组$x_1-x_2+x_3=0$,解得A的属于特征值$\lambda=-1$的两个线性无关的特征向量为

$$\beta=(1,1,0)^{T},\quad \gamma=(-1,0,1)^{T}.$$

显然,α,β,γ是线性无关的向量组.对α单位化,得

$$\xi_1=\frac{1}{\sqrt{3}}(1,-1,1)^{T}.$$

对β,γ正交化,得

$$\beta'=\beta=(1,1,0)^{T},\quad \gamma'=\left(-\frac{1}{2},\frac{1}{2},1\right)^{T}.$$

对β',γ'单位化,得

$$\xi_2=\frac{1}{\sqrt{2}}(1,1,0)^{T},\quad \xi_3=\frac{\sqrt{6}}{6}(-1,1,2)^{T}.$$

令$C=(\xi_1,\xi_2,\xi_3)$,则C是正交矩阵且$C^{T}AC=\operatorname{diag}(2,-1,-1)$,从而

$$A=C\operatorname{diag}(2,-1,-1)C^{T}=\begin{pmatrix}0&-1&1\\-1&0&-1\\1&-1&0\end{pmatrix}.$$

故所求的二次型为$f(x_1,x_2,x_3)=X^{T}AX=-2x_1x_2+2x_1x_3-2x_2x_3$.

评注 本题也可以令$P=(\alpha,\beta,\gamma)$,由于α,β,γ是一组线性无关的特征向量,故P可逆且

$$AP=(2\alpha,-\beta,-\gamma)=(\alpha,\beta,\gamma)\operatorname{diag}(2,-1,-1)=P\operatorname{diag}(2,-1,-1),$$

所以$A=P\operatorname{diag}(2,-1,-1)P^{-1}$.

例8 设矩阵

$$A=\begin{pmatrix}0&1&0&0\\1&0&0&0\\0&0&y&1\\0&0&1&2\end{pmatrix}$$

有一个特征值为3,求未知量y以及可逆矩阵P使得$(AP)^{T}(AP)$为对角矩阵.

分析 这是将实对称矩阵$A^{T}A$相似对角化问题,可以利用化二次型$f(X)=X^{T}(A^{T}A)X$为标准形来解决.

解 因为 3 是矩阵 $\boldsymbol{A}$ 的特征值,用拉普拉斯展开式有

$$|3\boldsymbol{I}-\boldsymbol{A}|=\begin{vmatrix}3&-1&0&0\\-1&3&0&0\\0&0&3-y&-1\\0&0&-1&1\end{vmatrix}=8\begin{vmatrix}3-y&-1\\-1&1\end{vmatrix}=0,$$

解得 $y=2$,从而

$$\boldsymbol{A}=\begin{pmatrix}0&1&0&0\\1&0&0&0\\0&0&2&1\\0&0&1&2\end{pmatrix}.$$

由于 $\boldsymbol{A}=\boldsymbol{A}^{\mathrm{T}}$,故 $(\boldsymbol{AP})^{\mathrm{T}}(\boldsymbol{AP})=\boldsymbol{P}^{\mathrm{T}}\boldsymbol{A}^2\boldsymbol{P}$,其中

$$\boldsymbol{A}^2=\begin{pmatrix}1&0&0&0\\0&1&0&0\\0&0&5&4\\0&0&4&5\end{pmatrix}$$

为实对称矩阵.要使 $\boldsymbol{P}^{\mathrm{T}}\boldsymbol{A}^2\boldsymbol{P}$ 为对角矩阵,可构造二次型

$$f(\boldsymbol{X})=\boldsymbol{X}^{\mathrm{T}}\boldsymbol{A}^2\boldsymbol{X}=x_1^2+x_2^2+5x_3^2+5x_4^2+8x_3x_4,$$

再化其为标准形,可得可逆矩阵 $\boldsymbol{P}$.

经配方得 $f(\boldsymbol{X})=y_1^2+y_2^2+5y_2^2+\dfrac{9}{5}y_4^2$,其中

$$y_1=x_1,\quad y_2=x_2,\quad y_3=x_3+\frac{4}{5}x_4,\quad y_4=x_4.$$

于是

$$\begin{pmatrix}x_1\\x_2\\x_3\\x_4\end{pmatrix}=\begin{pmatrix}1&0&0&0\\0&1&0&0\\0&0&1&-\dfrac{4}{5}\\0&0&0&1\end{pmatrix}\begin{pmatrix}y_1\\y_2\\y_3\\y_4\end{pmatrix}.$$

令

$$\boldsymbol{P}=\begin{pmatrix}1&0&0&0\\0&1&0&0\\0&0&1&-\dfrac{4}{5}\\0&0&0&1\end{pmatrix},$$

则

$$(\boldsymbol{AP})^{\mathrm{T}}(\boldsymbol{AP})=\boldsymbol{P}^{\mathrm{T}}\boldsymbol{A}^2\boldsymbol{P}=\begin{pmatrix}1&&&\\&1&&\\&&5&\\&&&\frac{9}{5}\end{pmatrix}.$$

例 9 判定二次型 $f(x_1,x_2,x_3)=x_1^2+2x_2^2+5x_3^2+2x_1x_2-4x_2x_3$ 是否为正定二次型.

分析 可利用二次型为正定二次型的几个等价命题来判断,比如二次型的矩阵为正定矩阵(各阶顺序主子式大于零),化二次型为标准形(正惯性指数为 n)等.

解法 1 二次型 $f(x_1,x_2,x_3)$ 的矩阵为

$$\boldsymbol{A}=\begin{pmatrix}1&1&0\\1&2&-2\\0&-2&5\end{pmatrix}.$$

它的三个顺序主子式的值分别为

$$P_1=1>0,\quad P_2=\begin{vmatrix}1&1\\1&2\end{vmatrix}=1>0,\quad \begin{vmatrix}1&1&0\\1&2&-2\\0&-2&5\end{vmatrix}=1>0.$$

所以 $f(x_1,x_2,x_3)$ 为正定二次型.

解法 2 利用配方法化二次型为标准形.

$$f(x_1,x_2,x_3)=x_1^2+2x_2^2+5x_3^2+2x_1x_2-4x_2x_3=(x_1+x_2)^2+(x_2-2x_3)^2+x_3^2.$$

因此,二次型的正惯性指数为 3,从而 $f(x_1,x_2,x_3)$ 是正定二次型.

例 10 设矩阵

$$\boldsymbol{A}=\begin{pmatrix}1&0&1\\0&2&0\\1&0&1\end{pmatrix},$$

$\boldsymbol{B}=(k\boldsymbol{I}+\boldsymbol{A})^2$,其中 k 为实数,$\boldsymbol{I}$ 为 3 阶单位矩阵.求对角矩阵 $\boldsymbol{\Lambda}$,使 $\boldsymbol{B}$ 与 $\boldsymbol{A}$ 相似;当 k 为何值时,$\boldsymbol{B}$ 为正定矩阵.

分析 $\boldsymbol{B}$ 为实对称矩阵,所以可以相似对角化.通过矩阵 $\boldsymbol{A}$ 的特征值,求得 $\boldsymbol{B}$ 的特征值,从而得到对角矩阵.

解 由 $\boldsymbol{A}$ 的特征多项式

$$|\lambda\boldsymbol{I}-\boldsymbol{A}|=\begin{vmatrix}\lambda-1&0&-1\\0&\lambda-2&0\\-1&0&\lambda-1\end{vmatrix}=\lambda(\lambda-2)^2,$$

可得 $\boldsymbol{A}$ 的特征值为 $\lambda_1=\lambda_2=2,\lambda_3=0$.那么 $k\boldsymbol{I}+\boldsymbol{A}$ 的特征值为 $k+2,k+2,k$,$\boldsymbol{B}$ 的特征值为 $(k+2)^2,(k+2)^2,k^2$.又因为 $\boldsymbol{A}$ 为实对称矩阵,故

$$\boldsymbol{B}^{\mathrm{T}}=((k\boldsymbol{I}+\boldsymbol{A})^2)^{\mathrm{T}}=((k\boldsymbol{I}+\boldsymbol{A})^{\mathrm{T}})^2=(k\boldsymbol{I}+\boldsymbol{A})^2=\boldsymbol{B},$$

即 $\boldsymbol{B}$ 为实对称矩阵.因此,$\boldsymbol{B}$ 可相似对角化为

$$\boldsymbol{\Lambda}=\begin{pmatrix}(k+2)^2 & & \\ & (k+2)^2 & \\ & & k^2\end{pmatrix}.$$

当 $k\neq-2$ 且 $k\neq0$ 时,$\boldsymbol{B}$ 的特征值全部大于零,此时 $\boldsymbol{B}$ 为正定矩阵.

例 11 已知柱面的准线为

$$\begin{cases}x=y^2+z^2,\\x=2z,\end{cases}$$

其母线垂直于该准线所在的平面,求柱面方程.

分析 对于柱面上任一点 P,由柱面的性质知,必在准线上有相应点 Q,使 PQ 平行于柱面母线的方向向量.由此可建立 P,Q 点坐标间的关系,再根据点 Q 的坐标满足准线方程来建立柱面方程.

解 由准线方程知,准线在平面 $x=2z$ 上,故母线的方向向量为 $(1,0,-2)$.

设 $P(x,y,z)$ 为柱面上任意一点,$Q(x_0,y_0,z_0)$ 为 P 所在的母线与准线的交点,则

$$\frac{x-x_0}{1}=\frac{y-y_0}{0}=\frac{z-z_0}{-2}=t,$$

即

$$\begin{cases}x_0=x-t,\\y_0=y,\\z_0=z+2t.\end{cases}$$

因为 $Q(x_0,y_0,z_0)$ 在准线上,故 x_0,y_0,z_0 满足准线方程

$$\begin{cases}x-t=y^2+(z+2t)^2,\\x-t=2z+4t,\end{cases}$$

消去参数 t,得柱面方程

$$(2x+z)^2-10(2x+z)+25y^2=0.$$

例 12 求 xOz 平面上的曲线 $\begin{cases}x^2+3z^2=9,\\y=0\end{cases}$ 绕 z 轴旋转一周所形成的旋转曲面方程.

分析 求某一坐标平面上的曲线绕该坐标面上某一个坐标轴旋转一周而形成的旋转曲面方程的一般方法是:绕哪个坐标轴旋转,则原曲线方程中相应的那个坐标变量不变,而将曲线方程中另外一个变量改写为该变量与第三个变量平方和的正负平方根.

解 将 x 以 $\pm\sqrt{x^2+y^2}$ 代换,即得旋转曲面方程为

$$x^2+y^2+3z^2=9.$$

例 13 求直线 $l:\begin{cases}x=1,\\ y=z\end{cases}$ 绕 z 轴旋转一周所形成的旋转曲面的方程.

分析 利用旋转曲面的几何对称性知,若点 P 在旋转曲面上,则在直线 l 上一定存在一点 Q,使得 P 与 Q 有相同的旋转半径.

解 设点 $M_0(x_0,y_0,z_0)\in l$,则 $x_0=1,y_0=z_0$.若点 $M(x,y,z)$ 是由 M_0 绕 z 轴旋转而到达的点,则

$$\begin{cases}x^2+y^2=x_0^2+y_0^2,\\ z=z_0,\end{cases}$$

消去参数 x_0,y_0,z_0,得旋转曲面方程 $x^2+y^2=1+z^2$.

例 14 求以点 $A(0,0,1)$ 为顶点,以椭圆 $\begin{cases}\dfrac{x^2}{25}+\dfrac{y^2}{9}=1,\\ z=3\end{cases}$ 为准线的锥面方程.

分析 通过准线上任一点 M 与点 A 确定的直线方程来建立锥面方程.

解 设 $M(x_0,y_0,z_0)$ 为椭圆上一点,则 A,M 两点所确定的直线 l 为

$$\frac{x}{x_0}=\frac{y}{y_0}=\frac{z-1}{z_0-1}.$$

因 M 在椭圆上,故

$$\begin{cases}\dfrac{x_0^2}{25}+\dfrac{y_0^2}{9}=1,\\ z_0=3,\end{cases}$$

上述两式联立,消去 x_0,y_0,z_0,得锥面方程

$$\frac{x^2}{25}+\frac{y^2}{9}-\frac{(z-1)^2}{4}=0.$$

例 15 把曲线的参数方程

$$\begin{cases}x=\dfrac{a}{2}(1+\cos t),\\ y=\dfrac{a}{2}\sin t,\\ z=a\sin\dfrac{t}{2}\end{cases}$$

化为一般方程.

分析 消去 t 将参数方程化为一般方程.

解 由参数方程得

$$x^2+y^2+z^2=\frac{a^2}{4}[(1+\cos t)^2+\sin^2 t]+a^2\sin^2\frac{t}{2}=a^2,$$

$$\left(x-\frac{a}{2}\right)^2+y^2=\frac{a^2}{4}(\cos^2 t+\sin^2 t)=\frac{a^2}{4},$$

即 $x^2+y^2-ax=0$.

因此,曲线的一般方程为

$$\begin{cases}x^2+y^2+z^2=a^2,\\x^2+y^2-ax=0.\end{cases}$$

例 16 已知球面 $x^2+y^2+z^2-2x+4y-6z=0$,一平面通过其球心且与直线$\begin{cases}x=0,\\y-z=0\end{cases}$垂直相交,试求球面与平面的交线在 xOy 平面上的投影.

分析 将直线的方向向量作为平面的法向量可以建立平面方程,因此得到曲线的一般方程,消去一个变量得到母线与坐标轴平行的柱面,再与坐标面的方程联立.

解 球面方程可以改写为

$$(x-1)^2+(y+2)^2+(z-3)^2=14,$$

则球心坐标为$(1,-2,3)$.

直线$\begin{cases}x=0,\\y-z=0\end{cases}$的方向向量为

$$\begin{vmatrix}\boldsymbol{i} & \boldsymbol{j} & \boldsymbol{k}\\1 & 0 & 0\\0 & 1 & -1\end{vmatrix}=(0,1,1),$$

故平面的法向量为$(0,1,1)$,因此平面的方程为

$$0\cdot(x-1)+(y+2)+(z-3)=0,$$

即 $y+z-1=0$.

因此,交线的方程为

$$\begin{cases}x^2+y^2+z^2-2x+4y-6z=0,\\y+z-1=0.\end{cases}$$

消去变量 z,得柱面方程$(x-1)^2+2(y+2)^2=14$,因此所求的投影为

$$\begin{cases}(x-1)^2+2(y+2)^2=14,\\z=0.\end{cases}$$

例 17 已知二次型$f(x_1,x_2,x_3)=5x_1^2+5x_2^2+ax_3^2-2x_1x_2+6x_1x_3-6x_2x_3$ 的秩为 2.

(1) 求参数 a 以及二次型矩阵的特征值;

(2) 方程 $f(x_1,x_2,x_3)=1$ 表示何种曲面?

分析 根据二次型矩阵的秩为 2 来求解未知参数 a，从而得到二次型的矩阵 $\boldsymbol{A}$，进一步可以求得矩阵 $\boldsymbol{A}$ 的所有特征值.将二次型化为标准形便可知道二次型所表示的曲面类型.

解 二次型 $f(x_1,x_2,x_3)$ 的矩阵为

$$\boldsymbol{A}=\begin{pmatrix}5&-1&3\\-1&5&-3\\3&-3&a\end{pmatrix},$$

因为 $R(\boldsymbol{A})=2$，故

$$0=|\boldsymbol{A}|=\begin{vmatrix}5&-1&3\\-1&5&-3\\3&-3&a\end{vmatrix}=24(a-3),$$

解得 $a=3$.于是，

$$\boldsymbol{A}=\begin{pmatrix}5&-1&3\\-1&5&-3\\3&-3&3\end{pmatrix}.$$

求解 $\boldsymbol{A}$ 的特征多项式

$$|\lambda\boldsymbol{I}-\boldsymbol{A}|=\begin{vmatrix}\lambda-5&1&-3\\1&\lambda-5&3\\-3&3&\lambda-3\end{vmatrix}=\lambda(\lambda-4)(\lambda-9),$$

解得 $\boldsymbol{A}$ 的特征值为 $\lambda_1=0,\lambda_2=4,\lambda_3=9$.

(2) 由(1)知，存在正交矩阵 $\boldsymbol{C}$，使得

$$\boldsymbol{C}^{\mathrm{T}}\boldsymbol{A}\boldsymbol{C}=\begin{pmatrix}0&0&0\\0&4&0\\0&0&9\end{pmatrix},$$

即 $f(x_1,x_2,x_3)$ 可以经过正交变换 $\boldsymbol{X}=\boldsymbol{C}\boldsymbol{Y}$ 化为标准形 $4y_2^2+9y_3^2$，这表明二次曲面 $f(x_1,x_2,x_3)=1$ 的标准形为 $4y_2^2+9y_3^2=1$，所以 $f(x_1,x_2,x_3)=1$ 表示椭圆柱面.

例 18 已知二次曲面方程

$$x^2+ay^2+z^2+2bxy+2xz+2yz=4$$

可以经过正交变换 $(x,y,z)^{\mathrm{T}}=\boldsymbol{P}(\xi,\eta,\zeta)^{\mathrm{T}}$ 化为椭圆柱面方程 $\eta^2+4\zeta^2=4$，求 a,b 的值和正交矩阵 $\boldsymbol{P}$.

分析 将二次型化为椭圆柱面方程，实质上是要用正交变换将二次型化为相似标准形.

解 设

$$\boldsymbol{A}=\begin{pmatrix}1&b&1\\b&a&1\\1&1&1\end{pmatrix},$$

则 $\boldsymbol{A}$ 与 $\mathrm{diag}(0,1,4)$ 相似,从而

$$\begin{vmatrix} \lambda-1 & -b & -1 \\ -b & \lambda-a & -1 \\ -1 & -1 & \lambda-1 \end{vmatrix} = \begin{vmatrix} \lambda & & \\ & \lambda-1 & \\ & & \lambda-4 \end{vmatrix} = \lambda(\lambda-1)(\lambda-4),$$

解得 $a=3, b=1$.

分别求 $\boldsymbol{A}$ 的属于特征值 0,1,4 的单位特征向量,得

$$\boldsymbol{\alpha}=\left(\frac{1}{\sqrt{2}},0,-\frac{1}{\sqrt{2}}\right)^{\mathrm{T}},\quad \boldsymbol{\beta}=\left(\frac{1}{\sqrt{3}},-\frac{1}{\sqrt{3}},\frac{1}{\sqrt{3}}\right)^{\mathrm{T}},\quad \boldsymbol{\gamma}=\left(\frac{1}{\sqrt{6}},\frac{2}{\sqrt{6}},\frac{1}{\sqrt{6}}\right)^{\mathrm{T}}.$$

因此,

$$\boldsymbol{P}=\begin{pmatrix} \frac{1}{\sqrt{2}} & \frac{1}{\sqrt{3}} & \frac{1}{\sqrt{6}} \\ 0 & -\frac{1}{\sqrt{3}} & \frac{2}{\sqrt{6}} \\ -\frac{1}{\sqrt{2}} & \frac{1}{\sqrt{3}} & \frac{1}{\sqrt{6}} \end{pmatrix}.$$

例 19 求圆周

$$\begin{cases} (x+2)^2+(y-1)^2+(z+4)^2=2, \\ 6x-3y-2z=0 \end{cases}$$

的半径和圆心.

分析 此圆是球面与平面的交线,求出球心到平面的距离以及过球心且与平面垂直的直线方程,即可求出圆心和半径.

解 球心 $(-2,1,-4)$ 到平面 $6x-3y-2z=0$ 的距离为

$$d=\frac{|-12-3+8|}{\sqrt{6^2+(-3)^2+(-2)^2}}=1,$$

故圆周的半径为 $r=\sqrt{R^2-d^2}=1$.

过球心且与平面 $6x-3y-2z=0$ 垂直的直线方程为

$$\begin{cases} x=6t-2, \\ y=-3t+1, \\ z=-2t-4, \end{cases}$$

将此参数方程代入到平面方程 $6x-3y-2z=0$ 中,得

$$t=\frac{1}{7}.$$

该参数所对应的点即为圆心,故圆心为

$$\left(-\frac{8}{7},\frac{4}{7},-\frac{30}{7}\right).$$

例 20 求过点 $A(-2,3,1),B(4,-1,2),C(3,1,1)$ 的圆周方程.

分析 所求的圆周方程为曲线,需求出两曲面,使其为两曲面的交线,所求圆周可以看成是过点 A,B,C 的平面与过点 A,B,C 的某个球面的交线.

解 由题设知,

$$\overrightarrow{AC}=(5,-2,0),\quad \overrightarrow{BC}=(-1,2,-1),\quad \overrightarrow{AC}\times\overrightarrow{BC}=(2,5,8),$$

故点 A,B,C 所在的平面方程为

$$2x+5y+8z-19=0.$$

过点 A,B,C 的球面有无穷多个,但其球心必在 AC,BC 的垂直平分面上.容易求得 AC,BC 的垂直平分面分别为 $10x-4y+3=0,x-2y+z-5=0$.于是球心必在直线

$$\begin{cases}10x-4y+3=0,\\x-2y+z-5=0\end{cases}$$

上.在该直线上取一点 $M_0\left(-\frac{3}{2},-3,\frac{1}{2}\right)$ 作为球心,则球面的半径为

$$r=|\overrightarrow{M_0A}|=\sqrt{\frac{73}{2}},$$

故球面方程为

$$\left(x+\frac{3}{2}\right)^2+(y+3)^2+\left(z-\frac{1}{2}\right)^2=\frac{73}{2},$$

化简得 $x^2+y^2+z^2+3x+6y-z=25$.此球面与过点 A,B,C 的平面的交线即为所求圆周

$$\begin{cases}x^2+y^2+z^2+3x+6y-z=25,\\2x+5y+8z-19=0.\end{cases}$$

例 21 求以原点为顶点且经过三坐标轴的正圆锥面.

分析 由几何意义及母线方程可以建立锥面方程.

解法 1 由对称性知,该圆锥的中心轴的方向为 $(1,1,1)$,且过原点,故中心轴的方程为

$$x=y=z.$$

该直线与圆锥的每一条母线的夹角都相等,x 轴为其中一条母线,方向为 $(1,0,0)$.

设 $M(x,y,z)$ 为圆锥上任一点,过点 M 的母线方向为 (x,y,z).向量 (x,y,z),$(1,0,0)$ 与中心轴方向 $(1,1,1)$ 的夹角相等,于是

$$\frac{|x+y+z|}{\sqrt{x^2+y^2+z^2}\sqrt{1^2+1^2+1^2}}=\frac{1}{\sqrt{1^2+0^2+0^2}\sqrt{1^2+1^2+1^2}},$$

化简即得圆锥面的方程

$$xy+yz+zx=0.$$

解法 2 该圆锥过点 $A(1,0,0)$，$B(0,1,0)$，$C(0,0,1)$.由点 A,B,C 确定的平面方程为

$$x+y+z=1.$$

该平面与圆锥的交线为一个圆周

$$\begin{cases}x+y+z=1,\\x^2+y^2+z^2=1,\end{cases}$$

这就是圆锥的一条准线方程.

设 $M(x,y,z)$ 为圆锥上任意一点，则准线上必存在一点 $M_0(x_0,y_0,z_0)$，使得直线 M_0M 过原点.令

$$\frac{x_0}{x}=\frac{y_0}{y}=\frac{z_0}{z}=t,$$

将 $x_0=tx, y_0=ty, z_0=tz$ 代入准线方程得

$$\begin{cases}t(x+y+z)=1,\\t^2(x^2+y^2+z^2)=1,\end{cases}$$

消去 t 得圆锥面方程

$$xy+yz+zx=0.$$

(三) 证明题

例 1 假定 $n\geqslant 2$，a 为常数.证明：二次型

$$f(x_1,x_2,x_3)=(x_1+x_2+x_3)^2+(ax_1+(a+d_1)x_2+(a+2d_1)x_3)^2+\sum_{i=2}^{n}((a+d_i)x_1+(a+2d_i)x_2+(a+3d_i)x_3)^2$$

当 $d_1\neq 0$ 时，无论 n 为何值，$f(x_1,x_2,x_3)$ 的秩均为 2.

分析 关键在于写出二次型 $f(x_1,x_2,x_3)$ 的矩阵.因括号中的表达式为 3 项之和，直接将括号展开来求二次型的矩阵计算量非常大，因此用矩阵分块的乘积来表示.

证 首先将 $f(x_1,x_2,x_3)$ 改写为 $f(x_1,x_2,x_3)=\boldsymbol{X}^{\mathrm{T}}(\boldsymbol{A}^{\mathrm{T}}\boldsymbol{A})\boldsymbol{X}$，其中 $\boldsymbol{X}=(x_1,x_2,x_3)^{\mathrm{T}}$，

$$\boldsymbol{A}=\begin{pmatrix}1&1&1\\a&a+d_1&a+2d_1\\a+d_2&a+2d_2&a+3d_2\\\vdots&\vdots&\vdots\\a+d_n&a+2d_n&a+3d_n\end{pmatrix}.$$

又因为 $\boldsymbol{A}^{\mathrm{T}}\boldsymbol{A}$ 的秩等于 $\boldsymbol{A}$ 的秩，所以二次型 $f(x_1,x_2,x_3)$ 的秩等于 $\boldsymbol{A}$ 的秩.

对矩阵 $\boldsymbol{A}$ 进行行初等变换，得

$$A\to\begin{pmatrix}1&1&1\\0&d_1&2d_1\\0&0&0\\\vdots&\vdots&\vdots\\0&0&0\end{pmatrix}.$$

因此,当 $d_1\neq0$ 时,$\boldsymbol{A}$ 的秩为 2,这与 n 的取值无关.所以,当 $d_1\neq0$ 时,无论 n 为何值,$f(x_1,x_2,x_3)$ 的秩均为 2.

评注 本题使用到结论"$\boldsymbol{A}^{\mathrm{T}}\boldsymbol{A}$ 与 $\boldsymbol{A}$ 具有相同的秩".

例 2 设实二次型 $f(x_1,x_2,\cdots,x_n)=\boldsymbol{X}^{\mathrm{T}}\boldsymbol{A}\boldsymbol{X}$ 的矩阵 $\boldsymbol{A}$ 的特征值为 $\lambda_1,\lambda_2,\cdots,\lambda_n$,且

$$\lambda_1\leqslant\lambda_2\leqslant\cdots\leqslant\lambda_n.$$

证明:$f(x_1,x_2,\cdots,x_n)$ 在条件 $x_1^2+x_2^2+\cdots+x_n^2=1$ 下的最大值恰为 $\boldsymbol{A}$ 的最大特征值 λ_n,最小值恰为 $\boldsymbol{A}$ 的最小特征值 λ_1.

分析 将 f 经正交变换化成标准形,估计出 f 的上界,并用一特殊点代入,从而求得 f 在给定条件下的最大值.类似地可求得 f 在给定条件下的最小值.

证 存在正交变换 $\boldsymbol{X}=\boldsymbol{C}\boldsymbol{Y}$ 化二次型 f 为

$$f(x_1,x_2,\cdots,x_n)=\lambda_1y_1^2+\lambda_2y_2^2+\cdots+\lambda_ny_n^2.$$

当 $\boldsymbol{X}^{\mathrm{T}}\boldsymbol{X}=x_1^2+x_2^2+\cdots+x_n^2=1$ 时,$\boldsymbol{X}^{\mathrm{T}}\boldsymbol{X}=\boldsymbol{Y}^{\mathrm{T}}(\boldsymbol{C}^{\mathrm{T}}\boldsymbol{C})\boldsymbol{Y}=\boldsymbol{Y}^{\mathrm{T}}\boldsymbol{Y}=y_1^2+y_2^2+\cdots+y_n^2=1$,因此

$$f=\lambda_1y_1^2+\lambda_2y_2^2+\cdots+\lambda_ny_n^2\leqslant\lambda_n(y_1^2+y_2^2+\cdots+y_n^2)\leqslant\lambda_n.$$

这说明在条件 $x_1^2+x_2^2+\cdots+x_n^2=1$ 下,f 的最大值不超过 λ_n.

在 $\boldsymbol{Y}^{\mathrm{T}}\boldsymbol{Y}=1$ 上取一点 $\boldsymbol{Y}_0=(0,0,\cdots,1)^{\mathrm{T}}$,令 $\boldsymbol{X}_0=\boldsymbol{C}\boldsymbol{Y}_0$,则 $\boldsymbol{X}_0^{\mathrm{T}}\boldsymbol{X}_0=\boldsymbol{Y}_0^{\mathrm{T}}\boldsymbol{Y}_0=1$ 且

$$\boldsymbol{X}_0^{\mathrm{T}}\boldsymbol{A}\boldsymbol{X}_0=\boldsymbol{Y}_0^{\mathrm{T}}(\boldsymbol{C}^{\mathrm{T}}\boldsymbol{A}\boldsymbol{C})\boldsymbol{Y}_0=\lambda_n.$$

综上所述,λ_n 是二次型 f 在条件 $x_1^2+x_2^2+\cdots+x_n^2=1$ 下的最大值.

同理可得,二次型 f 在条件 $x_1^2+x_2^2+\cdots+x_n^2=1$ 下的最小值是 λ_1.

例 3 若二次型

$$\sum_{i=1}^{n}\sum_{j=1}^{n}a_{ij}x_ix_j=\boldsymbol{X}^{\mathrm{T}}\boldsymbol{A}\boldsymbol{X}$$

是正定二次型,其中 $\boldsymbol{A}=(a_{ij})_{n\times n}$,则

$$f(y_1,y_2,\cdots,y_n)=\begin{vmatrix}a_{11}&a_{12}&\cdots&a_{1n}&y_1\\a_{21}&a_{22}&\cdots&a_{2n}&y_2\\\vdots&\vdots&&\vdots&\vdots\\a_{n1}&a_{n2}&\cdots&a_{nn}&y_n\\y_1&y_2&\cdots&y_n&0\end{vmatrix}$$

是负定二次型.

分析 作可逆线性变换 $\boldsymbol{Y}=\boldsymbol{AZ}$,然后利用行列式的性质,把 $f(y_1,y_2,\cdots,y_n)$ 表示成一个负定二次型.

证 由题意知矩阵 $\boldsymbol{A}$ 可逆,故方程组 $\boldsymbol{Y}=\boldsymbol{AZ}$ 存在唯一解 $\boldsymbol{Z}=(z_1,z_2,\cdots,z_n)^{\mathrm{T}}$,即

$$\sum_{j=1}^{n} a_{ij}z_j=y_i(1\leqslant i\leqslant n).$$

对行列式 $f(y_1,y_2,\cdots,y_n)$ 作如下列初等变换:对每一个 $1\leqslant j\leqslant n$,将第 j 列的 $-z_j$ 倍加到第 $n+1$ 列,得

$$f(y_1,y_2,\cdots,y_n)=\begin{vmatrix} a_{11} & a_{12} & \cdots & a_{1n} & 0 \\ a_{21} & a_{22} & \cdots & a_{2n} & 0 \\ \vdots & \vdots & & \vdots & \vdots \\ a_{n1} & a_{n2} & \cdots & a_{nn} & 0 \\ y_1 & y_2 & \cdots & y_n & -(y_1z_1+y_2z_2+\cdots+y_nz_n) \end{vmatrix}$$

$$=-|\boldsymbol{A}|(y_1z_1+y_2z_2+\cdots+y_nz_n)$$

$$=-|\boldsymbol{A}|\boldsymbol{Y}^{\mathrm{T}}\boldsymbol{Z}=-|\boldsymbol{A}|\boldsymbol{Z}^{\mathrm{T}}\boldsymbol{A}^{\mathrm{T}}\boldsymbol{Z}=-|\boldsymbol{A}|\boldsymbol{Z}^{\mathrm{T}}\boldsymbol{AZ}.$$

由于 $\boldsymbol{A}$ 是正定矩阵,故 $|\boldsymbol{A}|>0$ 且 $\boldsymbol{Z}^{\mathrm{T}}\boldsymbol{AZ}>0$.所以 $f(y_1,y_2,\cdots,y_n)=-|\boldsymbol{A}|\boldsymbol{Z}^{\mathrm{T}}\boldsymbol{AZ}<0$,说明 $f(y_1,y_2,\cdots,y_n)$ 是负定二次型.

例 4 设 $\boldsymbol{A}$ 为 n 阶可逆实矩阵,证明:$\boldsymbol{A}^{\mathrm{T}}\boldsymbol{A}$ 为正定矩阵.

分析 按照正定矩阵的定义来直接验证.

证 显然 $\boldsymbol{A}^{\mathrm{T}}\boldsymbol{A}$ 为实对称矩阵.对任一 n 维非零列向量 $\boldsymbol{X}$,由于 $\boldsymbol{A}$ 可逆,则 $\boldsymbol{AX}$ 也为非零列向量,故 $\boldsymbol{X}^{\mathrm{T}}(\boldsymbol{A}^{\mathrm{T}}\boldsymbol{A})\boldsymbol{X}=(\boldsymbol{AX})^{\mathrm{T}}(\boldsymbol{AX})>0$,所以 $\boldsymbol{A}^{\mathrm{T}}\boldsymbol{A}$ 为正定矩阵.

例 5 已知 $\boldsymbol{A}$ 是 $m\times n$ 实矩阵且 $m<n$,证明:$\boldsymbol{AA}^{\mathrm{T}}$ 为正定矩阵的充分必要条件是 $R(\boldsymbol{A})=m$.

分析 利用列满秩矩阵列向量线性无关以及正定矩阵的定义来证明.

证 充分性.若 $R(\boldsymbol{A})=m$,则 $\boldsymbol{A}^{\mathrm{T}}$ 的列向量线性无关,故对于任意非零的 m 维列向量 $\boldsymbol{X}$,$\boldsymbol{A}^{\mathrm{T}}\boldsymbol{X}\neq\boldsymbol{0}$.从而,$\boldsymbol{X}^{\mathrm{T}}(\boldsymbol{AA}^{\mathrm{T}})\boldsymbol{X}=(\boldsymbol{A}^{\mathrm{T}}\boldsymbol{X})^{\mathrm{T}}(\boldsymbol{A}^{\mathrm{T}}\boldsymbol{X})>0$.显然,$\boldsymbol{AA}^{\mathrm{T}}$ 为实对称矩阵,故 $\boldsymbol{AA}^{\mathrm{T}}$ 为正定矩阵.

必要性.假设 $R(\boldsymbol{A})<m$,则线性方程组 $\boldsymbol{A}^{\mathrm{T}}\boldsymbol{X}=\boldsymbol{0}$ 有非零解,设为 $\boldsymbol{X}_0$,即存在 $\boldsymbol{X}_0\neq\boldsymbol{0}$,使得 $\boldsymbol{A}^{\mathrm{T}}\boldsymbol{X}_0=\boldsymbol{0}$.由此可得,$(\boldsymbol{A}^{\mathrm{T}}\boldsymbol{X}_0)^{\mathrm{T}}\boldsymbol{A}^{\mathrm{T}}\boldsymbol{X}_0=\boldsymbol{X}_0^{\mathrm{T}}(\boldsymbol{AA}^{\mathrm{T}})\boldsymbol{X}_0=0$,与 $\boldsymbol{AA}^{\mathrm{T}}$ 是正定矩阵矛盾.所以,$R(\boldsymbol{A})\geqslant m$.由于 $\boldsymbol{A}$ 是 $m\times n$ 矩阵,故 $R(\boldsymbol{A})=m$.

例 6 证明:任一实可逆矩阵可以分解为一正交矩阵与一正定矩阵之积.

分析 利用"若 $\boldsymbol{A}$ 为可逆矩阵,则存在一正定矩阵 $\boldsymbol{B}$ 使得 $\boldsymbol{A}^{\mathrm{T}}\boldsymbol{A}=\boldsymbol{B}^2$"这一结论,将矩阵 $\boldsymbol{A}$ 改写为 $\boldsymbol{A}=((\boldsymbol{A}^{\mathrm{T}})^{-1}\boldsymbol{B})\boldsymbol{B}$,然后再证明 $(\boldsymbol{A}^{\mathrm{T}})^{-1}\boldsymbol{B}=\boldsymbol{AB}^{-1}$ 为正交矩阵.

证 设 $\boldsymbol{A}$ 为 n 阶可逆实矩阵,则 $\boldsymbol{A}^{\mathrm{T}}\boldsymbol{A}$ 为正定矩阵.

设 $\lambda_1,\lambda_2,\cdots,\lambda_n$ 为 $\boldsymbol{A}^{\mathrm{T}}\boldsymbol{A}$ 的全部特征值,则其全部大于零,且存在正交矩阵 $\boldsymbol{P}$ 使得

$$\boldsymbol{P}^{\mathrm{T}}(\boldsymbol{A}^{\mathrm{T}}\boldsymbol{A})\boldsymbol{P}=\mathrm{diag}(\lambda_1,\lambda_2,\cdots,\lambda_n).$$

令 $\boldsymbol{B}=\boldsymbol{P}\mathrm{diag}(\sqrt{\lambda_1},\sqrt{\lambda_2},\cdots,\sqrt{\lambda_n})\boldsymbol{P}^{\mathrm{T}}$,则 $\boldsymbol{B}$ 为正定矩阵,从而 $\boldsymbol{B}^{-1}$ 也为正定矩阵,且

$$\boldsymbol{A}^{\mathrm{T}}\boldsymbol{A}=\boldsymbol{B}^2,\quad \boldsymbol{B}^{-1}\boldsymbol{A}^{\mathrm{T}}\boldsymbol{A}\boldsymbol{B}^{-1}=\boldsymbol{I},\quad (\boldsymbol{A}\boldsymbol{B}^{-1})^{\mathrm{T}}(\boldsymbol{A}\boldsymbol{B}^{-1})=\boldsymbol{I}.$$

因此,$\boldsymbol{A}\boldsymbol{B}^{-1}$ 为正交矩阵.

令 $\boldsymbol{Q}=\boldsymbol{A}\boldsymbol{B}^{-1}$,则 $\boldsymbol{A}=\boldsymbol{Q}\boldsymbol{B}$,其中 $\boldsymbol{Q}$ 为正交矩阵,$\boldsymbol{B}$ 为正定矩阵.

例 7 已知实对称矩阵 $\boldsymbol{A}$ 满足 $\boldsymbol{A}^3-6\boldsymbol{A}^2+11\boldsymbol{A}-6\boldsymbol{I}=\boldsymbol{O}$,证明:$\boldsymbol{A}$ 是正定矩阵.

分析 利用"实对称矩阵为正定矩阵当且仅当该矩阵的特征值全为正实数"这一判定定理来证明.

证 令 $f(x)=x^3-6x^2+11x-6$,则 $f(\boldsymbol{A})=\boldsymbol{A}^3-6\boldsymbol{A}^2+11\boldsymbol{A}-6\boldsymbol{I}$.设 λ 是 $\boldsymbol{A}$ 的任一特征值,则 $f(\lambda)$ 是 $f(\boldsymbol{A})$ 的特征值.因零矩阵的特征值仅为 0,所以 $f(\lambda)=0$.从而,

$$\lambda^3-6\lambda^2+11\lambda-6=(\lambda-1)(\lambda-2)(\lambda-3)=0.$$

因此,$\boldsymbol{A}$ 的特征值只能取 1,2 或 3,即 $\boldsymbol{A}$ 的特征值全大于 0,所以 $\boldsymbol{A}$ 是正定矩阵.

例 8 设 $\boldsymbol{A}$ 是 $m\times n$ 实矩阵,$\boldsymbol{I}$ 是 n 阶单位矩阵.令矩阵 $\boldsymbol{B}=\lambda\boldsymbol{I}+\boldsymbol{A}^{\mathrm{T}}\boldsymbol{A}$,其中 λ 为实数.证明:当 $\lambda>0$ 时,$\boldsymbol{B}$ 为正定矩阵.

分析 按照定义直接证明.

证 由题设知,$\boldsymbol{B}$ 为 n 阶方阵且

$$\boldsymbol{B}^{\mathrm{T}}=(\lambda\boldsymbol{I}+\boldsymbol{A}^{\mathrm{T}}\boldsymbol{A})^{\mathrm{T}}=(\lambda\boldsymbol{I})^{\mathrm{T}}+(\boldsymbol{A}^{\mathrm{T}}\boldsymbol{A})^{\mathrm{T}}=\lambda\boldsymbol{I}+\boldsymbol{A}^{\mathrm{T}}\boldsymbol{A}=\boldsymbol{B},$$

所以 $\boldsymbol{B}$ 为实对称矩阵.

对任意非零向量 $\boldsymbol{X}=(x_1,x_2,\cdots,x_n)^{\mathrm{T}}$,

$$\boldsymbol{X}^{\mathrm{T}}\boldsymbol{B}\boldsymbol{X}=\boldsymbol{X}^{\mathrm{T}}(\lambda\boldsymbol{I}+\boldsymbol{A}^{\mathrm{T}}\boldsymbol{A})\boldsymbol{X}=\lambda\boldsymbol{X}^{\mathrm{T}}\boldsymbol{X}+(\boldsymbol{A}\boldsymbol{X})^{\mathrm{T}}(\boldsymbol{A}\boldsymbol{X}).$$

显然,$\boldsymbol{X}^{\mathrm{T}}\boldsymbol{X}>0$,$(\boldsymbol{A}\boldsymbol{X})^{\mathrm{T}}(\boldsymbol{A}\boldsymbol{X})\geqslant 0$.故当 $\lambda>0$ 时,对任意非零向量,$\boldsymbol{X}^{\mathrm{T}}\boldsymbol{B}\boldsymbol{X}>0$,所以实对称矩阵 $\boldsymbol{B}$ 是正定矩阵.

例 9 设 $\boldsymbol{A}$ 为 m 阶正定矩阵,$\boldsymbol{B}$ 为 $m\times n$ 实矩阵,证明:$\boldsymbol{B}^{\mathrm{T}}\boldsymbol{A}\boldsymbol{B}$ 为正定矩阵的充分必要条件是 $R(\boldsymbol{B})=n$.

分析 根据正定矩阵的定义来直接证明.

证 必要性.

设 $\boldsymbol{B}^{\mathrm{T}}\boldsymbol{A}\boldsymbol{B}$ 为正定矩阵,则对任意的 n 维非零列向量 $\boldsymbol{X}$,有 $\boldsymbol{X}^{\mathrm{T}}(\boldsymbol{B}^{\mathrm{T}}\boldsymbol{A}\boldsymbol{B})\boldsymbol{X}>0$,即 $(\boldsymbol{B}\boldsymbol{X})^{\mathrm{T}}\boldsymbol{A}(\boldsymbol{B}\boldsymbol{X})>0$.由于 $\boldsymbol{A}$ 为正定矩阵,故 $\boldsymbol{B}\boldsymbol{X}\neq\boldsymbol{0}$.因此 $\boldsymbol{B}\boldsymbol{X}=\boldsymbol{0}$ 只有零解,从而 $\boldsymbol{B}$ 列满秩,即 $R(\boldsymbol{B})=n$.

充分性.

因 $(\boldsymbol{B}^{\mathrm{T}}\boldsymbol{A}\boldsymbol{B})^{\mathrm{T}}=\boldsymbol{B}^{\mathrm{T}}\boldsymbol{A}\boldsymbol{B}$,故 $\boldsymbol{B}^{\mathrm{T}}\boldsymbol{A}\boldsymbol{B}$ 为实对称矩阵.若 $R(\boldsymbol{B})=n$,即矩阵 $\boldsymbol{B}$ 的列向量线性无关,则线性方程组 $\boldsymbol{B}\boldsymbol{X}=\boldsymbol{0}$ 只有零解,从而对于任意 n 维非零列向量 $\boldsymbol{X}$,$\boldsymbol{B}\boldsymbol{X}\neq\boldsymbol{0}$.

又因为 $\boldsymbol{A}$ 为正定矩阵,所以对于 $\boldsymbol{BX}\neq\boldsymbol{0}$ 有 $(\boldsymbol{BX})^{\mathrm{T}}\boldsymbol{A}(\boldsymbol{BX})>0$.于是当 $\boldsymbol{X}\neq\boldsymbol{0}$ 时,$\boldsymbol{X}^{\mathrm{T}}(\boldsymbol{B}^{\mathrm{T}}\boldsymbol{AB})\boldsymbol{X}>0$,故 $\boldsymbol{B}^{\mathrm{T}}\boldsymbol{AB}$ 为正定矩阵.

例 10 设 $\boldsymbol{A}=(a_{ij})$,$\boldsymbol{B}=(b_{ij})$ 都是 n 阶正定矩阵,证明:矩阵 $\boldsymbol{C}=(a_{ij}b_{ij})$ 也是 n 阶正定矩阵.

分析 按照定义来直接证明.

证 显然 $\boldsymbol{C}$ 为实对称矩阵,任取非零向量 $\boldsymbol{X}=(x_1,x_2,\cdots,x_n)^{\mathrm{T}}$,则由 $\boldsymbol{A}$,$\boldsymbol{B}$ 都是正定矩阵,可知

$$\boldsymbol{X}^{\mathrm{T}}\boldsymbol{AX}=\sum_{k=1}^{n}\sum_{j=1}^{n}a_{jk}x_jx_k>0,\quad \boldsymbol{X}^{\mathrm{T}}\boldsymbol{BX}=\sum_{k=1}^{n}\sum_{j=1}^{n}b_{jk}x_jx_k>0.$$

现在需要证明

$$\boldsymbol{X}^{\mathrm{T}}\boldsymbol{CX}=\sum_{k=1}^{n}\sum_{j=1}^{n}a_{jk}b_{jk}x_jx_k>0.$$

由于 $\boldsymbol{B}$ 正定,存在可逆矩阵 $\boldsymbol{Q}$,使得 $\boldsymbol{B}=\boldsymbol{Q}^{\mathrm{T}}\boldsymbol{Q}$,即

$$b_{jk}=\sum_{l=1}^{n}q_{lj}q_{lk}(j,k=1,2,\cdots,n).$$

所以

$$\sum_{k=1}^{n}\sum_{j=1}^{n}a_{jk}b_{jk}x_jx_k=\sum_{k=1}^{n}\sum_{j=1}^{n}a_{jk}\sum_{l=1}^{n}q_{lj}q_{lk}x_jx_k=\sum_{l=1}^{n}\sum_{k=1}^{n}\sum_{j=1}^{n}a_{jk}(x_jq_{lj})(x_kq_{lk}).$$

对任意非零向量 $\boldsymbol{X}=(x_1,x_2,\cdots,x_n)^{\mathrm{T}}$,由于 $\boldsymbol{Q}$ 可逆,所以存在一个 l,使得

$$(x_1q_{l1},x_2q_{l2},\cdots,x_nq_{ln})^{\mathrm{T}}\neq\boldsymbol{0}.$$

由于 $\boldsymbol{A}$ 是正定矩阵,故对这个 l,

$$\sum_{k=1}^{n}\sum_{j=1}^{n}a_{jk}(x_jq_{lj})(x_kq_{lk})>0,$$

从而

$$\sum_{l=1}^{n}\sum_{k=1}^{n}\sum_{j=1}^{n}a_{jk}(x_jq_{lj})(x_kq_{lk})>0,$$

即

$$\sum_{k=1}^{n}\sum_{j=1}^{n}a_{jk}b_{jk}x_jx_k>0,$$

说明 $\boldsymbol{C}=(a_{ij}b_{ij})$ 是正定矩阵.

例 11 设 $\boldsymbol{A}$,$\boldsymbol{B}$ 为 n 阶正定矩阵,证明:$|\boldsymbol{A}+\boldsymbol{B}|>|\boldsymbol{A}|+|\boldsymbol{B}|$.

分析 将两个正定矩阵同时对角化,即可比较它们和的行列式与行列式的和,从而得到结论.

证 因为 $\boldsymbol{A}$ 是正定矩阵,故 $\boldsymbol{A}$ 与单位矩阵 $\boldsymbol{I}$ 合同,所以存在可逆矩阵 $\boldsymbol{C}$ 使得 $\boldsymbol{C}^{\mathrm{T}}\boldsymbol{AC}=\boldsymbol{I}$.

不难证明,$\boldsymbol{C}^{\mathrm{T}}\boldsymbol{BC}$ 仍是正定矩阵,因而存在正交矩阵 $\boldsymbol{Q}$ 使得

$$Q^{\mathrm{T}}(C^{\mathrm{T}}BC)Q=\mathrm{diag}(\lambda_1,\lambda_2,\cdots,\lambda_n)=D,$$

其中 $\lambda_1,\lambda_2,\cdots,\lambda_n$ 是 $C^{\mathrm{T}}BC$ 的所有特征值且均大于零.

记 $CQ=P$,则 $P^{\mathrm{T}}AP=Q^{\mathrm{T}}(C^{\mathrm{T}}AC)Q=I$,$P^{\mathrm{T}}BP=D$,$P^{\mathrm{T}}(A+B)P=I+D$.因此,

$$\begin{aligned}|P^2|\cdot|A+B|&=|P^{\mathrm{T}}(A+B)P|=|I+D|\\&=\prod_{i=1}^{n}(1+\lambda_i)>1+\prod_{i=1}^{n}\lambda_i=|I|+|D|.\end{aligned}$$

又因为 $|P^2|\cdot|A|=|P^{\mathrm{T}}AP|=|I|$,$|P^2|\cdot|B|=|P^{\mathrm{T}}BP|=|D|$,所以

$$|P^2|\cdot|A+B|>|P^2|\cdot|A|+|P^2|\cdot|B|.$$

显然 $|P^2|>0$,所以 $|A+B|>|A|+|B|$.

评注 本题中使用到"与正定矩阵合同的矩阵仍为正定矩阵"这一结论.

例 12 设 A,B 为 n 阶正定矩阵,则 AB 是正定矩阵的充要条件是 $AB=BA$.

分析 必要性的证明只需简单验证.本题的难点是充分性的证明,首先验证 AB 是对称矩阵,然后用正定矩阵的定义或正定矩阵的等价命题论证.

证 必要性.因为 A,B 以及 AB 均为正定矩阵,它们自然为对称矩阵,所以

$$AB=(AB)^{\mathrm{T}}=B^{\mathrm{T}}A^{\mathrm{T}}=BA.$$

充分性.由于 $AB=BA$,故 $(AB)^{\mathrm{T}}=B^{\mathrm{T}}A^{\mathrm{T}}=BA=AB$,因此 AB 是对称矩阵.又因为 A,B 是正定矩阵,因此存在可逆矩阵 P,Q 使得 $A=P^{\mathrm{T}}P$,$B=Q^{\mathrm{T}}Q$,于是

$$AB=P^{\mathrm{T}}PQ^{\mathrm{T}}Q.$$

由此得

$$Q(AB)Q^{-1}=Q(P^{\mathrm{T}}PQ^{\mathrm{T}}Q)Q^{-1}=QP^{\mathrm{T}}PQ^{\mathrm{T}}=(PQ^{\mathrm{T}})^{\mathrm{T}}I(PQ^{\mathrm{T}}),$$

因为 PQ^{T} 为可逆矩阵,故 $Q(AB)Q^{-1}$ 与单位矩阵合同,从而 $Q(AB)Q^{-1}$ 是正定矩阵,即 AB 与正定矩阵相似,因此它的特征值全部大于零,从而 AB 为正定矩阵.

评注 例 12 告诉我们:两个正定矩阵的乘积未必还是正定矩阵,因为两个正定矩阵相乘所得到的矩阵不一定对称,但乘积矩阵相似于正定矩阵.

例 13 设 A,B 为 n 阶实对称矩阵且 A 为正定矩阵,则 AB 的特征值全为实数.

分析 虽然 A,B 是实对称矩阵,但 AB 不一定是实对称矩阵.设法证明 AB 的特征多项式与一个实对称矩阵的特征多项式相同即可.

证 因为 A 是正定矩阵,故存在可逆矩阵 Q 使得 $A=Q^{\mathrm{T}}Q$.于是有

$$\begin{aligned}|\lambda I-AB|&=|\lambda I-Q^{\mathrm{T}}QB|\\&=|\lambda I-Q^{\mathrm{T}}(QBQ^{\mathrm{T}})(Q^{\mathrm{T}})^{-1}|\\&=|Q^{\mathrm{T}}|\cdot|\lambda I-QBQ^{\mathrm{T}}|\cdot|(Q^{\mathrm{T}})^{-1}|\\&=|\lambda I-QBQ^{\mathrm{T}}|.\end{aligned}$$

因为 B 是实对称矩阵,所以 QBQ^{T} 也是实对称矩阵,因此它的特征值全是实数,故 AB 的特征值也全是实数.

例 14 设 A,B 为 n 阶正定矩阵,证明:

(1) 方程 $|\lambda\boldsymbol{A}-\boldsymbol{B}|=0$ 的根都大于零;

(2) 方程 $|\lambda\boldsymbol{A}-\boldsymbol{B}|=0$ 的所有根等于 1 的充分必要条件为 $\boldsymbol{A}=\boldsymbol{B}$.

分析 利用正定矩阵与单位矩阵合同这条性质,将方程转化为正定矩阵的特征多项式.

证 (1) 由于 $\boldsymbol{A}$ 正定,则存在可逆矩阵 $\boldsymbol{P}$,使得 $\boldsymbol{P}^{\mathrm{T}}\boldsymbol{A}\boldsymbol{P}=\boldsymbol{I}$.由于 $\boldsymbol{B}$ 正定,故 $\boldsymbol{P}^{\mathrm{T}}\boldsymbol{B}\boldsymbol{P}$ 也为正定矩阵.因此,

$$|\boldsymbol{P}^{\mathrm{T}}||\lambda\boldsymbol{A}-\boldsymbol{B}||\boldsymbol{P}|=|\lambda\boldsymbol{P}^{\mathrm{T}}\boldsymbol{A}\boldsymbol{P}-\boldsymbol{P}^{\mathrm{T}}\boldsymbol{B}\boldsymbol{P}|=|\lambda\boldsymbol{I}-\boldsymbol{P}^{\mathrm{T}}\boldsymbol{B}\boldsymbol{P}|,$$

故方程 $|\lambda\boldsymbol{A}-\boldsymbol{B}|=0$ 与 $|\lambda\boldsymbol{I}-\boldsymbol{P}^{\mathrm{T}}\boldsymbol{B}\boldsymbol{P}|=0$ 的根完全相同.

由于 $\boldsymbol{P}^{\mathrm{T}}\boldsymbol{B}\boldsymbol{P}$ 为正定矩阵,所以 $|\lambda\boldsymbol{I}-\boldsymbol{P}^{\mathrm{T}}\boldsymbol{B}\boldsymbol{P}|=0$ 的根均大于零,从而 $|\lambda\boldsymbol{A}-\boldsymbol{B}|=0$ 的根也都大于零.

(2) 若方程 $|\lambda\boldsymbol{A}-\boldsymbol{B}|=0$ 的所有根等于 1,则 $|\lambda\boldsymbol{I}-\boldsymbol{P}^{\mathrm{T}}\boldsymbol{B}\boldsymbol{P}|=0$ 的所有根等于 1,说明 $\boldsymbol{P}^{\mathrm{T}}\boldsymbol{B}\boldsymbol{P}$ 与单位矩阵 $\boldsymbol{I}$ 相似,因此 $\boldsymbol{P}^{\mathrm{T}}\boldsymbol{B}\boldsymbol{P}=\boldsymbol{I}$,从而 $\boldsymbol{P}^{\mathrm{T}}\boldsymbol{A}\boldsymbol{P}=\boldsymbol{I}=\boldsymbol{P}^{\mathrm{T}}\boldsymbol{B}\boldsymbol{P}$,所以 $\boldsymbol{A}=\boldsymbol{B}$.

反之,若 $\boldsymbol{A}=\boldsymbol{B}$,则方程 $|\lambda\boldsymbol{A}-\boldsymbol{B}|=0$ 变为 $|(\lambda-1)\boldsymbol{B}|=0$,即 $(\lambda-1)^n|\boldsymbol{B}|=0$.因为 $|\boldsymbol{B}|\neq0$,故 $(\lambda-1)^n=0$,则 $\lambda_1=\lambda_2=\cdots=\lambda_n=1$,即方程 $|\lambda\boldsymbol{A}-\boldsymbol{B}|=0$ 的所有根等于 1.

三、单元检测

(一) 检测题

一、填空题(每题 3 分,共 15 分)

1. 二次型 $f(x_1,x_2,x_3)=4x_1x_2-2x_1x_3-2x_2x_3+3x_3^2$ 的符号差为________.

2. 已知二次型 $f(x_1,x_2,x_3)=a(x_1^2+x_2^2+x_3^2)+4x_1x_2+4x_1x_3+4x_2x_3$ 经过正交变换 $\boldsymbol{X}=\boldsymbol{C}\boldsymbol{Y}$ 可化成标准形 $f=6y_1^2$,则 $a=$________.

3. 设 $f(x,y,z)=2x^2+3y^2+3z^2+2ayz$ 是正定二次型,则 a 的取值范围是________.

4. 将 n 阶实对称矩阵按合同分类,即彼此合同的矩阵分为一类,则可以分成________类.

5. 若曲面 $2x^2-y^2+2z^2+1=0$ 是由坐标平面内的一曲线绕 y 轴旋转而成,则该曲线为________.

二、选择题(每题 3 分,共 15 分)

1. 与矩阵 $\begin{pmatrix}-1&&\\&1&\\&&1\end{pmatrix}$ 合同的矩阵是(　　).

(A) $\begin{pmatrix}-1&&\\&1&\\&&0\end{pmatrix}$　　(B) $\begin{pmatrix}1&&\\&1&\\&&-1\end{pmatrix}$

(C) $\begin{pmatrix}1&&\\&0&\\&&-1\end{pmatrix}$　　(D) $\begin{pmatrix}0&&\\&-1&\\&&0\end{pmatrix}$

2. 设二次型 $f(\boldsymbol{X})$ 的秩为 r,符号差为 s,则(　　).

(A) r 是奇数,s 是偶数　　(B) r 是偶数 s 是奇数

(C) r 与 s 均只能是奇数　　(D) r 与 s 的奇偶性相同

3. 设 $\boldsymbol{A},\boldsymbol{B}$ 均为 n 阶对称矩阵,若对于任意 n 维列向量 $\boldsymbol{X}$ 都有 $\boldsymbol{X}^{\mathrm{T}}\boldsymbol{A}\boldsymbol{X}=\boldsymbol{X}^{\mathrm{T}}\boldsymbol{B}\boldsymbol{X}$,则(　　).

(A) $\boldsymbol{A}$ 与 $\boldsymbol{B}$ 可能相似　　(B) $\boldsymbol{A}$ 与 $\boldsymbol{B}$ 可能合同

(C) $\boldsymbol{A}$ 与 $\boldsymbol{B}$ 可能相等　　(D) $\boldsymbol{A}$ 与 $\boldsymbol{B}$ 一定相等

4. 下列矩阵是正定矩阵的是(　　).

(A) $\begin{pmatrix}2&0&0\\0&1&2\\0&2&5\end{pmatrix}$　　(B) $\begin{pmatrix}1&1&0\\2&1&0\\0&0&2\end{pmatrix}$

(C) $\begin{pmatrix}1&2&0\\2&4&0\\0&0&2\end{pmatrix}$　　(D) $\begin{pmatrix}1&2&0\\2&3&0\\0&0&2\end{pmatrix}$

5. 方程 $2x^2+2y^2-2xy=1$ 在 $\mathbf{R}^3$ 中表示(　　).

(A) 双叶双曲面　　(B) 单叶双曲面

(C) 椭圆柱面　　(D) 双曲柱面

三、计算与证明题(第 1 题 7 分,其余每题 9 分,共 70 分)

1. 设 $\boldsymbol{A}=(a_{ij})_{n\times n}$ 是 n 阶实对称可逆矩阵,A_{ij} 是 a_{ij} 的代数余子式,求二次型

$$f(\boldsymbol{X})=\sum_{i=1}^{n}\sum_{j=1}^{n}\frac{A_{ij}}{|\boldsymbol{A}|}x_ix_j$$

的矩阵.

2. 已知实对称矩阵 $\boldsymbol{A}=\begin{pmatrix}1&1&2\\1&0&1\\2&1&3\end{pmatrix}$,求一可逆矩阵 $\boldsymbol{P}$ 使得 $\boldsymbol{P}^{\mathrm{T}}\boldsymbol{A}\boldsymbol{P}$ 为对角矩阵.

3. 设 $f(x_1,x_2,\cdots,x_n)=\boldsymbol{X}^{\mathrm{T}}\boldsymbol{A}\boldsymbol{X}$ 为实二次型,证明:存在实数 c 使得对任意非零向量 $\boldsymbol{X}=(x_1,x_2,\cdots,x_n)^{\mathrm{T}}$,均有 $|\boldsymbol{X}^{\mathrm{T}}\boldsymbol{A}\boldsymbol{X}|\leqslant c\boldsymbol{X}^{\mathrm{T}}\boldsymbol{X}$.

4. 当 t 取何值时,$f(x_1,x_2,x_3)=x_1^2+x_2^2+5x_3^2+2tx_1x_2-2x_1x_3+4x_2x_3$ 是正定二次型?

5. 设 $\boldsymbol{A}$ 是正定矩阵,证明:对任意两向量 $\boldsymbol{X},\boldsymbol{Y}$,$(\boldsymbol{X}^{\mathrm{T}}\boldsymbol{A}\boldsymbol{Y})^2\leqslant(\boldsymbol{X}^{\mathrm{T}}\boldsymbol{A}\boldsymbol{X})(\boldsymbol{Y}^{\mathrm{T}}\boldsymbol{A}\boldsymbol{Y})$

成立.

6. 设 $\boldsymbol{A}$ 是正定矩阵,令二次型 $f(x_1,x_2,\cdots,x_n)=\boldsymbol{X}^{\mathrm{T}}\boldsymbol{A}\boldsymbol{X}+x_n^2$ 的矩阵为 $\boldsymbol{B}$.证明:$\boldsymbol{B}$ 是正定矩阵且 $|\boldsymbol{B}|>|\boldsymbol{A}|$.

7. 求准线方程为

$$\begin{cases}x^2+y^2+z^2=1,\\2x^2+2y^2+z^2=2,\end{cases}$$

母线方向向量为 $(-1,0,1)$ 的柱面方程.

8. 设二次型 $f(x_1,x_2,x_3)=3x_2^2-2x_1x_2+8x_1x_3-2x_2x_3$,

(1) 用正交变换化 $f(x_1,x_2,x_3)$ 为标准形,并写出所用正交变换;

(2) $f(x_1,x_2,x_3)=1$ 表示何种类型的二次曲面?

(二) 检测题答案与提示

一、1. 1;2. 2;3. $-3<a<3$;4. $\dfrac{(n+2)(n+1)}{2}$;5. $\begin{cases}2x^2-y^2=-1,\\z=0\end{cases}$ 或 $\begin{cases}2z^2-y^2=-1,\\x=0.\end{cases}$

二、1. B;2. D;3. D;4. A;5. C.

三、1. 因为 $\boldsymbol{A}$ 是实对称矩阵,故 $A_{ij}=A_{ji}$.由于 $\boldsymbol{A}$ 可逆,所以有

$$\boldsymbol{A}^{-1}=\frac{1}{|\boldsymbol{A}|}\boldsymbol{A}^*.$$

将二次型 $f(\boldsymbol{X})$ 写成矩阵形式

$$f(\boldsymbol{X})=(x_1,x_2,\cdots,x_n)\frac{1}{|\boldsymbol{A}|}\begin{pmatrix}A_{11}&A_{21}&\cdots&A_{n1}\\A_{12}&A_{22}&\cdots&A_{n2}\\\vdots&\vdots&&\vdots\\A_{1n}&A_{2n}&\cdots&A_{nn}\end{pmatrix}\begin{pmatrix}x_1\\x_2\\\vdots\\x_n\end{pmatrix},$$

即 $f(\boldsymbol{X})=\boldsymbol{X}^{\mathrm{T}}\boldsymbol{A}^{-1}\boldsymbol{X}$.又因为 $(\boldsymbol{A}^{-1})^{\mathrm{T}}=(\boldsymbol{A}^{\mathrm{T}})^{-1}=\boldsymbol{A}^{-1}$,所以 $\boldsymbol{A}^{-1}$ 是对称矩阵,从而二次型 $f(\boldsymbol{X})$ 的矩阵为 $\boldsymbol{A}^{-1}$.

2. 构造二次型

$$f(\boldsymbol{X})=\boldsymbol{X}^{\mathrm{T}}\boldsymbol{A}\boldsymbol{X}=x_1^2+3x_3^2+2x_1x_2+4x_1x_3+2x_2x_3.$$

由配方法可得 $f(\boldsymbol{X})=(x_1+x_2+2x_3)^2-(x_2+x_3)^2$.

令

$$\begin{cases}y_1=x_1+x_2+2x_3,\\y_2=x_2+x_3,\\y_3=x_3,\end{cases}$$

即

$$\begin{cases}x_1=y_1-y_2-y_3,\\x_2=y_2-y_3,\\x_3=y_3.\end{cases}$$

于是可逆线性变换 $\boldsymbol{X}=\boldsymbol{PY}$ 化二次型为 $f=y_1^2-y_2^2$，即 $\boldsymbol{P}^{\mathrm{T}}\boldsymbol{AP}=\operatorname{diag}(1,-1,0)$，其中

$$\boldsymbol{P}=\begin{pmatrix}1&-1&-1\\0&1&-1\\0&0&1\end{pmatrix}.$$

3. 令 $a=\max\limits_{1\leqslant i,j\leqslant n}\{|a_{ij}|\}$，$|x|=\max\limits_{1\leqslant i\leqslant n}\{|x_i|\}$，其中 $\boldsymbol{A}=(a_{ij})_{n\times n}$，$\boldsymbol{X}=(x_1,x_2,\cdots,x_n)^{\mathrm{T}}$. 于是 $|x_i|\cdot|x_j|\leqslant|x|^2$.

进一步，

$$|\boldsymbol{X}^{\mathrm{T}}\boldsymbol{AX}|=\left|\sum_{i=1}^{n}\sum_{j=1}^{n}a_{ij}x_ix_j\right|\leqslant\sum_{i=1}^{n}\sum_{j=1}^{n}|a_{ij}||x_i||x_j|\leqslant\sum_{i=1}^{n}\sum_{j=1}^{n}a|x|^2=n^2a|x|^2.$$

因为 $|x|^2\leqslant x_1^2+x_2^2+\cdots+x_n^2=\boldsymbol{X}^{\mathrm{T}}\boldsymbol{X}$，所以 $n^2a|x|^2\leqslant n^2a\boldsymbol{X}^{\mathrm{T}}\boldsymbol{X}$.

令 $c=n^2a$，则 $|\boldsymbol{X}^{\mathrm{T}}\boldsymbol{AX}|\leqslant c\boldsymbol{X}^{\mathrm{T}}\boldsymbol{X}$.

4. 二次型的矩阵为

$$\boldsymbol{A}=\begin{pmatrix}1&t&-1\\t&1&2\\-1&2&5\end{pmatrix}.$$

若 $f(x_1,x_2,x_3)$ 为正定二次型，则 $\boldsymbol{A}$ 的各阶顺序主子式均大于零，从而

$$\begin{cases}1-t^2>0\\5t^2+4t<0\end{cases},$$

所以 $-\dfrac{4}{5}<t<0$.

5. 当 $\boldsymbol{Y}=\boldsymbol{0}$ 时，结论显然成立.

当 $\boldsymbol{Y}\neq\boldsymbol{0}$ 时，由于 $\boldsymbol{A}$ 是正定矩阵，故对任意的 t，有

$$0\leqslant(\boldsymbol{X}+t\boldsymbol{Y})^{\mathrm{T}}\boldsymbol{A}(\boldsymbol{X}+t\boldsymbol{Y})=t^2\boldsymbol{Y}^{\mathrm{T}}\boldsymbol{AY}+2t\boldsymbol{X}^{\mathrm{T}}\boldsymbol{AY}+\boldsymbol{X}^{\mathrm{T}}\boldsymbol{AX}.$$

利用判别式 $\Delta\leqslant0$，得

$$(\boldsymbol{X}^{\mathrm{T}}\boldsymbol{AY})^2\leqslant(\boldsymbol{X}^{\mathrm{T}}\boldsymbol{AX})(\boldsymbol{Y}^{\mathrm{T}}\boldsymbol{AY}).$$

6. 设 $\boldsymbol{A}=(a_{ij})_{n\times n}$，则 $\boldsymbol{A}^{\mathrm{T}}=\boldsymbol{A}$ 且

$$\boldsymbol{B}=\begin{pmatrix}a_{11}&a_{12}&\cdots&a_{1n}\\a_{21}&a_{22}&\cdots&a_{2n}\\\vdots&\vdots&&\vdots\\a_{n1}&a_{n2}&\cdots&a_{nn}+1\end{pmatrix}.$$

显然 $\boldsymbol{B}$ 为实对称矩阵，且 $\boldsymbol{B}$ 与 $\boldsymbol{A}$ 的前 $n-1$ 阶顺序主子式完全相同，由于 $\boldsymbol{A}$ 是

正定矩阵,故它的各阶顺序主子式全大于零,因此 $\boldsymbol{B}$ 的前 $n-1$ 阶顺序主子式也全大于零.

现考虑 $\boldsymbol{B}$ 的第 n 阶顺序主子式,即它的行列式,得

$$|\boldsymbol{B}|=\begin{vmatrix} a_{11} & a_{12} & \cdots & a_{1n} \\ a_{21} & a_{22} & \cdots & a_{2n} \\ \vdots & \vdots & & \vdots \\ a_{n1} & a_{n2} & \cdots & a_{nn} \end{vmatrix}+\begin{vmatrix} a_{11} & \cdots & a_{1n-1} & 0 \\ \vdots & & \vdots & \vdots \\ a_{n-11} & \cdots & a_{n-1n-1} & 0 \\ a_{n1} & \cdots & a_{nn-1} & 1 \end{vmatrix}=|\boldsymbol{A}|+|\boldsymbol{A}_{n-1}|>0.$$

因此,$\boldsymbol{B}$ 是正定矩阵且 $|\boldsymbol{B}|>|\boldsymbol{A}|$.

7. 很容易看出,准线方程可以简化为

$$\begin{cases} x^2+y^2=1, \\ z=0. \end{cases}$$

设 $M(x,y,z)$ 是柱面上任意一点,则在准线上存在一点 $M_0(x_0,y_0,z_0)$ 使得 MM_0 的方向为 $(-1,0,1)$,因此

$$\frac{x-x_0}{-1}=\frac{y-y_0}{0}=\frac{z-z_0}{1}=t.$$

解得 $x_0=x+t,y_0=y,z_0=z-t$,代入准线方程消去 t 得柱面方程

$$(x+z)^2+y^2=1.$$

8. (1) 该二次型的矩阵为

$$\boldsymbol{A}=\begin{pmatrix} 0 & -1 & 4 \\ -1 & 3 & -1 \\ 4 & -1 & 0 \end{pmatrix}.$$

计算 $\boldsymbol{A}$ 的特征多项式

$$|\lambda\boldsymbol{I}-\boldsymbol{A}|=\begin{vmatrix} \lambda & 1 & -4 \\ 1 & \lambda-3 & 1 \\ -4 & 1 & \lambda \end{vmatrix}=(\lambda+4)(\lambda-2)(\lambda-5),$$

得 $\boldsymbol{A}$ 的 3 个特征值为 $2,5,-4$.

求得 $\boldsymbol{A}$ 的 3 个特征向量为

$$\boldsymbol{\alpha}_1=(1,2,1)^{\mathrm{T}},\quad \boldsymbol{\alpha}_2=(1,-1,1)^{\mathrm{T}},\quad \boldsymbol{\alpha}_3=(-1,0,1)^{\mathrm{T}}.$$

因为它们分别属于不同的特征值,故彼此正交.对 $\boldsymbol{\alpha}_1,\boldsymbol{\alpha}_2,\boldsymbol{\alpha}_3$ 单位化得

$$\boldsymbol{\gamma}_1=\left(\frac{\sqrt{6}}{6},\frac{\sqrt{6}}{3},\frac{\sqrt{6}}{6}\right)^{\mathrm{T}},\quad \boldsymbol{\gamma}_2=\left(\frac{\sqrt{3}}{3},-\frac{\sqrt{3}}{3},\frac{\sqrt{3}}{3}\right)^{\mathrm{T}},\quad \boldsymbol{\gamma}_3=\left(-\frac{\sqrt{2}}{2},0,\frac{\sqrt{2}}{2}\right)^{\mathrm{T}}.$$

令 $\boldsymbol{C}=(\boldsymbol{\gamma}_1,\boldsymbol{\gamma}_2,\boldsymbol{\gamma}_3)$,作正交变换 $\boldsymbol{X}=\boldsymbol{C}\boldsymbol{Y}$,得 $f(x_1,x_2,x_3)$ 的标准形

$$f(x_1,x_2,x_3)=2y_1^2+5y_2^2-4y_3^2.$$

(2) $f(x_1,x_2,x_3)=1$ 表示单叶双曲面.

第七章　线性空间与线性变换

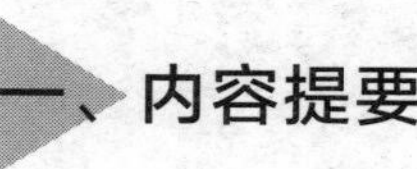

一、内容提要

（一）线性空间的概念

1. 线性空间

(1) 线性空间的概念

定义 1　如果数集 P 中任意两个数作某一运算后的结果仍在 P 中，我们就称数集 P 对这个运算是封闭的.对加、减、乘、除四则运算封闭的数集 P 称为数域.

定义 2　设 V 是一个非空集合，P 是一个数域，如果在 V 中定义了一个加法"+"，在 P 与 V 之间定义了一个数乘运算"·"，V 对这两种运算封闭，且满足八条运算规则，则称系统 $(V,P,+,\cdot)$ 是数域 P 上的线性空间，简记为 $V(P)$.

定义 3　实数域上的线性空间称为实线性空间，复数域上的线性空间称为复线性空间.

(2) 线性空间的性质

性质 1　零元素 $\mathbf{0}$ 是唯一的；

性质 2　任一元素的负元素是唯一的；

性质 3　$0\boldsymbol{\alpha}=\mathbf{0},(-1)\boldsymbol{\alpha}=-\boldsymbol{\alpha},k\mathbf{0}=\mathbf{0}$；

性质 4　若 $k\boldsymbol{\alpha}=\mathbf{0}$，则 $k=0$ 或 $\boldsymbol{\alpha}=\mathbf{0}$.

2. 子空间

定义 1　设 W 是线性空间 V 的非空子集合，若 W 对 V 中的两种运算封闭，则称 W 是 V 的子空间.

定义 2　设 $V(P)$ 是线性空间，$\boldsymbol{\alpha}_1,\boldsymbol{\alpha}_2,\cdots,\boldsymbol{\alpha}_m\in V$，则

$$L(\boldsymbol{\alpha}_1,\boldsymbol{\alpha}_2,\cdots,\boldsymbol{\alpha}_m)=\{k_1\boldsymbol{\alpha}_1+k_2\boldsymbol{\alpha}_2+\cdots+k_m\boldsymbol{\alpha}_m \mid k_i\in P,i=1,2,\cdots,m\}$$

是 V 的子空间，称为由 $\boldsymbol{\alpha}_1,\boldsymbol{\alpha}_2,\cdots,\boldsymbol{\alpha}_m$ 生成的子空间.

（二）线性空间的基、维数与坐标

1. 基与维数

(1) 基与维数的概念

定义 1　如果线性空间 V 中有 n 个向量 $\boldsymbol{\varepsilon}_1,\boldsymbol{\varepsilon}_2,\cdots,\boldsymbol{\varepsilon}_n$ 线性无关，而 V 中任意 $n+1$ 个

向量都线性相关,则称 $\boldsymbol{\varepsilon}_1,\boldsymbol{\varepsilon}_2,\cdots,\boldsymbol{\varepsilon}_n$ 为 V 的一组基,n 称为线性空间 V 的维数,记为 $\dim V=n$.

定义 2 维数为 n 的线性空间称为 n 维线性空间.

(2) 基与维数的性质

性质 1 $\boldsymbol{\varepsilon}_1,\boldsymbol{\varepsilon}_2,\cdots,\boldsymbol{\varepsilon}_n$ 是 V 的一组基的充要条件是 $\boldsymbol{\varepsilon}_1,\boldsymbol{\varepsilon}_2,\cdots,\boldsymbol{\varepsilon}_n$ 线性无关,且 V 中任意一个向量可由它们线性表出.

性质 2 n 维线性空间 V 中任意 n 个线性无关的向量都是 V 的一组基.

定理 设 V 是 n 维线性空间,W 是 V 的 m 维子空间,且 $\boldsymbol{\alpha}_1,\boldsymbol{\alpha}_2,\cdots,\boldsymbol{\alpha}_m$ 是 W 的一组基,则 $\boldsymbol{\alpha}_1,\boldsymbol{\alpha}_2,\cdots,\boldsymbol{\alpha}_m$ 可以扩充为 V 的基,即在 $\boldsymbol{\alpha}_1,\boldsymbol{\alpha}_2,\cdots,\boldsymbol{\alpha}_m$ 的基础上可以添加 $n-m$ 个向量成为 V 的一组基.

2. 坐标

定义 设 $\boldsymbol{\varepsilon}_1,\boldsymbol{\varepsilon}_2,\cdots,\boldsymbol{\varepsilon}_n$ 是 V 的一组基,$\boldsymbol{\alpha}\in V$,且 $\boldsymbol{\alpha}=a_1\boldsymbol{\varepsilon}_1+a_2\boldsymbol{\varepsilon}_2+\cdots+a_n\boldsymbol{\varepsilon}_n$,则称有序组 $(a_1,a_2,\cdots,a_n)$ 为 $\boldsymbol{\alpha}$ 在基 $\boldsymbol{\varepsilon}_1,\boldsymbol{\varepsilon}_2,\cdots,\boldsymbol{\varepsilon}_n$ 下的坐标.

3. 基变换与坐标变换

(1) 基变换

定义 设向量组 $\boldsymbol{\alpha}_1,\boldsymbol{\alpha}_2,\cdots,\boldsymbol{\alpha}_n$ 与 $\boldsymbol{\beta}_1,\boldsymbol{\beta}_2,\cdots,\boldsymbol{\beta}_n$ 是线性空间 V 的两组基,且有

$$\begin{cases}\boldsymbol{\beta}_1=a_{11}\boldsymbol{\alpha}_1+a_{21}\boldsymbol{\alpha}_2+\cdots+a_{n1}\boldsymbol{\alpha}_n\\ \boldsymbol{\beta}_2=a_{12}\boldsymbol{\alpha}_1+a_{22}\boldsymbol{\alpha}_2+\cdots+a_{n2}\boldsymbol{\alpha}_n\\ \qquad\cdots\cdots\cdots\cdots\\ \boldsymbol{\beta}_n=a_{1n}\boldsymbol{\alpha}_1+a_{2n}\boldsymbol{\alpha}_2+\cdots+a_{nn}\boldsymbol{\alpha}_n.\end{cases},$$

简记为

$$(\boldsymbol{\beta}_1,\boldsymbol{\beta}_2,\cdots,\boldsymbol{\beta}_n)=(\boldsymbol{\alpha}_1,\boldsymbol{\alpha}_2,\cdots,\boldsymbol{\alpha}_n)\boldsymbol{A}, \tag{7-1}$$

其中

$$\boldsymbol{A}=\begin{pmatrix}a_{11}&a_{12}&\cdots&a_{1n}\\ a_{21}&a_{22}&\cdots&a_{2n}\\ \vdots&\vdots&&\vdots\\ a_{n1}&a_{n2}&\cdots&a_{nn}\end{pmatrix}.$$

式(7-1)称为从基 $\boldsymbol{\alpha}_1,\boldsymbol{\alpha}_2,\cdots,\boldsymbol{\alpha}_n$ 到基 $\boldsymbol{\beta}_1,\boldsymbol{\beta}_2,\cdots,\boldsymbol{\beta}_n$ 的基变换式,矩阵 $\boldsymbol{A}$ 称为从基 $\boldsymbol{\alpha}_1,\boldsymbol{\alpha}_2,\cdots,\boldsymbol{\alpha}_n$ 到基 $\boldsymbol{\beta}_1,\boldsymbol{\beta}_2,\cdots,\boldsymbol{\beta}_n$ 的过渡矩阵.

(2) 坐标变换

定义 设 V 中向量 $\boldsymbol{\alpha}$ 在基 $\boldsymbol{\alpha}_1,\boldsymbol{\alpha}_2,\cdots,\boldsymbol{\alpha}_n$ 与基 $\boldsymbol{\beta}_1,\boldsymbol{\beta}_2,\cdots,\boldsymbol{\beta}_n$ 下的坐标分别为 $(a_1,a_2,\cdots,a_n)$ 与 $(b_1,b_2,\cdots,b_n)$,则有

$$(a_1,a_2,\cdots,a_n)^{\mathrm{T}}=\boldsymbol{A}(b_1,b_2,\cdots,b_n)^{\mathrm{T}} \text{ 或 } (b_1,b_2,\cdots,b_n)^{\mathrm{T}}=\boldsymbol{A}^{-1}(a_1,a_2,\cdots,a_n)^{\mathrm{T}}, \tag{7-2}$$

其中 $\boldsymbol{A}$ 是从基 $\boldsymbol{\alpha}_1,\boldsymbol{\alpha}_2,\cdots,\boldsymbol{\alpha}_n$ 到基 $\boldsymbol{\beta}_1,\boldsymbol{\beta}_2,\cdots,\boldsymbol{\beta}_n$ 的过渡矩阵，式(7-2)称为 $\boldsymbol{\alpha}$ 在两组基下的坐标变换式.

(三) 欧氏空间

1. 内积

定义 设$(V,\mathbf{R},+,\cdot)$是线性空间，如果 V 中任意两个元素 $\boldsymbol{\alpha},\boldsymbol{\beta}$ 可进行某种运算，将这种运算记为$(\boldsymbol{\alpha},\boldsymbol{\beta})$，其运算结果是一个实数，且运算满足以下条件：

1° $(\boldsymbol{\alpha},\boldsymbol{\beta})=(\boldsymbol{\beta},\boldsymbol{\alpha})$；

2° $(\boldsymbol{\alpha}+\boldsymbol{\beta},\boldsymbol{\gamma})=(\boldsymbol{\alpha},\boldsymbol{\gamma})+(\boldsymbol{\beta},\boldsymbol{\gamma})$；

3° $(\boldsymbol{\alpha},\boldsymbol{\alpha})\geqslant 0$，当且仅当 $\boldsymbol{\alpha}=\mathbf{0}$ 时等号成立，

则称$(\boldsymbol{\alpha},\boldsymbol{\beta})$为线性空间$(V,\mathbf{R},+,\cdot)$的一个内积.

定义了内积的实线性空间称为欧氏空间.

2. 内积的性质

定义 设$(V,\mathbf{R},+,\cdot)$是欧氏空间，则

$$\|\boldsymbol{\alpha}\|=\sqrt{(\boldsymbol{\alpha},\boldsymbol{\alpha})}\quad(\boldsymbol{\alpha}\in V)$$

称为向量 $\boldsymbol{\alpha}$ 的模(长度或范数).

柯西不等式 $|(\boldsymbol{\alpha},\boldsymbol{\beta})|\leqslant\|\boldsymbol{\alpha}\|\cdot\|\boldsymbol{\beta}\|$.

三角不等式 $\|\boldsymbol{\alpha}+\boldsymbol{\beta}\|\leqslant\|\boldsymbol{\alpha}\|+\|\boldsymbol{\beta}\|$.

3. 标准正交基

定义 设 $\boldsymbol{\alpha}_1,\boldsymbol{\alpha}_2,\cdots,\boldsymbol{\alpha}_n$ 是欧氏空间 $V(\mathbf{R})$的一组基，且满足

1° $(\boldsymbol{\alpha}_i,\boldsymbol{\alpha}_j)=0\quad(i\neq j)$；

2° $\|\boldsymbol{\alpha}_i\|=1\quad(i=1,2,\cdots,n)$，

则称 $\boldsymbol{\alpha}_1,\boldsymbol{\alpha}_2,\cdots,\boldsymbol{\alpha}_n$ 为欧氏空间 $V(\mathbf{R})$的一组标准(规范)正交基.

(四) 线性变换

1. 线性变换的概念与性质

(1) 线性变换的概念

定义 1 设 V 是数域 P 上的线性空间，σ 是从 V 到 V 的一个映射，且满足

1° $\sigma(\boldsymbol{\alpha}+\boldsymbol{\beta})=\sigma(\boldsymbol{\alpha})+\sigma(\boldsymbol{\beta}),\quad\forall\,\boldsymbol{\alpha},\boldsymbol{\beta}\in V$,

2° $\sigma(k\boldsymbol{\alpha})=k\sigma(\boldsymbol{\alpha}),\quad\forall\,k\in P,\quad\boldsymbol{\alpha}\in V$,

则称 σ 为线性空间 V 的线性变换.

定义 2 若线性变换 σ 是 V 到自身的 1-1 映射，则称 σ 为可逆线性变换.

(2) 线性变换的性质

性质 1 $\sigma(\mathbf{0})=\mathbf{0},\sigma(-\boldsymbol{\alpha})=-\sigma(\boldsymbol{\alpha})$；

性质 2 $\sigma(k_1\boldsymbol{\alpha}_1+k_2\boldsymbol{\alpha}_2+\cdots+k_s\boldsymbol{\alpha}_s)=k_1\sigma(\boldsymbol{\alpha}_1)+k_2\sigma(\boldsymbol{\alpha}_2)+\cdots+k_s\sigma(\boldsymbol{\alpha}_s)$；

性质 3 若 $\boldsymbol{\alpha}_1,\boldsymbol{\alpha}_2,\cdots,\boldsymbol{\alpha}_s$ 线性相关，则 $\sigma(\boldsymbol{\alpha}_1),\sigma(\boldsymbol{\alpha}_2),\cdots,\sigma(\boldsymbol{\alpha}_s)$ 也线性相关；

性质 4 若 σ 是可逆线性变换，则 $\boldsymbol{\alpha}_1,\boldsymbol{\alpha}_2,\cdots,\boldsymbol{\alpha}_s$ 线性相关的充分必要条件是 $\sigma(\boldsymbol{\alpha}_1),\sigma(\boldsymbol{\alpha}_2),\cdots,\sigma(\boldsymbol{\alpha}_s)$ 线性相关.

2. 线性变换的运算

定义 设 σ,τ 是数域 P 上线性空间 $V(P)$ 的线性变换，$k\in P$，规定

1° $(\sigma+\tau)\boldsymbol{\alpha}=\sigma(\boldsymbol{\alpha})+\tau(\boldsymbol{\alpha})$；

2° $(k\sigma)\boldsymbol{\alpha}=k\sigma(\boldsymbol{\alpha})$；

3° $(\sigma\tau)\boldsymbol{\alpha}=\sigma(\tau(\boldsymbol{\alpha}))$.

以上运算分别称为线性变换的加法、数乘与乘法.$\sigma+\tau,k\sigma,\sigma\tau$ 也是线性变换.

3. 线性变换的矩阵

(1) 线性变换的矩阵的概念

定义 设 $\boldsymbol{\alpha}_1,\boldsymbol{\alpha}_2,\cdots,\boldsymbol{\alpha}_n$ 是线性空间 $V(P)$ 的一组基，σ 是 $V(P)$ 的线性变换，且

$$(\sigma(\boldsymbol{\alpha}_1),\sigma(\boldsymbol{\alpha}_2),\cdots,\sigma(\boldsymbol{\alpha}_n))=(\boldsymbol{\alpha}_1,\boldsymbol{\alpha}_2,\cdots,\boldsymbol{\alpha}_n)\boldsymbol{A},$$

则矩阵 $\boldsymbol{A}$ 称为 σ 在基 $\boldsymbol{\alpha}_1,\boldsymbol{\alpha}_2,\cdots,\boldsymbol{\alpha}_n$ 下的矩阵.

(2) 线性变换的矩阵的性质

定理 1 设 σ,τ 是线性空间 $V(P)$ 的线性变换，$\boldsymbol{\alpha}_1,\boldsymbol{\alpha}_2,\cdots,\boldsymbol{\alpha}_n$ 是 $V(P)$ 的一组基，σ,τ 在这组基下的矩阵分别是 $\boldsymbol{A},\boldsymbol{B}$，则在这一组基下

1° $\sigma+\tau$ 的矩阵为 $\boldsymbol{A}+\boldsymbol{B}$；

2° $k\sigma$ 的矩阵为 $k\boldsymbol{A}$；

3° $\sigma\tau$ 的矩阵为 $\boldsymbol{AB}$；

4° σ 是可逆线性变换的充要条件是 $\boldsymbol{A}$ 为可逆矩阵.

定理 2 设 $\boldsymbol{\alpha}_1,\boldsymbol{\alpha}_2,\cdots,\boldsymbol{\alpha}_n$ 与 $\boldsymbol{\beta}_1,\boldsymbol{\beta}_2,\cdots,\boldsymbol{\beta}_n$ 是线性空间 V 的两组基，从 $\boldsymbol{\alpha}_1,\boldsymbol{\alpha}_2,\cdots,\boldsymbol{\alpha}_n$ 到 $\boldsymbol{\beta}_1,\boldsymbol{\beta}_2,\cdots,\boldsymbol{\beta}_n$ 的过渡矩阵是 $\boldsymbol{P}$，线性变换 σ 在这两组基下的矩阵分别是 $\boldsymbol{A}$ 与 $\boldsymbol{B}$，则

$$\boldsymbol{B}=\boldsymbol{P}^{-1}\boldsymbol{AP}.$$

定理 3 设 $\boldsymbol{\alpha}_1,\boldsymbol{\alpha}_2,\cdots,\boldsymbol{\alpha}_n$ 是线性空间 $V(P)$ 的一组基，如果 $V(P)$ 的两个线性变换 σ 和 τ 关于这组基的像相同，则 $\sigma=\tau$.

二、典型例题

(一) 选择题

例 1 按通常数域 P 上矩阵的加法和数乘运算，下列数域 P 上的非空方阵集

合 V 不构成数域 P 上的线性空间的是（　　）.

（A）全体 n 阶实对称矩阵构成的非空集合 V

（B）全体 n 阶实下三角矩阵构成的非空集合 V

（C）全体迹为零的 n 阶实矩阵构成的非空集合 V

（D）全体 n 阶实对称和反对称矩阵构成的非空集合 V

分析　要判断一非空集合是线性空间可以直接用线性空间的定义来判断，首先判定 V 中元素对运算是否封闭，然后判定 V 是否满足线性空间定义中的八条运算规则.

（A）中，对任意的 $\boldsymbol{A},\boldsymbol{B}\in V$，$\boldsymbol{A}^{\mathrm{T}}=\boldsymbol{A},\boldsymbol{B}^{\mathrm{T}}=\boldsymbol{B}$，所以 $(\boldsymbol{A}+\boldsymbol{B})^{\mathrm{T}}=\boldsymbol{A}^{\mathrm{T}}+\boldsymbol{B}^{\mathrm{T}}=\boldsymbol{A}+\boldsymbol{B}\in V$. 对任意的 $k\in P,\boldsymbol{A}\in V$，则 $(k\boldsymbol{A})^{\mathrm{T}}=k\boldsymbol{A}^{\mathrm{T}}=k\boldsymbol{A}\in V$，即 V 中元素对加法和数乘运算封闭. 又因为通常数域上的矩阵的加法和数乘运算满足线性空间定义中的八条规则，所以全体 n 阶实对称矩阵构成的非空集合 V 是线性空间.

（B）中，同理可知全体 n 阶实下三角矩阵组成的非空集合 V 构成线性空间.

（C）中，对任意的 $\boldsymbol{A}=(a_{ij}),\boldsymbol{B}=(b_{ij})\in V$，$\operatorname{tr}(\boldsymbol{A})=\sum_{i=1}^{n}a_{ii}=0$，$\operatorname{tr}(\boldsymbol{B})=\sum_{i=1}^{n}b_{ii}=0$，则

$$\operatorname{tr}(\boldsymbol{A}+\boldsymbol{B})=\sum_{i=1}^{n}(a_{ii}+b_{ii})=\sum_{i=1}^{n}a_{ii}+\sum_{i=1}^{n}b_{ii}=0,$$

$$\operatorname{tr}(k\boldsymbol{A})=\sum_{i=1}^{n}ka_{ii}=k\sum_{i=1}^{n}a_{ii}=0,$$

所以有 $\boldsymbol{A}+\boldsymbol{B}\in V,k\boldsymbol{A}\in V$，即 V 中元素对运算封闭. 容易验证运算满足定义中的八条规则，所以全体迹为零的 n 阶实矩阵构成的非空集合 V 是线性空间.

（D）中，对任意的 $\boldsymbol{A},\boldsymbol{B}\in V$ 且 $\boldsymbol{A}^{\mathrm{T}}=\boldsymbol{A},\boldsymbol{B}^{\mathrm{T}}=-\boldsymbol{B}$，则 $(\boldsymbol{A}+\boldsymbol{B})^{\mathrm{T}}=\boldsymbol{A}^{\mathrm{T}}+\boldsymbol{B}^{\mathrm{T}}=\boldsymbol{A}-\boldsymbol{B}$，既不等于 $\boldsymbol{A}+\boldsymbol{B}$，又不等于 $-(\boldsymbol{A}+\boldsymbol{B})$，所以 $\boldsymbol{A}+\boldsymbol{B}\notin V$，即集合中的元素对加法运算是不封闭的，所以全体 n 阶实对称和反对称矩阵构成的非空集合 V 不构成线性空间.

答案　（D）.

例 2　下列集合是 $\mathbf{R}^n$ 的线性子空间的是（　　）.

（A）$V=\left\{\boldsymbol{X}=(x_1,x_2,\cdots,x_n)^{\mathrm{T}}\mid \sum_{i=1}^{n}x_i=0\right\}$

（B）$V=\{\boldsymbol{X}=(x_1,x_2,\cdots,x_n)^{\mathrm{T}}\mid x_i\geqslant 0,i=1,\cdots,n\}$

（C）$V=\left\{\boldsymbol{X}=(x_1,x_2,\cdots,x_n)^{\mathrm{T}}\mid \prod_{i=1}^{n}x_i=0\right\}$

（D）$V=\left\{\boldsymbol{X}=(x_1,x_2,\cdots,x_n)^{\mathrm{T}}\mid \sum_{i=1}^{n}x_i=1\right\}$

分析　判定线性空间的子集合是否为线性空间只需要验证子集合对加法和数乘运算是否封闭即可.

(A) 中，对任意的 $\boldsymbol{X}=(x_1,x_2,\cdots,x_n)^{\mathrm{T}}, \boldsymbol{Y}=(y_1,y_2,\cdots,y_n)^{\mathrm{T}}\in V$，则

$$\boldsymbol{X}+\boldsymbol{Y}=(x_1+y_1,x_2+y_2,\cdots,x_n+y_n)^{\mathrm{T}},\quad k\boldsymbol{X}=(kx_1,kx_2,\cdots,kx_n)^{\mathrm{T}},$$

且

$$\sum_{i=1}^{n}(x_i+y_i)=\sum_{i=1}^{n}x_i+\sum_{i=1}^{n}y_i=0,\quad \sum_{i=1}^{n}kx_i=k\sum_{i=1}^{n}x_i=0,$$

即 $\boldsymbol{X}+\boldsymbol{Y},k\boldsymbol{X}\in V$，所以 V 是 $\mathbf{R}^n$ 的线性子空间.

(B) 中，集合 V 中没有负元素，所以不构成线性空间，故 V 不是 $\mathbf{R}^n$ 的线性子空间.

(C) 中，设 $\boldsymbol{X}=(1,0,1,\cdots,1)^{\mathrm{T}}, \boldsymbol{Y}=(0,1,1,\cdots,1)^{\mathrm{T}}\in V$，但 $\boldsymbol{X}+\boldsymbol{Y}=(1,1,2,\cdots,2)^{\mathrm{T}}\notin V$，所以不构成线性空间，故 V 不是 $\mathbf{R}^n$ 的线性子空间.

(D) 中，V 的元素不满足数乘运算，所以不构成线性空间，即 V 不是 $\mathbf{R}^n$ 的线性子空间.

答案 (A).

例 3 设 V 为复数域上的全体 n 维向量构成的集合，则 V 作为实数域上的线性空间，其维数为(　　).

(A) 2　　(B) n　　(C) $2n$　　(D) n^2

分析 很容易证明 V 中的 $2n$ 个向量

$$\boldsymbol{\varepsilon}_1=(1,0,\cdots,0)^{\mathrm{T}},\quad \boldsymbol{\varepsilon}_2=(0,1,\cdots,0)^{\mathrm{T}},\cdots,\quad \boldsymbol{\varepsilon}_n=(0,0,\cdots,1)^{\mathrm{T}},$$

$$\boldsymbol{\eta}_1=(\mathrm{i},0,\cdots,0)^{\mathrm{T}},\quad \boldsymbol{\eta}_2=(0,\mathrm{i},\cdots,0)^{\mathrm{T}},\cdots,\quad \boldsymbol{\eta}_n=(0,0,\cdots,\mathrm{i})^{\mathrm{T}}$$

构成一组基.

答案 (C).

例 4 已知三维线性空间的一组基为 $\boldsymbol{\alpha}_1=(1,1,0)^{\mathrm{T}}, \boldsymbol{\alpha}_2=(1,0,1)^{\mathrm{T}}, \boldsymbol{\alpha}_3=(0,1,1)^{\mathrm{T}}$，则向量 $\boldsymbol{\beta}=(2,0,0)^{\mathrm{T}}$ 在上述基下的坐标为(　　).

(A) $(2,0,0)^{\mathrm{T}}$　　(B) $(1,-1,1)^{\mathrm{T}}$　　(C) $(1,1,-1)^{\mathrm{T}}$　　(D) $(-1,1,1)^{\mathrm{T}}$

分析 根据定义，求向量在一组基下的坐标实质上是求解方程组.

设向量 $\boldsymbol{\beta}$ 在基 $\boldsymbol{\alpha}_1,\boldsymbol{\alpha}_2,\boldsymbol{\alpha}_3$ 下的坐标为 $(x_1,x_2,x_3)^{\mathrm{T}}$，则 $\boldsymbol{\beta}=x_1\boldsymbol{\alpha}_1+x_2\boldsymbol{\alpha}_2+x_3\boldsymbol{\alpha}_3$，即

$$\begin{pmatrix}1&1&0\\1&0&1\\0&1&1\end{pmatrix}\begin{pmatrix}x_1\\x_2\\x_3\end{pmatrix}=\begin{pmatrix}2\\0\\0\end{pmatrix},$$

解此方程组得 $(x_1,x_2,x_3)^{\mathrm{T}}=(1,1,-1)^{\mathrm{T}}$.

答案 (C).

例 5 设 $\boldsymbol{\alpha}=(a_1,a_2), \boldsymbol{\beta}=(b_1,b_2)$ 是线性空间 $\mathbf{R}^2$ 中的任意两个向量.下列运算是 $\mathbf{R}^2$ 的内积的是(　　).

(A) $(\boldsymbol{\alpha},\boldsymbol{\beta})=a_1b_2+a_2b_1$　　(B) $(\boldsymbol{\alpha},\boldsymbol{\beta})=a_1b_1-a_2b_2$

(C) $(\boldsymbol{\alpha},\boldsymbol{\beta})=3a_1b_1+5a_2b_2$　　　　(D) $(\boldsymbol{\alpha},\boldsymbol{\beta})=a_1b_1+a_2b_2+1$

分析　根据内积定义中的三个条件来判断其是否为内积.

(A)中,取 $\boldsymbol{\alpha}=(1,-1)$,则$(\boldsymbol{\alpha},\boldsymbol{\alpha})=-2<0$,因此不是内积;

(B)中,取 $\boldsymbol{\alpha}=(1,2)$,则$(\boldsymbol{\alpha},\boldsymbol{\alpha})=-3<0$,因此不是内积;

(C)中,因为

$$(\boldsymbol{\beta},\boldsymbol{\alpha})=3b_1a_1+5b_2a_2=(\boldsymbol{\alpha},\boldsymbol{\beta}).$$

设 $\boldsymbol{\gamma}=(c_1,c_2)$,则

$$\begin{aligned}(\boldsymbol{\alpha}+\boldsymbol{\beta},\boldsymbol{\gamma})&=3(a_1+b_1)c_1+5(a_2+b_2)c_2\\&=(3a_1c_1+5a_2c_2)+(3b_1c_1+5b_2c_2)\\&=(\boldsymbol{\alpha},\boldsymbol{\gamma})+(\boldsymbol{\beta},\boldsymbol{\gamma}),\end{aligned}$$

当 $\boldsymbol{\alpha}=(a_1,a_2)\neq 0$ 时,即 a_1,a_2 不全为 0 时,

$$(\boldsymbol{\alpha},\boldsymbol{\alpha})=3a_1^2+5a_2^2>0.$$

因此是内积.

(D) 中,当 $\boldsymbol{\alpha}=0$ 时,$(\boldsymbol{\alpha},\boldsymbol{\alpha})=1\neq 0$,因此不是内积.

答案　(C).

例 6　下列映射中,(　　)是线性变换.

(A) 在 $\mathbf{R}^3$ 中,$\sigma(x_1,x_2,x_3)=(1,x_1x_2x_3,1)$

(B) $\sigma:\mathbf{C}[a,b]\to\mathbf{C}[a,b],\sigma(f(x))=\int_a^x f(t)\sin t\mathrm{d}t,\ \forall f(x)\in\mathbf{C}[a,b]$

(C) 把复数域 $\mathbf{C}$ 看成是复数域上的线性空间,$\sigma(\boldsymbol{X})=\bar{\boldsymbol{X}},\ \forall \boldsymbol{X}\in\mathbf{C}$;

(D) 在 $\mathbf{R}^{n\times n}$ 中,对任意的 $\boldsymbol{A}\in\mathbf{R}^{n\times n}$,$\sigma(\boldsymbol{A})=\boldsymbol{B}$,其中 $\boldsymbol{B}$ 为 $\mathbf{R}^{n\times n}$ 中一个固定的非零矩阵.

分析　要验证映射 σ 为线性变换,只需验证 σ 保持加法及数乘运算,而要验证 σ 不是线性变换,只需举一个反例即可.

(A)中,假定 $k\neq 1$,则 $\sigma(kx_1,kx_2,kx_3)=(1,k^3x_1x_2x_3,1)\neq k(1,x_1x_2x_3,1)=k\sigma(x_1,x_2,x_3)$,因此不是线性变换.

(B)中,容易验证是线性变换.

(C)中,取 $k=\mathrm{i},\boldsymbol{X}=1$,则 $\sigma(k\boldsymbol{X})=\sigma(\mathrm{i})=-\mathrm{i}\neq\mathrm{i}=k\sigma(\boldsymbol{X})$,因此不是线性变换.

(D)中,$\sigma(\boldsymbol{M}+\boldsymbol{N})=\boldsymbol{B}\neq 2\boldsymbol{B}=\sigma(\boldsymbol{M})+\sigma(\boldsymbol{N})$,因此不是线性变换.

答案　(B).

例 7　在 $\mathbf{R}^3$ 中,取基 $\boldsymbol{\alpha}_1=(-1,0,-2)^{\mathrm{T}},\boldsymbol{\alpha}_2=(0,1,2)^{\mathrm{T}},\boldsymbol{\alpha}_3=(1,2,5)^{\mathrm{T}}$.线性变换 σ 使得

$$\sigma(\boldsymbol{\alpha}_1)=(2,0,-1)^{\mathrm{T}},\quad \sigma(\boldsymbol{\alpha}_2)=(0,0,1)^{\mathrm{T}},\quad \sigma(\boldsymbol{\alpha}_3)=(0,1,2)^{\mathrm{T}}.$$

σ 在基 $\boldsymbol{\alpha}_1,\boldsymbol{\alpha}_2,\boldsymbol{\alpha}_3$ 下的矩阵为(　　).

(A) $\begin{pmatrix} 2 & 0 & 0 \\ 0 & 0 & 1 \\ -1 & 1 & 2 \end{pmatrix}$　　(B) $\begin{pmatrix} 2 & 0 & -1 \\ 0 & 0 & 1 \\ 0 & 1 & 2 \end{pmatrix}$

(C) $\begin{pmatrix} 1 & 0 & 0 \\ 0 & 1 & 0 \\ 1 & 2 & 0 \end{pmatrix}$　　(D) $\begin{pmatrix} 3 & -1 & 0 \\ -10 & 2 & 1 \\ 5 & -1 & 0 \end{pmatrix}$

分析　设 σ 在基 $\boldsymbol{\alpha}_1,\boldsymbol{\alpha}_2,\boldsymbol{\alpha}_3$ 下的矩阵为 $\boldsymbol{A}$,由定义知

$$\sigma(\boldsymbol{\alpha}_1,\boldsymbol{\alpha}_2,\boldsymbol{\alpha}_3)=(\boldsymbol{\alpha}_1,\boldsymbol{\alpha}_2,\boldsymbol{\alpha}_3)\boldsymbol{A},$$

即

$$\begin{pmatrix} 2 & 0 & 0 \\ 0 & 0 & 1 \\ -1 & 1 & 2 \end{pmatrix}=\begin{pmatrix} -1 & 0 & 1 \\ 0 & 1 & 2 \\ -2 & 2 & 5 \end{pmatrix}\boldsymbol{A}.$$

因此,

$$\boldsymbol{A}=\begin{pmatrix} -1 & 0 & 1 \\ 0 & 1 & 2 \\ -2 & 2 & 5 \end{pmatrix}^{-1}\begin{pmatrix} 2 & 0 & 0 \\ 0 & 0 & 1 \\ -1 & 1 & 2 \end{pmatrix}=\begin{pmatrix} 3 & -1 & 0 \\ -10 & 2 & 1 \\ 5 & -1 & 0 \end{pmatrix}.$$

答案　(D).

例 8　下列命题错误的是(　　).

(A) 同一线性变换在不同基下的矩阵一定等价

(B) 同一线性变换在不同基下的矩阵一定合同

(C) 同一线性变换在不同基下的矩阵一定相似

(D) 不同的线性变换在同一组基下的矩阵一定不同

分析　同一线性变换在不同基下的矩阵一定相似,从而一定等价.相似的矩阵不一定合同.设 $\boldsymbol{\varepsilon}_1,\boldsymbol{\varepsilon}_2,\cdots,\boldsymbol{\varepsilon}_n$ 是 n 维线性空间 V 的一组基,σ 和 τ 是 V 的两个线性变换,它们在基 $\boldsymbol{\varepsilon}_1,\boldsymbol{\varepsilon}_2,\cdots,\boldsymbol{\varepsilon}_n$ 下的矩阵均为 $\boldsymbol{A}$,即

$$\sigma(\boldsymbol{\varepsilon}_1,\boldsymbol{\varepsilon}_2,\cdots,\boldsymbol{\varepsilon}_n)=\tau(\boldsymbol{\varepsilon}_1,\boldsymbol{\varepsilon}_2,\cdots,\boldsymbol{\varepsilon}_n)=(\boldsymbol{\varepsilon}_1,\boldsymbol{\varepsilon}_2,\cdots,\boldsymbol{\varepsilon}_n)\boldsymbol{A}.$$

对于任意的向量 $\boldsymbol{\alpha}\in V$,不妨设 $\boldsymbol{\alpha}=k_1\boldsymbol{\varepsilon}_1+k_2\boldsymbol{\varepsilon}_2+\cdots+k_n\boldsymbol{\varepsilon}_n$,则

$$\begin{aligned}\sigma(\boldsymbol{\alpha})&=\sigma(k_1\boldsymbol{\varepsilon}_1+k_2\boldsymbol{\varepsilon}_2+\cdots+k_n\boldsymbol{\varepsilon}_n)\\&=k_1\sigma(\boldsymbol{\varepsilon}_1)+k_2\sigma(\boldsymbol{\varepsilon}_2)+\cdots+k_n\sigma(\boldsymbol{\varepsilon}_n)\\&=(\sigma(\boldsymbol{\varepsilon}_1),\sigma(\boldsymbol{\varepsilon}_2),\cdots,\sigma(\boldsymbol{\varepsilon}_n))(k_1,k_2,\cdots,k_n)^{\mathrm{T}}\\&=(\boldsymbol{\varepsilon}_1,\boldsymbol{\varepsilon}_2,\cdots,\boldsymbol{\varepsilon}_n)\boldsymbol{A}(k_1,k_2,\cdots,k_n)^{\mathrm{T}},\\\tau(\boldsymbol{\alpha})&=\tau(k_1\boldsymbol{\varepsilon}_1+k_2\boldsymbol{\varepsilon}_2+\cdots+k_n\boldsymbol{\varepsilon}_n)\\&=k_1\tau(\boldsymbol{\varepsilon}_1)+k_2\tau(\boldsymbol{\varepsilon}_2)+\cdots+k_n\tau(\boldsymbol{\varepsilon}_n)\\&=(\tau(\boldsymbol{\varepsilon}_1),\tau(\boldsymbol{\varepsilon}_2),\cdots,\tau(\boldsymbol{\varepsilon}_n))(k_1,k_2,\cdots,k_n)^{\mathrm{T}}\\&=(\boldsymbol{\varepsilon}_1,\boldsymbol{\varepsilon}_2,\cdots,\boldsymbol{\varepsilon}_n)\boldsymbol{A}(k_1,k_2,\cdots,k_n)^{\mathrm{T}},\end{aligned}$$

即 $\sigma(\boldsymbol{\alpha})=\tau(\boldsymbol{\alpha})$.由 $\boldsymbol{\alpha}$ 的任意性知,σ 和 τ 是相同的线性变换,所以不同的线性变换在同一组基下的矩阵一定不同.

答案 (B).

(二) 解答题

例 1 下列集合 V 是否构成实数域 $\mathbf{R}$ 上的线性空间?

(1) 设 $V=\{$对角线上各元素之和为零的实 n 阶矩阵全体$\}$,对应矩阵的加法与数乘;

(2) 设 $V=\left\{f(x) \mid \int_0^1 f(x)\,\mathrm{d}x=0\right\}$,对应通常函数的加法与数乘;

(3) 设 $V=\{n$ 阶实可逆矩阵全体$\}$,对于矩阵的加法与数乘;

(4) $V=\{(a_1,a_2) \mid a_1,a_2\in\mathbf{R}\}$,在 V 的元素之间定义了一种加法

$$\forall\, \boldsymbol{\alpha}=(a_1,a_2),\quad \boldsymbol{\beta}=(b_1,b_2),\quad \boldsymbol{\alpha}+\boldsymbol{\beta}=(a_1+b_1,a_2+b_2).$$

在实数域 $\mathbf{R}$ 与 V 的元素之间定义了一种数乘 $k\boldsymbol{\alpha}=(ka_1,0)$.

分析 要判定一个集合为线性空间,首先要证明该集合对两种运算(加法和数乘)是封闭的,其次要证明八条运算规则都要满足,缺一不可.但对否定一个集合是线性空间,只要证明其中一个条件不能满足就可以了.

解 (1) 任取 $\boldsymbol{A},\boldsymbol{B}\in V$,设 $a_{ii},b_{ii}(i=1,2,\cdots,n)$ 分别为矩阵 $\boldsymbol{A},\boldsymbol{B}$ 的对角元,则由题设知

$$a_{11}+a_{22}+\cdots+a_{nn}=0,\quad b_{11}+b_{22}+\cdots+b_{nn}=0.$$

设 $\boldsymbol{A}+\boldsymbol{B}=\boldsymbol{C}$,则 $\boldsymbol{C}$ 的对角元之和为

$$(a_{11}+b_{11})+(a_{22}+b_{22})+\cdots+(a_{nn}+b_{nn})=0,$$

故有 $\boldsymbol{C}\in V$.

又对任意的实数 k,$k\boldsymbol{A}$ 的对角元之和为

$$ka_{11}+ka_{22}+\cdots+ka_{nn}=k(a_{11}+a_{22}+\cdots+a_{nn})=0,$$

故有 $k\boldsymbol{A}\in V$.

所以,V 对于矩阵的加法与数乘是封闭的.

又由矩阵的加法与数乘可知:

1° $\boldsymbol{A}+\boldsymbol{B}=\boldsymbol{B}+\boldsymbol{A}$;

2° $(\boldsymbol{A}+\boldsymbol{B})+\boldsymbol{C}=\boldsymbol{A}+(\boldsymbol{B}+\boldsymbol{C})$;

3° 存在零元素 $\boldsymbol{O}$,对任意的矩阵 $\boldsymbol{A}\in V$,$\boldsymbol{A}+\boldsymbol{O}=\boldsymbol{A}$;

4° $\boldsymbol{A}\in V$,存在负矩阵 $-\boldsymbol{A}\in V$,使 $\boldsymbol{A}+(-\boldsymbol{A})=\boldsymbol{O}$;

5° $1\boldsymbol{A}=\boldsymbol{A}$;

6° $k(l\boldsymbol{A})=(kl)\boldsymbol{A}$;

7° $(k+l)\boldsymbol{A}=k\boldsymbol{A}+l\boldsymbol{A}$;

8° $k(\boldsymbol{A}+\boldsymbol{B})=k\boldsymbol{A}+k\boldsymbol{B}$,

其中 $\boldsymbol{A},\boldsymbol{B},\boldsymbol{C}\in V,k,l\in\mathbf{R}$.故 V 对于矩阵的加法与数乘构成实数域 $\mathbf{R}$ 上的线性空间.

(2) 对任意的 $f(x),g(x)\in V,k\in\mathbf{R}$,有

$$\int_0^1[f(x)+g(x)]\mathrm{d}x=\int_0^1 f(x)\mathrm{d}x+\int_0^1 g(x)\mathrm{d}x=0+0=0,$$

$$\int_0^1 kf(x)\mathrm{d}x=k\int_0^1 f(x)\mathrm{d}x=k0=0.$$

所以,V 对于函数的加法与数乘是封闭的.

函数的加法与数乘还满足

1° $f(x)+g(x)=g(x)+f(x)$;

2° $(f(x)+g(x))+h(x)=f(x)+(g(x)+h(x))$;

3° 零元素就是恒等于零的函数;

4° $f(x)$ 的负元素是 $-f(x)$;

5° $1\cdot f(x)=f(x)$;

6° $k(lf(x))=(kl)f(x)$;

7° $(k+l)f(x)=kf(x)+lf(x)$;

8° $k(f(x)+g(x))=kf(x)+kg(x)$,

其中 $f(x),g(x),h(x)\in V,k,l\in\mathbf{R}$.故 V 是实数域 $\mathbf{R}$ 上的线性空间.

(3) 集合 V 中不存在零元素 $\boldsymbol{O}$,使得 $\forall\boldsymbol{A}\in V,\boldsymbol{O}+\boldsymbol{A}=\boldsymbol{A}$,故 V 不是 $\mathbf{R}$ 上的线性空间.

(4) 可以验证 V 对于这两种运算都是封闭的,且八条运算规律中的 1°—4°条都满足,但是 $1\cdot\boldsymbol{\alpha}=(1\cdot a_1,0)=(a_1,0)\neq\boldsymbol{\alpha}$,故 V 不是 $\mathbf{R}$ 上的线性空间.

例 2 按几何向量的加法与数乘运算,检验下列各集合是否构成实数域上的线性空间?

(1) 空间中与已知向量 $\boldsymbol{\xi}$ 平行的全体向量以及零向量构成的集合 V;

(2) 空间中与已知向量 $\boldsymbol{\xi}$ 不平行的全体向量构成的集合 V;

(3) 起点在原点,终点在一条直线上的空间向量的全体构成的集合 V.

解 (1) 设 $\boldsymbol{\alpha},\boldsymbol{\beta}\in V$,则 $\boldsymbol{\alpha}+\boldsymbol{\beta}$ 与 $k\boldsymbol{\alpha}$ 或是零向量或仍与 $\boldsymbol{\xi}$ 平行,从而 $\boldsymbol{\alpha}+\boldsymbol{\beta}$ 与 $k\boldsymbol{\alpha}$ 属于 V.显然,V 满足线性空间定义中的其他条件,因此 V 是线性空间.

(2) 任取与 $\boldsymbol{\xi}$ 不平行的向量 $\boldsymbol{\eta}$,则 $\boldsymbol{\xi}-\boldsymbol{\eta}$ 也与 $\boldsymbol{\xi}$ 不平行,但$(\boldsymbol{\xi}-\boldsymbol{\eta})+\boldsymbol{\eta}$ 与 $\boldsymbol{\xi}$ 平行,因此 V 构不成线性空间.

(3) 如果这条直线过原点,则显然 V 构成线性空间;如果这条直线不过原点,则 V 构不成线性空间,因为它不包含零向量.

例 3 设 $\boldsymbol{P}^{n\times n}=\{$数域 P 上的 n 阶矩阵全体$\}$,容易验证 $\boldsymbol{P}^{n\times n}$ 对于矩阵的加法与数乘构成数域 P 上的线性空间,试讨论下列集合中,哪些可以构成 $\boldsymbol{P}^{n\times n}$ 的子空间?

(1) $V_1=\{\boldsymbol{A}\,|\,|\boldsymbol{A}|=1\}$; (2) $V_2=\{\boldsymbol{O}\}$;

(3) $V_3=\{\boldsymbol{I}\}$； (4) $V_4=\{\boldsymbol{A}\mid\boldsymbol{A}^{\mathrm{T}}=\boldsymbol{A}\}$；

(5) $V_5=\{\boldsymbol{A}\mid\boldsymbol{A}^{\mathrm{T}}\boldsymbol{A}=\boldsymbol{I}\}$； (6) $V_6=\{\boldsymbol{A}\mid a_{ii}=0,i=1,2,\cdots,n\}$.

分析 要判定线性空间的子集合是否能构成线性子空间，我们不需要一一验证子集合满足八条规则，而只需要验证其对加法与数乘运算封闭即可.

解 (1) V_1 对矩阵的加法与数乘运算都不封闭，比如，对数 0 及任意的 $\boldsymbol{A}\in V_1$，$|0\boldsymbol{A}|=0$，$0\boldsymbol{A}\notin V_1$.

(2) 显然 V_2 对矩阵的加法与数乘运算是封闭的，故 V_2 是 $\boldsymbol{P}^{n\times n}$ 的子空间，这是一个特殊的子空间，称为零子空间.

(3) V_3 只含一个元素即单位矩阵 $\boldsymbol{I}$，显然单位矩阵 $\boldsymbol{I}$ 对矩阵的加法与数乘运算都不封闭，且 V_3 也不含零元素，故 V_3 不是 $\boldsymbol{P}^{n\times n}$ 的子空间.

(4) 任取 $\boldsymbol{A},\boldsymbol{B}\in V_4$，则 $\boldsymbol{A}^{\mathrm{T}}=\boldsymbol{A}$，$\boldsymbol{B}^{T}=\boldsymbol{B}$，因此

$$(\boldsymbol{A}+\boldsymbol{B})^{\mathrm{T}}=\boldsymbol{A}^{\mathrm{T}}+\boldsymbol{B}^{\mathrm{T}}=\boldsymbol{A}+\boldsymbol{B}\in V_4,\quad (k\boldsymbol{A})^{\mathrm{T}}=k\boldsymbol{A}^{\mathrm{T}}=k\boldsymbol{A}\in V_4,$$

故 V_4 是 $\boldsymbol{P}^{n\times n}$ 的子空间.

(5) V_5 对矩阵的数乘运算不封闭的，例如，对任意的 $\boldsymbol{A}\in V_5$，$0\boldsymbol{A}=\boldsymbol{O}\notin V_5$，故 V_5 不是 $\boldsymbol{P}^{n\times n}$ 的子空间.

(6) 任取 $\boldsymbol{A},\boldsymbol{B}\in V_6$，根据题设有 $a_{ii}=b_{ii}=0(i=1,2,\cdots,n)$，则

$$a_{ii}+b_{ii}=0(i=1,2,\cdots,n).$$

所以 $\boldsymbol{A}+\boldsymbol{B}\in V_6$，同时 $ka_{ii}=0(i=1,2,\cdots,n)$，故 $k\boldsymbol{A}\in V_6$，所以 V_6 对于 $\boldsymbol{P}^{n\times n}$ 的加法与数乘运算都是封闭的，即 V_6 是 $\boldsymbol{P}^{n\times n}$ 的子空间.

例 4 设 $\boldsymbol{A}$ 为一固定的 n 阶实对称矩阵，$W=\{\boldsymbol{X}\in\mathbf{R}^n\mid\boldsymbol{X}\boldsymbol{A}\boldsymbol{X}^{\mathrm{T}}=0\}$. 当 W 满足什么条件时，其构成 $\mathbf{R}^n$ 的子空间？

解 显然 $\boldsymbol{O}\in W$. 其次，若 $\boldsymbol{X}\in W$，即 $\boldsymbol{X}\boldsymbol{A}\boldsymbol{X}^{\mathrm{T}}=0$，则对于任意的实数 $k\in\mathbf{R}$，有

$$(k\boldsymbol{X})\boldsymbol{A}(k\boldsymbol{X})^{\mathrm{T}}=k^2\boldsymbol{X}\boldsymbol{A}\boldsymbol{X}^{\mathrm{T}}=0.$$

因此，W 构成子空间的条件为：对任意的 $\boldsymbol{X},\boldsymbol{Y}\in W$，$(\boldsymbol{X}+\boldsymbol{Y})\boldsymbol{A}(\boldsymbol{X}+\boldsymbol{Y})^{\mathrm{T}}=0$ 成立. 等价地，

$$(\boldsymbol{X}+\boldsymbol{Y})\boldsymbol{A}(\boldsymbol{X}+\boldsymbol{Y})^{\mathrm{T}}=\boldsymbol{X}\boldsymbol{A}\boldsymbol{X}^{\mathrm{T}}+\boldsymbol{X}\boldsymbol{A}\boldsymbol{Y}^{\mathrm{T}}+\boldsymbol{Y}\boldsymbol{A}\boldsymbol{X}^{\mathrm{T}}+\boldsymbol{Y}\boldsymbol{A}\boldsymbol{Y}^{\mathrm{T}}=0.$$

因为 $\boldsymbol{A}$ 是实对称矩阵，则 $\boldsymbol{X}\boldsymbol{A}\boldsymbol{Y}^{\mathrm{T}}=(\boldsymbol{Y}\boldsymbol{A}\boldsymbol{X}^{\mathrm{T}})^{\mathrm{T}}\in\mathbf{R}$，从而 $\boldsymbol{X}\boldsymbol{A}\boldsymbol{Y}^{\mathrm{T}}=\boldsymbol{Y}\boldsymbol{A}\boldsymbol{X}^{\mathrm{T}}$. 因此，$\boldsymbol{X}\boldsymbol{A}\boldsymbol{Y}^{\mathrm{T}}=0$. 所以，$W$ 构成 $\mathbf{R}^n$ 的子空间的条件为：对任意的 $\boldsymbol{X},\boldsymbol{Y}\in W$，$\boldsymbol{X}\boldsymbol{A}\boldsymbol{Y}^{\mathrm{T}}=0$.

例 5 在 $\mathbf{R}^4$ 中，求向量 $\boldsymbol{\alpha}_1,\boldsymbol{\alpha}_2,\boldsymbol{\alpha}_3,\boldsymbol{\alpha}_4$ 生成的子空间的基与维数，其中

$$\boldsymbol{\alpha}_1=(2,1,3,1),\quad \boldsymbol{\alpha}_2=(1,2,0,1),\quad \boldsymbol{\alpha}_3=(-1,1,-3,0),\quad \boldsymbol{\alpha}_4=(1,1,1,1).$$

分析 求一组向量生成的子空间实际上是求这组向量的一个最大线性无关组. 最大线性无关组线性表出的所有向量构成的集合便是它们生成的子空间对应的集合. 同时，最大线性无关组便是所生成的子空间的一组基，最大线性无关组中的向量的个数便是维数.

解 显然 $\boldsymbol{\alpha}_3=-\boldsymbol{\alpha}_1+\boldsymbol{\alpha}_2$，另外容易验证 $\boldsymbol{\alpha}_1,\boldsymbol{\alpha}_2,\boldsymbol{\alpha}_4$ 线性无关，所以 $\boldsymbol{\alpha}_1,\boldsymbol{\alpha}_2,\boldsymbol{\alpha}_4$ 是 $\boldsymbol{\alpha}_1,\boldsymbol{\alpha}_2,\boldsymbol{\alpha}_3,\boldsymbol{\alpha}_4$ 生成的子空间的一组基，其维数为 3.

例 6 在线性空间 $C[-\pi,\pi]$ 中，求由 $1,\cos x,\sin x,\cos 2x,\sin 2x,\cos 3x,\sin 3x,\cos 4x,\sin 4x$ 所生成的子空间的维数.

解 首先证明 $1,\cos x,\sin x,\cos 2x,\sin 2x,\cos 3x,\sin 3x,\cos 4x,\sin 4x$ 线性无关.令

$$k_0+k_1\cos x+h_1\sin x+k_2\cos 2x+h_2\sin 2x+k_3\cos 3x+h_3\sin 3x+k_4\cos 4x+h_4\sin 4x=0.$$

首先证明 k_0,k_1,k_2,k_3,k_4 全为零.证明 $k_0=0$ 时，等式两边取从 $-\pi$ 至 π 的积分，得 $2\pi k_0=0$，故 $k_0=0$.

为证 k_1,k_2,k_3,k_4 全为零，等式两边同乘 $\cos ix$（如 $i=2$）后取积分得

$$\int_{-\pi}^{\pi}k_0\cos 2x\mathrm{d}x+\cdots+\int_{-\pi}^{\pi}k_2\cos^2 2x\mathrm{d}x+\cdots=0,$$

得 $\pi k_2=0$，故 $k_2=0$.

同样，等式两边同乘 $\sin ix$ 后取积分，可证 $h_i=0(i=1,2,3,4)$.故上述 9 个函数线性无关，所以由这 9 个函数生成的子空间的维数是 9.

例 7 在 $\mathbf{R}^4$ 中，求齐次线性方程组

$$\begin{cases}2x_1+x_2-2x_3+3x_4=0,\\3x_1+3x_2+3x_3-3x_4=0,\\3x_1+2x_2-x_3+2x_4=0\end{cases}$$

的解空间的基与维数.

解 先求方程组的基础解系，对系数矩阵进行行初等变换

$$\begin{pmatrix}2&1&-2&3\\3&3&3&-3\\3&2&-1&2\end{pmatrix}\to\begin{pmatrix}2&1&-2&3\\1&1&1&-1\\3&2&-1&2\end{pmatrix}\to\begin{pmatrix}0&-1&-4&5\\1&1&1&-1\\0&-1&-4&5\end{pmatrix}\to\begin{pmatrix}1&0&-3&4\\0&1&4&-5\\0&0&0&0\end{pmatrix},$$

所以原方程组等价于下面方程组

$$\begin{cases}x_1=3x_3-4x_4,\\x_2=-4x_3+5x_4,\end{cases}$$

分别令 $(x_3,x_4)=(1,0),(0,1)$，得基础解系为 $\boldsymbol{\alpha}_1=(3,-4,1,0)^{\mathrm{T}}$，$\boldsymbol{\alpha}_2=(-4,5,0,1)^{\mathrm{T}}$.

$\boldsymbol{\alpha}_1,\boldsymbol{\alpha}_2$ 就是齐次线性方程组解空间的基，解空间的维数为 2.

评注 设 $\boldsymbol{AX}=\mathbf{0}$ 是一个 n 元齐次线性方程组，则对于 $\boldsymbol{AX}=\mathbf{0}$ 的解集合 $V\subseteq\mathbf{R}^n$，任取 $\boldsymbol{\alpha}_1,\boldsymbol{\alpha}_2\in V,k\in\mathbf{R}$，都有 $\boldsymbol{\alpha}_1+\boldsymbol{\alpha}_2\in V,k\boldsymbol{\alpha}_1\in V$，故 V 是 $\mathbf{R}^n$ 的子空间，这个子空间称为齐次线性方程组 $\boldsymbol{AX}=\mathbf{0}$ 的解空间.如果系数矩阵 $\boldsymbol{A}$ 的秩 $R(\boldsymbol{A})<n$，则 $\boldsymbol{AX}=\mathbf{0}$ 的基础解系由 $n-R(\boldsymbol{A})$ 个解向量组成.基础解系中的解向量是线性无关的，且解向量中

任一个向量都可由它们线性表出，所以 $AX=0$ 的基础解系就是其解空间的基，$n-R(A)$ 就是解空间的维数.

例 8 在 $\mathbf{R}^4$ 中，求向量 $\boldsymbol{\alpha}=(1,2,1,1)^{\mathrm{T}}$ 在基

$$\boldsymbol{e}_1=(1,1,1,1)^{\mathrm{T}},\quad \boldsymbol{e}_2=(1,1,-1,-1)^{\mathrm{T}},\quad \boldsymbol{e}_3=(1,-1,1,-1)^{\mathrm{T}},\quad \boldsymbol{e}_4=(1,-1,-1,1)^{\mathrm{T}}$$

下的坐标.

分析 求一个向量在一组基下的坐标，本质上是求以该组基为系数矩阵的非齐次线性方程组的解.由于基中的向量线性无关，故对应的系数矩阵必然可逆，从而存在唯一解.

解 设

$$\boldsymbol{\alpha}=x_1\boldsymbol{e}_1+x_2\boldsymbol{e}_2+x_3\boldsymbol{e}_3+x_4\boldsymbol{e}_4=(\boldsymbol{e}_1,\boldsymbol{e}_2,\boldsymbol{e}_3,\boldsymbol{e}_4)\begin{pmatrix}x_1\\x_2\\x_3\\x_4\end{pmatrix},$$

即有

$$\begin{cases}x_1+x_2+x_3+x_4=1,\\x_1+x_2-x_3-x_4=2,\\x_1-x_2+x_3-x_4=1,\\x_1-x_2-x_3+x_4=1,\end{cases}$$

解此线性方程组可得

$$x_1=\frac{5}{4},\quad x_2=\frac{1}{4},\quad x_3=-\frac{1}{4},\quad x_4=-\frac{1}{4}.$$

所以 $\boldsymbol{\alpha}$ 在基 $\boldsymbol{e}_1,\boldsymbol{e}_2,\boldsymbol{e}_3,\boldsymbol{e}_4$ 下的坐标为

$$\left(\frac{5}{4},\frac{1}{4},-\frac{1}{4},-\frac{1}{4}\right)^{\mathrm{T}}.$$

例 9 设 V 是 $\mathbf{R}$ 上 2 阶对称矩阵按矩阵加法和数乘组成的线性空间，求矩阵

$$\boldsymbol{A}=\begin{pmatrix}4&-11\\-11&-7\end{pmatrix}$$

在基

$$\begin{pmatrix}1&-2\\-2&1\end{pmatrix},\quad\begin{pmatrix}2&1\\1&3\end{pmatrix},\quad\begin{pmatrix}4&-1\\-1&-5\end{pmatrix}$$

下的坐标.

解 设矩阵 $\boldsymbol{A}$ 在此基下的坐标为 $(x,y,z)^{\mathrm{T}}$，则

$$\begin{pmatrix}4&-11\\-11&-7\end{pmatrix}=x\begin{pmatrix}1&-2\\-2&1\end{pmatrix}+y\begin{pmatrix}2&1\\1&3\end{pmatrix}+z\begin{pmatrix}4&-1\\-1&-5\end{pmatrix},$$

即

$$\begin{cases} x+2y+4z=4, \\ -2x+\ y-\ z=-11, \\ -2x+\ y-\ z=-11, \\ x+3y-5z=-7, \end{cases}$$

解得 $x=4,y=-2,z=1$,所以矩阵 $\boldsymbol{A}$ 在给定基下的坐标为$(4,-2,1)^{\mathrm{T}}$.

例 10 在线性空间 $\mathbf{R}_n[x]$中,定义多项式

$$f_i(x)=(x-e_1)\cdots(x-e_{i-1})(x-e_{i+1})\cdots(x-e_n),\quad 1\leqslant i\leqslant n,$$

其中 $e_1,e_2,\cdots,e_n$ 为全体 n 次单位根,即 $e_i^n=1$.可以证明$f_1(x),f_2(x),\cdots,f_n(x)$构成$\mathbf{R}_n[x]$的一组基.求由基 $1,x,\cdots,x^{n-1}$到基$f_1(x),f_2(x),\cdots,f_n(x)$的过渡矩阵.

解 对每个 i,

$$x^n-1=(x-e_1)(x-e_2)\cdots(x-e_n)=(x-e_i)f_i(x),$$

所以

$$f_i(x)=\frac{x^n-1}{(x-e_i)}=e_i^{n-1}+e_i^{n-2}x+\cdots+e_ix^{n-2}+x^{n-1}.$$

由此得由基 $1,x,\cdots,x^{n-1}$到基$f_1(x),f_2(x),\cdots,f_n(x)$的过渡矩阵为

$$\begin{pmatrix} e_1^{n-1} & e_2^{n-1} & \cdots & e_n^{n-1} \\ e_1^{n-2} & e_2^{n-2} & \cdots & e_n^{n-2} \\ \vdots & \vdots & & \vdots \\ e_1 & e_2 & \cdots & e_n \\ 1 & 1 & \cdots & 1 \end{pmatrix}.$$

例 11 已知 $\mathbf{R}^3$ 的两组基为

$$\boldsymbol{\alpha}_1=(1,1,1)^{\mathrm{T}},\quad \boldsymbol{\alpha}_2=(1,0,-1)^{\mathrm{T}},\quad \boldsymbol{\alpha}_3=(1,0,1)^{\mathrm{T}},$$
$$\boldsymbol{\beta}_1=(1,2,1)^{\mathrm{T}},\quad \boldsymbol{\beta}_2=(2,3,4)^{\mathrm{T}},\quad \boldsymbol{\beta}_3=(3,4,3)^{\mathrm{T}}.$$

(1) 求基 $\boldsymbol{\alpha}_1,\boldsymbol{\alpha}_2,\boldsymbol{\alpha}_3$ 到基 $\boldsymbol{\beta}_1,\boldsymbol{\beta}_2,\boldsymbol{\beta}_3$ 的过渡矩阵;

(2) 求 $\mathbf{R}^3$ 中任一个向量 $\boldsymbol{\alpha}$ 在这两组基下的坐标之间的关系.

解 (1) 设基 $\boldsymbol{\alpha}_1,\boldsymbol{\alpha}_2,\boldsymbol{\alpha}_3$ 到基 $\boldsymbol{\beta}_1,\boldsymbol{\beta}_2,\boldsymbol{\beta}_3$ 的过渡矩阵为 $\boldsymbol{A}$,则$(\boldsymbol{\beta}_1,\boldsymbol{\beta}_2,\boldsymbol{\beta}_3)=(\boldsymbol{\alpha}_1,\boldsymbol{\alpha}_2,\boldsymbol{\alpha}_3)\boldsymbol{A}$,于是有 $\boldsymbol{A}=(\boldsymbol{\alpha}_1,\boldsymbol{\alpha}_2,\boldsymbol{\alpha}_3)^{-1}(\boldsymbol{\beta}_1,\boldsymbol{\beta}_2,\boldsymbol{\beta}_3)$,其中

$$(\boldsymbol{\alpha}_1,\boldsymbol{\alpha}_2,\boldsymbol{\alpha}_3)^{-1}=\begin{pmatrix} 1 & 1 & 1 \\ 1 & 0 & 0 \\ 1 & -1 & 1 \end{pmatrix}^{-1}=\begin{pmatrix} 0 & 1 & 0 \\ \frac{1}{2} & 0 & -\frac{1}{2} \\ \frac{1}{2} & -1 & \frac{1}{2} \end{pmatrix}.$$

所以

$$A=\begin{pmatrix}0&1&0\\ \frac{1}{2}&0&-\frac{1}{2}\\ \frac{1}{2}&-1&\frac{1}{2}\end{pmatrix}\begin{pmatrix}1&2&3\\2&3&4\\1&4&3\end{pmatrix}=\begin{pmatrix}2&3&4\\0&-1&0\\-1&0&-1\end{pmatrix}.$$

（2）设

$$\begin{aligned}\boldsymbol{\alpha}&=x_1\boldsymbol{\alpha}_1+x_2\boldsymbol{\alpha}_2+x_3\boldsymbol{\alpha}_3=y_1\boldsymbol{\beta}_1+y_2\boldsymbol{\beta}_2+y_3\boldsymbol{\beta}_3\\&=(\boldsymbol{\alpha}_1,\boldsymbol{\alpha}_2,\boldsymbol{\alpha}_3)\begin{pmatrix}x_1\\x_2\\x_3\end{pmatrix}=(\boldsymbol{\beta}_1,\boldsymbol{\beta}_2,\boldsymbol{\beta}_3)\begin{pmatrix}y_1\\y_2\\y_3\end{pmatrix}=(\boldsymbol{\alpha}_1,\boldsymbol{\alpha}_2,\boldsymbol{\alpha}_3)\boldsymbol{A}\begin{pmatrix}y_1\\y_2\\y_3\end{pmatrix},\end{aligned}$$

所以两组坐标之间的关系式为

$$\begin{pmatrix}x_1\\x_2\\x_3\end{pmatrix}=\boldsymbol{A}\begin{pmatrix}y_1\\y_2\\y_3\end{pmatrix}=\begin{pmatrix}2&3&4\\0&-1&0\\-1&0&-1\end{pmatrix}\begin{pmatrix}y_1\\y_2\\y_3\end{pmatrix}.$$

例 12 在 $\mathbf{R}^3$ 中，求基 $\boldsymbol{\alpha}_1=(1,0,0)^{\mathrm{T}},\boldsymbol{\alpha}_2=(1,1,0)^{\mathrm{T}},\boldsymbol{\alpha}_3=(1,1,1)^{\mathrm{T}}$ 通过过渡矩阵

$$\boldsymbol{A}=\begin{pmatrix}1&-1&0\\0&1&-1\\0&0&1\end{pmatrix}$$

所得到的新基 $\boldsymbol{\beta}_1,\boldsymbol{\beta}_2,\boldsymbol{\beta}_3$，并求 $\boldsymbol{\alpha}=-\boldsymbol{\alpha}_1-2\boldsymbol{\alpha}_2+5\boldsymbol{\alpha}_3$ 在基 $\boldsymbol{\beta}_1,\boldsymbol{\beta}_2,\boldsymbol{\beta}_3$ 下的坐标.

解 根据题设知

$$(\boldsymbol{\beta}_1,\boldsymbol{\beta}_2,\boldsymbol{\beta}_3)=(\boldsymbol{\alpha}_1,\boldsymbol{\alpha}_2,\boldsymbol{\alpha}_3)\begin{pmatrix}1&-1&0\\0&1&-1\\0&0&1\end{pmatrix}=(\boldsymbol{\alpha}_1,-\boldsymbol{\alpha}_1+\boldsymbol{\alpha}_2,-\boldsymbol{\alpha}_2+\boldsymbol{\alpha}_3),$$

所以 $\boldsymbol{\beta}_1=\boldsymbol{\alpha}_1=(1,0,0)^{\mathrm{T}},\boldsymbol{\beta}_2=-\boldsymbol{\alpha}_1+\boldsymbol{\alpha}_2=(0,1,0)^{\mathrm{T}},\boldsymbol{\beta}_3=-\boldsymbol{\alpha}_2+\boldsymbol{\alpha}_3=(0,0,1)^{\mathrm{T}}$.

由于 $\boldsymbol{\alpha}=-\boldsymbol{\alpha}_1-2\boldsymbol{\alpha}_2+5\boldsymbol{\alpha}_3=(2,3,5)^{\mathrm{T}}=2\boldsymbol{\beta}_1+3\boldsymbol{\beta}_2+5\boldsymbol{\beta}_3$，故 $\boldsymbol{\alpha}$ 在 $\boldsymbol{\beta}_1,\boldsymbol{\beta}_2,\boldsymbol{\beta}_3$ 的坐标为 $(2,3,5)^{\mathrm{T}}$.

例 13 设 $\boldsymbol{\varepsilon}_1,\boldsymbol{\varepsilon}_2,\boldsymbol{\varepsilon}_3,\boldsymbol{\varepsilon}_4,\boldsymbol{\varepsilon}_5$ 是 5 维欧式空间 V 的一组标准正交基，$W=L(\boldsymbol{\alpha}_1,\boldsymbol{\alpha}_2,\boldsymbol{\alpha}_3)$，其中

$$\boldsymbol{\alpha}_1=\boldsymbol{\varepsilon}_1+\boldsymbol{\varepsilon}_5,\quad \boldsymbol{\alpha}_2=\boldsymbol{\varepsilon}_1-\boldsymbol{\varepsilon}_2+\boldsymbol{\varepsilon}_4,\quad \boldsymbol{\alpha}_3=2\boldsymbol{\varepsilon}_1+\boldsymbol{\varepsilon}_2+\boldsymbol{\varepsilon}_3,$$

求 W 的一组标准正交基.

解 容易验证 $\boldsymbol{\alpha}_1,\boldsymbol{\alpha}_2,\boldsymbol{\alpha}_3$ 线性无关，从而是 W 的一组基.先对其正交化，令

$$\boldsymbol{\beta}_1=\boldsymbol{\alpha}_1=\boldsymbol{\varepsilon}_1+\boldsymbol{\varepsilon}_5,$$

$$\boldsymbol{\beta}_2=\boldsymbol{\alpha}_2-\frac{(\boldsymbol{\alpha}_2,\boldsymbol{\beta}_1)}{(\boldsymbol{\beta}_1,\boldsymbol{\beta}_1)}\boldsymbol{\beta}_1=\frac{1}{2}\boldsymbol{\varepsilon}_1-\boldsymbol{\varepsilon}_2+\boldsymbol{\varepsilon}_4-\frac{1}{2}\boldsymbol{\varepsilon}_5,$$

$$\boldsymbol{\beta}_3=\boldsymbol{\alpha}_3-\frac{(\boldsymbol{\alpha}_3,\boldsymbol{\beta}_1)}{(\boldsymbol{\beta}_1,\boldsymbol{\beta}_1)}\boldsymbol{\beta}_1-\frac{(\boldsymbol{\alpha}_3,\boldsymbol{\beta}_2)}{(\boldsymbol{\beta}_2,\boldsymbol{\beta}_2)}\boldsymbol{\beta}_2=\boldsymbol{\varepsilon}_1+\boldsymbol{\varepsilon}_2+\boldsymbol{\varepsilon}_3-\boldsymbol{\varepsilon}_5.$$

再单位化,即得标准正交基

$$\boldsymbol{\eta}_1=\frac{1}{\sqrt{2}}(\boldsymbol{\varepsilon}_1+\boldsymbol{\varepsilon}_5),$$

$$\boldsymbol{\eta}_2=\frac{1}{\sqrt{10}}(\boldsymbol{\varepsilon}_1-2\boldsymbol{\varepsilon}_2+2\boldsymbol{\varepsilon}_4-\boldsymbol{\varepsilon}_5),$$

$$\boldsymbol{\eta}_3=\frac{1}{2}(\boldsymbol{\varepsilon}_1+\boldsymbol{\varepsilon}_2+\boldsymbol{\varepsilon}_3-\boldsymbol{\varepsilon}_5).$$

例 14 设 $\sigma(x,y)=(y,-x)$, $\tau(x,y)=(x,-y)$ 是 $\mathbf{R}^2$ 的两个线性变换,求

(1) $(\sigma+\tau)(x,y)$; (2) $(\sigma\tau)(x,y)$; (3) $(\tau\sigma)(x,y)$.

解 根据定义求出结果

(1) $(\sigma+\tau)(x,y)=\sigma(x,y)+\tau(x,y)=(y,-x)+(x,-y)=(x+y,-x-y)$;

(2) $(\sigma\tau)(x,y)=\sigma(\tau(x,y))=\sigma(x,-y)=(-y,-x)$;

(3) $(\tau\sigma)(x,y)=\tau(\sigma(x,y))=\tau(y,-x)=(y,x)$.

例 15 在 $\mathbf{R}^3$ 中,求 $\sigma(x_1,x_2,x_3)=(2x_1-x_2,x_2+x_3,x_3)^{\mathrm{T}}$ 在基

$$\boldsymbol{\varepsilon}_1=(1,0,0)^{\mathrm{T}},\quad \boldsymbol{\varepsilon}_2=(0,1,0)^{\mathrm{T}},\quad \boldsymbol{\varepsilon}_3=(0,0,1)^{\mathrm{T}}$$

下的矩阵.

解 因为

$$\sigma(\boldsymbol{\varepsilon}_1)=(2,0,0)^{\mathrm{T}}=2\boldsymbol{\varepsilon}_1+0\boldsymbol{\varepsilon}_2+0\boldsymbol{\varepsilon}_3,$$
$$\sigma(\boldsymbol{\varepsilon}_2)=(-1,1,0)^{\mathrm{T}}=-\boldsymbol{\varepsilon}_1+\boldsymbol{\varepsilon}_2+0\boldsymbol{\varepsilon}_3,$$
$$\sigma(\boldsymbol{\varepsilon}_3)=(0,1,1)^{\mathrm{T}}=0\boldsymbol{\varepsilon}_1+\boldsymbol{\varepsilon}_2+\boldsymbol{\varepsilon}_3,$$

所以 σ 在基 $\boldsymbol{\varepsilon}_1,\boldsymbol{\varepsilon}_2,\boldsymbol{\varepsilon}_3$ 下的矩阵为

$$\boldsymbol{A}=\begin{pmatrix}2&-1&0\\0&1&1\\0&0&1\end{pmatrix}.$$

例 16 在 $\mathbf{R}^3$ 中取两组基

$$\boldsymbol{\alpha}_1=(-2,0,-1)^{\mathrm{T}},\quad \boldsymbol{\alpha}_2=(2,1,0)^{\mathrm{T}},\quad \boldsymbol{\alpha}_3=(5,2,1)^{\mathrm{T}},$$
$$\boldsymbol{\beta}_1=(-1,1,0)^{\mathrm{T}},\quad \boldsymbol{\beta}_2=(1,0,1)^{\mathrm{T}},\quad \boldsymbol{\beta}_3=(0,1,2)^{\mathrm{T}}.$$

线性变换 σ 使得

$$\sigma(\boldsymbol{\alpha}_1)=(-1,0,2)^{\mathrm{T}},\quad \sigma(\boldsymbol{\alpha}_2)=(1,0,0)^{\mathrm{T}},\quad \sigma(\boldsymbol{\alpha}_3)=(2,1,0)^{\mathrm{T}}.$$

求 σ 在基 $\boldsymbol{\beta}_1,\boldsymbol{\beta}_2,\boldsymbol{\beta}_3$ 下的矩阵.

分析 如果按定义直接写出 $\sigma(\boldsymbol{\beta}_i)$ 被基 $\boldsymbol{\beta}_1,\boldsymbol{\beta}_2,\boldsymbol{\beta}_3$ 线性表出的表达式相当麻烦,为此可以引入一组新基(通常是标准基)简化运算.

解　取基 $\varepsilon_1=(1,0,0)^{\mathrm{T}}$, $\varepsilon_2=(0,1,0)^{\mathrm{T}}$, $\varepsilon_3=(0,0,1)^{\mathrm{T}}$, 则 $(\alpha_1,\alpha_2,\alpha_3)=(\varepsilon_1,\varepsilon_2,\varepsilon_3)A$, 其中

$$A=\begin{pmatrix}-2&2&5\\0&1&2\\-1&0&1\end{pmatrix}.$$

因此,

$$(\varepsilon_1,\varepsilon_2,\varepsilon_3)=(\alpha_1,\alpha_2,\alpha_3)A^{-1}=(\alpha_1,\alpha_2,\alpha_3)\begin{pmatrix}-1&2&1\\2&-3&-4\\-1&2&2\end{pmatrix}.$$

同时, $\sigma(\alpha_1,\alpha_2,\alpha_3)=(\varepsilon_1,\varepsilon_2,\varepsilon_3)B$, 其中

$$B=\begin{pmatrix}-1&1&2\\0&0&1\\2&0&0\end{pmatrix}.$$

又因为, $(\beta_1,\beta_2,\beta_3)=(\varepsilon_1,\varepsilon_2,\varepsilon_3)C$, 其中

$$C=\begin{pmatrix}-1&1&0\\1&0&1\\0&1&2\end{pmatrix},$$

所以

$$(\varepsilon_1,\varepsilon_2,\varepsilon_3)=(\beta_1,\beta_2,\beta_3)C^{-1}=(\beta_1,\beta_2,\beta_3)\begin{pmatrix}1&2&-1\\2&2&-1\\-1&-1&1\end{pmatrix}.$$

因此,

$$\begin{aligned}\sigma(\beta_1,\beta_2,\beta_3)&=\sigma(\varepsilon_1,\varepsilon_2,\varepsilon_3)C=\sigma(\alpha_1,\alpha_2,\alpha_3)A^{-1}C=(\varepsilon_1,\varepsilon_2,\varepsilon_3)BA^{-1}C\\&=(\beta_1,\beta_2,\beta_3)C^{-1}BA^{-1}C.\end{aligned}$$

于是, σ 在基 β_1,β_2,β_3 下的矩阵为

$$C^{-1}BA^{-1}C=\begin{pmatrix}-2&2&1\\-4&2&-2\\5&-1&5\end{pmatrix}.$$

例 17　设 σ 是线性空间 V 的线性变换, σ 在 V 的一组基 $\alpha_1,\alpha_2,\alpha_3$ 下的矩阵为

$$A=\begin{pmatrix}1&1&1\\1&2&1\\1&1&2\end{pmatrix}.$$

求 σ 在 V 的另一组基 β_1,β_2,β_3 下的矩阵, 其中

$$\beta_1=2\alpha_1+3\alpha_2+\alpha_3,\quad \beta_2=3\alpha_1+4\alpha_2+\alpha_3,\quad \beta_3=\alpha_1+2\alpha_2+2\alpha_3.$$

分析　此题考察的是“同一线性变换在不同基下的矩阵相似”这一结论, 关键

在于求出两组基之间的过渡矩阵.

解 根据题设,基 $\boldsymbol{\alpha}_1,\boldsymbol{\alpha}_2,\boldsymbol{\alpha}_3$ 到基 $\boldsymbol{\beta}_1,\boldsymbol{\beta}_2,\boldsymbol{\beta}_3$ 的过渡矩阵为

$$\boldsymbol{C}=\begin{pmatrix}2&3&1\\3&4&2\\1&1&2\end{pmatrix},$$

故线性变换 σ 在基 $\boldsymbol{\beta}_1,\boldsymbol{\beta}_2,\boldsymbol{\beta}_3$ 下的矩阵为

$$\boldsymbol{B}=\boldsymbol{C}^{-1}\boldsymbol{A}\boldsymbol{C}=\begin{pmatrix}-5&-6&-9\\4&5&6\\4&5&5\end{pmatrix}.$$

例 18 设

$$\boldsymbol{\alpha}_1=(2,-1,-1)^{\mathrm{T}},\quad \boldsymbol{\alpha}_2=(1,-2,-1)^{\mathrm{T}},\quad \boldsymbol{\alpha}_3=(-1,0,1)^{\mathrm{T}},$$
$$\boldsymbol{\beta}_1=(-1,0,1)^{\mathrm{T}},\quad \boldsymbol{\beta}_2=(1,2,-1)^{\mathrm{T}},\quad \boldsymbol{\beta}_3=(-1,0,1)^{\mathrm{T}}.$$

在 $\mathbf{R}^3$ 中求一线性变换 σ 使得 $\sigma(\boldsymbol{\alpha}_1)=\boldsymbol{\beta}_1,\sigma(\boldsymbol{\alpha}_2)=\boldsymbol{\beta}_2,\sigma(\boldsymbol{\alpha}_3)=\boldsymbol{\beta}_3$.

分析 要确定一个线性变换 σ,即是要确定:对任意的 $\boldsymbol{X}=(x_1,x_2,x_3)^{\mathrm{T}}$,求对应到 $\sigma(\boldsymbol{X})$ 的规则,现在 $\boldsymbol{\alpha}_1,\boldsymbol{\alpha}_2,\boldsymbol{\alpha}_3$ 线性无关,因此对任意的 $\boldsymbol{X}=(x_1,x_2,x_3)^{\mathrm{T}}$,均有 $\boldsymbol{X}=k_1\boldsymbol{\alpha}_1+k_2\boldsymbol{\alpha}_2+k_3\boldsymbol{\alpha}_3$.进一步,

$$\sigma(\boldsymbol{X})=\sigma\left(\sum_{i=1}^{3}k_i\boldsymbol{\alpha}_i\right)=\sum_{i=1}^{3}k_i\sigma(\boldsymbol{\alpha}_i)=\sum_{i=1}^{3}k_i\boldsymbol{\beta}_i.$$

因此只要求出 k_1,k_2,k_3,即可确定出 $\boldsymbol{\sigma}$.

解 设 $\boldsymbol{X}=(x_1,x_2,x_3)^{\mathrm{T}}\in\mathbf{R}^3$,记

$$\boldsymbol{X}=k_1\boldsymbol{\alpha}_1+k_2\boldsymbol{\alpha}_2+k_3\boldsymbol{\alpha}_3=k_1(2,-1,-1)^{\mathrm{T}}+k_2(1,-2,-1)^{\mathrm{T}}+k_3(-1,0,1)^{\mathrm{T}}=(x_1,x_2,x_3)^{\mathrm{T}},$$

有

$$\begin{cases}2k_1+k_2-k_3=x_1,\\-k_1-2k_2+0k_3=x_2,\\-k_1-k_2+k_3=x_3,\end{cases}$$

解之得

$$\begin{cases}k_1=x_1+x_3,\\k_2=-\dfrac{1}{2}(x_1+x_2+x_3),\\k_3=\dfrac{1}{2}(x_1-x_2+3x_3).\end{cases}$$

故有

$$\boldsymbol{X}=k_1\boldsymbol{\alpha}_1+k_2\boldsymbol{\alpha}_2+k_3\boldsymbol{\alpha}_3=(x_1+x_3)\boldsymbol{\alpha}_1+\left(-\frac{1}{2}(x_1+x_2+x_3)\right)\boldsymbol{\alpha}_2+\frac{1}{2}(x_1-x_2+x_3)\boldsymbol{\alpha}_3,$$

则

$$\sigma(\boldsymbol{X})=\sigma\left(\sum_{i=1}^{3}k_i\boldsymbol{\alpha}_i\right)=\sum_{i=1}^{3}k_i\sigma(\boldsymbol{\alpha}_i)=\sum_{i=1}^{3}k_i\boldsymbol{\beta}_i$$

$$=(x_1+x_3)\begin{pmatrix}-1\\0\\1\end{pmatrix}+\left(-\frac{1}{2}x_1-\frac{1}{2}x_2-\frac{1}{2}x_3\right)\begin{pmatrix}1\\2\\-1\end{pmatrix}+\frac{1}{2}(x_1-x_2+3x_3)\begin{pmatrix}-1\\0\\1\end{pmatrix},$$

$$=\begin{pmatrix}-2x_1-3x_3\\-x_1-x_2-x_3\\2x_1+3x_3\end{pmatrix}.$$

因此,所求线性变换 σ 为

$$\sigma((x_1,x_2,x_3)^{\mathrm{T}})=(-2x_1-3x_3,-x_1-x_2-x_3,2x_1+3x_3)^{\mathrm{T}}.$$

(三)证明题

例 1 证明:二维实向量的全体构成的集合,关于以下运算

$$(a_1,b_1)\oplus(a_2,b_2)=(a_1+a_2,b_1+b_2+a_1a_2),$$

$$k\circ(a_1,b_1)=\left(ka_1,kb_1+\frac{k(k-1)}{2}a_1^2\right)$$

构成实数域上的线性空间.

证 显然加法运算与数乘运算满足封闭性,接下来验证满足八条规则.

1° $(a_1,b_1)\oplus(a_2,b_2)=(a_1+a_2,b_1+b_2+a_1a_2)=(a_2,b_2)\oplus(a_1,b_1)$.

2°
$$\begin{aligned}((a_1,b_1)\oplus(a_2,b_2))\oplus(a_3,b_3)&=(a_1+a_2,b_1+b_2+a_1a_2)\oplus(a_3,b_3)\\&=((a_1+a_2)+a_3,(b_1+b_2+a_1a_2)+\\&\quad b_3+(a_1+a_2)a_3)\\&=(a_1+a_2+a_3,b_1+b_2+b_3+a_1a_2+a_1a_3+a_2a_3),\end{aligned}$$

$$\begin{aligned}(a_1,b_1)\oplus((a_2,b_2)\oplus(a_3,b_3))&=(a_1,b_1)\oplus(a_2+a_3,b_2+b_3+a_2a_3)\\&=(a_1+(a_2+a_3),b_1+(b_2+b_3+a_2a_3)+a_1(a_2+a_3))\\&=(a_1+a_2+a_3,b_1+b_2+b_3+a_1a_2+a_1a_3+a_2a_3),\end{aligned}$$

所以

$$((a_1,b_1)\oplus(a_2,b_2))\oplus(a_3,b_3)=(a_1,b_1)\oplus((a_2,b_2)\oplus(a_3,b_3)).$$

3° 零元素是(0,0),

$$(a_1,b_1)\oplus(0,0)=(a_1,b_1).$$

4° (a,b)的负元素是$(-a,a^2-b)$,

$$(a,b)\oplus(-a,a^2-b)=(0,0).$$

5° $1\circ(a,b)=(a,b)$.

$$6^\circ\quad k\circ(l\circ(a,b))=k\circ\left(la,lb+\frac{l(l-1)}{2}a^2\right)$$

$$=\left(kla,k\left[lb+\frac{l(l-1)}{2}a^2\right]+\frac{k(k-1)}{2}(la)^2\right)$$

$$=\left(kla,klb+\frac{kl(kl-1)}{2}a^2\right)=kl\circ(a,b).$$

$$7^\circ\quad k\circ[(a_1,b_1)\oplus(a_2,b_2)]=k\circ(a_1+a_2,b_1+b_2+a_1a_2)$$

$$=\left(k(a_1+a_2),k(b_1+b_2+a_1a_2)+\frac{k(k-1)}{2}(a_1+a_2)^2\right)$$

$$=\left(ka_1+ka_2,kb_1+kb_2+\frac{k(k-1)}{2}a_1^2+\frac{k(k-1)}{2}a_2^2+k^2a_1a_2\right)$$

$$=\left(ka_1,kb_1+\frac{k(k-1)}{2}a_1^2\right)\oplus\left(ka_2,kb_2+\frac{k(k-1)}{2}a_2^2\right)$$

$$=k\circ(a_1,b_1)\oplus k\circ(a_2,b_2).$$

$$8^\circ\quad (k+l)\circ(a,b)=\left((k+l)a,(k+l)b+\frac{(k+l)(k+l-1)}{2}a^2\right),$$

$$k\circ(a,b)\oplus l\circ(a,b)=\left(ka,kb+\frac{k(k-1)}{2}a^2\right)\oplus\left(la,lb+\frac{l(l-1)}{2}a^2\right)$$

$$=\left((k+l)a,kb+\frac{k(k-1)}{2}a^2+lb+\frac{l(l-1)}{2}a^2+kla^2\right)$$

$$=\left((k+l)a,(k+l)b+\frac{(k+l)(k+l-1)}{2}a^2\right).$$

因此，$(k+l)\circ(a,b)=k\circ(a,b)\oplus l\circ(a,b)$.

所以，这个集合对指定的运算构成实数域上的一个线性空间.

例 2 设 $\boldsymbol{A}$ 是实 n 阶矩阵，λ_0 是 $\boldsymbol{A}$ 的一个实特征值，$W_{\lambda_0}=\{\boldsymbol{\alpha}\mid \boldsymbol{A\alpha}=\lambda_0\boldsymbol{\alpha},\boldsymbol{\alpha}\in\mathbf{R}^n\}$，证明：$W_{\lambda_0}$是 $\mathbf{R}^n$ 的子空间.

证 任取 $\boldsymbol{\alpha}_1,\boldsymbol{\alpha}_2\in W_{\lambda_0}$，则 $\boldsymbol{A\alpha}_1=\lambda_0\boldsymbol{\alpha}_1,\boldsymbol{A\alpha}_2=\lambda_0\boldsymbol{\alpha}_2$，且

$$\boldsymbol{A}(\boldsymbol{\alpha}_1+\boldsymbol{\alpha}_2)=\boldsymbol{A\alpha}_1+\boldsymbol{A\alpha}_2=\lambda_0\boldsymbol{\alpha}_1+\lambda_0\boldsymbol{\alpha}_2=\lambda_0(\boldsymbol{\alpha}_1+\boldsymbol{\alpha}_2).$$

故 $\boldsymbol{\alpha}_1+\boldsymbol{\alpha}_2\in W_{\lambda_0}$. 任取 $k\in\mathbf{R}$，则 $\boldsymbol{A}(k\boldsymbol{\alpha}_1)=k(\boldsymbol{A\alpha}_1)=k(\lambda_0\boldsymbol{\alpha}_1)=\lambda_0(k\boldsymbol{\alpha}_1)$. 所以，$k\boldsymbol{\alpha}_1\in W_{\lambda_0}$.

于是，W_{λ_0}是 $\mathbf{R}^n$ 的子空间.

例 3 给定实数 $a\in\mathbf{R}$，证明下列多项式

$$f_i(x)=(x-a)^i\quad(i=0,1,\cdots,n-1)$$

构成线性空间 $\mathbf{R}_n[x]$的一组基.

证 因为 $\mathbf{R}_n[x]$是 n 维的，故只需证明 $f_0(x)=1,f_1(x)=(x-a),\cdots,$

$f_{n-1}(x)=(x-a)^{n-1}$线性无关.接下来对 n 做归纳证明.

当 $n=1$ 时,结论显然成立.

假定当 $n=m-1$ 时,结论成立.设

$$k_0\cdot 1+k_1\cdot(x-a)+k_2\cdot(x-a)^2+\cdots+k_{m-1}\cdot(x-a)^{m-1}=0.$$

令 $x=a$ 代入上式,得 $k_0=0$.于是上式化简为

$$k_1\cdot 1+k_2\cdot(x-a)+k_3\cdot(x-a)^2+\cdots+k_{m-1}\cdot(x-a)^{m-2}=0.$$

由归纳假设知,$1,(x-a),\cdots,(x-a)^{m-2}$线性无关,所以

$$k_1=k_2=k_3=\cdots=k_{m-1}=0.$$

因此,$1,(x-a),\cdots,(x-a)^{m-1}$线性无关.

例 4 (1) 证明:$1,(x-1),(x-2)(x-1)$是 $\mathbf{R}_3[x]$的一组基;

(2) 求向量 $1+x+x^2$ 在该组基下的坐标.

(1) **证法 1** 因为 $\mathbf{R}_3[x]$是三维线性空间,所以 $\mathbf{R}_3[x]$中任意三个线性无关的向量都可以构成它的一组基.

令 $k_1\cdot 1+k_2(x-1)+k_3(x-2)(x-1)=0$,整理可得

$$k_1-k_2+2k_3+(k_2-3k_3)x+k_3x^2=0,$$

上式对任意的 x 都成立,比较两端可得

$$\begin{cases}k_1-k_2+2k_3=0,\\ k_2-3k_3=0,\\ k_3=0.\end{cases}$$

显然此方程组只有唯一零解 $k_1=k_2=k_3=0$,所以 $1,(x-1),(x-2)(x-1)$线性无关,故 $1,(x-1),(x-2)(x-1)$是 $\mathbf{R}_3[x]$的一组基.

证法 2 已知 $1,x,x^2$ 是 $\mathbf{R}_3[x]$的一组基,故 $1,(x-1),(x-2)(x-1)$可由 $1,x,x^2$ 线性表出.又因为

$$\begin{cases}1=1\times1,\\ x=1\times1+1\times(x-1),\\ x^2=1\times1+3\times(x-1)+1\times(x-2)(x-1),\end{cases}$$

即 $1,x,x^2$ 可由 $1,(x-1),(x-2)(x-1)$线性表出,所以两个向量组等价,而 $1,x,x^2$ 线性无关,因此 $1,(x-1),(x-2)(x-1)$也线性无关,故 $1,(x-1),(x-2)(x-1)$是 $\mathbf{R}_3[x]$的一组基.

(2) **解** 设 $1+x+x^2$ 在 $1,(x-1),(x-2)(x-1)$下的坐标为$(a_1,a_2,a_3)^{\mathrm{T}}$,则有

$$1+x+x^2=a_1\cdot 1+a_2(x-1)+a_3(x-2)(x-1)=(a_1-a_2+2a_3)+(a_2-3a_3)x+a_3x^2,$$

比较上式两端系数可得

$$\begin{cases}a_1-a_2+2a_3=1,\\ a_2-3a_3=1,\\ a_3=1.\end{cases}$$

解之可得，$a_1=3,a_2=4,a_3=1$.所以，$1+x+x^2$ 在基 $1,(x-1),(x-2)(x-1)$ 下的坐标为 $(3,4,1)^{\mathrm{T}}$.

例 5 设 $\boldsymbol{A}$ 是 n 阶可逆矩阵，向量 $\boldsymbol{X}=(x_1,x_2,\cdots,x_n)^{\mathrm{T}},\boldsymbol{Y}=(y_1,y_2,\cdots,y_n)^{\mathrm{T}}\in\mathbf{R}^n$，证明：由 $(\boldsymbol{X},\boldsymbol{Y})=(\boldsymbol{AX})^{\mathrm{T}}(\boldsymbol{AY})$ 定义了 $\mathbf{R}^n$ 的一内积.

分析 只需验证所定义的映射满足内积定义的三个条件.

证 设

$$\boldsymbol{AX}=(a_1,a_2,\cdots,a_n)^{\mathrm{T}}\in\mathbf{R}^n,$$
$$\boldsymbol{AY}=(b_1,b_2,\cdots,b_n)^{\mathrm{T}}\in\mathbf{R}^n,$$

则由所给定义得

(1) $(\boldsymbol{Y},\boldsymbol{X})=(\boldsymbol{AY})^{\mathrm{T}}(\boldsymbol{AX})=\sum\limits_{i=1}^{n}b_ia_i=\sum\limits_{i=1}^{n}a_ib_i=(\boldsymbol{AX})^{\mathrm{T}}(\boldsymbol{AY})=(\boldsymbol{X},\boldsymbol{Y})$；

(2) 设任意的向量 $\boldsymbol{Z}=(z_1,z_2,\cdots,z_n)^{\mathrm{T}}$，

$$\begin{aligned}(\boldsymbol{X}+\boldsymbol{Y},\boldsymbol{Z})&=(\boldsymbol{A}(\boldsymbol{X}+\boldsymbol{Y}))^{T}(\boldsymbol{AZ})=((\boldsymbol{AX})^{T}+(\boldsymbol{AY})^{T})(\boldsymbol{AZ})\\&=(\boldsymbol{AX})^{\mathrm{T}}(\boldsymbol{AZ})+(\boldsymbol{AY})^{\mathrm{T}}(\boldsymbol{AZ})\\&=(\boldsymbol{X},\boldsymbol{Z})+(\boldsymbol{Y},\boldsymbol{Z}).\end{aligned}$$

(3) $(\boldsymbol{X},\boldsymbol{X})=(\boldsymbol{AX})^{\mathrm{T}}(\boldsymbol{AX})=\sum\limits_{i=1}^{n}a_ia_i\geqslant 0$，而且

$$(\boldsymbol{X},\boldsymbol{X})=\sum_{i=1}^{n}a_ia_i=0\Leftrightarrow a_i=0(i=1,2,\cdots,n)\Leftrightarrow\boldsymbol{AX}=\boldsymbol{0}\Leftrightarrow\boldsymbol{X}=\boldsymbol{0}.$$

因为矩阵 $\boldsymbol{A}$ 是可逆矩阵，所以 $\boldsymbol{AX}=\boldsymbol{0}\Leftrightarrow\boldsymbol{X}=\boldsymbol{0}$.

因此，所定义的映射满足内积定义的三个条件，从而是 $\mathbf{R}^n$ 的一内积.

例 6 设 $\boldsymbol{\varepsilon}_1,\boldsymbol{\varepsilon}_2,\cdots,\boldsymbol{\varepsilon}_n$ 及 $\boldsymbol{\eta}_1,\boldsymbol{\eta}_2,\cdots,\boldsymbol{\eta}_n$ 为 n 维欧氏空间 V 的两组基，且前者为标准正交基，又有 $(\boldsymbol{\eta}_1,\boldsymbol{\eta}_2,\cdots,\boldsymbol{\eta}_n)=(\boldsymbol{\varepsilon}_1,\boldsymbol{\varepsilon}_2,\cdots,\boldsymbol{\varepsilon}_n)\boldsymbol{A}$.证明：$\boldsymbol{\eta}_1,\boldsymbol{\eta}_2,\cdots,\boldsymbol{\eta}_n$ 为 V 的标准正交基的充分必要条件是 $\boldsymbol{A}$ 为正交矩阵.

证 必要性.设矩阵

$$\boldsymbol{A}=\begin{pmatrix}a_{11}&a_{12}&\cdots&a_{1n}\\a_{21}&a_{22}&\cdots&a_{2n}\\\vdots&\vdots&&\vdots\\a_{n1}&a_{n2}&\cdots&a_{nn}\end{pmatrix},$$

则由 $\boldsymbol{\varepsilon}_1,\boldsymbol{\varepsilon}_2,\cdots,\boldsymbol{\varepsilon}_n$ 为标准正交基以及等式 $(\boldsymbol{\eta}_1,\boldsymbol{\eta}_2,\cdots,\boldsymbol{\eta}_n)=(\boldsymbol{\varepsilon}_1,\boldsymbol{\varepsilon}_2,\cdots,\boldsymbol{\varepsilon}_n)\boldsymbol{A}$，可得

$$\begin{aligned}(\boldsymbol{\eta}_i,\boldsymbol{\eta}_j)&=(a_{1i}\boldsymbol{\varepsilon}_1+a_{2i}\boldsymbol{\varepsilon}_2+\cdots+a_{ni}\boldsymbol{\varepsilon}_n,a_{1j}\boldsymbol{\varepsilon}_1+a_{2j}\boldsymbol{\varepsilon}_2+\cdots+a_{nj}\boldsymbol{\varepsilon}_n)\\&=a_{1i}a_{1j}+a_{2i}a_{2j}+\cdots+a_{ni}a_{nj}.\end{aligned}$$

若 $\boldsymbol{\eta}_1,\boldsymbol{\eta}_2,\cdots,\boldsymbol{\eta}_n$ 为标准正交基，则

$$(\boldsymbol{\eta}_i,\boldsymbol{\eta}_j)=\begin{cases}1,&i=j,\\0,&i\neq j.\end{cases}\tag{7-3}$$

可得

$$a_{1i}a_{1j}+a_{2i}a_{2j}+\cdots+a_{ni}a_{nj}=\begin{cases}1, & i=j,\\0, & i\neq j,\end{cases}\tag{7-4}$$

上式说明 $\boldsymbol{A}^{\mathrm{T}}\boldsymbol{A}=\boldsymbol{I}$，故 $\boldsymbol{A}$ 是正交矩阵.

充分性.若 $\boldsymbol{A}$ 为正交矩阵，则式(7-4)成立，从而式(7-3)成立，即 $\boldsymbol{\eta}_1,\boldsymbol{\eta}_2,\cdots,\boldsymbol{\eta}_n$ 为标准正交基.

例 7 设 $\boldsymbol{\varepsilon}_1,\boldsymbol{\varepsilon}_2,\cdots,\boldsymbol{\varepsilon}_n$ 是 n 维欧氏空间 V 的一组标准正交基，$\boldsymbol{\alpha}$ 是 V 中任一非零向量，θ_i 是 $\boldsymbol{\alpha}$ 与 $\boldsymbol{\varepsilon}_i$ 的夹角.证明：$\cos^2\theta_1+\cos^2\theta_2+\cdots+\cos^2\theta_n=1$.

证 根据向量夹角的定义，我们有

$$\cos\theta_i=\frac{(\boldsymbol{\alpha},\boldsymbol{\varepsilon}_i)}{\|\boldsymbol{\alpha}\|\cdot\|\boldsymbol{\varepsilon}_i\|}=\frac{(\boldsymbol{\alpha},\boldsymbol{\varepsilon}_i)}{\|\boldsymbol{\alpha}\|}\quad(i=1,2,\cdots,n).$$

所以

$$\cos^2\theta_1+\cos^2\theta_2+\cdots+\cos^2\theta_n=\frac{1}{\|\boldsymbol{\alpha}\|^2}((\boldsymbol{\alpha},\boldsymbol{\varepsilon}_1)^2+(\boldsymbol{\alpha},\boldsymbol{\varepsilon}_2)^2+\cdots+(\boldsymbol{\alpha},\boldsymbol{\varepsilon}_n)^2).$$

由向量 $\boldsymbol{\alpha}$ 在标准正交基下的线性表示式

$$\boldsymbol{\alpha}=(\boldsymbol{\alpha},\boldsymbol{\varepsilon}_1)\boldsymbol{\varepsilon}_1+(\boldsymbol{\alpha},\boldsymbol{\varepsilon}_2)\boldsymbol{\varepsilon}_2+\cdots+(\boldsymbol{\alpha},\boldsymbol{\varepsilon}_n)\boldsymbol{\varepsilon}_n,$$

可得，$(\boldsymbol{\alpha},\boldsymbol{\alpha})=\|\boldsymbol{\alpha}\|^2=(\boldsymbol{\alpha},\boldsymbol{\varepsilon}_1)^2+(\boldsymbol{\alpha},\boldsymbol{\varepsilon}_2)^2+\cdots+(\boldsymbol{\alpha},\boldsymbol{\varepsilon}_n)^2$.结合上述两式得，

$$\cos^2\theta_1+\cos^2\theta_2+\cdots+\cos^2\theta_n=1.$$

例 8 在 $\mathbf{R}^2$ 中，$\sigma(x,y)=(ax,by)$，其中 a,b 是两个固定的实数.证明：σ 是 $\mathbf{R}^2$ 的线性变换.

证 设 $\boldsymbol{\alpha}=(x_1,y_1)$，$\boldsymbol{\beta}=(x_2,y_2)$，则

$$\begin{aligned}\sigma(\boldsymbol{\alpha}+\boldsymbol{\beta})&=\sigma(x_1+x_2,y_1+y_2)=(a(x_1+x_2),b(y_1+y_2))\\&=(ax_1,by_1)+(ax_2,by_2)=\sigma(\boldsymbol{\alpha})+\sigma(\boldsymbol{\beta}),\end{aligned}$$

$$\sigma(k\boldsymbol{\alpha})=\sigma(kx_1,ky_1)=(akx_1,bky_1)=k(ax_1,by_1)=k\sigma(\boldsymbol{\alpha}).$$

所以 σ 是 $\mathbf{R}^2$ 的线性变换.

评注 当 $a=1,b=\dfrac{1}{2}$ 时，σ 把圆 $x^2+y^2=1$ 变为椭圆 $x^2+\dfrac{y^2}{4}=1$；当 $a=b=\dfrac{1}{2}$ 时，σ 把圆 $x^2+y^2=1$ 变为半径为 2 的圆 $x^2+y^2=4$.

例 9 设 σ 是数域 P 上线性空间 V 的线性变换，$\sigma(W)=\{\sigma(\boldsymbol{\alpha})\mid\boldsymbol{\alpha}\in W\}$，其中 W 是 V 的子空间.证明：$\sigma(W)$ 也是 V 的子空间.

证 对任意的 $\boldsymbol{\beta}_1,\boldsymbol{\beta}_2\in\sigma(W)$，存在 $\boldsymbol{\alpha}_1,\boldsymbol{\alpha}_2\in W$ 使得 $\sigma(\boldsymbol{\alpha}_1)=\boldsymbol{\beta}_1$，$\sigma(\boldsymbol{\alpha}_2)=\boldsymbol{\beta}_2$.则

$$\boldsymbol{\beta}_1+\boldsymbol{\beta}_2=\sigma(\boldsymbol{\alpha}_1)+\sigma(\boldsymbol{\alpha}_2)=\sigma(\boldsymbol{\alpha}_1+\boldsymbol{\alpha}_2)\in\sigma(W),$$

$$k\boldsymbol{\beta}_1=k\sigma(\boldsymbol{\alpha}_1)=\sigma(k\boldsymbol{\alpha}_1)\in\sigma(W),\quad\forall k\in P.$$

所以，$\sigma(W)$ 也是 V 的子空间.

例 10 设 σ,τ 是线性空间 V 的两个线性变换，且 $\sigma^2=\sigma$，$\tau^2=\tau$.证明：$(\sigma+\tau)^2=$

$\sigma+\tau$ 当且仅当 $\sigma\tau=\tau\sigma=0$.

证 由 $\sigma^2=\sigma,\tau^2=\tau$ 可得

$$(\sigma+\tau)^2=(\sigma+\tau)(\sigma+\tau)=\sigma^2+\sigma\tau+\tau\sigma+\tau^2=\sigma+\sigma\tau+\tau\sigma+\tau.$$

若 $\sigma\tau=\tau\sigma=0$,则 $(\sigma+\tau)^2=\sigma+\tau$.

反之,若 $(\sigma+\tau)^2=\sigma+\tau$,则

$$\sigma\tau+\tau\sigma=0.$$

在上式左乘 τ,得 $\tau\sigma\tau+\tau\sigma=0$.右乘 τ,得 $\sigma\tau+\tau\sigma\tau=0$.从而,$\sigma\tau=\tau\sigma$.又因为 $\sigma\tau+\tau\sigma=0$,所以 $\sigma\tau=\tau\sigma=0$.

例 11 设 σ,τ 是线性空间 V 的两个线性变换,定义运算"$\circ$":

$$\sigma\circ\tau=\sigma\tau-\tau\sigma.$$

证明:对 V 的任意线性变换 σ,τ,υ,有

$$(\sigma\circ\tau)\circ\upsilon+(\tau\circ\upsilon)\circ\sigma+(\upsilon\circ\sigma)\circ\tau=0.$$

证 直接计算可得

$$(\sigma\circ\tau)\circ\upsilon=(\sigma\tau-\tau\sigma)\circ\upsilon=(\sigma\tau-\tau\sigma)\upsilon-\upsilon(\sigma\tau-\tau\sigma)=\sigma\tau\upsilon-\tau\sigma\upsilon-\upsilon\sigma\tau+\upsilon\tau\sigma.$$

类似地,

$$(\tau\circ\upsilon)\circ\sigma=\tau\upsilon\sigma-\upsilon\tau\sigma-\sigma\tau\upsilon+\sigma\upsilon\tau,$$

$$(\upsilon\circ\sigma)\circ\tau=\upsilon\sigma\tau-\sigma\upsilon\tau-\tau\upsilon\sigma+\tau\sigma\upsilon.$$

将上述三个等式相加,得

$$(\sigma\circ\tau)\circ\upsilon+(\tau\circ\upsilon)\circ\sigma+(\upsilon\circ\sigma)\circ\tau=0.$$

例 12 设 σ 是线性空间 V 的线性变换,证明:如果 $\sigma^{k-1}(\boldsymbol{\alpha})\neq\mathbf{0}$,但 $\sigma^k(\boldsymbol{\alpha})=\mathbf{0}$,则

$$\boldsymbol{\alpha},\sigma(\boldsymbol{\alpha}),\sigma^2(\boldsymbol{\alpha}),\cdots,\sigma^{k-1}(\boldsymbol{\alpha})$$

线性无关.

证 反证法.设 $\boldsymbol{\alpha},\sigma(\boldsymbol{\alpha}),\sigma^2(\boldsymbol{\alpha}),\cdots,\sigma^{k-1}(\boldsymbol{\alpha})$ 线性相关,则存在不全为零的数 $l_0,l_1,\cdots,l_{k-1}$ 使得

$$l_0\boldsymbol{\alpha}+l_1\sigma(\boldsymbol{\alpha})+\cdots+l_{k-1}\sigma^{k-1}(\boldsymbol{\alpha})=\mathbf{0}.$$

设 l_i 是第一个不等于零的系数,即

$$l_0=l_1=\cdots=l_{i-1}=0,l_i\neq0,$$

则

$$l_i\sigma^i(\boldsymbol{\alpha})+l_{i+1}\sigma^{i+1}(\boldsymbol{\alpha})+\cdots+l_{k-1}\sigma^{k-1}(\boldsymbol{\alpha})=\mathbf{0}.$$

在上式两边同时施以变换 σ^{k-i-1},得

$$l_i\sigma^{k-1}(\boldsymbol{\alpha})+l_{i+1}\sigma^k(\boldsymbol{\alpha})+\cdots+l_{k-1}\sigma^{2k-i-1}(\boldsymbol{\alpha})=\mathbf{0}.$$

由于 $\sigma^k(\boldsymbol{\alpha})=\mathbf{0}$,故对于任意的 $m\geqslant k$,都有 $\sigma^m(\boldsymbol{\alpha})=\mathbf{0}$,从而由上式得

$$l_i\sigma^{k-1}(\boldsymbol{\alpha})=\mathbf{0}.$$

又因为 $\sigma^{k-1}(\boldsymbol{\alpha})\neq\mathbf{0}$,所以 $l_i=0$,与假设矛盾.

因此,$\boldsymbol{\alpha},\sigma(\boldsymbol{\alpha}),\sigma^2(\boldsymbol{\alpha}),\cdots,\sigma^{k-1}(\boldsymbol{\alpha})$线性无关.

三、单元检测

(一) 检测题

一、填空题(每题 3 分,共 15 分)

1. 在实函数空间中,由 $1,\cos^2 t,\cos 2t$ 生成的子空间为________.

2. 已知三维线性空间的一组基为 $\boldsymbol{\alpha}_1=(1,1,0)^{\mathrm{T}}$, $\boldsymbol{\alpha}_2=(1,0,1)^{\mathrm{T}}$, $\boldsymbol{\alpha}_3=(0,1,1)^{\mathrm{T}}$,则向量 $\boldsymbol{\beta}=(2,0,0)^{\mathrm{T}}$ 在此基下的坐标为________.

3. $\mathbf{R}^{n\times n}$ 中全体对称矩阵构成实数域 $\mathbf{R}$ 上的线性空间,其维数为________.

4. 在欧氏空间中,柯西不等式 $|(\boldsymbol{\alpha},\boldsymbol{\beta})|\leqslant\|\boldsymbol{\alpha}\|\cdot\|\boldsymbol{\beta}\|$ 等号成立的条件为________.

5. 设 $\sigma:\mathbf{R}^2\to\mathbf{R}^2$ 是线性变换,且满足 $\sigma((1,1))=(3,0),\sigma((0,1))=(0,2)$,则 $\sigma((a,b))=$________.

二、选择题(每题 3 分,共 15 分)

1. 下列集合是 $\mathbf{R}^n$ 的子空间的为(　　).

(A) $V_1=\{\boldsymbol{X}=(x_1,\cdots,x_r,x_{r+1},\cdots,x_n)\mid\sum_{i=1}^{r}x_i=0\}$

(B) $V_2=\{\boldsymbol{X}=(x_1,x_2,\cdots,x_n)\mid x_i\geqslant 0,i=1,2,\cdots,n\}$

(C) $V_3=\{\boldsymbol{X}=(x_1,x_2,\cdots,x_n)\mid x_1x_2\cdots x_n=0\}$

(D) $V_4=\{\boldsymbol{X}=(x_1,\cdots,x_r,x_{r+1},\cdots,x_n)\mid\sum_{i=1}^{r}x_i=1\}$

2. 设 $\boldsymbol{\varepsilon}_1,\boldsymbol{\varepsilon}_2,\cdots,\boldsymbol{\varepsilon}_n$ 为 n 维欧氏空间 V 的一组标准正交基,V 中向量 $\boldsymbol{\alpha},\boldsymbol{\beta}$ 在该基下的坐标为 $\boldsymbol{X}=(x_1,x_2,\cdots,x_n)^{\mathrm{T}}\in\mathbf{R}^n,\boldsymbol{Y}=(y_1,y_2,\cdots,y_n)^{\mathrm{T}}\in\mathbf{R}^n$,则(　　).

(A) $(\boldsymbol{\alpha},\boldsymbol{\beta})\neq(\boldsymbol{X},\boldsymbol{Y})$　　(B) $\|\boldsymbol{\alpha}-\boldsymbol{\beta}\|\neq\|\boldsymbol{X}-\boldsymbol{Y}\|$

(C) $\|\boldsymbol{\alpha}\|=\|\boldsymbol{\beta}\|$ 当且仅当 $\boldsymbol{X}=\boldsymbol{Y}$　　(D) $\boldsymbol{\alpha}$ 与 $\boldsymbol{\beta}$ 正交当且仅当 $\boldsymbol{X}$ 与 $\boldsymbol{Y}$ 正交

3. 设 S 为欧氏空间 V 中的一个向量组,则 S 为正交向量组是 S 为线性无关向量组的(　　).

(A) 充分条件,但非必要条件　　(B) 必要条件,但非充分条件

(C) 充分必要条件　　(D) 既非充分条件,也非必要条件

4. 下列变换 $\sigma_i(i=1,2,3,4)$ 是 $\mathbf{R}^3$ 中线性变换的为(　　).

(A) $\sigma_1(x_1,x_2,x_3)=(x_1^2,x_2,x_3^2)$　　(B) $\sigma_2(x_1,x_2,x_3)=(x_1,x_2^2,x_3)$

(C) $\sigma_3(x_1,x_2,x_3)=(x_1,x_2,x_3)$　　　(D) $\sigma_4(x_1,x_2,x_3)=(x_1^2,x_2^2,x_3^2)$

5. 设 σ 是线性空间 V 上的线性变换，$\boldsymbol{\varepsilon}_1,\boldsymbol{\varepsilon}_2,\cdots,\boldsymbol{\varepsilon}_n$ 是 V 中的一组基，则 $\sigma(\boldsymbol{\varepsilon}_1)$，$\sigma(\boldsymbol{\varepsilon}_2),\cdots,\sigma(\boldsymbol{\varepsilon}_n)$ 一定(　　).

(A) 能由 $\boldsymbol{\varepsilon}_1,\boldsymbol{\varepsilon}_2,\cdots,\boldsymbol{\varepsilon}_n$ 线性表出　　　(B) 可以线性表出 $\boldsymbol{\varepsilon}_1,\boldsymbol{\varepsilon}_2,\cdots,\boldsymbol{\varepsilon}_n$

(C) 线性无关　　　(D) 线性相关

三、计算与证明题(第一题 7 分，其余每题 9 分，共 70 分)

1. 设矩阵 $\boldsymbol{M}\in\mathbf{R}^{n\times n}$，假定 W 是与 $\boldsymbol{M}$ 满足乘法交换律的矩阵构成的集合，证明：W 构成一个子空间.

2. 证明：如果线性空间 V 中每个向量都可由 V 的 n 个向量 $\boldsymbol{\alpha}_1,\boldsymbol{\alpha}_2,\cdots,\boldsymbol{\alpha}_n$ 线性表出，且存在一个向量，其表示法是唯一的，则 V 必为 n 维空间，且这组向量是它的一组基.

3. 设 $\boldsymbol{\alpha}_1,\boldsymbol{\alpha}_2,\boldsymbol{\alpha}_3$ 是 $\mathbf{R}^3$ 的一组基，求向量 $\boldsymbol{\alpha}=\boldsymbol{\alpha}_1-\boldsymbol{\alpha}_2-\boldsymbol{\alpha}_3$ 在基 $\boldsymbol{\alpha}_1,\boldsymbol{\alpha}_1+\boldsymbol{\alpha}_2,\boldsymbol{\alpha}_1+\boldsymbol{\alpha}_2+\boldsymbol{\alpha}_3$ 下的坐标.

4. 在 $\mathbf{R}^4$ 中取两组基

$$\boldsymbol{\alpha}_1=(0,0,0,1)^{\mathrm{T}},\boldsymbol{\alpha}_2=(0,0,1,1)^{\mathrm{T}},\boldsymbol{\alpha}_3=(0,1,1,1)^{\mathrm{T}},\boldsymbol{\alpha}_4=(1,1,1,1)^{\mathrm{T}},$$
$$\boldsymbol{\beta}_1=(2,1,-1,1)^{\mathrm{T}},\boldsymbol{\beta}_2=(0,3,1,0)^{\mathrm{T}},\boldsymbol{\beta}_3=(5,3,2,1)^{\mathrm{T}},\boldsymbol{\beta}_4=(6,6,1,3)^{\mathrm{T}}.$$

(1) 求基 $\boldsymbol{\alpha}_1,\boldsymbol{\alpha}_2,\boldsymbol{\alpha}_3,\boldsymbol{\alpha}_4$ 到基 $\boldsymbol{\beta}_1,\boldsymbol{\beta}_2,\boldsymbol{\beta}_3,\boldsymbol{\beta}_4$ 的过渡矩阵；

(2) 求在两组基下有相同坐标的所有向量.

5. 设 $\boldsymbol{\alpha}=(a_1,a_2),\boldsymbol{\beta}=(b_1,b_2)$ 为 $\mathbf{R}^2$ 中任意两个向量，p,q 是两个实数. 证明：运算

$$(\boldsymbol{\alpha},\boldsymbol{\beta})=pa_1b_1+qa_2b_2$$

是内积的充要条件是 $p>0,q>0$.

6. 在 $\mathbf{R}^{n\times n}$ 中，定义变换：$\sigma(\boldsymbol{X})=\boldsymbol{AX}-\boldsymbol{XA}$，其中 $\boldsymbol{A}\in\mathbf{R}^{n\times n}$ 是一固定矩阵. 证明：

(1) σ 是 $\mathbf{R}^{n\times n}$ 的一个线性变换；

(2) 对任意的 $\boldsymbol{M},\boldsymbol{N}\in\mathbf{R}^{n\times n}$，

$$\sigma(\boldsymbol{MN})=\sigma(\boldsymbol{M})\boldsymbol{N}+\boldsymbol{M}\sigma(\boldsymbol{N}).$$

7. 给定 $\mathbf{R}^3$ 的两组基：

$$\boldsymbol{\varepsilon}_1=(1,1,1)^{\mathrm{T}},\boldsymbol{\varepsilon}_2=(1,1,0)^{\mathrm{T}},\boldsymbol{\varepsilon}_3=(1,0,0)^{\mathrm{T}},$$
$$\boldsymbol{\eta}_1=(-1,1,1)^{\mathrm{T}},\boldsymbol{\eta}_2=(1,0,-1)^{\mathrm{T}},\boldsymbol{\eta}_3=(0,1,1)^{\mathrm{T}}.$$

已知 $\mathbf{R}^3$ 的线性变换 σ 在基 $\boldsymbol{\eta}_1,\boldsymbol{\eta}_2,\boldsymbol{\eta}_3$ 下的矩阵为

$$\boldsymbol{A}=\begin{pmatrix}1&0&1\\1&1&0\\-1&2&1\end{pmatrix}.$$

求 σ 在基 $\boldsymbol{\varepsilon}_1,\boldsymbol{\varepsilon}_2,\boldsymbol{\varepsilon}_3$ 下的矩阵.

8. 设 $\boldsymbol{\alpha}_1,\boldsymbol{\alpha}_2,\cdots,\boldsymbol{\alpha}_m$ 是线性空间 V 的一组向量，σ 是 V 的一个线性变换. 证明：

$$\sigma(L(\boldsymbol{\alpha}_1,\boldsymbol{\alpha}_2,\cdots,\boldsymbol{\alpha}_m))=L(\sigma(\boldsymbol{\alpha}_1),\sigma(\boldsymbol{\alpha}_2),\cdots,\sigma(\boldsymbol{\alpha}_m)).$$

（二）检测题答案与提示

一、1. $L(1,\cos^2 t,\cos 2t)=\{a+b\cos^2 t \mid a,b\in\mathbf{R}\}$； 2. $(1,1,-1)^{\mathrm{T}}$；

3. $\dfrac{n(n-1)}{2}$；

4. $\boldsymbol{\alpha}$ 与 $\boldsymbol{\beta}$ 线性相关； 5. $\sigma((a,b))=(3a,2b-2a)$.

二、1. A； 2. D； 3. A； 4. C； 5. A.

三、

1. 首先单位矩阵 $\boldsymbol{I}\in W$，因此 W 非空.

其次，假定 $\boldsymbol{A},\boldsymbol{B}\in W$，则

$$\boldsymbol{AM}=\boldsymbol{MA},\quad \boldsymbol{BM}=\boldsymbol{MB}.$$

于是，

$$(\boldsymbol{A}+\boldsymbol{B})\boldsymbol{M}=\boldsymbol{AM}+\boldsymbol{BM}=\boldsymbol{MA}+\boldsymbol{MB}=\boldsymbol{M}(\boldsymbol{A}+\boldsymbol{B}),$$
$$(k\boldsymbol{A})\boldsymbol{M}=k(\boldsymbol{AM})=k(\boldsymbol{MA})=\boldsymbol{M}(k\boldsymbol{A}).$$

因此，$\boldsymbol{W}$ 对加法与数乘运算封闭，从而构成线性子空间.

2. 只需证明 $\boldsymbol{\alpha}_1,\boldsymbol{\alpha}_2,\cdots,\boldsymbol{\alpha}_n$ 线性无关.

设 $\boldsymbol{\beta}\in V$，可以由 $\boldsymbol{\alpha}_1,\boldsymbol{\alpha}_2,\cdots,\boldsymbol{\alpha}_n$ 表示为 $\boldsymbol{\beta}=k_1\boldsymbol{\alpha}_1+k_2\boldsymbol{\alpha}_2+\cdots+k_n\boldsymbol{\alpha}_n$，且表示法唯一. 若存在一组数 $l_1,l_1,\cdots,l_n$ 使得 $l_1\boldsymbol{\alpha}_1+l_2\boldsymbol{\alpha}_2+\cdots+l_n\boldsymbol{\alpha}_n=0$，则

$$\boldsymbol{\beta}=(k_1+l_1)\boldsymbol{\alpha}_1+(k_2+l_2)\boldsymbol{\alpha}_2+\cdots+(k_n+l_n)\boldsymbol{\alpha}_n.$$

由于 $\boldsymbol{\beta}$ 的表示法唯一，所以 $k_i+l_i=k_i$，从而 $l_i=0$. 于是 $\boldsymbol{\alpha}_1,\boldsymbol{\alpha}_2,\cdots,\boldsymbol{\alpha}_n$ 线性无关.

3. 因为

$$(\boldsymbol{\alpha}_1,\boldsymbol{\alpha}_1+\boldsymbol{\alpha}_2,\boldsymbol{\alpha}_1+\boldsymbol{\alpha}_2+\boldsymbol{\alpha}_3)=(\boldsymbol{\alpha}_1,\boldsymbol{\alpha}_2,\boldsymbol{\alpha}_3)\begin{pmatrix}1&1&1\\0&1&1\\0&0&1\end{pmatrix},$$

所以

$$\boldsymbol{\alpha}=(\boldsymbol{\alpha}_1,\boldsymbol{\alpha}_2,\boldsymbol{\alpha}_3)(1,-1,-1)^{\mathrm{T}}=(\boldsymbol{\alpha}_1,\boldsymbol{\alpha}_1+\boldsymbol{\alpha}_2,\boldsymbol{\alpha}_1+\boldsymbol{\alpha}_2+\boldsymbol{\alpha}_3)\begin{pmatrix}1&1&1\\0&1&1\\0&0&1\end{pmatrix}^{-1}(1,-1,-1)^{\mathrm{T}}$$
$$=(\boldsymbol{\alpha}_1,\boldsymbol{\alpha}_1+\boldsymbol{\alpha}_2,\boldsymbol{\alpha}_1+\boldsymbol{\alpha}_2+\boldsymbol{\alpha}_3)(2,0,-1)^{\mathrm{T}}.$$

因此，要求的坐标为 $(2,0,-1)^{\mathrm{T}}$.

4. (1) 设过渡矩阵为 $\boldsymbol{A}$，即 $(\boldsymbol{\beta}_1,\boldsymbol{\beta}_2,\boldsymbol{\beta}_3,\boldsymbol{\beta}_4)=(\boldsymbol{\alpha}_1,\boldsymbol{\alpha}_2,\boldsymbol{\alpha}_3,\boldsymbol{\alpha}_4)\boldsymbol{A}$，则

$$A=(\boldsymbol{\alpha}_1,\boldsymbol{\alpha}_2,\boldsymbol{\alpha}_3,\boldsymbol{\alpha}_4)^{-1}(\boldsymbol{\beta}_1,\boldsymbol{\beta}_2,\boldsymbol{\beta}_3,\boldsymbol{\beta}_4)=\begin{pmatrix}2&-1&-1&2\\-2&-2&-1&-5\\-1&3&-2&0\\2&0&5&6\end{pmatrix}.$$

(2) 设向量 $\boldsymbol{X}$ 在两组基下具有相同的坐标,则$(\boldsymbol{\alpha}_1,\boldsymbol{\alpha}_2,\boldsymbol{\alpha}_3,\boldsymbol{\alpha}_4)\boldsymbol{X}=(\boldsymbol{\beta}_1,\boldsymbol{\beta}_2,\boldsymbol{\beta}_3,\boldsymbol{\beta}_4)\boldsymbol{X}$,因此

$$(\boldsymbol{\alpha}_1-\boldsymbol{\beta}_1,\boldsymbol{\alpha}_2-\boldsymbol{\beta}_2,\boldsymbol{\alpha}_3-\boldsymbol{\beta}_3,\boldsymbol{\alpha}_4-\boldsymbol{\beta}_4)\boldsymbol{X}=\mathbf{0}.$$

解齐次线性方程组得唯一解 $\boldsymbol{X}=(0,0,0,0)^{\mathrm{T}}$.

5. 充分性.根据内积定义中的三个条件逐条验证.

必要性.取

$$\boldsymbol{\alpha}=(1,0),\boldsymbol{\beta}=(0,1),$$

得$(\boldsymbol{\alpha},\boldsymbol{\alpha})=p>0,(\boldsymbol{\beta},\boldsymbol{\beta})=q>0$.

6. (1) 假设 $\boldsymbol{X},\boldsymbol{Y}\in\mathbf{R}^{n\times n},k\in\mathbf{R}$,则

$$\sigma(\boldsymbol{X}+\boldsymbol{Y})=\boldsymbol{A}(\boldsymbol{X}+\boldsymbol{Y})-(\boldsymbol{X}+\boldsymbol{Y})\boldsymbol{A}=(\boldsymbol{AX}-\boldsymbol{XA})+(\boldsymbol{AY}-\boldsymbol{YA})=\sigma(\boldsymbol{X})+\sigma(\boldsymbol{Y}),$$

$$\sigma(k\boldsymbol{X})=\boldsymbol{A}(k\boldsymbol{X})-(k\boldsymbol{X})\boldsymbol{A}=k(\boldsymbol{AX}-\boldsymbol{XA})=k\sigma(\boldsymbol{A}),$$

所以,σ 是一个线性变换.

(2) 直接验证

$$\begin{aligned}\sigma(\boldsymbol{MN})&=\boldsymbol{AMN}-\boldsymbol{MNA}=(\boldsymbol{AMN}-\boldsymbol{MAN})+(\boldsymbol{MAN}-\boldsymbol{MNA})\\&=(\boldsymbol{AM}-\boldsymbol{MA})\boldsymbol{N}+\boldsymbol{M}(\boldsymbol{AN}-\boldsymbol{NA})\\&=\sigma(\boldsymbol{M})\boldsymbol{N}+\boldsymbol{M}\sigma(\boldsymbol{N}).\end{aligned}$$

7. 由基 $\boldsymbol{\varepsilon}_1,\boldsymbol{\varepsilon}_2,\boldsymbol{\varepsilon}_3$ 到基 $\boldsymbol{\eta}_1,\boldsymbol{\eta}_2,\boldsymbol{\eta}_3$ 的过渡矩阵为

$$\boldsymbol{P}=(\boldsymbol{\varepsilon}_1,\boldsymbol{\varepsilon}_2,\boldsymbol{\varepsilon}_3)^{-1}(\boldsymbol{\eta}_1,\boldsymbol{\eta}_2,\boldsymbol{\eta}_3)=\begin{pmatrix}1&-1&1\\0&1&0\\-2&1&-1\end{pmatrix}.$$

因此,σ 在基 $\boldsymbol{\varepsilon}_1,\boldsymbol{\varepsilon}_2,\boldsymbol{\varepsilon}_3$ 下的矩阵

$$\boldsymbol{B}=\boldsymbol{PAP}^{-1}=\begin{pmatrix}5&3&3\\-1&1&-1\\-6&-4&-3\end{pmatrix}.$$

8. 任取 $\boldsymbol{\alpha}\in\sigma(L(\boldsymbol{\alpha}_1,\boldsymbol{\alpha}_2,\cdots,\boldsymbol{\alpha}_m))$,则存在 $\boldsymbol{\beta}\in L(\boldsymbol{\alpha}_1,\boldsymbol{\alpha}_2,\cdots,\boldsymbol{\alpha}_m)$ 使得 $\boldsymbol{\alpha}=\sigma(\boldsymbol{\beta})$.令

$$\boldsymbol{\beta}=k_1\boldsymbol{\alpha}_1+k_2\boldsymbol{\alpha}_2+\cdots+k_m\boldsymbol{\alpha}_m,$$

则

$$\begin{aligned}\boldsymbol{\alpha}&=\sigma(\boldsymbol{\beta})=\sigma(k_1\boldsymbol{\alpha}_1+k_2\boldsymbol{\alpha}_2+\cdots+k_m\boldsymbol{\alpha}_m)\\&=k_1\sigma(\boldsymbol{\alpha}_1)+k_2\sigma(\boldsymbol{\alpha}_2)+\cdots+k_m\sigma(\boldsymbol{\alpha}_m)\in L(\sigma(\boldsymbol{\alpha}_1),\sigma(\boldsymbol{\alpha}_2),\cdots,\sigma(\boldsymbol{\alpha}_m)).\end{aligned}$$

因此,

$$\sigma(L(\boldsymbol{\alpha}_1,\boldsymbol{\alpha}_2,\cdots,\boldsymbol{\alpha}_m))\subseteq L(\sigma(\boldsymbol{\alpha}_1),\sigma(\boldsymbol{\alpha}_2),\cdots,\sigma(\boldsymbol{\alpha}_m)).$$

反过来，任取 $\boldsymbol{\alpha}\in L(\sigma(\boldsymbol{\alpha}_1),\sigma(\boldsymbol{\alpha}_2),\cdots,\sigma(\boldsymbol{\alpha}_m))$，设 $\boldsymbol{\alpha}=k_1\sigma(\boldsymbol{\alpha}_1)+k_2\sigma(\boldsymbol{\alpha}_2)+\cdots+k_m\sigma(\boldsymbol{\alpha}_m)$，则由此可得，$\boldsymbol{\alpha}=\sigma(k_1\boldsymbol{\alpha}_1+k_2\boldsymbol{\alpha}_2+\cdots+k_m\boldsymbol{\alpha}_m)\in\sigma(L(\boldsymbol{\alpha}_1,\boldsymbol{\alpha}_2,\cdots,\boldsymbol{\alpha}_m))$.因此，

$$L(\sigma(\boldsymbol{\alpha}_1),\sigma(\boldsymbol{\alpha}_2),\cdots,\sigma(\boldsymbol{\alpha}_m))\subseteq\sigma(L(\boldsymbol{\alpha}_1,\boldsymbol{\alpha}_2,\cdots,\boldsymbol{\alpha}_m)).$$

所以 $\sigma(L(\boldsymbol{\alpha}_1,\boldsymbol{\alpha}_2,\cdots,\boldsymbol{\alpha}_m))=L(\sigma(\boldsymbol{\alpha}_1),\sigma(\boldsymbol{\alpha}_2),\cdots,\sigma(\boldsymbol{\alpha}_m))$.

附录一　期末检测题与参考答案

检 测 题 一

一、填空题(每小题 3 分,共 15 分)

1. 设 3 阶方阵 $\boldsymbol{A}=(\boldsymbol{\alpha}_1,\boldsymbol{\alpha}_2,\boldsymbol{\alpha}_3)$,且 $\det \boldsymbol{A}=3$,又设 $\boldsymbol{B}=(\boldsymbol{\alpha}_2,2\boldsymbol{\alpha}_3,-\boldsymbol{\alpha}_1)$,则 $\det(\boldsymbol{A}-\boldsymbol{B})=$__________.

2. 设向量 $\boldsymbol{a}$ 与向量 $\boldsymbol{b}$ 满足条件 $\|\boldsymbol{a}\|=2$, $\|\boldsymbol{b}\|=\sqrt{3}$ $\|\boldsymbol{a}+\boldsymbol{b}\|=2$,则 $\|\boldsymbol{a}-\boldsymbol{b}\|=$__________.

3. 设 $\boldsymbol{\alpha}_1=(a,\ b,\ 0)$,$\boldsymbol{\alpha}_2=(a,\ 2b,\ 1)$,$\boldsymbol{\alpha}_3=(2,\ 4,\ 6)$,$\boldsymbol{\alpha}_4=(1,\ 2,\ 3)$,若 $R(\boldsymbol{\alpha}_1,\boldsymbol{\alpha}_2,\boldsymbol{\alpha}_3,\boldsymbol{\alpha}_4)=3$,则 a,b 应满足条件__________.

4. 设 $\boldsymbol{A}=\begin{pmatrix}2&1&1\\1&2&1\\1&1&2\end{pmatrix}$,向量 $\boldsymbol{\alpha}=(1,\ k,\ 1)^{\mathrm{T}}$ 是矩阵 $\boldsymbol{A}^{-1}$ 的一个特征向量,则 $k=$__________.

5. 设 3 阶实对称阵 $\boldsymbol{A}$ 的特征值分别为 1,-2,3,则当 t______ 时,$t\boldsymbol{I}-\boldsymbol{A}^2$ 为正定矩阵.

二、单项选择题(每小题 3 分,共 15 分)

1. 设矩阵 $\boldsymbol{A},\boldsymbol{B}$ 满足 $\boldsymbol{AB}=\boldsymbol{I}$,$\boldsymbol{I}$ 为单位矩阵,则下列等式正确的是(　　).

(A) $\boldsymbol{BA}=\boldsymbol{I}$　　(B) $|\boldsymbol{AB}|=|\boldsymbol{A}||\boldsymbol{B}|$

(C) $\boldsymbol{AB}=\boldsymbol{BA}$　　(D) $|\boldsymbol{AB}|=1$

2. 矩阵 $\boldsymbol{A}=\begin{pmatrix}a_1&b_1&c_1\\a_2&b_2&c_2\\a_3&b_3&c_3\end{pmatrix}$ 满秩,则直线 $\dfrac{x-a_3}{a_1-a_2}=\dfrac{y-b_3}{b_1-b_2}=\dfrac{z-c_3}{c_1-c_2}$ 与 $\dfrac{x-a_1}{a_2-a_3}=\dfrac{y-b_1}{b_2-b_3}=\dfrac{z-c_1}{c_2-c_3}$(　　).

(A) 交于一点　(B) 重合　(C) 平行不重合　(D) 异面

3. 若向量组 $\boldsymbol{\alpha},\boldsymbol{\beta},\boldsymbol{\gamma}$ 线性无关,$\boldsymbol{\alpha},\boldsymbol{\beta},\boldsymbol{\delta}$ 线性相关,则(　　).

(A) $\boldsymbol{\beta}$ 必可由 $\boldsymbol{\alpha},\boldsymbol{\gamma},\boldsymbol{\delta}$ 线性表出　　(B) $\boldsymbol{\beta}$ 必不可由 $\boldsymbol{\alpha},\boldsymbol{\gamma},\boldsymbol{\delta}$ 线性表出

(C) $\boldsymbol{\delta}$ 必可由 $\boldsymbol{\alpha},\boldsymbol{\beta},\boldsymbol{\gamma}$ 线性表出　　(D) $\boldsymbol{\delta}$ 必不可由 $\boldsymbol{\alpha},\boldsymbol{\beta},\boldsymbol{\gamma}$ 线性表出

4. 设 $\boldsymbol{\alpha}_1,\boldsymbol{\alpha}_2,\cdots,\boldsymbol{\alpha}_s$ 和 $\boldsymbol{\beta}_1,\boldsymbol{\beta}_2,\cdots,\boldsymbol{\beta}_t$ 是两个 n 维向量组,且两个向量组的秩都是 r,则(　　).

(A) 两个向量组等价

(B) 向量组 $\boldsymbol{\alpha}_1,\boldsymbol{\alpha}_2,\cdots,\boldsymbol{\alpha}_s,\boldsymbol{\beta}_1,\boldsymbol{\beta}_2,\cdots,\boldsymbol{\beta}_t$ 的秩是 $2r$

(C) 当 $s=t$ 时,两向量组等价

(D) 当 $\boldsymbol{\alpha}_1,\boldsymbol{\alpha}_2,\cdots,\boldsymbol{\alpha}_s$ 可由 $\boldsymbol{\beta}_1,\boldsymbol{\beta}_2,\cdots,\boldsymbol{\beta}_t$ 线性表出时,$\boldsymbol{\beta}_1,\boldsymbol{\beta}_2,\cdots,\boldsymbol{\beta}_t$ 也可由 $\boldsymbol{\alpha}_1,\boldsymbol{\alpha}_2,\cdots,\boldsymbol{\alpha}_s$ 线性表出

5. 设分块矩阵 $\boldsymbol{X}=\begin{pmatrix}\boldsymbol{A}_1 & \boldsymbol{\alpha}_1\\ \boldsymbol{\beta}_1 & 1\end{pmatrix}$,$\boldsymbol{X}^{-1}=\begin{pmatrix}\boldsymbol{A}_2 & \boldsymbol{\alpha}_2\\ \boldsymbol{\beta}_2 & a\end{pmatrix}$,其中 $\boldsymbol{A}_1,\boldsymbol{A}_2$ 为 n 阶矩阵,a 为实数,则 $a=$(　　).

(A) 1　　(B) $\boldsymbol{\beta}_1\boldsymbol{A}_1^{-1}\boldsymbol{\alpha}_1$　　(C) $\dfrac{1}{1+\boldsymbol{\beta}_1\boldsymbol{A}_1^{-1}\boldsymbol{\alpha}_1}$　　(D) $\dfrac{1}{1-\boldsymbol{\beta}_1\boldsymbol{A}_1^{-1}\boldsymbol{\alpha}_1}$

三、(8 分)设方阵 $\boldsymbol{A}=\begin{pmatrix}1 & 1 & 1 & 1\\ 2 & -2 & -1 & 3\\ 4 & 4 & 1 & 9\\ 8 & -8 & -1 & 27\end{pmatrix}$,求行列式 $|\boldsymbol{A}^2||\boldsymbol{A}^{-1}|$ 的值.

四、(10 分)设 $\boldsymbol{A}$ 为 4 阶实反对称矩阵,$\boldsymbol{I}$ 为 4 阶单位矩阵,

$$\boldsymbol{B}=\begin{pmatrix}0 & 0 & 0 & 0\\ 0 & 0 & 0 & 0\\ 0 & 0 & -2 & 0\\ 0 & 0 & 0 & 3\end{pmatrix},$$

(1) 求 $\boldsymbol{I}+\boldsymbol{AB}$,并指出 $\boldsymbol{A}$ 中元素满足什么条件时 $\boldsymbol{I}+\boldsymbol{AB}$ 可逆.

(2) 若 $\boldsymbol{I}+\boldsymbol{AB}$ 是一个可逆的上三角形矩阵,求 $(\boldsymbol{I}+\boldsymbol{AB})^{-1}$.

五、(8 分)证明:$\|\boldsymbol{a}\times\boldsymbol{b}\|^2+(\boldsymbol{a}\cdot\boldsymbol{b})^2=\|\boldsymbol{a}\|^2\|\boldsymbol{b}\|^2$.

六、(8 分)求向量组 $\boldsymbol{\alpha}_1=\begin{pmatrix}1\\-1\\2\\4\end{pmatrix}$,$\boldsymbol{\alpha}_2=\begin{pmatrix}0\\3\\1\\2\end{pmatrix}$,$\boldsymbol{\alpha}_3=\begin{pmatrix}1\\-2\\2\\1\end{pmatrix}$,$\boldsymbol{\alpha}_4=\begin{pmatrix}3\\0\\7\\14\end{pmatrix}$,$\boldsymbol{\alpha}_5=\begin{pmatrix}3\\1\\5\\10\end{pmatrix}$ 的秩与一个最大线性无关组.

七、(10 分)设向量组 $\boldsymbol{\alpha}_1,\boldsymbol{\alpha}_2,\cdots,\boldsymbol{\alpha}_s$ 是齐次线性方程组 $\boldsymbol{AX}=\boldsymbol{0}$ 的一个基础解系,向量 $\boldsymbol{\beta}$ 不是方程组 $\boldsymbol{AX}=\boldsymbol{0}$ 的解,即 $\boldsymbol{A\beta}\neq\boldsymbol{0}$.试证明:向量组 $\boldsymbol{\beta},\boldsymbol{\beta}+\boldsymbol{\alpha}_1,\boldsymbol{\beta}+\boldsymbol{\alpha}_2,\cdots,\boldsymbol{\beta}+\boldsymbol{\alpha}_s$ 线性无关.

八、(10 分)设 3 阶矩阵 $\boldsymbol{A}$ 的特征值为 $\lambda_1=1,\lambda_2=2,\lambda_3=3$,对应的特征向量依次为

$$\boldsymbol{\xi}_1=(1,1,1)^{\mathrm{T}},\quad \boldsymbol{\xi}_2=(1,2,4)^{\mathrm{T}},\quad \boldsymbol{\xi}_3=(1,3,9)^{\mathrm{T}},$$

(1) 将向量 $\boldsymbol{\beta}=(1,1,3)^{\mathrm{T}}$ 用 $\boldsymbol{\xi}_1,\boldsymbol{\xi}_2,\boldsymbol{\xi}_3$ 线性表出；

(2) 设 n 为自然数,求 $\boldsymbol{A}^n\boldsymbol{\beta}$.

九、(8 分)当 t 取何值时,二次型

$$f(x_1,x_2,x_3)=x_1^2+x_2^2+5x_3^2+2tx_1x_2-2x_1x_3+4x_2x_3$$

是正定二次型.

十、(8 分)求点 $M(3,1,-4)$ 关于直线 $l:\begin{cases}x-y-4z+12=0,\\2x+y-2z+3=0\end{cases}$ 的对称点.

检测题一参考答案

一、1. 9； 2. $\sqrt{10}$； 3. $3ab+b-2a\neq 0$； 4. $k=1$ 或 -2； 5. $t>9$.

二、1. D； 2. A； 3. C； 4. D； 5. D.

三、$|\boldsymbol{A}^2||\boldsymbol{A}^{-1}|=|\boldsymbol{A}|=240$.

四、(1) 设 $\boldsymbol{A}=\begin{pmatrix}0 & a_{12} & a_{13} & a_{14}\\ -a_{12} & 0 & a_{23} & a_{24}\\ -a_{13} & -a_{23} & 0 & a_{34}\\ -a_{14} & -a_{24} & -a_{34} & 0\end{pmatrix}$, 则

$$\boldsymbol{I}+\boldsymbol{AB}=\begin{pmatrix}1 & 0 & -2a_{13} & 3a_{14}\\ 0 & 1 & -2a_{23} & 3a_{24}\\ 0 & 0 & 1 & 3a_{34}\\ 0 & 0 & 2a_{34} & 1\end{pmatrix}\Rightarrow|\boldsymbol{I}+\boldsymbol{AB}|=1-6a_{34}^2,$$

所以当 $a_{34}^2\neq\dfrac{1}{6}$ 时,$\boldsymbol{I}+\boldsymbol{AB}$ 可逆.

(2) 若 $\boldsymbol{I}+\boldsymbol{AB}$ 是一个可逆的上三角形矩阵,则 $a_{34}=0$,即

$$\boldsymbol{I}+\boldsymbol{AB}=\begin{pmatrix}1 & 0 & -2a_{13} & 3a_{14}\\ 0 & 1 & -2a_{23} & 3a_{24}\\ 0 & 0 & 1 & 0\\ 0 & 0 & 0 & 1\end{pmatrix},\text{可求得 }(\boldsymbol{I}+\boldsymbol{AB})^{-1}=\begin{pmatrix}1 & 0 & 2a_{13} & -3a_{14}\\ 0 & 1 & 2a_{23} & -3a_{24}\\ 0 & 0 & 1 & 0\\ 0 & 0 & 0 & 1\end{pmatrix}.$$

五、$\|\boldsymbol{a}\times\boldsymbol{b}\|^2+(\boldsymbol{a}\cdot\boldsymbol{b})^2=(\|\boldsymbol{a}\|\|\boldsymbol{b}\|\sin\langle\boldsymbol{a},\boldsymbol{b}\rangle)^2+(\|\boldsymbol{a}\|\|\boldsymbol{b}\|\cos\langle\boldsymbol{a},\boldsymbol{b}\rangle)^2$

$$=\|\boldsymbol{a}\|^2\|\boldsymbol{b}\|^2(\sin^2\langle\boldsymbol{a},\boldsymbol{b}\rangle+\cos^2\langle\boldsymbol{a},\boldsymbol{b}\rangle)=\|\boldsymbol{a}\|^2\|\boldsymbol{b}\|^2.$$

六、$\boldsymbol{\alpha}_1,\boldsymbol{\alpha}_2,\boldsymbol{\alpha}_3,\boldsymbol{\alpha}_4,\boldsymbol{\alpha}_5$ 的秩为 4,一个最大线性无关组为 $\boldsymbol{\alpha}_1,\boldsymbol{\alpha}_2,\boldsymbol{\alpha}_3,\boldsymbol{\alpha}_5$.

七、设有

$$k\boldsymbol{\beta}+k_1(\boldsymbol{\beta}+\boldsymbol{\alpha}_1)+\cdots+k_s(\boldsymbol{\beta}+\boldsymbol{\alpha}_s)=\boldsymbol{0},$$

即

$$(k+k_1+\cdots+k_s)\boldsymbol{\beta}=-(k_1\boldsymbol{\alpha}_1+\cdots+k_s\boldsymbol{\alpha}_s),\qquad(*)$$

左乘 $\boldsymbol{A}$ 有

$$(k+k_1+\cdots+k_s)\boldsymbol{A\beta}=-(k_1\boldsymbol{A\alpha}_1+\cdots+k_s\boldsymbol{A\alpha}_s)=\boldsymbol{0},$$

因为 $\boldsymbol{A\beta}\neq 0$,所以

$$k+k_1+\cdots+k_s=0, \qquad (*)'$$

由(*)知,

$$k_1\boldsymbol{\alpha}_1+\cdots+k_s\boldsymbol{\alpha}_s=\mathbf{0}.$$

因为 $\boldsymbol{\alpha}_1,\boldsymbol{\alpha}_2,\cdots,\boldsymbol{\alpha}_s$ 线性无关,所以 $k_1=k_2=\cdots=k_s=0$,再由(*)′知 $k=0$,故向量组线性无关.

八、(1) 由 $\boldsymbol{\beta}=k_1\boldsymbol{\xi}_1+k_2\boldsymbol{\xi}_2+k_3\boldsymbol{\xi}_3$,有

$$\begin{cases}k_1+k_2+k_3=1,\\ k_1+2k_2+3k_3=1,\\ k_1+4k_2+9k_3=3\end{cases}\Rightarrow\begin{cases}k_1=2,\\ k_2=-2,\\ k_3=1,\end{cases}$$

则 $\boldsymbol{\beta}=2\boldsymbol{\xi}_1-2\boldsymbol{\xi}_2+\boldsymbol{\xi}_3$.

(2) $\boldsymbol{A}^n\boldsymbol{\beta}=\boldsymbol{A}^n(2\boldsymbol{\xi}_1-2\boldsymbol{\xi}_2+\boldsymbol{\xi}_3)=2\boldsymbol{A}^n\boldsymbol{\xi}_1-2\boldsymbol{A}^n\boldsymbol{\xi}_2+\boldsymbol{A}^n\boldsymbol{\xi}_3$

$$=2\lambda_1^n\boldsymbol{\xi}_1-2\lambda_2^n\boldsymbol{\xi}_2+\lambda_3^n\boldsymbol{\xi}_3=2\boldsymbol{\xi}_1-2^{n+1}\boldsymbol{\xi}_2+3^n\boldsymbol{\xi}_3=\begin{pmatrix}2-2^{n+1}+3^n\\ 2-2^{n+2}+3^{n+1}\\ 2-2^{n+3}+3^{n+2}\end{pmatrix}.$$

九、$-\dfrac{4}{5}<t<0$.

十、取 M 关于直线 l 的对称点为 $N(a,b,c)$,l 的方向向量为

$$\boldsymbol{s}=\boldsymbol{n}_1\times\boldsymbol{n}_2=(1,-1,-4)\times(2,1,-2)=3(2,-2,1).$$

过点 M 且与 l 垂直的平面为

$$\boldsymbol{\pi}:2(x-3)-2(y-1)+(z+4)=0,\text{即 }2x-2y+z=0.$$

$\boldsymbol{\pi}$ 与 l 的交点 $Q(x,y,z)$ 为 $\left(\dfrac{1}{3},\dfrac{5}{3},\dfrac{8}{3}\right)$.

由于 $\dfrac{\overline{NQ}}{\overline{QM}}=1$,有 $\dfrac{a-\frac{1}{3}}{\frac{1}{3}-3}=\dfrac{b-\frac{5}{3}}{\frac{5}{3}-1}=\dfrac{c-\frac{8}{3}}{\frac{8}{3}+4}=1$,解得 $a=-\dfrac{7}{3},b=\dfrac{7}{3},c=\dfrac{28}{3}$.

检测题二

一、填空题(每小题 3 分,共 15 分)

1. $\begin{pmatrix}0&1\\1&0\end{pmatrix}^{20}\begin{pmatrix}1&2\\3&4\end{pmatrix}\begin{pmatrix}1&1\\0&1\end{pmatrix}^{10}=$________.

2. 已知向量 $\boldsymbol{c}=\boldsymbol{a}+3\boldsymbol{b},\boldsymbol{d}=2\boldsymbol{a}-\boldsymbol{b}$,且 $\boldsymbol{c}\perp\boldsymbol{d}$, $\|\boldsymbol{a}\|=2$, $\|\boldsymbol{b}\|=1$, 则 $\boldsymbol{a}$ 与 $\boldsymbol{b}$ 的夹角 θ 为______.

3. 设方程组 $\begin{cases}\lambda x_1+x_2+x_3=0,\\ x_1+\lambda x_2+x_3=0,\\ x_1+x_2+\lambda x_3=0\end{cases}$ 有非零解,则 $\lambda=$____________.

4. 设 $\boldsymbol{A}$ 是秩为 2 的 3 阶实对称矩阵,且 $\boldsymbol{A}^2+5\boldsymbol{A}=\boldsymbol{O}$,则 $\boldsymbol{A}$ 的特征值为______.

5. 设 $\boldsymbol{\alpha}$ 为 n 维非零列向量，$\boldsymbol{A}=\boldsymbol{I}-k\boldsymbol{\alpha}\boldsymbol{\alpha}^{\mathrm{T}}(k\neq 0)$，$\boldsymbol{\alpha}^{\mathrm{T}}\boldsymbol{\alpha}=1$，若 A 为正交矩阵，则 $k=$ ________.

二、单项选择题（每小题 3 分，共 15 分）

1. 设 $\boldsymbol{A}$ 是 n 阶矩阵，且 $\boldsymbol{A}^2-\boldsymbol{A}-\boldsymbol{I}=\boldsymbol{O}$，则下列说法不正确的是（　　）.

(A) 方程组 $\boldsymbol{AX}=\boldsymbol{b}$ 有唯一的解　　(B) $\det \boldsymbol{A}=0$

(C) 若 $\boldsymbol{AB}=\boldsymbol{O}$，则 $\boldsymbol{B}=\boldsymbol{O}$　　(D) $R(\boldsymbol{A})=n$

2. 设 $\boldsymbol{\alpha}_1,\boldsymbol{\alpha}_2,\cdots,\boldsymbol{\alpha}_r$ 可由线性无关向量组 $\boldsymbol{\beta}_1,\boldsymbol{\beta}_2,\cdots,\boldsymbol{\beta}_s$ 线性表出，则 r 与 s 的关系为（　　）.

(A) $r\leqslant s$　　(B) $r\geqslant s$　　(C) $r<s$　　(D) r 与 s 无关

3. 设 $\boldsymbol{A},\boldsymbol{B},\boldsymbol{C}$ 为 n 阶矩阵，$\boldsymbol{A}=\boldsymbol{B}+\boldsymbol{C}$，且 $R(\boldsymbol{A})=r_1$，$R(\boldsymbol{B})=r_2$，$R(\boldsymbol{C})=r_3$，则（　　）.

(A) $r_1=r_2+r_3$　　(B) $r_1\leqslant r_2+r_3$

(C) $r_1\geqslant r_2+r_3$　　(D) r_1,r_2,r_3 的关系无法确定

4. 设 $\boldsymbol{A},\boldsymbol{B}$ 均为 n 阶实对称矩阵，则 $\boldsymbol{A}$ 与 $\boldsymbol{B}$ 合同的充要条件是（　　）.

(A) $\boldsymbol{A},\boldsymbol{B}$ 有相同的特征值　　(B) $\boldsymbol{A},\boldsymbol{B}$ 有相同的秩

(C) $\boldsymbol{A},\boldsymbol{B}$ 有相同的行列式　　(D) $\boldsymbol{A},\boldsymbol{B}$ 有相同的正负惯性指数

5. 下列矩阵中，正定矩阵是（　　）.

(A) $\begin{pmatrix}1&2&-3\\2&7&5\\-3&5&0\end{pmatrix}$　　(B) $\begin{pmatrix}1&2&-3\\2&4&5\\-3&5&7\end{pmatrix}$

(C) $\begin{pmatrix}5&-2&0\\-2&6&-2\\0&-2&4\end{pmatrix}$　　(D) $\begin{pmatrix}5&2&0\\2&6&-3\\0&-3&-1\end{pmatrix}$

三、（8 分）计算行列式 $D_4=\begin{vmatrix}1&-1&1&x-1\\1&-1&x+1&-1\\1&x-1&1&-1\\x+1&-1&1&-1\end{vmatrix}$.

四、（12 分）已知方程组 $\begin{cases}x_1+x_2+x_3=1,\\2x_1+x_2-3x_3=p,\\qx_1+2x_2+6x_3=3\end{cases}$ 有解，且其导出组基础解系只有一个向量. 试确定 p,q 之值，并求出方程组的通解.

五、（10 分）设平面 π 与 $\pi':5x-y+3z-2=0$ 垂直，且与 π' 的交线落在 xOy 平面上，求 π 的方程.

六、（12 分）设 $\boldsymbol{A},\boldsymbol{B}$ 是 n 阶矩阵，$\boldsymbol{AB}=\boldsymbol{A}+\boldsymbol{B}$，$\boldsymbol{I}$ 为单位阵，求证：

(1) $\boldsymbol{A}-\boldsymbol{I}$ 可逆；

(2) $\boldsymbol{AB}=\boldsymbol{BA}$.

七、(12 分)设矩阵 $\boldsymbol{A}=\begin{pmatrix}2&2&-2\\2&5&-4\\-2&-4&5\end{pmatrix}$，求 $\boldsymbol{A}^n$(n 为自然数).

八、(8 分)设 $\boldsymbol{A}$ 是 n 阶正定矩阵，$\boldsymbol{\alpha}_1,\boldsymbol{\alpha}_2,\boldsymbol{\alpha}_3$ 是非零实 n 维列向量，且 $\boldsymbol{\alpha}_i^{\mathrm{T}}\boldsymbol{A}\boldsymbol{\alpha}_j=0(i,j=1,2,3,i\neq j)$，证明：$\boldsymbol{\alpha}_1,\boldsymbol{\alpha}_2,\boldsymbol{\alpha}_3$ 线性无关.

九、(8 分)在 $\mathbf{R}^3$ 中，设 $\boldsymbol{\alpha}_1=(1,0,1)^{\mathrm{T}}$，$\boldsymbol{\alpha}_2=(1,2,-1)^{\mathrm{T}}$，$\boldsymbol{\alpha}_3=(-1,2,0)^{\mathrm{T}}$，$\boldsymbol{\beta}_1=(1,1,2)^{\mathrm{T}}$，$\boldsymbol{\beta}_2=(-1,1,1)^{\mathrm{T}}$，$\boldsymbol{\beta}_3=(1,0,1)^{\mathrm{T}}$，求从基 $\boldsymbol{\alpha}_1,\boldsymbol{\alpha}_2,\boldsymbol{\alpha}_3$ 到基 $\boldsymbol{\beta}_1,\boldsymbol{\beta}_2,\boldsymbol{\beta}_3$ 的过渡矩阵.

检测题二参考答案

一、1. $\begin{pmatrix}1&12\\3&34\end{pmatrix}$；　2. $\dfrac{2\pi}{3}$；　3. 1 或 -2；　4. $\lambda_1=0,\lambda_{2,3}=-5$；　5. 2.

二、1. B；　2. D；　3. B；　4. D；　5. C.

三、$D_4=\begin{vmatrix}x&-1&1&x-1\\x&-1&x+1&-1\\x&x-1&1&-1\\x&-1&1&-1\end{vmatrix}=x\begin{vmatrix}1&-1&1&x-1\\1&-1&x+1&-1\\1&x-1&1&-1\\1&-1&1&-1\end{vmatrix}$

$$=x\begin{vmatrix}1&-1&1&x-1\\0&0&x&-x\\0&x&0&-x\\0&0&0&-x\end{vmatrix}=-x\begin{vmatrix}1&1&-1&x-1\\0&x&0&-1\\0&0&x&-x\\0&0&0&-x\end{vmatrix}=x^4.$$

四、$p=0,q=1$，通解为 $(-1,2,0)^{\mathrm{T}}+k(4,-5,1)^{\mathrm{T}}$，$k$ 为任意常数.

五、**解法 1**　$\pi:Ax+By+Cz+D=0$，π 与 π' 的交线 L 为

$$\begin{cases}5x-y+3z-2=0,\\z=0.\end{cases}$$

$M_1(1,3,0)$，$M_2(0,-2,0)\in L$，将 M_1,M_2 代入 π 得

$$A+3B+D=0,\ -2B+D=0,$$

由 π 与 π' 垂直可知，

$$(A,B,C)\cdot(5,-1,3)=5A-B+3C=0,$$

解出 $A=-5B$，$C=\dfrac{26}{3}B$，$D=2B$.故平面 π 的方程为

$$15x-3y-26z-6=0.$$

解法 2　交线为 $\begin{cases}5x-y+3z-2=0,\\z=0,\end{cases}$ 平面束方程为 $5x-y+3z-2+\lambda z=0$，法向量为 $\boldsymbol{n}=(5,-1,3+\lambda)$，

$$\boldsymbol{n}\cdot(5,-1,3)=35+3\lambda=0\Rightarrow\lambda=-\frac{35}{3},$$

将 $\lambda=-\dfrac{35}{3}$ 代入平面束方程得 π 的方程为

$$15x-3y-26z-6=0.$$

六、(1) $\boldsymbol{AB}=\boldsymbol{A}+\boldsymbol{B}\Rightarrow\boldsymbol{AB}-\boldsymbol{A}-\boldsymbol{B}=\boldsymbol{O}\Rightarrow\boldsymbol{A}(\boldsymbol{B}-\boldsymbol{I})-\boldsymbol{B}+\boldsymbol{I}=\boldsymbol{I}\Rightarrow(\boldsymbol{A}-\boldsymbol{I})(\boldsymbol{B}-\boldsymbol{I})=\boldsymbol{I}$,所以 $(\boldsymbol{A}-\boldsymbol{I})$ 可逆,且 $(\boldsymbol{A}-\boldsymbol{I})^{-1}=(\boldsymbol{B}-\boldsymbol{I})$.

(2) $(\boldsymbol{A}-\boldsymbol{I})(\boldsymbol{B}-\boldsymbol{I})=\boldsymbol{I}\Rightarrow(\boldsymbol{B}-\boldsymbol{I})(\boldsymbol{A}-\boldsymbol{I})=\boldsymbol{I}\Rightarrow\boldsymbol{BA}-\boldsymbol{A}-\boldsymbol{B}+\boldsymbol{I}=\boldsymbol{I}$

$$\Rightarrow\boldsymbol{BA}=\boldsymbol{A}+\boldsymbol{B}\Rightarrow\boldsymbol{AB}=\boldsymbol{BA}.$$

七、$|\lambda\boldsymbol{I}-\boldsymbol{A}|=(\lambda-1)^2(\lambda-10)$, $\lambda_1=1$ (二重), $\lambda_2=10$.

$(\lambda_1\boldsymbol{I}-\boldsymbol{A})\boldsymbol{X}=\boldsymbol{0}$ 的基础解系为 $\boldsymbol{\alpha}_1=(-2,1,0)^{\mathrm{T}}$, $\boldsymbol{\alpha}_2=(2,0,1)^{\mathrm{T}}$.

正交化得 $\boldsymbol{\beta}_1=\boldsymbol{\alpha}_1=(-2,1,0)^{\mathrm{T}}$, $\boldsymbol{\beta}_2=\boldsymbol{\alpha}_2-\dfrac{(\boldsymbol{\alpha}_2,\boldsymbol{\beta}_1)}{(\boldsymbol{\beta}_1,\boldsymbol{\beta}_1)}\boldsymbol{\beta}_1=\left(\dfrac{2}{5},\dfrac{4}{5},1\right)^{\mathrm{T}}$.

单位化得 $\boldsymbol{\gamma}_1=\dfrac{1}{\sqrt{5}}(-2,1,0)^{\mathrm{T}}$, $\boldsymbol{\gamma}_2=\dfrac{1}{3\sqrt{5}}(2,4,5)^{\mathrm{T}}$.

$(\lambda_2\boldsymbol{I}-\boldsymbol{A})\boldsymbol{X}=\boldsymbol{0}$ 的基础解系为 $\boldsymbol{\alpha}_3=(1,2,-2)^{\mathrm{T}}$,单位化得 $\boldsymbol{\gamma}_3=\dfrac{1}{3}(1,2,-2)^{\mathrm{T}}$.

令 $\boldsymbol{Q}=(\boldsymbol{\gamma}_1,\boldsymbol{\gamma}_2,\boldsymbol{\gamma}_3)$,则 $\boldsymbol{Q}$ 为正交矩阵,且 $\boldsymbol{Q}^{\mathrm{T}}\boldsymbol{AQ}=\mathrm{diag}(1,1,10)$,所以

$$\boldsymbol{A}^n=\boldsymbol{Q}\begin{pmatrix}1&&\\&1&\\&&10\end{pmatrix}^n\boldsymbol{Q}^{\mathrm{T}}=\frac{1}{9}\begin{pmatrix}8+10^n&-2+2\cdot10^n&2-2\cdot10^n\\-2+2\cdot10^n&5+4\cdot10^n&4-4\cdot10^n\\2-2\cdot10^n&4-4\cdot10^n&5+4\cdot10^n\end{pmatrix}.$$

八、设 $k_1\boldsymbol{\alpha}_1+k_2\boldsymbol{\alpha}_2+k_3\boldsymbol{\alpha}_3=\boldsymbol{0}$,则

$$\boldsymbol{\alpha}_1^{\mathrm{T}}\boldsymbol{A}(k_1\boldsymbol{\alpha}_1+k_2\boldsymbol{\alpha}_2+k_3\boldsymbol{\alpha}_3)=k_1\boldsymbol{\alpha}_1^{\mathrm{T}}\boldsymbol{A}\boldsymbol{\alpha}_1+k_2\boldsymbol{\alpha}_1^{\mathrm{T}}\boldsymbol{A}\boldsymbol{\alpha}_2+k_3\boldsymbol{\alpha}_1^{\mathrm{T}}\boldsymbol{A}\boldsymbol{\alpha}_3=k_1\boldsymbol{\alpha}_1^{\mathrm{T}}\boldsymbol{A}\boldsymbol{\alpha}_1=0.$$

由 $\boldsymbol{\alpha}_1\neq\boldsymbol{0}$ 且 $\boldsymbol{A}$ 为正定矩阵可知, $\boldsymbol{\alpha}_1^{\mathrm{T}}\boldsymbol{A}\boldsymbol{\alpha}_1>0$,则 $k_1=0$.

同理, $k_2=k_3=0$.故 $\boldsymbol{\alpha}_1,\boldsymbol{\alpha}_2,\boldsymbol{\alpha}_3$ 线性无关.

九、设 $(\boldsymbol{\beta}_1,\boldsymbol{\beta}_2,\boldsymbol{\beta}_3)=(\boldsymbol{\alpha}_1,\boldsymbol{\alpha}_2,\boldsymbol{\alpha}_3)\boldsymbol{A}$,则 $\boldsymbol{A}=(\boldsymbol{\alpha}_1,\boldsymbol{\alpha}_2,\boldsymbol{\alpha}_3)^{-1}(\boldsymbol{\beta}_1,\boldsymbol{\beta}_2,\boldsymbol{\beta}_3)$.

$$(\boldsymbol{\alpha}_1,\boldsymbol{\alpha}_2,\boldsymbol{\alpha}_3)^{-1}=\frac{1}{6}\begin{pmatrix}2&1&4\\2&1&-2\\-2&2&2\end{pmatrix}.$$

$$\boldsymbol{A}=\frac{1}{6}\begin{pmatrix}2&1&4\\2&1&-2\\-2&2&2\end{pmatrix}\begin{pmatrix}1&-1&1\\1&1&0\\2&1&1\end{pmatrix}=\frac{1}{6}\begin{pmatrix}11&3&6\\-1&-3&0\\4&6&0\end{pmatrix}.$$

检 测 题 三

一、填空题(每小题 3 分,共 15 分)

1. 设 $\boldsymbol{A},\boldsymbol{B}$ 均为 3 阶矩阵,且 $|\boldsymbol{A}|=2$, $|\boldsymbol{B}|=-3$,则 $|2\boldsymbol{A}^*\boldsymbol{B}^{-1}|=$________.

2. 设 $\boldsymbol{A}$ 是 3 阶实对称矩阵,特征值是 0,1,2,如果 $\lambda=0$ 与 $\lambda=1$ 的特征向量分别是 $(1,2,1)^{\mathrm{T}}$ 与 $(1,0,-1)^{\mathrm{T}}$,则 $\lambda=2$ 的特征向量为________.

3. 若二次型 $2x_1^2+x_2^2+x_3^2+2x_1x_2+2tx_2x_3$ 的秩为 2,则 $t=$________.

4. 经过点 $P(2,-3,1)$ 与平面 $\pi:3x+y+5z+6=0$ 垂直的直线 l 的方程________.

5. 设 $A=\begin{pmatrix}1&2&-2\\4&a&3\\3&-1&1\end{pmatrix}$，$\boldsymbol{B}$ 为 3 阶非零矩阵，且 $\boldsymbol{AB}=\boldsymbol{O}$，则 $a=$________.

二、单项选择题(每小题 3 分，共 15 分)

1. 设 $\boldsymbol{A}=\begin{pmatrix}a_{11}&a_{12}&a_{13}\\a_{21}&a_{22}&a_{23}\\a_{31}&a_{32}&a_{33}\end{pmatrix}$，$\boldsymbol{B}=\begin{pmatrix}a_{13}&a_{12}&a_{11}+a_{12}\\a_{23}&a_{22}&a_{21}+a_{22}\\a_{33}&a_{32}&a_{31}+a_{32}\end{pmatrix}$，$\boldsymbol{P}_1=\begin{pmatrix}1&0&0\\1&1&0\\0&0&1\end{pmatrix}$，$\boldsymbol{P}_2=\begin{pmatrix}1&1&0\\0&1&0\\0&0&1\end{pmatrix}$，$\boldsymbol{P}_3=\begin{pmatrix}0&0&1\\0&1&0\\1&0&0\end{pmatrix}$，则 $\boldsymbol{B}=$(　　).

(A) $\boldsymbol{P}_2\boldsymbol{A}\boldsymbol{P}_3$　　(B) $\boldsymbol{A}\boldsymbol{P}_1\boldsymbol{P}_3$　　(C) $\boldsymbol{A}\boldsymbol{P}_3\boldsymbol{P}_1$　　(D) $\boldsymbol{A}\boldsymbol{P}_2\boldsymbol{P}_3$

2. 设 $\boldsymbol{A}$ 为 $m\times n$ 矩阵，且 $R(\boldsymbol{A})=m<n$，则有(　　).

(A) $\boldsymbol{A}$ 的任意 m 个列向量线性无关

(B) $\boldsymbol{A}$ 经过若干次行初等变换可化为 $(\boldsymbol{I}_m,\boldsymbol{O})$ 形式

(C) $\boldsymbol{A}$ 中任一 m 阶子式为零

(D) $\boldsymbol{AX}=\boldsymbol{b}$ 必有无穷多组解

3. 设 $\boldsymbol{A}$ 是 n 阶方阵，且 $\boldsymbol{A}^3=\boldsymbol{O}$，则(　　).

(A) 0 与 10^3 都不是 $\boldsymbol{A}$ 的特征值

(B) 0 是 $\boldsymbol{A}$ 的特征值，10^3 不是 $\boldsymbol{A}$ 的特征值

(C) 0 与 10^3 都是 $\boldsymbol{A}$ 的特征值

(D) 0 不是 $\boldsymbol{A}$ 的特征值，10^3 不能判断是否 $\boldsymbol{A}$ 的特征值

4. 与矩阵 $\boldsymbol{A}=\begin{pmatrix}1&0&0\\0&-1&2\\0&2&2\end{pmatrix}$ 合同的矩阵是(　　).

(A) $\begin{pmatrix}1&&\\&-1&\\&&0\end{pmatrix}$　　(B) $\begin{pmatrix}1&&\\&1&\\&&-1\end{pmatrix}$

(C) $\begin{pmatrix}1&&\\&-1&\\&&-1\end{pmatrix}$　　(D) $\begin{pmatrix}-1&&\\&-1&\\&&-1\end{pmatrix}$

5. 设 $\boldsymbol{\alpha}_1=(1,0,2)^{\mathrm{T}}$，$\boldsymbol{\alpha}_2=(0,1,-1)^{\mathrm{T}}$ 都是线性方程组 $\boldsymbol{AX}=\boldsymbol{0}$ 的解，则 $\boldsymbol{A}=$(　　).

(A) $(-2,1,1)$　　(B) $\begin{pmatrix}2&0&-1\\0&1&1\end{pmatrix}$

(C) $\begin{pmatrix} -1 & 0 & 2 \\ 0 & 1 & -1 \end{pmatrix}$　　　　(D) $\begin{pmatrix} 0 & 1 & -1 \\ 4 & -2 & -2 \\ 0 & 1 & 1 \end{pmatrix}$.

三、(8分)解矩阵方程

$$\begin{pmatrix} 1 & 1 & -1 \\ 0 & 2 & 2 \\ 1 & -1 & 0 \end{pmatrix} \boldsymbol{X} + \begin{pmatrix} 0 & 1 \\ 1 & 0 \\ 4 & 3 \end{pmatrix} = \begin{pmatrix} 1 & -1 \\ 1 & 1 \\ 2 & 1 \end{pmatrix}.$$

四、(10分)证明:$\boldsymbol{\alpha}_1=(1,1,0)^{\mathrm{T}}$,$\boldsymbol{\alpha}_2=(1,0,1)^{\mathrm{T}}$,$\boldsymbol{\alpha}_3=(0,1,1)^{\mathrm{T}}$ 是 $\mathbf{R}^3$ 的一组基,并求 $\boldsymbol{\beta}=(-3,-2,-2)^{\mathrm{T}}$ 在这组基下的坐标.

五、(8分)平面 π 经过两个平面 $\pi_1: x+y+1=0$,$\pi_2: x+2y+2z=0$ 的交线,并且与平面 $\pi_3: 2x-y-z=0$ 垂直,求平面 π 的方程.

六、(12分)p,t 取何值时,方程组 $\begin{cases} x_1+x_2-2x_3+3x_4=0, \\ 2x_1+x_2-6x_3+4x_4=-1, \\ 3x_1+2x_2+px_3+7x_4=-1, \\ x_1-x_2-6x_3-x_4=t \end{cases}$ 无解?有唯一解或有无穷多解?并在有无穷多解时,求出方程组的通解.

七、(10分)设矩阵 $\boldsymbol{A}=\begin{pmatrix} 3 & 2 & -2 \\ -k & -1 & k \\ 4 & 2 & -3 \end{pmatrix}$,当 k 为何值时,存在可逆矩阵 $\boldsymbol{P}$,使 $\boldsymbol{P}^{-1}\boldsymbol{A}\boldsymbol{P}=\boldsymbol{\Lambda}$ 为对角阵?并求出相应的 $\boldsymbol{P}$ 与对角阵 $\boldsymbol{\Lambda}$.

八、(12分)用正交变换化二次型 $f(x_1,x_2,x_3)=x_1^2+x_2^2+x_3^2-4x_1x_2-4x_2x_3-4x_1x_3$ 为标准形.$f(x_1,x_2,x_3)=1$ 是什么曲面?

九、(10分)设 $\boldsymbol{A}$ 为 n 阶方阵,$\boldsymbol{\alpha}_1,\boldsymbol{\alpha}_2,\cdots,\boldsymbol{\alpha}_n$ 为 n 个线性无关的 n 维向量,证明:秩 $R(\boldsymbol{A})=n$ 的充要条件为 $\boldsymbol{A}\boldsymbol{\alpha}_1,\boldsymbol{A}\boldsymbol{\alpha}_2,\cdots,\boldsymbol{A}\boldsymbol{\alpha}_n$ 线性无关.

检测题三参考答案

一、1. $-\dfrac{32}{3}$;　2. $(1,-1,1)^{\mathrm{T}}$;　3. $\pm\dfrac{1}{\sqrt{2}}$;　4. $\dfrac{x-2}{3}=\dfrac{y+3}{1}=\dfrac{z-1}{5}$;　5. -3.

二、1. B;　2. D;　3. B;　4. B;　5. A.

三、$\boldsymbol{X}=\dfrac{1}{6}\begin{pmatrix} -6 & -11 \\ 6 & 1 \\ -6 & 2 \end{pmatrix}$.

四、令 $\boldsymbol{A}=(\boldsymbol{\alpha}_1,\boldsymbol{\alpha}_2,\boldsymbol{\alpha}_3)$,则 $|\boldsymbol{A}|=-2$,故 $\boldsymbol{\alpha}_1,\boldsymbol{\alpha}_2,\boldsymbol{\alpha}_3$ 线性无关,构成 $\mathbf{R}^3$ 的一组基,令 $x_1\boldsymbol{\alpha}_1+x_2\boldsymbol{\alpha}_2+x_3\boldsymbol{\alpha}_3=\boldsymbol{\beta}$,得 $x_1=-\dfrac{3}{2}$,$x_2=-\dfrac{3}{2}$,$x_3=-\dfrac{1}{2}$,$\left(-\dfrac{3}{2},-\dfrac{3}{2},-\dfrac{1}{2}\right)$ 为所求坐标.

五、利用过 π_1,π_2 交线的平面束求解可得 $\pi: 3x+4y+2z+2=0$.

六、设方程组的系数矩阵的为 $\boldsymbol{A}$,增广矩阵为 $\overline{\boldsymbol{A}}$,对 $\overline{\boldsymbol{A}}$ 作行初等变换得

$$\overline{\boldsymbol{A}}=\left(\begin{array}{cccc:c}1&1&-2&3&0\\2&1&-6&4&-1\\3&2&p&7&-1\\1&-1&-6&-1&t\end{array}\right)\to\left(\begin{array}{cccc:c}1&1&-2&3&0\\0&1&2&2&1\\0&-1&p+6&-2&-1\\0&-2&-4&-4&t\end{array}\right)\to\left(\begin{array}{cccc:c}1&1&-2&3&0\\0&1&2&2&1\\0&0&p+8&0&0\\0&0&0&0&t+2\end{array}\right),$$

所以当 $t\neq-2$ 方程组无解;

当 $t=-2$ 且 $p=-8$ 时,通解为

$$\begin{cases}x_1=-1+4k_1-k_2,\\x_2=1-2k_1-2k_2,\\x_3=k_1,\\x_4=k_2\end{cases}\quad(k_1,k_2\text{ 为任意常数}).$$

当 $t=-2$ 且 $p\neq-8$ 时,通解为

$$\begin{cases}x_1=-1-k,\\x_2=1-2k,\\x_3=0,\\x_4=k\end{cases}\quad(k\text{ 为任意常数}).$$

七、$|\lambda\boldsymbol{I}-\boldsymbol{A}|=(\lambda+1)^2(\lambda-1)$,$\lambda_1=-1$(二重),$\lambda_2=1$.

若 $\boldsymbol{A}$ 与对角阵相似,则 $\lambda_1=-1$ 要对应两个线性无关的特征向量,有 $R(-\boldsymbol{I}-\boldsymbol{A})=1$.

由 $-\boldsymbol{I}-\boldsymbol{A}=\begin{pmatrix}-4&-2&2\\k&0&-k\\-4&-2&2\end{pmatrix}$,知 $k=0$. 此时可求得 $\lambda_1=-1$ 所对应的两个线性无关的特征向量为 $\boldsymbol{\alpha}_1=(1,0,2)^{\mathrm{T}}$,$\boldsymbol{\alpha}_2=(0,1,1)^{\mathrm{T}}$.$\lambda_2=1$ 对应特征向量为 $\boldsymbol{\alpha}_3=(1,0,1)^{\mathrm{T}}$.

故 $k=0$ 时有可逆矩阵 $\boldsymbol{P}=(\boldsymbol{\alpha}_1,\boldsymbol{\alpha}_2,\boldsymbol{\alpha}_3)=\begin{pmatrix}1&0&1\\0&1&0\\2&1&1\end{pmatrix}$,使 $\boldsymbol{P}^{-1}\boldsymbol{AP}=\boldsymbol{\Lambda}=\begin{pmatrix}-1&&\\&-1&\\&&1\end{pmatrix}$.

八、二次型矩阵 $\boldsymbol{A}=\begin{pmatrix}1&-2&-2\\-2&1&-2\\-2&-2&1\end{pmatrix}$,$|\lambda\boldsymbol{I}-\boldsymbol{A}|=(\lambda-3)^2(\lambda+3)$,$\lambda_1=3$(二重),$\lambda_2=1$.

$\lambda_1=3$ 的特征向量为

$$\boldsymbol{\alpha}_1=(1,-1,0)^{\mathrm{T}},\quad\boldsymbol{\alpha}_2=(1,1,-2)^{\mathrm{T}}.$$

单位化得

$$\boldsymbol{\beta}_1=\left(\frac{1}{\sqrt{2}},-\frac{1}{\sqrt{2}},0\right)^{\mathrm{T}},\quad\boldsymbol{\beta}_2=\left(\frac{1}{\sqrt{6}},\frac{1}{\sqrt{6}},-\frac{2}{\sqrt{6}}\right)^{\mathrm{T}},$$

$\lambda_2=-3$ 的特征向量为 $\boldsymbol{\alpha}_3=(1,1,1)^{\mathrm{T}}$,单位化得 $\boldsymbol{\beta}_3=\left(\frac{1}{\sqrt{3}},\frac{1}{\sqrt{3}},\frac{1}{\sqrt{3}}\right)^{\mathrm{T}}$.

令 $C=(\boldsymbol{\beta}_1,\boldsymbol{\beta}_2,\boldsymbol{\beta}_3)=\begin{pmatrix}\frac{1}{\sqrt{2}} & \frac{1}{\sqrt{6}} & \frac{1}{\sqrt{3}}\\ -\frac{1}{\sqrt{2}} & \frac{1}{\sqrt{6}} & \frac{1}{\sqrt{3}}\\ 0 & -\frac{2}{\sqrt{6}} & \frac{1}{\sqrt{3}}\end{pmatrix}$，$X=\begin{pmatrix}x_1\\x_2\\x_3\end{pmatrix}$，$Y=\begin{pmatrix}y_1\\y_2\\y_3\end{pmatrix}$，作正交变换 $X=CY$，原二次型可化为 $3y_1^2+3y_2^2-3y_3^2$. 曲面 $f(x_1,x_2,x_3)=1$ 是单叶双曲面.

九、由 $(A\boldsymbol{\alpha}_1,A\boldsymbol{\alpha}_2,\cdots,A\boldsymbol{\alpha}_n)=A(\boldsymbol{\alpha}_1,\boldsymbol{\alpha}_2,\cdots,\boldsymbol{\alpha}_n)$，知 $A\boldsymbol{\alpha}_1,A\boldsymbol{\alpha}_2,\cdots,A\boldsymbol{\alpha}_n$ 可由 $\boldsymbol{\alpha}_1,\boldsymbol{\alpha}_2,\cdots,\boldsymbol{\alpha}_n$ 线性表出.

若 $R(A)=n$，则 A 可逆，有

$$A^{-1}(A\boldsymbol{\alpha}_1,A\boldsymbol{\alpha}_2,\cdots,A\boldsymbol{\alpha}_n)=(\boldsymbol{\alpha}_1,\boldsymbol{\alpha}_2,\cdots,\boldsymbol{\alpha}_n),$$

即 $\boldsymbol{\alpha}_1,\boldsymbol{\alpha}_2,\cdots,\boldsymbol{\alpha}_n$ 可由 $A\boldsymbol{\alpha}_1,A\boldsymbol{\alpha}_2,\cdots,A\boldsymbol{\alpha}_n$ 线性表出，所以 $\boldsymbol{\alpha}_1,\boldsymbol{\alpha}_2,\cdots,\boldsymbol{\alpha}_n$ 与 $A\boldsymbol{\alpha}_1,A\boldsymbol{\alpha}_2,\cdots,A\boldsymbol{\alpha}_n$ 等价，故 $R(A\boldsymbol{\alpha}_1,A\boldsymbol{\alpha}_2,\cdots,A\boldsymbol{\alpha}_n)=R(\boldsymbol{\alpha}_1,\boldsymbol{\alpha}_2,\cdots,\boldsymbol{\alpha}_n)=n$，所以 $A\boldsymbol{\alpha}_1,A\boldsymbol{\alpha}_2,\cdots,A\boldsymbol{\alpha}_n$ 线性无关.

反之，若 $A\boldsymbol{\alpha}_1,A\boldsymbol{\alpha}_2,\cdots,A\boldsymbol{\alpha}_n$ 线性无关，由 $(A\boldsymbol{\alpha}_1,A\boldsymbol{\alpha}_2,\cdots,A\boldsymbol{\alpha}_n)=A(\boldsymbol{\alpha}_1,\boldsymbol{\alpha}_2,\cdots,\boldsymbol{\alpha}_n)$，知 $R(A)\geqslant R(A\boldsymbol{\alpha}_1,A\boldsymbol{\alpha}_2,\cdots,A\boldsymbol{\alpha}_n)=n$，又 $R(A)\leqslant n$，故 $R(A)=n$.

检 测 题 四

一、填空题（每小题 3 分，共 15 分）

1. 若齐次线性方程组 $\begin{cases}\lambda x_1+x_2+x_3=0,\\ x_1+\mu x_2+x_3=0,\\ x_1+2\mu x_2+\lambda x_3=0\end{cases}$ 有非零解，则 $\lambda=$___或 $\mu=$_________.

2. 设 A，B 均为 3 阶方阵，A^* 是 A 的伴随矩阵，且 $|A|=-2$，$|B|=\frac{1}{3}$，则 $|A^*(-3B^2)^{-1}|$ 的值为______.

3. 欲使 $\boldsymbol{\beta}=(4,5,2,10)$ 可由 $\boldsymbol{\alpha}_1=(1,2,1,1)$，$\boldsymbol{\alpha}_2=(0,1,-1,2)$，$\boldsymbol{\alpha}_3=(1,1,1,t)$ 唯一地线性表出，则 $t=$________.

4. n 阶实数矩阵 A 的秩为 r，则 $A^{\mathrm{T}}A$ 的零特征值的个数有________.

5. 已知二次曲面方程 $x_1^2+x_2^2+ax_3^2+2bx_1x_2-2x_1x_3=5$ 经过正交变换 $X=PY$ 化为椭圆柱面方程 $y_1^2+2y_2^2=5$，则 $a=$________，$b=$________.

二、单项选择题（每小题 3 分，共 15 分）

1. 设 A，B 都是 n 阶可逆矩阵，则（　　）.

（A）$A+B$ 可逆　　（B）$|A+B|=|A|+|B|$

（C）可用行初等变换把 A 变为 B　　（D）$AB=BA$

2. 欲使矩阵 $A=\begin{pmatrix}1&1&2&1&1\\p&1&1&2&2\\5&3&5&4&q\end{pmatrix}$ 的秩为 2，则（　　）.

(A) $p=3$ 或 $q=4$

(B) $p=3$ 且 $q=4$

(C) $p\neq 3$ 或 $q=4$

(D) $p=3$ 或 $q\neq 4$

3. 设 $\boldsymbol{A}$ 为 n 阶矩阵,$\boldsymbol{\alpha}$ 为 n 维列向量,若秩 $R\begin{pmatrix}\boldsymbol{A} & \boldsymbol{\alpha}\\ \boldsymbol{\alpha}^{\mathrm{T}} & 0\end{pmatrix}=R(\boldsymbol{A})$,则线性方程组(　　).

(A) $\boldsymbol{AX}=\boldsymbol{\alpha}$ 必有无穷解

(B) $\boldsymbol{AX}=\boldsymbol{\alpha}$ 必有唯一解

(C) $\begin{pmatrix}\boldsymbol{A} & \boldsymbol{\alpha}\\ \boldsymbol{\alpha}^{\mathrm{T}} & 0\end{pmatrix}\begin{pmatrix}\boldsymbol{X}\\ \boldsymbol{Y}\end{pmatrix}=\boldsymbol{0}$ 仅有零解

(D) $\begin{pmatrix}\boldsymbol{A} & \boldsymbol{\alpha}\\ \boldsymbol{\alpha}^{\mathrm{T}} & 0\end{pmatrix}\begin{pmatrix}\boldsymbol{X}\\ \boldsymbol{Y}\end{pmatrix}=\boldsymbol{0}$ 必有非零解

4. 设矩阵 $\boldsymbol{B}=\begin{pmatrix}0 & 0 & 1\\ 0 & 1 & 0\\ 1 & 0 & 0\end{pmatrix}$,已知矩阵 $\boldsymbol{A}$ 与 $\boldsymbol{B}$ 相似,则 $R(\boldsymbol{A}-2\boldsymbol{I})+R(\boldsymbol{A}-\boldsymbol{I})=$(　　).

(A) 2　　(B) 3　　(C) 4　　(D) 5

5. 设 $\boldsymbol{\alpha},\boldsymbol{\beta}$ 是互相正交的 n 维向量,则下列各式中错误的是(　　).

(A) $\|\boldsymbol{\alpha}+\boldsymbol{\beta}\|^2=\|\boldsymbol{\alpha}\|^2+\|\boldsymbol{\beta}\|^2$

(B) $\|\boldsymbol{\alpha}+\boldsymbol{\beta}\|=\|\boldsymbol{\alpha}-\boldsymbol{\beta}\|$

(C) $\|\boldsymbol{\alpha}-\boldsymbol{\beta}\|^2=\|\boldsymbol{\alpha}\|^2+\|\boldsymbol{\beta}\|^2$

(D) $\|\boldsymbol{\alpha}+\boldsymbol{\beta}\|=\|\boldsymbol{\alpha}\|+\|\boldsymbol{\beta}\|$

三、(10 分)计算行列式 $D_n=\begin{vmatrix}1-a & a & 0 & \cdots & 0 & 0\\ -1 & 1-a & a & \cdots & 0 & 0\\ 0 & -1 & 1-a & \cdots & 0 & 0\\ \vdots & \vdots & \vdots & & \vdots & \vdots\\ 0 & 0 & 0 & \cdots & 1-a & a\\ 0 & 0 & 0 & \cdots & -1 & 1-a\end{vmatrix}$.

四、(8 分)设 $\boldsymbol{\alpha},\boldsymbol{\beta},\boldsymbol{\gamma}$ 为三维向量,证明:$[(\boldsymbol{\alpha}\times\boldsymbol{\beta})\cdot\boldsymbol{\gamma}]^2=\begin{vmatrix}\boldsymbol{\alpha}^2 & \boldsymbol{\alpha}\boldsymbol{\beta}^{\mathrm{T}} & \boldsymbol{\alpha}\boldsymbol{\gamma}^{\mathrm{T}}\\ \boldsymbol{\beta}\boldsymbol{\alpha}^{\mathrm{T}} & \boldsymbol{\beta}^2 & \boldsymbol{\beta}\boldsymbol{\gamma}^{\mathrm{T}}\\ \boldsymbol{\gamma}\boldsymbol{\alpha}^{\mathrm{T}} & \boldsymbol{\gamma}\boldsymbol{\beta}^{\mathrm{T}} & \boldsymbol{\gamma}^2\end{vmatrix}$.

五、(12 分)设 $\boldsymbol{A}$ 是 n 阶($n>2$)非零实矩阵,其元素 $a_{ij}(i,j=1,2,\cdots,n)$ 与其代数余子式 $A_{ij}(i,j=1,2,\cdots,n)$ 相等.

(1) 证明:$\boldsymbol{A}$ 可逆;

(2) 设 $a_{nn}=-1$,$\boldsymbol{b}=(0,\cdots,0,1)^{\mathrm{T}}$,求解线性方程组 $\boldsymbol{AX}=\boldsymbol{b}$.

六、(10 分)已知 $\boldsymbol{B}=\begin{pmatrix}1 & -1 & 0 & 0\\ 0 & 1 & -1 & 0\\ 0 & 0 & 1 & -1\\ 0 & 0 & 0 & 1\end{pmatrix}$,$\boldsymbol{C}=\begin{pmatrix}2 & 1 & 3 & 4\\ 0 & 2 & 1 & 3\\ 0 & 0 & 2 & 1\\ 0 & 0 & 0 & 2\end{pmatrix}$,且矩阵 $\boldsymbol{A}$ 满足等式 $\boldsymbol{A}(\boldsymbol{I}-\boldsymbol{C}^{-1}\boldsymbol{B})^{\mathrm{T}}\boldsymbol{C}^{\mathrm{T}}=\boldsymbol{I}$,求矩阵 $\boldsymbol{A}$.

七、(12 分)设向量组

(Ⅰ):$\boldsymbol{\alpha}_1=(2,4,-2)^{\mathrm{T}},\boldsymbol{\alpha}_2=(-1,a-3,1)^{\mathrm{T}},\boldsymbol{\alpha}_3=(2,8,b-1)^{\mathrm{T}}$;

(Ⅱ):$\boldsymbol{\beta}_1=(2,b+5,-2)^{\mathrm{T}},\boldsymbol{\beta}_2=(3,7,a-4)^{\mathrm{T}},\boldsymbol{\beta}_3=(1,2b+4,-1)^{\mathrm{T}}$.

问:(1) a,b 取何值时,秩 R(Ⅰ)$=R$(Ⅱ),且(Ⅰ)与(Ⅱ)等价?

(2) a,b 取何值时,秩 R(Ⅰ)$=R$(Ⅱ),但(Ⅰ)与(Ⅱ)不等价?

八、(10 分)设 $\boldsymbol{A}_{n\times n}=\begin{pmatrix} a & a & \cdots & a \\ a & a & \cdots & a \\ \vdots & \vdots & & \vdots \\ a & a & \cdots & a \end{pmatrix}$,求 $\boldsymbol{A}$ 的特征值与特征向量.

九、(8 分)设 $\boldsymbol{\alpha}_1,\boldsymbol{\alpha}_2,\cdots,\boldsymbol{\alpha}_n$ 为 n 维欧氏空间 V 的一组基,$\boldsymbol{\beta},\boldsymbol{\gamma}\in V$,求证:

(1) 若 $(\boldsymbol{\beta},\boldsymbol{\alpha}_i)=0,i=1,2,\cdots,n$,则 $\boldsymbol{\beta}=\mathbf{0}$;

(2) 若 $(\boldsymbol{\beta},\boldsymbol{\alpha}_i)=(\boldsymbol{\gamma},\boldsymbol{\alpha}_i),i=1,2,\cdots,n$,则 $\boldsymbol{\beta}=\boldsymbol{\gamma}$.

检测题四参考答案

一、1. $\lambda=1$ 或 $\mu=\dfrac{1}{\lambda-1}$; 2. $-\dfrac{4}{3}$; 3. $\dfrac{7}{5}$; 4. $n-r$ 个; 5. $a=1,b=0$.

二、1. C; 2. B; 3. D; 4. C; 5. D.

三、提示:将第 $2,3,\cdots,n$ 列全加到第一列后再按第一列展开得 $D_n=D_{n-1}+(-1)^n a^n$,由此递推可得 $D_n=1-a+a^2-a^3+\cdots+(-1)^n a^n$.

四、设 $\boldsymbol{\alpha}=(a_1,a_2,a_3),\boldsymbol{\beta}=(b_1,b_2,b_3),\boldsymbol{\gamma}=(c_1,c_2,c_3)$,则

$$[(\boldsymbol{\alpha}\times\boldsymbol{\beta})\cdot\boldsymbol{\gamma}]^2=\begin{vmatrix} a_1 & a_2 & a_3 \\ b_1 & b_2 & b_3 \\ c_1 & c_2 & c_3 \end{vmatrix}\cdot\begin{vmatrix} a_1 & b_1 & c_1 \\ a_2 & b_2 & c_2 \\ a_3 & b_3 & c_3 \end{vmatrix}=\begin{vmatrix} \boldsymbol{\alpha}^2 & \boldsymbol{\alpha\beta}^{\mathrm{T}} & \boldsymbol{\alpha\lambda}^{\mathrm{T}} \\ \boldsymbol{\beta\alpha}^{\mathrm{T}} & \boldsymbol{\beta}^2 & \boldsymbol{\beta\gamma}^{\mathrm{T}} \\ \boldsymbol{\gamma\alpha}^{\mathrm{T}} & \boldsymbol{\gamma\beta}^{\mathrm{T}} & \boldsymbol{\gamma}^2 \end{vmatrix}.$$

五、(1) 由 $a_{ij}=A_{ij}(i,j=1,2,\cdots,n)$,知

$$|\boldsymbol{A}|=\sum_{j=1}^{n}a_{nj}A_{nj}=\sum_{j=1}^{n}a_{nj}^2>0,$$

所以 $\boldsymbol{A}$ 可逆.

(2) 由 $a_{ij}=A_{ij}$ 可得 $\boldsymbol{A}^*=\boldsymbol{A}^{\mathrm{T}}\Rightarrow|\boldsymbol{A}^*|=|\boldsymbol{A}^{\mathrm{T}}|=|\boldsymbol{A}|$.

又 $|\boldsymbol{A}^*|=|\boldsymbol{A}|^{n-1}\Rightarrow|\boldsymbol{A}|^{n-1}=|\boldsymbol{A}|$,则 $|\boldsymbol{A}|=1$ 且 $a_{n1}=a_{n2}=\cdots=a_{n,n-1}=0$.

故 $\boldsymbol{X}=\boldsymbol{A}^{-1}\boldsymbol{b}=\dfrac{1}{|\boldsymbol{A}|}\boldsymbol{A}^*\boldsymbol{b}=\boldsymbol{A}^{\mathrm{T}}\boldsymbol{b}=(a_{n1},\cdots,a_{n,n-1},a_{nn})^{\mathrm{T}}=(0,0,\cdots,0,-1)^{\mathrm{T}}$.

六、由 $\boldsymbol{A}(\boldsymbol{I}-\boldsymbol{C}^{-1}\boldsymbol{B})^{\mathrm{T}}\boldsymbol{C}^{\mathrm{T}}=\boldsymbol{I}$ 且 $\boldsymbol{B},\boldsymbol{C}$ 均可逆可知,

$$\boldsymbol{A}=((\boldsymbol{I}-\boldsymbol{C}^{-1}\boldsymbol{B})^{\mathrm{T}}\boldsymbol{C}^{\mathrm{T}})^{-1}=([\boldsymbol{C}(\boldsymbol{I}-\boldsymbol{C}^{-1}\boldsymbol{B})]^{\mathrm{T}})^{-1}=((\boldsymbol{C}-\boldsymbol{B})^{\mathrm{T}})^{-1}=((\boldsymbol{C}-\boldsymbol{B})^{-1})^{\mathrm{T}},$$

求得 $(\boldsymbol{C}-\boldsymbol{B})^{-1}=\begin{pmatrix} 1 & -2 & 1 & 0 \\ 0 & 1 & -2 & 1 \\ 0 & 0 & 1 & -2 \\ 0 & 0 & 0 & 1 \end{pmatrix}$,则 $\boldsymbol{A}=\begin{pmatrix} 1 & 0 & 0 & 0 \\ -2 & 1 & 0 & 0 \\ 1 & -2 & 1 & 0 \\ 0 & 1 & -2 & 1 \end{pmatrix}$.

七、当 $a\neq 1$ 且 $b\neq -1$，或 $a=1$ 且 $b=-1$ 时，秩 $R(\mathrm{I})=R(\mathrm{II})$，且(Ⅰ)与(Ⅱ)等价.

当 $a=1$，且 $b\neq -1$，或 $a\neq 1, b=-1$ 时，秩 $R(\mathrm{I})=R(\mathrm{II})$，但(Ⅰ)与(Ⅱ)不等价.

八、$$|\boldsymbol{\lambda I-A}|=\begin{vmatrix}\lambda-a & -a & \cdots & -a\\ -a & \lambda-a & \cdots & -a\\ \vdots & \vdots & & \vdots\\ -a & -a & \cdots & \lambda-a\end{vmatrix}=\begin{vmatrix}\lambda-na & \lambda-na & \cdots & \lambda-na\\ -a & \lambda-a & \cdots & -a\\ \vdots & \vdots & & \vdots\\ -a & -a & \cdots & \lambda-a\end{vmatrix}$$

$$=(\lambda-na)\begin{vmatrix}1 & 1 & \cdots & 1\\ -a & \lambda-a & \cdots & -a\\ \vdots & \vdots & & \vdots\\ -a & -a & \cdots & \lambda-a\end{vmatrix}=(\lambda-na)\begin{vmatrix}1 & 1 & \cdots & 1\\ 0 & \lambda & \cdots & 0\\ \vdots & \vdots & & \vdots\\ 0 & 0 & \cdots & \lambda\end{vmatrix}=(\lambda-na)\lambda^{n-1},$$

特征值 $\lambda_1=0(n-1$ 重$)$，　$\lambda_2=na$.

$$\lambda_1\boldsymbol{I}-\boldsymbol{A}=\begin{pmatrix}-a & -a & \cdots & -a\\ -a & -a & \cdots & -a\\ \vdots & \vdots & & \vdots\\ -a & -a & \cdots & -a\end{pmatrix}\to\begin{pmatrix}1 & 1 & \cdots & 1\\ 0 & 0 & \cdots & 0\\ \vdots & \vdots & & \vdots\\ 0 & 0 & \cdots & 0\end{pmatrix},$$

则 $\lambda_1=0$ 对应的 $n-1$ 个线性无关的特征向量为

$$\boldsymbol{\alpha}_1=(1,-1,0,\cdots,0)^{\mathrm{T}},\boldsymbol{\alpha}_2=(1,0,-1,\cdots,0)^{\mathrm{T}},\cdots,\boldsymbol{\alpha}_{n-1}=(1,0,0,\cdots,-1)^{\mathrm{T}}.$$

故属于 $\lambda_1=0$ 的全部特征向量为 $k_1\boldsymbol{\alpha}_1+k_2\boldsymbol{\alpha}_2+\cdots k_{n-1}\boldsymbol{\alpha}_{n-1}$($k_i$ 不全为零).

$\lambda_2=na$ 只对应 1 个线性无关的特征向量 $\boldsymbol{\alpha}_n=(1,1,\cdots,1)^{\mathrm{T}}$，故属于 $\lambda_2=na$ 的全部特征向量为 $k_n\boldsymbol{\alpha}_n(k_n\neq 0)$.

九、设 $\boldsymbol{\beta}=k_1\boldsymbol{\alpha}_1+k_2\boldsymbol{\alpha}_2+\cdots+k_n\boldsymbol{\alpha}_n$.

(1) 若 $(\boldsymbol{\beta},\boldsymbol{\alpha}_i)=0$，则

$$(\boldsymbol{\beta},\boldsymbol{\beta})=(\boldsymbol{\beta},k_1\boldsymbol{\alpha}_1+k_2\boldsymbol{\alpha}_2+\cdots+k_n\boldsymbol{\alpha}_n)=k_1(\boldsymbol{\beta},\boldsymbol{\alpha}_1)+k_2(\boldsymbol{\beta},\boldsymbol{\alpha}_2)+\cdots+k_n(\boldsymbol{\beta},\boldsymbol{\alpha}_n)=0,$$

所以 $\boldsymbol{\beta}=\boldsymbol{0}$.

(2) 若 $(\boldsymbol{\beta},\boldsymbol{\alpha}_i)=(\boldsymbol{\gamma},\boldsymbol{\alpha}_i)$，则 $(\boldsymbol{\beta}-\boldsymbol{\gamma},\boldsymbol{\alpha}_i)=0$，由(1)得 $\boldsymbol{\beta}-\boldsymbol{\gamma}=\boldsymbol{0}$，即 $\boldsymbol{\beta}=\boldsymbol{\gamma}$.

附录二　期末试题与参考答案

试　题　一

一、选择题（每小题3分，共15分）

1. 设矩阵 $\boldsymbol{A}$ 经过一次初等列变换得到矩阵 $\boldsymbol{B}$，则（　　）

（A）$|\boldsymbol{A}|=|\boldsymbol{B}|$　　（B）$|\boldsymbol{A}|=-|\boldsymbol{B}|$

（C）$\boldsymbol{AX}=\boldsymbol{0}$ 与 $\boldsymbol{BX}=\boldsymbol{0}$ 同解　　（D）如果 $|\boldsymbol{A}|=0$，那么 $|\boldsymbol{B}|=0$

2. 设 n 阶实矩阵 $\boldsymbol{A},\boldsymbol{B}$ 相似，如下叙述中错误的是（　　）

（A）$\boldsymbol{A},\boldsymbol{B}$ 有相同的特征值　　（B）$\boldsymbol{A},\boldsymbol{B}$ 有相同的秩

（C）$\boldsymbol{A},\boldsymbol{B}$ 合同　　（D）$\boldsymbol{A},\boldsymbol{B}$ 有相同的行列式

3. 设向量组 $\boldsymbol{\alpha}_1,\boldsymbol{\alpha}_2,\boldsymbol{\alpha}_3$ 线性无关，则下列向量组线性相关的是（　　）

（A）$\boldsymbol{\alpha}_1-\boldsymbol{\alpha}_2,\boldsymbol{\alpha}_2-\boldsymbol{\alpha}_3,\boldsymbol{\alpha}_3-\boldsymbol{\alpha}_1$　　（B）$\boldsymbol{\alpha}_1+\boldsymbol{\alpha}_2,\boldsymbol{\alpha}_2+\boldsymbol{\alpha}_3,\boldsymbol{\alpha}_3+\boldsymbol{\alpha}_1$

（C）$\boldsymbol{\alpha}_1-2\boldsymbol{\alpha}_2,\boldsymbol{\alpha}_2-2\boldsymbol{\alpha}_3,\boldsymbol{\alpha}_3-2\boldsymbol{\alpha}_1$　　（D）$\boldsymbol{\alpha}_1+2\boldsymbol{\alpha}_2,\boldsymbol{\alpha}_2+2\boldsymbol{\alpha}_3,\boldsymbol{\alpha}_3+2\boldsymbol{\alpha}_1$

4. 设矩阵 $\boldsymbol{A}=\begin{pmatrix}1&1\\1&1\end{pmatrix},\boldsymbol{B}=\begin{pmatrix}1&0\\0&0\end{pmatrix}$，则 $\boldsymbol{A}$ 与 $\boldsymbol{B}$（　　）

（A）合同，且相似　　（B）合同，但不相似

（C）不合同，但相似　　（D）既不合同，又不相似

5. 设向量组Ⅰ：$\boldsymbol{\alpha}_1,\boldsymbol{\alpha}_2,\cdots,\boldsymbol{\alpha}_r$ 可由向量组Ⅱ：$\boldsymbol{\beta}_1,\boldsymbol{\beta}_2,\cdots,\boldsymbol{\beta}_s$ 线性表出，下列命题正确的是（　　）.

（A）若向量组Ⅰ线性无关，则 $r\leqslant s$　　（B）若向量组Ⅰ线性相关，则 $r>s$

（C）若向量组Ⅱ线性无关，则 $r\leqslant s$　　（D）若向量组Ⅱ线性相关，则 $r<s$

二、填空题（每小题3分，共15分）

1. 设矩阵 $\boldsymbol{A}=\begin{pmatrix}0&0&0\\1&0&0\\0&1&0\end{pmatrix}$，则 $\boldsymbol{A}^2$ 的秩为________.

2. 设 $\boldsymbol{\alpha}_1=(2,-1,0),\boldsymbol{\alpha}_2=(1,0,2),\boldsymbol{\alpha}_3=(1,1,a)$ 线性相关，则 $a=$________.

3. 设 $\boldsymbol{A},\boldsymbol{B}$ 为3阶矩阵，且 $|\boldsymbol{A}|=2$，$|\boldsymbol{B}|=3$，则 $|4\boldsymbol{A}^{-1}\boldsymbol{B}^*|=$________.

4. 齐次线性方程组 $\begin{cases}\lambda x_1+x_2+x_3=0,\\x_1+\lambda x_2+x_3=0,\\x_1+x_2+x_3=0\end{cases}$ 有非零解，则 λ 应满足的条件是________.

5. 设 $\boldsymbol{A}$ 为 3 阶实对称矩阵，且 $\boldsymbol{A}^2+\boldsymbol{A}=\boldsymbol{O}$，若 $\boldsymbol{A}$ 的秩为 2，则 $\boldsymbol{A}$ 的全部特征值为________.

三、(10 分)．求过点 $A(-1,2,3)$ 与直线 $l:\dfrac{x-1}{2}=\dfrac{y+2}{1}=\dfrac{z-3}{1}$ 相交，并且与平面 $4x+3y+z=1$ 平行的直线方程.

四、(10 分) 设 $\boldsymbol{A}$ 为 n 阶矩阵，若线性方程组 $\boldsymbol{A}^4\boldsymbol{X}=\boldsymbol{0}$ 有解向量 $\boldsymbol{\alpha}$，并且 $\boldsymbol{A}^3\boldsymbol{\alpha}\neq\boldsymbol{0}$. 证明：向量组 $\boldsymbol{\alpha},\boldsymbol{A\alpha},\boldsymbol{A}^2\boldsymbol{\alpha}$ 线性无关.

五、(10 分) 设 $\boldsymbol{A},\boldsymbol{B},\boldsymbol{C}$ 均为 n 阶矩阵，设 $\boldsymbol{B}=\boldsymbol{I}+\boldsymbol{AB},\boldsymbol{C}=\boldsymbol{A}+\boldsymbol{CA}$，证明 $\boldsymbol{B}-\boldsymbol{C}=\boldsymbol{I}$.

六、(10 分) 求线性方程组 $\begin{cases}x_1+x_2+x_3-x_4=2,\\2x_1+x_2-2x_3+3x_4=1,\\5x_1+3x_2-3x_3+5x_4=4\end{cases}$ 的通解

七、(10 分) 设 $\boldsymbol{A}$ 为 3 阶实对称矩阵，$\boldsymbol{A}$ 的秩为 2，且 $\boldsymbol{A}\begin{pmatrix}1&1\\0&0\\-1&1\end{pmatrix}=\begin{pmatrix}-1&1\\0&0\\1&1\end{pmatrix}$，求 $\boldsymbol{A}$ 的特征值与对应的全部特征向量.

八、(12 分) 设二次型 $f(x,y,z)=3y^2-2xy+8xz-2yz$.

(1) 用正交变换将原二次型化为标准形，并写出所用正交变换；

(2) $f(x,y,z)=1$ 表示何种类型的二次曲面?

九、(8 分) 设有二元实二次型 $f(x_1,x_2)=(x_1+ax_2)^2+(x_2+ax_1)^2$，其中 a 为实数. 试问：当 a 满足何种条件时，二次型 $f(x_1,x_2)$ 正定.

试题一参考答案

一、1. D； 2. C； 3. A； 4. B； 5. A .

二、1. 1； 2. 6； 3. 288； 4. $\lambda=1$； 5. $0,-1,-1$.

三、设待求直线与 l 的交点坐标为 $P(1+2t,-2+t,3+t)$，则

$$\overrightarrow{AP}=(2+2t,-4+t,t).$$

已知平面的法向量为 $\boldsymbol{n}=(4,3,1)$，由

$$\boldsymbol{n}\cdot\overrightarrow{AP}=12t-4=0\Rightarrow t=\frac{1}{3},$$

得待求直线的方向向量为 $\overrightarrow{AP}=\left(\dfrac{8}{3},-\dfrac{11}{3},\dfrac{1}{3}\right)$，因此待求直线方程为 $\dfrac{x+1}{8}=\dfrac{y-2}{-11}=\dfrac{z-3}{1}$.

四、**解法 1** 设

$$k_1\boldsymbol{\alpha}+k_2\boldsymbol{A\alpha}+k_3\boldsymbol{A}^2\boldsymbol{\alpha}=\boldsymbol{0}, \tag{1}$$

在等式(1)两端同时左乘 $\boldsymbol{A}^3$，由条件 $\boldsymbol{A}^4\boldsymbol{\alpha}=\boldsymbol{0}$ 得到

$$k_1\boldsymbol{A}^3\boldsymbol{\alpha}=\boldsymbol{0},$$

因为 $\boldsymbol{A}^3\boldsymbol{\alpha}\neq\boldsymbol{0}$，所以 $k_1=0$，代入(1)得

$$k_2A\alpha+k_3A^2\alpha=0, \tag{2}$$

在等式两端(2)两端左乘 A^2，类似可得 $k_2=0$.

同理可得 $k_3=0$. 所以 $k_1=k_2=k_3=0$，因此 $\alpha,A\alpha,A^2\alpha$ 线性无关.

解法 2(反证法)　设 $\alpha,A\alpha,A^2\alpha$ 线性相关，于是存在不全为 0 的数 k_1,k_2,k_3，使得

$$k_1\alpha+k_2A\alpha+k_3A^2\alpha=0. \tag{3}$$

设 k_i 是 k_1,k_2,k_3 中第一个不为 0 者，在等式(3)两端同时左乘 A^{4-i} 得到

$$k_iA^3\alpha=0(i=1,2,3),$$

由 $A^3\alpha\neq 0$ 得到 $k_i=0$，与假设矛盾. 因此 $\alpha,A\alpha,A^2\alpha$ 线性无关.

五、

$$B=I+AB\Rightarrow(I-A)B=I\Rightarrow B=(I-A)^{-1},$$

$$C=A+CA\Rightarrow(I-A)C=A\Rightarrow C=(I-A)^{-1}A,$$

$$B-C=(I-A)^{-1}-(I-A)^{-1}A=(I-A)^{-1}(I-A)=I.$$

六、对方程组的增广矩阵作行初等变换，得

$$\bar{A}=\left(\begin{array}{cccc:c}1&1&1&-1&2\\2&1&-2&3&1\\5&3&-3&5&4\end{array}\right)\rightarrow\left(\begin{array}{cccc:c}1&1&1&-1&2\\0&-1&-4&5&-3\\0&-2&-8&10&-6\end{array}\right)\rightarrow\left(\begin{array}{cccc:c}1&1&1&-1&2\\0&1&4&-5&3\\0&0&0&0&0\end{array}\right)\rightarrow$$

$$\left(\begin{array}{cccc:c}1&0&-3&4&-1\\0&1&4&-5&3\\0&0&0&0&0\end{array}\right),$$

则原方程组的同解方程组为

$$\begin{cases}x_1=3x_3-4x_4-1,\\x_2=-4x_3+5x_4+3.\end{cases}$$

方程组的一个特解为 $\eta=(-1,3,0,0)^{\mathrm{T}}$，对应导出组的基础解系为

$$\xi_1=(3,-4,1,0)^{\mathrm{T}},\ \xi_2=(-4,5,0,1)^{\mathrm{T}},$$

原方程组的通解为

$$\eta+k_1\xi_1+k_2\xi_2(\text{其中 } k_1,k_2 \text{ 为任意常数}).$$

七、由 3 阶实对称矩阵 A 的秩为 2 可知，0 是 A 的 1 重特征值. 由 $A\begin{pmatrix}1&1\\0&0\\-1&1\end{pmatrix}=\begin{pmatrix}-1&1\\0&0\\1&1\end{pmatrix}$ 知 $\alpha=(1,0,-1)^{\mathrm{T}}$ 是 A 的特征值 -1 的特征向量，$\beta=(1,0,1)^{\mathrm{T}}$ 是 A 的特征值 1 的特征向量.

设 $\gamma=(x,y,z)^{\mathrm{T}}$ 是 A 的特征值 0 的一个特征向量，根据实对称矩阵不同特征值的特征向量彼此正交知

$$\begin{cases}(\alpha,\gamma)=x-z=0,\\(\beta,\gamma)=x+z=0,\end{cases}$$

求得 $\gamma=(0,1,0)$ 是 A 的特征值 0 的一个特征向量.

因此，属于 A 的特征值 0 的全部特征向量为 $k_i\gamma$，特征值 1 的全部特征向量为 $k_2\beta$，特征值 -1 的全部特征向量为 $k_3\alpha$，其中 k_1,k_2,k_3 为任意非零常数.

八、(1) 该二次型对应的矩阵为 $A=\begin{pmatrix}0&-1&4\\-1&3&-1\\4&-1&0\end{pmatrix}$，$A$ 的特征多项式为

$$|\lambda\boldsymbol{I}-\boldsymbol{A}|=\begin{vmatrix}\lambda & 1 & -4\\ 1 & \lambda-3 & 1\\ -4 & 1 & \lambda\end{vmatrix}=(\lambda+4)\begin{vmatrix}1 & 1 & -4\\ 0 & \lambda-3 & 1\\ -1 & 1 & \lambda\end{vmatrix}$$

$$=(\lambda+4)\begin{vmatrix}1 & 1 & -4\\ 0 & \lambda-3 & 1\\ 0 & 2 & \lambda-4\end{vmatrix}=(\lambda+4)(\lambda-2)(\lambda-5),$$

得到 $\boldsymbol{A}$ 的 3 个特征值为 $-4,2,5$.

特征值 -4 的一个特征向量为 $\boldsymbol{\alpha}_1=(-1,0,1)^{\mathrm{T}}$，特征值 2 的一个特征向量为 $\boldsymbol{\alpha}_2=(1,2,1)^{\mathrm{T}}$，特征值 5 的一个特征向量为 $\boldsymbol{\alpha}_3=(1,0,1)^{\mathrm{T}}$.

将这些向量单位化后，得

$$\boldsymbol{\gamma}_1=\left(-\frac{\sqrt{2}}{2},0,\frac{\sqrt{2}}{2}\right)^{\mathrm{T}},\quad \boldsymbol{\gamma}_2=\left(\frac{\sqrt{6}}{6},\frac{\sqrt{6}}{3},\frac{\sqrt{6}}{6}\right)^{\mathrm{T}},\quad \boldsymbol{\gamma}_3=\left(\frac{\sqrt{2}}{2},0,\frac{\sqrt{2}}{2}\right)^{\mathrm{T}},$$

作正交变换 $\begin{pmatrix}x\\ y\\ z\end{pmatrix}=\begin{pmatrix}-\frac{\sqrt{2}}{2} & \frac{\sqrt{6}}{6} & \frac{\sqrt{2}}{2}\\ 0 & \frac{\sqrt{6}}{3} & 0\\ \frac{\sqrt{2}}{2} & \frac{\sqrt{6}}{6} & \frac{\sqrt{2}}{2}\end{pmatrix}\begin{pmatrix}x'\\ y'\\ z'\end{pmatrix}$，原二次型将化为标准形 $-4x'^2+2y'^2+5z'^2$.

(2) 由(1)知 $f(x,y,z)=1$ 是单叶双曲面.

九、**解法 1**　原二次型正定 $\Leftrightarrow\begin{cases}x_1+ax_2=0,\\ ax_1+x_2=0\end{cases}$ 只有零解 $\Leftrightarrow\begin{vmatrix}1 & a\\ a & 1\end{vmatrix}\neq 0$，即 $a\neq\pm 1$.

解法 2　原二次型可化为

$$f(x_1,x_2)=(x_1+ax_2)^2+(x_2+ax_1)^2=(1+a^2)x_1^2+(1+a^2)x_2^2+4ax_1x_2,$$

二次型的矩阵为 $\begin{pmatrix}1+a^2 & 2a\\ 2a & 1+a^2\end{pmatrix}$，二次型正定当且仅当如上矩阵的所有顺序主子式均为正，

即 $\begin{cases}1+a^2>0,\\ (1+a^2)^2-4a^2>0,\end{cases}$ 解得 $a\neq\pm 1$.

试　题　二

一、选择题（每小题 3 分，共 15 分）

1. 设 $\boldsymbol{A},\boldsymbol{B}$ 为两个 n 阶正定矩阵，则(　　).

(A) $\boldsymbol{A}^*+\boldsymbol{B}^{\mathrm{T}}$ 一定是正定矩阵　　(B) $\boldsymbol{A}^2+\boldsymbol{B}^{-1}$ 不是正定矩阵

(C) $\boldsymbol{A}-\boldsymbol{B}^{-1}$ 一定是正定矩阵　　(D) $\boldsymbol{A}\boldsymbol{B}^{-1}$ 一定是正定矩阵

2. 设 n 阶实矩阵 $\boldsymbol{A}$ 与 $\boldsymbol{B}$ 相似，$f(x)$ 为实系数多项式，则必有(　　).

(A) $|f(\boldsymbol{A})|=f(|\boldsymbol{A}|)$，$|f(\boldsymbol{B})|=f(|\boldsymbol{B}|)$

(B) $|f(\boldsymbol{B})|=|f(\boldsymbol{A})|$

(C) $|f(\boldsymbol{A})|\neq|f(\boldsymbol{B})|$

(D) $f(\boldsymbol{A})$与$f(\boldsymbol{B})$不一定相似

3. 设$\boldsymbol{A}$, $\boldsymbol{B}$是n阶矩阵，则(　　).

(A) $R(\boldsymbol{A}-\boldsymbol{B})\geqslant R(\boldsymbol{A})-R(\boldsymbol{B})$,　$R(\boldsymbol{AB})\leqslant R(\boldsymbol{A})-R(\boldsymbol{B})$

(B) $R(\boldsymbol{A}-\boldsymbol{B})\leqslant R(\boldsymbol{A})-R(\boldsymbol{B})$,　$R(\boldsymbol{AB})\leqslant R(\boldsymbol{A})R(\boldsymbol{B})$

(C) $R(\boldsymbol{A}-\boldsymbol{B})\geqslant R(\boldsymbol{A})+R(\boldsymbol{B})$,　$R(\boldsymbol{AB})\leqslant R(\boldsymbol{A})$

(D) $R(\boldsymbol{A}-\boldsymbol{B})\leqslant R(\boldsymbol{A})+R(\boldsymbol{B})$,　$R(\boldsymbol{AB})\leqslant \min(R(\boldsymbol{A}),R(\boldsymbol{B}))$

4. 设n阶矩阵$\boldsymbol{A}$的列向量组Ⅰ:$\boldsymbol{\alpha}_1,\boldsymbol{\alpha}_2,\cdots,\boldsymbol{\alpha}_n$, n阶矩阵$\boldsymbol{B}$的列向量组Ⅱ:$\boldsymbol{\beta}_1$, $\boldsymbol{\beta}_2,\cdots,\boldsymbol{\beta}_n$,若Ⅰ由Ⅱ线性表出,则(　　).

(A) 当$R(\boldsymbol{A})=R(\boldsymbol{B})$时,向量组Ⅰ与Ⅱ不一定等价

(B) 当$R(\boldsymbol{A})<R(\boldsymbol{B})$时,向量组Ⅱ必线性相关

(C) 当$R(\boldsymbol{A})<R(\boldsymbol{B})$时,向量组Ⅰ必线性相关

(D) 当$R(\boldsymbol{A})=R(\boldsymbol{B})$时,向量组Ⅰ必线性相关

5. 实二次型$f(x_1,x_2,\cdots,x_n)=\boldsymbol{X}^{\mathrm{T}}\boldsymbol{AX}$为正定的充分必要条件是(　　).

(A) $|\boldsymbol{A}|>0$

(B) 存在n阶可逆矩阵$\boldsymbol{C}$,使$\boldsymbol{A}=\boldsymbol{C}^{\mathrm{T}}\boldsymbol{C}$

(C) 负惯性指数为零

(D) 对某一$\boldsymbol{X}=(x_1,x_2,\cdots,x_n)^{\mathrm{T}}\neq\boldsymbol{0}$有$\boldsymbol{X}^{\mathrm{T}}\boldsymbol{AX}>0$

二、填空题(每空3分,共24分)

1. $f(x)=\begin{vmatrix}1 & 2 & 3\\ 1 & x-2 & 3\\ 1 & 2 & x-3\end{vmatrix}=0$的所有根为________.

2. 设n阶正交矩阵$\boldsymbol{A}$,则$\begin{pmatrix} & -\boldsymbol{A}\\ \boldsymbol{A}^{\mathrm{T}} & \end{pmatrix}\begin{pmatrix} & -\boldsymbol{A}\\ \boldsymbol{A}^{\mathrm{T}} & \end{pmatrix}^{\mathrm{T}}=$________.

3. 已知3阶矩阵$\boldsymbol{A}$的特征值为$-1,3,2$,则$\boldsymbol{A}^3+2\boldsymbol{A}^*$的迹为________.

4. 设$P_i(x_i,y_i,z_i)(i=1,2,3,4)$是空间的4个点,则$P_1,P_2,P_3,P_4$共面的充要条件是$\begin{vmatrix}x_2-x_1 & y_2-y_1 & z_2-z_1\\ x_3-x_1 & y_3-y_1 & z_3-z_1\\ x_4-x_1 & y_4-y_1 & z_4-z_1\end{vmatrix}=$________.

5. 空间曲线$\begin{cases}2x^2+y^2+z^2=3,\\ x^2-y^2+z^2=0\end{cases}$在$zOx$平面的投影曲线方程为________.

6. 二次曲面$3x^2+2y^2+z^2-5xy-4yz=1$的形状为________曲面,空间直线$x-1=y=z-2$与该二次曲面相交两点的距离为________.

三、(10分)(1) 首先考虑$n=2$的情形,设$\boldsymbol{A}=\begin{pmatrix}a_1 & a_2\\ b_1 & b_2\end{pmatrix}$,试计算行列式$|\boldsymbol{AA}^{\mathrm{T}}|$,

并在此基础证明 $n=2$ 情形的柯西不等式： $(a_1^2+a_2^2)(b_1^2+b_2^2)\geqslant(a_1b_1+a_2b_2)^2$；

（2）初等数论中有如下结论：若正整数 n_1 和 n_2 都能表示成两整数的平方和，则 n_1n_2 也能表示成两整数的平方和. 为此设 $n_1=k_1^2+k_2^2=\begin{vmatrix} k_1 & -k_2 \\ k_2 & k_1 \end{vmatrix}$，$n_2=m_1^2+m_2^2=\begin{vmatrix} m_1 & -m_2 \\ m_2 & m_1 \end{vmatrix}$，试运用行列式证明该结论.

四、（10 分）设三阶实对称矩阵 $\boldsymbol{A}$ 的特征值为 1，2，3， $\boldsymbol{A}$ 对应于特征值 1，2 的特征向量分别为 $\boldsymbol{\alpha}_1=(-1,\ -1,\ 1)^{\mathrm{T}}$，$\boldsymbol{\alpha}_2=(1,\ -2,\ -1)^{\mathrm{T}}$.

（1）求 $\boldsymbol{A}$ 对应于特征值 3 的特征向量；

（2）求矩阵 $\boldsymbol{A}$.

五、（ 10 分）设 $\boldsymbol{A}$ 是 n 阶矩阵.

（1）若存在正整数 k，使线性方程组 $\boldsymbol{A}^k\boldsymbol{X}=\boldsymbol{0}$ 有非零解向量 $\boldsymbol{\alpha}$，且 $\boldsymbol{A}^{k-1}\boldsymbol{\alpha}\neq\boldsymbol{0}$，证明：$\boldsymbol{\alpha},\boldsymbol{A\alpha},\cdots,\boldsymbol{A}^{k-1}\boldsymbol{\alpha}$ 线性无关；

（2）试确定线性方程组 $\boldsymbol{A}^k\boldsymbol{X}=\boldsymbol{0}$ 的解空间与 $\boldsymbol{A}^{n+1}\boldsymbol{X}=\boldsymbol{0}$ 的解空间的包含关系；

（3）证明 $R(\boldsymbol{A}^n)=R(\boldsymbol{A}^{n+1})$.

六、（10 分）已知 4 阶方阵 $\boldsymbol{A}=(\boldsymbol{\alpha}_1,\boldsymbol{\alpha}_2,\boldsymbol{\alpha}_3,\boldsymbol{\alpha}_4)$，$\boldsymbol{\alpha}_1,\boldsymbol{\alpha}_2,\boldsymbol{\alpha}_3,\boldsymbol{\alpha}_4$ 为 $\boldsymbol{A}$ 的列向量组，其中 $\boldsymbol{\alpha}_2,\boldsymbol{\alpha}_3,\boldsymbol{\alpha}_4$ 线性无关，$\boldsymbol{\alpha}_1=2\boldsymbol{\alpha}_2-\boldsymbol{\alpha}_3$，如果 $\boldsymbol{\beta}=\boldsymbol{\alpha}_1+\boldsymbol{\alpha}_2+\boldsymbol{\alpha}_3+\boldsymbol{\alpha}_4$，求线性方程组 $\boldsymbol{AX}=\boldsymbol{\beta}$ 的通解.

七、（10 分）设 $\boldsymbol{A}$ 为 n 阶正定矩阵，试证：存在正定矩阵 $\boldsymbol{B}$，使 $\boldsymbol{A}=\boldsymbol{B}^2$.

八、（11 分）设二次型 $f=5x_1^2+5x_2^2+kx_3^2-2x_1x_2+6x_1x_3-6x_2x_3$ 的秩为 2，

（1）求 k 及正交替换 $\boldsymbol{X}=\boldsymbol{PY}$，将 f 化为标准形；

（2）问 $f(x_1,x_2,x_3)=1$ 是什么曲面；

（3）求 f 在条件 $x_1^2+x_2^2+x_3^2=1$ 下的最大值和最小值.

试题二参考答案

一、1. A；　2. B；　3. D；　4. C；　5. B.

二、1. 4,6；　2. $\boldsymbol{I}_{2n}$（或 $\boldsymbol{I}$）；　3. 36；　4. 0；

5. $\begin{cases} 3x^2+2z^2=3, \\ y=0; \end{cases}$　6. 单叶双曲面，$3\sqrt{3}$.

三、（1） $|\boldsymbol{AA}^{\mathrm{T}}|=\begin{vmatrix} a_1^2+a_2^2 & a_1b_1+a_2b_2 \\ a_1b_1+a_2b_2 & b_1^2+b_2^2 \end{vmatrix}=(a_1^2+a_2^2)(b_1^2+b_2^2)-(a_1b_1+a_2b_2)^2$；

又因为 $|\boldsymbol{AA}^{\mathrm{T}}|=|\boldsymbol{A}|\,|\boldsymbol{A}^{\mathrm{T}}|=|\boldsymbol{A}|^2\geqslant0$，所以有 $(a_1^2+a_2^2)(b_1^2+b_2^2)\geqslant(a_1b_1+a_2b_2)^2$.

（2）因为 $n_1=k_1^2+k_2^2=\begin{vmatrix} k_1 & -k_2 \\ k_2 & k_1 \end{vmatrix}$，$n_2=m_1^2+m_2^2=\begin{vmatrix} m_1 & -m_2 \\ m_2 & m_1 \end{vmatrix}$，则

$$n_1n_2=\begin{vmatrix}k_1 & -k_2\\ k_2 & k_1\end{vmatrix}\begin{vmatrix}m_1 & -m_2\\ m_2 & m_1\end{vmatrix}=\begin{vmatrix}k_1m_1-k_2m_2 & -k_1m_2-k_2m_1\\ k_1m_2+k_2m_1 & k_1m_1-k_2m_2\end{vmatrix}$$

$$=(k_1m_1-k_2m_2)^2+(k_1m_2+k_2m_1)^2,$$

四、(1) 设 $\boldsymbol{A}$ 对应于 3 的特征向量为 $\boldsymbol{\alpha}_3=(x_1, x_2, x_3)^{\mathrm{T}}$.因为矩阵 $\boldsymbol{A}$ 是实对称矩阵，故不同特征值所对应的特征向量 $\boldsymbol{\alpha}_1$，$\boldsymbol{\alpha}_2$，$\boldsymbol{\alpha}_3$ 两两正交，于是有

$$\begin{cases}(\boldsymbol{\alpha}_1,\boldsymbol{\alpha}_3)=-x_1-x_2+x_3=0,\\ (\boldsymbol{\alpha}_2,\boldsymbol{\alpha}_3)=x_1-2x_2-x_3=0,\end{cases}$$

其基础解系为 $\boldsymbol{\alpha}=(1, 0, 1)^{\mathrm{T}}$，故 $\boldsymbol{A}$ 对应于特征值 3 的一个特征向量为 $\boldsymbol{\alpha}_3=\boldsymbol{\alpha}=(1, 0, 1)^{\mathrm{T}}$.

(2) 记 $\boldsymbol{P}=(\boldsymbol{\alpha}_1, \boldsymbol{\alpha}_2, \boldsymbol{\alpha}_3)=\begin{pmatrix}-1 & 1 & 1\\ -1 & -2 & 0\\ 1 & -1 & 1\end{pmatrix}$，则 $\boldsymbol{P}^{-1}\boldsymbol{A}\boldsymbol{P}=\begin{pmatrix}1 & 0 & 0\\ 0 & 2 & 0\\ 0 & 0 & 3\end{pmatrix}$，于是

$$\boldsymbol{A}=\boldsymbol{P}\begin{pmatrix}1 & 0 & 0\\ 0 & 2 & 0\\ 0 & 0 & 3\end{pmatrix}\boldsymbol{P}^{-1}=\frac{1}{6}\begin{pmatrix}13 & -2 & 5\\ -2 & 10 & 2\\ 5 & 2 & 13\end{pmatrix}.$$

五、(1)设存在数 $c_0,c_1,\cdots,c_{k-1}$ 使

$$c_0\boldsymbol{\alpha}+c_1\boldsymbol{A}\boldsymbol{\alpha}+\cdots+c_{k-1}\boldsymbol{A}^{k-1}\boldsymbol{\alpha}=\boldsymbol{0},$$

因为 $\boldsymbol{\alpha}$ 是线性方程组 $\boldsymbol{A}^k\boldsymbol{X}=\boldsymbol{0}$ 有非零解,用 $\boldsymbol{A}^{k-1}$ 左乘以上等式两边得

$$c_0\boldsymbol{A}^{k-1}\boldsymbol{\alpha}=\boldsymbol{0},$$

因为 $\boldsymbol{A}^{k-1}\boldsymbol{\alpha}\neq\boldsymbol{0}$,故 $c_0=0$.因此有

$$c_1\boldsymbol{A}\boldsymbol{\alpha}+\cdots+c_{k-1}\boldsymbol{A}^{k-1}\boldsymbol{\alpha}=\boldsymbol{0},$$

继续用 $\boldsymbol{A}^{k-1}$ 左乘该等式两边得 $c_1=0$.同理可得,$c_2=c_3=\cdots=c_{k-1}=0$,所以 $\boldsymbol{\alpha},\boldsymbol{A}\boldsymbol{\alpha},\cdots,\boldsymbol{A}^{k-1}\boldsymbol{\alpha}$ 线性无关.

(2) 因为若 $\boldsymbol{A}^n\boldsymbol{\alpha}=\boldsymbol{0}$,则 $\boldsymbol{A}^{n+1}\boldsymbol{\alpha}=\boldsymbol{0}$,所以 $\boldsymbol{A}^n\boldsymbol{X}=\boldsymbol{0}$ 的解空间包含于 $\boldsymbol{A}^{n+1}\boldsymbol{X}=\boldsymbol{0}$ 的解空间.

(3) 由(2)知 $\boldsymbol{A}^n\boldsymbol{X}=\boldsymbol{0}$ 的解空间包含于 $\boldsymbol{A}^{n+1}\boldsymbol{X}=\boldsymbol{0}$ 的解空间. 下证 $\boldsymbol{A}^{n+1}\boldsymbol{X}=\boldsymbol{0}$ 的解空间包含于 $\boldsymbol{A}^n\boldsymbol{X}=\boldsymbol{0}$ 的解空间.

(用反证法)若存在向量 $\boldsymbol{\beta}$ 有 $\boldsymbol{A}^{n+1}\boldsymbol{\beta}=\boldsymbol{0}$,但 $\boldsymbol{A}^n\boldsymbol{\beta}\neq\boldsymbol{0}$,由(1)知,$\boldsymbol{\beta},\boldsymbol{A}\boldsymbol{\beta},\cdots,\boldsymbol{A}^n\boldsymbol{\beta}$ 线性无关. 由于这是 $n+1$ 个 n 维向量,它们一定线性相关,故矛盾. 所以 $\boldsymbol{A}^n\boldsymbol{X}=\boldsymbol{0}$ 的解空间完全与 $\boldsymbol{A}^{n+1}\boldsymbol{X}=\boldsymbol{0}$ 的解空间相同,从而 $R(\boldsymbol{A}^n)=R(\boldsymbol{A}^{n+1})$.

六、**解法 1**　令 $\boldsymbol{X}=\begin{pmatrix}x_1\\ x_2\\ x_3\\ x_4\end{pmatrix}$,则由 $\boldsymbol{A}\boldsymbol{X}=(\boldsymbol{\alpha}_1,\boldsymbol{\alpha}_2,\boldsymbol{\alpha}_3,\boldsymbol{\alpha}_4)\begin{pmatrix}x_1\\ x_2\\ x_3\\ x_4\end{pmatrix}=\boldsymbol{\beta}$,得

$$x_1\boldsymbol{\alpha}_1+x_2\boldsymbol{\alpha}_2+x_3\boldsymbol{\alpha}_3+x_4\boldsymbol{\alpha}_4=\boldsymbol{\alpha}_1+\boldsymbol{\alpha}_2+\boldsymbol{\alpha}_3+\boldsymbol{\alpha}_4.$$

将 $\boldsymbol{\alpha}_1=2\boldsymbol{\alpha}_2-\boldsymbol{\alpha}_3$ 代入上式得

$$(2x_1+x_2-3)\boldsymbol{\alpha}_2+(-x_1+x_3)\boldsymbol{\alpha}_3+(x_4-1)\boldsymbol{\alpha}_4=\boldsymbol{0}.$$

由 $\boldsymbol{\alpha}_2,\boldsymbol{\alpha}_3,\boldsymbol{\alpha}_4$ 线性无关,知

$$\begin{cases}2x_1+x_2-3=0,\\-x_1+x_3=0,\\x_4-1=0.\end{cases}$$

解此方程组得

$$X=\begin{pmatrix}0\\3\\0\\1\end{pmatrix}+k\begin{pmatrix}1\\-2\\1\\0\end{pmatrix}\ (k\text{ 为任意常数}).$$

解法 2 由 $\boldsymbol{\alpha}_2,\boldsymbol{\alpha}_3,\boldsymbol{\alpha}_4$ 线性无关，$\boldsymbol{\alpha}_1=2\boldsymbol{\alpha}_2-\boldsymbol{\alpha}_3$ 可知 $\boldsymbol{A}$ 的秩为 3，因此，$\boldsymbol{AX}=\boldsymbol{0}$ 的基础解系中只包含一个向量.

$$\boldsymbol{\alpha}_1-2\boldsymbol{\alpha}_2+\boldsymbol{\alpha}_3+0\cdot\boldsymbol{\alpha}_4=\boldsymbol{0},$$

则

$$(\boldsymbol{\alpha}_1,\boldsymbol{\alpha}_2,\boldsymbol{\alpha}_3,\boldsymbol{\alpha}_4)\begin{pmatrix}1\\-2\\1\\0\end{pmatrix}=\boldsymbol{A}\begin{pmatrix}1\\-2\\1\\0\end{pmatrix}=\boldsymbol{0},$$

所以 $\begin{pmatrix}1\\-2\\1\\0\end{pmatrix}$ 为 $\boldsymbol{AX}=\boldsymbol{0}$ 的一个基础解系.

由

$$\boldsymbol{\beta}=\boldsymbol{\alpha}_1+\boldsymbol{\alpha}_2+\boldsymbol{\alpha}_3+\boldsymbol{\alpha}_4=(\boldsymbol{\alpha}_1,\boldsymbol{\alpha}_2,\boldsymbol{\alpha}_3,\boldsymbol{\alpha}_4)\begin{pmatrix}1\\1\\1\\1\end{pmatrix}=\boldsymbol{A}\begin{pmatrix}1\\1\\1\\1\end{pmatrix},$$

则 $(1,1,1,1)^{\mathrm{T}}$ 为 $\boldsymbol{AX}=\boldsymbol{\beta}$ 的一个特解.

$\boldsymbol{AX}=\boldsymbol{\beta}$ 的通解为

$$X=\begin{pmatrix}1\\1\\1\\1\end{pmatrix}+k\begin{pmatrix}1\\-2\\1\\0\end{pmatrix}\ (k\text{ 为任意常数}).$$

七、因为 $\boldsymbol{A}$ 是正定矩阵，所以是实对称矩阵，于是存在正交矩阵 $\boldsymbol{P}$，使

$$\boldsymbol{P}^{-1}\boldsymbol{AP}=\boldsymbol{P}^{\mathrm{T}}\boldsymbol{AP}=\boldsymbol{D}=\begin{pmatrix}\lambda_1&&&\\&\lambda_2&&\\&&\ddots&\\&&&\lambda_n\end{pmatrix},$$

其中 $\lambda_1,\lambda_2,\cdots,\lambda_n$ 为 $\boldsymbol{A}$ 的 n 个特征值，它们全大于零. 令 $\boldsymbol{\delta}_i=\sqrt{\lambda_i}\ (i=1,2,\cdots,n)$，则

$$D=\begin{pmatrix}\lambda_1 & & & \\ & \lambda_2 & & \\ & & \ddots & \\ & & & \lambda_n\end{pmatrix}=\begin{pmatrix}\delta_1^2 & & & \\ & \delta_2^2 & & \\ & & \ddots & \\ & & & \delta_n^2\end{pmatrix}$$

$$=\begin{pmatrix}\delta_1 & & & \\ & \delta_2 & & \\ & & \ddots & \\ & & & \delta_n\end{pmatrix}\begin{pmatrix}\delta_1 & & & \\ & \delta_2 & & \\ & & \ddots & \\ & & & \delta_n\end{pmatrix}.$$

而 $A=PDP^{\mathrm{T}}=P\begin{pmatrix}\delta_1 & & & \\ & \delta_2 & & \\ & & \ddots & \\ & & & \delta_n\end{pmatrix}P^{\mathrm{T}}P\begin{pmatrix}\delta_1 & & & \\ & \delta_2 & & \\ & & \ddots & \\ & & & \delta_n\end{pmatrix}P^{\mathrm{T}}$,令 $B=P\begin{pmatrix}\delta_1 & & & \\ & \delta_2 & & \\ & & \ddots & \\ & & & \delta_n\end{pmatrix}P^{\mathrm{T}}$,

显然 B 为正定矩阵,故 $A=B^2$.

八、(1) 二次型的矩阵为

$$A=\begin{pmatrix}5 & -1 & 3\\ -1 & 5 & -3\\ 3 & -3 & k\end{pmatrix},$$

由 f 的秩是 2,知矩阵 A 的秩是 2,从而 $|A|=0$.求得 $k=3$,则 $A=\begin{pmatrix}5 & -1 & 3\\ -1 & 5 & -3\\ 3 & -3 & 3\end{pmatrix}$由于 $|\lambda I-A|=$

$\begin{vmatrix}\lambda-5 & 1 & -3\\ 1 & \lambda-5 & 3\\ -3 & 3 & \lambda-3\end{vmatrix}=\lambda(\lambda-4)(\lambda-9)$,$A$ 的特征值为 0,4,9.

当 $\lambda=0$ 时,解 $(0I-A)X=0$ 得特征向量 $\xi_1=(-1,1,2)^{\mathrm{T}}$,单位化得 $p_1=\left(-\frac{\sqrt{6}}{6},\frac{\sqrt{6}}{6},\frac{\sqrt{6}}{3}\right)^{\mathrm{T}}$;

当 $\lambda=4$ 时,解 $(4I-A)X=0$ 得特征向量 $\xi_2=(1,1,0)^{\mathrm{T}}$,单位化得 $p_2=\left(\frac{\sqrt{2}}{2},\frac{\sqrt{2}}{2},0\right)^{\mathrm{T}}$;

当 $\lambda=9$ 时,解 $(9I-A)X=0$ 得特征向量 $\xi_3=(1,-1,1)^{\mathrm{T}}$,单位化得 $p_3=\left(\frac{\sqrt{3}}{3},-\frac{\sqrt{3}}{3},\frac{\sqrt{3}}{3}\right)^{\mathrm{T}}$;

令 $P=(p_1,p_2,p_3)=\begin{pmatrix}-\frac{\sqrt{6}}{6} & \frac{\sqrt{2}}{2} & \frac{\sqrt{3}}{3}\\ \frac{\sqrt{6}}{6} & \frac{\sqrt{2}}{2} & -\frac{\sqrt{3}}{3}\\ \frac{\sqrt{6}}{3} & 0 & \frac{\sqrt{3}}{3}\end{pmatrix}$,则在正交变换 $X=PY$ 下 f 化为 $f=4y_2^2+9y_3^2$.

(2) 在正交替换 $X=PY$ 下 $f(x_1,x_2,x_3)=1$ 化为 $4y_2^2+9y_3^2=1$,它是椭圆柱面.

(3) 由于

$$f(x_1,x_2,x_3)=0y_1^2+4y_2^2+9y_3^2\leqslant 9(y_1^2+y_2^2+y_3^2)=9,$$
$$f(x_1,x_2,x_3)=0y_1^2+4y_2^2+9y_3^2\geqslant 0(y_1^2+y_2^2+y_3^2)=0.$$

当 $x_1^2+x_2^2+x_3^2=1$ 时，有 $y_1^2+y_2^2+y_3^2=1$，所以 f 的最大值为 9，最小值为 0.

试 题 三

一、选择题(每小题 4 分，共 20 分)

1. 设三角形的顶点为原点 O 及 $A(1,2,-1)$，$B(1,1,0)$，则该三角形所在平面的法向量为(　　).

(A) $(1,-1,-1)$　(B) $(1,1,-1)$　(C) $(-1,1,-1)$　(D) $(-1,1,1)$

2. 若已知行列式 $\begin{vmatrix}1&3&a\\5&-1&1\\3&2&1\end{vmatrix}$ 的代数余子式 $A_{21}=1$，则 a 为(　　).

(A) 1　(B) 2　(C) 0　(D) 3

3. 设 $\boldsymbol{\alpha}_1=(a_1,a_2,a_3)$，$\boldsymbol{\alpha}_2=(b_1,b_2,b_3)$，$\boldsymbol{\alpha}_3=(c_1,c_2,c_3)$ 为非零向量，则三直线 $a_ix+b_iy+c_i=0(i=1,2,3)$ 相交于一点的充要条件是(　　).

(A) $\boldsymbol{\alpha}_1,\boldsymbol{\alpha}_2,\boldsymbol{\alpha}_3$ 线性无关

(B) $\boldsymbol{\alpha}_1,\boldsymbol{\alpha}_2,\boldsymbol{\alpha}_3$ 线性相关

(C) $\boldsymbol{\alpha}_1,\boldsymbol{\alpha}_2,\boldsymbol{\alpha}_3$ 线性相关，而 $\boldsymbol{\alpha}_1,\boldsymbol{\alpha}_2$ 线性无关

(D) $\boldsymbol{\alpha}_1,\boldsymbol{\alpha}_2$ 线性相关

4. 设 λ_1,λ_2 是矩阵 $\boldsymbol{A}$ 的两个不同的特征值，对应的特征向量分别为 $\boldsymbol{\alpha}_1,\boldsymbol{\alpha}_2$，则 $\boldsymbol{\alpha}_1,\boldsymbol{A}(\boldsymbol{\alpha}_1+\boldsymbol{\alpha}_2)$ 线性无关的充要条件是 (　　).

(A) $\lambda_1\neq 0$　(B) $\lambda_1=0$　(C) $\lambda_2=0$　(D) $\lambda_2\neq 0$

5. 下列矩阵正定的是(　　).

(A) $\begin{pmatrix}1&1&3\\1&0&1\\3&1&2\end{pmatrix}$　(B) $\begin{pmatrix}1&2&0\\2&2&0\\0&0&4\end{pmatrix}$

(C) $\begin{pmatrix}1&-2&0\\-2&4&5\\0&5&-2\end{pmatrix}$　(D) $\begin{pmatrix}2&0&0\\0&1&2\\0&2&5\end{pmatrix}$

二、填空题(每小题 4 分，共 20 分)

1. 已知 3 阶矩阵 $\boldsymbol{A}$ 的特征值为 1，-1，2，则 $|\boldsymbol{A}^3-2\boldsymbol{A}|$ ________.

2. 设有向量组 $\boldsymbol{\alpha}_1=(1,2,3)$，$\boldsymbol{\alpha}_2=(0,3,5)$，$\boldsymbol{\alpha}_3=(0,4,6)$，则该向量组秩 $R(\boldsymbol{\alpha}_1,\boldsymbol{\alpha}_2,\boldsymbol{\alpha}_3)=$ ________.

3. 设 $\boldsymbol{A}$ 是 3 阶实对称矩阵，λ_1 是二重特征根，对应两线性无关的向量 $\boldsymbol{\xi}_1=(1,2,3)^{\mathrm{T}}$，$\boldsymbol{\xi}_2=(-2,1,-1)^{\mathrm{T}}$，则对应于另一特征值 λ_3 的全部特征向量是________.

4. 已知实二次型 $f(x_1,x_2,x_3)=a(x_1^2+x_2^2)-x_3^2-4x_1x_2+4x_1x_3+2x_2x_3$ 经可逆线性变换可化为标准形 $f=y_1^2-y_2^2$，则 $a=$______.

5. 平面曲线 $x^2-2y^2=3$ 绕 x 轴旋转所得曲面与抛物面 $x=y^2+z^2$ 的交线在 yOz 平面的投影方程为______.

三、(8 分) 设多项式 $f(x)=\begin{vmatrix} 2x & 3 & 1 & 2 \\ x & x & -2 & 1 \\ 2 & 1 & x & 4 \\ x & 2 & 1 & 4x \end{vmatrix}$，求该多项式的常数项.

四、(10 分) 设 $\boldsymbol{A}$ 的伴随矩阵 $\boldsymbol{A}^*=\begin{pmatrix} 1 & 0 & 0 & 0 \\ 0 & 1 & 0 & 0 \\ 1 & 0 & 1 & 0 \\ 0 & -3 & 0 & 8 \end{pmatrix}$，且 $\boldsymbol{ABA}^{-1}=\boldsymbol{BA}^{-1}+3\boldsymbol{I}$，求 $\boldsymbol{B}$.

五、(10 分) λ 为何值时，方程组 $\begin{cases} x_1-2x_2+4x_3=-5, \\ 2x_1+\lambda x_2+x_3=4, \\ \lambda x_1+8x_2-2x_3=13 \end{cases}$ 有无穷多解，并求其通解.

六、(10 分) 求过点 $A(-1,2,3)$ 与直线 $l: \dfrac{x-1}{2}=\dfrac{y+2}{1}=\dfrac{z-3}{1}$ 相交，并且与平面 $4x+3y+z=1$ 平行的直线方程.

七、(10 分) 若向量组 $\boldsymbol{\alpha}_1,\boldsymbol{\alpha}_2,\cdots,\boldsymbol{\alpha}_r$ 可由 $\boldsymbol{\beta}_1,\boldsymbol{\beta}_2,\cdots,\boldsymbol{\beta}_s$ 线性表出，且 $\boldsymbol{\alpha}_1,\boldsymbol{\alpha}_2,\cdots,\boldsymbol{\alpha}_r$ 线性无关，求证：$r\leqslant s$.

八、(12 分) 设 $\boldsymbol{A}=\begin{pmatrix} 0 & -1 & 1 \\ -1 & 0 & 1 \\ 1 & a & 0 \end{pmatrix}$，$\boldsymbol{\alpha}=\begin{pmatrix} b \\ c \\ 1 \end{pmatrix}$ 为 $\boldsymbol{A}$ 的属于特征值 -2 的特征向量.

(1) 求 a,b,c 的值；

(2) 求可逆矩阵 $\boldsymbol{P}$ 和对角矩阵 $\boldsymbol{\Lambda}$，使得 $\boldsymbol{P}^{-1}\boldsymbol{AP}=\boldsymbol{\Lambda}$.

试题三参考答案

一、1. A； 2. B； 3. C； 4. D； 5. D .

二、1. -4； 2. 3； 3. $k(1,1,-1)^{\mathrm{T}},k\neq 0$.； 4. -1； 5. $\begin{cases} y^2+z^2=3, \\ x=0. \end{cases}$

三、常数项为 $f(0)$，即

$$f(0)=\begin{vmatrix} 0 & 3 & 1 & 2 \\ 0 & 0 & -2 & 1 \\ 2 & 1 & 0 & 4 \\ 0 & 2 & 1 & 0 \end{vmatrix}=\begin{vmatrix} 0 & 3 & 5 & 2 \\ 0 & 0 & 0 & 1 \\ 2 & 1 & 8 & 4 \\ 0 & 2 & 1 & 0 \end{vmatrix}=\begin{vmatrix} 0 & 3 & 5 \\ 2 & 1 & 8 \\ 0 & 2 & 1 \end{vmatrix}=-2\begin{vmatrix} 3 & 5 \\ 2 & 1 \end{vmatrix}=14.$$

四、由 $|A^*|=|A|^{n-1}$ 有

$$|A|^3=8\Rightarrow |A|=2.$$

又 $(A-I)BA^{-1}=3I\Rightarrow(A-I)B=3A\Rightarrow A^{-1}(A-I)B=3I\Rightarrow(I-A^{-1})B=3I$,

即 $\left(I-\frac{1}{|A|}A^*\right)B=3I$, $(2I-A^*)B=6I$, 又 $2I-A^*$ 为可逆矩阵,于是 $B=6(2I-A^*)^{-1}$.

由 $2I-A^*=\begin{pmatrix}1&0&0&0\\0&1&0&0\\-1&0&1&0\\0&3&0&-6\end{pmatrix}$,有 $(2I-A^*)^{-1}=\begin{pmatrix}1&0&0&0\\0&1&0&0\\1&0&1&0\\0&\frac{1}{2}&0&-\frac{1}{6}\end{pmatrix}$,则 $B=\begin{pmatrix}6&0&0&0\\0&6&0&0\\6&0&6&0\\0&3&0&-1\end{pmatrix}$.

五、将增广矩阵做行初等变换,有

$$(A,b)=\left(\begin{array}{ccc:c}1&-2&4&-5\\2&\lambda&1&4\\\lambda&8&-2&13\end{array}\right)\to\left(\begin{array}{ccc:c}1&-2&4&-5\\0&\lambda+4&-7&14\\0&2\lambda+8&-4\lambda-2&5\lambda+13\end{array}\right)$$

$$\to\left(\begin{array}{ccc:c}1&-2&4&-5\\0&\lambda+4&-7&14\\0&0&-4(\lambda-3)&5(\lambda-3)\end{array}\right).$$

当 $\lambda=3$ 时,$R(A,b)=R(A)=2<n=3$,方程组有无穷多解.此时

$$(A,b)\to\left(\begin{array}{ccc:c}1&-2&4&-5\\0&1&-1&2\\0&0&0&0\end{array}\right)\to\left(\begin{array}{ccc:c}1&0&2&-1\\0&1&-1&2\\0&0&0&0\end{array}\right),$$

由 $\begin{cases}x_1=-1-2x_3,\\x_2=2+x_3\end{cases}$ 得原方程组的一个特解为 $(-1,2,0)^{\mathrm{T}}$,由 $\begin{cases}x_1=-2x_3,\\x_2=x_3\end{cases}$ 得一基础解系 $(-2,1,1)^{\mathrm{T}}$.

原方程的全部解为

$$x=\begin{pmatrix}-1\\2\\0\end{pmatrix}+k\begin{pmatrix}-2\\1\\1\end{pmatrix}\quad(k\text{ 为任意常数}).$$

六、设待求直线与 l 的交点坐标为 $P(1+2t,-2+t,3+t)$,则 $\overrightarrow{AP}=(2+2t,-4+t,t)$.已知平面的法向量为 $n=(4,3,1)$,由

$$n\cdot\overrightarrow{AP}=12t-4=0,$$

得 $t=\frac{1}{3}$.此时求得待求直线的方向向量为 $\overrightarrow{AP}=\left(\frac{8}{3},-\frac{11}{3},\frac{1}{3}\right)$,因此待求直线方程为

$$\frac{x+1}{8}=\frac{y-2}{-11}=\frac{z-3}{1}.$$

七、不妨设向量均为列向量,设 $A=(\alpha_1,\alpha_2,\cdots,\alpha_r)$, $B=(\beta_1,\beta_2,\cdots,\beta_s)$.因 $\alpha_1,\alpha_2,\cdots,\alpha_r$ 可由 $\beta_1,\beta_2,\cdots,\beta_s$,线性表出,所以存在矩阵 $K=(k_{ij})_{s\times r}$,使得

$$(\alpha_1,\alpha_2,\cdots,\alpha_r)=(\beta_1,\beta_2,\cdots,\beta_s)K,\text{即 } A=BK.$$

若 $r>s$,则齐次方程组 $KX=0$ 有非零解,则有

$$AX=BKX=\mathbf{0},$$

即 $AX=\mathbf{0}$ 也有非零解，所以 $\boldsymbol{\alpha}_1,\boldsymbol{\alpha}_2,\cdots,\boldsymbol{\alpha}_r$ 线性相关，矛盾.故 $r\leqslant s$.

八、(1) 由 $A\boldsymbol{\alpha}=\begin{pmatrix}0&-1&1\\-1&0&1\\1&a&0\end{pmatrix}\begin{pmatrix}b\\c\\1\end{pmatrix}=\begin{pmatrix}-c+1\\-b+1\\b+ac\end{pmatrix}$，$A\boldsymbol{\alpha}=-2\boldsymbol{\alpha}=-2\begin{pmatrix}b\\c\\1\end{pmatrix}=\begin{pmatrix}-2b\\-2c\\-2\end{pmatrix}$ 可以求得 $a=1$，$b=c=-1$.且 $\boldsymbol{\alpha}=\begin{pmatrix}-1\\-1\\1\end{pmatrix}$.

(2) 此时 $A=\begin{pmatrix}0&-1&1\\-1&0&1\\1&1&0\end{pmatrix}$，

$$|\lambda I-A|=\begin{vmatrix}\lambda&1&-1\\1&\lambda&-1\\-1&-1&\lambda\end{vmatrix}=\begin{vmatrix}\lambda-1&1-\lambda&0\\1&\lambda&-1\\-1&-1&\lambda\end{vmatrix}=(\lambda-1)^2(\lambda+2).$$

因此 $\lambda=1$ 是 A 的 2 重特征值，$\lambda=-2$ 是 A 的 1 重特征值.

$\lambda_1=1$ 有两个线性无关的特征向量

$$\boldsymbol{\alpha}_1=(1,-1,0)^{\mathrm{T}},\boldsymbol{\alpha}_2=(1,0,1)^{\mathrm{T}},$$

$\lambda_2=-2$ 有一个特征向量

$$\boldsymbol{\alpha}_3=(1,1,-1)^{\mathrm{T}}.$$

取可逆矩阵 $P=(\boldsymbol{\alpha}_1,\boldsymbol{\alpha}_2,\boldsymbol{\alpha}_3)=\begin{pmatrix}1&1&1\\-1&0&1\\0&1&-1\end{pmatrix}$，$\boldsymbol{\Lambda}=\begin{pmatrix}1&&\\&1&\\&&-2\end{pmatrix}$，则 $P^{-1}AP=\boldsymbol{\Lambda}$.

试　题　四

一、选择题(每题 3 分,共 15 分)

1. 若方阵 A 满足 $A^2=A$，I 为单位矩阵,则一定成立(　　).

(A) $A=O$ 或 $A=I$　　(B) $|A|=0$ 或 $A=I$

(C) A 为正定矩阵　　(D) A 为正交矩阵

2. 设矩阵 $A_{m\times n}$ 的秩为 $r(0<r<n)$,则下列叙述中不正确的是(　　).

(A) 方程组 $AX=\mathbf{0}$ 的任何一个基础解系中都含有 $n-r$ 个线性无关的解向量

(B) 若矩阵 $B_{n\times s}$ 满足 $AB=O$,则 $R(B)\leqslant n-r$

(C) $\boldsymbol{\beta}$ 为 $-m$ 维列向量,$R(A,\boldsymbol{\beta})=r$,则 $\boldsymbol{\beta}$ 可由 A 的列向量组线性表出

(D) 非齐次线性方程组 $AX=b$ 必有无穷多个解

3. 设 n 阶方阵 A 与一对角矩阵相似,则下列叙述中正确的是(　　).

(A) A 的秩等于 n　　(B) A 有 n 个互异的特征值

(C) A 一定是对称阵　　(D) A 有 n 个线性无关的特征向量

4. 设 A,B 为 n 阶实对称阵,且都正定,则 AB 是(　　).

(A) 可逆矩阵　(B) 正定矩阵　(C) 实对称矩阵　(D) 正交矩阵

5. 设 $\boldsymbol{\xi}_1,\boldsymbol{\xi}_2,\boldsymbol{\xi}_3$ 是齐次线性方程组 $\boldsymbol{AX}=\boldsymbol{0}$ 的一个基础解系,下列中一定是该方程组的基础解系的是(　　).

(A) $\boldsymbol{\xi}_1,\boldsymbol{\xi}_2,\boldsymbol{\xi}_3$ 的一个等价向量组　(B) $\boldsymbol{\xi}_1,\boldsymbol{\xi}_2,\boldsymbol{\xi}_3$ 的一个等秩向量组

(C) $\boldsymbol{\xi}_1,\boldsymbol{\xi}_1+\boldsymbol{\xi}_2,\boldsymbol{\xi}_1+\boldsymbol{\xi}_2+\boldsymbol{\xi}_3$　(D) $\boldsymbol{\xi}_1-\boldsymbol{\xi}_2,\boldsymbol{\xi}_2-\boldsymbol{\xi}_3,\boldsymbol{\xi}_3-\boldsymbol{\xi}_1$

二、选择题(每题 3 分,共 15 分)

1. 设 3 阶方阵 $\boldsymbol{A}$ 的特征值分别为 1,2,3,则 $|\boldsymbol{A}^*-\boldsymbol{I}|=$ ________.

2. 设三阶方阵 $\boldsymbol{A}$ 可逆,$\boldsymbol{B}=\begin{pmatrix}1&1&1\\1&a&2\\4&3&2\end{pmatrix}$,且秩 $R(\boldsymbol{ABA})=2$,则 $a=$ ________.

3. 设 $\boldsymbol{A}$ 为 4×3 的矩阵,则 $|\boldsymbol{AA}^{\mathrm{T}}|=$ ________.

4. 过点 $M(2,0,-1)$ 且与直线 $l:\begin{cases}2x-3y+z-6=0,\\4x-2y+3z+9=0\end{cases}$ 平行的直线方程为________.

5.曲线 $c:\begin{cases}x^2+y^2+z^2=a^2,\\x^2+y^2-ax=0\end{cases}$ 在 xOy 平面上的投影为________.

三、(8 分)设 3 阶方阵 $\boldsymbol{A}$ 的特征值 $-1,1$ 对应的特征向量分别为 $\boldsymbol{\alpha}_1,\boldsymbol{\alpha}_2$,向量 $\boldsymbol{\alpha}_3$ 满足 $\boldsymbol{A\alpha}_3=\boldsymbol{\alpha}_2+\boldsymbol{\alpha}_3$.

(1) 证明:$\boldsymbol{\alpha}_1,\boldsymbol{\alpha}_2,\boldsymbol{\alpha}_3$线性无关;

(2) 设 $\boldsymbol{P}=(\boldsymbol{\alpha}_1,\boldsymbol{\alpha}_2,\boldsymbol{\alpha}_3)$,求 $\boldsymbol{P}^{-1}\boldsymbol{AP}$.

四、(8 分)设 3 阶实对称矩阵 $\boldsymbol{A}$ 满足 $\boldsymbol{A}^2+3\boldsymbol{A}=\boldsymbol{O}$,$\boldsymbol{A}$ 的秩为 2,求 $\boldsymbol{A}$ 的全部特征值.

五、计算题(共 30 分)

1. (10 分)设 $|\boldsymbol{A}|=\begin{vmatrix}1&-5&1&3\\1&1&3&4\\1&1&2&3\\2&2&3&4\end{vmatrix}$,$A_{ij}$表示元素 a_{ij}的代数余子式,计算 $A_{41}+A_{42}+A_{43}+A_{44}$.

2. (10 分)设矩阵 $\boldsymbol{A}=\begin{pmatrix}1&0&0\\1&1&0\\1&1&1\end{pmatrix}$,$\boldsymbol{B}=\begin{pmatrix}0&1&1\\1&0&1\\1&1&0\end{pmatrix}$,矩阵 $\boldsymbol{X}$ 满足 $\boldsymbol{AXA}+\boldsymbol{BXB}=\boldsymbol{AXB}+\boldsymbol{BXA}+\boldsymbol{I}$,求矩阵 $\boldsymbol{X}$.

3.（10 分）已知线性方程组$\begin{cases}x_1+x_2+x_3=0,\\x_1+2x_2+ax_3=0,\\x_1+4x_2+a^2x_3=0\end{cases}$与方程 $x_1+2x_2+x_3=a-1$ 有公共解，求常数 a 的值，并求公共解.

六、解答题（共 24 分）

1.（12 分）设 $\boldsymbol{A}$ 为 n 阶正定矩阵（$n\geqslant 2$），$\boldsymbol{\alpha}$ 是 n 维非零实列向量，令矩阵 $\boldsymbol{B}=\boldsymbol{A}\boldsymbol{\alpha}\boldsymbol{\alpha}^{\mathrm{T}}$，

（1）求 $\boldsymbol{B}$ 的秩；

（2）$\boldsymbol{A}\boldsymbol{\alpha}$ 是否是 $\boldsymbol{B}$ 的特征向量？并说明理由.

（3）$\boldsymbol{B}$ 是否可对角化？为什么？

2.（12 分）已知 3 阶矩阵 $\boldsymbol{A}$ 对称，二次型 $\boldsymbol{X}^{\mathrm{T}}\boldsymbol{A}\boldsymbol{X}$ 平方项 x_1^2,x_2^2,x_3^2 的系数均为 0，设 $\alpha=(1,2,-1)^{\mathrm{T}}$ 满足 $\boldsymbol{A}\boldsymbol{\alpha}=2\boldsymbol{\alpha}$.

（1）求二次型 $\boldsymbol{X}^{\mathrm{T}}\boldsymbol{A}\boldsymbol{X}$ 的表达式；

（2）求正交变换 $\boldsymbol{X}=\boldsymbol{P}\boldsymbol{Y}$ 化二次型为标准形；

（3）问 $f(x_1,x_2,x_3)=5$ 代表三维空间中二次曲面的形状.

试题四参考答案

一、1. B； 2. D； 3. D； 4. A ； 5. C.

二、1. 10； 2. 1.5； 3. 0； 4. $\dfrac{x-2}{-7}=\dfrac{y}{-2}=\dfrac{z+1}{8}$；5. $\begin{cases}\left(x-\dfrac{a}{2}\right)^2+y^2=\dfrac{a^2}{4},\\z=0.\end{cases}$

三、（1）**证法 1** 用反证法证明.

假设 $\boldsymbol{\alpha}_1,\boldsymbol{\alpha}_2,\boldsymbol{\alpha}_3$ 线性相关，由题意知 $\boldsymbol{\alpha}_1,\boldsymbol{\alpha}_2$ 分别为对应于特征值 $-1,1$ 的特征向量，则 $\boldsymbol{A}\boldsymbol{\alpha}_1=-\boldsymbol{\alpha}_1,\boldsymbol{A}\boldsymbol{\alpha}_2=\boldsymbol{\alpha}_2$，且 $\boldsymbol{\alpha}_1,\boldsymbol{\alpha}_2$ 线性无关. 从而可知 $\boldsymbol{\alpha}_3$ 可由 $\boldsymbol{\alpha}_1,\boldsymbol{\alpha}_2$ 唯一地线性表出，即存在唯一一组常数 k_1,k_2，使得

$$\boldsymbol{\alpha}_3=k_1\boldsymbol{\alpha}_1+k_2\boldsymbol{\alpha}_2.$$

等式两边同时左乘矩阵 $\boldsymbol{A}$ 有

$$\boldsymbol{A}\boldsymbol{\alpha}_3=\boldsymbol{A}(k_1\boldsymbol{\alpha}_1+k_2\boldsymbol{\alpha}_2),$$

得

$$\boldsymbol{\alpha}_2+\boldsymbol{\alpha}_3=-k_1\boldsymbol{\alpha}_1+k_2\boldsymbol{\alpha}_2,\quad 即\ \boldsymbol{\alpha}_3=-k_1\boldsymbol{\alpha}_1+(k_2-1)\boldsymbol{\alpha}_2,$$

由表示法唯一知$\begin{cases}k_1=-k_1,\\k_2=k_2-1,\end{cases}$而该方程组无解，这与存在唯一一组常数 k_1,k_2 矛盾，所以 $\boldsymbol{\alpha}_1,\boldsymbol{\alpha}_2,\boldsymbol{\alpha}_3$ 线性无关.

证法 2 由题意知 $\boldsymbol{A}\boldsymbol{\alpha}_1=-\boldsymbol{\alpha}_1,\boldsymbol{A}\boldsymbol{\alpha}_2=\boldsymbol{\alpha}_2$，且 $\boldsymbol{\alpha}_1,\boldsymbol{\alpha}_2$ 线性无关，则有

$$(\boldsymbol{A}-\boldsymbol{I})\boldsymbol{\alpha}_1=-2\boldsymbol{\alpha}_1,(\boldsymbol{A}-\boldsymbol{I})\boldsymbol{\alpha}_2=\boldsymbol{0},(\boldsymbol{A}-\boldsymbol{I})\boldsymbol{\alpha}_3=\boldsymbol{\alpha}_2. \tag{1}$$

设

$$k_1\boldsymbol{\alpha}_1+k_2\boldsymbol{\alpha}_2+k_3\boldsymbol{\alpha}_3=\mathbf{0}, \tag{2}$$

用$(\boldsymbol{A}-\boldsymbol{I})$左乘(2)式,并利用(1)得

$$-2k_1\boldsymbol{\alpha}_1+k_3\boldsymbol{\alpha}_2=\mathbf{0}. \tag{3}$$

由 $\boldsymbol{\alpha}_1,\boldsymbol{\alpha}_2$ 线性无关,得 $k_1=k_3=0$,代入(2)式可得 $k_2=0$,所以 $\boldsymbol{\alpha}_1,\boldsymbol{\alpha}_2,\boldsymbol{\alpha}_3$ 线性无关.

(2)
$$\begin{aligned}\boldsymbol{P}^{-1}\boldsymbol{AP}&=(\boldsymbol{\alpha}_1,\boldsymbol{\alpha}_2,\boldsymbol{\alpha}_3)^{-1}\boldsymbol{A}(\boldsymbol{\alpha}_1,\boldsymbol{\alpha}_2,\boldsymbol{\alpha}_3)=(\boldsymbol{\alpha}_1,\boldsymbol{\alpha}_2,\boldsymbol{\alpha}_3)^{-1}(\boldsymbol{A\alpha}_1,\boldsymbol{A\alpha}_2,\boldsymbol{A\alpha}_3)\\&=(\boldsymbol{\alpha}_1,\boldsymbol{\alpha}_2,\boldsymbol{\alpha}_3)^{-1}(-\boldsymbol{\alpha}_1,\boldsymbol{\alpha}_2,\boldsymbol{\alpha}_2+\boldsymbol{\alpha}_3)\\&=(\boldsymbol{\alpha}_1,\boldsymbol{\alpha}_2,\boldsymbol{\alpha}_3)^{-1}(\boldsymbol{\alpha}_1,\boldsymbol{\alpha}_2,\boldsymbol{\alpha}_3)\begin{pmatrix}-1&0&0\\0&1&1\\0&0&1\end{pmatrix}=\begin{pmatrix}-1&0&0\\0&1&1\\0&0&1\end{pmatrix}.\end{aligned}$$

四、设 λ 为矩阵 $\boldsymbol{A}$ 的任意一特征值,对应的特征向量为 $\boldsymbol{\alpha}$,则 $\boldsymbol{A\alpha}=\lambda\boldsymbol{\alpha}$,又 $\boldsymbol{A}^2+3\boldsymbol{A}=\boldsymbol{O}$ 知 $\lambda^2+3\lambda=0$,则 $\lambda=0$ 或 $\lambda=-3$.

又 $\boldsymbol{A}$ 为 3 阶实对称矩阵,则矩阵 $\boldsymbol{A}$ 可对角化,与矩阵 $\boldsymbol{A}$ 相似的对角矩阵主对角线上的元素只能是 $0,0,-3$ 或 $0,-3,-3$ 两种情况. 又秩 $R(\boldsymbol{A})=2$,由相似矩阵有相同的秩、有相同的特征值,知 $\boldsymbol{A}$ 的全部特征值为 $0,-3,-3$.

五、1.
$$A_{41}+A_{42}+A_{43}+A_{44}=\begin{vmatrix}1&-5&1&3\\1&1&3&4\\1&1&2&3\\1&1&1&1\end{vmatrix}=\begin{vmatrix}0&-6&0&2\\0&0&2&3\\0&0&1&2\\1&1&1&1\end{vmatrix}=(-1)^{4+1}\begin{vmatrix}-6&0&2\\0&2&3\\0&1&2\end{vmatrix}=6.$$

2. 由 $\boldsymbol{AXA}+\boldsymbol{BXB}=\boldsymbol{AXB}+\boldsymbol{BXA}+\boldsymbol{I}$ 知,

$$(\boldsymbol{A}-\boldsymbol{B})\boldsymbol{X}(\boldsymbol{A}-\boldsymbol{B})=\boldsymbol{I},$$

又 $\boldsymbol{A}-\boldsymbol{B}=\begin{pmatrix}1&-1&-1\\0&1&-1\\0&0&1\end{pmatrix}$,故 $|\boldsymbol{A}-\boldsymbol{B}|=1\neq0$, 所以 $\boldsymbol{A}-\boldsymbol{B}$ 可逆, 则 $\boldsymbol{X}=[(\boldsymbol{A}-\boldsymbol{B})^{-1}]^2$. 经行初等变换有

$$(\boldsymbol{A}-\boldsymbol{B},\boldsymbol{I})=\begin{pmatrix}1&-1&-1&1&0&0\\0&1&-1&0&1&0\\0&0&1&0&0&1\end{pmatrix}\rightarrow\begin{pmatrix}1&0&0&1&1&2\\0&1&0&0&1&1\\0&0&1&0&0&1\end{pmatrix},$$

故 $\boldsymbol{X}=[(\boldsymbol{A}-\boldsymbol{B})^{-1}]^2=\begin{pmatrix}1&1&2\\0&1&1\\0&0&1\end{pmatrix}^2=\begin{pmatrix}1&2&5\\0&1&2\\0&0&1\end{pmatrix}$.

3. 联立方程组得新方程组,则新方程组的解即为所求的公共解,新方程组的增广矩阵经过初等行变换有

$$\overline{\boldsymbol{A}}=\left(\begin{array}{ccc:c}1&1&1&0\\1&2&a&0\\1&4&a^2&0\\1&2&1&a-1\end{array}\right)\rightarrow\left(\begin{array}{ccc:c}1&1&1&0\\0&1&a-1&0\\0&0&(a-1)(a-2)&0\\0&0&1-a&a-1\end{array}\right)\rightarrow\left(\begin{array}{ccc:c}1&1&1&0\\0&1&a-1&0\\0&0&1-a&a-1\\0&0&0&(a-1)(a-2)\end{array}\right)$$

当 $a=1$ 时,有 $R(\boldsymbol{A})=R(\overline{\boldsymbol{A}})=2<3$,新方程组有解,此时,$\overline{\boldsymbol{A}}\rightarrow\left(\begin{array}{ccc:c}1&0&1&0\\0&1&0&0\\0&0&0&0\\0&0&0&0\end{array}\right)$,对应的齐次线

性方程组的基础解系为$(-1,0,1)^{T}$,则全部公共解为$k(-1,0,1)^{T}$,其中k为任意常数.

当$a=2$时,有$R(\boldsymbol{A})=R(\bar{\boldsymbol{A}})=3$,新方程组有唯一解,此时,$\bar{\boldsymbol{A}}\to\left(\begin{array}{ccc|c}1&0&0&0\\0&1&0&1\\0&0&1&-1\\0&0&0&0\end{array}\right)$,对应线性方程组的解为$(0,1,-1)^{T}$,则唯一公共解为$(0,1,-1)^{T}$.

六、1. (1) 由$\boldsymbol{A}$正定,$\boldsymbol{\alpha}$是n维非零实向量知,矩阵$\boldsymbol{B}=\boldsymbol{A}\boldsymbol{\alpha}\boldsymbol{\alpha}^{T}$为非零矩阵,从而秩$R(\boldsymbol{B})\geqslant 1$,又由矩阵乘积的秩小于等于乘积矩阵秩的最小值知$R(\boldsymbol{B})\leqslant 1$,则$R(\boldsymbol{B})=1$.

(2)$\boldsymbol{B}(\boldsymbol{A}\boldsymbol{\alpha})=\boldsymbol{A}\boldsymbol{\alpha}\boldsymbol{\alpha}^{T}\boldsymbol{A}\boldsymbol{\alpha}=\boldsymbol{\alpha}^{T}\boldsymbol{A}\boldsymbol{\alpha}(\boldsymbol{A}\boldsymbol{\alpha})$,其中$\boldsymbol{\alpha}^{T}\boldsymbol{A}\boldsymbol{\alpha}$为数,$\boldsymbol{A}$正定从而可逆,$\boldsymbol{A}\boldsymbol{\alpha}$是非零向量,从而$\boldsymbol{A}\boldsymbol{\alpha}$是$\boldsymbol{B}$的对应于特征值$\boldsymbol{\alpha}^{T}\boldsymbol{A}\boldsymbol{\alpha}$的特征向量.

(3) 由$\boldsymbol{B}$为$n\geqslant 2$阶方阵且$R(\boldsymbol{B})=1$,知矩阵$\boldsymbol{B}$有特征值零;又齐次线性方程组$(0\boldsymbol{I}-\boldsymbol{B})\boldsymbol{X}=\boldsymbol{0}$的系数矩阵的秩$R(-\boldsymbol{B})=R(\boldsymbol{B})=1$,则特征值0有$n-1$个线性无关的特征向量;非零特征值$\boldsymbol{\alpha}^{T}\boldsymbol{A}\boldsymbol{\alpha}$有特征向量$\boldsymbol{A}\boldsymbol{\alpha}$,所以矩阵$\boldsymbol{B}$有$n$个线性无关的特征向量,从而可对角化.

2. 设二次型的矩阵为$\boldsymbol{A}=\begin{pmatrix}0&a_{12}&a_{13}\\a_{12}&0&a_{23}\\a_{13}&a_{23}&0\end{pmatrix}$.

(1) 由题意知$\begin{pmatrix}0&a_{12}&a_{13}\\a_{12}&0&a_{23}\\a_{13}&a_{23}&0\end{pmatrix}\begin{pmatrix}1\\2\\-1\end{pmatrix}=\begin{pmatrix}2\\4\\-2\end{pmatrix}$,即

$$\begin{cases}2a_{12}-a_{13}=2,\\a_{12}-a_{23}=4,\\a_{13}+2a_{23}=-2,\end{cases}$$

解得$a_{12}=2,a_{13}=2,a_{23}=-2$,所以二次型为

$$\boldsymbol{X}^{T}\boldsymbol{A}\boldsymbol{X}=4x_1x_2+4x_1x_3-4x_2x_3.$$

(2) 由$|\lambda\boldsymbol{I}-\boldsymbol{A}|=\begin{vmatrix}\lambda&-2&-2\\-2&\lambda&2\\-2&2&\lambda\end{vmatrix}=(\lambda-2)^{2}(\lambda+4)$,得矩阵$\boldsymbol{A}$的特征值为2,2,-4.

由

$$(2\boldsymbol{I}-\boldsymbol{A})=\begin{pmatrix}2&-2&-2\\-2&2&2\\-2&2&2\end{pmatrix}\to\begin{pmatrix}1&-1&-1\\0&0&0\\0&0&0\end{pmatrix},$$

得$\lambda=2$的特征向量$\boldsymbol{\alpha}_1=(1,1,0)^{T},\boldsymbol{\alpha}_2=(1,0,1)^{T}$.

由

$$(-4\boldsymbol{I}-\boldsymbol{A})=\begin{pmatrix}-4&-2&-2\\-2&-4&2\\-2&2&-4\end{pmatrix}\to\begin{pmatrix}1&0&1\\0&1&-1\\0&0&0\end{pmatrix},$$

得$\lambda=4$的特征向量$\boldsymbol{\alpha}_3=(-1,1,1)^{T}$.

将 $\boldsymbol{\alpha}_1,\boldsymbol{\alpha}_2$ 正交化，令 $\boldsymbol{\beta}_1=\boldsymbol{\alpha}_1$，则 $\boldsymbol{\beta}_2=\boldsymbol{\alpha}_2-\dfrac{(\boldsymbol{\beta}_2,\boldsymbol{\beta}_1)}{(\boldsymbol{\beta}_1,\boldsymbol{\beta}_1)}\boldsymbol{\beta}_1=\dfrac{1}{2}(1,-1,2)^{\mathrm{T}}$.

再对 $\boldsymbol{\beta}_1,\boldsymbol{\beta}_2,\boldsymbol{\alpha}_3$ 单位化，有

$$\boldsymbol{\gamma}_1=\frac{1}{\sqrt{2}}(1,1,0)^{\mathrm{T}},\quad \boldsymbol{\gamma}_2=\frac{1}{6}(1,-1,2)^{\mathrm{T}},\quad \boldsymbol{\gamma}_3=\frac{1}{\sqrt{3}}(-1,1,1)^{\mathrm{T}},$$

令矩阵 $\boldsymbol{Q}=(\boldsymbol{\gamma}_1,\boldsymbol{\gamma}_2,\boldsymbol{\gamma}_3)$，则二次型 $\boldsymbol{X}^{\mathrm{T}}\boldsymbol{A}\boldsymbol{X}=4x_1x_2+4x_1x_3-4x_2x_3$ 经过正交变换 $\boldsymbol{X}=\boldsymbol{Q}\boldsymbol{Y}$ 化为标准型 $2y_1^2+2y_2^2-4y_3^2$.

(3) $f(x_1,x_2,x_3)=5$，即 $2y_1^2+2y_2^2-4y_3^2=5$，亦即 $\dfrac{y_1^2}{\frac{5}{2}}+\dfrac{y_2^2}{\frac{5}{2}}-\dfrac{y_3^2}{\frac{5}{4}}=1$，由于正交变换不改变几何图形的形状，所以这是单叶双曲面方程.